钻井监督技术手册

王胜启　高志强　秦礼曹　主编

石油工业出版社

内 容 提 要

本手册根据钻井监督在现场所涉及的主要技术,系统地介绍了钻机、井口工具、井口装置、井控装置、井下工具、定向井工具、取心工具、固井工具、钻井管材、钻井钢丝绳、钻井液、油井水泥和固井添加剂的基本参数、技术规范等,并提供了井下复杂事故处理方法和钻井常用公式。

本手册可供从事钻井工程的管理人员、技术人员、研究人员和监督人员使用。

图书在版编目（CIP）数据

钻井监督技术手册／王胜启,高志强,秦礼曹主编．
北京：石油工业出版社,2008.4
ISBN 978-7-5021-6455-3

Ⅰ．钻…
Ⅱ．①王…②高…③秦…
Ⅲ．油气钻井－技术手册
Ⅳ．TE242-62

中国版本图书馆 CIP 数据核字（2008）第 004100 号

出版发行：石油工业出版社
（北京安定门外安华里2区1号　100011）
网　　址：http://pip.cnpc.com.cn
编辑部：(010) 64523579　发行部：(010) 64523620
经　　销：全国新华书店
印　　刷：北京中石油彩色印刷有限责任公司

2008年4月第1版　2013年11月第3次印刷
787×1092毫米　开本：1/16　印张：31.5
字数：806千字

定价：120.00元
（如出现印装质量问题,我社发行部负责调换）
版权所有,翻印必究

《钻井监督技术手册》编委会

主　编：王胜启　　高志强　　秦礼曹

成　员：郑晓峰　　汪光太　　秦礼曹　　王胜启
　　　　方　慧　　白仰民　　杨德凤　　高志强
　　　　孟庆昆　　滕新兴　　高振果　　刘　盈
　　　　张耀嗣　　侯月亭　　朴昌浩　　王　凯
　　　　任铁扣　　魏群涛　　周玉海　　洪　英

顾　问：徐明会　　朱明亮　　董　杰　　马家骥
　　　　刘雨晴　　贾仲宣

序

工程监督管理机制是现代石油公司管理体制的重要组成部分，为了满足工程监督现场工作的需要，提高现场工程技术水平，国际跨国石油集团公司都根据自身特点，编写了各具特色的工程监督技术手册。

工程监督管理在国内实行时间还不算长，市场上能够见到的专门为钻井监督编写使用的各种文献资料和技术参考书非常少。中国石油天然气股份有限公司成立后，实现了与国际油公司管理机制接轨，建立与完善了工程监督管理体制，急需根据自身特点，编写具有特色的工程监督技术手册，以达到加强勘探与开发工程项目的管理和提高现场工程技术水平之目的。为此，中国石油天然气股份有限公司勘探与生产工程监督中心组织有经验的管理人员和专家编写了《钻井监督技术手册》，以满足钻井监督现场工作之所需。

目前，中国石油面临勘探地区条件恶劣、钻井难度大、突发问题多等困难，还面临要减少污染、保护环境、保障员工健康等压力。因此，中国石油勘探开发工程面临着严峻的挑战。一名优秀的钻井监督就要能够在发现问题时及时采取合理的技术与措施，正确应用适当工具与设备，保证施工顺利进行，确保工程质量和安全。

这本《钻井监督技术手册》系统介绍了钻井施工现场所用的钻井设备与钻井工具的技术参数、结构和使用要点，以及钻井常见复杂情况与钻井事故的判断、处理与预防等，对钻井监督现场工作具有很强的指导作用。相信这本手册的出版，将为钻井监督提供很大的帮助，同时也为从事钻井工程的管理人员、技术人员、研究人员们提供参考。

本书在钻井新技术、新工艺介绍方面分量略显不足，希望再版时加以补充。

是为序。

苏义脑

2007 年 3 月 29 日

前 言

近几年来，中国石油天然气股份有限公司对工程监督管理的规章制度进行了规范和完善，使工程监督管理进一步规范化和科学化。2003年，中国石油天然气股份有限公司工程监督中心组织有经验的工程技术人员和专家编写的《中国石油天然气股份有限公司勘探与生产工程监督现场技术规范　钻井监督分册》，经过几年的使用，收到了非常好的效果，已经成为现场钻井监督开展工作的主要技术依据。

随着石油工程技术的飞跃发展，石油设备和工具最近几年的发展也特别迅速，涌现出了大量的新设备、新工具。设备和工具更新换代速度的加快给钻井监督工作增加了难度，需要经常查阅一些钻井设备与钻井工具的技术参数。因此，为了满足现场钻井监督的迫切需要，中国石油天然气股份有限公司勘探与生产工程监督中心组织了部分钻井技术人员与钻井专家，通过多次反复修改完善、广泛听取现场钻井监督的意见与建议，经过三年多的努力，编写完成了《钻井监督技术手册》。

《钻井监督技术手册》共分为十六章，主要介绍了钻井施工现场所用最新的钻井设备与钻井工具的技术参数和使用要点，钻井常用管材、钻井液、固井水泥与固井添加剂材料的技术参数，以及钻井常见复杂情况与钻井事故的判断、处理与预防等。它将为钻井监督工作提供极大的方便。

本书的编写工作得到了徐明会等钻井专家的大力支持和帮助，在此向他们表示诚挚的谢意！

由于编者的水平有限，书中难免有不足和错误之处，敬请读者给予批评指正。

编者
2007年9月

目 录

1 钻井设备 ··· 1
1.1 石油钻机基本参数 ··· 1
1.2 钻机主要技术参数 ··· 2
1.2.1 宝鸡石油机械有限责任公司钻机基本参数 ·· 2
1.2.2 兰州国民油井石油工程有限公司钻机基本参数 ··· 8
1.2.3 江汉四机厂车装钻机主要技术参数 ·· 11
1.2.4 南阳石油机械厂车装钻机基本参数 ·· 12
1.2.5 部分将逐步退役钻机基本参数 ··· 13
1.3 钻机主要部件参数 ··· 15
1.3.1 天车 ·· 15
1.3.2 游车 ·· 15
1.3.3 游车大钩 ·· 16
1.3.4 大钩 ·· 16
1.3.5 水龙头 ·· 17
1.3.6 转盘 ·· 17
1.3.7 绞车 ·· 18
1.3.8 井架 ·· 20
1.3.9 底座 ·· 21
1.3.10 顶部驱动装置 ·· 21
1.4 钻机动力机组 ··· 28
1.4.1 济南柴油机股份有限公司柴油机 ·· 28
1.4.2 美国 CATERPILLAR 公司柴油机 ·· 30
1.4.3 液力变矩器参数及其与柴油机的匹配 ·· 31
1.5 钻井泵 ··· 32
1.5.1 宝鸡石油机械有限责任公司 F 系列钻井泵技术参数 ······························· 32
1.5.2 兰州国民油井石油工程有限公司 3NB 系列钻井泵技术参数 ················· 32
1.5.3 常用钻井泵额定泵压 ··· 33
1.5.4 三缸单作用泵每冲次泵量 ·· 33
1.6 固控设备 ··· 34
1.6.1 振动筛 ·· 34
1.6.2 除气器 ·· 37
1.6.3 清洁器 ·· 38
1.6.4 旋流器 ·· 39
1.6.5 砂泵 ·· 41
1.6.6 离心机 ·· 41

2 井控装置 ... 43
2.1 防喷器 ... 43
- 2.1.1 分类与代号 ... 43
- 2.1.2 型号 ... 43
- 2.1.3 基本参数 ... 43
- 2.1.4 组合形式 ... 44
- 2.1.5 防喷器公称通径与套管公称外径的组合 ... 45
- 2.1.6 环形防喷器 ... 47
- 2.1.7 闸板防喷器 ... 51
- 2.1.8 旋转防喷器 ... 56
- 2.1.9 分流器 ... 63

2.2 地面防喷器控制装置 ... 63
- 2.2.1 国产防喷器控制装置系列 ... 63
- 2.2.2 国产防喷器控制装置产品型号 ... 63
- 2.2.3 国产地面防喷器控制装置技术参数 ... 65
- 2.2.4 地面防喷器控制装置技术要求 ... 67

2.3 井控管汇 ... 68
- 2.3.1 井控管汇的组合形式 ... 68
- 2.3.2 节流管汇的组合形式 ... 69
- 2.3.3 压井管汇组合形式 ... 70
- 2.3.4 井控管汇技术要求 ... 70
- 2.3.5 常用节流管汇技术参数 ... 73
- 2.3.6 常用压井管汇技术参数 ... 74
- 2.3.7 井控管汇主要阀件 ... 74

2.4 钻具内防喷器 ... 79
- 2.4.1 方钻杆旋塞阀 ... 79
- 2.4.2 钻具止回阀 ... 80

2.5 试压装备及工具 ... 87
- 2.5.1 试压装备 ... 87
- 2.5.2 试压堵塞器 ... 88

2.6 钻井液气体分离器 ... 90
- 2.6.1 结构 ... 90
- 2.6.2 主要技术参数 ... 90

3 井口工具 ... 92
3.1 吊环 ... 92
- 3.1.1 结构 ... 92
- 3.1.2 型号 ... 92
- 3.1.3 技术参数 ... 92

3.2 吊卡 ... 94
- 3.2.1 结构 ... 94
- 3.2.2 型号 ... 94
- 3.2.3 技术参数 ... 95

- 3.3 吊钳 ··· 99
  - 3.3.1 型号 ·· 99
  - 3.3.2 技术参数 ·· 99
- 3.4 卡瓦 ·· 100
  - 3.4.1 卡瓦类型 ··· 100
  - 3.4.2 型号 ··· 100
  - 3.4.3 技术参数 ··· 101
- 3.5 气动套管卡瓦 ··· 101
  - 3.5.1 结构 ··· 101
  - 3.5.2 技术参数 ··· 101
- 3.6 安全卡瓦 ·· 102
- 3.7 钻井动力钳 ·· 102
  - 3.7.1 结构 ··· 102
  - 3.7.2 型号 ··· 103
  - 3.7.3 技术参数 ··· 103
- 3.8 气动旋扣器 ·· 104
  - 3.8.1 结构 ··· 104
  - 3.8.2 技术参数 ··· 104
- 3.9 滚子方补心 ·· 106
  - 3.9.1 结构 ··· 106
  - 3.9.2 规格 ··· 106
  - 3.9.3 使用技术要求 ·· 107

4 井口装置 ·· 108
- 4.1 性能要求 ·· 108
  - 4.1.1 额定压力 ··· 108
  - 4.1.2 额定温度 ··· 108
  - 4.1.3 额定材料类别 ·· 109
- 4.2 产品材料级别 ··· 110
- 4.3 套管头本体垂直通径 ·· 110
- 4.4 转换连接装置 ··· 112
  - 4.4.1 转换四通（单级） ·· 112
  - 4.4.2 多段转换四通（多段套管头四通） ·· 113
  - 4.4.3 转换异径连接装置 ·· 113
  - 4.4.4 油管头异径连接装置 ·· 113
- 4.5 API 法兰额定压力值和尺寸范围 ·· 114
- 4.6 密封垫环形式及尺寸 ·· 122
- 4.7 推荐的法兰用螺栓上紧扭矩 ··· 126
- 4.8 防磨套 ··· 127

5 钻头 ·· 128
- 5.1 钻头类型与地层级别对应关系 ··· 128
- 5.2 三牙轮钻头 ·· 128
  - 5.2.1 三牙轮钻头分类 ··· 128

  5.2.2 江汉三牙轮钻头 ·· 128
  5.2.3 江汉三牙轮钻头与美国四大钻头公司钻头型号对照 ························· 134
 5.3 金刚石钻头 ··· 143
  5.3.1 江汉金刚石钻头 ··· 143
  5.3.2 川石·克锐达金刚石钻头 ·· 146
  5.3.3 四川百施特金刚石钻头 ··· 147
  5.3.4 特殊钻头 ·· 150
 5.4 IADC 钻头磨损分级方法 ·· 153
  5.4.1 牙轮钻头 ·· 153
  5.4.2 金刚石钻头 ··· 155
  5.4.3 IADC 钻头磨损分级标准及代号框图 ··· 156
 5.5 国内钻头磨损评定方法 ··· 157
  5.5.1 钻头磨损 ·· 157
  5.5.2 切削齿磨损 ··· 157
  5.5.3 轴承磨损 ·· 157
  5.5.4 直径磨损 ·· 159

6 常用井下工具 ··· 160
 6.1 减震器 ··· 160
  6.1.1 分类 ·· 160
  6.1.2 型号 ·· 160
  6.1.3 液压减震器 ··· 160
  6.1.4 机械减震器 ··· 161
  6.1.5 减震器使用方法及注意事项 ··· 164
 6.2 水力加压器 ··· 165
 6.3 稳定器 ··· 165
  6.3.1 型号 ·· 165
  6.3.2 整体式螺旋稳定器 ··· 166
  6.3.3 可换套稳定器 ··· 168

7 井下事故处理工具 ··· 171
 7.1 震击器和震击加速器 ·· 171
  7.1.1 分类与命名 ··· 171
  7.1.2 随钻震击器 ··· 171
  7.1.3 打捞震击器 ··· 179
 7.2 管柱打捞工具 ··· 187
  7.2.1 公锥 ·· 187
  7.2.2 母锥 ·· 188
  7.2.3 打捞筒 ·· 190
  7.2.4 打捞矛 ·· 193
  7.2.5 倒扣接头 ·· 196
  7.2.6 安全接头 ·· 196
  7.2.7 铅模（铅印） ··· 198
  7.2.8 可变弯接头 ··· 199

7.3 测卡与爆炸松扣工具 ··· 201
   7.3.1 测卡车 ··· 201
   7.3.2 测卡仪 ··· 202
   7.3.3 爆炸松扣工具 ··· 203
   7.3.4 爆炸切割工具 ··· 204
   7.3.5 化学切割工具 ··· 208
   7.3.6 水眼冲砂工具 ··· 210
7.4 磨鞋与铣鞋 ··· 211
   7.4.1 概况 ··· 211
   7.4.2 磨鞋 ··· 212
   7.4.3 铣鞋 ··· 212
7.5 套铣工具 ··· 216
   7.5.1 套铣管 ··· 216
   7.5.2 套铣防掉矛 ··· 218
   7.5.3 套铣倒扣器 ··· 221
7.6 切割工具 ··· 222
   7.6.1 机械式内割刀 ··· 222
   7.6.2 机械式外割刀 ··· 223
   7.6.3 水力式内割刀 ··· 223
   7.6.4 水力式外割刀 ··· 225
7.7 落物打捞工具 ··· 226
   7.7.1 反循环（强磁）打捞篮 ·· 226
   7.7.2 液压井底碎物打捞器 ··· 228
   7.7.3 随钻打捞杯 ··· 228
   7.7.4 杆状落物的打捞工具 ··· 230

8 定向井工具和测量仪器 ·· 232
8.1 井下动力钻具 ··· 232
   8.1.1 螺杆钻具 ·· 232
   8.1.2 涡轮钻具 ·· 254
8.2 定向井专用工具 ··· 255
   8.2.1 弯接头 ··· 255
   8.2.2 无磁钻铤 ·· 255
8.3 测量仪器 ··· 256
   8.3.1 单点测斜仪 ··· 256
   8.3.2 多点测斜仪 ··· 259
   8.3.3 陀螺测斜仪 ··· 260
   8.3.4 随钻测斜仪 ··· 261

9 钻井取心工具 ··· 268
9.1 取心工具选择 ··· 268
9.2 常规取心工具 ··· 268
   9.2.1 常规取心工具概况 ·· 268
   9.2.2 常规取心技术要求 ·· 269

    9.2.3 常规取心工具产品介绍 ··· 271
  9.3 特殊取心工具 ··· 273
    9.3.1 特殊取心工具概况 ··· 273
    9.3.2 特殊取心工具结构特点 ··· 274
    9.3.3 特殊取心工具钻进参数推荐值 ··· 278
    9.3.4 密闭液与示踪剂技术要求 ··· 278
    9.3.5 特殊取心工具 ··· 278
  9.4 取心钻头 ··· 280
    9.4.1 取心钻头分类及特点 ··· 280
    9.4.2 取心钻头选择 ··· 280

10 固井工具 ··· 283
  10.1 套管串附件 ··· 283
    10.1.1 引鞋 ··· 283
    10.1.2 套管鞋 ··· 284
    10.1.3 浮鞋与浮箍 ··· 284
    10.1.4 套管自动灌浆阀 ··· 285
    10.1.5 水泥伞 ··· 287
    10.1.6 刮泥器 ··· 287
    10.1.7 套管扶正器 ··· 288
    10.1.8 限位卡 ··· 288
    10.1.9 尾管悬挂器 ··· 289
    10.1.10 尾管回接装置 ··· 298
    10.1.11 内管法注水泥器 ··· 301
    10.1.12 分级注水泥器 ··· 303
    10.1.13 套管外封隔器 ··· 307
    10.1.14 套管地锚 ··· 309
  10.2 地面固井工具 ··· 312
    10.2.1 固井水泥头 ··· 312
    10.2.2 固井胶塞 ··· 314
    10.2.3 循环接头 ··· 315
    10.2.4 套管通径规 ··· 316

11 钻井管材 ··· 317
  11.1 方钻杆 ··· 317
    11.1.1 结构 ··· 317
    11.1.2 四方方钻杆规格 ··· 317
    11.1.3 六方方钻杆规格 ··· 317
    11.1.4 方钻杆机械性能 ··· 317
  11.2 钻杆 ··· 321
    11.2.1 钻杆管体 ··· 321
    11.2.2 钻杆接头 ··· 321
    11.2.3 钻杆分级和标记 ··· 327
    11.2.4 钻杆性能 ··· 328

11.2.5　整体加重钻杆 ··· 333
　　11.2.6　推荐API钻杆紧扣扭矩 ·· 334
　　11.2.7　钻杆接头螺纹 ·· 336
　11.3　钻铤 ··· 338
　　11.3.1　钻铤类型与结构 ··· 338
　　11.3.2　钻铤尺寸规格 ·· 339
　　11.3.3　螺旋钻铤螺旋槽尺寸规格 ··· 340
　　11.3.4　钻铤机械性能 ·· 341
　　11.3.5　推荐钻铤紧扣扭矩 ··· 341
　11.4　套管 ··· 346
　　11.4.1　API套管钢级、标识和套管标记 ··· 346
　　11.4.2　API套管规范 ··· 348
　　11.4.3　套管接箍规范 ·· 348
　　11.4.4　特种（非API）套管 ·· 374
　　11.4.5　套管螺纹 ··· 385
　　11.4.6　推荐套管紧扣扭矩 ·· 391

12　钻井钢丝绳 ·· 403
　12.1　结构 ··· 403
　　12.1.1　代表性股结构 ·· 403
　　12.1.2　捻法 ··· 403
　　12.1.3　结构及钢级代号 ·· 403
　12.2　钻井钢丝绳(钻井大绳)选择 ·· 404
　　12.2.1　钻井钢丝绳尺寸、结构选择 ·· 404
　　12.2.2　钻井钢丝绳（大绳）的安全系数 ·· 404
　　12.2.3　钻井钢丝绳的钢级和破断强度 ·· 405
　　12.2.4　钻井钢丝绳直径与滑轮槽和滚筒槽根半径的匹配 ···················· 406
　12.3　钻井钢丝绳倒剁评价 ·· 407
　　12.3.1　外层钢丝断裂根数限定值 ··· 407
　　12.3.2　钢丝绳倒剁依据 ·· 407
　　12.3.3　钢丝绳倒剁长度的确定 ·· 407

13　常用钻井液添加剂 ··· 409
　13.1　常用钻井液添加剂 ·· 409
　13.2　钻井完井液常用保护储层处理剂 ·· 420

14　油井水泥与外加剂 ··· 421
　14.1　油井水泥 ··· 421
　　14.1.1　API油井水泥级别 ··· 421
　　14.1.2　我国油井水泥级别及规范 ··· 421
　14.2　油井水泥外加剂 ·· 422
　　14.2.1　我国油井水泥外加剂 ··· 422
　　14.2.2　国外油井水泥外加剂 ··· 426

15　钻井工程复杂情况和事故的预防与处理 ··································· 433
　15.1　井下复杂情况与事故诊断 ·· 433

15.1.1　井下复杂情况诊断 …………………………………………………………… 433
  15.1.2　井下事故诊断 …………………………………………………………………… 433
 15.2　钻井复杂情况与事故的种类、发生原因及主要特征 …………………………… 434
  15.2.1　卡钻事故 …………………………………………………………………………… 434
  15.2.2　常见的钻柱事故及处理方法 …………………………………………………… 436
  15.2.3　常见的井内落物事故及处理方法 …………………………………………… 436
  15.2.4　固井中的复杂情况与事故 ……………………………………………………… 436
 15.3　卡钻处理的主要技术措施 …………………………………………………………… 441
  15.3.1　粘吸卡钻的处理与预防措施 …………………………………………………… 441
  15.3.2　处理砂桥卡钻的技术措施 ……………………………………………………… 443
  15.3.3　处理缩径卡钻的技术措施 ……………………………………………………… 443
  15.3.4　处理坍塌卡钻的技术措施 ……………………………………………………… 444
  15.3.5　处理键槽卡钻的技术措施 ……………………………………………………… 444
  15.3.6　处理泥包卡钻的技术措施 ……………………………………………………… 444
  15.3.7　处理干钻卡钻的技术措施 ……………………………………………………… 445
  15.3.8　处理水泥卡钻的技术措施 ……………………………………………………… 445
 15.4　固井中的复杂情况与事故处理 ……………………………………………………… 445
  15.4.1　套管事故的预防与处理 ………………………………………………………… 445
  15.4.2　注水泥作业中的复杂情况与故障 …………………………………………… 448
 15.5　处理复杂情况的主要技术措施 ……………………………………………………… 453
  15.5.1　井漏的处理 ………………………………………………………………………… 453
  15.5.2　井塌的处理 ………………………………………………………………………… 456
  15.5.3　复杂情况下的操作 ……………………………………………………………… 457
 15.6　井喷事故的处理 ……………………………………………………………………… 460
  15.6.1　关井程序 …………………………………………………………………………… 460
  15.6.2　压井 ………………………………………………………………………………… 461
  15.6.3　压井过程中异常情况的判断与处理 ………………………………………… 463
  15.6.4　井喷失控的处理 …………………………………………………………………… 464
  15.6.5　井喷失控着火处理 ………………………………………………………………… 464

16　钻井常用数据与计算 …………………………………………………………………… 466
 16.1　常用计量单位及换算 ………………………………………………………………… 466
 16.2　常用物质密度 ………………………………………………………………………… 468
 16.3　常用容积 ……………………………………………………………………………… 469
 16.4　钻井液主要性能参数、单位及计算公式 …………………………………………… 470
 16.5　钻井液配制计算 ……………………………………………………………………… 471
  16.5.1　配制钻井液所需膨润土量计算 ………………………………………………… 471
  16.5.2　配制钻井液所需水量计算 ……………………………………………………… 472
  16.5.3　降低钻井液密度时加水量计算 ………………………………………………… 472
  16.5.4　钻井液加重剂用量计算 ………………………………………………………… 472
  16.5.5　重晶石加重钻井液用量速查表 ………………………………………………… 472
 16.6　循环压耗计算 ………………………………………………………………………… 474
  16.6.1　钻井液环空上返速度计算 ……………………………………………………… 474

  16.6.2 环空流态的判断 ……………………………………………………………… 474
  16.6.3 地面管汇压力损耗计算 ………………………………………………… 475
  16.6.4 管内循环压力损耗计算 ………………………………………………… 475
  16.6.5 管外循环压力损耗计算 ………………………………………………… 476
 16.7 喷射钻井计算 ………………………………………………………………………… 477
  16.7.1 射流喷射速度计算 ……………………………………………………… 477
  16.7.2 当量喷嘴直径计算 ……………………………………………………… 477
  16.7.3 射流冲击力计算 ………………………………………………………… 477
  16.7.4 钻头压力降计算 ………………………………………………………… 478
  16.7.5 钻头水功率计算 ………………………………………………………… 478
  16.7.6 钻头比水功率计算 ……………………………………………………… 478
  16.7.7 设计钻头喷嘴总面积计算 ……………………………………………… 478
 16.8 地层压力计算 ………………………………………………………………………… 479
  16.8.1 孔隙压力计算 …………………………………………………………… 479
  16.8.2 静液柱压力计算 ………………………………………………………… 479
  16.8.3 上覆岩层压力计算 ……………………………………………………… 479
  16.8.4 地层压力梯度计算 ……………………………………………………… 479
  16.8.5 地层破裂压力梯度计算 ………………………………………………… 479
  16.8.6 激动压力和抽汲压力计算 ……………………………………………… 480
  16.8.7 dc 指数法预测地层压力的计算 ……………………………………… 480
 16.9 压井计算 ……………………………………………………………………………… 481
  16.9.1 油气上窜速度计算（迟到时间法）…………………………………… 481
  16.9.2 井筒内钻井液量计算 …………………………………………………… 482
  16.9.3 钻井液循环时间计算 …………………………………………………… 482
  16.9.4 关井立管压力计算 ……………………………………………………… 482
  16.9.5 压井所需钻井液密度计算 ……………………………………………… 482
  16.9.6 压井过程中循环时立管总压力计算 …………………………………… 482
  16.9.7 压井初始循环压力计算 ………………………………………………… 483
  16.9.8 终了循环压力计算 ……………………………………………………… 483
 16.10 卡钻事故处理相关计算 …………………………………………………………… 483
  16.10.1 卡点深度计算 ………………………………………………………… 483
  16.10.2 浸泡油量计算 ………………………………………………………… 484
  16.10.3 钻杆允许扭转圈数计算 ……………………………………………… 485
 16.11 固井常用计算 ……………………………………………………………………… 487
  16.11.1 钻杆伸长量计算 ……………………………………………………… 487
  16.11.2 水泥配浆数据计算 …………………………………………………… 487
  16.11.3 套管在自重作用下伸长量计算 ……………………………………… 488
  16.11.4 套管自由段恢复自重时回缩距计算 ………………………………… 489
 16.12 筛网规格 …………………………………………………………………………… 489
 16.13 推荐钻头上扣扭矩 ………………………………………………………………… 490
参考文献 ………………………………………………………………………………………… 490

1　钻 井 设 备

1.1　石油钻机基本参数

石油钻机基本参数见表 1–1。

表 1–1　石油钻机基本参数

钻机级别		10/600	15/900	20/1350	30/1700	40/2250	50/3150	70/4500	90/6750 90/5850③	120/9000
名义钻深范围① m	127mm 钻杆	500~800	700~1400	1100~1800	1500~2500	2000~3200	2800~4500	4000~6000	5000~8000	7000~10000
	114mm 钻杆	500~1000	800~1500	1200~2000	1600~3000	2500~4000	3500~5000	4500~7000	6000~9000	7500~12000
最大钩载 kN（tf）		600（60）	900（90）	1350 （135）	1700 （170）	2250 （225）	3150 （315）	4500 （450）	6750 （675） 5850 （585）③	9000 （900）
绞车额定功率 kW（hp）		110~200 （150~270）	257~330 （350~450）	330~400 （450~550）	400~550 （550~750）	735 （1000）	1100 （1500）	1470 （2000）	2210 （3000）	2940 （4000）
游动系统绳数	钻井绳数	6	8	8	8	8	10	10	12/10③	12
	最多绳数	6	8	8	10	10	12	12	16/14③	16
钻井钢丝绳直径② mm（in）		22 （7/8）	26 （1）	29 （1 1/8）	32 （1¼）	32 （1¼）	35 （1 3/8）	38 （1½）	42 （1 5/8）	52 （2）
钻井泵单台功率最小值 kW（hp）		260 （350）	370 （500）	590 （800）	735 （1000）		960 （1300）	1180 （1600）		1470 （2000）
转盘开口直径 mm（in）		381，445 （15，17½）		445，520，700 （17½，20½，27½）			700，950，1260 （27½，37½，49½）			
钻台高度，m		3，4	4，5		5，6，7.5		7.5，9，10.5，12			
井架④		各级钻机均采用可提升 28m 立柱的井架，对 10/600，15/900，20/1350 三级钻机也可采用提升 19m 立柱的井架，对 120/9000 一级钻机可采用 37m 立柱的井架								

注：① 114mm 钻杆组成的钻柱的平均质量 30kg/m，127mm 钻杆组成的钻柱的平均质量 36kg/m，以 114mm 钻杆标定的名义钻深范围上限作为钻机型号的表示依据。

②所选用钢丝绳应保证在游动系统最多绳数和最大钩载的情况下的安全系数不小于 2，在钻井绳数和最大钻柱载荷情况下的安全系数不小于 3。

③为非优先采用参数。

④不适合用于自行式钻机、拖挂式钻机。

1.2 钻机主要技术参数

1.2.1 宝鸡石油机械有限责任公司钻机基本参数

宝鸡石油机械有限责任公司钻机基本参数见表1-2至表1-6。

表1-2 宝鸡石油机械有限责任公司直流电驱动钻机基本参数

钻机型号		ZJ50/3150D	ZJ70/4500D	
名义钻井深度 m	114mm 钻杆	3500～5000	5000～7000	
	127mm 钻杆	2800～4500	4000～6000	
最大钩载，kN（tf）		3150（315）	4500（450）	
大钩速度，m/s		0～1.44	0～1.44	
提升系统绳系		12	12	
钻井钢丝绳直径，mm		35	38	
最大快绳拉力，kN		350	487	
绞车	型号	JC50D	JC70D	
	额定功率，kW（hp）	1100（1500）	1470（2000）	
	绞车挡数	4	4	
主刹车		液压盘刹		
辅助刹车		电磁涡流刹车或气动风冷盘式刹车		
天车型号		TC315	TC450	
游车型号		YC315	YC450	
提升系统轮径，mm（in）		1270（50）	1524（60）	
大钩型号		DG315	DG450	
水龙头	型号	SL450	SL450	
	中心管直径，mm	75	75	
转盘	开口直径，mm（in）	952.5（37½）	952.5（37½）	
	挡数	1挡或2挡，无级变速		
	驱动方式	独立电驱动或复合驱动		
井架	型式	K		
	有效高度，m	45		
	额定载荷，kN	3150	4500	
	二层台高度，m	24.5，25.5，26.5		
底座	型式	旋升式或弹弓式		
	钻台高度，m	9	9	10.5
	净空高度，m	7.6	7.6	9
钻井泵	型号×台数	F-1600×2	F-1600×3	
	驱动方式	直流电驱动		
主发电机组	容量，kV·A	1500	1500	
	数量	3	4	

表 1-3 宝鸡石油机械有限责任公司交流变频电驱动钻机基本参数

钻 机 型 号		ZJ15/900DB	ZJ30/1700DB	ZJ40/2250DB	ZJ50/3150DB	ZJ70/4500DB	ZJ90/6800DB
名义钻井深度 m	114mm 钻杆	800 ~ 1500	1600 ~ 3000	2500 ~ 4000	3500 ~ 5000	4500 ~ 7000	6000 ~ 9000
	127mm 钻杆	700 ~ 1400	1500 ~ 2500	2000 ~ 3200	2800 ~ 4500	4000 ~ 6000	5000 ~ 8000
最大钩载，kN（tf）		900（90）	1700（170）	2250（225）	3150（315）	4500（45）	6750（675）
大钩速度，m/s		0 ~ 1.1	0 ~ 1.1	0 ~ 1.48	0 ~ 1.258	0 ~ 1.275	0 ~ 1.5
提升系统绳系		8	10	10	12	12	14
钻井钢丝绳直径，mm		26	29	32	35	38	45
最大快绳拉力，kN		130	210	280	350	487	630
绞车	型号	JC15DB	JC30DB	JC40DB	JC50DB	JC70DB	JC90DB
	额定功率 kW（hp）	300（410）	600（815）	800（1090）	1100（1500）	1470（2000）	2940（4000）
	挡数	2 挡，无级调速		6 挡，无级调速	2 挡，无级调速		1 挡，无级调速
刹车		液压盘刹 + 能耗制动 液压盘刹 + 电磁涡流辅刹或 EATON 辅刹			液压盘刹 + 能耗制动		
天车型号		TC90	TC170	TC225	TC315	TC450	TC675
游车型号		YG135	YG170	YC225	YC315	YC450	YC675
提升系统轮径，mm（in）		660（26）	1005（40）	1120（44）	1270（50）	1524（60）	1524
大钩型号		YG135	YG170	DG225	DG315	DG450	DG675
水龙头	型号	SL135	SL170	SL225	SL450	SL450	P–750
	中心管直径 mm	64	64	75	75	75	102
转盘	开口直径 mm（in）	444.5（17½）	520.7（20½）	698.5（27½）	952.5（37½）		
	挡数	2 挡，无级变速			1 挡，无级变速		
	驱动方式	独立电驱动或复合驱动			独立电驱动		
井架	型式	K，桅杆	K，A	K	K	K	K
	有效高度 m	31，39	33，41	44	45	45	48
	额定载荷，kN	900	1700	2250	3150	4500	6750
底座	型式	叠 箱		双升	双升，弹弓		双升
	钻台高度，m	3.8，4.5	5，6	7.5	9	10.5	12
	净空高度，m	2.6，3.3	3.8，4.8	6	7.6	9	10.3
钻井泵	型号 × 台数	F–800 × 1	F–1300 × 1	F–1300 × 2	F–1600 × 2	F–1600 × 3	F–1600 × 2 F–2200 × 1
	驱动方式	交流变频电驱动					
电控方式		AC–DC–AC 一对一控制					
总装机功率，kW		300+810	2 × 400+810	3 × 1050	3 × 1050	4 × 1310	5 × 1310

表1-4 宝鸡石油机械有限责任公司机械驱动钻机基本参数

钻机型号		ZJ10B	ZJ15DJ	ZJ30B	ZJ30DJ
名义钻井深度 m	114mm 钻杆	500～1000	800～1500	1600～3000	1600～3000
	127mm 钻杆	500～800	700～1400	1500～2500	1500～2500
最大钩载，kN（tf）		585（58.5）	900（90）	1700（170）	1700（170）
大钩速度，m/s		0.134～1.3	0.26～1.08	0.192～1.458	0.23～1.21
提升系统绳系		8	8	10	10
钻井钢丝绳直径，mm		22	26	29	29
最大快绳拉力，kN		103	130	210	210
绞车	型号	JC10B	JC15DJ	JC30B	JC30DJ
	额定功率，kW（hp）	210（285）	250（340）	440（600）	380（520）
	挡数	2正1倒	3正1倒	4正1倒	4正1倒
主刹车		液压盘刹或带刹			
辅助刹车		电磁涡流刹车			
天车型号		TC60	TC90	TC170	TC170
游车型号		YG60	YG135	YG170	YG170
提升系统轮径，mm（in）		600（24）	660（26）	1005（40）	1005（40）
大钩型号		YG60	YG135	YG170	YG170
水龙头	型号	SL80	SL135	SL170	SL170
	中心管直径 mm	64			
转盘	开口直径 mm（in）	444.5（17½）	444.5（17½）	520.7（20½）	444.5（17½）
	挡数	2正1倒	3正1倒	4正1倒	4正1倒
井架	型式	A	K	K，A	K，A
	有效高度，m	29	31	41	41
	额定载荷，kN	585	900	1700	1700
底座	型式	箱式，叠箱式			
	钻台高度，m	3	3/4.5	3.6/4	3.8
	净空高度，m	2.21	2.21/3.2	2.4/2.91	2.88
钻井泵	型号×台数	F-800×1	F-800×1	F-1000×1	F-1000×1
	驱动方式	柴油机驱动，复合驱动			
柴油机功率，kW		210+810	250+810	880+810 或 2×810	380+810

续表

钻机型号		ZJ40L/40J	ZJ50L	ZJ70L
名义钻井深度 m	114mm 钻杆	2500～4000	3500～5000	4500～7000
	127mm 钻杆	2000～3200	2800～4500	4000～6000
最大钩载，kN (tf)		2250 (225)	3150 (315)	4500 (450)
大钩速度，m/s		0.154～1.75	0.2～1.33 (4F) 0.19～1.77 (6F)	0.22～1.88
提升系统绳系		10	12	12
钻井钢丝绳直径，mm		32	35	38
最大快绳拉力，kN		280	350	487
绞车	型号	JC40B	JC50B	JC70B
	额定功率，kW (hp)	735 (1000)	1100 (1500)	1470 (2000)
	挡数	6 (4) 正 2 倒	6 (4) 正 2 倒	6 (4) 正 2 倒
主刹车		液压盘刹或带刹		
辅助刹车		电磁涡流刹车		
天车型号		TC225	TC315	TC450
游车型号		YC225	YC225	YC450
提升系统轮径，mm (in)		1120 (44)	1270 (50)	1524 (60)
大钩型号		DG225	DG315	DG450
水龙头	型号	SL225	SL315	SL450
	中心管直径，mm	75		
转盘	开口直径，mm (in)	698.5 (27½)	698.5 (27½)	952.5 (37½)
	挡数	6 (4) 正 2 倒	6 (4) 正 2 倒	6 (4) 正 2 倒
井架	型式	K	K	K
	有效高度，m	43	45	45
	额定载荷，kN	2250	3150	4500
底座	型式	箱式，叠箱式		
	钻台高度，m	6/7.5	7.5	7.5/9
	净空高度，m	4.8/6.3	6.3	6.3/7.4
钻井泵	型号×台数	F-1300×2	F-1600×2	F-1600×2
	驱动方式	柴油机驱动，复合驱动		
柴油机功率，kW		3×810 2×460+2×810	3×810	4×810 3×1000

表1-5 宝鸡石油机械有限责任公司复合驱动钻机基本参数

钻机型号		ZJ40LDB	ZJ50LDB	ZJ70LDB/LD
名义钻井深度, m	114mm 钻杆	2500～4000	3500～5000	4500～7000
	127mm 钻杆	2000～3200	2800～4500	4000～6000
最大钩载, kN (tf)		2250 (225)	3150 (315)	4500 (450)
大钩速度, m/s		0.21～1.35	0.21～1.39	0.21～1.36, 0.25～1.91
提升系统绳系		10	12	12
钻井钢丝绳直径, mm		32	35	38
最大快绳拉力, kN		280	350	485
绞车	型号	JC40B	JC50B	JC70B
	额定功率, kW (hp)	735 (1000)	1100 (1500)	1470 (2000)
	挡数	6 (4) 正 1 倒	4 正 2 倒	6 (4) 正 2 倒
主刹车		液压盘刹		
辅助刹车		电磁涡流刹车		
天车型号		TC225	TC315	TC450
游车型号		YC225	YC225	YC450
提升系统轮径, mm (in)		1120 (44)	1270 (50)	1524 (60)
大钩型号		DG225	DG315	DG450
水龙头	型号	SL225	SL450	SL450
	中心管直径, mm	75		
转盘	开口直径, mm (in)	698.5 (27½)	698.5 (27½)	952.5 (37½)
	挡数	1 挡, 无级调速	1 挡, 无级调速	1 挡或 2 挡, 无级调速
	驱动方式	变频电驱动 (VFD)	变频电驱动 (VFD)	变频或直流电驱动
井架	型式	K	K	K
	有效高度, m	43	45	45
	额定载荷, kN	2250	3150	4500
底座	型式	箱式	前台低位安装自升式底座, 后台低位箱式	
	钻台高度, m	前台 6, 后台 0.8	前台 9, 后台 0.8	前台 9 或 10.5, 后台 0.8
	净空高度, m	4.8	7.4	7.4, 8.9
钻井泵	型号×台数	F-1300×2	F-1300×2	F-1600×2
	驱动方式	复合驱动	复合驱动	复合驱动
转盘电控方式		AC–DC–AC 或 AC–SCR–DC 一对一控制		
总装机功率, kW		3×810	3×810	4×810, 3×1000

1 钻井设备

表1-6 宝鸡石油机械有限责任公司拖挂式钻机基本参数

钻机型号		ZJ10DBT	ZJ30DBT	ZJ40DBT	GW-M1000
名义钻井深度, m	114mm 钻杆	500~1000	1600~3000	2500~4000	2500~4000
	127mm 钻杆	500~800	1500~2500	2000~3200	2000~3200
最大钩载, kN (tf)		500 (50)	1700 (170)	2250 (225)	2250 (225)
大钩速度, m/s		0~0.9	0~1.15	0~1.2	0.16~1.93
提升系统绳系		8	10	10	10
钻井钢丝绳直径, mm		22	29	32	35
最大快绳拉力, kN		103	210	280	280
绞车	型号	JC10DB	JC30DB	JC40DB	JC32B
	额定功率 kW (hp)	110 (150)	600 (820)	800 (1090)	735 (1000)
	挡数	1挡, 无级调速	1挡, 无级调速	1挡, 无级调速	6正2倒
主刹车		单边液压盘刹	单边液压盘刹	单边液压盘刹	带刹
辅助刹车		能耗制动	能耗制动	能耗制动	EATON
天车型号		TC50	TC170	TC225	TC225
游车型号		YC50	YG170	YC225	YC225
提升系统轮径, mm (in)		540 (21¼)	915 (36)	1120 (44)	1120 (44)
大钩型号			YG170	DG225	DG225
水龙头	型号	顶驱	SL170	SL225	SL225
	中心管直径, mm		64	75	75
转盘	开口直径, mm (in)		520.7 (20½)	698.5 (27½)	952.5 (37½)
	挡数		1正1倒（变频电驱动）	1正1倒（变频电驱动）	3正1倒
	驱动方式		独立电驱动	独立电驱动	复合驱动
井架	型式	K, 2节桅杆	三节伸缩式	K	K
	有效高度, m	19	33	35	40
	额定载荷, kN	600	1700	2250	2250
底座	型式	撬装前台后台半拖挂	平行四边形结构	双升	前后台半拖挂
	钻台高度, m	3.5	4.5	6	5.5
	净空高度, m	3	3.2	4.5	4.3
钻井泵	型号×台数	F-800×1	F-1300×1	F-1300×2	F-1300×2
	驱动方式	柴油机驱动	柴油机驱动	柴油机驱动	柴油机驱动
驱动方式		AC-DC-AC 一对一控制	AC-DC-AC 一对一控制	AC-DC-AC 一对一控制	柴油机+变矩器
移运速度, km/h		≤30	≤30	≤30	≤10
最小转弯半径, m		14	16	21	22
总装机功率, kW		2×300+810	3×400+960	3×400+2×960	2×460+2×750

1.2.2 兰州国民油井石油工程有限公司钻机基本参数

兰州国民油井石油工程有限公司钻井基本参数见表1–7至表1–9。

表1–7 兰州国民油井石油工程有限公司链条并车钻机基本参数

钻机型号		ZJ40/2250L	ZJ50/3150L	ZJ70/4500L
名义钻井深度 m	114mm钻杆	2500 ~ 4000	3500 ~ 5000	4500 ~ 7000
	127mm钻杆	2000 ~ 3200	2800 ~ 4500	4500 ~ 6000
最大钩载，kN		2250	3150	4500
绞车	额定功率，kW	735	1100	1470
	挡数	4（6）正2倒	6正2倒	6正2倒
主刹车		液压盘式刹车	液压盘式刹车	液压盘式刹车
辅助刹车		DS40涡流刹车	DS50涡流刹车	DS70涡流刹车
提升系统绳系		5×6顺穿	6×7顺穿	6×7顺穿
钻井钢丝绳直径，mm（in）		32（$1\frac{1}{4}$）	35（$1\frac{3}{8}$）	38（$1\frac{1}{2}$）
水龙头中心管直径，mm		75	75	75
钻井泵型号×台数		3NB1300C×2	3NB1300C×2	3NB1600C×2
转盘	开口直径，mm（in）	520.7（$20\frac{1}{2}$） 698.5（$27\frac{1}{2}$）	698.5（$27\frac{1}{2}$） 952.5（$37\frac{1}{2}$）	952.5（$37\frac{1}{2}$）
	挡数	4正2倒或6正2倒		6正2倒
井架	型式	K	K	K
	有效高度，m	43	45	45
钻台	高度，m	7.5	7.5	9
	净空高度，m	6.26	6.26	7.7
	长×宽，m×m	9.5×10.31	9.5×10.31	10×12
柴油机	型号	G12V190PZL–31B	G12V190PZL–31B	G12V190PZL–31B
	转速，r/min	1300	1300	1300
	功率，kW	810	810	810
	台数	3	3	4
并车传动装置		BC732–828	BC732–828	BC742–828
气源压力，MPa		1	1	1
高压管汇（双立管）	额定压力，MPa	35		
	通径，mm	101.6		
钻井液循环系统总容量，m^3		280	360	400

表 1–8 兰州国民油井石油工程有限公司直流电驱动钻机基本参数

钻机型号		ZJ70/4500DZ	ZJ50/3150DZ	ZJ40/2250DZ
名义钻井深度 m	114mm 钻杆	4000 ~ 6000	2800 ~ 4500	2000 ~ 3200
	127mm 钻杆	4500 ~ 7000	3500 ~ 5000	2500 ~ 4000
最大钩载，kN		4500	3150	2250
绞车	额定功率，kW	1470	1100	735
	挡数	4 正 4 倒	4 正 4 倒	4 正 4 倒
主刹车		液压盘式刹车	液压盘式刹车	液压盘式刹车
辅助刹车		DS70 涡流刹车（或 EATON 刹车）	DS50 涡流刹车（EATON 刹车）	DS40 涡流刹车
提升系统绳系		6 × 7	6 × 7	5 × 6 顺穿
钻井钢丝绳直径，mm（in）		38（1½）	35（$1\frac{3}{8}$）	32（1¼）
水龙头中心管直径，mm		75	75	75
钻井泵型号 × 台数		3NB1600 × 2	3NB1600 × 2	3NB1300 × 2
转盘	开口直径，mm（in）	952.5（37½）	698.5（27½），952.5（37½）	520.7（20½），698.5（27½）
	挡数	2 正 2 倒（或独立驱动）		2 正 2 倒
井架	型式	K	K	K
	有效高度，m	45	45	43
钻台	高度，m	9（10.5）	9（10.5）	7.5
	净空高度，m	7.62（8.92）	7.62（8.92）	6.26
	长 × 宽，m × m	12 × 13	10.31 × 12	10.8 × 10.3
传动方式		AC–SCR–DC	AC–SCR–DC	AC–SCR–DC
柴油发电机组	台数 × 功率，kW	4 × 1330	3 × 1330	2 × 800
	型号	cat3512B+SR4B	cat3512B+SR4B	G12V190DZL
	柴油机转速，r/min	1500	1500	1500
	柴油机功率，kW	1305	1305	1000
发电机容量 × 频率 × 电压 kV·A × Hz × V		1900 × 50 × 600	1900 × 50 × 600	1250 × 50 × 600
SCR 柜数		4	4	4
控制方式		一对二，全数字	一对二，全数字	一对一，全数字
气源压力，MPa		1	1	1
高压管汇（单立管）	额定压力，MPa	35		
	通径，mm	101.6		
钻井液循环系统总容量，m^3		400	360	280

表 1–9　兰州国民油井石油工程有限公司复合型钻机基本技术参数

钻机型号		ZJ70/4500LDB	ZJ50/3150LD	ZJ40/2250DBF	ZJ40/2250LD
名义钻深范围，m	114mm 钻杆	4000 ~ 6000	2800 ~ 4500	2000 ~ 3200	2000 ~ 3200
	127mm 钻杆	4500 ~ 7000	3500 ~ 5000	2500 ~ 4000	2500 ~ 4000
最大钩载，kN		4500	3150	2250	2250
绞车	额定功率，kW	1470	1100	735	735
	挡数	6 正 2 倒		4 正 4 倒	4 正 2 倒
主刹车		液压盘式刹车	液压盘式刹车	液压盘式刹车	液压盘式刹车
辅助刹车		DS70 涡流刹车	DS50 涡流刹车	DS40 涡流刹车	DS40 涡流刹车
提升系统绳系		6×7	6×7	5×6	5×6
钻井钢丝绳直径，mm（in）		38（1½）	35（1³/₈）	32（1¼）	32（1¼）
水龙头中心管直径，mm		75	75	75	75
钻井泵型号 × 台数		3NB1600C×2	3NB1300C×2	3NB1300C×2	3NB1300C×2
转盘	开口直径，mm（in）	952.5（37½）	698.5（27½）	698.5（27½）	698.5（27½）
	挡数	交流变频独立驱动，无级调速	交流变频独立驱动，无级调速	2 正 2 倒	交流变频独立驱动，无级调速
井架	型式	K			
	有效高度，m	45	45	43	43
钻台	高度，m	9	7.5	7.5	7.5
	净空高度，m	7.7	6.26	6.26	6.26
	长 × 宽，m×m	10×12	9.5×10.31	10.8×10.3	9.5×10.31
柴油机	型号	G12V190PZL–3/0	G12V190PZL–3/0	G12V190PZL	G12V190PZL–3/0
	转速，r/min	1300	1300	1500	1300
	功率，kW	810	810	1000	810
	柴油机台数	4	3	—	3
柴油发电机组台数及功率，kW		—	—	2×800	—
液力耦合器正车减速器	型号	YOZJ750–20FLSH	YOZJ750–20FLSH	—	YOZJ750–20FLSH
	减速比	1.95	1.95	—	1.95
传动方式		—	—	AC–SCR–IGBT–AC	—
发电机容量 × 频率 × 电压 kV·A×Hz×V		—	—	1250×50×600	—
变频器个数		—	—	2	—
控制方式		—	—	一对一、全数字	—
钻井泵机组形式		—	—	柴油机—减速器—窄 V 带—钻井泵	—
气源压力，MPa		1	1	1	1
高压管汇（单立管）	额定压力，MPa	35			
	通径，mm	101.6			
钻井液循环系统总容量，m^3		400	360	280	280

1.2.3 江汉四机厂车装钻机主要技术参数

江汉四机厂车装钻机主要技术参数见表 1—10。

表 1—10　江汉四机厂车装钻机主要技术参数

	型号	ZJ10	ZJ15	ZJ20	ZJ20煤层气钻机	ZJ30
整机性能	名义钻井深度(114mm 钻杆), m	1000	1500	2000	2000	3000
	大钩最大载荷, kN	900	1125	1350	1350	1700
	最高车速, km/h	63	63	63	63	63
	整机质量, kg	42000	51000	56000	55000	64300
	外形尺寸 (mm×mm×mm)	17500×2800×4180	19600×3000×4200	20100×3100×4270	15500×2990×4480	20620×3300×4400
底盘	驱动型式	10×8	10×8	12×8	10×8	14×8
	最小离地间隙, mm	340	340	340	390	340
	最小转弯直径, m	31	36	36	16	42
	接近角, (°)	30	30	30	24.5	30
	离去角, (°)	17	14	17	20.1	18.7
	最大爬坡度, %	32	20	32	25	35
发动机	功率, kW (2100r/min)	269	354	485	429	2×343
	最大扭矩, N·m	1518	1920	2550	2340	2×1981
	转速, r/min	1200	1200	1200	1400	1400
传动箱	型号	CLBT-754(DB)	CLBT-5961	CLBT-6061	S6600	2×S5600
	变矩器型号	TC-499	TC-690	TC-680	TC-680	TC-580
主滚筒	直径×长度, mm×mm	429×910	429×910	480×914	480×915	528×940
	刹车毂直径×宽度, mm×mm	1070×260	1070×260	1070×310	1070×310	1170×310
	推盘式离合器型号	ATD-224H	ATD-324H	ATD-324H	ATD-324H	ATD-230H/324H
	最大快绳拉力, kN	200	210	210	210	240
	冷却方式	喷水冷却	循环水冷却	循环水冷却	强制循环水冷却	强制循环水冷却
水刹车	最大制动功率, kW	1838	1838	2206	2206	—
	最高耐压, MPa	0.17	0.25	0.25	0.25	—
捞砂滚筒(选配件)	直径×长度 mm×mm	324×1016	324×1016	324×1016	324×928	324×1030
	刹车毂直径×宽度, mm×mm	970×210	970×210	970×230	970×210	1070×210
	推盘式离合器型号	ATD-124H	ATD-124H	ATD-124H	ATD-124H	ATD-124H
	冷却方式	喷水冷却	喷水冷却	喷水冷却	压力喷水	喷水冷却

续表

型号		ZJ10	ZJ15	ZJ20	ZJ20煤层气钻机	ZJ30
井架	井架高度，m	34	34	35	35（三节伸缩）	36
	最大静载荷，kN	1196	1196	1580	1350	1800
	倾斜角，（°）	35	3	3	3.25	2.75
	二层台立根容量（114mm钻杆），m	1000	2000	2500	2500	3000
	二层台高度，m	17.2, 19.9	20.5, 21.8	20.5, 21.8	21.7	20.5, 22.3
	最大抗风 km/h	96（约10级）	96（约10级）	96（约10级）	110	96（约10级）
液压小绞车	滚筒直径，mm	245	245/370	245/370	245/325	245/370
	最大提升质量 kg	3000	3000/5000	3000/5000	3000/5000	3000/5000
	钢丝绳直径，mm	14/16	14/16	14/16	14/16	14/16
液压系统	油泵最大排量，L/min	165	165	165	165	165
	系统最大压力，MPa	14	14	14	14	14
游车大钩	型号	YG–110	YG–150	YG–150	YG–150	YG–170
	最大载荷，kN	1100	1470	1470	1470	1700
	滑轮数	3	4	4	4	4
	钢丝绳直径，mm	26	26	29	29	32
水龙头	型号	SL110	SL160	SL160	XSL135	SL225
	最大静载荷，kN	1100	1600	1600	1350	2250
	最大耐压，MPa	35	35	35	35	35
转盘	型号	ZP–175	ZP–175	ZP–175	ZP–175	ZP–205
	最大静载荷，kN	2250	2250	2250	2250	3150
	最大通径 mm（in）	260（10.5）	445（17.5）	445（17.5）	444.5（17.5）	520（20.5）
	最大扭矩，N·m	13729	13729	13729	13730	22555
钻台	钻台高度，m	4.5	4.5	4.5	4.5	5
	净空高度，m	3.7	3.7	3.7	3.6	3.7
	最大载荷，kN	1470	2200	2200	1960	2450
	立根容量（114mm钻杆），m	1000	2000	2500	2500	3000

1.2.4 南阳石油机械厂车装钻机基本参数

南阳石油机械厂车装钻机基本参数见表1–11。

表 1-11 南阳石油机械厂车装钻机基本参数

产品型号		ZJ10	ZJ15	ZJ20	ZJ40/2250CZ
名义钻深，m	114mm 钻杆	—	—	—	2500～4000
	127mm 钻杆	1000	1500	2000	2000～3200
名义大修井深（89mm 钻杆），m		3200	4500	5300	—
最大钩载，kN		900	1125	1580	2250（5×6）
大钩速度，m/s		0.2～1.4			
井架高度，m		29	32	35	38
钻台高度，m		—	—	—	5.5，6
发动机型号		CAT3406B	CAT3408B DITA	CAT3412BDITA	
发动机功率，kW		268.5	394	485	
液力传动箱型号		CLBT5961	CLBT5961	CLBT6061	
绞车额定功率，kW（hp）					735（1000）
传动型式		液力+机械	液力+机械	液力+机械	
游动系统		4×3	5×4	5×4	5×4
主大绳直径，mm		26	26	29	
游车大钩型号		YG90	YG110	YG135/YG160	
水龙头型号		SL115	SL130	SL135/SL160	
转盘型号		ZP175	ZP175	ZP175	ZP275
底盘型号/驱动形式		XD40/8×6	XD50/10×8B	XD60/12×8	
接近角，（°）		25	25	26	
离去角，（°）		16	16.3	18	
最小离地间隙，mm		290	311	311	
最大爬坡度，%		30	26	26	
最小转弯半径，m		14	15	19.2	
移运时外形尺寸，m		16.7×2.8×4.3	18.8×2.8×4.3	20.5×2.8×4.45	
主机质量，kg		42000	47000	55000	
附件质量，kg		约15000	约20000	约25000	
钻井泵单台功率不小于，kW（hp）		—	—	—	735（1000）

1.2.5 部分将逐步退役钻机基本参数

部分将逐步退役钻井的基本参数见表 1-12。

表 1-12 部分将逐步退役钻机基本参数

钻机类型		E2100	C-2-Ⅱ	C-3-Ⅱ	F320	大庆Ⅱ型
名义钻深，m		6500（114mm 钻杆）	7620（114mm 钻杆）	9144（114mm 钻杆）	6000（114mm 钻杆）	3200（127mm 钻杆）
大绳直径，mm		34.9	34.9（38.1）	34.9（38.1）	34.9	32
提升系统绳数		12	12	14	10	12
天车	型号	CB-585-7-60	RA-60-7-650CB	RA-60-8-750CB	6-35GF-400	TC200
	最大负荷，kN	5733	6370	7350	3920	1960
	滑轮数	7	7	8	6	6
	质量，kg	5486	6391	7983	3494	—

续表

钻机类型		E2100	C-2-Ⅱ	C-3-Ⅱ	F320	大庆Ⅱ型
游车	型号	UTB-525-6-60	RA-52-6-500TB	RA-60-7-750TB	MC-400A	YC200
	滑轮数	6	6	7	5	5
	额定负荷,kN	5145	4900	7350	3920	2000
	质量,kg	10841（含大钩）	7605	10374	10512（含大钩）	—
大钩	型号	UTB-525-6-60	BJ5500	BJ5700	MC-400	DG200
	最大钩载,kN	5145	4900	7350	3920	1960
水龙头	型号	TL-500	LB-500	LB-650	CH-400	SL250
	额定负荷,kN	4900	4900	6370	3920	2500
	API轴承负荷(100r/min),kN	3155.6	3194.8	4194.4	2058	—
	工作压力,MPa	31.6	35	35	30	35
	冲管直径,mm	76.2	76.2	76.2	76.2	φ75
	质量,kg	2495	2835	3150	2730	
转盘	型号	LR-275	T-2750-53¼	T-3750-53¼	MRL-27.5	ZP520
	开口直径,mm(in)	698.5 (27½)	952.5 (37½)	698.5 (27½)	698.5 (27½)	520
	额定静载,kN	5586	4900	6370	4900	2000
	动载荷,kN	3479	—	—	—	—
	挡数	2正2倒	2正2倒	2正2倒	4正+2倒	3正+1倒
	最大转速,r/min	350	350	350	300	300
	离合器型号	42VC1200	28CB525	28CB525	—	—
	质量,kg	4808（含方补心）	7330（含大方瓦）	7303	5267（含大方瓦）	
绞车	型号	E2100	C-2-Ⅱ	C-3-Ⅱ	TF-38	JC14.5
	输入功率,kW	1470	1470	2205	1470	507
	挡数	4正4倒	4正2倒	4正2倒	4正2倒	4正1倒
	滚筒（直径×长）mm×mm	781×1461	762×1473	893×1575	780×1440	650×1240
	低速型号	42VC1200 46VC1200（选用）	C-236	C-244	AVB1250×300	—
	高速型号	38VC1200	38VC1200	46VC1200	AVB112×300	
	质量,kg	29940	31056	35982	34768	
井架及底座	型号	HFM142-1000	CRH142	CRB-150	MA320	TJ2-41
	高度,m	43.3	43.3	45.7	43.5	41
	下套管负荷,kN	4410	4439.4	6667.92	3920	
	立根盒负荷,kN	2665.6	2665.6	3778.39	2450	
	底座总负荷,kN	7075.6	7105	10446.31	6370	
	底座高度,m	9.14	9.144, 8.23	8.7	6.7	4.5

1.3　钻机主要部件参数

1.3.1　天车

兰州国民油井石油工程有限公司天车参数见表 1–13，宝鸡石油机械有限公司天车参数见表 1–14。

表 1–13　兰州国民油井石油工程有限公司天车参数

型　号	TC135	TC170	TC225	TC315	TC450	TC585
最大钩载，kN	1350	1700	2250	3150	4500	5850
滑轮外径，mm（in）	915（36）	1005（40）	1120（44）	1270（50）	1524（60）	1524（60）
滑轮数	5	6	6	7	7	8
钢丝绳直径，mm（in）	29（$1\frac{1}{8}$）	29（$1\frac{1}{8}$）	32（$1\frac{1}{4}$）	35（$1\frac{3}{8}$）	38（$1\frac{1}{2}$）	42（$1\frac{5}{8}$）
外形尺寸（长 × 宽 × 高）mm × mm × mm	2500 × 2050 × 1920	2687 × 2150 × 2046	3200 × 3347 × 3640	3295 × 2776 × 2514	3068 × 2906 × 3576	3070 × 3000 × 3600
质量，kg	2400	2920	5310	7400	9500	10000

表 1–14　宝鸡石油机械有限责任公司天车参数

型　号		TC30	TC50	TC90	TC135	TC170	TC225	TC315	TC450
最大钩载，kN		300	500	900	1350	1700	2250	3150	4500
滑轮外径 mm（in）		475（$18\frac{3}{4}$）	610（24）	762（30）	1005（40）	1005（40）	1120（44）	1270（50）	1524（60）
滑轮数		4	5	5	5	6	6	7	7
钢丝绳直径 mm（in）		24（$\frac{15}{16}$）	24（$\frac{15}{16}$）	26（1）	29（$1\frac{1}{8}$）	29（$1\frac{1}{8}$）	32（$1\frac{1}{4}$）	35（$1\frac{3}{8}$）	38（$1\frac{1}{2}$）
外形尺寸 mm	长	738	860	2447	2320	2668	3668	3112	3410
	宽	472	670	1695	1436	2460	2709	2783	2753
	高	575	588	1624	1781	1855	2469	2800	2938
质量，kg		2450	4640	3260	2775	4540	5650	7600	11012

1.3.2　游车

兰州国民油井石油工程有限公司游车参数见表 1–15。

表 1–15　兰州国民油井石油工程有限公司游车参数表

型　号		YC90	YC135	YC170	YC225	YC315	YC450	YC585
最大钩载，kN		900	1350	1700	2250	3150	4500	5850
滑轮外径，mm（in）		762（30）	915（36）	915（36）	1120（44）	1270（50）	1524（60）	1524（60）
滑轮数		4	4	5	5	6	6	7
钢丝绳直径，mm（in）		26（1）	26（1）	29（$1\frac{1}{8}$）	32（$1\frac{1}{4}$）	35（$1\frac{3}{8}$）	38（$1\frac{1}{2}$）	42（$1\frac{5}{8}$）
外形尺寸 mm	长	1500	1800	2100	2294	2680	3075	3100
	宽	806	960	960	1190	1350	1600	1600
	高	533	610	630	630	974	800	965
质量，kg		1810	2200	3010	3805	6842	8135	9600

1.3.3 游车大钩

部分国产游车大、钩参数见表 1−16、表 1−17。

表 1−16　兰州国民油井石油工程有限公司游车大钩参数表

型　号		YG90	YG135	YG170	YG450
最大钩载，kN		900	1350	1700	4500
滑轮外径，mm（in）		762（30）	915（36）	915（36）	1524（60）
滑轮数		4	4	5	6
钢丝绳直径，mm（in）		26（1）	26（1）	29（$1^1/_8$）	38（$1^1/_2$）
主钩口开口尺寸，mm		155	165	180	220
主钩口直径，mm		116	140	150	180
副钩口直径，mm		80	90	90	120
外形尺寸 mm	长	2908	3195	3294	4887
	宽	806	960	960	1600
	高	533	616	713	880
质量，kg		2850	3590	4585	12530

表 1−17　宝鸡石油机械有限责任公司游车大钩参数表

型　号		YG135	YG170	YC170	YC225	YC315	YC450
最大钩载，kN		1350	1700	1700	2250	3150	4500
滑轮数		4	5	5	5	6	6
钢丝绳直径，mm（in）		29（$1^1/_8$）	29（$1^1/_8$）	29（$1^1/_8$）	32（$1^1/_4$）	35（$1^3/_8$）	38（$1^1/_2$）
外形尺寸 mm	长	3294	3400	2030	2294	2690	3110
	宽	960	960	1060	1190	1350	1600
	高	610	715	620	630	800	840
质量，kg		4350	4590	2410	3788	5500	8300

1.3.4 大钩

部分国产大钩参数见表 1−18。

表 1−18　兰州国民油井石油工程有限公司大钩参数表

型　号		DG90	DG135	DG170	DG225	DG315	DG450	DG585
最大钩载，kN		900	1350	1700	2250	3150	4500	5850
主钩口开口尺寸，mm		155	165	180	190	220	220	238
弹簧工作行程，mm		180	180	180	180	200	200	200
外形尺寸 mm	长	2000	2200	2450	2545	2953	2950	3156
	宽	680	720	750	780	890	890	930
	高	600	616	630	750	830	880	930
质量，kg		1800	1910	2020	2180	3410	3496	3900

1.3.5 水龙头

部分国产水龙头参数见表 1-19、表 1-20。

表 1-19 兰州国民油井石油工程有限公司水龙头参数表

型 号		SL135	SL225	SL450	SL585
最大静负荷，kN		1350	2250	4500	5850
最高转速，r/min		300	300	300	300
最高工作压力，MPa		35	35	35	35
大钩间隙，mm		495	540	549	584
中心管直径，mm		64	75	75	75
接头螺纹	接中心管	4½REG LH	6⅝REG LH	7⅝REG LH	7⅝REG LH
	接方钻杆	6⅝REG LH	6⅝REG LH	6⅝REG LH	6⅝REG LH
外形尺寸 mm	长	2505	2880	3015	3115
	宽	758	1046	1096	1143
	高	840	1065	1065	990
质量，kg		1341	2570	3060	4000

注：上述型号的水龙头分为带旋扣器的（两用）和不带旋扣器的。

表 1-20 宝鸡石油机械有限责任公司水龙头参数表

型 号		SL135	SL170	SL225	SL450
最大静负荷，kN		1350	1700	2250	4500
最高转速，r/min		300	300	300	300
最高工作压力，MPa		35	35	35	35
中心管直径，mm		64	64	75	75
接头螺纹	接中心管	4½REG LH	4½REG LH	6⅝REG LH	7⅝REG LH
	接方钻杆	6⅝REG LH	6⅝REG LH	6⅝REG LH	6⅝REG LH
外形尺寸 mm	长	2505	2786	2880	3015
	宽	758	706	1046	1096
	高	840	791	1065	1065
质量，kg		1341	1834	2570	3060

注：上述型号的水龙头分为带旋扣器的（两用）和不带旋扣器的。

1.3.6 转盘

部分国产转盘参数见表 1-21、表 1-22。

表 1-21 兰州国民油井石油工程有限公司转盘参数表

型 号	ZP175	ZP205	ZP275	ZP375	ZP495
开口直径，mm（in）	444.5（17½）	520.7（20½）	698.5（27½）	952.5（37½）	1257.3（49½）
中心距，mm（in）	1118（44）	1353（53¼）	1353（53¼）	1353（53¼）	1651（65）
最大静负荷，kN	1350	3150	4500	5850	7250
最大工作扭矩，N·m	14000	23000	28000	33000	37000
最高转速，r/min	300	300	300	300	300
齿轮传动比	3.58	3.22	3.67	3.56	3.93

续表

型号		ZP175	ZP205	ZP275	ZP375	ZP495
外形尺寸 mm	长	1935	2292	2392	2468	2940
	宽	1280	1475	1670	1810	2184
	高	585	668	685	718	813
质量,kg		3888	5530	6163	8026	11626

表1-22 宝鸡石油机械有限责任公司转盘参数表

型号		ZP175	ZP205	ZP275	ZP375
开口直径,mm (in)		444.5 (17½)	520.7 (20½)	698.5 (27½)	952.5 (37½)
中心距,mm (in)		1118 (44)	1353 (53¼)	1353 (53¼)	1353 (53¼)
最大静负荷,kN		2700	3150	4500	5850
最大工作扭矩,N·m		13729	22555	27459	32362
最高转速,r/min		300	300	300	300
齿轮传动比		3.75	3.22	3.67	3.56
外形尺寸 mm	长	1972	2266	2380	2415
	宽	1372	1475	1670	1810
	高	566	704	685	718
质量,kg		4172	5862	6122	7970

1.3.7 绞车

部分国产绞车参数见表1-23、表1-24。

表1-23 兰州国民油井石油工程有限公司绞车参数

型号	JC20	JC40	JC40D	JC50	JC50D	JC70	JC70D
名义钻井深度 (114mm钻杆),m	1200~2000	2500~4000	2500~4000	3500~5000	3500~5000	4500~7000	4500~7000
额定功率,kW	330~400	735	735	1100	1100	1470	1470
最大快绳拉力,kN	165	275	275	340	340	485	485
钢丝绳直径,mm (in)	29 (1⅛)	32 (1¼)	32 (1¼)	35 (1⅜)	35 (1⅜)	38 (1½)	38 (1½)
滚筒(直径×长度) mm×mm	560×879	640×1235	640×1235	685×1245	685×1245	770×1436	770×1436
刹车轮网(直径×宽度) mm×mm	1100×215	1168×265	1168×265	1270×267	1270×267	1370×267	1370×267
刹车盘(直径×宽度) mm×mm	—	1500×76	1500×76	1600×76	1600×76	1600×76	1600×76
捞砂滚筒(直径×长度) mm×mm	—	356×1245	356×1245	356×1430	356×1430	356×1430	356×1430
捞砂滚筒容量 (φ14.5钢丝绳),m	—	3500	4000	4500	5000	6000	6400
辅助刹车	DS20	DS40,YS40	DS40,YS40	DS50,YS50	DS50,YS50	DS70,YS70	DS70,YS70
外形尺寸(长×宽×高) mm×mm×mm	4250×3000×2200	6450×2560×2482	6600×5820×2918	7000×2955×2780	6800×4537×2998	7930×3194×2930	7670×4585×3197
质量,kg	14810	28240	40000	45210	48000	43000	61000

1 钻井设备

表1-24 宝鸡石油机械有限责任公司绞车参数

绞车型号	JC10B	JC15DB	JC30B	JC30DB	JC40DB	JC40B	JC50B	JC50D	JC50DB	JC70B	JC70D
名义钻井深度(114mm钻杆), m	1000	1500	3000	3000	4000	4000	5000	5000	5000	7000	7000
最大输入功率, kW	210	500	400	600	735	735	1100	1100	1100	1470	1470
最大快绳拉力, kN	80	150	200	210	280	280	350	350	350	487	487
钻井钢丝绳直径, mm	22	26	29	29	32	32	35	35	35	38	38
滚筒（直径×宽度）mm×mm	400×650	473×900	560×1120	560×1320	644×1208	640×1208	685×1160	770×1310	770×1310	770×1310	770×1310
刹车轮毂（直径×宽度）, mm×mm	1100×230	1500（盘刹）	1500（盘刹）	1500（盘刹）	1168×265	1168×265	1100×230	1500（盘刹）	1500（盘刹）	1500（盘刹）	1500（盘刹）
刹带包角, (°)	273	—	—	—	280	280	273	—	—	—	—
捞砂滚筒（直径×宽度）, mm×mm	—	—	—	—	400×1080	—	—	—	—	—	—
捞砂滚筒容量, mL	—	—	—	—	4000	—	—	5000	—	—	7000
提升速度挡数	2	2	5	1	4	4	4 (6) 正2倒	4正4倒	1正1倒	4 (6) 正2倒	4正4倒
转盘速度挡数	2	2	5	1	2	2	2	2	5	1	—
猫头轴速度挡数	2	—	—	—	2	2	—	2	—	—	2
辅助刹车	—	FDWS15	FDWS30	能耗制动	FDWS40	FDWS40	FDWS50	SDF45	能耗制动	FDWS70	FDWS70
外形尺寸（长×宽×高）mm×mm×mm	7390×2500×2410	4500×2400×2500	6500×2500×2800	4700×2800×2552	7000×3695×3010	6300×2628×2699	6760×2565×2881	7190×4335×3216	6530×2920×2680	7180×2920×2945	7670×4335×3216
质量, kg	9819	11000	17500	20366	39125	28000	34203	49600	3600	46050	55809

1.3.8 井架

部分国产井架参数见表1-25、表1-26。

表1-25 宝鸡石油机械有限责任公司井架参数

型号	井架形式	井架高度 m	最大钩载 kN	立根容量（114mm 钻杆）m	井架可承受最大风载 km/h
JJ60/29-A	A	29	588	1000	172
JJ90/39-A	A	39	882	1500	172
JJ135/40-A	A	40	1323	2000	172
JJ170/41-A	A	41	1666	3000	172
JJ225/42-A	A	42	2205	4000	172
JJ315/43-A	A	43	3087	5000	172
JJ90/38-K	K	38	882	1500	172
JJ135/40-K	K	40	1323	2000	172
JJ170/41-K	K	41	1666	3000	172
JJ225/43-K	K	43	2205	4000	172
JJ315/45-K	K	45	3087	5000	172
JJ450/45-K	K	45	4410	7000	172
TJ2-41	塔式	41	2205	4000	80
HJJ315/45-T	塔式	45	3087	5000	172
HJJ450/45-T	塔式	45	4410	7000	172
HJJ450/49-T	塔式	49	4410	7000	172

表1-26 兰州国民油井石油工程有限公司井架参数

型号		JJ135/31.5-K	JJ225/43-K1	JJ225/43-K2	JJ315/44.5-K	JJ315/45-K	JJ450/45-K5	JJ450/45-K6	JJ585/45-K
最大静负荷, kN		1350	2250	2250	3150	3150	4500	4500	5850
有效高度, m		31.5	43	43	44.5	45	45	45	45
顶部跨距（正面×侧面），m×m		1.7×1.7	2×2	2×2	2.1×2.05	2.1×2.05	2.1×2.05	2.2×2.2	2.4×2.4
底部跨距, m		6	8	8	9	8	9	9	9
二层台高度, m		17.5	26.5	26.5	26.5	26.5	26.5	26.5	26.67
		16.5	25.5	25.5	25.5	25.5	25.5	25.8	25.67
		—	24.5	24.5	24.5	24.5	24.5	23.2	—
		—	—	—	—	—	—	22.5	—
二层台立根容量, m		2000	4000	4000	5000	5000	7000	7280	9200
抗风能力	非工作状态（无立根、无钩载），km/h	172	172	172	172	172	172	172	172
	非工作状态（满立根、无钩载），km/h	130	130	130	130	130	130	130	130
	起放井架, km/h	30	30	30	30	30	30	30	30
质量, kg		25410	40600	53500	54200	62194	75580	76218	98000

1.3.9 底座

部分国产底座参数见表 1-27、表 1-28。

表 1-27 兰州国民油井石油工程有限公司底座参数

型号	DZ135/4	DZ225/6-XD	DZ225/7.5-S	DZ315/7.5-XD	DZ315/9-S	DZ450/7.5-XD DZ450/9-XD	DZ450/9-S DZ450/10.5-S	DZ450/10.5-S
钻台高度,m	4	6	7.5	7.5	9	7.5 / 9	9 / 10.5	10.5
净空高度,m	3.2	4.77	6.26	6.26	7.62	6.23 / 7.73	7.42 / 8.92	8.5
转盘梁负荷,kN	1350	2250	2250	3150	3150	4500	4500	5850
立根负荷,kN	1000	1150	1150	1600	1600	2200	2200	2880
井架最大静钩载,kN	1350	2250	2250	3150	3150	4500	4500	5850
井架底部跨距,m	6	8	8	9	8	9 / 9	9 / 9	9
质量,kg	44960	93860	101760	114680	142000	128477 / 150188	186000 / 207000	220000

表 1-28 宝鸡石油机械有限责任公司底座参数

型号	形式	钻台高度 m	动力机台高度 m	转盘大梁下净空高度 m	转盘大梁负荷 kN	立根盒负荷 kN
DZ60/3-T	拖撬式	3	2.16	1.9	588	392
DZ90/3.9-T	拖撬式	(3.2) 3.9	(2.6) 3.54	(2.55) 3.2	882	588
DZ135/4.5-T	拖撬式	(3.2) 4.5	1.5	(2.5) 3.5	1323	784
DZ170/4-T	拖撬式	(3.6) 4	(2.25) 2.95	(2.51) 2.91	1666	882
DZ135/4.5-C	车装式	4.5	1.5	3.5	1323	784
TJ2-41	叠箱式	4.5	1.5	3.2	2205	1274
DZ225/6-K	块式	(4.5) 6	(1.5) 0.4~1.4	(3.2) 4.8	2205	1274
DZ225/7.5-K	块式	7.5	1.4	6.2	2450	1274
DZ315/6-K	块式	6	1.5	4.5	3087	1764
DZ450/6.7-K	块式	(6) 6.7	(3) 0.4~1.4	(4.5) 5.5	4410	2352
DZ315/9-S	举升式	9	9	7.69	3087	1764
DZ450/9-S	举升式	9	9	7.5	4410	2352

1.3.10 顶部驱动装置

(1) 北京石油机械厂顶部驱动钻井装置主要参数见表 1-29。

表1-29　北京石油机械厂顶部驱动钻井装置主要技术参数

型　　号	DQ40BC	DQ70BS	DQ90BS
名义钻井深度，m（114mm钻杆）	4000	7000	9000
额定载荷，kN	2250	4500	6750
转速范围，r/min	0～180	0～220	0～200
连续钻井扭矩，kN·m	31	50	70
最大卸扣扭矩，kN·m	60	75	125
额定电压（交流），V	600	600	600
额定功率（连续），kW	400×1	295×2	368×2
电动机型式	交流变频，强制空气冷却	交流变频，强制空气冷却	交流变频，强制空气冷却
旋转头转速，r/min	8～12	8～12	8～12
背钳夹持钻杆范围，mm	87～216	87～216	87～216
钻杆规格，mm（in）	73～168（$2^{7/8}$～$6^{5/8}$）		
上部内防喷器	$6^{5/8}$API REG box～pin，70MPa	$6^{5/8}$API REG box～pin，70MPa	$7^{5/8}$API REG box～pin，70MPa
下部内防喷器（手动）	$6^{5/8}$API REG box～pin，70MPa	$6^{5/8}$API REG box～pin，70MPa	$6^{5/8}$API REG box～pin，70MPa

（2）大港新世纪制造有限公司顶部驱动钻井装置主要技术参数见表1-30。

表1-30　大港新世纪制造有限公司DQ-20Y型顶部驱动钻井装置主要技术参数

名义钻井深度（127mm钻杆），m	2000
最大钩载，kN	1700
主轴最大扭矩，kN·m	23
最大卸扣扭矩，kN·m	50
主轴转速范围（无级可调），r/min	0～180
背钳夹持钻杆范围，mm	73～127
发动机型号	CAT3408
发动机功率，kW	375
本体质量，kg	4500
工作高度（从游车顶面至吊卡顶面），m	6.4
井架高度，m	35
中心管通孔直径，mm	64
钻井液系统最大工作压力，MPa	35
液压系统最大工作压力，MPa	30

（3）美国 Varco–BJ 顶部驱动装置主要参数见表 1–31、表 1–32。

表 1–31 美国 Varco–BJ 公司顶部驱动装置主要性能参数（1）

型号	IDS–1	TDS–4H TDS–4S	TDS–6S	TDS–8SA	TDS–9SA	TDS–10SA	TDS–11SA
适用范围	海洋自升式钻井装置、平台石油钻机、钻井船和陆地石油钻机	所有海洋石油钻机、钻井船和大型陆地石油钻机	大型海洋石油钻机	所有海洋石油钻机和大型陆地石油钻机	中、小型陆地石油钻机和海上平台、自升式平台石油钻机		
电动机类型与功率 kW(hp)	GE752 并激高扭矩直流电动机，809（1100）	GE752 串激或并激高扭矩直流电动机，831（1130）		GE GEB–20A1 交流电动机，846（1150）	交流电动机，2×257（2×350）	交流电动机，257（350）	交流电动机，2×257（2×350），可选用 2×294（2×400）
API 提升载荷 kN[t(美)]	4550（500）	5910 或 6800（650 或 750）	6800（750）	5910 或 6800（650 或 750）	3630（400）	2270（250）	4550（500）
管子处理装置 kN·m（lbf·ft）	PH—60d 扭矩 81.36（60000）	PH—85 扭矩 115.26（85000）		PH—100 扭矩 135.6（100000）		PH—55（55000）	PH—75（75000）
钻杆尺寸 mm（in）	88.9 ~ 127（3½ ~ 5）	88.9 ~ 168（3½ ~ 6⅝）			73 ~ 127（2⅞ ~ 5）		88.9 ~ 127（3½ ~ 5）
叠加高度 m（ft）	6.9（22.8）	TDS – 4H 7.9 (26.2) TDS – 4S 6.3 (20.8)	7（23）	6.3（20.8）	5.4（17.8）	4.7（15.3）	5.4（17.8）
连续输出扭矩 kN·m（lbf·ft）	并激 47.32（34900）	串激：高速 44.07（32500）低速 69.02（50900） 并激：高速 40.19（29640）低速 62.89（46380）	并激 81.36（60000）	85.43（63000）	44.07（32500）	标准 27.1（20000） 高速 10.03（7400）	标准 44.1（32500） 选用值 49.5（36500）
间歇输出扭矩 kN·m（lbf·ft）	52.61（38800）	串激：高速 58.85（43400）低速 91.94（67800） 并激：高速 53.56（39500）低速 83.8（61800）	114.17（84200）	127.46（94000）	62.38（46000）	标准 49.5（36500） 高速 18.16（13390）	标准 62.4（46000） 选用值 74.6（55000）
全功率最高转速 r/min	173	串激：高速 190 低速 120 并激：高速 205 低速 130	195	188	228	标准 182 高速 240	标准 228 选用值 228

表1-32 美国 Varco-BJ 公司顶部驱动装置主要性能参数表（2）

	型　号	IDS-1	TDS-4S，TDS-4H	TDS-6S
传动装置	传动比	6∶1 行星齿轮传动	高传动比 5.08∶1 双级齿轮减速 低传动比 7.95∶1 双级齿轮减速	5.33∶1 单级齿轮传动
	润滑方式	净化的油雾润滑	净化的油雾润滑	净化的油雾润滑
钻井参数	转速 r/min	220（连续）	低速挡 0~130 高速挡 0~205	250（连续）
	连续钻井扭矩 kN·m（lbf·ft）	47.32（34900）	并激电动机 低速挡 61.690（45500） 高速挡 40.188（29640） 串激电动机 低速挡 69.014（50900） 高速挡 44.066（32500）	81.35（60000）
	间隙扭矩 kN·m（lbf·ft）	52.61（38800）	并激电动机 83.80（61800） 串激电动机 91.94（67800）	114.17（84200）
	最大连续功率 kW（hp）	735.5（1000）	—	1618（2200）
额定容量	提升容量（型号），t	500（API-8C，PSL-1）	650 和 750（API-8C，PSL-1）	750（API-8C，PSL-1，SR-1）
	水道容量	3in，在 5000psi 循环水泵下	3in，在 5000psi 循环水泵下（可选用 3.82in，在 7500psi 循环水泵下）	3in，在 5000psi 循环水泵下（可选用 3.82in，在 7500psi 循环水泵下）
钻井电动机	型号	GE752 并激高扭矩直流电动机	GE752 并激、串激高扭矩直流电动机	GE752 并激高扭矩直流电动机（2台）
	额定功率 kW（hp）	809（1100）	809/831（1100/1130）	每台 809（1100）
	额定速度 r/min	—	—	—
	最大速度 r/min	—	—	—
管子处理装置	型号	PH-60d	PH-85d	PH-85d
	扭矩容量 kN·m（lbf·ft）	在 2000psi 下，81.36（60000）	在 2000psi 下，115.25（85000）	在 2000psi 下，115.25（85000）
	钻杆尺寸范围 mm（in）	88.9~127（3½~5）	88.9~168（3½~6⅝）	88.9~168（3½~6⅝）
	上部内防喷装置	6⅝API 正规右旋螺纹	7⅝API 正规右旋螺纹	7⅝API 正规右旋螺纹
	下部内防喷装置	6⅝API 正规右旋螺纹	7⅝API 正规右旋螺纹	7⅝API 正规右旋螺纹
	IBOP 额定压力	15000psi 循环水泵	15000psi 循环水泵	15000psi 循环水泵
	吊环	350t 或 500tAPI，108~180in（2.7~4.6m）长	350t，500t 或 750tAPI，108in（2.7m）长	350t，500t 或 750t API，108in（2.7m）长
	旋转头	全方位	全方位	全方位

续表

	型　号	TDS-8SA	TDS-9SA	TDS-10SA	TDS-11SA
传动装置	传动比	8.5：1 双级斜齿轮减速	10.5：1 双级斜齿轮减速	13.5：1 双级斜齿轮减速	10.5：1 双级斜齿轮减速
	润滑方式	净化的油雾润滑	净化的油雾润滑	净化的油雾润滑	净化的油雾润滑
钻井参数	转速 r/min	0~270	0~228	0~182	0~228
	连续钻井扭矩 kN·m (lbf·ft)	85.5 (63000)	44.05 (32500)	27.115 (20000)	44.05 (32500)，可选用 49.5 (36500)
	间歇扭矩 kN·m (lbf·ft)	127.46 (94000)	62.38 (46000)	49.49 (36500)	62.38 (46000)，可选用 74.58 (55000)
	最大连续功率 kW (hp)	846 (1150)	515 (700)	257 (350)	514 (700)，可选用 588 (800)
额定容量	提升容量 (型号) t	650, 750 (API-8C, PSL-1, SR-1)	400 (API-8C, PSL-1, SR-1)	250 (API-8C, PSL-1)	500 (API-8C, PSL-1)
	水道容量	3in，在 5000psi 循环水泵下（可 3.82in，在 7500psi 循环水泵下）	3in，在 5000psi 循环水泵下	3in，在 5000psi 循环水泵下	3in，在 5000psi 循环水泵下
钻井电动机	型号	GEB-20Al 交流电动机	2 台交流电动机	交流电动机	2 台交流电动机
	额定功率 kW (hp)	846 (1150)	每台 257 (350)	257 (350)	257 (350)，可选 294 (400)
	额定转速 r/min	最大连续扭矩下，800	1200	1200	1200
	最高转速 r/min	2300	2400	2400	2400
管子处理装置	型号	PH-100	PH-50	PH-50	PH-50
	扭矩容量 kN·m (lbf·ft)	135.6 (100000)	在 2000psi 下，67.8 (50000)	在 2000psi 下，67.8 (50000)	在 2000psi 下，67.8 (50000)
	钻杆尺寸范围 mm (in)	88.9 ~ 168 (3½ ~ 6⅝)	73 ~ 127 (2⅞ ~ 5)	73 ~ 127 (2⅞ ~ 5)	88.9 ~ 127 (3½ ~ 5)
	上部内防喷装置	7⅝ API 正规右旋螺纹（自动）	6⅝API 正规右旋螺纹	6⅝API 正规右旋螺纹	6⅝API 正规右旋螺纹
	下部内防喷装置	7⅝API 正规右旋螺纹（手动）	6⅝API 正规右旋螺纹	6⅝API 正规右旋螺纹	6⅝API 正规右旋螺纹
	IBOP 额定压力	15000psi 循环水泵	15000psi 循环水泵	15000psi 循环水泵	15000psi 循环水泵
	吊环	350t、500t 或 750tAPI	250t、350t 或 500tAPI, 108in (2.7m) 长	150t 或 250tAPI, 带 1 个；IBOP96in (2.4m) 长，带 2 个；IBOP 108in (2.7m)	250t、350t 或 500tAPI, 108in (2.7m) 长
	旋转头	全方位	全方位	全方位	全方位

(4)加拿大 Tesco 公司顶部驱动装置主要性能参数见表 1-33、表 1-34。

表 1-33 Tesco 公司电驱动顶部驱动装置主要性能参数（1）

型 号	ECI 型 AC 变频电驱动顶驱		EMIS 电驱动顶驱
最大钩载，kN [tf（美）]	4550（500）或 5910（650）	4550（500）或 5910（650）	2270（250）
功率，kW（hp）	670（900）	1007（1350）	336（450）
质量，kg（lb）	5897（13000）	6260（13800）	4990（11000）
工作高度（包括 9in 吊环），m（in）	4.36（172）	4.36（172）	4.47（176）
上扣扭矩，kN·m（ft·lbf）	61.01（45000）	94.49（68000）	42.03（31000）
刹车扭矩，kN·m（ft·lbf）	75.92（56000）	113.89（84000）	48.81（36000）
最大钻进扭矩，k·Nm（ft·lbf）	49.76（37600）	78.60（58000）	25.60（19000）
最高转速，r/min	193	193	186
中心管直径，mm（in）	63.5（2.5）	63.5（2.5）	63.5（2.5）
动力系统（机械模块）			
质量，kg（lb）	3447（7600）	3720（8200）	—
长度，mm（in）	2921（115）	6350（250）	—
宽，mm（in）	2311（91）	2311（91）	—
动力系统（动力模块）			
质量，kg（lb）	3992（8800）	4309（9500）	7258（16000）
长度，mm（in）	2921（115）	2921（115）	6096（240）
宽，mm（in）	2311（91）	2311（91）	2438（96）

表 1-34 Tesco 公司液压驱动顶部驱动装置主要性能参数（2）

型 号	HCI 750	HCI 1205	250 HMIS 475
最大钩载，kN[tf（美）]	4550 或 5910（500 或 650）		2270（250）
功率 kW（hp）	886（1205）	900（1205）	336（475）
质量（含水龙头），kg（lb）	8754（19300）		3629（8000）
工作高度（包括吊环），m（in）	6.10（240）		4.39（173）
最大扭矩，kN·m（ft·lbf）	60.47（44600）	73.21（54000）	28.47（21000）
最高转速，r/min	160	210	170
中心管直径，mm（in）	63.5（2.5）	63.5（2.5）	57（2.25）
动力系统	CAT3412,DD 12V2000	DD16V2000	DD 60 系列
质量，kg（lb）	14515（32000）	16329（36000）	7348（16200）
长度，mm（ft）	10668（35）	10668（35）	7132（23.4）
宽，mm（ft）	1905（6.25）	1905（6.25）	1420（4.66）

（5）加拿大 CANRIG 公司顶部驱动装置主要性能参数见表 1−35。

表 1−35　加拿大 CANRIG 公司顶部驱动装置主要性能参数表

单速传动系列顶驱基本参数						
顶驱型号	6027E		8035E	1050E		1175E
名义钻深，m	3600	3600	5000	7000	7000	9000
额定载荷，kN[tf(美)]	2500（275）		3180（350）	4540（500）		6800（750）
输出功率，kW	450	450	670	840	840	840
齿轮速比	5.563	9.387	5.0	5.0	7.12	7.12
最大连续扭矩，kN.m	19.70	33.10	29.80	40.70	57.90	57.90
最高转速，r/min	320	200	265	265	185	185
质量，t	8.6	8.6	12.3	12.7	12.7	13.2
最低井架高度，m	39	39	41	42	42	43
双速传动系列顶驱基本参数						
顶驱型号	6027E−2SP 6017E−2SP−HELI		1050E−2SP 1165E−2SP			
输出功率，kW	450		840			
齿轮速比	低挡	高挡	低挡	高挡		
	7.250	2.324	8.425	5.458		
最大连续扭矩，kN·m	25.60	8.20	68.50	44.40		
最大间歇扭矩，kN·m	31.40	10.10	77.0	49.90		
最高转速，r/min	250	775	155	240		

（6）美国 BOWEN 公司顶部驱动装置主要参数见表 1−36。

表 1−36　美国 BOWEN 公司顶部驱动装置主要性能参数

型　　号	TD350P	TD250HTP	TD120P
提升能力，kN[tf(美)]	3180（350）	2270（250）	1090（120）
钻井扭矩，N·m（lbf·ft）	37290（22750）	28476（21000）	10984（8100）
上 / 卸扣扭矩，N·m（lbf·ft）	81360（60000）	44748（33000）	—
顶驱制动载荷，N·m（lbf·ft）	23052（17000）	47460（35000）	10984（8100）
输出功率，kW（hp）	386（525）	294（400）	110（150）
中心管直径，mm（in）	76（3）	76（3）	57（2¼）
长，mm（in）	4407（174）	4103（162）	2736（108）
宽，mm（in）	1545（61）	804（31¾）	975（38½）
道深，mm（in）	1165（46）	1103（43$^{9}/_{16}$）	836（33）
游车质量，kg（lb）	7484（16500）	5988（13200）	1497（3300）

（7）挪威 Maritime Hydraulics 公司顶部驱动装置主要参数见表1-37。

表1-37 Maritime Hydraulies 公司顶部驱动装置主要性能参数

顶驱系列	PTD			DDM				
顶驱型号	PTD-S350	PTD410	PTD-500	DDM650HY	DDM650HY (750)	DDM500DC DDML650L-DC	DDM650DC (750)	DDM650DC "Forontier" (750)
提升载荷 kN[tf（美）]	3180 (350)	3720 (410)	4550 (500)	5910 (650)	5910 (650) 选择容量 6800 (750)	5910 (650)	5910 (650)	5910 (650) 选择容量 6800 (750)
连续扭矩,kN·m	46.0	38.0	54.0	55.0	55.0	68.35	68.35	88.0
间歇扭矩 kN·m	—	—	—	—	—	76.90	76.90	99.0
最高转速扭矩 kN·m	21.0	19.0	33.2	26.5	26.5	26.5	—	—
最高转速，r/min	200	200	235	265	265	186	186	240
最高扭矩转速 r/min	90	90	140	120	120	104	104	163
最大输入功率，kW	580	580	1178	ΔP 33MPa /1600 L/min	ΔP 32MPa /1600 L/min	783	783	1566
电流，A 连续工作	—	—	—	—	—	1250	1250	2×1200
电流，A 间歇工作	—	—	—	—	—	1435	1435	2×1435
质量（包括滑车）kg (lb)	4717 (10400)	5579 (12300)	5747 (12670)	9979 (22000)	16102 (35500)	16012 (35300)	20548 (45300)	23995 (52900)

1.4 钻机动力机组

1.4.1 济南柴油机股份有限公司柴油机

济南柴油机股份有限公司柴油机相关参数见表1-38至表1-40。

表1-38 济南柴油机股份有限公司2000系列柴油机参数表

型号	标定功率 kW	标定转速 r/min	燃油消耗率 g/(kW·h)	机油消耗率 g/(kW·h)	稳定调速率 %	外形尺寸（长×宽×高）mm×mm×mm	质量 kg
G12V190ZL	1000	1500				2382×1560×2070	5300
G12V190PZL	900	1500				3860×2040×2678	8100
G12V190ZL-1	800	1200				2382×1560×2070	5300
G12V190PZL-1	740	1200	≤208	≤1.6	0~5 (8)	3860×2040×2678	8100
G12V190ZL-2	650	1000				2382×1560×2070	5300
G12V190PZL-2	600	1000				3860×2040×2678	8100
G12V190ZL-3	810	1300				2382×1560×2070	5300
G12V190PZL-3	810	1300				3860×2040×2678	8100

续表

型号	标定功率 kW	标定转速 r/min	燃油消耗率 g/(kW·h)	机油消耗率 g/(kW·h)	稳定调速率 %	外形尺寸（长×宽×高） mm×mm×mm	质量 kg
主要技术参数							
缸数，排列			12，60° V型				
型式			四冲程，水冷，增压中冷，直喷燃烧室				
汽缸直径，mm			190				
活塞行程，mm			210				
活塞总排量，L			71.45				
压缩比			14：1				
转向			逆时针（面向输出端）				
启动方式			气动，电动				
润滑方式			压力和飞溅润滑				

表1-39　济南柴油机股份有限公司2000系列柴油发电机组主要技术规格

机组型号	柴油机型号	发电机型号	额定功率 kW/kV·A	额定电压 V	额定频率 Hz	启动方式	操纵方式	外形尺寸（长×宽×高） mm×mm×mm	质量 kg
500GF	G12V190PZLD-2	1FC5 456-6TA42	500/625	400/230	50	24V直流电启动	自控/手控	5925×2040×2678	13800
500GF-K	G12V190ZLD-2	1FC5 456-6TA42	500/625	400/230	50			4515×2040×2678	11800
500GFZ	G12V190PZLD-2	1FC5 456-6TA42	500/625	400/230	50			5925×2040×2678	13800
550GF1-K	G12V190ZLD-1	1FC5 456-6TA42	550/688	400/230	60			4515×2040×2678	12000
630GF	G12V190PZLD2	1FC5 456-4TA42	630/788	400/230	50			5925×2040×2678	13600
630GF-K	G12V190ZLD2	1FC5 456-4TA42	630/788	400/230	50			4515×2040×2678	11800
630GFZ	G12V190PZLD2	1FC5 456-4TA42	630/788	400/230	50			5925×2040×2678	13600
700GF1	G12V190PZLD5	1FC5 456-4TA42	700/875	400/230	50			5925×2040×2678	13600
700GF1-K	G12V190ZLD5	1FC5 456-4TA42	700/875	400/230	50			4515×2040×2678	11800
700GFZ1	G12V190PZLD4	1FC5 456-4TA42	700/875	400/230	50			5925×2040×2678	13600
800GF	G12V190PZLD	1FC6 502-4LA42	800/1000	400/230	50			5925×2040×2678	13600
800GF-K	G12V190ZLD	1FC6 502-4LA42	800/1000	400/230	50			4515×2040×2678	11800
800GFZ	G12V190PZLD6	1FC6 502-4LA42	800/1000	400/230	50			5925×2040×2678	13600

主要电气性能指标							
电　压				频　率			
稳态调整率，%	瞬态调整率，%	稳定时间 s	波动率 %	稳态调整率，%	瞬态调整率，%	稳定时间 s	波动率 %
±2.5	+20，-15	1.5	0.5	5	±10	7	0.5

控制屏：用于控制发电机组的电能输送，具有欠电压、过电流、自动调速、逆功率保护等功能，同时，可以监控发动机的转速、水温、油温、油压、排气温度等参数并设有声光报警输出。
电压调节范围：空载电压调定95%～105%额定电压

表1-40　济南柴油机股份有限公司3000系列柴油机参数表

型　号	标定功率 kW	标定转速 r/min	燃油消耗率 g/(kW·h)	机油消耗率 g/(kW·h)	稳定调速率 %	外形尺寸（长×宽×高） mm×mm×mm	质量 kg
A12V190ZL	1200	1500	≤205	≤1	0~5	2950×1980×2206	9300
A12V190PZL	1200	1500				3980×2250×2739	13400
A12V190ZL-1	960	1200				2950×1980×2206	9300
A12V190PZL-1	960	1200				3980×2250×2739	13400
A12V190ZL-2	800	1000				2950×1980×2206	9300
A12V190PZL-2	800	1000				3980×2250×2739	13400
A12V190ZL-3	1100	1300				2950×1980×2206	9300
A12V190PZL-3	1100	1300				3980×2250×2739	13400
主要技术参数							
缸数，排列			12，60° V型				
型式			四冲程，水冷，增压中冷，直喷燃烧室				
汽缸直径，mm			190				
活塞行程，mm			215				
活塞总排量，L			73.15				
压缩比			14.5:1				
转向			逆时针（面向输出端）				
启动方式			气动，电动				
润滑方式			压力和飞溅润滑				

1.4.2　美国CATERPILLAR公司柴油机

美国CATERPILLAR公司柴油机相关参数见表1-41、表1-42。

表1-41　美国CAT3512柴油发电机组主要技术参数

柴油机型号	CAT3512DITA
类型	四冲程涡轮增压
额定功率，kW	1030
额定转速，r/min	1500
怠速，r/min	550
缸数，排列	12，50° V型排列
缸径，mm	170
冲程，mm	190
汽缸单缸排量，L	4.3
汽缸总排量，L	51.6
压缩比	13:1
空气滤清器	单级或双级
进气门间隙，mm	0.38
排气门间隙，mm	0.76
发火顺序（顺时针）	1—4—9—8—5—2—11—10—3—6—7—12
发火顺序（逆时针）	1—12—9—4—5—8—11—2—3—10—7—6
旋转方向（从飞轮端）	逆时针（标准）
启动方法	电动或气动

表 1–42　车装钻机用 CAT34 系列柴油机主要技术参数

柴油机型号	CAT34012 DITA	CAT3408E DITA
类型	四冲程涡轮增压	四冲程涡轮增压
额定功率，kW	485	391
额定转速，r/min	2100	2100
缸数，排列	12，V 型排列	8，V 型排列
缸径，mm	137	137
冲程，mm	152	152
汽缸单缸排量，L	2.48	2.48
汽缸总排量，L	27	18
压缩比	14.5∶1	14.5∶1
冷却方式	水冷	水冷
旋转方向（从飞轮端）	逆时针（标准）	逆时针（标准）
最大扭矩，N·m	1356	1356

1.4.3　液力变矩器参数及其与柴油机的匹配

液力变矩器参数见表 1–43，液力变矩器与柴油机的匹配见表 1–44。

表 1–43　YBLT900 系列液力变矩器参数

最大输入功率，kW	1000	最大输入转速，r/min	1500	供油压力，MPa	0.3 ~ 0.47
最大输入扭矩，kN·m	6.5	最大输出扭矩，kN·m	38.0	工作油温度，℃	≤ 110
最高效率	85 ± 2%	工作腔直径，mm	900	使用油品	6 号液力传动油
加油量，L	240	质量，kg	2100	外形尺寸（长 × 宽 × 高）mm × mm × mm	1330 × 950 × 1073

表 1–44　YBLT900 系列液力变矩器与 Z12V190 柴油机匹配一览表

柴油机参数				变矩器参数					
N_c r/min	P_c kW	P_{cf} kW	柴油机型号	P_{Bl} kW	P_{Bg} kW	P_{Bf} kW	P_{BB} kW	变矩器型号	备注
1200	657	37	PZ12V190B–1	620	6	4	610	YBLT900–45	基本型
1200	735	37	PZ12V190B–1	698	6	4	688	YBLT900–45A	增容，换导轮
	1000	60	PZ12V190BB$_L$–1	675		0	669	YBLT900–45AL	增容，换导轮
		0	PZ12V190B–1	735		0	729	YBLT900–45D$_W$	增容，换导轮
1300	810	37	PZ12V190B–3	773	7	5	761	YBLT900–45B	减容，换导轮
	1100	60	PZ12V190BB$_L$–3	750		0	743	YBLT900–45BL	减容，换导轮和泵轮
		0	Z12V190B–3	810		0	803	YBLT900–45B$_W$	增容，换导轮
	870	50	PZ12V190GB$_3$–3	820		5	808	YBLT900–45C	增容，换导轮
	1185	60	PZ12V190GB$_3$B$_L$–3	810		0	803	YBLT900–45CL	增容，换导轮
		0	Z12V190GB$_3$–3	870		0	863	YBLT900–45CW	增容，换导轮
1500	882	44	PZ12V190B	838	11	7	820	YBLT900–45D	减容，换导轮和泵轮
	1200	60	PZ12V190BB$_L$	822		0	811	YBLT900–45DL	减容，换导轮和泵轮
		0	Z12V190B	882		0	871	YBLT900–45DW	减容，换导轮和泵轮
	662	60	PZ12V190BG$_3$	932		7	914	YBLT900–45E	减容，换导轮和泵轮
	1350	60	PZ12V190BG$_3$B$_L$	932		0	921	YBLT900–45EL	减容，换导轮和泵轮
		0	PZ12V190BG$_3$	932		0	981	YBLT900–45CEW	减容，换导轮和泵轮

1.5 钻 井 泵

1.5.1 宝鸡石油机械有限责任公司 F 系列钻井泵技术参数

宝鸡石油机械有限责任公司 F 系列钻井泵技术参数见表 1—45。

表 1—45 宝鸡石油机械有限责任公司 F 系列钻井泵技术参数表

泵型号	F—500	F—800	F—1000	F—1300	F—1600	F—2200
额定输入功率 kW（hp）	373（500）	596（800）	746（1000）	969（1300）	1193（1600）	1640（2200）
额定冲数 冲/min	165	150	140	120	120	105
活塞冲程 mm（in）	191（7.5）	229（9）	254（10）	305（12）	305（12）	356（14）
齿轮传动比	4.286	4.185	4.207	4.206	4.206	3.512
最高工作压力，MPa	26.77	27.26	32.85	30.60	37.65	—
最大缸套直径，mm	170	170	170	180	180	230
吸入管直径 mm（in）	203.2（8）	254（10）	304.8（12）	304.8（12）	304.8（12）	304.8（12）
排出管直径 mm（in）	102（4）	127（5）	127（5）	127（5）	127（5）	127（5）
质量，kg	9770	14500	18790	24572	24791	38460

1.5.2 兰州国民油井石油工程有限公司 3NB 系列钻井泵技术参数

兰州国民油井石油工程有限公司 3NB 系列钻井泵技术参数见表 1—46。

表 1—46 兰州国民油井石油工程有限公司 3NB 系列钻井泵技术参数表

泵型号	3NB500C	3NB1000C	3NB1300C	3NB1600
额定输入功率，kW（hp）	368（500）	735（1000）	956（1300）	1176（1600）
额定冲数，冲/min	95	110	120	120
活塞冲程，mm	254（10）	305（12）	305（12）	305（12）
齿轮传动比	3.821	3.833	3.81	3.81
传动轴额定转速，r/min	363	422	457	458
最高工作压力，MPa	28.9	34.3	34.3	34.3
液缸试验压力，MPa	57.8	68.6	68.6	68.6
阀孔直径，mm	90	90	110	110
最大缸套直径，mm	160	170	180	190
吸入管直径，mm	254（10）	305（12）	305（12）	305（12）
排出管直径，mm	100（4）	100（4）	100（4）	100（4）
外形尺寸（长×宽×高）mm×mm×mm	4220×2460×2430	5170×2809×2530	44200×2998×2565	5040×3037×2615
包括装置质量，kg	15940	21450	24800	26000

1.5.3 常用钻井泵额定泵压

常用钻井泵额定泵压见表 1-47。

表 1-47 常用钻井泵额定泵压

制造厂	型 号	冲程 mm	额定冲数 冲/min	缸套直径, mm												
				230	220	210	200	190	180	170	160	150	140	130	120	110	100
				额定泵压, MPa												
宝鸡石油机械有限责任公司	F500	191	165							9.4	10.6	12.1	13.9	16.1	18.9	22.5	27.2
	F800	229	150							13.8	15.6	17.7	20.3	23.6	27.7	33	34.5
	F1000	254	140							16.6	18.8	21.4	24.5	28.4	33.4	34.5	
	F1300	305	120						18.7	21	23	27	31	34.5			
	F1600	305	120						23.6	25.9	29.2	33.3	35.1	34.5			
	F2200	356	105	19	20.8	22.8	25.1	27.9	31	34.5	34.5	34.5	34.5				
青州石油机械厂	QZ3NB-800	273							14.6	16.4	18.5	21	24	28	33		
	QZ3NB-1000	273							12	13	15	17	19	21	26		
	QZ3NB-1300	305							19	21	24	27	31				
	QZ3NB-1300A	305						17	19	21	24	27	31				
	QZ3NB-1600	305						21	23	26	29	33	35				
川油广汉宏华有限公司	F-1300	305							19	21	23	27	31	34			
	F-1600	305							23	26	29	33	34	34			
兰州国民油井石油工程有限公司	3NB500C	254	95								13.72	15.68	17.84	20.68	24.3	28.91	
	3NB1000C	305	110							17.44	19.6	22.34	25.58	29.69	34.3		
	3NB1300C	305	120					16.6	18.4	20.7	23.4	26.6	30.5	34.3			
	3NB1600	305	120					20.4	22.8	25.5	28.8	32.8	34.3				

1.5.4 三缸单作用泵每冲次泵量

三缸单作用泵每冲次泵量见表 1-48。

表 1-48 三缸单作用泵每冲泵量   单位：L

冲程 mm	缸套直径, mm									
	100	110	120	130	140	150	160	170	180	190
180	4.24	5.13	6.11	7.17	8.31	9.54	10.86	12.26	13.74	15.31
190	4.48	5.42	6.45	7.57	8.77	10.07	11.46	12.94	14.50	16.16
196	4.62	5.59	6.65	7.80	9.05	10.39	11.82	13.35	14.96	16.67
216	5.09	6.16	7.33	8.60	9.98	11.45	13.03	14.71	16.49	18.37
228	5.37	6.50	7.74	9.08	10.53	12.09	13.75	15.53	17.41	19.39
235	5.54	6.70	7.97	9.36	10.85	12.46	14.17	16.00	17.94	19.99
254	5.98	7.24	8.62	10.11	11.73	13.47	15.32	17.30	19.39	21.60
273	6.43	7.78	9.26	10.87	12.61	14.47	16.47	18.59	20.84	23.22
305	7.19	8.70	10.35	12.14	14.09	16.17	18.40	20.77	23.28	25.94

注：容积效率100%。

1.6 固控设备

1.6.1 振动筛

1.6.1.1 型号

振动筛的型号表示方法如下：

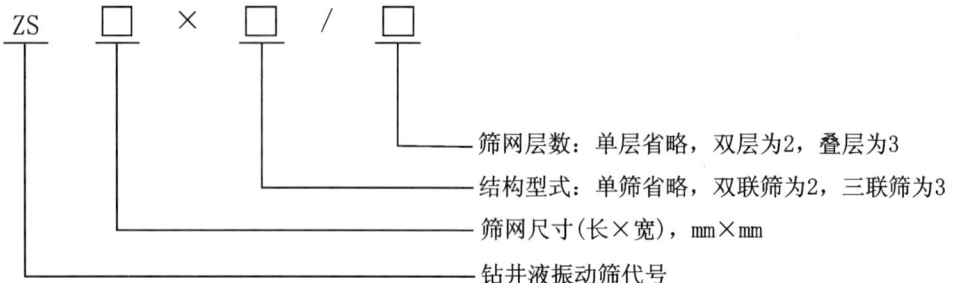

1.6.1.2 筛网规格

筛网规格用筛面的长×宽表示，有以下几种：1500mm×1120mm；1800mm×1120mm；2400mm×1120mm。

1.6.1.3 振动筛的主要尺寸

振动筛的主要尺寸和筛箱宽度尺寸应符合图1-1和表1-49的规定。

表1-49 筛箱宽度

横向钩边筛网的宽度 C，mm	横向钩边筛网的筛箱宽度 C，mm
1200	1120

1.6.1.4 钩边筛网

1. 型号

钩边筛网的型号表示方法如下所示：

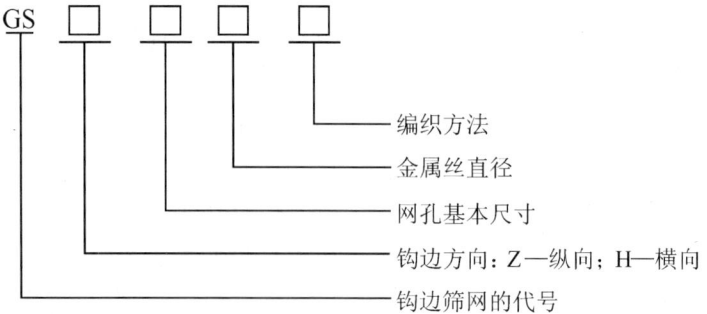

2. 规格

（1）网幅宽度：横向钩边筛网为1340mm，纵向钩边筛网为1120mm，宽度偏差为−3mm。

（2）网段长度按用户要求供应。

（3）钩边筛网的其他参数见表1-50。

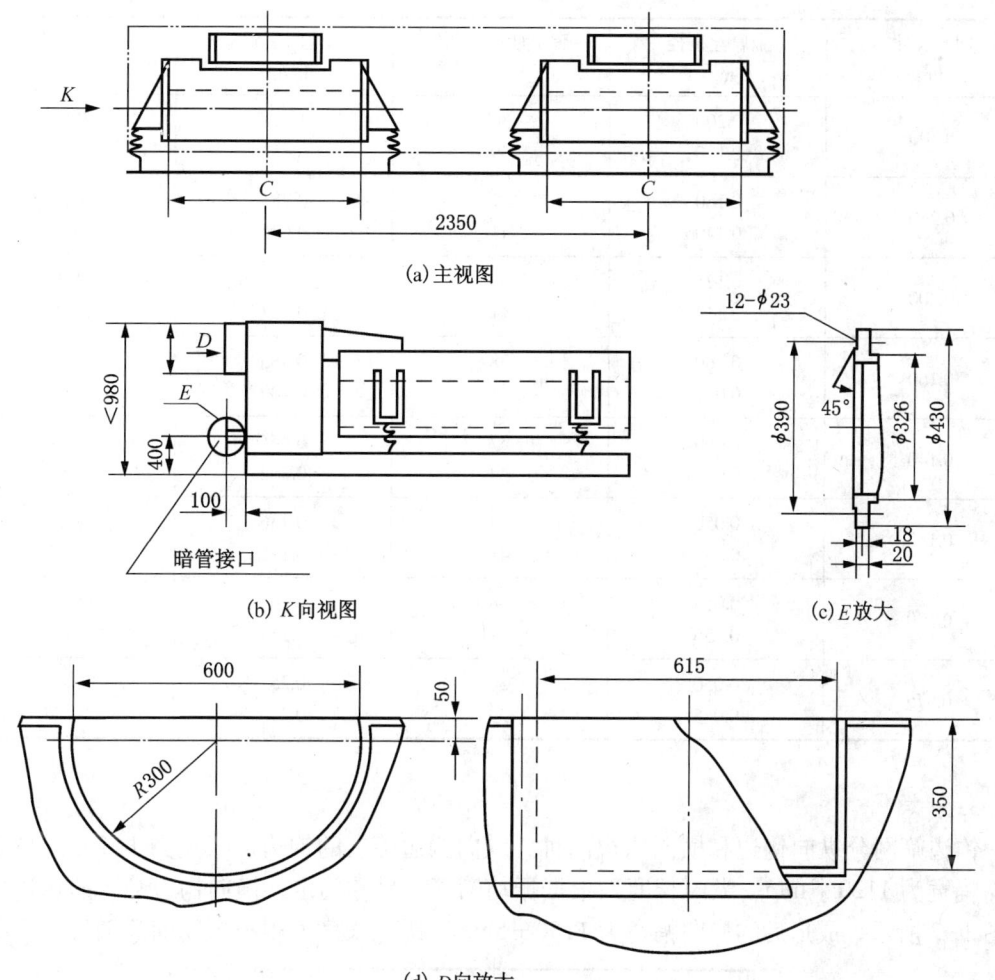

图 1-1 振动筛的主要尺寸和筛箱宽度尺寸

D 向放大的高架槽接口可根据用户要求选择半圆形或矩形一种；
单筛中 E 放大的暗管接口高度可根据用户要求定，一般推荐 400 mm

表 1-50 钩边筛网的规格

网孔尺寸 mm	金属丝直径 mm	筛分面积百分率 %	单位面积质量 kg/m²	相当英制目数 mesh
2.000	0.500 0.450	64 67	1.260 1.040	10.16 10.36
1.600	0.500 0.450	58 61	1.500 1.250	12.10 12.39
1.00	0.315 0.280	58 61	0.952 0.773	19.32 19.84
0.560	0.280 0.250	44 48	1.180 0.974	30.32 31.36
0.425	0.224 0.200	43 46	0.976 0.808	39.14 40.64

续表

网孔尺寸 mm	金属丝直径 mm	筛分面积百分率 %	单位面积质量 kg/m²	相当英制目数 mesh
0.300	0.200	36	1.010	50.80
	0.180	39	0.852	52.92
0.250	0.160	37	0.788	61.56
	0.140	41	0.634	65.12
0.200	0.125	38	0.607	78.15
	0.112	41	0.507	81.41
0.160	0.100	38	0.485	97.65
	0.090	41	0.409	101.60
0.140	0.090	37	0.444	110.43
	0.071	44	0.302	120.38
0.112	0.056	44	0.336	151.19
	0.050	48	0.195	156.79
0.100	0.063	38	0.307	155.83
	0.056	41	0.254	162.83
0.075	0.050	36	0.252	203.20
	0.045	39	0.213	211.70

3. 分类

钩边筛网分纵向钩边和横向钩边两种。纵向钩边筛网的钩边形式见图1-2，成形后的横向幅宽为1120_{-3}^{0}mm，纵向长度L根据振动筛筛箱尺寸确定。横向钩边筛网的钩边形式如图1-3所示，成形后的横向幅宽为1150 ± 5mm，纵向长度L根据振动筛筛箱尺寸确定。

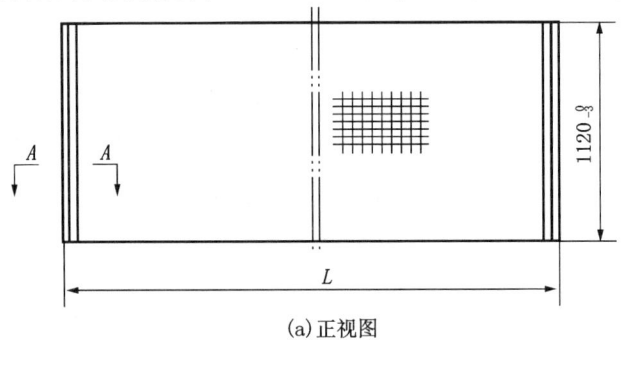

(a) 正视图

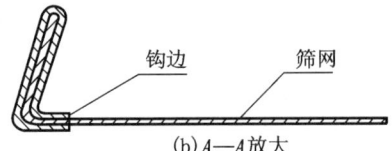

(b) A—A放大

图1-2 纵向钩边筛网的钩边形式

4. 相关参数

钩边筛网的均匀度、钩边之间平行度及钩边牢度应符合表1-51的规定。

1 钻井设备

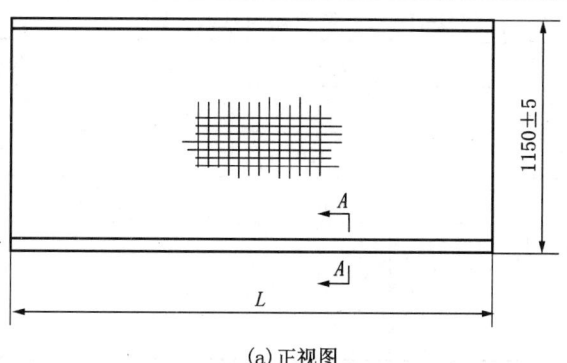

(a)正视图

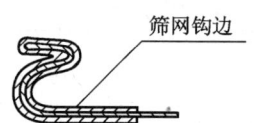 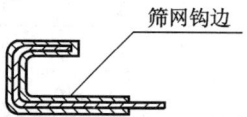

(b) $A—A$ 旋转放大

图 1-3 横向钩边筛网的钩边形式

表 1-51 钩边筛网的均匀度、钩边之间平行度

钩边筛网	钩边之间平行度公差，mm	钩边长度 b，mm			钩边牢度
		500~1000	1000~1500	1500~2000	
		钩边筛网均匀度公差 t，mm			
纵向	2	1.5	2.5	3.5	按规定检验不滑脱
横向	3				

1.6.2 除气器

1.6.2.1 分类与型号

除气器分为真空式和大气式除气器两类。除气器的结构类型有分流型、喷射型和离心型，型号按如下方法表示：

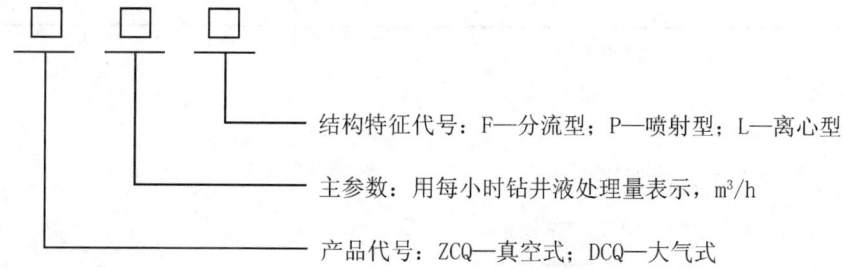

1.6.2.2 基本参数

除气器的基本参数见表 1-52。

1.6.2.3 使用要求

除气器的使用要求有以下几点：

(1) 除气器钻井液处理量允差不得超过表 1-53 标称值的 ±10%。

表 1–52　除气器的基本参数

<table>
<tr><td rowspan="2" colspan="2">型　　号</td><td>真空式</td><td>ZCQ120</td><td>ZCQ180</td><td>ZCQ240</td><td>ZCQ300</td></tr>
<tr><td>大气式</td><td>DCQ120</td><td>DCQ180</td><td>DCQ240</td><td>DCQ300</td></tr>
<tr><td colspan="3">处理量，m³/h</td><td>120</td><td>180</td><td>240</td><td>300</td></tr>
<tr><td rowspan="4">处理罐容积，m³</td><td rowspan="2">真空式</td><td>分流型</td><td colspan="4">≥ 4</td></tr>
<tr><td>喷射型</td><td colspan="4" rowspan="3">≥ 1</td></tr>
<tr><td rowspan="2">大气式</td><td>离心型</td></tr>
<tr><td>喷射型</td></tr>
</table>

表 1–53　除气器钻井液处理量允差

类　　型	一级	二级	三级
分流型	>50	>40~50	>30~40
喷射型	>40	>30~40	>20~30

（2）真空式除气器的真空度应符合表 1–54 的规定。

表 1–54　真空式除气器的真空度

名　　称	一级	二级	三级
真空式分流型	≤ 80	>80~85	>80~85
真空式喷射型及大气型	≤ 85	>85~90	>70~75

（3）真空式除气器抽真空时间一级应小于 30s，二级应小于 45s，三级应小于 60s。

（4）除气器的除气效率应符合表 1–55 的规定。

表 1–55　除气器的除气效率

类型	一级	二级	三级
真空式分流型	>90	>85~90	>80~85
真空式喷射型及大气型	>80	>75~80	>70~75

1.6.3　清洁器

1.6.3.1　型号

清洁器的型号表示方法如下：

ZQJ □ × □ □

- 筛网外形尺寸，矩形筛网用长×宽表示，圆形用直径表示，单位为m，并取至小数后一位
- 旋流器个数
- 旋流器标称直径，mm
- 清洁器代号

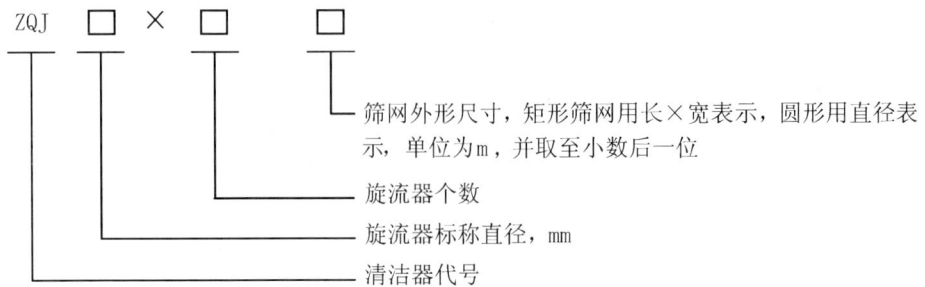

1.6.3.2 基本参数

（1）清洁器的进口工作压力为 290~400kPa 。

（2）清洁器的处理量为各个钻井液旋流器的处理量之和。

（3）清洁器所用细网振动筛筛网的尺寸应符合表 1−56 的规定。

表 1−56 清洁器所用振动筛筛网的尺寸

矩形筛网	宽度，m	0.6，0.9
	长度，m	1.2，1.5，1.8，2.4
圆形筛网直径，m		1.2

1.6.4 旋流器

1.6.4.1 分类

旋流器按其分离粒度可分为除砂器、除泥器、微型旋流器。

（1）除砂器：标称直径为 300mm，250mm，200mm，150mm 的旋流器。

（2）除泥器：标称直径为 125mm，100mm 的旋流器。

（3）微型旋流器：标称直径为 50mm 的旋流器。

1.6.4.2 型号

旋流器的型号表示方法如下：

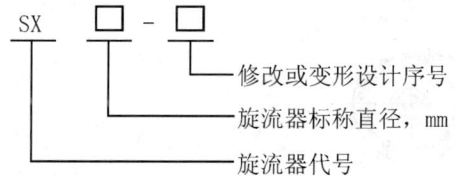

1.6.4.3 基本参数

旋流器的基本参数见表 1−57。

表 1−57 旋流器的基本参数

参数	分类						
	除砂器				除泥器		微型旋流器
分离粒度，μm	40~70				15~40		5~10
旋流器标称直径 D，mm	300	250	200	150	125	100	50
圆锥筒锥度，(°)	20~35		20				10
处理量，m^3/h	>120	>100	>30	>20	>15	>10	>5
额定工作压力，kPa	200~400						
钻井液密度，g/cm^3	1.1~2.0						

注：该处理量是工作压力为 300kPa 时的处理量。

实际工作压力为 p_x 时的处理量 Q_x 按下式计算：

$$Q_x = Q_d\sqrt{p_x / p_d}$$

式中 Q_d——产品铭牌标明的额定工作压力下的处理量，m³/h；
p_d——产品铭牌标明的额定工作压力，kPa；
Q_x——实际工作压力下的处理量，m³/h；
p_x——实际工作压力，kPa。

1.6.4.4 连接方式

(1) 直径为 300mm 和 250mm 的旋流器可采用直立安置或倾斜安置；直径为 200mm 和 150mm 的旋流器采取直立（或有少许斜度）安置，可排成一列或两列。

(2) 组成除泥器组的旋流器采取直立（或有少许斜度）安置，可排成两列或者环状。

(3) 微型旋流器组采取直立安置，排成两列。

(4) 除砂器、除泥器、微型旋流器的导入管、排出管法兰尺寸见图 1-4。

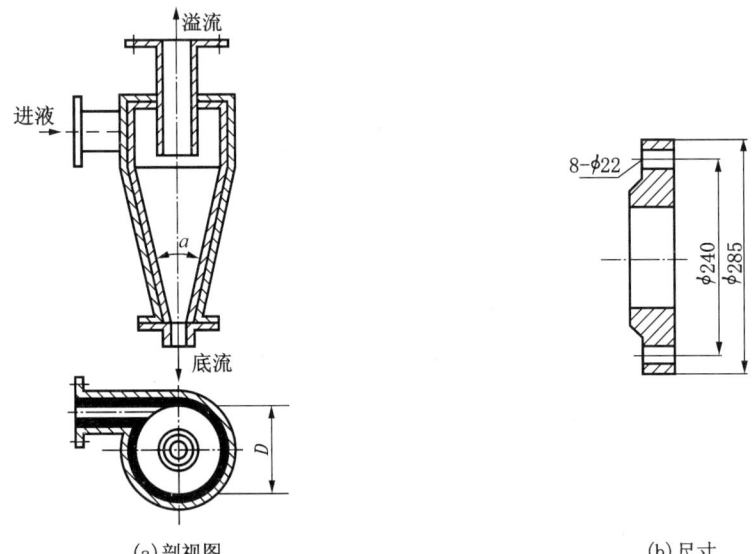

(a) 剖视图　　　　　　　　　　　　(b) 尺寸

图 1-4　除砂器、除泥器、微型旋流器的导入管、排出管法兰尺寸

1.6.4.5 质量分级

旋流器的质量分级见表 1-58。

表 1-58　旋流器的质量分级

项 目		级 别		
		一	二	三
圆锥筒内壁缺陷（直径），mm		≤5	≤5	≤5
圆锥筒内壁缺陷（深度或高度），mm		≤1	≤2	≤3
不同旋流器标称直径下的分离粒度 D_{50} μm	300mm	≤40	>40~45	>20~25
	250mm			
	200mm			
	150mm			
	125mm	≤15	>15~20	>20~25
	100mm			
	50mm	≤5	>5~6	>6~7
寿命试验指标（首次连续运转 400h 磨损深度），mm		≤1	≤2	≤3

1.6.5 砂泵

1.6.5.1 型号

砂泵的型号表示方法如下所示：

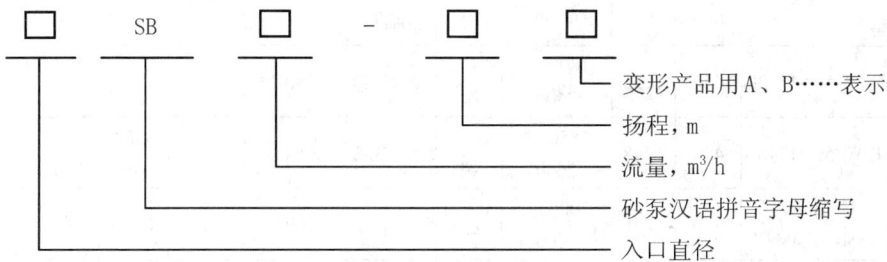

1.6.5.2 基本参数

砂泵的基本参数见表 1-59。

表 1-59　砂泵的基本参数

入口直径 mm	流量 m³/h	扬程 m	出口直径 mm	转速 r/min
100	140~160	28~34	100	1200~1480
125	160~180	30~36	100, 125	
150	180~240	32~38	125, 150	
200	240~360	34~40	150, 200	

1.6.6 离心机

沧州石油机械设备制造有限公司生产的离心机的规格及参数见表 1-60，表 1-61。

表 1-60　沧州石油机械设备制造有限公司的离心机规格

参数规格	转鼓转速 r/min	长径比	分离因数 G	分离点 μm	处理量 m³/h	差速器转差率
GLW350	3600	3.56	2500	<2	50	72:1
LW450	1850	1.87	855	5~7	40	72:1
GLW450	3600	2.77	3240	<2	60	72:1
LW600	1650	1.575	907.5	5~7	60	78:1
GLW600	3000	2.08	3000	2~5	80	78:1

表 1-61　沧州石油机械设备制造有限公司卧式沉降离心机技术参数

规格	参数型号	转筒内径 mm	转鼓长度 mm	转鼓转速 r/min	功率 kW 主机	功率 kW 辅机	最大处理量 m³/h	分离点 μm	分离因数 G	供液泵电动机功率 kW	长径比
中速	LW450-842N	450	842	1450~1850	22	5.5-Ⅳ级	40	5~7	525~855（沉入式）	5.5	1.87
	LW600-945N	600	945	1500~1800	45	7.5-Ⅳ级	60	5~7	1080（沉入式）	7.5	1.575

续表

规格	参数 型号	转筒内径 mm	转鼓长度 mm	转鼓转速 r/min	功率 kW		最大处理量 m³/h	分离点 μm	分离因数 G	供液泵电动机功率 kW	长径比
					主机	辅机					
高速	GLW450-1152N	450	1152	1800~2400	30-Ⅳ级	5.5-Ⅳ级	40	2~5	810~1440	5.5（沉入式）	2.56
	GLW450-1248N	450	1248	1850~2600	30-Ⅱ级	5.5-Ⅳ级	50	2	855~1690	7.5（沉入式）	2.773
变频无级调速高速	GLW/BP 450-1248N	450	1248	2000~3000	30-Ⅱ级	5.5-Ⅳ级	60	2	G2250	7.5（沉入式）	2.773
	GLW/BP 350-1248N	350	1248	2000~3400	30-Ⅱ级	5.5-Ⅳ级	45	2	G2250	5.5（沉入式）	3.566

2 井控装置

2.1 防喷器

2.1.1 分类与代号

防喷器分为环形防喷器和闸板防喷器两类，防喷器分类及代号见表2-1。

表2-1 防喷器代号

类 型	名 称	代 号
环形防喷器	单环形防喷器	FH[①]或FHZ[②]
	双环形防喷器	2FH[①]或2FHZ[②]
闸板防喷器	单闸板防喷器	FZ
	双闸板防喷器	2FZ
	三闸板防喷器	3FZ

注：① FH 表示胶芯为半球状的环形防喷器；
② FHZ 表示胶芯为锥台状的环形防喷器。

2.1.2 型号

防喷器的型号表示方法如下：

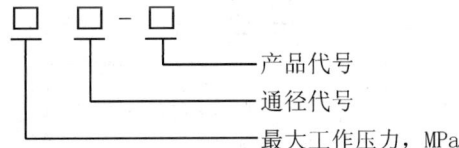

示例：通径为346.1mm，最大工作压力为70MPa的双闸板防喷器，其型号表示为2FZ35-70。

2.1.3 基本参数

防喷器的基本参数见表2-2。

表2-2 防喷器基本参数

通径代号	公称通径 mm (in)	通径规直径 mm	最大工作压力 MPa					
18	179.4 (7$^1/_{16}$)	178.6	14	21	35	70	105	140
23	228.6 (9)	227.8	14	21	35	70	105	—
28	279.4 (11)	278.6	14	21	35	70	105	140
35	346.1 (13$^5/_8$)	345.3	14	21	35	70	105	
43	425.5 (16¾)	424.7	14	21	35	70	—	—
48	476.3 (18¾)	475.5			35	70	105	
53	527.1 (20¾)	526.3	—	21	—			

续表

通径代号	公称通径 mm (in)	通径规直径 mm	最大工作压力 MPa					
54	539.8 (21¼)	539.0	14	—	35	70	—	—
68	679.5 (26¾)	678.7	14	21	—	—	—	—
76	762.0 (30)	761.2	14	21	—	—	—	—

注：通径规直径极限偏差为 $^{+0.25}_{0.00}$ mm，长度大于通径 50mm，且最短不小于 300mm。

2.1.4 组合形式

在不同压力等级情况下，井口装置的组合形式如图 2-1~图 2-4 所示。

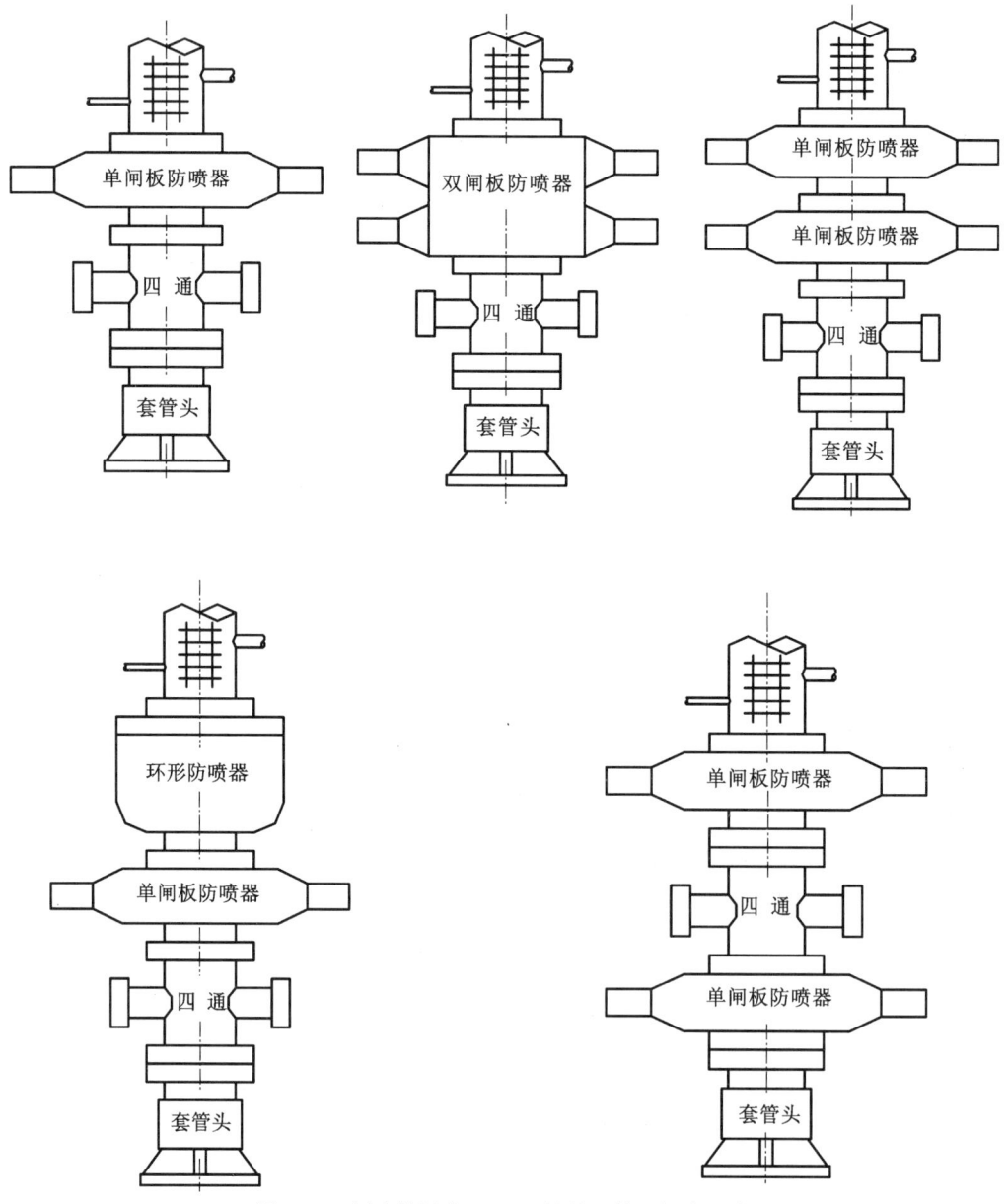

图 2-1 压力等级为 14MPa 的井口装置组合形式

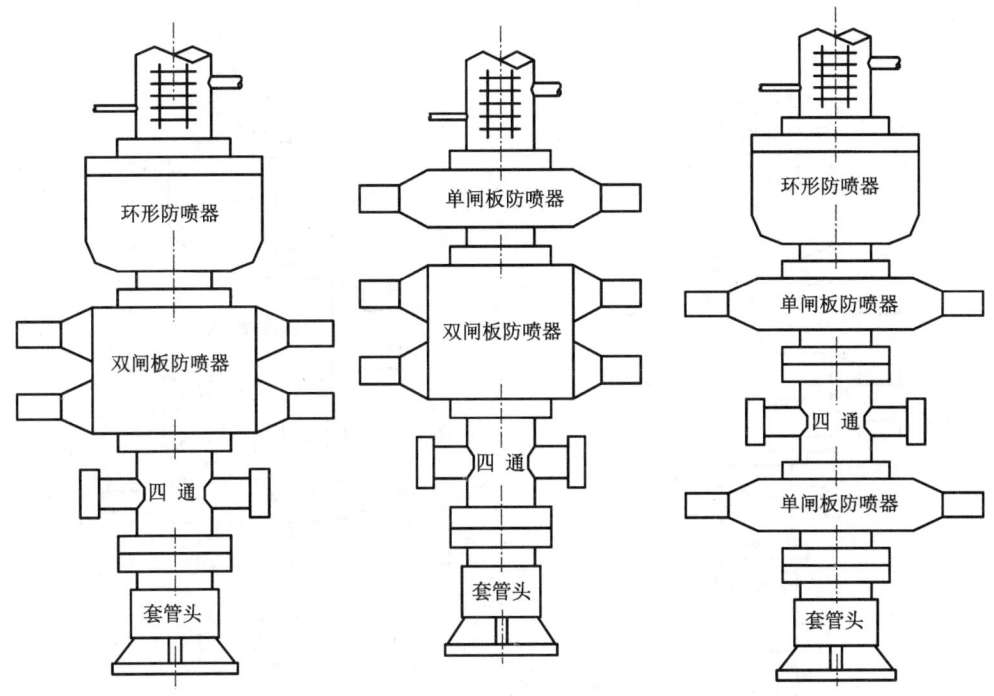

图 2-2　压力等级为 21～35MPa 的井口装置组合形式

2.1.5　防喷器公称通径与套管公称外径的组合

防喷器公称通径与套管公称外径的组合见表 2-3。

表 2-3　防喷器公称通径与套管外径的组合

防喷器公称通径 mm (in)	不同防喷器最大工作压力的套管外径，mm (in)				
	14MPa	21MPa	35MPa	70MPa	105MPa
179.4 (7¹/₁₆)	114.3～177.8 (4½～7)				
228.6 (9)	193.7～219.1 (7⅝～8¾)				
279.4 (11)	219.1～244.5 (8¾～9⅝)				219.1 (8¾)
					244.5 (9⅝)
346.1 (13⅝)	298.4～339.7 (11¾～13⅜)				273.1 (10¾)
425.5 (16¾)					298.4 (11¾)
476.3 (18¾)	406.4 (16)				
527.1 (20¾)	—				473.1 (18⅝)
539.8 (21¼)	—		508.0 (20)		
346.1 (13⅝)	580.0 (22⅞)		—		

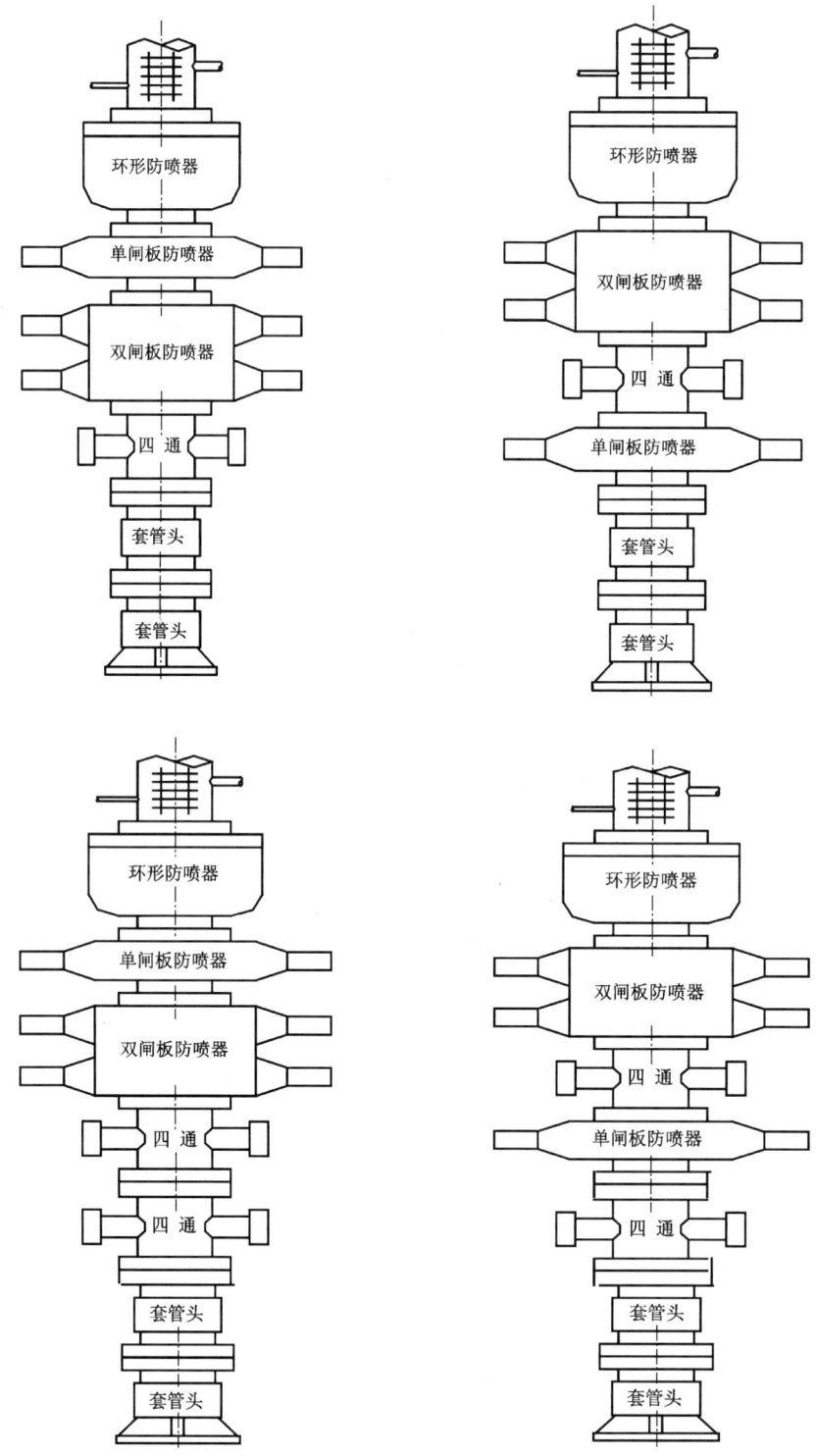

图 2-3 压力等级为 70～105MPa 的井口装置组合形式

2.1.6 环形防喷器

2.1.6.1 结构

环形防喷器的结构如图2-4、图2-5所示。

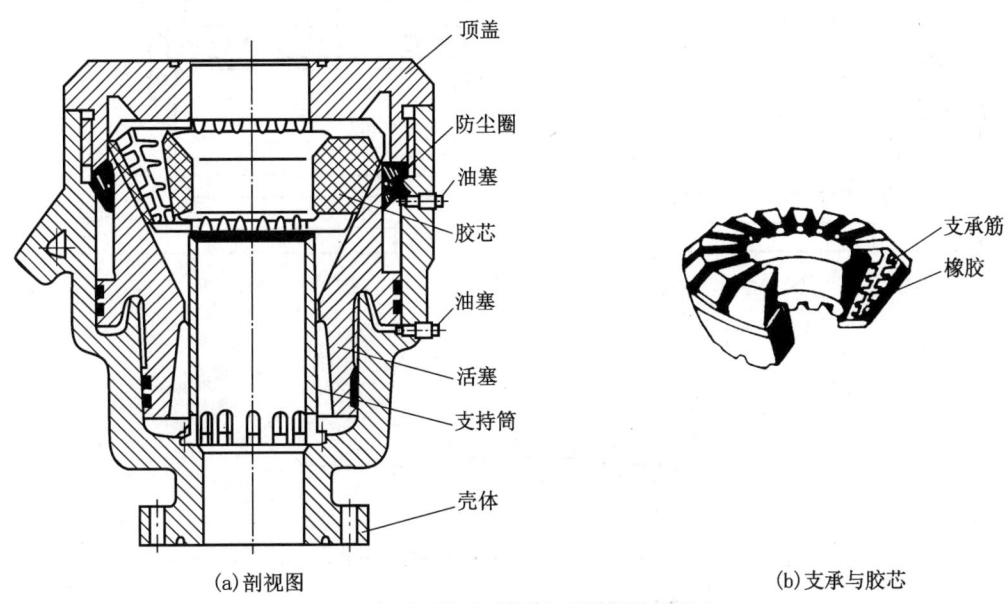

图2-4 锥形胶芯环形防喷器结构示意图

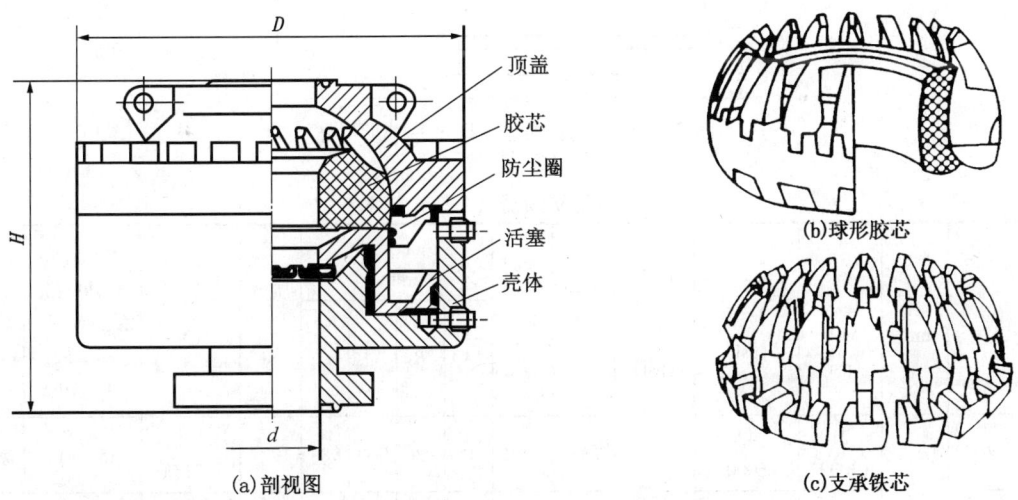

图2-5 球形胶芯环形防喷器结构示意图

2.1.6.2 技术参数

1. 华北石油荣盛机械制造有限公司环形防喷器

华北石油荣盛机械制造有限公司生产的环形防喷器外形尺寸如图2-6、图2-7所示，主要技术参数见表2-4、表2-5。

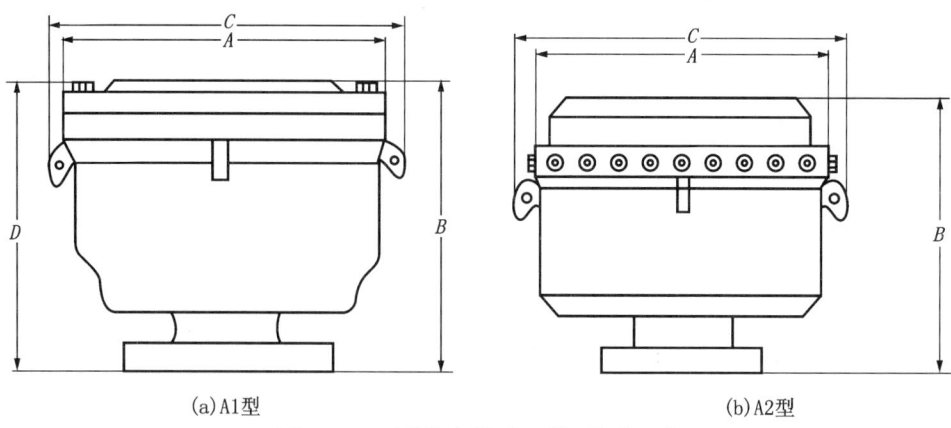

(a) A1型 (b) A2型

图 2-6 环形防喷器（A 型）外形尺寸

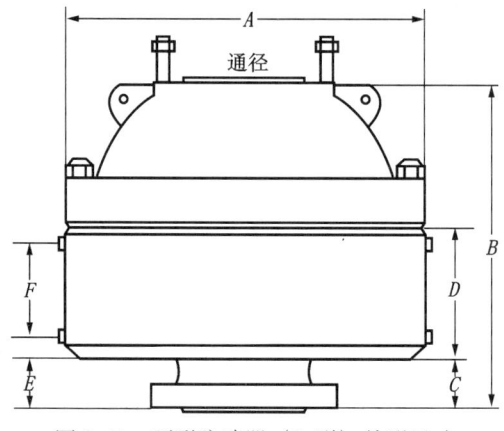

图 2-7 环形防喷器（D 型）外形尺寸

表 2-4 环形防喷器（A 型）技术参数

型号	通径 mm	工作压力 MPa (psi)	强度试压 MPa (psi)	液控压力 MPa (psi)	关闭油量 L	开启油量 L	外形尺寸 mm				质量 kg	产品代号	液压油进出口连接螺纹（NPT）尺寸 mm (in)	型式
							A	B	C	D				
FHZ18-21		21 (3000)	42 (6000)		13.9	11.2	800	926	900	983	1927	FH 1821.00	25.4 (1)	A1
FHZ18-35	179.4	35 (5000)	70 (10000)		13.9	11.2	800	954	900	1011	1943	ZY 8103.00	25.4 (1)	A1
FHZ18-70		70 (10000)	105 (15000)	≤10.5 (1500)	36	27	1200	1250	1490	—	6293	RJ 11185.00	25.4 (1)	A2
FHZ35-70	346.1	70 (10000)	105 (15000)		116	117	1554	1742	1814	—	15190	RJ 11189.00A	25.4 (1)	A2
FHZ54-14	539.8	14 (2000)	21 (3000)		95.3	94.5	1380	1437	1512	—	7660	FHZ 54-14.00	25.4 (1)	A2

注：A 型为锥形防喷器；以上所列技术参数为基本型。

表 2-5 环形防喷器（D 型）技术参数

型号	通径 mm	工作压力 MPa (psi)	强度试压 MPa (psi)	液控压力 MPa (psi)	关闭油量 L	开启油量 L	外形尺寸 mm						质量 kg	产品代号	液压油进出口连接螺纹 (NPT) 尺寸 mm (in)
							A	B	C	D	E	F			
FH18-35	179.4	35 (5000)	70 (10000)	≤10.5 (1500)	21	15	745	797	169	309	31	231	1520	RJ 11168.00	25.4 (1)
FH22-21	228.6	21 (3000)	42 (6000)		34	22.8	902	838	128	494	48	260	2398	RJ 11143.00	25.4 (1)
FH22-35	228.6	35 (5000)	70 (10000)		42	33	1016	860	110	500	72	262	2986	F 9303.00	25.4 (1)
FH28-21	279.4	21 (3000)	42 (6000)		50	39	1014	870	152	529	52	290	2950	RJ 11150.00	25.4 (1)
FH28-35	279.4	35 (5000)	70 (10000)		56	72	1146	1110	242	676	74	313	4675	RJ 11135.00	25.4 (1)
FH35-35	346.1	35 (5000)	70 (10000)		94	69	1271	1150	200	670	85	340	6415	F 35.00	25.4 (1)

注：D 型为球形防喷器；以上所列技术参数为基本型。

2. 宝鸡石油机械有限责任公司环形防喷器

宝鸡石油机械有限责任公司环形防喷器技术参数见表 2-6。

表 2-6 宝鸡石油机械有限责任公司 FH 型环形防喷器技术参数

型　号	FH28-21	FH35-21	FH18-35	FH28-35	FH35-35
通径，mm (in)	280 (11)	346 (13 5/8)	180 (7 1/16)	280 (11)	346 (13 5/8)
额定工作压力，MPa (psi)	21 (3000)	21 (3000)	35 (5000)	35 (5000)	35 (5000)
厂内实验压力，MPa (psi)	42 (6000)	42 (6000)	70 (10000)	70 (10000)	70 (10000)
推荐液控压力，MPa (psi)	8.4~10.5 (1200~1500)				
开启油量，L [gal (美)]	33 (8.68)	66 (17)	15 (4)	57 (15)	66 (17)
关闭油量，L [gal (美)]	48 (12.6)	90 (24)	20 (5)	72 (19)	90 (24)
液压油进出口连接螺纹 (NPT) 尺寸，mm (in)	25.4 (1)	25.4 (1)	25.4 (1)	25.4 (1)	25.4 (1)
工作温度，℃	-29~121				
适用介质	原油、天然气和含 H_2S 钻井液				
质量，kg (lbs)	3272 (9340)	5352 (11800)	1444 (3184)	4328 (9522)	6384 (14045)
外形尺寸（外径×高度）mm×mm (in×in)	1032×930 (45×42)	1245×1090 (49×43)	745×788 (29×31)	1135×1065 (45×42)	1271×1220 (50×48)

3. 美国 cameron 公司 D 型环形防喷器

美国 cameron 公司 D 型环形防喷器技术参数见表 2-7。

表 2-7　美国 cameron 公司 D 型环形防喷器技术参数

规格，in×MPa		$7^{1}/_{16} \times 35$	$7^{1}/_{16} \times 70$	11×35	11×70	$13^{5}/_{8} \times 35$	$13^{5}/_{8} \times 70$	$16^{3}/_{4} \times 35$
通径，mm（in）		179.4 ($7^{1}/_{16}$)	179.4 ($7^{1}/_{16}$)	279.4 (11)	279.4 (11)	346.1 ($13^{5}/_{8}$)	346.1 ($13^{5}/_{8}$)	425.5 ($16^{3}/_{4}$)
工作压力，MPa		35	70	35	70	35	70	35
厂内试验压力，MPa		70	105	70	105	70	105	70
关闭腔容积，L		6.4	11.1	21.4	38.4	45.9	68.5	84.4
开启腔容积，L		5.3	9.7	17.8	34.3	39	61.1	71.9
壳体外径，mm		708	950	1100	1346	1330	1695	1537
最大宽度，mm		860	1134	1403	1651	1635	2000	1842
高度 mm	栽丝连接	468	670	686	857	806	1053	992
	法兰连接	648	870	913	1106	1020	1334	1245
	卡箍连接	583	798	806	1002	934	1208	1138
质量 kg	栽丝连接	1180	3138	4217	8181	7070	16040	11520
	法兰连接	1263	3290	4449	8543	7370	16660	11950
	卡箍连接	1201	3228	4268	8326	7177	16200	11730

4. 美国 HYDRIL GL 型环形防喷器

美国 HYDRIL GL 型环形防喷器技术参数见表 2-8。

表 2-8　美国 HYDRIL GL 型环形防喷器技术参数

规格，in×MPa			$13^{5}/_{8} \times 35$	$16^{3}/_{4} \times 35$	$18^{3}/_{4} \times 35$	$21^{1}/_{4} \times 35$
通径，mm（in）			346.1 ($13^{3}/_{8}$)	425.5 ($16^{3}/_{4}$)	476.3 ($18^{3}/_{4}$)	539.8 ($21^{1}/_{4}$)
工作压力，MPa			\multicolumn{4}{c}{35}
厂内试验压力，MPa			\multicolumn{4}{c}{70}
关闭腔容积，L			74.8	127.9	166.5	219.5
开启腔容积，L			74..8	127.9	166.5	219.5
辅助腔容积，L			31.2	65.5	75.7	111.7
活塞冲程，mm			203	248	254	343
外形尺寸 mm	高度	法兰连接	1378	1616	1727	—
		卡箍连接	1265	1514	1556	1848
	外径		1365	1676	1753	1823
	最大宽度		1422	1823	1937	1956
质量，kg			7848	12807	15510	21180
连接管线螺纹（NPT），mm（in）			\multicolumn{4}{c}{108 ($4^{1}/_{4}$)}

2.1.7 闸板防喷器

2.1.7.1 结构

闸板防喷器的结构如图2-8、图2-9所示。

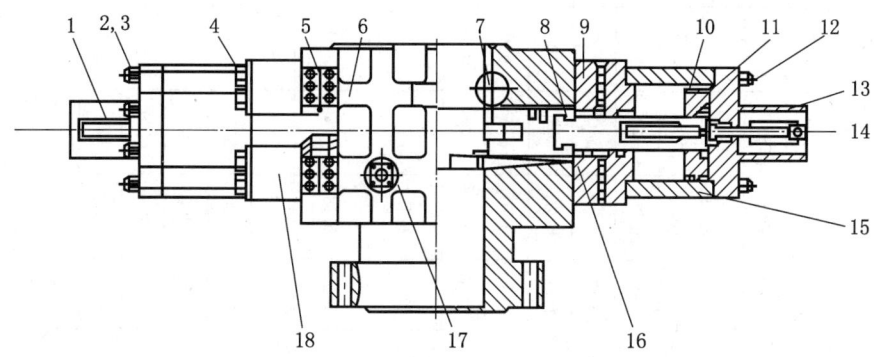

图2-8 单闸板防喷器结构示意图

1—左缸盖；2，3—盖形螺母和液缸连接螺栓；4—侧门螺栓；5—铰链座；6—壳体；7—闸板总成；8—闸板轴；9—右侧门；10—活塞密封圈；11—活塞；12—活塞螺帽；13—右缸盖；14—锁紧轴；15—液缸；16—侧门密封圈；17—油管座；18—左侧门

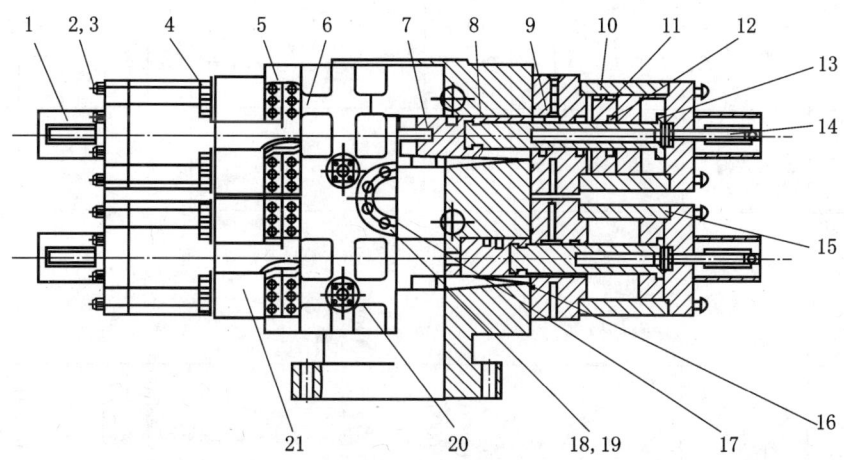

图2-9 双闸板防喷器结构示意图

1—左缸盖；2，3—盖形螺母和液缸连接螺栓；4—侧门螺栓；5—铰链座；6—壳体；7—闸板总成；8—闸板轴；9—右侧门；10—活塞密封圈；11—活塞；12—活塞锁帽；13—右缸盖；14—锁紧轴；15—液缸；16—侧门密封圈；17—盲法兰；18，19—双头螺栓和螺母；20—油管座

2.1.7.2 技术参数

1. 华北石油荣盛机械制造有限公司闸板防喷器

华北石油荣盛机械制造有限公司闸板防喷器技术参数见表2-9、表2-10。

2. 宝鸡石油机械有限责任公司闸板防喷器

宝鸡石油机械有限责任公司闸板防喷器技术参数见表2-11。

表 2–9　RSC 型闸板防喷器规格及技术参数

型号	通径 mm	工作压力 MPa（psi）	强度试压 MPa（psi）	液控压力 MPa（psi）	活塞直径 mm	油缸开启腔数量 × 容积 L	油缸关闭腔数量 × 容积 L	锁紧方式	质量 kg	外形尺寸 mm			连接方式	
										长	宽	高	上端	下端
FZ35–14	346.1	14（2000）	28（4000）	8.4 ~ 10.5（1200 ~ 1500）	160	2 × 2.8	2 × 3.55	手动	1360	2400	720	335	栽丝	法兰
FZ54–14	539.8		21（3000）		250	2 × 11.65	2 × 13.65		4725	3206	1180	705	栽丝	法兰
2FZ54–14						4 × 11.65	4 × 13.65		8980	3206	1180	1155	栽丝	法兰
FZ18–21	179.4	21（3000）	42（6000）		160	2 × 1.6	2 × 2		798	1520	540	280	栽丝	栽丝
2FZ18–21						4 × 1.6	4 × 2		1660	1520	540	566	栽丝	栽丝
FZ23–21	228.6				140	2 × 1.96	2 × 2.36		820	1708	580	280	栽丝	栽丝
2FZ23–21						4 × 1.96	4 × 2.36		1800	1726	595	700	栽丝	法兰
FZ28–21	279.4				220	2 × 5.2	2 × 6		1840	2070	675	690	栽丝	法兰
2FZ28–21						4 × 5.2	4 × 6		3560	2070	970	1070	栽丝	法兰
FZ28–21（剪切闸板）					300	2 × 13	2 × 12.1		2143	2448	812	690	栽丝	法兰
2FZ28–21（剪切闸板）						2 × 5.2（上腔） 2 × 13（下腔）	2 × 6（上腔） 2 × 12.1（下腔）		3865	2448	812	800	栽丝	法兰
FZ35–21	346.1				220	2 × 5.85	2 × 6.65		2020	2400	780	550	栽丝	法兰
2FZ35–21						4 × 5.85	4 × 6.65		3620	2400	879	790	栽丝	栽丝
FZ52–21	527.1		31.5（4500）		250	2 × 11.65	2 × 13.65		5365	3206	1180	1100	法兰	法兰
2FZ52–21						2 × 11.65	4 × 13.65		8980	3206	1180	1155	栽丝	法兰
FZ18–35	179.4	35（5000）	70（10000）		160	2 × 1.6	2 × 2		900	1520	540	450	栽丝	法兰
2FZ18–35						4 × 1.6	4 × 2		1660	1520	540	566	栽丝	栽丝
FZ23–35	228.6				220	2 × 4.4	2 × 5		1735	2027	760	560	栽丝	法兰
2FZ23–35						4 × 4.4	4 × 5		2912	2027	760	782	栽丝	栽丝

续表

型号	通径 mm	工作压力 MPa（psi）	强度试压 MPa（psi）	液控压力 MPa（psi）	活塞直径 mm	油缸开启腔 数量 × 容积 L	油缸关闭腔 数量 × 容积 L	锁紧方式	质量 kg	外形尺寸 mm 长	宽	高	连接方式 上端	下端
FZ28−35	279.4	35（5000）	70（10000）	8.4 ~ 10.5（1200 ~ 1500）	220	2 × 5.15	2 × 5.9	手动	2260	2110	780	660	栽丝	法兰
2FZ28−35						4 × 5.15	4 × 5.9		4250	2110	780	830	栽丝	栽丝
FZ35−35	346.1				250	2 × 8.25	2 × 8.95		4786	2400	920	710	栽丝	法兰
2FZ35−35						4 × 8.25	4 × 8.25		6150	2400	920	1360	法兰	法兰
FZ23−70	228.6	70（10000）	105（15000）		250	2 × 5.38	2 × 6.08		3350	1958	915	925	法兰	法兰
2FZ23−70						4 × 5.38	4 × 6.08		6080	1958	915	1345	法兰	法兰
FZ28−70	279.4				250	2 × 7	2 × 7.7		4870	2250	1020	1040	法兰	法兰
2FZ28−70						4 × 7	4 × 7.7		7730	2250	1020	1470	法兰	法兰
FZ35−70	346.1				340	2 × 14.7	2 × 16.6		6377	2670	1240	960	栽丝	法兰
2FZ35−70						4 × 14.7	4 × 16.6		11950	2670	1240	1485	栽丝	法兰

注：RS—荣盛公司代号（汉语拼音第一个字母）；

C—防喷器外壳为铸造；以上所列技术参数为基本型。

表 2−10　RSF 型闸板防喷器规格及技术参数

型号	通径 mm	工作压力 MPa（psi）	强度试压 MPa（psi）	液控压力 MPa（psi）	活塞直径 mm	油缸开启腔 数量 × 容积 L	油缸关闭腔 数量 × 容积 L	锁紧方式	质量 kg	外形尺寸，mm 长	宽	高	连接方式 上端	下端
FZ18−70	179.4	70（10000）	105（15000）	8.4 ~ 10.5（1200 ~ 1500）	200	2 × 2.75	2 × 2.75	手动	1179	2054	510	550	法兰	法兰
2FZ18−70						4 × 2.75	4 × 2.75		2177	2054	510	870	栽丝	法兰
FZ18−105		105（15000）	157.5（22500）		250	2 × 7	2 × 7.5		2520	1976	690	858	法兰	法兰
2FZ18−105						4 × 7	4 × 7.5		4590	1976	690	1278	法兰	法兰
FZ35−35	346.1	35（5000）	70（10000）		340	2 × 10	2 × 11		4000	3380	856	680	法兰	法兰
2FZ35−35						4 × 10	4 × 11		6060	3380	856	1206	法兰	法兰
FZ35−105		105（15000）	157.5（22500）		340	37	42		8260	3065	1115	1053	栽丝	法兰
2FZ35−105						2 × 37	2 × 42		14930	3065	1115	1700	栽丝	法兰
FZ28−105	279.4					34	34		7500	2200	1030	910	栽丝	法兰
2 FZ28−105						2 × 34	2 × 34		13500	2200	1030	1490	栽丝	法兰

注：RS—荣盛公司代号（汉语拼音第一个字母）；

F—防喷器外壳为锻造；以上所列技术参数为基本型。

表2-11 宝鸡石油机械有限责任公司FZ型闸板防喷器技术参数

型号		FZ28-21	FZ35-21	FZ18-35	FZ28-35	FZ35-35B	FZ28-70	FZ35-70
通径，mm（in）		280 (11)	346 ($13^{5}/_{8}$)	180 ($7^{1}/_{16}$)	280 (11)	346 ($13^{5}/_{8}$)	28 (11)	346 ($13^{5}/_{8}$)
额定工作压力 MPa（psi）		21 (3000)	21 (3000)	35 (5000)	35 (5000)	35 (5000)	70 (10000)	70 (10000)
壳体实验压力 MPa（psi）		42 (6000)	42 (6000)	70 (10000)	70 (10000)	70 (10000)	105 (15000)	105 (15000)
推荐液控压力 MPa（psi）		8.4～10.5 (1200～1500)						
活塞直径，mm（in）		170 (9)	220 (9)	170 (7)	220 (9)	220 (9)	360 ($14^{3}/_{16}$)	360 ($14^{3}/_{16}$)
开启油量，L		2.8	5.064	3.6	4.9	5.064	14.8	16.4
关闭油量，L		3.18	5.768	4.3	5.6	5.768	16.8	18.5
外形尺寸（长×宽×高）mm×mm×mm	单闸板 栽丝式	2097×1060×430	2476×1220×534	1534×555×385	2170×1167×480	2476×1220×495	2360×1145×570	2690×1235×582
	单闸板 法兰式	2097×1060×720	2476×1220×844	1534×555×727	2170×1167×870	2476×1220×890	2360×1145×1030	2690×1235×1138
	双闸板 栽丝式	2100×850×850	2476×1220×990	1534×555×746	2170×846×975	2476×1220×990	2376×1145×1124	2690×1235×1170
	双闸板 法兰式	2100×850×1160	2476×1220×1300	1534×555×1110	2170×846×1415	2476×1220×1386	2376×1145×1564	2690×1235×1726
质量 kg	单闸板 栽丝式	3030	3377	1050	2181	3333	4200	6312
	单闸板 法兰式	3267	3505	1194	3412	3950	4890	5728
	双闸板 栽丝式	4211	6498	2100	4932	6697	9508	12040
	双闸板 法兰式	4332	6754	2245	6163	7314	9872	11456

3. 上海第一石油机械厂闸板防喷器

上海第一石油机械厂闸板防喷器技术参数见表2-12。

表 2–12　上海第一石油机械厂闸板防喷器技术参数

规格型号	FZ54–14	FZ18–21	FZ18–35	FZ23–35 2FZ23–35	FZ28–352 FZ28–35	FZ35–35 2FZ35–35	FZ28–70 2FZ28–70	FZ35–70 2FZ35–70	FZ35–105 2FZ35–105
通径 mm (in)	540 (21¼)	180 (7¹/₁₆)	180 (7¹/₁₆)	230 (9)	280 (11)	346 (13⅝)	280 (11)	345 (13⅝)	345 (13⅝)
工作压力 MPa	14	21	35	35	35	35	70	70	105
厂内试验压力, MPa	21	42	70	70	70	70	105	105	140
液控压力 MPa	8.4~10.5								
油缸直径 mm	250	150	170	220	220	250	250	355	355
开启油量 L	2×11.7 4×11.7	2×1.6 4×1.6	2×1.6 4×1.6	2×5.2 4×5.2	2×5.2 4×5.2	2×7.4 4×7.4	2×6.6 4×6.6	2×19.9 4×19.9	2×19.9 4×19.9
关闭油量 L	2×13 4×13	2×2 4×2	2×2 4×2	2×5.45 4×5.45	2×5.45 4×5.45	2×8.3 4×8.3	2×7.4 4×7.4	2×20 4×20	2×20 4×20
闸板形式	HF	H	H	F	S	S	H	S	H
端部连接形式 顶部	栽丝					法兰或栽丝			
端部连接形式 底部	法兰	法兰或栽丝							法兰
螺栓	M42×3	M30×3	M36×3	M42×3	M48×3	M42×3	M45×3	M48×3	M58×3
密封垫环	R73	R45	R46	R50	R54	BX160	BX158	BX159	BX159
闸板尺寸 mm (in)	全封 127 (5) 340(13⅝)	全封 60 (2⅜) 73 (2⅞) 89 (3½) 114 (4½)	全封 60 (2⅜) 73 (2⅞) 89 (3½) 114 (4½)	全封 73 (2⅞) 89 (3½) 114 (4½) 127 (5) 140 (5½)	全封 73 (2⅞) 89 (3½) 114 (4½) 127 (5) 178 (7)	全封 73 (2⅞) 89 (3½) 127 (5) 140 (5½) 178 (7) 245 (9⅝)	全封 60 (2⅜) 73 (2⅞) 89 (3½) 127 (5) 140 (5½) 178 (7)	全封 73 (2⅞) 89 (3½) 127 (5) 140 (5½) 178 (7) 245 (9⅝)	全封 73 (2⅞) 89 (3½) 127 (5) 140 (5½) 178 (7) 245 (9⅝)
外形尺寸 mm 长	3366	1392	1554	2027	2315	2468	2335	3274	3074
外形尺寸 mm 宽	1205	525 582	525 582	678 760	860	736/952 999/1214	986	1238	1305
外形尺寸 mm 高	720 1310	280 705	280 736	560 782	670 860	735 998	820/1102 1060/1582	750/1275 1168/1450	1640/1985 1420/1075
质量 kg	5505 9950	716 1519	756 1617	1735 3200	2735 4990	3304/3338 6020/6604	3724/4170 6238/7195	7238 12590	10103 9160

4. 美国 Cameron 公司闸板防喷器

美国 Cameron 公司闸板防喷器技术参数见表 2–13。

表 2–13　美国 Cameron 公司闸板防喷器技术参数

规格（通径 × 压力）in × MPa	通径 mm	长 mm	宽 mm	高，mm				闸板厚度 mm	质量 kg（lb）
				法兰		卡箍			
7¹/₁₆ × 21	179.4	2099	514.4	612.5	1038	—	—	139.7	1180（2270）
7¹/₁₆ × 35	179.4	2099	514.4	695.3	1121	384.2	1064	139.7	1271（2361）
7¹/₁₆ × 70	179.4	2099	514.4	777.9	1235	685.8	1143	139.7	1612（2906）
7¹/₁₆ × 105	179.4	2099	514.4	809.6	1267	685.8	1143	139.7	1725（3065）
11 × 21	279.4	2765	638.2	739.8	1251	—	—	171.5	2405（4495）
11 × 35	279.4	2765	638.2	873.1	1384	746.1	1257	171.5	2542（4631）
11 × 70	279.4	2765	638.2	908.1	1419	819.2	1330	171.5	2906（5130）
11 × 105	279.4	2813	737	1099	1734	—	—	234.95	4994（8172）
13⁵/₈ × 21	346.1	3254	743	781.1	1340	—	—	190.5	3269（6492）
13⁵/₈ × 35	346.1	3254	743	857.3	1416	812.8	1372	190.5	3496（6719）
13⁵/₈ × 70	346.1	3305	743	1061	1692	835	1467	190.5	4676（9354）
13⁵/₈ × 105	346.1	3664	1003	1130	1835	—	—	203.2	1076（19636）
16¾ × 21	425.5	3696	908.1	1019	1679	806.5	1461	234.95	6152（11866）
16¾ × 35	425.5	3747	908.1	1095	1749	889	1543	234.95	6174（11867）
18¾ × 70	476.3	4623	1061	1422	2210	1095	1873	304.8	1249（23903）
20¾ × 21	527.1	4220	977.9	1032	1676	854	1502	203.2	6197（11600）
21¼ × 14	539.8	4220	977.9	946.2	1597	847.7	1480	203.2	6016（11416）
21¼ × 52.5	539.8	4747	1181	—	—	1346	2210	342.9	1498（28375）
21¼ × 70	539.8	4797	1181	—	—	1346	2209	342.9	1503（28466）
26¾ × 14	679.5	4956	1175	1016	1670	—	—	203.2	9080（17161）
26¾ × 21	679.5	5058	1175	1226	2000	—	—	203.2	1090（20067）

5. 美国 Sheffer 型闸板防喷器

美国 Sheffer 型闸板防喷器技术参数见表 2–14、表 2–15。

2.1.8　旋转防喷器

2.1.8.1　结构

图 2–10 至图 2–12 为几种常见的旋转防喷器结构。

表 2-14 美国 Sheffer LWS 型闸板防喷器技术参数

工作压力，MPa			70		35				21				14		
通径，mm（in）			179.4 (7¹/₁₆)	103.2 (4¹/₁₆)	279.4 (11)	228.6 (9)	179.4 (7¹/₁₆)	103.2 (4¹/₁₆)	514.4 (20¼)			279.4 (11)	539.8 (21¼)		
油缸内径，mm			355.6	152.4	215.9		165.1	152.4	254	355.6	215.9	165.1	254	355.6	215.9
液压锁紧长度，mm			—	—	—	—	—	—	2975	3356	—	—	2978	3359	—
手动锁紧长度，mm			1899	1073	2292	2010	1480	1073	—	—	3238	1845	—	—	3238
宽度，mm			784.2	398.5	730.3	549.3	544.5	398.5	1048			657.2	1048		
高度 mm	单闸板	栽丝连接	603.3	400.1	495.3	368.3	318	400.1	587.4			368.3	587.4		
		法兰连接	1013	527.1	939.8	765.2	717.6	527.1	1057			688.9	958.9		
		卡箍连接	—	—	763.6	558.8	—	—	898.5			558.8	879.5		
	双闸板	栽丝连接	1105	—	838.2	749.3	679.5	—	1251			746.1	1251		
		法兰连接	1514	—	1283	1154	1016	—	1721			1067	1622		
		卡箍连接	—	—	1107	963.6	—	—	1575			936.6	1543		
质量 kg	单闸板	栽丝连接	2783	376.8	1884	1303	628.9	376.8	3545	4570	3381	960.7	3471	4497	3307
		法兰连接	3026	442.7	2188	1466	719.6	442.7	3719	5071	3882	1171	3790	4815	3625
		卡箍连接	2858	—	1880	1280	—	—	3422	4447	3258	976.1	3529	4555	3369
	双闸板	栽丝连接	5405	—	3507	2611	1137	—	6963	9014	6635	1860	6692	8944	6563
		法兰连接	5645	—	3807	2774	1229	—	7464	9514	7135	2070	7210	9262	6880
		卡箍连接	5478	—	3469	2588	—	—	6838	8889	6510	1875	6948	8999	6620
关闭油量，L			19.87	2.23	11.28	9.67	5.49	2.23	25.92	54.88	19.19	6.59	29.52	54.88	19.19
开启油量，L			16.5	1.97	9.9	8.59	4.47	1.97	25.97	51.44	16.88	5.49	25.97	51.44	16.88
侧门螺栓	对边尺寸，mm		55.56	47.63	38.1	41.28	31.75	47.63	41.28			31.75	41.28		
	上紧扭矩，kN·m		482	69	207	207	127	69	166			126	166		

表 2–15　美国 Sheffer SL 型闸板防喷器技术参数

工作压力，MPa			105				70					35				21
通径，mm（in）			346.1（13⅝）	279.4（11）	179.4（7 1/16）	179.4（7 1/16）	539.8（21¼）	476.3（18¾）	425.5（16¾）	339.7（13⅝）	279.4（11）	425.5（16¾）	339.7（13⅝）	425.5（16¾）	339.7（13⅝）	339.7（13⅝）
油缸内径，mm			355.6		254	355.6	355.6					254	355.6	254	355.6	254
外形尺寸 mm	长度	液压锁紧式	3124	2932	2007	2343	3461	3286	3232	2769	2611	3959	3007	2670	2743	—
		手动锁紧式	3625	3435	2007	—	—	—	—	3270	3118	3594	—	3308	—	3308
	宽度		1241	1191	765.2		1370	1445	1400	1041	3118	1181		892.2		892.2
	高度 单闸板	栽丝	977.9	—	581		1016	938.2	8509	771.2	596.6	635		438.2		438.2
		法兰	1638	1448	997		1765	1530	1419	1222	1089	1105		847.7		777.9
		卡箍	—	—	—	—	—	1319	1257	987.4	—	985.9		743		—
	高度 双闸板	栽丝	1480	1321	930.3	—	1505	1391	1314	1168	1038	1089		863.6		863.6
		法兰	2140	1917	1346	—	2254	1983	1883	1680	1530	1559		1273		1203
		卡箍	—	—	—	—	—	1772	1670	1445	—	1413		1168		—
质量 kg	单闸板	栽丝	11740	9824	2610	3136	14150	12014	11710	6118	5194	6406	—	3634	4147	3608
		法兰	13189	11193	2815	3428	16927	13938	12903	6944	5764	7019	—	4079	4590	3827
		卡箍	—	—	—	—	14437	12310	12061	6170	5315	6674	—	3763	4152	3598
	双闸板	栽丝	19041	15767	4358	5607	22112	20078	18705	10683	9312	11479	—	70915	8115	7066
		法兰	20489	17139	4653	5879	24900	22014	19881	11516	9888	12098	—	7540	8562	7289
		卡箍	—	—	—	—	22415	20018	19038	10742	9893	11752	—	7224	8247	7059
关闭闸板油量，L			43.75	35.58	10.3	—	60.75	55.07	54.77	40.05	35.77	22.97	44.51	20.59	41.64	20.59
打开闸板油量，L			39.82	30.66	8.86	—	52.46	50	47.31	39.82	26.5	18.81	40.39	16.88	39.82	16.88
侧门螺栓对边尺寸，mm			79.38				79.38					79.38				79.38

2 井控装置

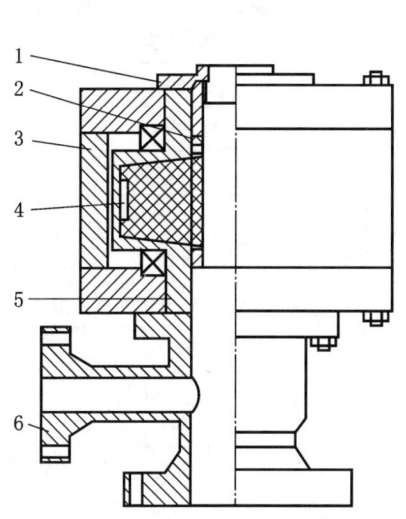

2

图 2−10 SEAL TECHE 旋转防喷器

1—方补心；2—封隔器；3—轴承；4—胶芯；5—动密封；6—法兰

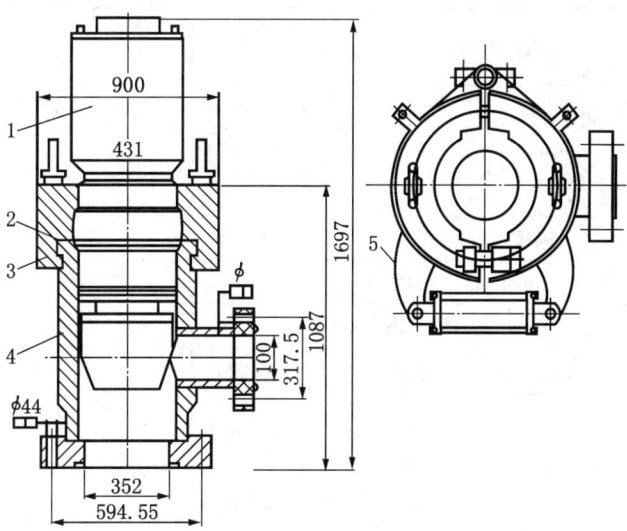

2

图 2−11 Williams 7100 型旋转防喷器

1—轴承总成；2—密封圈；3—卡箍；4—底座；5—油缸

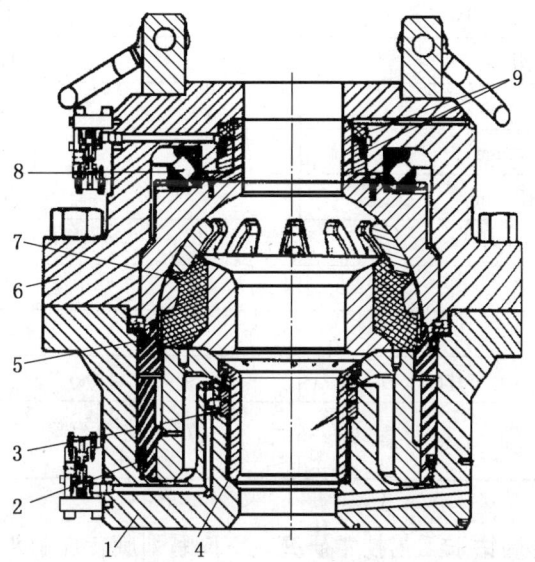

2

图 2−12 Shaffer PCWD 旋转球型防喷器结构图

1—下壳体；2—活塞；3—下部动密封；4—活塞套；5—扶正轴承；6—上壳体；7—胶芯；8—主轴承；9—上部动密封

2.1.8.2 技术参数

1. 国外旋转防喷器

国外旋转防喷器技术参数见表 2−16。

2. 国产旋转防喷器

（1）华北石油荣盛机械制造有限公司 XF35−10.5/21 旋转防喷器技术参数见表 2−17。

表 2-16　旋转防喷器技术参数

技术指标		RBOP 旋转防喷器	Williams 7100 型旋转防喷器	Shaffer PCWD 旋转万能防喷器
最大井口压力 MPa（psi）	静态	17.5（2500）	35（5000）	35（5000）
	动态	10.5（1500）	17.5（2500）	21（3000）
	封零	—	—	17.5（2500）
通径，mm（in）		279.4（11）	279.4（11）	279.4（11）
底部连接，mm（in）×MPa（psi）		—	—	280（11）×35（5000）法兰或双头螺栓
顶部连接，mm（in）×MPa（psi）		—	—	280（11）×35（5000）双头螺栓
最大外径，mm（in）		978（38½）	（991）39	1321（52）
最大高度，mm（in）		1524（60）	1611.3（63$^7/_{16}$）	1079.5（42.5）双头螺栓式 或 1244.6（49）法兰式
旁通法兰，mm（in）		179.4（7$^1/_{16}$）	179.4（7$^1/_{16}$）或 52.4（2$^1/_{16}$）	—

表 2-17　华北石油荣盛机械制造有限公司 XF35-10.5/21 旋转防喷器技术参数

项　　目	技术参数
最大静密封压力，MPa	21
最大动密封压力，MPa	10.5
最大转速，r/min	100
中心管通径，mm	178
旋转总成外径，mm	436
可封钻具，mm（in）	133.4（5¼）六方钻杆 +127（5）钻杆（带 18°/35°接头）
工作介质	钻井液，原油，天然气
工作温度，℃	−18 ~ 121
底部法兰规格，mm（in）−MPa（psi）	346.1（13⅝）−35（5000）6BX BX160
侧旁通法兰规格，mm（in）−MPa（psi）	179.4（7$^1/_{16}$）−35（5000）6B R46 52.4（2$^1/_{16}$）−35（5000）6B R24

（2）四川石油管理局钻采工艺技术研究院 XK 系列旋转控制头（旋转防喷器）主要技术参数见表 2-18 至表 2-22。

表 2-18　XK28（35）−17.5/3.5 旋转控制头主要技术参数

型　　号	XK28−17.5/35	XK35−17.5/35
公称通径，mm（in）	280（11）	350（13⅝）
底法兰连接，mm（in）−MPa（psi）	280（11）−35（5000）6B	350（13⅝）−35（5000）6BX
侧出口连接，mm（in）−MPa（psi）	179.4（7$^1/_{16}$）−35（5000）6BX	
侧进口连接，mm（in）−MPa（psi）	52（2$^1/_{16}$）−35（5000）6B 型栽丝法兰转油管扣	
中心管通径，mm	182	

续表

型号		XK28-17.5/35	XK35-17.5/35
工作压力 MPa	最大动压	17.5	
	最大静压	35	
最大转速, r/min		100	
可封钻具, mm (in)		133.4（5¼）方钻杆+127（5）钻杆，108（4¼）方钻杆+89（3½）钻杆，89（3½）方钻杆+89（3½）钻杆，76.2（3）方钻杆+73（2⅞）钻杆	
工作介质		空气、泡沫和各种钻井液	
外形尺寸, mm		总高1778，旋转总成外径440，壳体高度930	

表2-19 XK28（35，23）-10.5/21旋转控制头主要技术参数

型号		XK28-10.5/21	XK35-10.5/21	XK23-10.5/21
公称通径, mm (in)		280 (11)	350 (13⅝)	230 (9)
底法兰连接 mm (in) -MPa (psi)		280 (11) -35 (5000) 6B	350 (13⅝) -35 (5000) 6BX	230 (9) -35 (5000) 6BX
侧出口连接, mm (in) -MPa (psi)		179.4 (7 1/16) -35 (5000) 6BX		
侧进口连接, mm (in) -MPa (psi)		52 (2 1/16) -35 (5000) 6B 型裁丝法兰转油管扣		
中心管通径, mm		190		
工作压力 MPa	最大动压	10.5		
	最大静压	21		
最大转速, r/min		100		
可封钻具, mm (in)		133.4（5¼）方钻杆+127（5）钻杆，108（4¼）方钻杆+89（3½）钻杆，89（3½）方钻杆+89（3½）钻杆，76.2（3）方钻杆+73（2⅞）钻杆		
工作介质		空气、泡沫和各种钻井液		
外形尺寸, mm		总高1480，旋转总成外径513，壳体高度765		

表2-20 XK28（23）-7/14旋转控制头主要技术参数

型号		XK28-7/14	XK23-7/14
公称通径, mm (in)		280 (11)	230 (9)
底法兰连接, mm (in) -MPa (psi)		280 (11) -35 (5000) 6B	230 (9) -35 (5000) 6B
侧出口连接, mm (in) -MPa (psi)		103 (4 1/16) -21 (3000) 6B	
侧进口连接, mm (in) -MPa (psi)		52 (2 1/16) -21 (3000) 6B 型裁丝法兰或60.3 (2⅜) 平式油管扣	
中心管通径, mm		182	
工作压力 MPa	最大动压	7	
	最大静压	14	
最大转速, r/min		100	
可封钻具, mm (in)		133.4（5¼）方钻杆+127（5）钻杆，108（4¼）方钻杆+89（3½）钻杆，76.2（3）方钻杆+89（3½）钻杆，76.2（3）方钻杆+73（2⅞）钻杆	
工作介质		空气、泡沫和各种钻井液	
总体尺寸, mm		总高925，旋转总成外径374，壳体高度640	

表 2–21 XK28（18）–3.5/7 旋转控制头主要技术参数

型　号		XK28–3.5/7	XK18–3.5/7
公称通径，mm（in）		280（11）	180（7 1/16）
底法兰连接 mm（in）–MPa（psi）		280（11）–35（5000）6B	180（7 1/16）–35（5000）6B
侧出口连接 mm（in）–MPa（psi）		103（4 1/16）–21（3000）6B	
侧进口连接 mm（in）–MPa（psi）		52（2 1/16）–21（3000）6B 型栽丝法兰或 60.3（2 3/8）平式油管扣	
中心管通径，mm		182	
工作压力 MPa	最大动压	3.5	
	最大静压	7	
最大转速，r/min		100	
可封钻具，mm（in）		133.4（5¼）方钻杆 +127（5）钻杆，108（4¼）方钻杆 +89（3½）钻杆， 89（3½）方钻杆 +89（3½）钻杆，76.2（3）方钻杆 +73（2 7/8）钻杆	
工作介质		空气、泡沫和各种钻井液	
外形尺寸，mm		总高 925，旋转总成外径 374，壳体高度 640	

表 2–22 XK540–AD194、XK350–AD194 空气钻井用旋转控制头主要技术参数

型　号		XK540–AD194	XK350–AD194
壳体通径，mm（in）		540（21¼）	350（13 5/8）
底法兰连接 mm（in）–MPa（psi）		540（21¼）–14（2000）6B	350（13 5/8）–35（5000）6B
侧出口连接		ANSI16.5 10IN–400 型法兰连接或 10in 卡箍连接	
中心管通径，mm		182	
工作压力 MPa	最大动压	1.75	
	最大静压	3.5	
最大转速，r/min		100	
可封钻具，mm（in）		152.4（6）方钻杆 +（5½）钻杆，133.4（5¼）方钻杆 +127（5）钻杆， 108（4¼）方钻杆 +89（3½）钻杆，89（3½）方钻杆 +89（3½）钻杆	
工作介质		空气、泡沫和各种钻井液	
外形尺寸，mm		总高 1296， 旋转总成外径 440， 壳体高度 698	总高 1343， 旋转总成外径 440， 壳体高度 930

2.1.8.3 使用方法

旋转防喷器的使用方法如下：

（1）将旋转防喷器外壳安装在闸板防喷器或环型防喷器之上。

（2）连接好旋转防喷器液压润滑控制装置。

（3）取下自封头或使密封胶芯处于开启状态。

(4) 下入钻头和钻铤，接上钻杆。

(5) 将自封头或快换封隔器套在钻杆上。

(6) 上提钻柱，吊开大方瓦，将自封头或快换封隔器下入旋转防喷器。

(7) 上紧旋转头或快换封隔器，打开液压润滑控制装置，将液压控制在合适数值。

(8) 下钻、钻进。

(9) 当钻头起到全闭式防喷器以上时，关闭全闭式防喷器。

(10) 卸去旋转防喷器控制液压。

(11) 卸开并吊起自封头总成或快换封隔器，起出钻头。

(12) 在起下钻过程中，防喷管线的回压要控制适当，如井口回压过大，应使用不压井起下钻装置起下钻具，以防钻具被冲出井眼。

2.1.9 分流器

分流器主要用于油气井表层井眼钻进时的井控。分流器与液压控制系统、四通、阀门等配套使用，使受控的低压井内流体（液体、气体）按规定的路线输到安全地点，保证钻井操作人员和设备的安全。它可密封各种形状和尺寸的方钻杆、钻杆、钻杆接头、钻铤、套管等钻具，同时分流放喷井内液体。华北石油荣盛机械制造有限公司生产的FFZ75-3.5分流器技术参数见表2-23，结构示意图见图2-13。

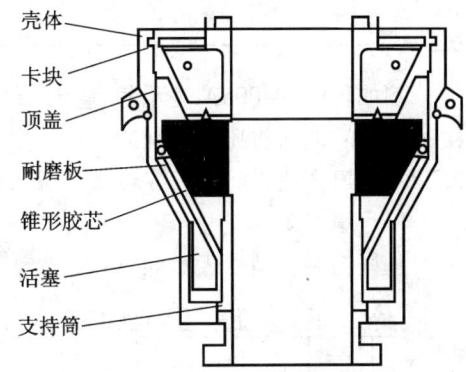

图2-13 FFZ75-3.5分流器结构示意图

表2-23 华北石油荣盛机械制造有限公司FFZ75-3.5分流器技术参数

通径，mm	749.3	活塞行程，mm	355
额定工作压力，MPa	3.5	封井范围，mm	127~749.3（不推荐封空井）
控制压力，MPa	≤12（推荐使用≤10.5）	关闭所需最大油量，L	238

2.2 地面防喷器控制装置

地面防喷器控制装置分为遥控和非遥控两种。按司钻控制台对远程控制台上三位四通转阀的遥控方式，分为气控、液控、电—气控、电—液控等几种。

2.2.1 国产防喷器控制装置系列

国产防喷器控制装置控制对象及标称总容积对照情况见表2-24。

表2-24 国产防喷器控制装置控制对象及标称总容积

控制对象数量，个	1	2	3	4	5	6	7	8
标称总容积，L	≥40	≥75	≥125	≥320	≥400	≥640	≥720	≥800

2.2.2 国产防喷器控制装置产品型号

2.2.2.1 国产防喷器控制装置产品型号

国产防喷器控制装置产品型号表示如下：

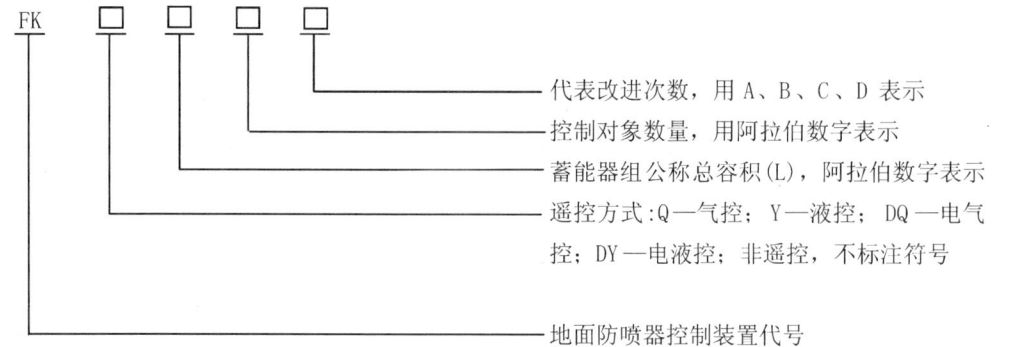

例如：FKQ4005A 表示气遥控，蓄能器组公称总容积为400L，5个控制对象，经第一次改进后的地面防喷器控制装置。

2.2.2.2　国产地面防喷设备控制装置主要部件及型号

1. 远程控制台型号

远程控制台型号表示如下：

例如：YC Q 400-5 表示气遥控，蓄能器组公称总容积为400L，5个控制对象的远程控制台。

2. 司钻控制台型号

司钻控制台型号表示如下：

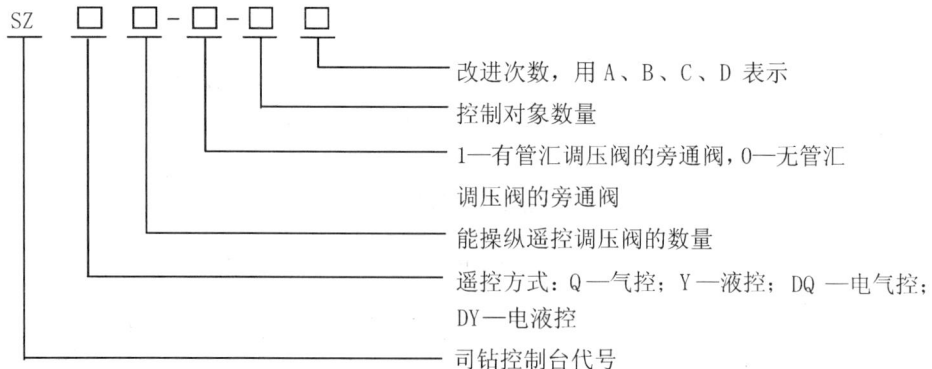

例如：SZQ1-1-5 表示气遥控，能操纵一只遥控调压阀，有管汇调压阀的旁通阀，5个控制对象的司钻控制台。

3. 管排架型号

管排架型号表示如下：

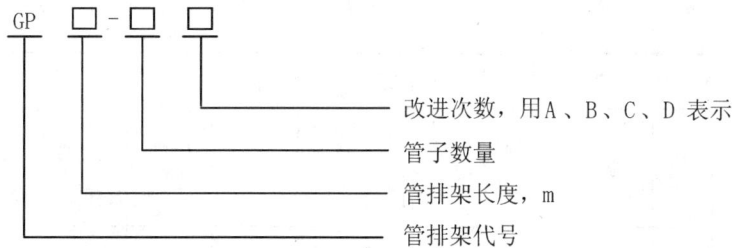

例如：GP6—10 表示长度为 6m，有 10 根管子的管排架。

4. 管缆型号

管缆型号表示如下：

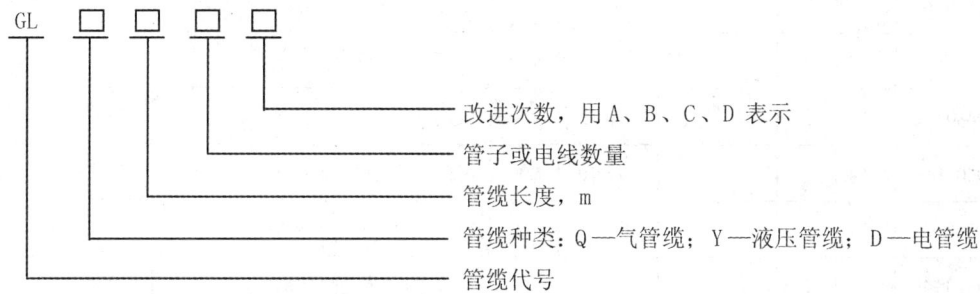

例如：GLQ4010 表示长度为 40m，有 10 根管子的气管缆。

2.2.3 国产地面防喷器控制装置技术参数

北京石油机械厂地面防喷器控制装置技术参数见表 2-25。

表 2-25 北京石油机械厂地面防喷器控制装置技术参数

型号	控制对象数量				蓄能器组			油箱有效容积 L	电动机功率 kW	泵系统流量		
	环形	闸板	放喷	备用	总容积 L	可用液量 L	排列方式			电动油泵 L/min	气动油泵 mL/冲	手动油泵 mL/冲
FKQ1440-14	1	4	7	2	60×24	720	后置	2300	18.5×2	46×2	60×4	—
FKQ1280-8	1	3	2	1	80×16	640	侧置	1650	18.5×2	46×2	60×2	—
FKQ960-8	1	3	3	1	60×16	480	侧置	1650	18.5×2	46×2	60×2	—
FKQ840-8	1	3	3	1	60×14	420	侧置	1650	18.5	46	60×2	—
FKQ800-7D	1	3	2	1	40×20	400	侧置	1500	18.5	46	60×2	—
FKQ800-7	1	3	2	1	80×10	400	侧置	1600	18.5	46	60×2	—
FKQ800-7B	1	3	2	1	40×20	400	侧置	1600	18.5	46	60×2	—
FKQ640-7	1	3	2	1	80×8	320	侧置	1600	18.5	46	60×2	—
FKQ800-6N	1	3	2	—	40×20	400	侧置	1600	18.5	46	60×2	—
FKQ640-6N	1	3	2	—	40×16	320	侧置	1600	18.5	46	60×2	—

续表

型号	控制对象数量				蓄能器组			油箱有效容积 L	电动机功率 kW	泵系统流量		
	环形	闸板	放喷	备用	总容积 L	可用液量 L	排列方式			电动油泵 L/min	气动油泵 mL/冲	手动油泵 mL/冲
FKQ800-6F	1	3	2	—	80×10	400	侧置	1600	18.5	46	60×2	—
FKQ720-6	1	3	2	—	60×12	360	侧置	1290	18.5	46	60×2	—
FKQ640-6G	1	3	2	—	40×16	320	侧置	1290	18.5	46	60×2	—
FKQ640-6E	1	3	2	—	80×8	320	侧置	1300	18.5	46	60×2	—
FKQ640-6	1	3	2	—	40×16	320	后置	1120	18.5	46	60×2	—
FKQ480-5C	1	3	1	—	40×12	200	侧置	1100	18.5	35	60×2	—
FKQ400-5B	1	3	1	—	40×10	200	侧置	1100	18.5	35	60×2	—
FKQ320-4E	1	2	1	—	40×8	160	后置	790	18.5	46	60×1	—
FKQ320-4G	1	2	1	—	40×8	160	侧置	790	15	35	60×1	—
FKQ320-3	1	2	—	—	40×8	160	后置	790	18.5	46	60×1	—
FKQ160-4W	—	2	2	—	40×4	120	后置	720	11	20	60×1	—
FKQ320-4	1	2	1	—	40×8	160	侧置	790	11	20	60×1	14/28
FKQ250-4	—	2	1	—	25×10	125	侧置	630	11	20	—	14/28
FKQ240-4	—	2	1	1	40×6	120	后置	630	15	31	—	14/28
FKQ100-4	—	2	1	—	40×6	120	后置	630	11	20	—	14/28
FK240-3D	1	2	—	—	40×6	120	后置	500	11	20	60×2	—
FK240-3	1	2	—	—	40×6	120	侧置	456	11	20	—	14/28
FK125-3	—	3	—	—	25×5	62.5	后置	440	11	20	—	14/28
FK125-3B	1	2	—	—	25×5	62.5	后置	440	11	20	—	14/28
FK125-2D	—	1	1	1	25×5	62.5	后置	440	15	31	—	14/28
FK50-1	—	1	—	—	25×2	25	后置	98	3	7	—	14/28
FKQ640-6M	1	3	2	—	40×16	320	后置	1120	18.5	46	60×2	—
FKQ800-7F	1	3	2	1	40×20	400	后置	1280	18.5	46	60×2	—
FKQ400-5	1	3	1	—	40×10	200	后置	1120	18.5	35	60×2	—
FKQ480-5E	1	3	1	—	40×12	240	后置	1120	18.5	35	60×2	—

2.2.4 地面防喷器控制装置技术要求

2.2.4.1 环境适应性

地面防喷器控制装置必须能在相应的环境范围内操作，或进行环境控制，人为制造保温、加热条件，使设备在相应温度范围内工作。

2.2.4.2 使用性能

1. 标称压力

地面防喷器控制装置的标称压力为21MPa。

2. 关闭时间

闸板防喷器关闭时间小于30s；公称通径小于476mm的环形防喷器关闭时间小于30s，公称通径大于476mm的环形防喷器关闭时间不超过45s。关闭（或打开）"液动阀"的时间，小于防喷器组任一闸板防喷器的实际关闭时间。

3. 对泵组的要求

地面防喷器控制装置的泵组，至少由两组专用液压泵组成。泵组总液量应满足以下要求：(1) 在不使用储能器组，且防喷器中放入了所使用的最小直径的钻杆的情况下，泵组的总输出液量应能在2min内关闭环形防喷器、打开所有液动阀，而且管汇具有不小于8.4MPa的压力。(2) 泵组总输出液量能在15min内使所有储能器从充气压力升到地面防喷器控制装置的标称压力。

泵组至少具备下列两种超压保护装置：(1) 一种装置是"压力控制器"和"液气开关"，分别控制电泵和气泵。当泵的输出压力达到$21^{0}_{-0.7}$MPa时，能切断泵的动力源，系统压力降到接近18.9MPa时，使泵自动启动。(2) 另一种装置通常是溢流阀，调定其打开压力不大于23.1MPa，其关闭压力不得低于18.9MPa。系统应有足够的溢流阀，溢流能力至少等于泵组在标称压力时的流量。

4. 对储能器组的要求

使用氮气作储能器的预充气体，充气压力为$7^{0}_{-0.7}$MPa。

5. 对控制管汇的要求

应由带调压阀的专用液压回路，控制环形防喷器。该调压阀的出口压力调定值不大于10.5MPa。环形防喷器的调压阀可以遥控操作。遥控失效时，应能直接手工操作调定或保持已调定的压力。其他控制对象公用的液压控制回路应装有一个调压阀。该回路可通过与调压阀并联的旁通阀，直接使用储能器的压力液操纵执行元件。

面对三位四通液转阀，当手柄扳到右边位置时为关闭防喷器或液动阀；当手柄扳到左边位置时为打开防喷器或液动阀。司钻控制台上操作阀与远程控制台上相应的三位四通液转阀开关动作应一致。

6. 对压力液的要求

地面防喷器控制装置应使用合适的压力液。不能使用有损于密封件的柴油、煤油及其他类似的液体。若使用水基的压力液，且环境温度低于结冰温度时，应加入足够的防冻液。

7. 对司钻控制台的要求

司钻控制台应具有以下功能：(1) 能控制所有防喷器和液动阀的动作；(2) 能调节环形防喷器的调压阀的出口压力；(3) 能控制管汇调压阀的旁通阀；(4) 在司钻控制台上操作后，能显示出操作阀的动作位置；(5) 能显示储能器压力、各调压阀的出口压力和气源压力。

采用气遥控时，气管缆的长度应大于50m。采用电遥控时，应配有备用电源。

8. 以气控液操作液转阀控制滞后时间

调压阀的出口压力为15.5MPa，依次扳动司钻控制台上各操作阀，远程控制台的三位四通液转阀完成动作滞后时间不得大于3s。

9. 液压系统密封性能

储能器压力为21MPa，环形防喷器的调压阀的出口压力为10.5 MPa，管汇压力为21MPa，用丝堵封严进出口油管末端，5min后观察三位四通液转阀3min内在开、关、中位的压力降，中位不得大于0.25MPa，开、关位不得大于0.6MPa。

10. 耐压要求

三位四通液转阀在中位，使系统升压至标称压的1.5倍，检查各密封处不得有泄漏，各部件不得有明显变形，3min内压力降不得大于0.35MPa。排管架和高压软管单独按1.5倍标称压力试验。保压10min后不得有泄漏，不得有明显变形和裂纹。

11. 气路系统密封性能

气源压力0.80MPa，切断气源后观察3min内司钻控制台上各操作阀在中、开、关位的压力降。中位不得大于0.05MPa，开位和关位不得大于0.20MPa。

12. 供气压力

气动泵供气压力为0.53MPa，最高输出压力不得低于21MPa。

2.3　井　控　管　汇

2.3.1　井控管汇的组合形式

井口井控管汇如图2-14、图2-15（单钻井四通）和图2-16、图2-17（双钻井四通）所示。

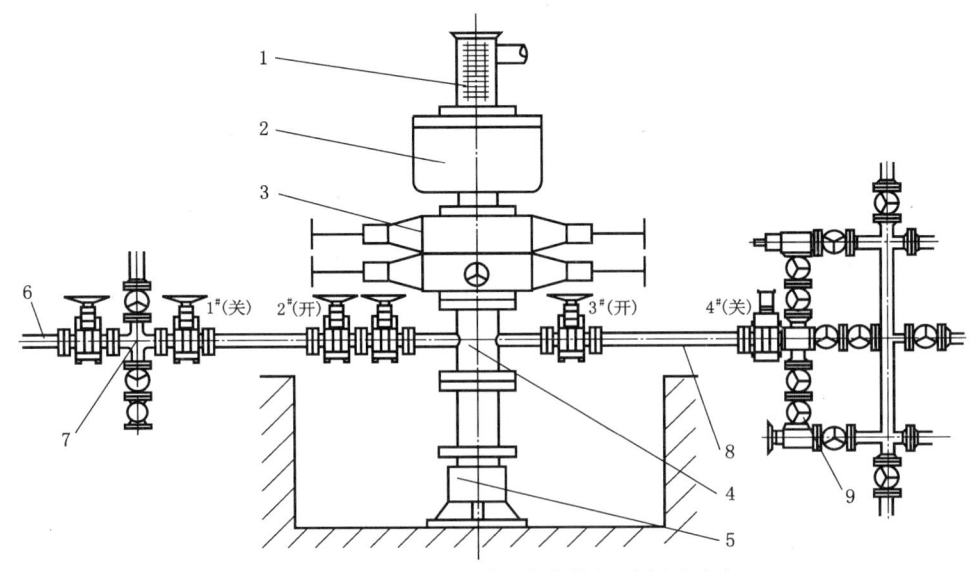

图2-14　单钻井四通井口井控管汇示意图（1）
1—放溢管；2—环形防喷器；3—闸板防喷器；4—钻井四通；5—套管头；6—放喷管线；
7—压井管汇；8—防喷管线；9—节流管汇

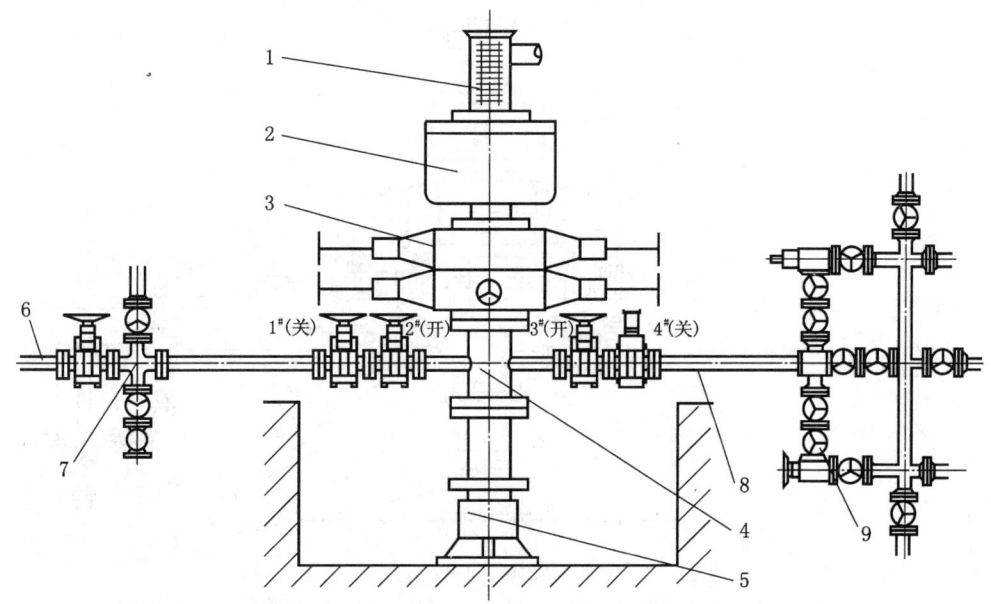

图 2-15 单钻井四通井口井控管汇示意图（2）
1—放溢管；2—环形防喷器；3—闸板防喷器；4—钻井四通；5—套管头；6—放喷管线；
7—压井管汇；8—防喷管线；9—节流管汇

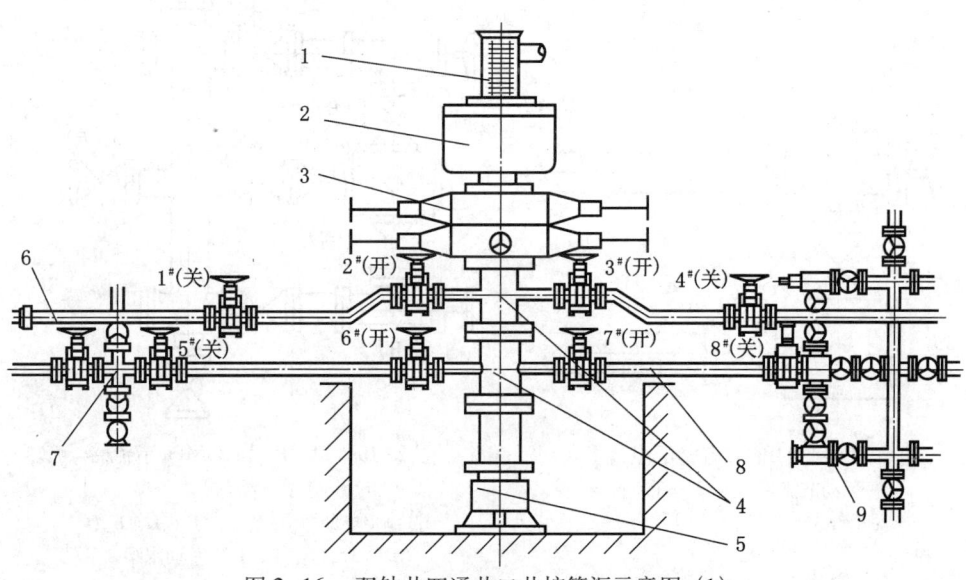

图 2-16 双钻井四通井口井控管汇示意图（1）
1—放溢管；2—环形防喷器；3—闸板防喷器；4—钻井四通；5—套管头；6—放喷管线；
7—压井管汇；8—防喷管线；9—节流管汇

2.3.2 节流管汇的组合形式

节流管汇的压力级别和组合形式要与防喷器压力级别和组合形式相匹配，并按图 2-18 至图 2-21 的组合形式进行选择。

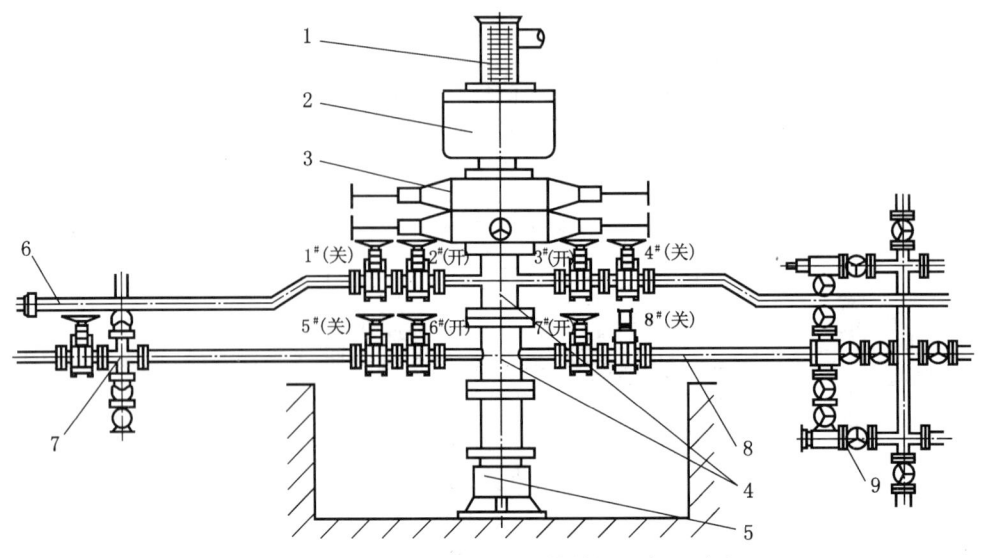

图 2-17 双钻井四通井口井控管汇示意图（2）

1—放溢管；2—环形防喷器；3—闸板防喷器；4—钻井四通；5—套管头；6—放喷管线；
7—压井管汇；8—防喷管线；9—节流管汇

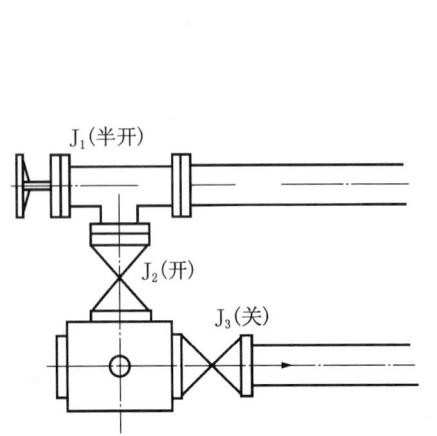

图 2-18 14MPa 节流管汇组合形式

J_1—手动节流阀；J_2，J_3—手动闸阀

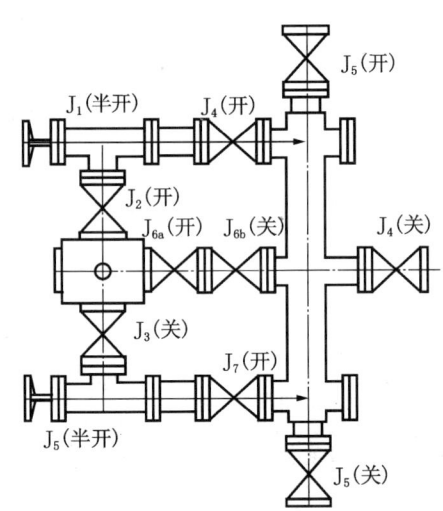

图 2-19 21MPa 和 35MPa 节流管汇组合形式

J_1，J_4—手动节流阀；J_2，J_3，J_5，J_{6a}，J_{6b}，J_7，J_8，J_9，J_{10}—手动闸阀

2.3.3 压井管汇组合形式

压井管汇压力级别要与防喷器压力级别相匹配，其基本形式如图 2-22 和图 2-23 所示。

2.3.4 井控管汇技术要求

2.3.4.1 通径与额定压力

压井与节流管汇的通径与额定工作压力见表 2-26。

2　井控装置

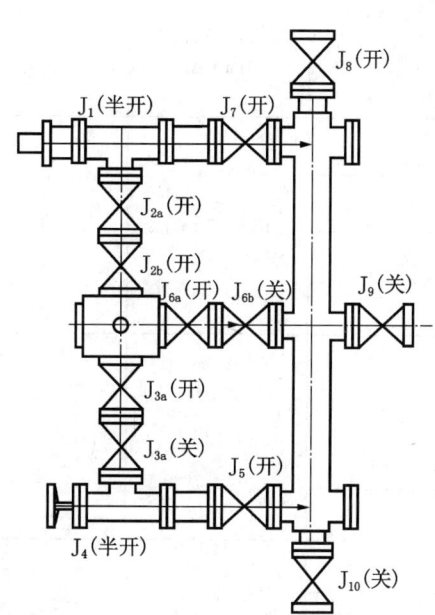

图 2–20　35MPa 和 70MPa 节流管汇组合形式

J_1—液动节流阀；J_4—手动节流阀；J_{2a}，J_{2b}，J_{3a}，J_5，J_{6b}，J_{6b}，J_7，J_8，J_9，J_{10}—手动闸阀

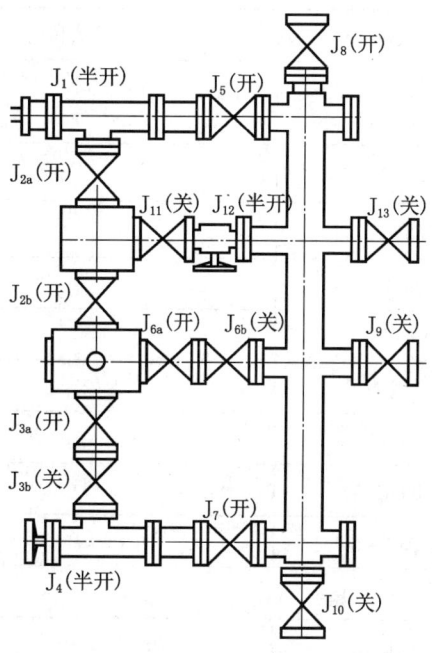

图 2–21　70MPa、105MPa 和 140MPa 节流管汇组合形式

J_1—液动节流阀；J_4，J_{12}—手动节流阀；J_{2a}，J_{2b}，J_{3a}，J_5，J_{6b}，J_{6b}，J_7，J_8，J_9，J_{10}，J_{11}，J_{13}—手动闸阀

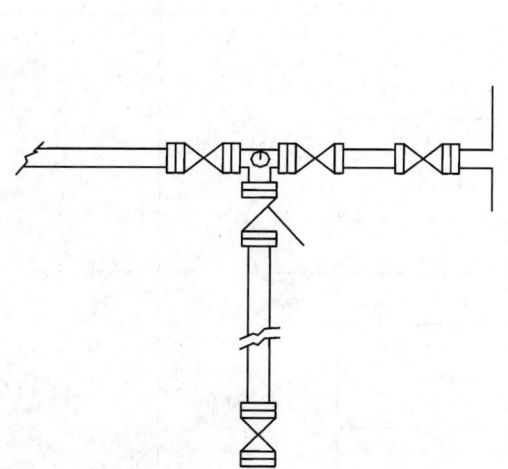

图 2–22　14MPa、21MPa 和 35MPa 工作压力使用的压井管汇

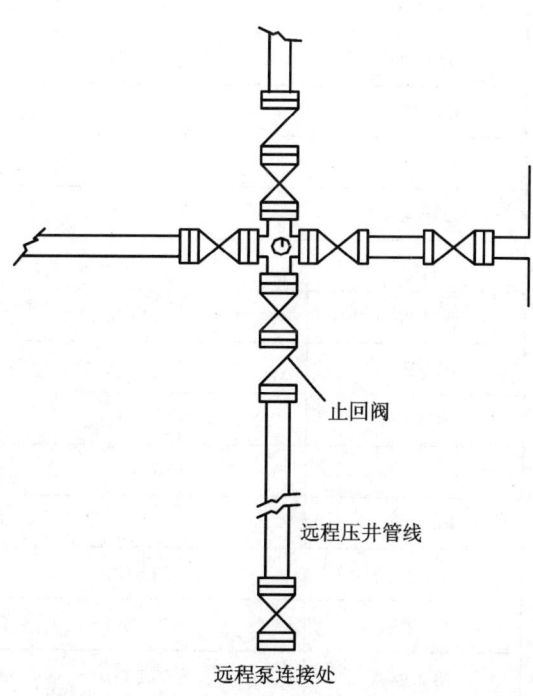

图 2–23　35MPa、70MPa 和 104MPa 工作压力使用的压井管汇

表 2—26 压井与节流管汇的通径与额定工作压力

设备孔径 尺寸(最小通径) mm (in)	活接头、旋转活接头和铰接管线 公称尺寸 mm (in)	柔性管线直径 内径 mm (in)	额定工作压力 MPa (psi)	对应我国现行的 压力级别 MPa
52 ($2^{1}/_{16}$)	—	—	13.8 (2000)	14
65 ($2^{9}/_{16}$)	—	—		
80 ($3^{1}/_{8}$)	—	—		
103 ($4^{1}/_{16}$)	—	—		
52 ($2^{1}/_{16}$)	50.8 (2)	—	20.7 (3000)	21
65 ($2^{9}/_{16}$)	—	—		
80 ($3^{1}/_{8}$)	76.2 (3)	—		
103 ($4^{1}/_{16}$)	101.6 (4)	—		
52 ($2^{1}/_{16}$)	25.4 (1)	—	34.5 (5000)	35
65 ($2^{9}/_{16}$)	38.1 (1½)	50.8 (2)		
80 ($3^{1}/_{8}$)	50.8 (2)	76.2 (3)		
103 ($4^{1}/_{16}$)	76.2 (3)	88.9 (3½)		
	101.6 (4)	101.6 (4)		
46 ($1^{13}/_{16}$)	25.4 (1)	—	69.0 (10000)	70
52 ($2^{1}/_{16}$)	50.8 (2)	50.8 (2)		
65 ($2^{9}/_{16}$)	—	63.5 (2½)		
78 ($3^{1}/_{16}$)	76.2 (3)	76.2 (3)		
103 ($4^{1}/_{16}$)	101.6 (4)	101.6 (4)		
46 ($1^{13}/_{16}$)	—	50.8 (2)	103.5 (15000)	105
52 ($2^{1}/_{16}$)	50.8 (2)	63.5 (2½)		
65 ($2^{9}/_{16}$)	—	76.2 (3)		
78 ($3^{1}/_{16}$)	63.5 (2½)	—		
103 ($4^{1}/_{16}$)	76.2 (3)	—		
46 ($1^{13}/_{16}$)	—	—	138 (20000)	140
52 ($2^{1}/_{16}$)	50.8 (2)	50.8 (2)		
65 ($2^{9}/_{16}$)	63.5 (2½)	63.5 (2½)		
78 ($3^{1}/_{16}$)	76.2 (3)	76.2 (3)		
103 ($4^{1}/_{16}$)	—	—		

2.3.4.2　压井与节流管汇使用温度

压井与节流管汇的使用温度等级见表2–27。

表2–27　压井与节流管汇的使用温度等级

等　级	温度范围，℃（°F）
A	–20 ~ 82　(–4 ~ 180)
B	–20 ~ 100　(–4 ~ 212)
K	–60 ~ 82　(–75 ~ 180)
P	–29 ~ 82　(–20 ~ 180)
U	–18 ~ 121　(–4 ~ 250)

2.3.4.3　压井与节流管汇承压件材料性能

压井与节流管汇承压件材料性能见表2–28。

表2–28　承压材料性能要求

<table>
<tr><th>API材料标记</th><th>最小屈服强度
MPa（psi）</th><th>抗拉强度
MPa（psi）</th><th>最小延伸率
%</th><th>最小断面收缩率，%</th></tr>
<tr><td>36K</td><td>248 (36000)</td><td rowspan="2">483 (70000)</td><td>21</td><td>—</td></tr>
<tr><td>45K</td><td>310 (45000)</td><td>19</td><td>32</td></tr>
<tr><td>60K</td><td>414 (60000)</td><td>586 (85000)</td><td>18</td><td rowspan="2">35</td></tr>
<tr><td>75K</td><td>517 (75000)</td><td>655 (95000)</td><td>18</td></tr>
</table>

2.3.5　常用节流管汇技术参数

部分国产的常用节流管汇的技术参数见表2–29、表2–30。

表2–29　承德江钻石油机械有限责任公司节流管汇的主要技术参数

名　称	节 流 管 汇
型号	JG21，JG35，YJG35H，JG70，YJG70，YJG70E，YJG70Q，YJG105
主通径 × 旁通径 mm × mm	103 × 103，103 × 80，103 × 65，103 × 52，80 × 80，80 × 65，80 × 52，65 × 52，等等 由此可派生出各种符合油田需求的各种规格的管汇
工作压力，MPa	21，35，70，105
工作温度，℃	–29~121（P–U）
工作介质	石油，钻井液（含H_2S）
控制形式	双翼单联手动，双翼双联手动， 双翼双联液动，三翼双联手动，三翼双联液动

表 2-30 上海第一石油机械厂节流管汇技术参数

型 号	YJ35	SYJ35	YJ70	HY70
名 称	液动节流管汇	手动节流管汇	液动节流管汇	海上流动节流管汇
工作压力,MPa	35	35	70	70
主通径,mm	103	103	78	78
节流阀通径,mm	进65出41	65	进65出41	进65出41
闸阀规格,MPa	65×35 103×35 —	65×35 103×35 —	78×70 52.4×70 79.4×35	78×70 52.4×70 79.4×35
单流阀规格,MPa	65×35	65×35	52.4×70	52.4×70
密封垫环	R27,R37,R39	R27,R37,R39	BX-152, BX-154, BX-155	BX-154, BX-156, R35,R39
压力传感器型号	YPQ-01-Z/40	YPQ-01-Z/40	YPQ-01-Z/70	YPQ-01-Z/70
耐震压力表型号	YTN-124 (40MPa)	YTN-124 (40MPa)	YTN-160 (100MPa)	YTN-160 (100MPa)
进口法兰	6B×103-35 6B×52.4-70	6B×103-35 6B×103-35	6B×78-70 6B×103-35	6B×78-70 6B×52.4-70
出口法兰	6B×103-21 6B×103-21	6B×103-21 6B×103-21	6B×78-70 6B×79.4-35	6B×78-70 6B×79.4-35
控制方法	液动	手动	液动	液动
工作介质	水,钻井液,石油	水,钻井液,石油	水,钻井液,石油	水,钻井液,石油
工作温度,℃	-29~121	-29~121	-29~121	-29~121
外形尺寸 (长×宽×高) mm×mm×mm	3350×2518×1935	3350×2318×1180	4694×2820×1660	5363×1000×5326
质量,kg	4530	4060	5586	—

2.3.6 常用压井管汇技术参数

承德江钻石油机械有限责任公司压井管汇技术参数见表 2-31。

2.3.7 井控管汇主要阀件

2.3.7.1 平板阀

平板阀按结构可分为明杆阀、暗杆阀;按驱动方式可分为手动阀、液动阀和手液两动阀。

表 2-31 承德江钻石油机械有限责任公司压井管汇的技术参数

型号	YG-21；YG-35；YG-70；YG-70A
主通径 × 旁通径 in × in	$4^{1}/_{16} \times 4^{1}/_{16}$，$4^{1}/_{16} \times 3^{1}/_{8}$，$4^{1}/_{16} \times 2^{9}/_{16}$，$4^{1}/_{16} \times 2^{1}/_{16}$，$3^{1}/_{8} \times 3^{1}/_{8}$，$3^{1}/_{8} \times 2^{9}/_{16}$，$3^{1}/_{8} \times 2^{1}/_{16}$，$2^{9}/_{16} \times 2^{1}/_{16}$
工作压力，MPa	21，35，70
工作温度，℃	−29 ~ 121
工作介质	钻井液（含 H_2S）
控制形式	单翼结构有主放空阀，双翼结构有主放空阀

1. 手动平板阀

手动平板阀结构如图 2-24 所示。河北省承德江钻石油机械有限责任公司 PFF 系列手动平行闸板阀技术参数见表 2-32（明杆）、表 2-33（暗杆）。

表 2-32 PFF 手动平行闸板阀（明杆）

名称	52-35	52-70	65-21	65-35	65-70	65-105	80-21	80-35	80-70	80-105	103-21	103-35	103-70	103-105
工作压力 MPa	35	70	21	35	70	105	21	35	70	105	21	35	70	105
通径 mm	52	52	65	65	65	65	80	80	78	78	103	103	103	103
质量 kg	86	96	104	104	120	228	165	200	240	306	250	270	330	610
工作温度 ℃	−29~121													
工作介质	石油，钻井液（含 H_2S）													

表 2-33 PFF 手动平行闸板阀（暗杆）

名称	52-21	52-35	52-70	65-21	65-35	65-70	80-21	80-35	80-70	80-105	103-21	103-35	103-70	103-105
工作压力 MPa	21	35	70	21	35	70	21	35	70	105	21	35	70	105
通径 mm	52	52	52	65	65	65	80	80	78	78	103	103	103	103
质量 kg	95	95	104	110	126	172	165	182	257	—	230	238	303	—
工作温度 ℃	−29~121													
工作介质	石油，钻井液（含 H_2S）													

2. 液动平板阀

液动平板阀结构见图 2-25 所示。

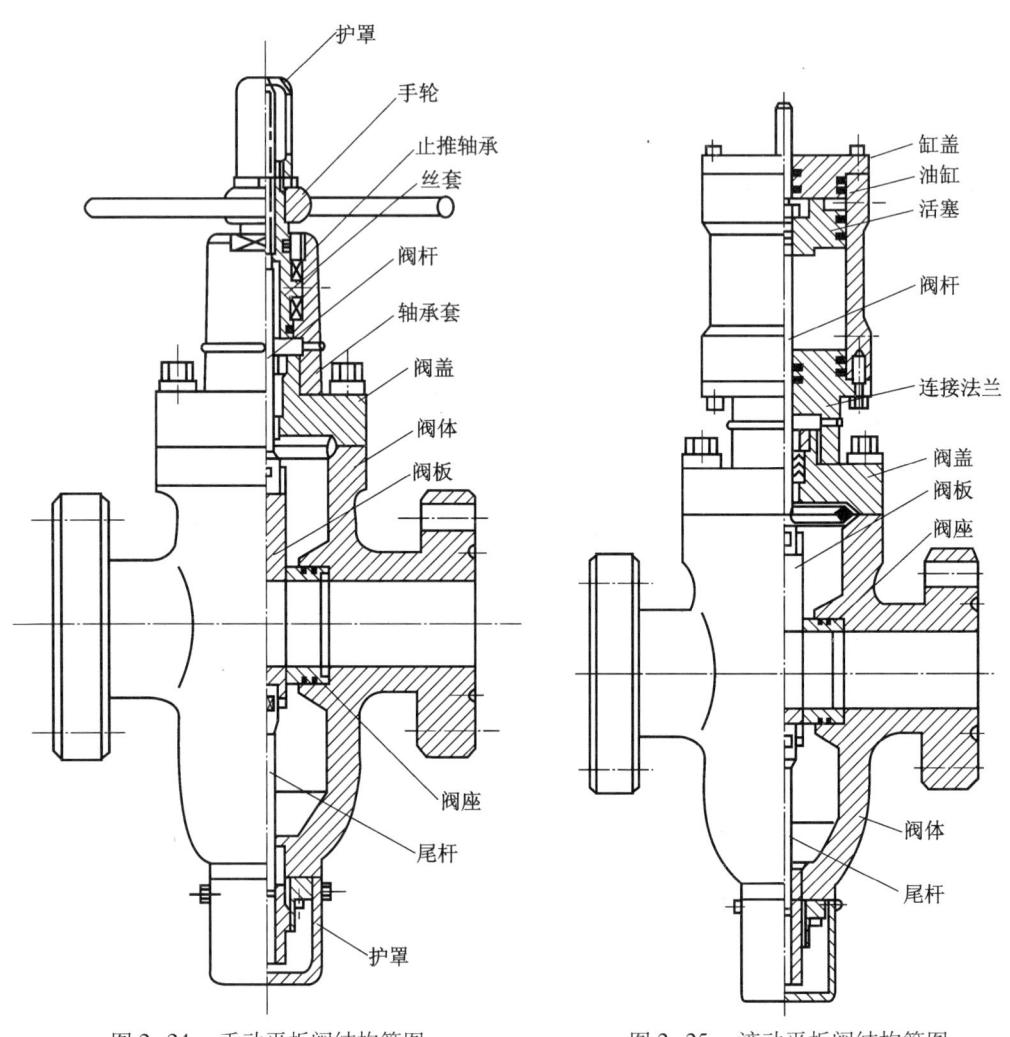

图 2-24 手动平板阀结构简图　　图 2-25 液动平板阀结构简图

3. 手液两动平行闸板阀

河北承德江钻石油机械有限责任公司 SYZF 手液两动平行闸板阀技术参数见表 2-34。

表 2-34　河北省承德江钻石油机械有限责任公司 SYZF 手液两动平行闸板阀

名　　称	103-35	103-70	180-35	180-70
工作压力，MPa	35	70	35	70
通径，mm	103	103	180	180
质量，kg	350	409	660	
工作温度，℃	-29~121			
工作介质	石油，钻井液（含 H_2S）			

2.3.7.2 节流阀

1. 手动节流阀

手动筒形阀板节流阀结构见图 2-26，河北省承德江钻石油机械有限责任公司 JF 系列手动节流阀主要技术参数见表 2-35。

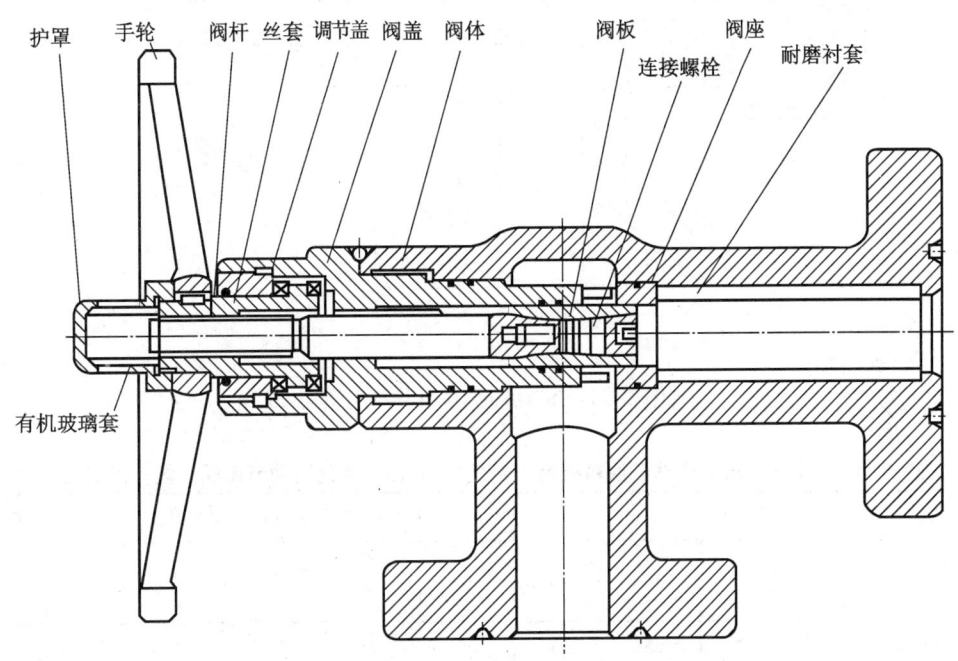

图 2-26 手动筒形阀板节流阀结构简图

表 2-35 河北省承德江钻石油机械有限责任公司 JF 系列手动节流阀主要技术参数

名称	52-21	52-35	52-70	65-21	65-35	65-70	65-105	80-35	80-70	80-105	103-35	103-70
工作压力 MPa	21	35	70	21	35	70	105	35	70	105	35	70
通径 mm (in)	52 ($2^{1/16}$)	52 ($2^{1/16}$)	52 ($2^{1/16}$)	65 ($2^{9/16}$)	65 ($2^{9/16}$)	65 ($2^{9/16}$)	65 ($2^{9/16}$)	80 ($3^{1/8}$)	78 ($3^{1/16}$)	78 ($3^{1/16}$)	103 ($4^{1/16}$)	103 ($4^{1/16}$)
质量 kg	85	95	105	105	96	105	216	130	130	320	175	175
工作温度 ℃	-29~121											
工作介质	石油，钻井液（含 H_2S）											

2. 液动节流阀

液动筒形阀板节流阀结构如图 2-27 所示，河北省承德江钻石油机械有限责任公司 YJF 系列液动节流阀主要技术参数见表 2-36。

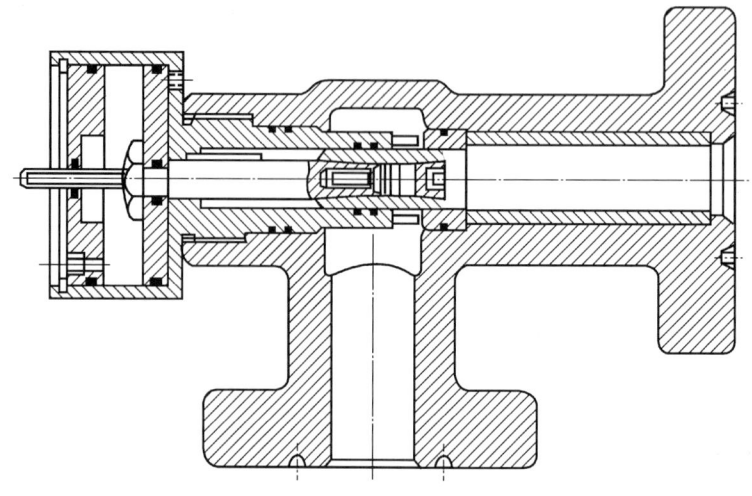

图 2-27 液动筒形阀板节流阀结构

表 2-36 河北省承德江钻石油机械有限责任公司 YJF 系列液动节流阀主要技术参数

名　　称	52-21	52-35	65-35	65-70	65-105	80-35	80-70	80-105	103-35	103-70
工作压力 MPa	21	35	35	70	105	35	70	105	35	70
通径，mm	52	52	65	65	65	80	78	78	103	103
油压，MPa	2.5	2.5	2.5	2.5	2.5	2.5	2.5	2.5	2.5	2.5
质量，kg	85	95	96	105	216	130	130	320	175	175
工作温度，℃	−29~121									
工作介质	石油，钻井液（含 H_2S）									

2.3.7.3 单流阀

1. 结构

单流阀结构如图 2-28 所示，主要由阀体、阀座、压盖等部分组成。

2. 技术参数

河北省承德江钻石油机械有限责任公司 DF 系列单流阀技术参数见表 2-37。

表 2-37 单流阀规格

名　　称	52-35	52-70	52-105	65-35	65-70	65-105	80-21	80-35	80-70
工作压力，MPa	35	70	105	35	70	105	21	35	70
通径，mm	52	52	52	65	65	65	80	80	78
质量，kg	145	175	270	160	200	270	110	115	253
工作温度，℃	−29~121（P~U）								
工作介质	石油，钻井液（含 H_2S）								

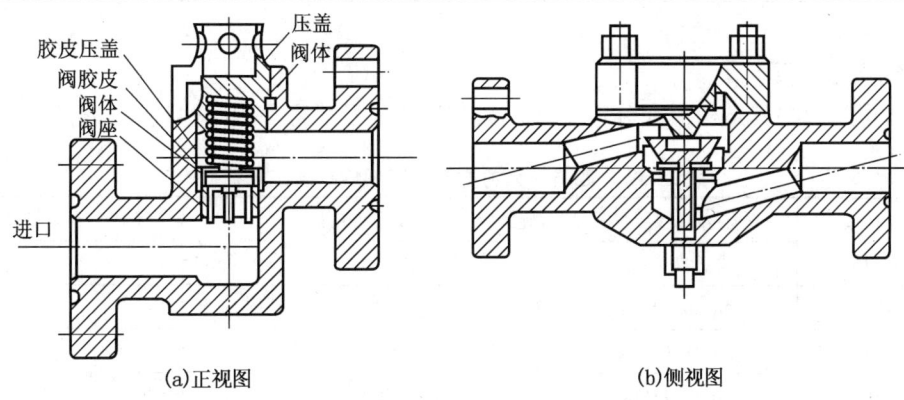

(a)正视图　　　　　　　　　　　(b)侧视图

图 2-28　单流阀结构

2.4　钻具内防喷器

2.4.1　方钻杆旋塞阀

方钻杆旋塞阀使用的最高温度为 82℃，其结构如图 2-29 所示。四方、六方方钻杆上部旋塞阀技术参数见表 2-38，下部旋塞阀技术参数见表 2-39，方钻杆的最大工作压力和

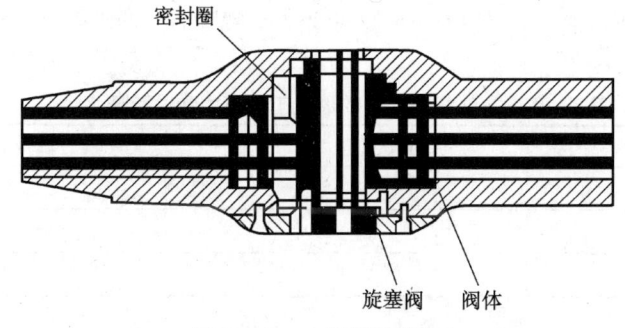

图 2-29　方钻杆旋塞阀

表 2-38　四方、六方方钻杆上部旋塞阀技术参数

方钻杆规格 mm (in)	上端左旋内螺纹和下端左旋外螺纹连接规格和尺寸		最小孔径，mm (in)			
			最大工作压力 35MPa		最大工作压力 70MPa 和 105MPa	
	标准	选用	标准连接	选用连接	标准连接	选用连接
63.5 (2½)	6⅝REG	4½REG	76.2 (3)	50.8 (2)	63.5 (2½)	44.4 (1¾)
76.2 (3)	6⅝REG	4½REG	76.2 (3)	50.8 (2)	63.5 (2½)	44.4 (1¾)
88.9 (3½)	6⅝REG	4½REG	76.2 (3)	50.8 (2)	63.5 (2½)	44.4 (1¾)
108.0 (4¼)	6⅝REG	4½REG	76.2 (3)	50.8 (2)	63.5 (2½)	44.4 (1¾)
133.4 (5¼)	6⅝REG	—	76.2 (3)	—	63.5 (2½)	—
140.0 (5½)	6⅝REG	—	76.2 (3)	—	63.5 (2½)	—
152.4 (6)	6⅝REG	—	76.2 (3)	—	63.5 (2½)	—

注：63.5mm (2½in) 的方钻杆规格只适于四方方钻杆。

试验压力见表2-40。

2.4.2 钻具止回阀

钻具止回阀按其结构形式分为五种,其结构形式及代号见表2-41。

表2-39 四方、六方方钻杆下部旋塞阀技术参数

方钻杆规格 mm (in)	上端右旋内螺纹和下端右旋外螺纹连接规格和尺寸		最小孔径,mm (in)	
	四方	六方	四方	六方
63.5 (2½)	NC26 (2⅜IF)	—	31.8 (1¼)	—
76.2 (3)	NC31 (2⅞IF)	NC26 (2⅜IF)	44.4 (1¾)	38.0 (1½)
88.9 (3½)	NC38 (3½IF)	NC31 (2⅞IF)	57.2 (2¼)	44.4 (1¾)
108.0 (4¼)	NC46 (4IF)	NC38 (3½IF)	71.4 (2³/₁₆)	57.2 (2¼)
108.0 (4¼)	NC50 (4½IF)	—	71.4 (2¹³/₁₆)	—
133.4 (5¼)	5½FH	NC46 (4IF)	82.6 (3¼)	76.2 (3)
133.4 (5¼)	NC56	NC50 (4½IF)	82.6 (3¼)	82.6 (3¼)
152.4 (6)	—	5½FH	—	88.9 (3½)
152.4 (6)	—	NC56	—	88.9 (3½)

注：标准四方、六方方钻杆上部旋塞外径200.0mm (7⅞in) ±6.4 (±¼in)。选用四方、六方方钻杆上部旋塞外径146.0mm (5¾in) ±0.8mm (±¹/₃₂in)。

表2-40 方钻杆旋塞阀的最大工作压力和试验压力

最大工作压力,MPa	密封试验压力,MPa	试验压力,MPa
35	≥35	70
70	≥70	105
105	≥105	157.5

表2-41 止回阀结构形式及代号

名　称	代号
箭形止回阀	FJ
球形止回阀	FQ
碟形止回阀	FD
投入式止回阀	FT
钻具浮阀（浮式止回阀）	FZF

钻具止回阀型号表示方法如下：

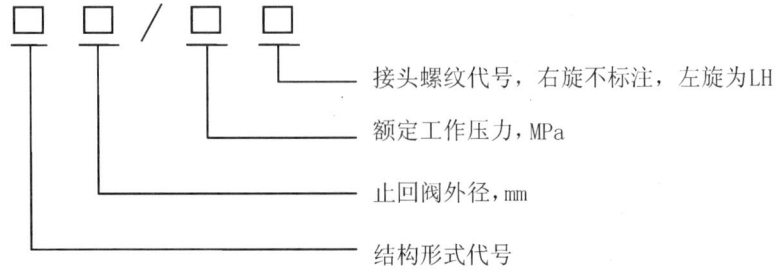

2.4.2.1 箭形止回阀

箭形止回阀的结构如图 2-30 所示，其规格见表 2-42。

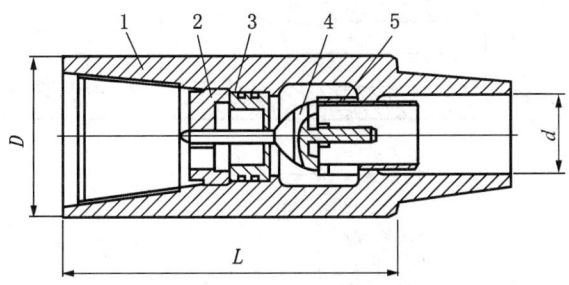

图 2-30　整体式箭形止回阀
1—阀体；2—压帽；3—密封盒；4—密封箭；5—下座

表 2-42　箭形止回阀规格

型　号	$D\pm0.5$ mm (in)	d mm	L mm
FJ86/35-NC26	85.7 ($3^3/_8$)	35	400
FJ86/70-NC26		33	
FJ105/35-NC31	104.8 ($4^1/_8$)	46	410
FJ105/70-NC31		44	
FJ121/35-NC38	120.7 (4¾)	58	440
FJ121/70-NC38		56	
FJ140/35-NC40	139.7 (5½)	58	440
FJ140/70-NC40		56	
FJ152/35-NC46	152.4 (6)	72	470
FJ152/70-NC46		70	
FJ168/35-NC50	168.3 ($6^5/_8$)	85	490
FJ168/70-NC50		83	
FJ178/35-5½FH	177.8 (7)	85	500
FJ178/70-5½FH		83	
FJ203/35-$6^5/_8$FH	203.2 (8)	85	520
FJ203/70-$6^5/_8$FH		83	
FJ229/35-$7^5/_8$REG	228.6 (9)	85	570
FJ229/70-$7^5/_8$REG		83	

2.4.2.2 球形止回阀

球形止回阀的结构如图 2-31 所示，其规格见表 2-43。

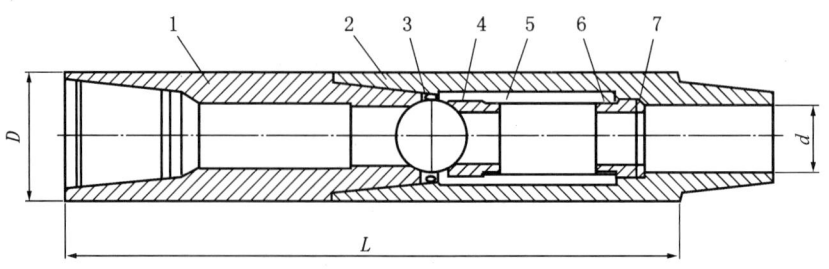

图 2-31 球形止回阀结构

1—上接头；2—下接头；3—密封球；4—球座；5—弹簧；6—弹簧座；7—调节垫片

表 2-43 球形止回阀规格

型　　号	$D \pm 0.5$ mm（in）	d mm	L mm
FQ86/35-NC26	85.7（3³/₈）	38	500
FQ86/70-NC26		36	
FQ105/35-NC31	104.8（4¹/₈）	48	530
FQ105/70-NC31		46	
FQ121/35-NC38	120.7（4¾）	58	540
FQ121/70-NC38		56	
FQ127/35-NC38	127.0（5）	58	540
FQ127/70-NC38		56	
FQ140/35-NC40	139.7（5½）	58	550
FQ140/70-NC40		56	
FQ152/35-NC46	152.4（6）	72	560
FQ152/70-NC46		70	
FQ168/35-NC50	168.3（6⁵/₈）	85	570
FQ168/70-NC50		83	
FQ178/35-5½FH	177.8（7）	85	620
FQ178/70-5½FH		83	
FQ203/35-6⁵/₈FH	203.2（8）	85	700
FQ203/70-6⁵/₈FH		83	

2.4.2.3　碟形止回阀

碟形止回阀的结构如图 2-32 所示，其规格见表 2-44。

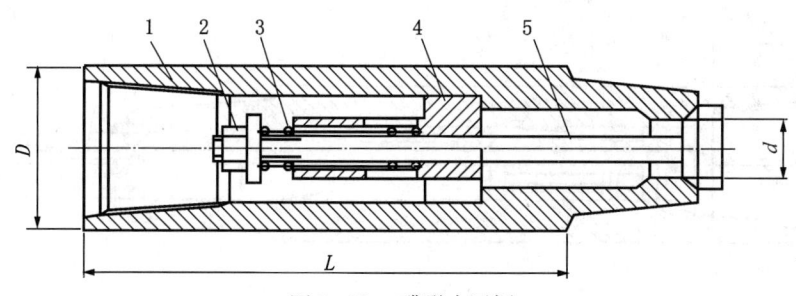

图 2-32 碟形止回阀
1—阀体；2—调节压帽；3—弹簧；4—扶正套；5—阀瓣

表 2-44 蝶形止回阀规格

型 号	$D \pm 0.5$ mm (in)	d mm	L mm
FD86/35-NC26	85.7 (3³⁄₈)	36	270
FD86/70-NC26		34	
FD105/35-NC31	104.8 (4¹⁄₈)	46	300
FD105/70-NC31		44	
FD121/35-NC38	120.7 (4¾)	58	350
FD121/70-NC38		56	
FD140/35-NC40	139.7 (5½)	58	350
FD140/70-NC40		56	
FD152/35-NC46	152.4 (6)	70	380
FD152/70-NC46		68	
FD168/35-NC50	168.3 (6⁵⁄₈)	80	400
FD168/70-NC50		78	
FD178/35-5½FH	177.8 (7)	80	450
FD178/70-5½FH		78	
FD203/35-6⁵⁄₈FH	203.2 (8)	80	500
FD203/70-6⁵⁄₈FH		78	

2.4.2.4 投入式止回阀

投入式止回阀的结构及相关组件如图 2-33 所示，其规格见表 2-45。

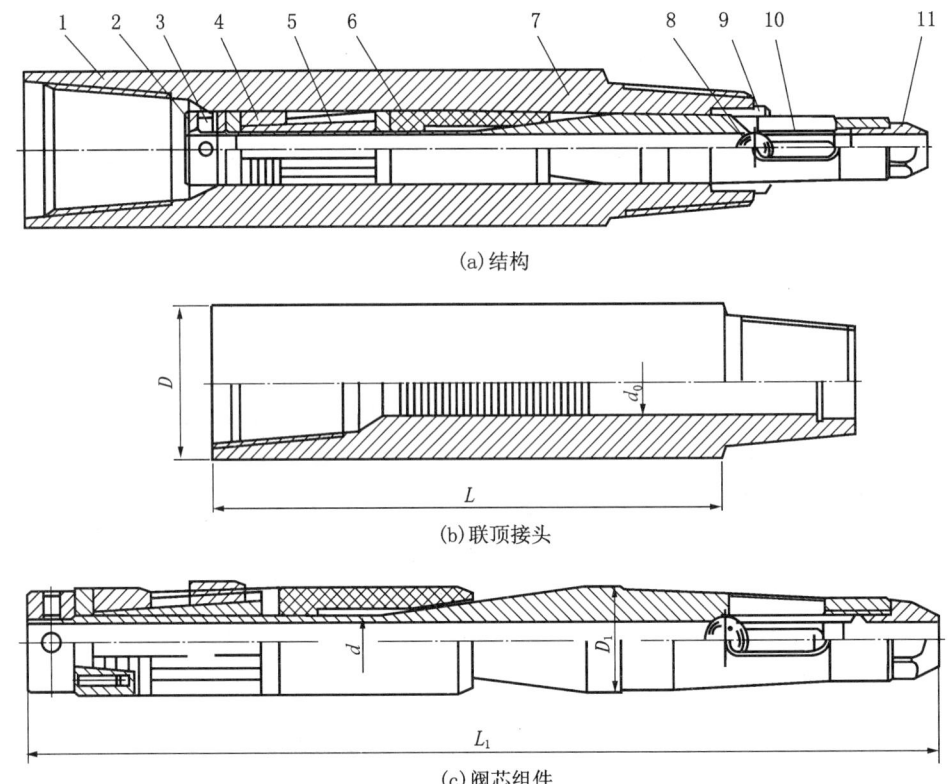

图 2-33 投入式止回阀
1—联顶接头；2—爪盘螺母；3—紧定螺钉；4—卡爪；5—卡爪体；6—筒形密封圈；
7—阀体；8—钢球；9—止动环；10—弹簧；11—尖形接头

表 2-45 投入式止回阀规格

型　　号	投入式止回阀顶接头			投入式止回阀组件		
	$D±0.5$ mm（in）	d_0 mm	L mm	D_1 mm	d mm	L_1 mm
FT86/35-NC26	85.7（3⅜）	35	300	33	10	400
FT86/70-NC26					8	
FT105/35-NC31	104.8（4⅛）	38	300	36	12	450
FT105/70-NC31					10	
FT121/35-NC38	120.7（4¾）	56	310	54	19	480
FT121/70-NC38					17	
FT140/35-NC40	139.7（5½）	56	300	54	19	480
FT140/70-NC40					17	

续表

型　号	投入式止回阀顶接头			投入式止回阀组件		
	$D \pm 0.5$ mm（in）	d_0 mm	L mm	D_1 mm	d mm	L_1 mm
FT152/35−NC46	152.4（6）	60	320	58	24	500
FT152/70−NC46					22	
FT168/35−NC50	168.3（6⁵/₈）	70	350	68	28.5	530
FT168/70−NC50					25	
FT178/35−5½FH	177.8（7）	70	350	68	28.5	530
FT178/35−5½FH					25	
FT203/35−6⁵/₈FH	203.2（8）	78	400	76	32	550
FT203/70−6⁵/₈FH					29	

2.4.2.5　钻具浮阀

钻具浮阀的结构如图 2−34 至图 2−36 所示，其规格见表 2−46。

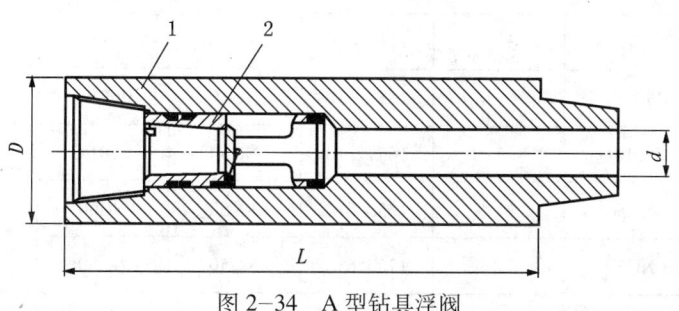

图 2−34　A 型钻具浮阀

1—阀体；2—浮阀芯组件

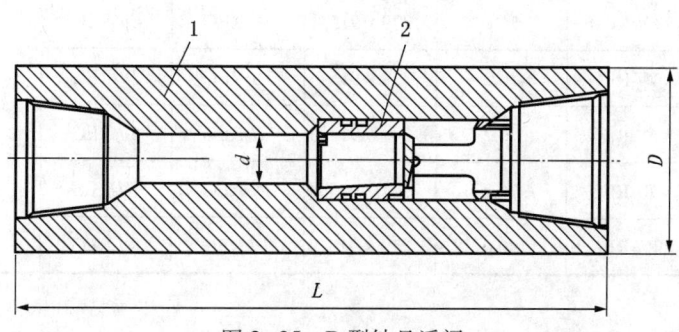

图 2−35　B 型钻具浮阀

1—阀体；2—浮阀芯组件

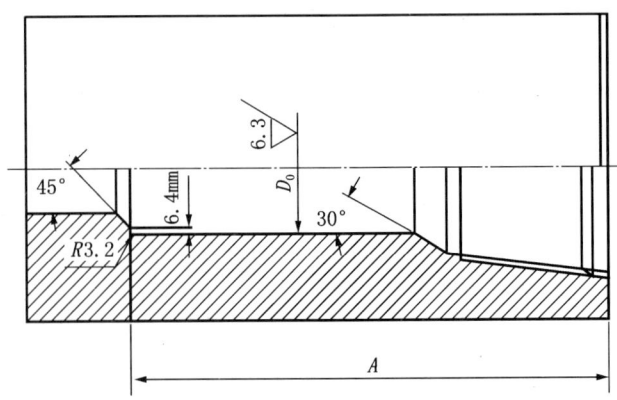

图 2—36 阀体内浮阀槽（A 型钻具浮阀的上端和 B 型钻具浮阀的下端）

$A_a=L_1$（浮阀芯组件的长度）+ 钻头接头外螺纹锥体长度 +6.4mm

表 2—46 钻具浮阀规格

型 号	水眼 d mm	阀体 $D \times L$ mm×mm	上端接头螺纹代号	下端接头螺纹代号	浮阀芯型号	
					A 型钻具浮阀	B 型钻具浮阀
FZF121/70—NC38×NC38	38.1	121×610	NC38	NC38	3F	1F—2R
FZF121/70—NC38×3½REG	38.1	121×610	NC38	3½REG		
FZF165/70—N46×4½REG	65.0	165×610	NC46	5½REG	4R	3½IF
FZF165/70—NC50×4½REG	65.0	165×610	NC50	4½REG		
FZF165/70—NC50×NC50	71.4	165×610	NC50	NC50		
FZF178/70—NC50×NC50	71.4	178×610	NC50	NC50		
FZF203/70—6⅝REG×6⅝REG	71.4	203×915	6⅝REG	6⅝REG	5F—6R	
FZF203/70—7⅝REG×6⅝REG	71.4	203×915	7⅝REG	6⅝REG		
FZF229/70—7⅝REG×6⅝REG	76.2	229×915	7⅝REG	6⅝REG		
FZF229/70—7⅝REG×7⅝REG	76.2	229×915	7⅝REG	7⅝REG		
FZF241/70—7⅝REG×6⅝REG	76.2	241×915	7⅝REG	6⅝REG		
FZF241/70—7⅝REG×7⅝REG	76.2	241×915	7⅝REG	7⅝REG		
FZF279/70—7⅝REG×8⅝REG	80.0	279×915	7⅝REG	8⅝REG		

2.4.2.6 止回阀技术参数

止回阀技术参数见表 2—47、表 2—48。

表 2-47 贵州高峰石油机械有限责任公司投入式止回阀技术参数

型号	止回阀总成			就位接头				接头螺纹	总质量 kg
	外径 mm	内径 mm	质量 kg	外径 mm	内径 mm	长度 mm	质量 kg		
HY46	53	22	6	120.6	54	595	47	NC38	53
HY50	53	22	6	127.0	54	595	56	NC38	62
HY62	84	30	16	159.0	86	646	85	NC50	101
HY62B	65	35	8	159.0	67	646	93	NC50	101
HY62C	80	30	6	159.0	81	646	99	NC46	105
HY62D	66	30	9	159.0	68	646	93	NC46	102
HY62E	53	22	6	159.0	54	625	112	NC46	118
HY70	84	30	16	178.0	86	646	124	NC50	140

表 2-48 贵州高峰石油机械有限责任公司箭形止回阀规格

型号	外径, mm	内径, mm	长度, mm	接头螺纹
JF86	86	34	400	NC26
JF105	105	45	400	NC31
JF121	121	57	500	NC38
JF152	152	74	500	NC46
JF162	162	83	550	NC50
JF184	184	87	550	5½FH

2.5 试压装备及工具

2.5.1 试压装备

2.5.1.1 气动试压泵

气动试压泵规格见表 2-49。

表 2-49 气动试压泵规格表

型　号	气泵配备	气源压力, MPa	工作压力, MPa	质量, kg
QST28	1∶40	0.7	28	260
QST42	1∶60	0.7	42	265
QST70	1∶40, 1∶100	0.7	70	310
QSR140	1∶60, 1∶200	0.7	140	310

2.5.1.2 气动试压装置

北京石油机械厂气动试压装置主要技术参数见表2-50。

表2-50 北京石油机械厂气动试压装置主要技术参数

最高气源压力，MPa	0.8
最大工作压力，MPa	70，105，160（可选）
低压泵气液压力比	1:60
高压泵气液压力比	1:140，1:230（可选）
低压泵排量，mL/冲	66（1:60）
高压泵排量，mL/冲	18（1:230）

2.5.2 试压堵塞器

试压常用的堵塞器有皮碗式堵塞器和无通孔的塞型堵塞器（支撑皮碗式堵塞器），前者用于环形防喷器和半封闸板防喷器试压，后者用于全封闸板防喷器试压。皮碗式堵塞器的结构如图2-37所示，其规范见表2-51。

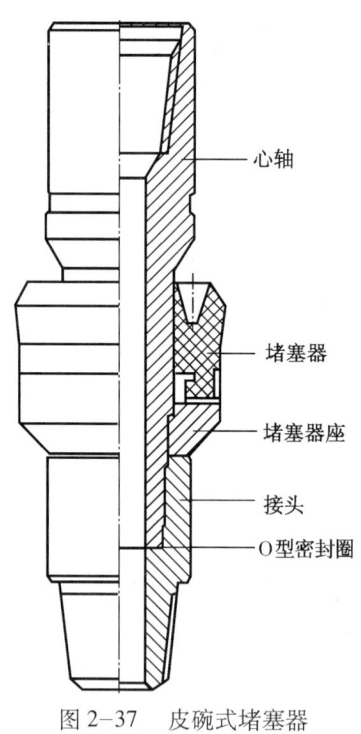

图2-37 皮碗式堵塞器

高峰石油机械有限责任公司ST型试压堵塞器规格见表2-52。

表 2-51 皮碗式试压堵塞器规格

规格，mm (in)	项 目	参 数
177.8 (7)	上下接头连接扣型	NC38
	最大承载能力，kN	1140
	适应套管规格，mm	177.8
	适应套管壁厚，mm	10.36，11.51，12.65，13.72
	皮碗有效承压面积，cm²	131.62
	堵塞器密封工作压力，MPa	35
244.5 (9⁵/₈)	上下接头连接扣型	NC50
	最大承载能力，kN	2470
	适应套管规格，mm	244.5
	适应套管壁厚，mm	7.92，8.94，10.03
	皮碗有效承压面积，cm²	284.16
	堵塞器密封工作压力，MPa	35
339.7 (13⁵/₈)	上下接头连接扣型	NC50
	最大承载能力，kN	2470
	适应套管规格，mm	339.7
	适应套管壁厚，mm	8.38，9.65，10.92
	皮碗有效承压面积，cm²	706.45
	堵塞器密封工作压力，MPa	35

表 2-52 高峰石油机械有限责任公司 ST 型试压堵塞器规格

型号	接头螺纹	适用套管规格 外径，mm (in)		内径，mm	堵塞器承压面积 cm²	总长 mm
ST4A	NC26	101.6 (4)		87.1	41	588
ST44	NC26	114.3 (4½)	A	97.2 ~ 99.6	52.8	588
			B	101.6 ~ 103.9	60	
ST5	NC26	127.0 (5)		108.6 ~ 115.8	81	588
ST 5A	NC31	139.7 (5½)	A	125.7 ~ 128.1	104	588
			B	118.6 ~ 124.3	96	
ST7	NC38	177.8 (7)	A	159.4 ~ 166.1	155	685
			B	150.4 ~ 157.1	133	
ST9	NC50	244.5 (9⁵/₈)	A	224.4 ~ 228.7	305	700
			B	216.8 ~ 222.4	282	
ST10	NC50	273.1 (10¾)	A	250.1 ~ 258.9	402	752
			B	242.8 ~ 247.9	366	
ST11	NC50	298.5 (11¾)	A	279.4 ~ 281.5	480	782
			B	273.6 ~ 276.3	464	
ST12	NC50	323.9 (12¾)	A	299.8 ~ 301.85	582	782
			B	303.8 ~ 305.85	602	
ST13	NC50	339.7 (13³/₈)	A	317.9 ~ 322.9	682	782
			B	311.6 ~ 315.3	657	

2.6 钻井液气体分离器

钻井液气体分离器是利用旋流分离原理将来自节流管汇的气侵钻井液气液充分分离。分离出的气体从排气管线排出，引至距井口 75m 以外点燃；钻井液则经钻井液出口排出，进入分配器或泥浆池。

2.6.1 结构

钻井液气体分离器的结构如图 2-38 所示。

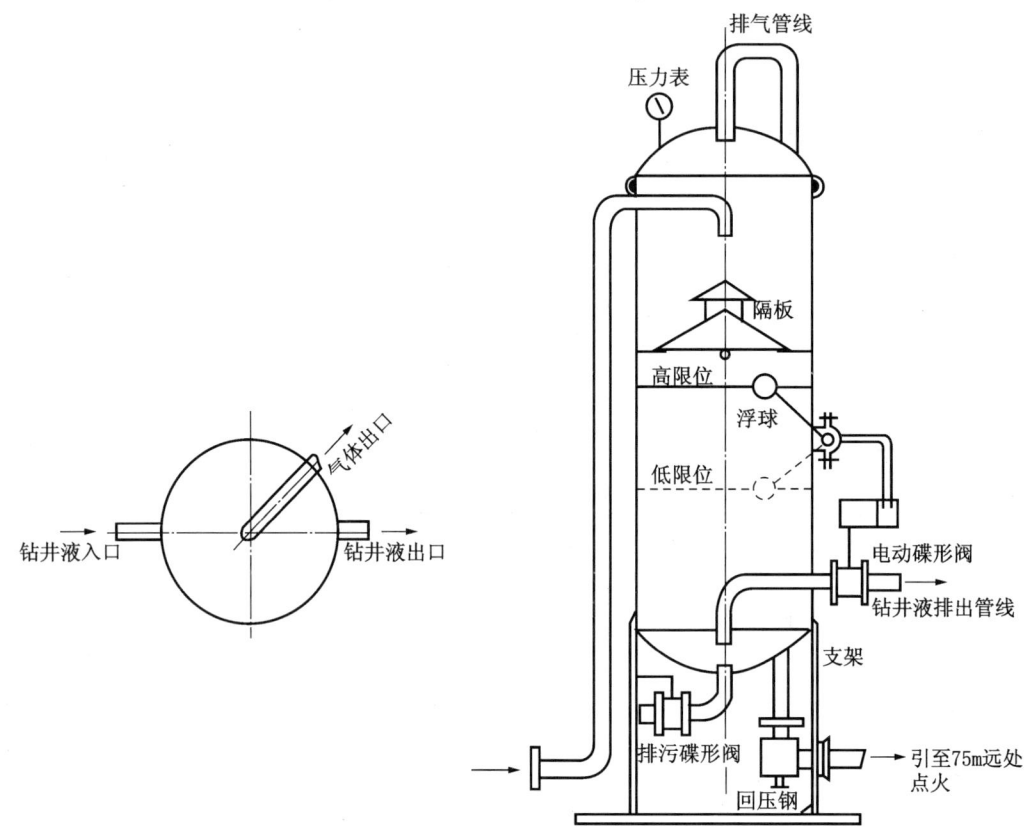

图 2-38 钻井液气体分离器结构

2.6.2 主要技术参数

河北省承德江钻石油机械有限责任公司 NQF 系列钻井液气体分离器技术参数见表 2-53。

表 2-53 河北省承德江钻石油机械有限责任公司 NQF 系列钻井液气体分离器技术参数

名　　称	800/0.6	1200/0.6	800/1	1200/1	800/1.6	1200/1.6	800/2.5	1200/2.5	800/4	1200/4
筒体内径，mm	800	1200	800	1200	800	1200	800	1200	800	1200
工作压力，MPa	0.6		1		1.6		2.5		4	
控制形式	浮球式和 U 形管控制式									
工作介质	含气钻井液（H_2S 含量 ≤ 150mg/m³）									

续表

名　　称	800/0.6	1200/0.6	800/1	1200/1	800/1.6	1200/1.6	800/2.5	1200/2.5	800/4	1200/4
设计温度，℃	\<= 100									
主要技术参数，mm（in）											
进液口	101.4（4）									
气出口	203.2（8），152.4（6）									
液出口	203.2（8），152.4（6）									
安全阀口	76.2（3）									
排污口	152.4（6）									

3 井口工具

3.1 吊　环

3.1.1 结构

吊环按结构可分为分单臂吊环和双臂吊环，如图3-1所示。

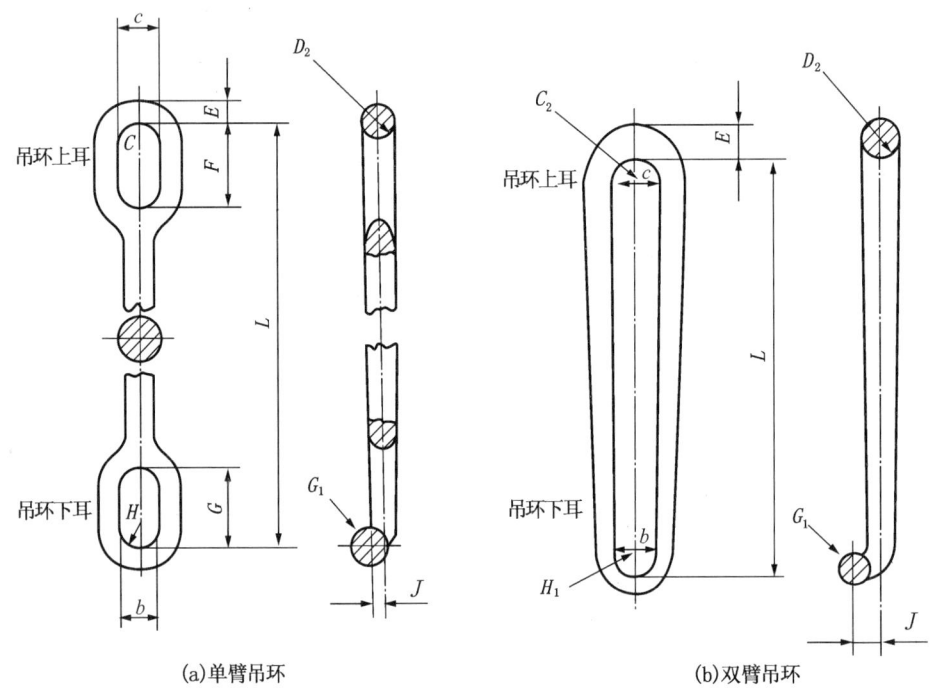

(a)单臂吊环　　　　　　　　　　　(b)双臂吊环

图3-1　单臂、双臂吊环结构示意图

3.1.2 型号

吊环型号表示如下：

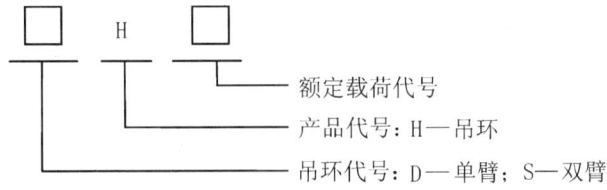

例如：DH40表示额定载荷代号为40的单臂吊环。SH40表示额定载荷代号为40的双臂吊环。

3.1.3 技术参数

吊环技术参数见表3-1、表3-2。

3 井口工具

表3-1 单臂吊环技术参数

型号	额定载荷 kN [tf(美)]	与吊卡配合尺寸，mm					与大钩配合尺寸，mm					L mm
		G_1	H	J	b	G	D_2	C_2	E	C	F	
DH40	355（40）	≤20	≥51	≥20	≥100	≥150	≤22	≥38	≤60	≥120	≥180	1200
DH50	450（50）	≤22	≥51	≥20	≥100	≥150	≤22	≥64	≤70	≥120	≥180	1100
DH65	580（65）	≤22	≥51	≥20	≥100	≥150	≤22	≥64	≤70	≥120	≥180	1200
DH75	665（75）	≤22	≥51	≥20	≥100	≥150	≤29	≥64	≤70	≥120	≥180	1500
DH100	890（100）	≤22	≥51	≥20	≥100	≥150	≤29	≥64	≤70	≥120	≥180	1500
DH150	1335（150）	≤24	≥51	≥20	≥100	≥150	≤29	≥64	≤70	≥120	≥180	1800
DH200	1780（200）	≤31	≥70				≤35	≥102				
DH250	2250（250）	≤31	≥70	≥30	≥140	≥200	≤35	≥102	≤140	≥200	≥250	2700
DH300	2670（300）	≤37	≥70		≥140	≥200	≤35	≥102	≤140	≥200	≥250	
DH350	3115（350）	≤37	≥70	≥35	≥140	≥200	≤35	≥102	≤140	≥200	≥250	3300
DH400	3560（400）	≤48	≥83				≤48	≥121				
DH500	4450（500）	≤48	≥83	≥50	≥170	≥250	≤48	≥121	≤160	≥240	≥300	3600
DH650	5780（650）	≤57	≥127				≤48	≥121				
DH750	6670（750）	≤57	≥127				≤63	≥127	≤190	≥262	≥305	3660
DH1000	8900（1000）	≤70	≥159				≤70	≥127				

表3-2 双臂吊环技术参数

型号	额定载荷 kN [tf(美)]	与吊卡配合尺寸，mm				与大钩配合尺寸，mm				L mm
		G	H	J	b	D_2	C_2	E	C	
SH25	220（25）	≤15	≥29	≥20	≥58	≤22	≥38	≤35	≥90	600
SH30	235（30）	≤20	≥51	≥20	≥100	≤22	≥38	≤45	≥100	1100
SH40	355（40）	≤20	≥51	≥20	≥100	≤22	≥38	≤45	≥100	1100
SH50	445（50）	≤22	≥51	≥20	≥100	≤22	≥64	≤65	≥120	1100
SH65	580（65）	≤22	≥51	≥20	≥100	≤22	≥64	≤65	≥120	1200
SH75	665（75）	≤22	≥51	≥20	≥100	≤29	≥64	≤75	≥160	1500
SH100	890（100）	≤22	≥51	≥25	≥100	≤29	≥64	≤80	≥160	1500
SH150	1335（150）	≤22	≥51	≥35	≥100	≤29	≥64	≤100	≥160	1700

3.2 吊　　卡

3.2.1 结构

吊卡按结构分为侧开式、对开式（牛头式）和闭锁环式，具体结构见表 3–3。侧开式吊卡结构见图 3–2，对开式吊卡结构见图 3–3，闭锁环式吊卡结构见图 3–4。

表 3–3　吊卡结构型式

<table>
<tr><th rowspan="2">品　种</th><th colspan="5">型　式</th></tr>
<tr><th colspan="2">侧　开　式</th><th colspan="2">对　开　式</th><th>闭锁环式</th></tr>
<tr><td>钻杆吊卡</td><td rowspan="3">直角台阶</td><td>锥形台阶</td><td rowspan="3">直角台阶</td><td>锥形台阶</td><td rowspan="2">—</td></tr>
<tr><td>套管吊卡</td><td rowspan="2">—</td><td rowspan="2">—</td></tr>
<tr><td>油管吊卡</td><td>直角台阶</td></tr>
</table>

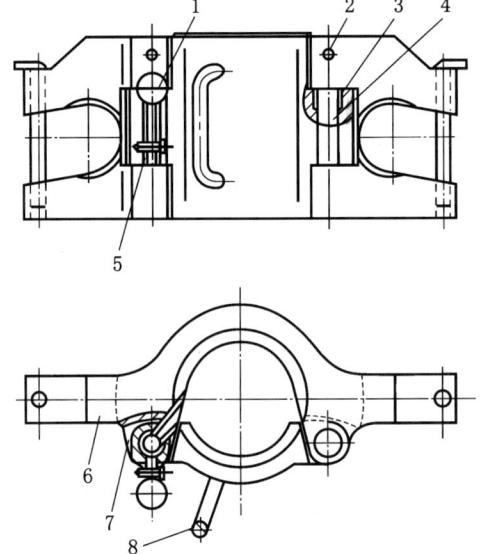

图 3–2　侧开式吊卡示意图

1—锁销手柄；2—螺钉；3—上锁销；4—活页销；5—主体；6—活页；7—开口销；8—手柄

3.2.2 型号

吊卡型号表示如下：

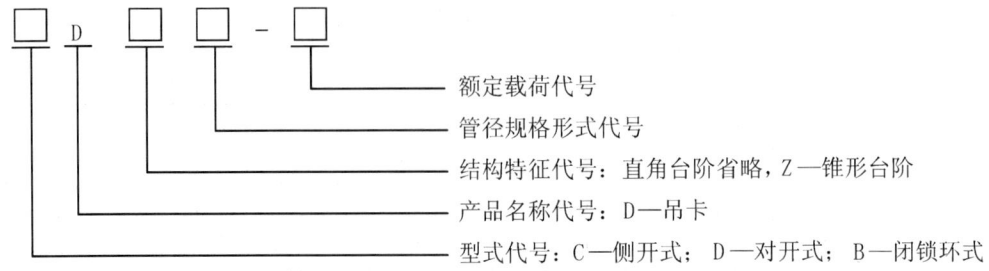

□ D □ □ - □
额定载荷代号
管径规格形式代号
结构特征代号：直角台阶省略，Z—锥形台阶
产品名称代号：D—吊卡
型式代号：C—侧开式； D—对开式； B—闭锁环式

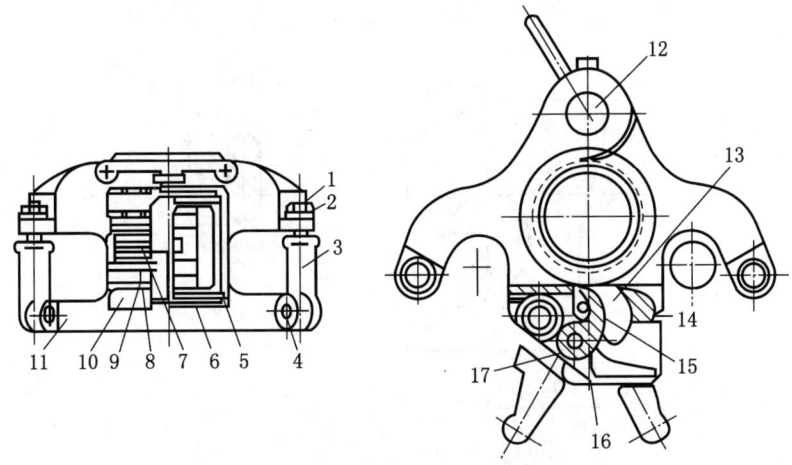

图 3-3 对开式(牛头式)吊卡示意图
1—螺栓;2—垫圈;3—耳环;4—耳销;5—锁板;6—右主体;
7—扭力弹簧;8—弹簧座;9—长销;10、15—锁销;11—左主体;
12—轴销;13—右体锁舌;14—锁孔;16—短锁;17—锁板

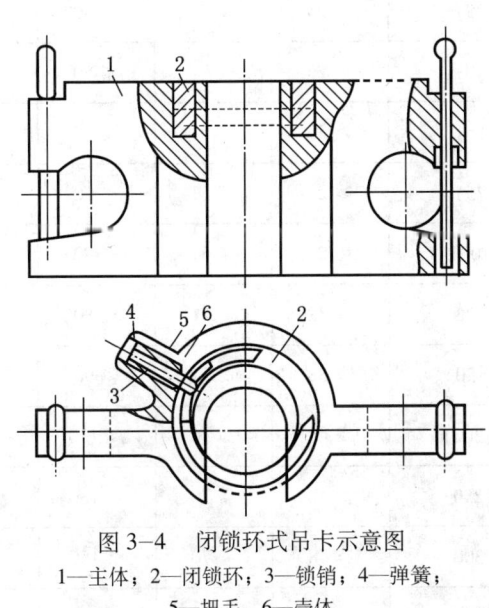

图 3-4 闭锁环式吊卡示意图
1—主体;2—闭锁环;3—锁销;4—弹簧;
5—把手;6—壳体

例如:CD2$\frac{3}{8}$IEU-150 表示外加厚油管规格代号为 2$\frac{3}{8}$、额定载荷代号为 150 的油管吊卡。

3.2.3 技术参数

3.2.3.1 吊卡与吊环的连接尺寸

吊卡与吊环的连接如图 3-5 所示,具体尺寸见表 3-4。

3.2.3.2 钻杆吊卡规格

钻杆吊卡规格见表 3-5。

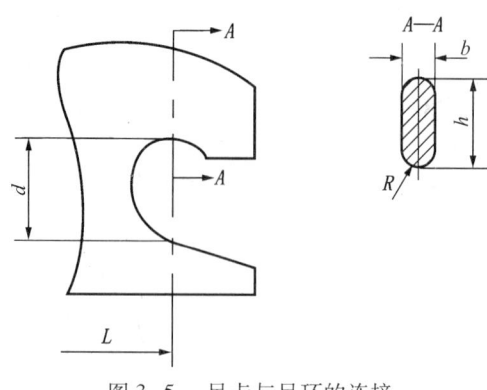

图 3-5 吊卡与吊环的连接

表 3-4 吊卡与吊环的连接尺寸

额定载荷代号	吊环额定载荷 kN [tf（美）]	d_{min} mm	R mm	h_{max} mm	b_{max} mm	L mm
25	220 (25)	≥25	≤51	≤40	≤30	
40	355 (40)	≥25	≤51	≤50	≤30	
65	580 (65)	≥25	≤51	≤70	≤40	
75	665 (75)	≥25	≤51	≤70	≤50	
100	890 (100)	≥25	≤51	≤80	≤60	
125	1100 (125)	≥38	≤51	≤80	≤65	
150	1335 (150)	≥38	≤51	≤90	≤65	
200	1780 (200)	≥48	≤70	≤130	≤80	侧开式钻杆吊环应大于或等于380mm
250	2225 (250)	≥48	≤70	≤130	≤80	
300	2670 (300)	≥48	≤70	≤150	≤120	
350	3115 (350)	≥48	≤70	≤150	≤120	
400	3560 (400)	≥51	≤83	≤190	≤145	
500	4450 (500)	≥51	≤83	≤200	≤145	
650	5780 (650)	≥60	≤127	≤200	≤145	
750	6670 (750)	≥60	≤127	≤255	≤155	

3.2.3.3 油管吊卡规格

油管吊卡规格见表 3-6。

表 3–5 钻杆吊卡规格

<table>
<tr><th rowspan="2">钻杆规格和
型式代号
in</th><th rowspan="2">钻杆对焊接头颈
部最大外径
mm（in）</th><th colspan="2">直角台阶</th><th>锥形台阶</th><th rowspan="2">额定载荷
kN</th><th rowspan="2">额定载荷
代号</th></tr>
<tr><th>吊卡上孔径
mm</th><th>吊卡下孔径
mm</th><th>吊卡下孔径
mm</th></tr>
<tr><td>$2\frac{3}{8}$EU</td><td>65.09（$2\frac{9}{16}$）</td><td>69</td><td>63</td><td>68</td><td rowspan="14">890
1110
1335
1780
2225
3115
4450
5780</td><td rowspan="14">100
125
150
200
250
350
500
650</td></tr>
<tr><td>$2\frac{7}{8}$EU</td><td>80.96（$3\frac{3}{16}$）</td><td>86</td><td>76</td><td>83</td></tr>
<tr><td>$2\frac{1}{2}$EU</td><td>98.43（$3\frac{7}{8}$）</td><td>103</td><td>92</td><td>101</td></tr>
<tr><td rowspan="2">4IU</td><td>104.78（$4\frac{1}{8}$）</td><td>110</td><td>105</td><td>—</td></tr>
<tr><td>106.36（$4\frac{3}{16}$）</td><td>—</td><td>—</td><td>109</td></tr>
<tr><td>4EU</td><td>114.30（$4\frac{1}{2}$）</td><td>118</td><td>105</td><td>121</td></tr>
<tr><td rowspan="2">$4\frac{1}{2}$IU</td><td>117.48（$4\frac{5}{8}$）</td><td>122</td><td>118</td><td>—</td></tr>
<tr><td>119.06（$4\frac{11}{16}$）</td><td>—</td><td>—</td><td>121</td></tr>
<tr><td rowspan="2">$4\frac{1}{2}$ IEU</td><td>117.48（$4\frac{5}{8}$）</td><td>122</td><td>118</td><td>—</td></tr>
<tr><td>119.06（$4\frac{11}{16}$）</td><td>—</td><td>—</td><td>121</td></tr>
<tr><td>$4\frac{1}{2}$ EU</td><td>127.00（5）</td><td>131</td><td>118</td><td>133</td></tr>
<tr><td>5 IEU</td><td>130.18（$5\frac{1}{8}$）</td><td>134</td><td>131</td><td>133</td></tr>
<tr><td>$5\frac{1}{2}$ IEU</td><td>144.4（$5\frac{11}{16}$）</td><td>149</td><td>144</td><td>148</td></tr>
<tr><td>$6\frac{5}{8}$ IEU</td><td>176.21（$6\frac{15}{16}$）</td><td>—</td><td>—</td><td>179</td></tr>
</table>

表 3–6 油管吊卡规格

<table>
<tr><th rowspan="2">油管规格
代号
in</th><th rowspan="2">油管外径
mm</th><th>不加厚油管</th><th colspan="2">外加厚油管</th><th rowspan="2">额定载荷
kN</th><th rowspan="2">额定载荷
代号</th></tr>
<tr><th>吊卡上下孔径
mm</th><th>吊卡上孔径
mm</th><th>吊卡下孔径
mm</th></tr>
<tr><td>1.050</td><td>26.67</td><td>29</td><td>36</td><td>29</td><td rowspan="9">220
355
580
665
890
1110
1350</td><td rowspan="9">25
40
65
75
100
125
150</td></tr>
<tr><td>1.315</td><td>33.40</td><td>35</td><td>40</td><td>35</td></tr>
<tr><td>1.660</td><td>42.16</td><td>44</td><td>49</td><td>44</td></tr>
<tr><td>1.900</td><td>48.26</td><td>50</td><td>56</td><td>50</td></tr>
<tr><td>$2\frac{3}{8}$</td><td>60.33</td><td>63</td><td>69</td><td>63</td></tr>
<tr><td>$2\frac{7}{8}$</td><td>73.03</td><td>75</td><td>82</td><td>75</td></tr>
<tr><td>$3\frac{1}{2}$</td><td>88.90</td><td>91</td><td>98</td><td>91</td></tr>
<tr><td>4</td><td>101.60</td><td>104</td><td>111</td><td>104</td></tr>
<tr><td>$4\frac{1}{2}$</td><td>114.30</td><td>117</td><td>123</td><td>117</td></tr>
</table>

注：外加厚油管吊卡上下孔径可相同，仅用于加厚油管。

3.2.3.4 套管吊卡规格

套管吊卡规格见表 3–7。

表 3-7　套管吊卡规格

套管规格代号 in	套管外径 mm	吊卡上下孔径 mm	额定载荷 kN	额定载荷代号
4½	114.30	117		
4	120.65	123		
5	127.00	130		
5½	139.70	143		
5¾	146.05	149		
6	152.40	156		
6⅝	168.28	171		
7	177.80	181		
7⅝	193.68	198		
7¾	196.85	201		
8⅝	219.08	223		
9	228.60	233		
9⅝	244.48	248		
9⅞	250.83	255		
10¾	273.05	278	890	100
11¾	298.45	303	1110	125
12⅞	327.03	332	1335	150
13⅜	339.73	345	1780	200
13⅝	346.08	351	2225	250
14	355.60	361	3115	350
16	406.40	412	3560	400
18	457.20	464	4450	500
18⅝	473.08	479	5780	650
20	508.00	515		
21½	546.10	553		
22	558.80	566		
24	609.60	618		
24½	622.30	630		
26	660.40	669		
27	685.80	695		
28	711.20	720		
30	762.00	772		
32	812.80	823		
36	914.40	926		

3.3 吊 钳

3.3.1 型号
吊钳的型号如下：

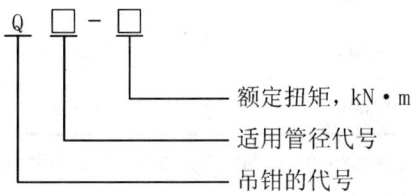

3.3.2 技术参数
3.3.2.1 单扣合钳
单扣合钳的技术参数见表3-8。

表3-8 单扣合钳技术参数

型 号	适用管径 mm	适用管径代号	适用接箍或接头外径 mm (in)	额定扭矩 kN·m
Q12¾–8	323.85	12¾	349.25 (13¾)	8
Q13⅜–8	339.73	13⅜	365.13 (14⅜)	8
Q14⅜–8	374.65	14⅜	400.05 (15¾)	8
Q16¾–8	425.45	16¾	450.85 (17¾)	8
Q2⅜–30	60.33	12⅜	85.73 (3⅜)	30
Q2⅞–30	73.03	2⅞	104.8 (4⅛)	30

3.3.2.2 多扣合钳
多扣合钳的技术参数见表3-9。

表3-9 多扣合钳技术参数

型 号	适用管径范围 mm	适用管径代号	额定扭矩 kN·m
Q2⅜–35 ~ Q10¾–35	60.3~273	2⅜ ~ 10¾	35
Q13⅜–35 ~ Q25–35	339.7~647.7	13⅜ ~ 25½	35
Q3⅜–75ª ~ Q12¾–75ª	85.73~114.30	3⅜~4½	55
	114.30~196.85	4½~7¾	75
	196.85~323.85	7¾~12¾	55

续表

型　号	适用管径范围 mm	适用管径代号	额定扭矩 kN·m
Q3½–90ª ～ Q17–90ª	88.90~114.30	3½~4½	55
	114.30~215.90	4½~8½	75
	215.90~431.80	8½~17	55
Q4–140 ～ Q12–140	101.60~304.80	4 ~ 12	90

注：75ª 表示的是 4½~7¾ 管径范围的额定扭矩，90ª 表示 4½~8½ 管径范围的额定扭矩。

3.4　卡　瓦

3.4.1　卡瓦类型

卡瓦分为三片式和多片式两种，如图 3-6、图 3-7 所示。

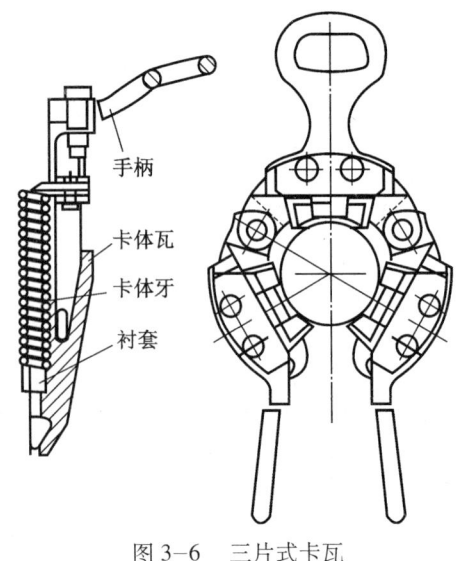

图 3-6　三片式卡瓦

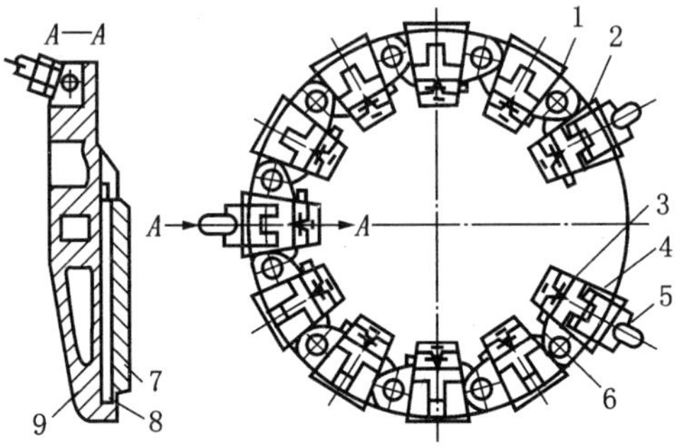

图 3-7　多片式卡瓦

1—卡瓦连接销；2—右卡瓦体；3—左卡瓦体；
4—手柄连接销；5—手柄；6—开口销；7—卡瓦牙；
8—卡瓦牙固定销；9—中卡瓦体

3.4.2　型号

卡瓦型号表示如下：

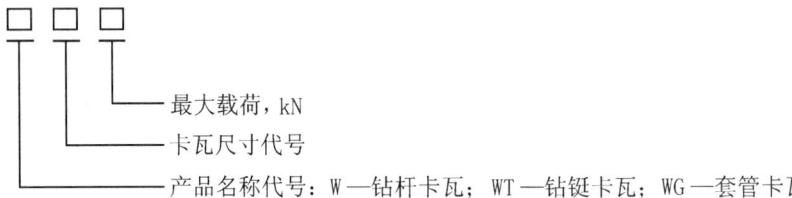

3.4.3 技术参数

3.4.3.1 钻杆卡瓦和所配用卡瓦牙技术参数

钻杆卡瓦和所配用卡瓦技术参数见表 3-10。

表 3-10 钻杆卡瓦和所配用卡瓦技术参数

公称尺寸，mm	88.9			127		
尺寸代号	3½			5		
配用卡瓦牙尺寸，mm	60.3	73.0	88.9	101.6	114.3	127.0
最大载荷，kN	675，1125			675，1125，2250		

3.4.3.2 钻铤卡瓦技术参数

钻铤卡瓦技术参数见表 3-11。

表 3-11 钻铤卡瓦技术参数

公称尺寸，mm	114.3~152.4	139.7~177.8	171.4~209.8	203.2~241.3	215.9~254.0
尺寸代号	4½	5½~7	6¾~8¼	8~9½	8½~10
最大载荷，kN	360				

3.4.3.3 套管卡瓦技术参数

套管卡瓦技术参数见表 3-12。

表 3-12 套管卡瓦技术参数

公称尺寸 mm	127.0	139.0	168.3	177.8	193.7	219.1	244.5	273.0	298.7	339.7	406.4	508.0
尺寸代号	5	5½	6⅝	7	7⅝	8⅝	9⅝	10¾	11¾	13⅜	16	20
最大载荷 kN	1125，2250						1125					

3.5 气动套管卡瓦

3.5.1 结构

气动套管卡瓦结构如图 3-8 所示。

3.5.2 技术参数

气动套管卡瓦技术参数见表 3-13。

表 3-13 气动套管卡瓦技术参数

适用管径，mm	113～340	吊卡总高，mm	1027
承载负荷，kN	4500	卡瓦总高，mm	915
工作气压，MPa	0.8	吊卡质量，kg	2900
汽缸总推力，kN	8.9	卡瓦质量，kg	3750
汽缸总拉力，kN	8.1	配用吊环型号	DH500

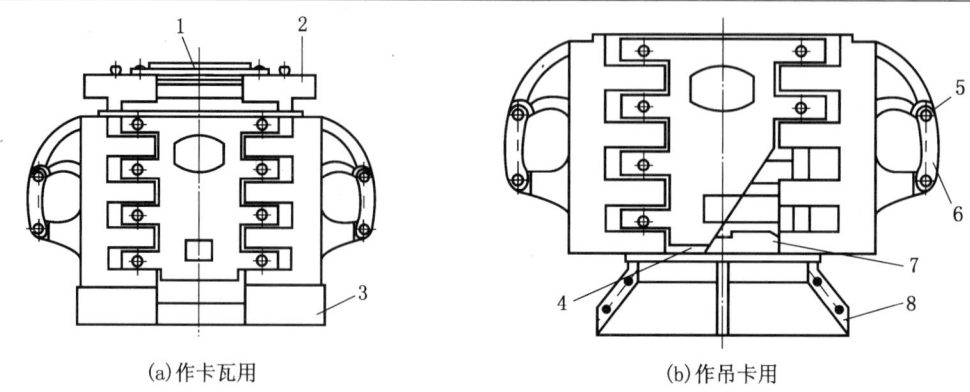

(a) 作卡瓦用　　　　　　　　　　　　(b) 作吊卡用

图 3-8　气动 QD 型套管卡瓦、吊卡结构

1—上扶正块；2—上护盖；3—转盘连接盘；4—下扶正前块；5—上插锁；6—耳环；7—下扶正块；8—下导向罩

3.6　安全卡瓦

安全卡瓦主要由牙板套、卡瓦牙、弹簧、调节丝杆、螺母、手柄及连接销等组成。安全卡瓦的结构如图 3-9 所示。安全卡瓦的使用节数见表 3-14。

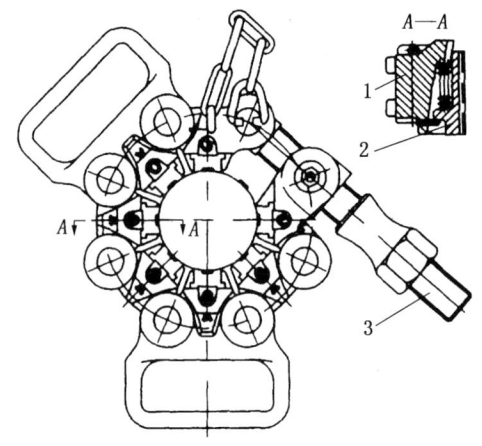

图 3-9　安全卡瓦

1—牙板套；2—卡瓦牙；3—调节丝杆

表 3-14　安全卡瓦的使用节数

钻具外径，mm（in）	节　数	钻具外径，mm（in）	节　数
95.2~117.5（3¾~4⅝）	7	190.5~219.1（7½~8⅝）	11
114.3~142.9（4½~5⅝）	8	215.9~244.5（8½~9⅝）	12
139.7~168.5（5½~6⅝）	9	241.2~269.9（9½~10⅝）	13
165.1~193.7（6½~7⅝）	10		

3.7　钻井动力钳

3.7.1　结构

钻井动力钳分为钻杆动力钳和套管动力钳。Q10Y-M 型动力钳结构如图 3-10 所示。

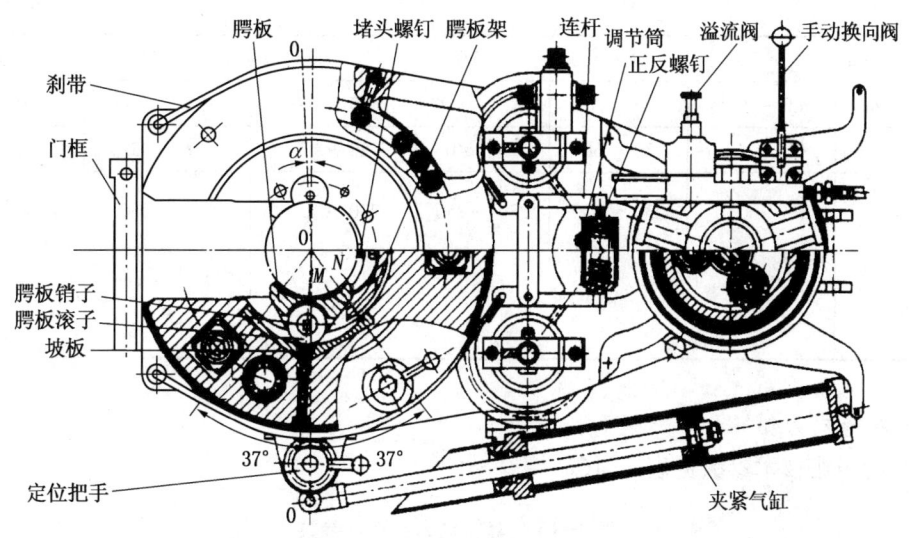

N
M

图 3-10　Q10Y-M 型动力钳结构

3.7.2　型号

钻井动力钳型号表示如下：

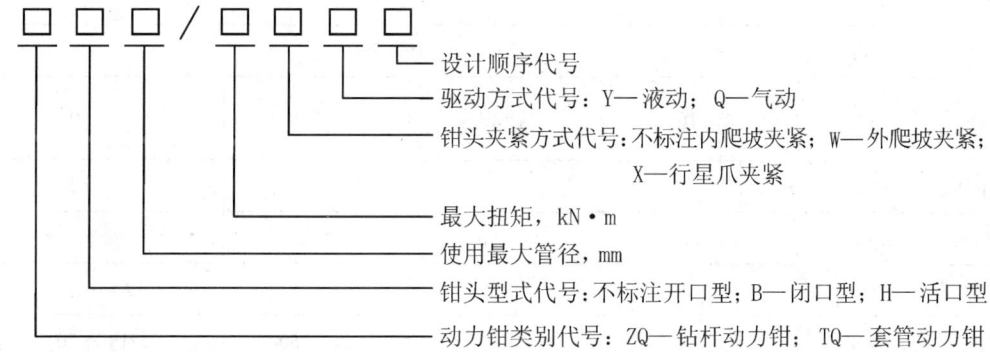

设计顺序代号
驱动方式代号：Y—液动；Q—气动
钻头夹紧方式代号：不标注内爬坡夹紧；W—外爬坡夹紧；
X—行星爪夹紧
最大扭矩，kN·m
使用最大管径，mm
钳头型式代号：不标注开口型；B—闭口型；H—活口型
动力钳类别代号：ZQ—钻杆动力钳；TQ—套管动力钳

3.7.3　技术参数

3.7.3.1　钻杆动力钳

钻杆动力钳参数见表 3-15。

表 3-15　钻杆动力钳技术参数

规格代号	127/25	162/50	162/75	203/100	203/135	254/145
使用管径范围 mm（in）	65 ~ 127（2⅜ ~ 3½钻杆）	85 ~ 162（2⅜ ~ 5钻杆）	127 ~ 162（3½ ~ 5钻杆）	127 ~ 203（3½钻杆 ~ 8钻铤）	127 ~ 203（3½钻杆 ~ 8钻铤）	162 ~ 254（3½钻杆 ~ 8钻铤）
液压源额定压力 MPa	12 ~ 18				16 ~ 20	
工作气压，MPa	0.5 ~ 0.9					
最大扭矩 kN·m	≥ 25	≥ 50	≥ 75	≥ 100	≥ 125	≥ 145
规格代号	127/25	162/50	162/75	203/100	203/135	254/145

续表

高挡扭矩，kN·m	≥ 3.5	≥ 4.5	≥ 5.0	≥ 7.0	≥ 10.0	≥ 12.0
低挡转速，r/min	4.0 ~ 10.5	2.0 ~ 4.5	2.5 ~ 4.0	1.5 ~ 3.0	1.5 ~ 2.5	1.0 ~ 2.5
高挡转速，r/min	25 ~ 65	30 ~ 60	20 ~ 40	20 ~ 40	15 ~ 35	10 ~ 30
上下牙板中心距 mm	200 ~ 210	230 ~ 250	230 ~ 250	230 ~ 250	240 ~ 260	240 ~ 260
动力钳可移动距离 m	≥ 1.0				≥ 1.5	

3.7.3.2　套管动力钳

套管动力钳技术参数见表 3–16。

表 3–16　套管动力钳技术参数

规格代号	178/16	245/20	340/35	508/40
使用管径范围，mm（in）	101.6 ~ 178 (4 ~ 7) 套管	101.6 ~ 244.5 (4 ~ 9⁵/₈) 套管	139.7 ~ 339.7 (5½ ~ 13³/₈) 套管	244.5 ~ 508 (9⁵/₈ ~ 20) 套管
液压源额定压力，MPa	12 ~ 18			
工作气压，MPa	0.5 ~ 0.9			
最大扭矩 kN·m	≥ 16	≥ 20	≥ 35	≥ 40
中挡扭矩，kN·m	—		≥ 6.0	≥ 7.5
高挡扭矩，kN·m	≥ 2.5	≥ 2.5	≥ 25	≥ 3.5
低挡转速，r/min	9 ~ 14	9 ~ 14	3.5 ~ 5.3	2.5 ~ 3.6
中挡转速，r/min	—		21 ~ 30	14 ~ 20
上下牙板中心距，mm	50 ~ 80	50 ~ 80	60 ~ 85	40 ~ 60
动力钳可移动距离，m	≥ 1.0			

3.8　气动旋扣器

3.8.1　结构

气动旋扣器主要由双向气动马达、行星减速机构、夹紧机构、汽缸、气控系统等部分组成，其结构如图 3–11 所示。

3.8.2　技术参数

3.8.2.1　气动系统

气动系统的工作参数如下。

（1）工作压力：0.7 ~ 0.9 MPa。

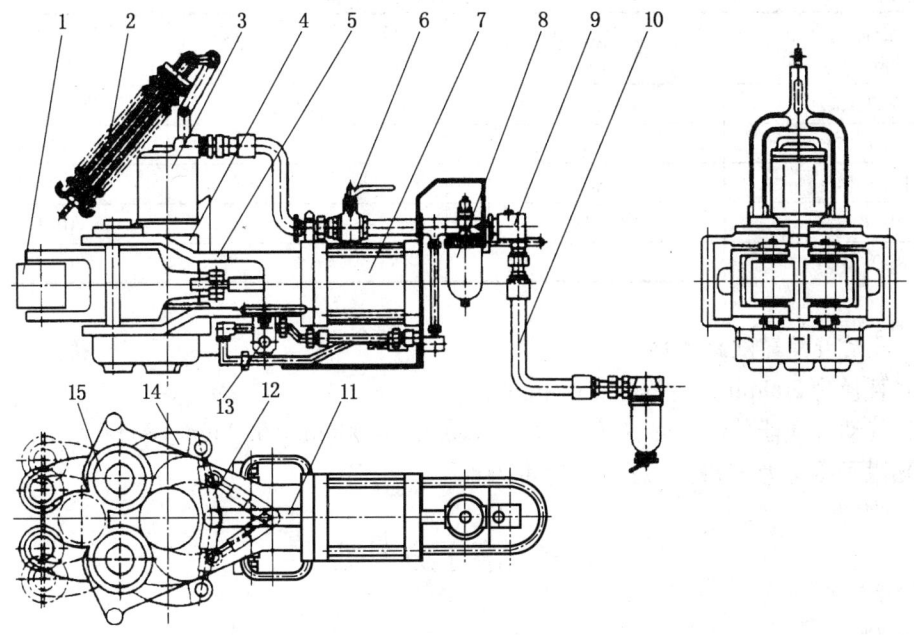

图 3-11 气动旋扣器

1—压力滚子；2—吊簧组；3—气动马达；4—行星减速器；5—壳体；6—球阀；
7—汽缸；8—油雾器；9—活动接头；10—胶管；11—活塞杆；12—增力杆；
13—手动换向阀；14—夹紧臂；15—驱动滚子

(2) 气动马达额定功率：8.82kW。

(3) 空气消耗量：10.3 m³/min。

(4) 气动马达额定转速：3200 r/min。

3.8.2.2 压力滚子的选用与安装位置

压力滚子的选用与安装位置见表 3-17。

表 3-17 压力滚子的选用与安装位置

钻杆直径 mm (in)	压力滚子直径 mm (in)	夹紧臂中安装位置
139.7 (5½)	101.6 (4)	前孔
127 (5)	127 (5)	前孔
114.3 (4½)	120.65 (4¾)	后孔
101.6 (4)	146.5 (5¾)	后孔
88.9 (3½)	168.27 (6⅝)	后孔

3.8.2.3 气动旋扣钳技术参数

在气压为 0.7~0.9MPa 时，旋扣转速、旋扣力矩以及钳子制动力矩见表 3-18。

表 3-18　气动旋扣钳技术参数

钻杆直径 mm（in）	旋扣转速 r/min	最大功率时旋扣力矩 kN·m	制动力矩 kN·m
139.7（5½）	56.8	10	15~20
127（5）	62.5	9	13~18
114.3（4½）	69.5	8	12~16
101.6（4）	78	7.1	10~14.5
88.9（3½）	89.3	6.2	9.5~12.6

3.8.2.4　气动旋绳器汽缸规格

（1）直径为200mm，行程为152.4mm。

（2）气动旋绳器外形尺寸（长×宽×高）为1400mm×530mm×835mm。

（3）钳子质量为378kg，总质量为467kg。

3.9　滚子方补心

3.9.1　结构

滚子方补心结构如图3-12所示。

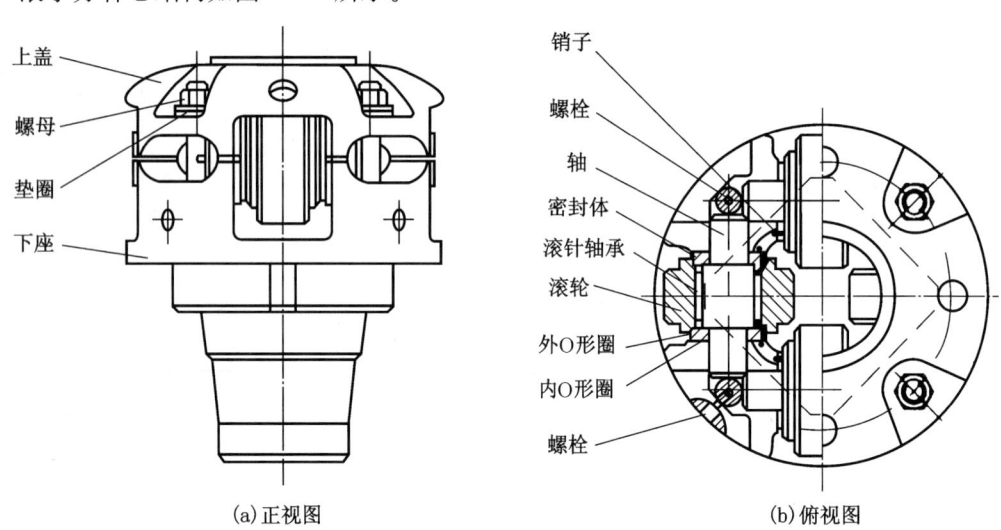

图 3-12　滚子方补心结构

3.9.2　规格

滚子方外形尺寸如图3-13所示，规格见表3-19。

表 3-19　滚子方补心规格

型　　号	适用的方钻杆方宽 mm（in）	A mm	B mm	C mm
GF893	88.9~158.8（3½~6¼）	682	762	356
GF642	63.5~108.0（2½~4¼）	470	680	321

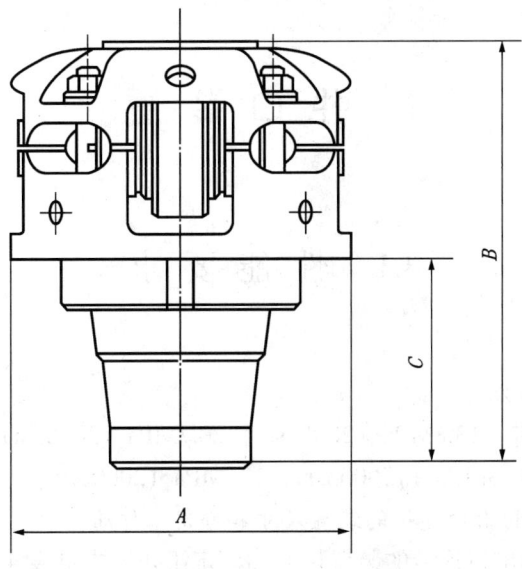

图 3-13　滚子方补心外形尺寸

3.9.3　使用技术要求

方钻杆和滚子之间的间隙为 0.25 ~ 1.5mm，最大不超过 3mm。滚子磨损量不超过 3.2mm。

4 井口装置

4.1 性能要求

4.1.1 额定压力

4.1.1.1 井口装置额定压力

井口装置额定压力有：13.8MPa（2000psi），20.7MPa（3000psi），34.5MPa（5000psi），69.0MPa（10000psi），103.5MPa（15000psi），138MPa（20000psi）。

4.1.1.2 API 螺纹式端部和出口连接的装置尺寸和额定工作压力

API 内螺纹式端部和出口连接的装置尺寸和额定工作压力见表 4-1。

表 4-1 API 内螺纹式端部和出口连接的装置尺寸和额定工作压力

螺 纹 类 型	管螺纹规格，in	外径，mm	额定工作压力，MPa
管线管	½	21.3	69.0
	¾ ~ 2	26.7 ~ 60.3	34.5
	2½ ~ 6	70.3 ~ 168.3	20.7
油管 （不加厚和外加厚圆螺纹）	1.050 ~ 4½	26.7 ~ 114.3	34.5
套管 （圆螺纹、偏梯形螺纹、直线型）	4½ ~ 10¾	114.3 ~ 273.0	34.5
	11¾ ~ 13⅜	298.5 ~ 339.7	20.7
	16 ~ 20	406.4 ~ 508.0	13.8

4.1.2 额定温度

井口装置工作的额定温度见表 4-2。

表 4-2 额定温度

| 温 度 类 别 | 作业温度，℃ ||
	最低温度	最高温度
K	−60	82
L	−46	82
P	−29	82
R	室温	
S	−18	66
T	−18	82
U	−18	121
V	2	121

4.1.3 额定材料类别

（1）井口装置所用材料（包括金属材料），满足表4-3的规定。在满足力学性能的条件下，不锈钢可以代替碳钢和低合金钢，抗腐蚀合金钢可代替不锈钢。

表4-3 材料要求

材料类别	使用环境	材料最低要求	
		本体、盖、端部和出口连接	控压件、阀杆心轴悬挂器
AA	一般使用	碳钢或低合金钢	碳钢或低合金钢
BB	一般使用	碳钢或低合金钢	不锈钢
CC	一般使用	不锈钢	不锈钢
DD	酸性环境①	碳钢或低合金钢②	碳钢或低合金钢②
EE	酸性环境①	碳钢或低合金钢②	不锈钢②
FF	酸性环境①	不锈钢②	不锈钢②
HH	酸性环境①	抗腐蚀合金②	抗腐蚀合金②

注：① 指按 NACE MR 0175 定义；
② 指符合 NACE MR 0175。

（2）井口装置（本体、盖、端部和出口连接）的 API 标准材料、力学性能要求及应用见表4-3、表4-4 和表4-5。

表4-4 本体、盖、端部和出口连接的 API 标准材料性能要求

材料代号	力学性能			
	最小抗拉强度 MPa	最小屈服强度 MPa	最小伸长率 %	最小断面收缩率 ϕ %
36K①	≥483	≥248	≥21	
45K	≥483	≥310	≥19	≥32
60K	≥586	≥414	≥18	≥35
75K	≥655	≥517	≥17	

注：① K 在 spec 6A 中指代 1000psi（6.9MPa）。

表4-5 本体、盖、端部和出口连接的 API 标准材料应用

零件名称	额定工作压力，MPa					
	13.8	20.7	34.5	69.0	103.5	138.0
本体，盖	36K，45K，60K，75K，NS	36K，45K，60K，75K，NS	36K，45K，60K，75K，NS	36K，45K，60K，75K，NS	45K，60K，75K，NS	60K，75K，NS

续表

零件名称		额定工作压力，MPa					
		13.8	20.7	34.5	69.0	103.5	138.0
整体端部连接装置	法兰式	60K, 75K, NS	60K, 75K, NS	60K, 75K, NS	60K, 75K, NS	75K, NS	75K, NS
	螺纹式	60K, 75K, NS	60K, 75K, NS	60K, 75K, NS	NS	NS	NS
	其他	制造厂规定					
散件连接件	焊颈式	45K, NS	45K, NS	45K, NS	60K, 75K, NS	75K, NS	75K, NS
	盲板式	60K, 75K, NS	60K, 75K, NS	60K, 75K, NS	60K, 75K, NS	75K, NS	75K, NS
	螺纹式	60K, 75K, NS	60K, 75K, NS	60K, 75K, NS	NS	NS	NS
	其他	制造厂规定					

注：NS——非API标准材料。

4.2 产品材料级别

井口装置产品材料分为四级：PSL1、PSL2、PSL3、PSL4。井口装置和采油树主要零件推荐的最低PSL见表4-6。

表4-6 井口装置和采油树主要零件推荐的最低PSL

酸性环境（NACE）			否	是	是	是	是	是
高浓度硫化氢连接			否	否	是	否	否	是
靠得很近（井口装置的潜在影响）			否	否	否	是	是	是
额定工作压力 MPa	34.5	产品规范级别	PSL1	PSL1	PSL2	PSL1	PSL2	PSL3
	69.0		PSL2	PSL3	PSL3	PSL3	PSL3	PSL4
	≥103.5		PSL3	PSL4	PSL4	PSL4	PSL4	PSL4

4.3 套管头本体垂直通径

（1）全开式垂直通径。井口本体的最小垂直孔径应比其所用最大套管的通径直径大0.8mm，见表4-7。

表 4–7 最小全开式垂直本体孔径和最大套管尺寸

标称连接装置①		本体下部套管			最小全开式垂直井口本体孔径，mm
标称连接装置尺寸和孔径 mm（in）	额定工作压力 MPa	尺寸外径② mm	标称质量② kg/m	规定的通径 mm	
179（7 1/16）	13.8	178	25.3	162.890	163.83
	20.7		29.8	160.807	161.544
	34.5		34.2	158.521	159.512
	69		43.2	153.899	154.686
	103.5		56.6	147.193	148.082
	138.0				
228（9）	13.8	219	36.7	202.489	203.2
	20.7		47.6	198.018	198.882
	34.5		53.6	195.580	196.342
	69		59.5	193.040	193.548
	103.5		72.9	187.604	188.214
279（11）	13.8	273	60.3	251.307	251.968
	20.7				
	34.5		75.9	246.228	247.142
	69	245	79.6	212.827	213.614
	103.5				
346（13 5/8）	13.8	340	81.8	316.459	317.5
	20.7		90.8	313.919	314.706
	34.5		107.1	309.651	310.388
	69	299	89.3	269.646	270.764
425（16¾）	13.8	406	96.7	382.575	383.286
	20.7		125.0	376.479	377.444
	34.5				
	69				
476（18¾）	34.5	473	130.2	446.202	446.786
	69				
527（20¾）	20.7	508	139.9	480.974	481.838
540（21¼）	13.8				
	34.5				
	69				

注：①井口装置本体上端连接装置；

②作为按确定孔径基准的套管最大尺寸和最小质量。

（2）缩孔式垂直通径。表 4-7 内规定的垂直孔径可以适合的螺纹、导向环等连接小于表内所列的套管尺寸。但这些部件的通径应比所用套管的通径大 0.8mm，如图 4-1 所示。

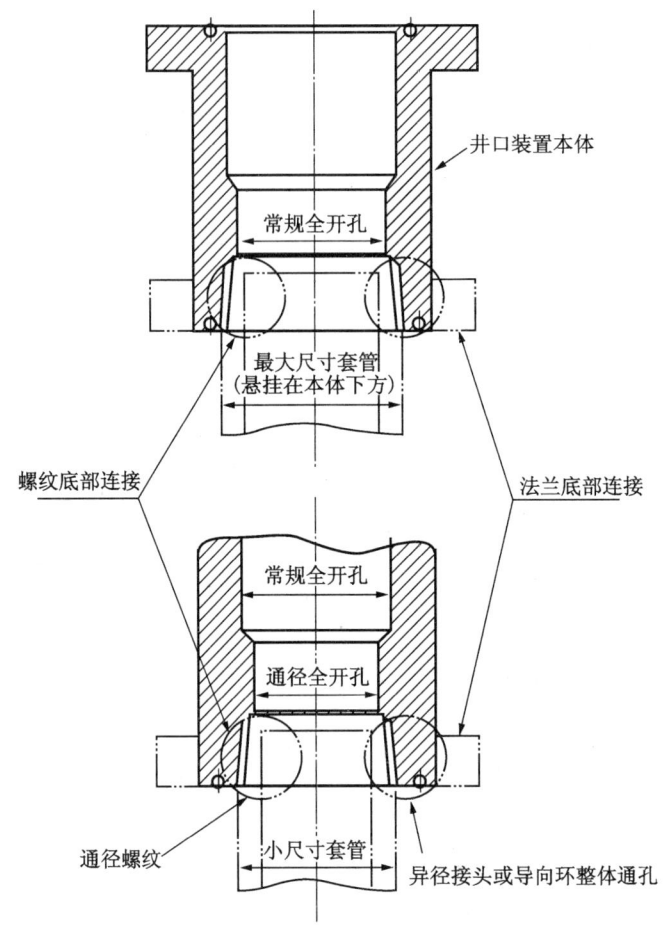

图 4-1　典型缩孔式垂直通径

（3）套管头和油管头即带有贯穿孔的产品，除符合 4.2 的性能要求外，其中的封隔机构（如锁紧螺钉、定位销和制动螺钉）在井口装置的额定压力下应有保持紧固密封的能力。

4.4　转换连接装置

4.4.1　转换四通（单级）

转换四通（单级）也可称为转换套管头四通（或转换油管头四通），它用于悬挂和密封单串套管柱（或油管柱）。四通在（或靠近）下部连接装置面上有一个限面密封装置，该密封装置允许限面上部额定压力值大于下部连接装置的额定压力。下部套管头支撑带限面密封的转换四通如图 4-2 所示。顶部四通支撑带限面密封的转换四通如图 4-3 所示。

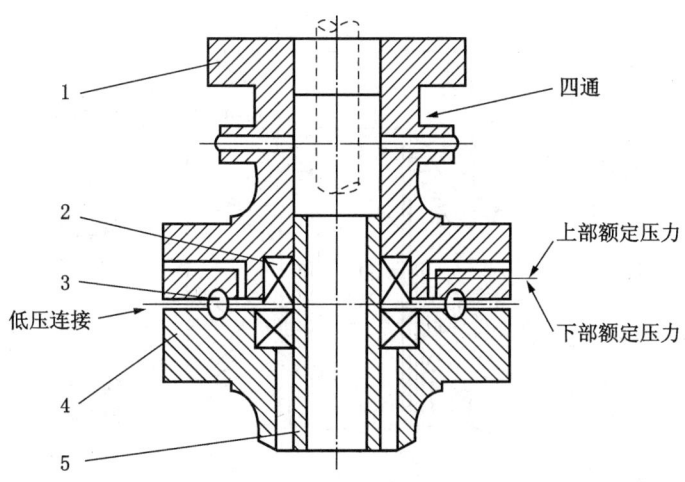

图 4—2 下部套管头支撑带限面密封的转换四通
1—上连接装置；2—限面密封；3—垫环；4—下连接装置；5—内层套管

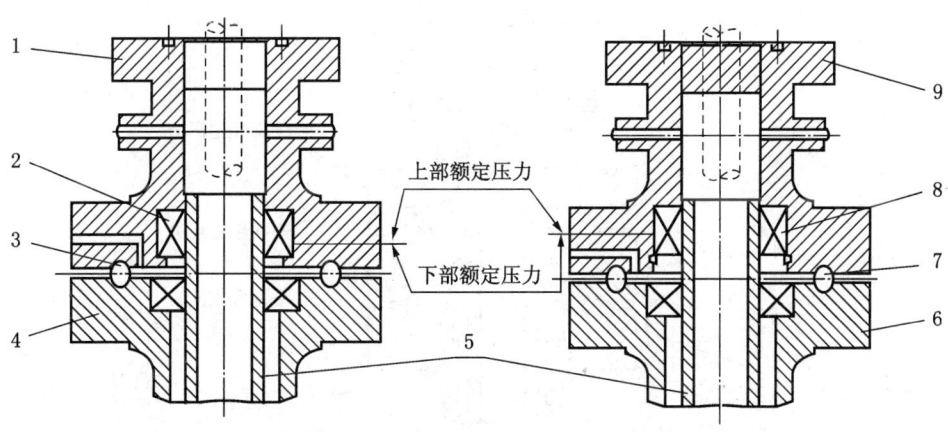

图 4—3 顶部四通支撑带限面密封的转换四通
1，9—上连接装置；2，8—限面密封；3，7—垫环；4，6—下连接装置；5—内层套管

4.4.2 多段转换四通（多段套管头四通）

多段转换四通（图 4—4）用于悬挂和密封多串套管柱（或油管柱）。它每段上都有一个限面密封装置，该密封装置允许限面上部额定压力值大于下部连接装置的额定压力值，即上部连接装置至少应比下部连接装置大一个额定压力值。

4.4.3 转换异径连接装置

转换异径连接装置用于两套管四通之间或套管四通和油管四通之间（如转换法兰，图 4—5），允许在四通之间有个额定压力增值。

4.4.4 油管头异径连接装置

油管头异径连接装置用于采油树和油管头之间，允许在两者之间有个额定压力增值。

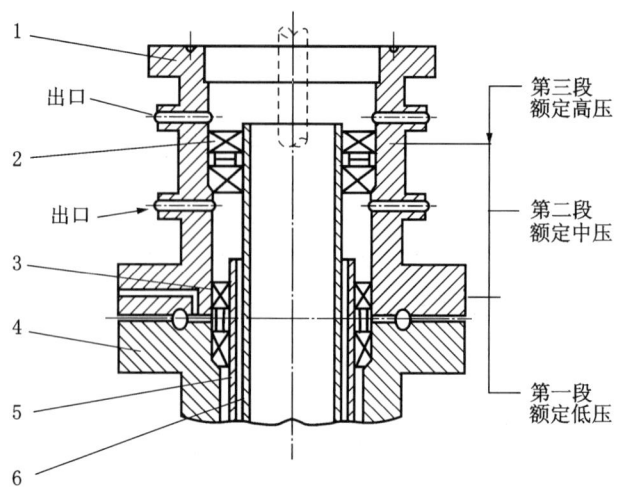

图 4-4 多段转换四通
1—上连接装置；2，3—限面密封；4—下连接装置；5，6—内层套管

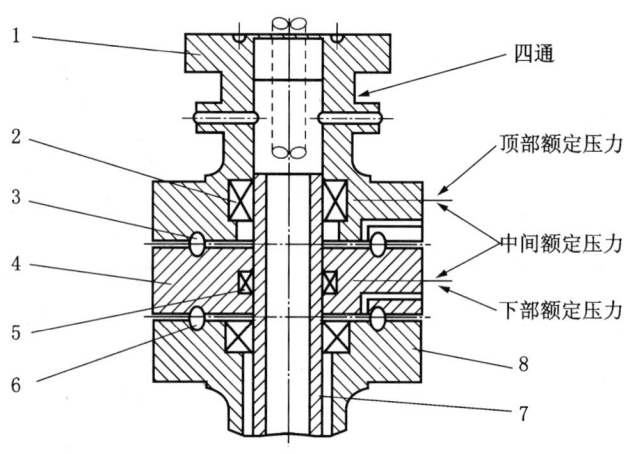

图 4-5 转换法兰
1—上连接装置；2，5—限面密封；3，6—垫环；4—中间连接装置；7—内层套管；8—下连接装置

4.5 API法兰额定压力值和尺寸范围

6B型、6BX型法兰可用作整体式、盲板式和焊颈式法兰。6B型法兰也可作为螺纹式法兰；某些6BX型盲板法兰也可作为试验法兰。

6B型整体式和焊颈式法兰的尺寸见图4-6和表4-8至表4-10。对于用作套管头和油管头端部连接的6B型法兰，有入口坡口、止口或凹槽，以容纳套管悬挂器和油管悬挂器。

6BX型整体式法兰的尺寸见图4-7和表4-11。6BX型是带凸起面垫环结合式法兰，可防止过大的螺栓上紧扭矩损伤法兰或垫环。

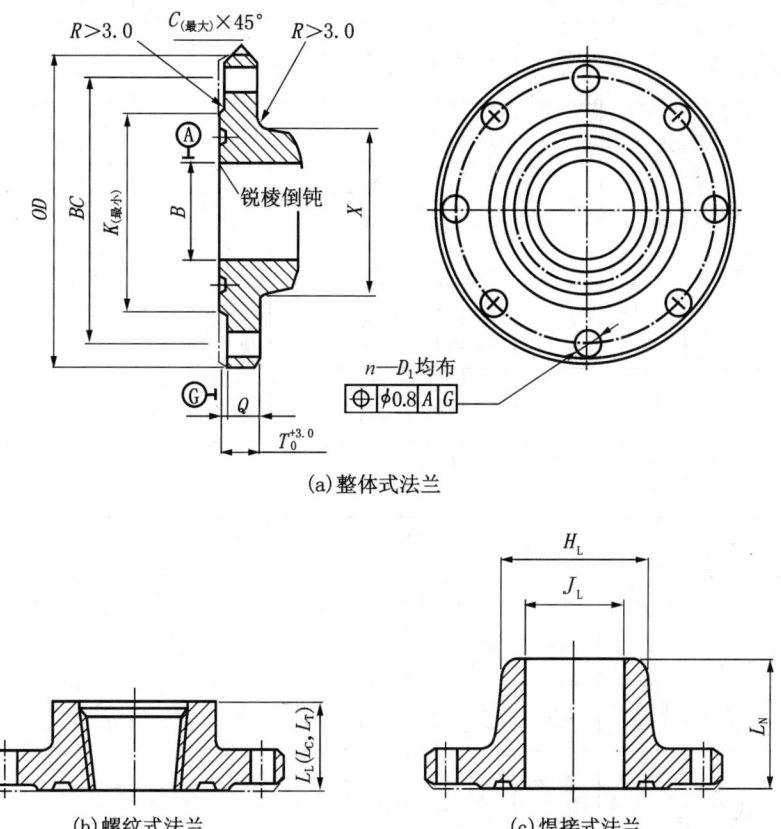

(a)整体式法兰

(b)螺纹式法兰

(c)焊接式法兰

图 4-6 6B 型法兰

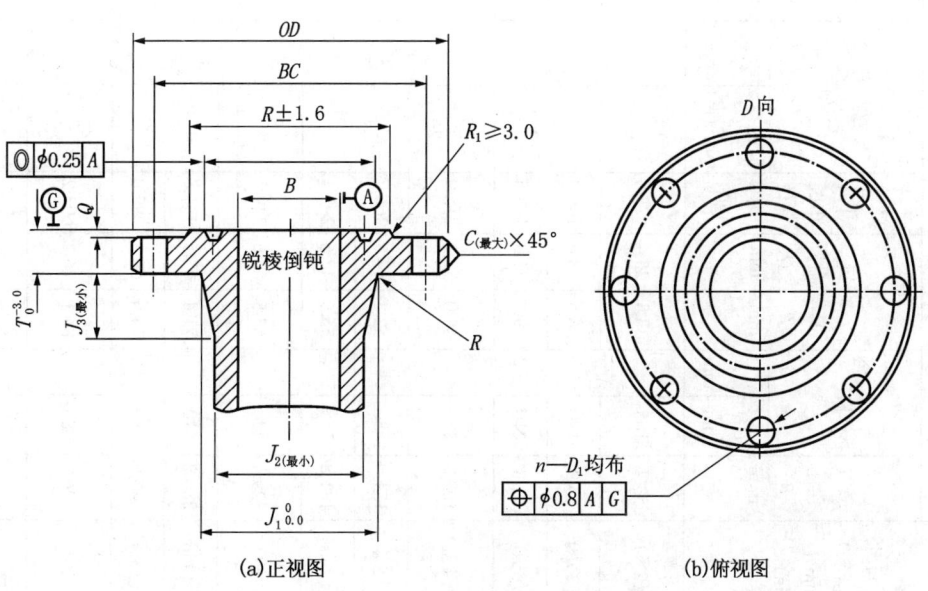

(a)正视图

(b)俯视图

图 4-7 6BX 型整体式法兰

表 4-8 额定工作压力为 13.8MPa 的 6B 型法兰

标称尺寸 D 和孔径 mm (in)	最大孔径 B mm	法兰外径 OD mm	外径公差 mm	法兰总厚 T mm	法兰盘厚 Q mm	螺栓孔分布圆直径 BC mm	螺栓孔直径 D_1 mm (in)	螺栓孔直径公差 mm	颈部大径 X mm	最大倒角 C mm	螺栓数量 n 个	螺纹规格 mm (in)	全螺纹螺栓长度 L_{ssb} mm	管线螺纹法兰连接长度 L_L mm	套管螺纹法兰连接长度 L_C mm	油管螺纹法兰连接长度 L_T mm	焊颈法兰长度 L_N mm	焊颈法兰颈部小径 H_L mm	公差 mm	焊颈法兰最大孔径 J_L mm	端部台肩直径 K mm	垫环号 R 或 RX mm
52 (2½)	53.2	165		33.3	25.4	127.0	19 (20)		84		8	M16 (⅝)	110	45			81	60.3		53.3	108	23
65 (2 9/16)	65.9	190		36.5	28.6	149.2	23 (22)		100	3		M20 (¾)	120	50			88	73.0	+3.0 / −1.0	63.5	127	26
79 (3⅛)	81.8	210	±2	39.7	31.8	168.5	23 (22)		117			M20 (¾)	130	54			91	88.9		78.7	146	31
103 (4 1/16)	108.7	275		46.0	38.1	215.9	25 (26)		152			M22 (⅞)	150	62	89		110	114.3		103.1	175	37
130 (5⅛)	131.0	330		52.4	44.5	266.7	27 (29)	+2 / −0.5	189		8	M24 (1)	165	69	102		122	141.3	+4.0 / −1.0	122.9	210	41
179 (7 1/16)	181.8	355		55.6	47.6	292.1	27 (29)		222		12	M24 (1)	175	75	115		126	168.3		147.1	241	45
228 (9)	229.4	420		63.5	55.6	349.2	33 (32)		273	6		M30×3 (1⅛)	205	85	127		141	219		199.1	302	49
279 (11)	280.2	510		71.4	63.5	431.8	36 (36)		343		16	M33×3 (1¼)	220	94	134		160	273		248.4	356	53
346 (13⅝)	346.9	560	±3	74.6	66.7	389.0	36 (36)		400		20	M33×3 (1¼)	230	100	100						413	57
425 (16¾)	426.2	685		84.1	76.2	603.2	42 (42)		495			M39×3 (1½)	260	115	115						508	65
540 (21¼)	540.5	815		98.4	88.9	723.9	45 (45)		610		24	M42 (1⅝)	290	137	137						635	73

表 4–9 额定工作压力为 20.7MPa 的 6B 型法兰

标称尺寸和孔径 D mm (in)	法兰：最大孔径 B mm	法兰：外径 OD mm	法兰：外径公差 mm	法兰：法兰总厚 T mm	法兰：法兰盘厚 Q mm	法兰：螺栓孔分布圆直径 BC mm	法兰：螺栓孔直径 D_1 mm (in)	法兰：螺栓孔直径公差 mm	法兰：颈部大径 X mm	法兰：最大倒角 C mm	螺栓：数量 n 个	螺栓：螺纹规格 mm (in)	螺栓：全螺纹螺栓长度 L_{ssb} mm	孔缘及长度尺寸：管线螺纹法兰连接长度 L_L mm	孔缘及长度尺寸：套管螺纹法兰连接长度 L_C mm	孔缘及长度尺寸：油管螺纹法兰连接长度 L_T mm	孔缘及长度尺寸：焊颈法兰长度 L_N mm	孔缘及长度尺寸：焊颈法兰颈部小径 H_L mm	孔缘及长度尺寸：焊颈法兰颈部小径公差 mm	孔缘及长度尺寸：焊颈法兰最大孔径 J_L mm	孔缘及长度尺寸：端部台肩直径 K mm	孔缘及长度尺寸：垫环号 R 或 RX
52 (2½)	53.2	215	±2	46.1	38.1	165.1	25 (26)	+2 −0.5	104.8	3	8	M22 (⁷/₈)	150	65.1	—	65.1	109.6	60.3	+2.4 −0.8	50.0	124	24
65 (2⁹/₁₆)	65.9	245		49.2	41.3	190.5	27 (29)		123.8			M24 (1)	165	71.4		71.1	112.7	73.0		59.7	137	27
79 (3¹/₈)	81.8	240		46.1	38.1	190.5	25 (26)		127.0			M22 (⁷/₈)	150	61.9		74.7	109.5	88.9		74.4	156	31
103 (4¹/₁₆)	108.7	295		52.4	44.4	235.0	33 (32)		158.8			M30×3 (1¹/₈)	180	77.8	88.9	88.9	122.2	114.3		98.0	181	37
130 (5¹/₈)	131.0	350		58.8	50.8	279.4	36 (36)		190.5			M33×3 (1¼)	195	87.3	101.6	—	134.9	141.3		122.9	216	41
179 (7¹/₁₆)	181.8	380	±3	63.5	55.6	317.5	33 (32)		234.5	6	12	M30×3 (1¹/₈)	200	93.7	114.3	—	147.6	168.3	+4.1 −0.8	147.1	241	45
228 (9)	229.4	470		71.4	63.5	393.7	39 (39)		298.5			M36×3 (1³/₈)	230	109.5	127.0	—	169.8	219.0		189.7	308	49
279 (11)	280.2	545		77.8	69.9	469.9			368.4		16		240	115.9	133.4	—	192.1	273.0		237.2	362	53
346 (13⁵/₈)	346.9	610		87.3	79.4	533.4			419.1		20		260	125.4	125.4	—	—	—	—	—	419	57
425 (16¾)	426.2	705		100	88.9	614.7	45 (52)	+3	508.0			M42×3 (1⁵/₈)	300	128.6	144.6						524	66
527 (20¾)	527.5	855		120.7	108.0	749.3	54 (54)	−0.5	622.3		24	M50×3 (2)	370	171.4	171.5						648	74

表 4-10　额定工作压力为 34.5MPa 的 6B 型法兰

标称尺寸和孔径 D mm（in）	法兰										螺栓			孔缘及长度尺寸								
	最大孔径 B mm	外径		法兰总厚 T mm	法兰盘厚 Q mm	螺栓孔分布圆直径 BC mm	螺栓孔直径		颈部大径 X mm	最大倒角 C mm	数量 n 个	螺纹规格 mm（in）	全螺纹螺栓长度 L_{ssb} mm	管线螺纹法兰连接长度 L_L mm	套管螺纹法兰连接长度 L_C mm	油管螺纹法兰连接长度 L_T mm	焊颈法兰长度 L_N mm	焊颈法兰颈部小径		焊颈法兰最大孔径 J_L mm	端部台肩直径 K mm	垫环号 R 或 RX mm
		OD mm	公差 mm				D_1 mm（in）	公差 mm										H_L mm	公差 mm			
52（2½）	53.2	215	±2	46.1	38.1	165.1	25（26）	+2 −0.5	104.8	3	8	M22（⅞）	155	65.1	—	65.1	109.5	60.3	+2.3 −0.8	43.7	124	24
65（2$^9/_{16}$）	65.9	245		49.3	43.1	190.5	27（29）		123.9			M24（1）	165	71.4		71.4	112.7	73.0		54.9	137	27
79（3⅛）	81.8	270		55.6	47.7	203.2	25（26）		133.3			M30×3（1⅛）	185	81.0		81.0	125.4	88.9		67.3	168	35
103（4$^1/_{16}$）	108.7	310		62.0	54.0	241.3	33（32）		162.0			M33×3（1¼）	205	98.4	98.4	98.4	131.8	114.3		88.1	194	39
130（5⅛）	131.0	375		81.0	73.1	292.1	36（36）		196.8			M39×3（1½）	255	112.7	112.7	—	163.5	141.3		110.2	228	44
179（7$^1/_{16}$）	181.8	395	±3	92.1	82.6	317.5	39（39）		228.0	6	12	M36×3（1⅜）	270	128.6	128.6	—	181.0	168.3	+4.0 −0.8	132.6	248	46
228（9）	229.4	485		63.5	92.1	393.7	45（45）	+3 −0.5	292.0			M42×3（1⅝）	305	154.0	154.0	—	223.8	219.0		173.7	317	50
279（11）	280.2	585		71.4	108.0	482.6			368.0			M48×3（1⅞）	350	169.9	169.9	—	265.1	273.0		216.7	371	54

表 4-11 6BX 型整体式法兰

标称尺寸和孔径 D mm (in)	法兰													螺栓			垫环号 BX
	最大孔径 B mm	外径		法兰总厚 T mm	螺栓孔分布圆直径 BC mm	螺栓孔直径		颈部大径 J_1 mm	颈部小径 J_2（最小）mm	颈部长度 J_3（最小）mm	圆弧半径 R mm	最大倒角 C mm	端部台肩直径 K mm	数量 n 个	螺纹规格 mm (in)	全螺纹螺栓长度 L_{ssb} mm	
		OD mm	公差 mm			D_1 mm	公差 mm										
13.8MPa																	
680 (26¾)	680.2	1040	±3	126.2	952.5	48 (48)	+3 −0.5	835.8	743.0	185.8	16	6	805	20	M45×3 (1¾)	350	167
762 (30)	762.8	1125		134.2	1039.8	45 (45)		931.9	833.0	196.9			908	32	M42×3 (1⅝)	360	303
20.7MPa																	
680 (26¾)	680.2	1100	±3	161.1	1000.1	56 (54)	+3 −0.5	870.0	776.3	185.8	16	6	832	24	M52×3 (2)	430	168
762 (30)	762.8	1185		167.1	1090.6	52 (51)		970.0	872.0	196.9			922	32	M48×3 (1⅞)	440	303
34.5MPa																	
346 (13⅝)	346.9	675	±3	112.7	590.6	45 (45)	+3 −0.5	481.0	423.9	114.3	16	6	457	16	M42×3 (1⅝)	315	160
425 (16¾)	426.2	770		130.2	676.3	52 (51)		555.6	527.1	76.2	19		535	16	M48×3 (1⅞)	365	162
476 (18¾)	477.0	905		165.9	803.3	56 (54)		674.7	598.5	152.4	16		626	20	M52×3 (2)	440	163
540 (21¼)	540.5	990		181.0	885.8			758.8	679.5	165.1	18		702	24	—	470	165
69.0MPa																	
46.0 ($1\frac{13}{16}$)	46.8	190	±2	42.1	146.1	23 (22)	+2.0	88.9	65.1	48.5	10	3	105	8	M20 (¾)	130	151
52.4 ($2\frac{1}{16}$)	53.2	200		44.1	158.8		−0.5	100.0	74.7	51.6			111	—			152
65 ($2\frac{9}{16}$)	65.9	230	±3	51.2	184.2	25 (26)	+2.0	120.7	92.1	57.2	10	3	132	8	M22 (⅞)	150	153
78 ($3\frac{1}{16}$)	78.6	270		58.4	215.9	27 (29)	−0.5	142.1	110.4	63.5			152	—	M24 (1)	170	154
103 ($4\frac{1}{16}$)	104.0	315		70.3	258.8	33 (32)	—	182.6	146.1	73.1			185	—	M30×3 ($1\frac{1}{8}$)	200	155
130 (5¾)	131.0	360		79.4	300.0		—	223.8	182.6	81.0			221	12		220	169

续表

标称尺寸和孔径 D mm（in）	法兰 最大孔径 B mm	外径 OD mm	外径 公差 mm	法兰总厚 T mm	螺栓孔分布圆直径 BC mm	螺栓孔直径 D_1 mm	螺栓孔直径 公差 mm	颈部大径 J_1 mm	颈部小径 J_2（最小） mm	颈部长度 J_3（最小） mm	圆弧半径 R mm	最大倒角 C mm	端部台肩直径 K mm	螺栓 数量 n 个	螺纹规格 mm（in）	全螺纹螺栓长度 L_{ssb} mm	垫环号 BX
69.0MPa																	
179（7 1/16）	180.2	479	±3	103.2	403.2	42（42）	+2.0	301.6	254.0	95.3	16	6	302	—	M39×3（1½）	285	156
228（9）	229.4	555		123.8	476.3		−0.5	374.7	327.1	93.7			359	16		330	157
279（11）	280.2	655		141.3	565.2	48（48）	—	450.9	400.1	103.2			429	—	M45×3（1¾）	380	158
346（13 5/8）	346.2	770		168.3	673.1	52（51）	—	552.5	495.3	114.3			518	20	M48×3（1 7/8）	440	159
425（16¾）	426.2	870			776.3		—	655.6	601.7	76.2	19		576	24			162
476（18¾）	477.0	1040		223.0	925.5	62（61）	—	752.5	674.7	155.6	16		697	—	M48×3（1¼）	570	164
540（21¼）	540.5	1145		241.3	1022.4	68（67）	—	847.7	762.0	165.1	21		781	—	M48×3（2½）	620	166
103.5MPa																	
46.0（1 13/16）	46.8	210	±2	45.2	160.3	25（26）	+2.0 −0.5	97.6	71.4	47.6	10	3	106	8	M22（7/8）	140	151
52（2 1/16）	53.2	220		50.8	174.6			111.1	82.5	54.0			114			150	152
65（2 9/16）	65.9	250		57.1	200.0	30（29）		128.6	100.0	57.1			133		M27（1）	170	153
78（3 1/16）	78.6	290		64.3	230.2	33（32）		154.0	122.2	63.5			154		M30×3（1 1/8）	190	154
103（4 1/16）	104.0	360		78.6	290.5	39（39）		195.3	158.7	73.0			194		M36×3（1 3/8）	235	155
130（5¾）	131.0	420		98.5	342.9	42（42）		244.5	200.0	81.8	16		225	12		292	169
179（7 1/16）	180.2	505	±3	119.1	428.6			325.4	276.2	66.7		6	305	16	M39×3（1½）	325	156
228（9）	229.4	650		146.0	552.4	52（51）		431.8	349.2	123.8			381		M48×3（1 7/8）	400	157
279（11）	280.2	815		187.3	711.2	54（54）		584.2	427.0	235.7			454	20	M50×3（2）	490	158
346（13 5/8）	346.9	885		204.8	771.5	62（61）		595.3	528.6	114.3	25		541		M58×3（2¼）	540	159
476（18¾）	477.0	1160		255.6	1016.1	80（80）	+2.0 −0.5	812.8	730.2	155.6			722		M76×3（3）	680	164

续表

标称尺寸和孔径 D mm (in)	法兰：最大孔径 B mm	法兰：外径 OD mm	法兰：外径 公差 mm	法兰：法兰总厚 T mm	法兰：螺栓孔分布圆直径 BC mm	法兰：螺栓孔直径 D_1 mm	法兰：螺栓孔直径 公差 mm	法兰：颈部大径 J_1 mm	法兰：颈部小径 J_2（最小）mm	法兰：颈部长度 J_3（最小）mm	法兰：圆弧半径 R mm	法兰：最大倒角 C mm	法兰：端部台肩直径 K mm	螺栓：数量 n 个	螺栓：螺纹规格 mm (in)	螺栓：全螺纹螺栓长度 L_{ssb} mm	垫环号 BX
138.0MPa																	
46.0 (1 13/16)	46.8	255	±2	63.5	203.2	27 (29)	+2.5 −0.5	133.3	109.5	69.2	10	3	117	8	M24 (1)	190	151
52 (2 1/16)	53.2	285		71.4	230.2	33 (32)		154.0	127.0	52.4			132		M30×3 (1 1/8)	210	152
65 (2 9/16)	65.9	325		79.4	261.9	36 (36)		173.0	144.4	58.7			151		M33×3 (1¼)	235	153
78 (3 1/16)	78.6	355		85.7	287.3	39 (39)		192.1	160.3	63.5			171		M36×3 (1 3/8)	255	154
103 (4 1/16)	104.0	445		106.4	357.2	48 (48)		242.9	206.4	73.0			219		M45×3 (1¾)	310	155
179 (7 1/16)	180.2	655	±3	165.1	554.0	54 (54)		385.7	338.1	96.8	16	6	352	16	M50×3 (2)	445	156
228 (9)	229.4	805		204.8	685.8	68 (67)		481.0	428.6	107.9	25		441		M64×3 (2½)	570	157
279 (11)	280.2	880		223.8	749.3	74 (74)		566.7	508.0	103.2			505	20	M70×3 (2¾)	605	158
346 (13 5/8)	346.9	1160		292.1	1016.1	84 (80)	+3.0 −0.5	693.7	628.6	133.3			614		M80×3 (3)	706	159

4.6 密封垫环形式及尺寸

R 和 RX 型垫环用于 6B 法兰,BX 型垫环仅用于 6BX 法兰。RX 和 BX 型垫环具有压力自紧密封,但不能互换。R 型密封垫环及环槽尺寸见图 4-8 和表 4-12。RX 型压力自紧密封垫环及环槽尺寸见图 4-9 和表 4-13。BX 型压力自紧密封垫环及环槽尺寸见图 4-10 和表 4-14。

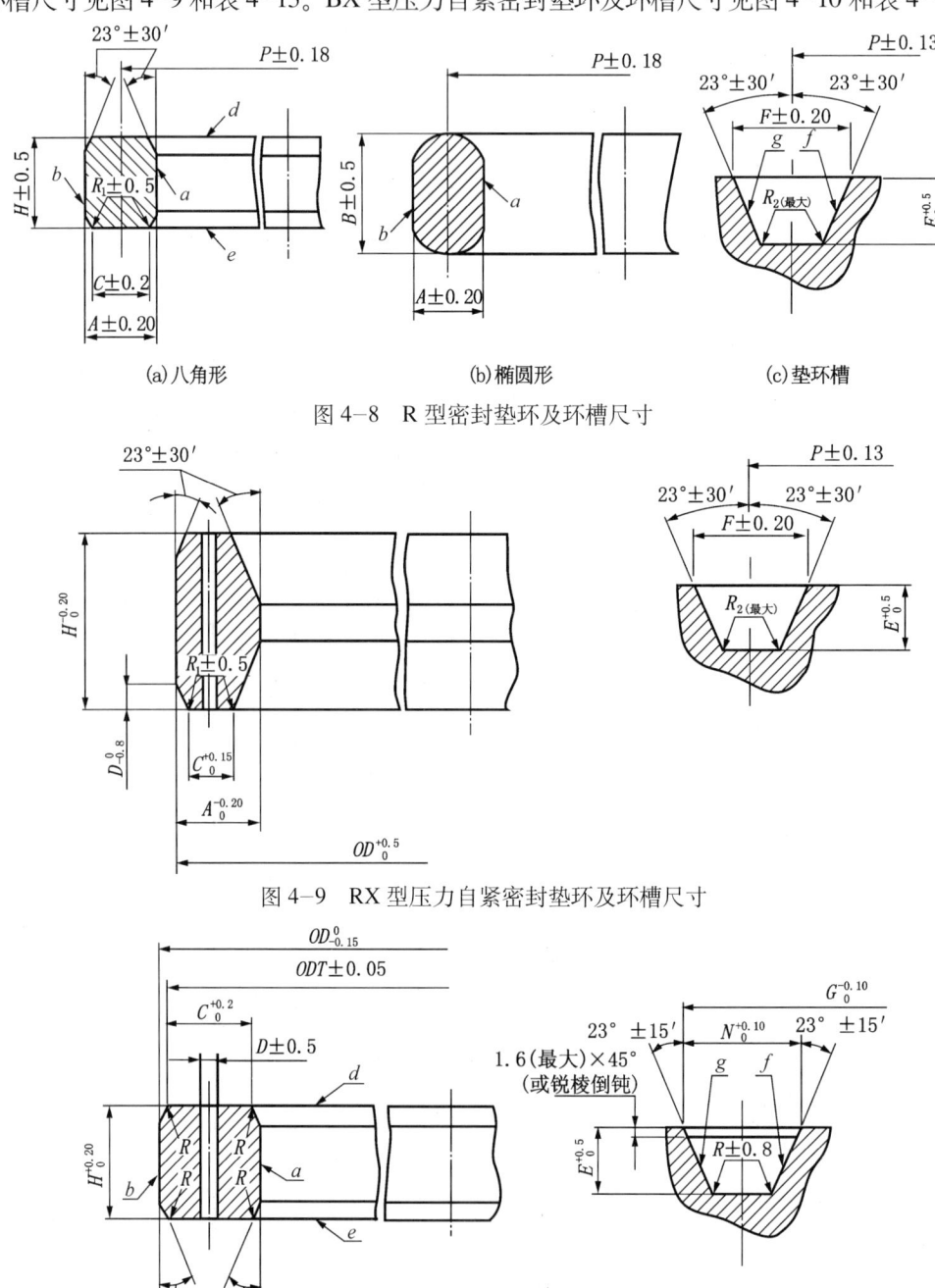

(a) 八角形　　(b) 椭圆形　　(c) 垫环槽

图 4-8　R 型密封垫环及环槽尺寸

图 4-9　RX 型压力自紧密封垫环及环槽尺寸

图 4-10　BX 型压力自紧密封垫环及环槽尺寸

表 4–12　R 型密封垫环

垫环号	环和槽的中径 P mm	环宽 A mm	椭圆环高 B mm	八角环高 H mm	八角环面宽 C mm	八角环内圆角半径 R_1 mm	槽深 E mm	槽宽 F mm	槽内圆角半径 R_2 mm	装配后法兰近似间隙 S mm
R20	68.28	7.95	14.3	12.7	5.23		6.3	8.74		4.1
R23	82.55									
R24	95.25									
R26	101.60									
R27	107.95									
R31	123.83									
R35	136.53	11.11	17.5	15.9	7.75		7.9	11.91	0.8	
R37	149.23									4.8
R39	161.93									
R41	180.98					1.5				
R44	193.68									
R45	211.14									
R46		12.70	19.1	17.5	8.66		9.7	13.49	1.5	
R47	228.60	19.05	25.4	23.9	12.32		12.7	19.84		4.1
R49	269.88	11.13	17.5	15.9	7.75		7.9	11.91	0.8	4.8
R50		15.88	22.4	20.6	10.49		11.2	16.66	1.5	4.1
R53	323.85	11.13	17.5	15.9	7.75		7.9	11.91	0.8	4.8
R54		15.88	22.4	20.6	10.49		11.2	16.66	1.5	4.1
R57	381.00	11.13	17.5	15.9	7.79		7.9	11.91	0.8	4.8
R63	419.10	25.40	33.3	31.8	17.30	2.3	15.7	27.00	2.3	5.6
R65	469.90	11.13	17.5	15.9	7.75	1.5	7.9	11.91	0.8	4.8
R66		15.88	22.4	20.6	10.49		11.2	16.66	1.5	4.1
R69	533.4	11.13	17.5	15.9	7.75		7.9	11.91	0.8	4.8
R70		19.05	25.4	23.9	12.32		12.7	19.84	1.5	—
R73	584.20	12.70	19.1	17.5	8.66		9.7	13.49	—	3.3
R74	—	19.05	25.4	23.9	12.32		12.7	19.84	—	4.8
R82	57.14	11.13		15.9	7.75		7.9	11.91	0.8	—
R84	63.50	—		—	—	—	—	—	—	—
R85	79.38	12.70		17.5	8.66		11.2	13.49	1.5	3.3
R86	90.50	15.88		20.6	10.49			16.66	—	4.1
R87	100.3	—	—	—	—		12.7	—	—	—
R88	123.83	19.05		23.9	12.32		—	19.84	—	4.8
R89	114.30	—		—	—		14.2	—	—	—
R90	155.58	22.23		26.9	14.81		17.5	23.01	—	—
R91	260.35	31.75		38.1	22.23	2.3	7.9	33.34	2.3	4.1
R99	234.95	11.13	—	15.9	7.75	1.5	—	11.91	0.8	4.8

表 4-13　RX 型压力自紧密封垫环

垫环号	环和槽的中径 *P* mm	垫环径 *OD* mm	环宽 *A* mm	平面宽 *C* mm	外侧斜面环高 *D* mm	八角环高 *H* mm	八角环内圆角半径 R_1 mm	槽深 *E* mm	槽宽 *F* mm	槽内圆角半径 R_2 mm	装后法兰近似间距值 *S* mm
RX20	68.26	76.2	8.73	4.62	3.18	19.05	1.5	6.35	8.73	0.8	9.7
RX23	82.55	93.27	11.9	6.45	4.24	25.40		7.87	11.87		11.9
RX24	95.25	105.97									
RX25	101.60	109.54	8.73	4.60	3.18	19.05		6.35	8.73		
RX26		111.92	11.91	6.45	4.42	25.40		7.87	11.91		
RX27	107.95	118.27									
RX31	123.83	134.54									
RX35	136.53	147.24									
RX37	149.23	159.94									
RX39	161.93	172.64									
RX41	180.98	191.69									
RX44	193.68	204.39									
RX45	211.41	221.85									
RX46		222.25	13.49	6.68	4.78	28.58		9.65	13.49	1.5	
RX47	228.60	245.27	19.84	10.34	6.88	41.28	2.3	12.70	19.84		23.1
RX49	269.88	280.59	11.91	6.45	4.24	25.40	1.5	7.87	11.91	0.8	11.9
RX50		283.37	16.67	8.51	5.28	31.75		11.18	16.67	1.5	
RX53	323.85	334.57	11.91	6.45	4.24	25.40		7.87	11.91	0.8	
RX54		337.34	16.67	8.51	5.28	31.75		11.18	16.67	1.5	
RX57	381.00	391.72	11.91	6.45	4.24	25.40		7.87	11.91	0.8	
RX63	419.10	441.72	26.99	14.78	8.46	50.80	2.3	16.00	26.99	2.3	21.3
RX65	469.90	480.62	11.91	6.45	4.24	25.40	1.5	7.87	11.91	0.8	11.9
RX66		483.39	16.67	8.51	5.28	31.75		11.18	16.67	1.5	
RX69	533.40	544.12	11.91	6.45	4.24	25.40		7.87	11.91	0.8	
RX70		550.07	19.84	10.34	6.88	41.28	2.3	12.70	19.84	1.5	18.3
RX73	584.20	596.11	13.49	6.68	5.28	31.75	1.5	9.65	13.49	1.5	15.0
RX74		600.87	19.84	10.34	6.88	41.28	2.3	12.70	19.84		18.3
RX82	57.15	67.87	11.91	6.45	4.24	25.40	1.5	7.87	11.91	0.8	11.9
RX84	63.50	74.22									
RX85	79.38	90.09	13.49	6.68				9.65	13.49	1.5	9.7
RX86	90.49	103.58	15.08	8.51	4.78	28.58		11.18	16.67		
RX87	100.01	113.11									
RX88	123.83	139.30	17.46	10.34	5.28	31.75		12.70	19.84		
RX89	114.30	129.78	18.26								
RX90	155.58	174.63	19.84	12.17	7.42	44.45	2.3	14.22	23.02		18.3
RX91	260.35	286.94	30.16	19.81	7.54	45.24		17.53	33.34	2.3	19.1
RX99	234.95	245.67	11.91	6.45	4.24	25.40	1.5	7.87	11.91	0.8	

续表

垫环号	环和槽的中径 P mm	垫环径 OD mm	环宽 A mm	平面宽 C mm	外侧斜面环高 D mm	八角环高 H mm	八角环内圆角半径 R_1 mm	槽深 E mm	槽宽 F mm	槽内圆角半径 R_2 mm	装后法兰近似间距值 S mm
RX201	46.04	51.46	5.74	3.20	1.45①	11.30	0.5②	4.06	5.56	0.8	—
RX205	57.15	62.31	5.56	3.05	1.83①	11.10	0.5②	4.06	5.56	0.5	—
RX210	88.90	97.63	9.53	5.41	3.18①	19.05	0.8②	6.35	9.53	0.8	—
RX215	130.18	140.89	11.91	5.33	4.24①	25.40	1.5②	7.87	11.91	0.8	—

注：① 这些尺寸的公差是 $_{-0.38}^{0}$ mm；
② 这些尺寸的公差是 $_{0}^{+0.5}$ mm。

表4-14 BX 压力自紧密封垫环

垫环号	标称直径 mm	垫环外径 OD mm	环高 H mm	环宽 A mm	平面直径 ODT mm	平面宽 C mm	孔径 D mm	槽深 E mm	槽外径 G mm	槽宽 N mm
BX150	43	72.19	9.30	9.30	70.87	7.89	1.59	5.56	73.48	11.43
BX151	46	76.40	9.63	9.63	75.03	8.26	1.59		77.79	11.84
BX152	52	84.68	10.24	10.24	83.24	8.79	1.59	5.95	86.23	12.65
BX153	65	100.94	11.38	11.38	99.31	9.78	1.59	6.75	102.77	14.07
BX154	78	116.84	12.40	12.40	115.09	10.64	1.59	7.54	119.00	15.39
BX155	103	147.96	14.22	14.22	145.95	12.22	1.59	8.33	150.62	17.73
BX156	179	237.92	18.62	18.62	235.28	15.98	3.18	11.11	241.83	23.39
BX157	228	294.46	20.98	20.98	291.49	18.01	3.18	12.70	299.06	26.39
BX158	279	352.04	23.14	23.14	348.77	19.86	3.18	14.29	357.23	29.18
BX159	346	426.72	25.70	25.70	423.09	22.07	3.18	15.88	432.64	32.49
BX160	346	402.59	23.83	13.74	399.21	10.36	3.18	14.29	408.00	19.96
BX161	425	491.41	28.07	16.21	487.45	12.24	3.18	17.07	497.94	23.62
BX162	425	475.49	14.22	14.22	472.48	12.22	1.59	8.33	478.33	17.91
BX163	476	556.19	30.10	17.37	551.89	13.11	1.59	18.26	563.50	25.55
BX164	476	570.56	30.10	24.59	566.29	20.32	1.59		577.90	32.77
BX165	540	624.71	32.03	18.49	620.19	13.97	1.59	19.05	632.56	27.20
BX166	540	640.03	32.03	26.14	635.51	21.62	1.59		647.88	34.87
BX167	680	759.36	35.87	13.11	754.28	8.03	1.59	21.43	768.33	22.91
BX168	680	765.25	35.87	16.05	760.17	10.97	1.59		774.22	25.86
BX169	130	173.51	15.85	12.93	171.27	10.69	1.59	9.53	176.66	16.92
BX170	228	218.03			216.03		1.59		220.88	
BX172	279	267.44	14.22	14.22	265.43	12.22	1.59	8.33	270.28	17.91
BX173	346	333.07			331.06		1.59		335.92	
BX303	762	852.75	37.95	16.97	847.37	11.61		22.62	862.30	27.38

4.7 推荐的法兰用螺栓上紧扭矩

推荐的法兰用螺栓上紧扭矩见表4–15，法兰螺栓预应力见表4–16。

表4–15 推荐的法兰用螺栓上紧扭矩

螺柱直径 mm	螺距 mm	螺柱 S_V=552MPa 螺栓应力 =276MPa			螺柱 S_Y=720MPa 螺栓应力 =360MPa			螺柱 S_V=655MPa 螺栓应力 =328MPa		
		张力 F kN	扭矩 f=0.07N·m	扭矩 f=0.13N·m	张力 F kN	扭矩 f=0.07N·m	扭矩 f=0.13N·m	张力 F kN	扭矩 f=0.07N·m	扭矩 f=0.13N·m
12.7	1.954	25	36	61	33	48	80	—	—	—
15.88	2.309	40	70	118	52	92	155	—	—	—
19.05	2.540	59	122	206	78	160	270	—	—	—
22.23	2.822	82	193	328	107	253	429	—	—	—
25.40	3.175	107	288	488	141	376	639	—	—	—
28.58	3.175	140	413	706	184	540	925	—	—	—
31.75	3.175	177	569	981	232	745	1285	—	—	—
34.93	3.175	219	761	1320	286	966	1727	—	—	—
38.10	3.175	265	991	1727	346	1297	2261	—	—	—
41.28	3.175	315	1263	2211	412	1653	2894	—	—	—
44.45	3.175	369	1581	2777	484	2069	3636	—	—	—
47.63	3.175	428	1947	3433	561	2549	4493	—	—	—
50.80	3.175	492	2366	4183	644	3097	5476	—	—	—
57.15	3.175	631	3375	5997	826	4418	7851	—	—	—
63.50	3.175	788	4635	8271	1032	6068	10828	—	—	—
66.68	3.175	—	—	—	—	—	—	1040	6394	11429
69.85	3.175	—	—	—	—	—	—	1146	7354	13168
76.20	3.175	—	—	—	—	—	—	1375	9555	17156
82.55	3.175	—	—	—	—	—	—	1624	12154	12878
95.25	3.175	—	—	—	—	—	—	2185	18685	33766
98.43	3.175	—	—	—	—	—	—	2338	20620	37293
101.60	3.175	—	—	—	—	—	—	2496	22683	41057

表4–16 法兰螺栓预应力

法兰尺寸，mm（in）	预应力，MPa
346（13⅝）	13.8
425（16¾）	13.8
540（21¼）	13.8
346（13⅝）	20.7

4.8 防磨套

宝鸡石油机械有限责任公司的 TR 防磨套结构见图 4-11，主要规格见表 4-17。

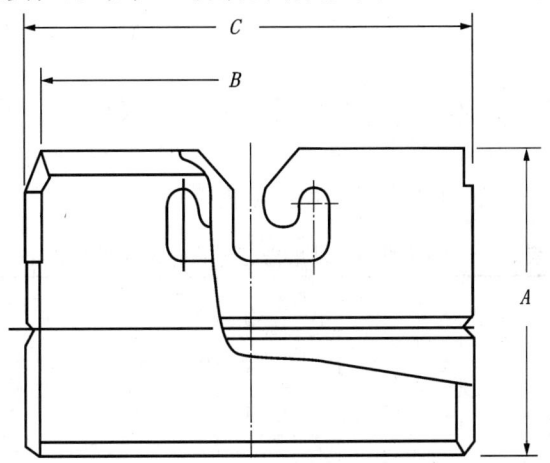

图 4-11　宝鸡石油机械有限责任公司的 TR 防磨套结构

表 4-17　宝鸡石油机械有限责任公司 TR 防磨套主要规格

规格，in	A，mm	B，mm	C，mm
11	182	225	275
11	182	230	275
11	182	252	275
$13^{5}/_{8}$	210	315	340
$20^{3}/_{4}$	285	485	520
$21^{1}/_{4}$	285	485	520

5 钻 头

5.1 钻头类型与地层级别对应关系

钻头类型与地层岩石可钻性级别对应关系见表 5-1。

表 5-1 钻头类型与地层岩石可钻性级别对应关系表

地层岩石可钻性级别		Ⅰ～Ⅲ	Ⅲ～Ⅳ	Ⅳ～Ⅵ	Ⅵ～Ⅷ	Ⅷ～Ⅹ	＞Ⅹ
地层岩石可钻性级值		$K_d<3$	$3 \leqslant K_d<4$	$4 \leqslant K_d<6$	$6 \leqslant K_d<8$	$8 \leqslant K_d<10$	$K_d \geqslant 10$
国际地层分类		粘软 SS	软 S	软—中 S—M	中—硬 M—H	硬 H	极硬 EH
IADC 钻头分类	铣齿钻头	1—1	1—2	1—3 1—4 2—1 2—2	2—3 2—4 3—1 3—2	3—3 3—4	
	镶齿钻头	4—1 4—2 4—3	4—4	5—1 5—2 5—3 5—4	6—1 6—2 6—3 6—4	7—1 7—2 7—3 7—4	8—1 8—2 8—3 8—4
SY/T 5217 钻头分类	PDC 钻头	1—1 1—2	1—1 2—1	2—2 2—3	3—1 3—2 3—3	4—2 4—3	
	天然金刚石钻头和 TSP 钻头			6—1 6—2	6—3 7—1	7—2 7—3 8—1	8—2 8—3 8—4

5.2 三牙轮钻头

5.2.1 三牙轮钻头分类

IADC（国际钻井承包商协会）三牙轮钻头分类见表 5-2。

5.2.2 江汉三牙轮钻头

5.2.2.1 型号

江汉三牙轮钻头型号表示如下：

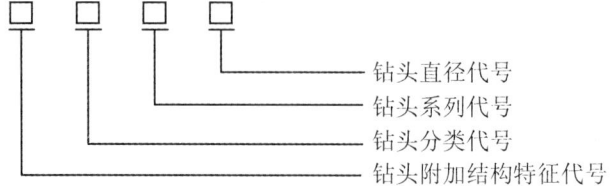

5 钻头

表5-2 IADC三牙轮钻头分类

钻头类别	适用地层			结构特征							附加结构特征
	系列	岩性	分级	普通滚动轴承 1	空气冷却滚动轴承 2	滚动轴承保径 3	密封滚动轴承 4	密封滚动保径 5	密封滑动轴承 6	密封滑动保径 7	
铣齿钻头	1	低抗压强度高可钻性的软地层	1								A—空气钻井； B—特殊密封轴承； C—中心喷嘴； D—定向控制； E—加长喷嘴（全长喷嘴）； G—掌背强化； H—水平井/导向应用； J—偏斜喷嘴； L—掌背扶正块； M—马达应用； S—常规铣齿； T—双牙轮； T—加强切削结构； X—楔形镶齿； Y—圆锥形齿； Z—其他形齿
			2								
			3								
			4								
	2	高抗压强度的中到中硬地层	1								
			2								
			3								
			4								
	3	半研磨性及研磨性的硬地层	1								
			2								
			3								
			4								
镶齿钻头	4	低抗压强度高可钻性的极软地层	1								
			2								
			3								
			4								
	5	低抗压强度的软到中硬地层	1								
			2								
			3								
			4								
	6	高抗压强度的中硬地层	1								
			2								
			3								
			4								
	7	半研磨性及研磨性的硬地层	1								
			2								
			3								
			4								
	8	高研磨性的极硬地层	1								
			2								
			3								
			4								

1. 钻头直径代号

钻头直径代号用数字（整数或分数）表示，其数字表示钻头直径英寸数。

2. 钻头系列代号

钻头系列代号按其轴承和密封主要结构特征，分为几个系列，其代号用字母表示，见表5-3和表5-4。

表5-3　江汉三牙轮钻头系列代号

序号	轴承及密封主要结构特征	系列代号	特殊系列		
			T（特别保径）	D（等磨损齿）	B（双流道低喷嘴座）
1	滑动轴承橡胶密封	H	HT	HD	HB
2	滑动轴承橡胶密封改进型	HA	HAT	HAD	HAB
3	滑动轴承金属密封	HJ	HJT	HJD	HJB
4	滑动轴承浮动密封	HF	HFT	HFD	HFB
5	浮动轴承橡胶密封改进型	FA	FAT	FAD	FAB
6	浮动轴承金属密封	FJ	FJT	FJD	FJB
7	滚动轴承橡胶密封改进型	GA	GAT	GAD	GAB
8	滚动轴承金属密封	GJ	GJT	GJD	GJB
9	滚动轴承浮动密封	GF	GFT	GFD	GFB
10	非密封滚动轴承	W	—	—	—
11	滑动轴承橡胶密封	YA			
12	空气轴承（矿用）	K	—	—	—

表5-4　江汉三牙轮钻头附加结构特征代号

代号	附加结构特征	代号	附加结构特征
A	改进型钻头	H	金刚石保径
B	合金齿保径	L	掌背扶正块
C	中心喷嘴	M	齿加密
DM	等磨损合金齿	S	标准勺形合金齿
E	加长喷嘴	X	锲形合金齿
G	掌背强化	Y	圆锥形齿

3. 江汉牙轮钻头分类号

江汉钻头分类号采用SPE/IADC 23937的规定，由一组三位数字组成，首位数为切削结构类别及地层系列号，第二位为地层分级号，末位数为结构特征代号，见表5-5。

5 钻头

表 5-5 江汉三牙轮钻头分类号

钻头类别	适用地层			结构特征						
	系列	岩性	分级	普通滚动轴承 1	空气冷却滚动轴承 2	滚动轴承保径 3	密封滚动轴承 4	密封滚动保径 5	密封滑动轴承 6	密封滑动保径 7
铣齿钻头	1	低抗压强度高可钻性的软地层	1	111	—	—	114	115	116	117
			2	121	—	—	—	—	126	127
			3	131	—	—	134	135	136	137
			4	—	—	—	—	—	—	—
	2	高抗压强度的中到中硬地层	1	211	—	—	—	—	216	217
			2	221	—	—	—	—	—	—
			3	—	—	—	—	—	—	—
			4	—	—	—	—	—	—	—
	3	半研磨性及研磨性的硬地层	1	—	—	—	—	—	316	—
			2	321	—	—	—	—	—	—
			3	—	—	—	—	—	—	—
			4	—	—	—	—	—	—	—
镶齿钻头	4	低抗压强度高可钻性的极软地层	1	—	—	—	—	415	—	417
			2	—	—	—	—	—	—	427
			3	—	—	—	—	435	—	437
			4	—	—	—	—	—	—	447
	5	低抗压强度的软到中硬地层	1	—	512	—	—	515	—	517
			2	—	—	—	—	—	—	527
			3	—	532	—	—	535	—	537
			4	—	—	—	—	545	—	547
	6	高抗压强度的中硬地层	1	—	612	—	—	615	—	617
			2	—	—	—	—	—	—	627
			3	—	632	—	—	—	—	637
			4	—	—	—	—	—	—	—
	7	半研磨性及研磨性的硬地层	1	—	712	—	—	715	—	—
			2	—	—	—	—	—	—	—
			3	—	732	—	—	—	—	737
			4	—	—	—	—	—	—	—
	8	高研磨性的极硬地层	1	—	—	—	—	—	—	—
			2	—	—	—	—	—	—	—
			3	—	832	—	—	—	—	837
			4	—	842	—	—	—	—	—

为了满足钻井及地层的某些特殊需要，钻头需进行改进或加强时，则在分类号后附加结构特征，附加结构特征代号用 1～2 个字母表示，见表 5-4。

例如型号 $8\frac{1}{2}$HJT537GL 表示钻头直径为 215.9mm（直径代号为 $8\frac{1}{2}$），适用于低抗压强度的软到中硬第 3 级地层，结构为金属密封滑动轴承、特别保径、掌背强化、掌背扶正块的镶齿三牙轮钻头。

5.2.2.2 江汉三牙轮钻头结构特点

江汉三牙轮钻头结构特点见表 5-6。

表 5-6 江汉三牙轮钻头结构特点

系列	结 构 特 点
H	H 系列钻头是 O 形橡胶密封滑动轴承钻头，在常规转速下使用可承受较高的钻压。该钻头有优化的切削结构、先进的储油压力补偿系统和优良的密封滑动轴承，具有以下特点： （1）采用高强度高韧性硬质合金齿，提高了齿的抗冲击能力，减少断齿率。 （2）优化设计的齿排数、齿数、露齿高度和合金齿外形，充分发挥了钻头切削能力和切削速度。 （3）采用钢球或卡簧锁紧牙轮，卡簧锁紧能承受高钻压，钢球锁紧则可适应高转速。 （4）牙掌轴颈敷焊特殊耐磨合金，提高了轴承承载能力和工作寿命。 （5）牙轮内孔镶焊减磨合金并镀银，提高抗胶合能力。 （6）采用高饱和丁腈橡胶的 O 形密封圈，优化的密封压缩量和特殊的保护结构设计，提高了轴承密封的可靠性。 （7）采用可限制压差并防止钻井液进入润滑系统的全橡胶储油囊，为轴承系统提供了良好的润滑，提高了钻头工作寿命。 （8）采用可耐 250℃ 高温，低磨损的新型润滑脂，提高了钻头密封润滑系统耐高温的能力
HJ	HJ 系列钻头是金属密封滑动轴承牙轮钻头。采用金属面密封技术。能够稳定地在高转速中钻进。与 H 系列钻头相比，其主要特点是采用了一副高精度的金属密封环，形成轴承轴向密封，两个高弹性的橡胶供能圈分别位于牙掌和牙轮密封区域，以保证两个金属环密封表面始终保持良好接触，实现可靠的密封。 （1）高转速特性。金属密封系统将密封功能分解为动密封和静密封。动密封由润滑良好、表面精度极高的硬金属环承担，可使摩擦力降低 70%～80%，橡胶圈起静密封作用，从而消除因橡胶圈磨损或摩擦发热而导致密封失效。摩擦热和摩擦力的降低，使 HJ 钻头具有优异的适应高转速的特性。与常规橡胶密封钻头相比，其平均寿命（钻时）可增加 70%。 （2）耐高温和耐磨性。金属密封环能承受的工作温度是橡胶密封圈的两倍，且其硬度高，摩擦力及摩擦热小，与之相配合的橡胶供能圈也具有优异的耐高温特性
G	G 系列钻头是密封滚动轴承钻头，对于高转速和定向钻井，它是理想而又经济的工具。常规 G 系列钻头为碟形橡胶密封，改进型 G 系列钻头为 O 形橡胶密封。其特点有： （1）滚动密封轴承结构具有适应高转速的能力； （2）止推轴承副表面分别进行减磨处理及硬化处理，提高了钻头承载能力和轴承抗胶合能力
GJ	GJ 系列钻头是金属密封滚动轴承钻头，对于井下动力钻具和高速转盘钻井，它是理想的工具。其金属密封系统与 HJ 系列钻头相同。 掌尖和掌背敷焊硬材料强化钻头保径。钻头配有中心水眼。主要特点是： （1）GJ 钻头采用金属对金属的轴向密封，使密封元件的所有相对运动都转换到两个润滑状态良好的金属表面，密封表面摩擦系数的减少降低了轴承的摩擦热，确保轴承密封系统在高转速下具有高寿命。 （2）滚柱跑道设置于牙轮体内，挖掘牙轮内部空间，加大轴颈及滚动体尺寸，减小密封直径，从而降低密封表面旋转速度及摩擦热
K	（1）采用空气循环系统； （2）增加牙轮外排和背锥齿数量，并采用高强度、高韧性合金齿； （3）掌尖进行硬面敷焊强化，掌背镶装保径合金齿； （4）钻头轴承一般采用无偏移值的滚动非密封轴承

5.2.2.3 江汉三牙轮钻头推荐钻压与转速

江汉三牙轮钻头推荐钻压与转速见表5-7。

表5-7 江汉三牙轮钻头推荐钻压与转速

系列	钻头型号	正常钻压 kN/mm	转速 r/min	适用地层
H	H126	0.35～1.00	150～70	低抗压强度、高可钻性的软地层
	H136	0.35～1.05	120～60	软至中软或软岩层中有较硬的夹层
	H216	0.50～1.20	90～50	中等硬度，并有硬夹层
	H437DM	0.50～0.70	150～60	低抗压强度、高可钻性极软地层
	H517	0.60～0.90	80～40	具有研磨性夹层的中软和低强度岩层
	H537	0.60～0.90	80～40	具有研磨性夹层的中软和低强度岩层
	H617	0.70～1.00	60～45	中等硬度、抗压强度高、岩层中有硬夹层
	H637	0.80～1.00	55～45	中等偏硬、研磨性较高的岩层
	H116A	0.35～0.90	180～80	低抗压强度、高可钻性极软地层
	H417A	0.35～0.90	140～70	抗压强度极低的极软地层
	H437A	0.35～0.90	140～60	抗压强度很低的极软地层
	H517A	0.35～1.05	120～50	抗压强度低的软地层
	H537A	0.50～1.05	110～40	中软、低抗压强度、有较硬研磨性夹层
	H617A	0.50～1.05	80～40	中硬、高抗压强度、有较硬研磨性夹层
	H637A	0.70～1.20	70～40	中硬、抗压强度和研磨性高的地层
	H737A	0.50～1.05	65～35	硬而研磨性高的地层
	H837A	0.70～1.15	55～30	硬度和研磨性极高的地层
HJ	HJ117	0.35～0.90	300～80	低抗压强度、高可钻性的极软地层
	HJ137	0.35～0.90	300～80	软至中软或软岩层中有较硬的夹层
	HJ417	0.35～0.90	280～70	抗压强度很低的极软地层
	HJ437	0.35～0.90	280～60	抗压强度很低的软地层
	HJ517	0.35～1.05	240～50	抗压强度低的软地层
	HJ537	0.50～1.05	220～40	中软、低抗压强度、有较硬研磨性夹层
G	G115A	0.25～0.70	200～80	低抗压强度、高可钻性的极软地层
	G135A	0.25～0.70	200～80	软至中软或软岩层中有较硬的夹层
	G435A	0.20～0.70	200～80	抗压强度很低的极软地层
	G515A	0.25～0.80	200～80	抗压强度低的软地层
GJ	GJ115B	0.20～0.70	350～80	低抗压强度、高可钻性极软地层
	GJ135B	0.20～0.70	350～80	软至中软或软岩层中有较硬夹层
	GJ415	0.20～0.60	350～80	抗压强度很低的极软地层
	GJ435	0.20～0.70	350～80	抗压强度低的软地层
K	K532	0.18～0.70	150～50	低抗压强度的软到中硬地层
	K612	0.35～0.88	120～50	高抗压强度的中硬地层、氧化铜矿层、软质铁矿层
	K742	0.53～1.05	90～50	半研磨及研磨性硬地层、硬质铜矿层、中硬铁矿层
	K832	0.88～1.40	80～40	研磨性硬地层、硬质铁矿层

5.2.2.4 江汉三牙轮钻头喷嘴

江汉三牙轮钻头喷嘴型号由喷嘴型式代号（S 标准型、P 保护盖型、M 中长喷嘴）、喷嘴尺寸代码（1、2、3、4、5）和喷嘴水眼直径三部分组成。如型号 M4-11 表示水眼直径为 11mm 的中长喷嘴。

5.2.2.5 江汉三牙轮钻头选型

江汉三牙轮钻头选型见表 5-8。

表 5-8　江汉三牙轮钻头选型表

齿型	钻头型号	适用地层	适用地层可钻性级别
铣齿钻头	G114，H116，H116A，H126，H136，H127，HAT127，H128B，H137B	（1）低抗压强度，高可钻性的极软地层，如极软的泥岩、未胶结的砂、粘土、盐等； （2）低抗压强度，高可钻性的软地层，如粘土、泥岩、胶结不好的砂、盐层、软灰岩等； （3）软至中软或软岩层中有较硬的夹层，如较硬的泥岩、硬石膏、软灰岩、砂岩碎岩层等； （4）中软的磨损性岩层，如坚硬的页岩、砂岩、软石灰岩等	1～3 2～4 3～5
	H216，H217，H217B	（1）中等强度并有夹层，如硬的页岩、砂岩、石灰岩 （2）中等强度，对钻头有很大的磨损，或含有研磨性极高的夹层，如砂质硬砂岩，交互变化的页岩，中等硬度的砂岩、石灰岩	4～6
	H316，H346，H347，H347B	高强度、高研磨性岩石，如燧石、石英石、黄铁矿、花岗岩、硬砂岩	6～8
镶齿钻头	H417A，HJ417，H437，H437A，HJ437，H447，H447A，HJ447	（1）低抗压强度，高可钻性极软地层，如极软的泥岩、未胶结的砂、粘土、红色岩层、盐岩； （2）极软、抗压强度极低的地层，如页岩、粘土、砂岩、石灰岩、红色岩层、盐岩	1～4 3～5
	H517，H517A，H517AS，HJ517，H527，H527A	低抗压强度，高可钻性的软地层，如页岩、粘土、红色岩层、盐岩、软石灰岩、砂岩、硬石膏	4～6 5～6
	H537，H537M，H537A，HJ537，H547A，HJ547，HJ547	具有较硬研磨性夹层的中软和低强度岩层，如坚硬的页岩、硬石膏、软石灰岩、砂岩、白云岩	5～7 6～7
	H617，H617A，H627，H627A，H627S，H627AX，H637，H637A	（1）中硬、抗压强度高，特别是岩层中含有厚而硬的夹层，如石灰岩、砂岩、白云岩、硬页岩； （2）中硬、抗压强度高，研磨性大的岩层，如硬石灰岩、白云岩，含有较软的岩层夹层的硬砂质页岩； （3）中等偏硬，通常是中研磨性的均质岩层，如石灰岩、白云岩、燧石、砂岩	6～8

5.2.3 江汉三牙轮钻头与美国四大钻头公司钻头型号对照

江汉三牙轮钻头与美国四大钻头公司钻头型号对照见表 5-9。另外，瑞德牙轮钻头型号与适用地层见表 5-10；史密斯公司牙轮钻头型号与适用地层见表 5-11。

表 5-9 江汉三牙轮钻头与美国四大钻头公司钻头型号对照

钻头类型	地层	系列	地层级别	1 非密封滚动轴承 江钻	1 非密封滚动轴承 休斯	1 非密封滚动轴承 瑞德	1 非密封滚动轴承 赛克	1 非密封滚动轴承 史密斯	2 非密封滚动空气轴承 江钻	2 非密封滚动空气轴承 休斯	2 非密封滚动空气轴承 瑞德	2 非密封滚动空气轴承 赛克	2 非密封滚动空气轴承 史密斯	3 密封滚动轴承 江钻	3 密封滚动轴承 休斯	3 密封滚动轴承 瑞德	3 密封滚动轴承 赛克	3 密封滚动轴承 史密斯	4 保径密封滚动轴承 江钻 橡胶密封	4 保径密封滚动轴承 江钻 金属密封	4 保径密封滚动轴承 休斯 橡胶密封	4 保径密封滚动轴承 休斯 金属密封	4 保径密封滚动轴承 瑞德	4 保径密封滚动轴承 赛克	4 保径密封滚动轴承 史密斯
铣齿	软	1	1	W111	R1	Y11	S3SJ	DSJ						GA144 G144	GTX-1 ATX-1	S11	S33S	SDS	GA115 GAT115	GJ115 GJ115L GJT115L	GTX-G1 ATX-G1	MAX-G1 MAX-GT1	MS11G	S33SG SS33SG	MSDSH MSDSSH MSDSHOD
			2	W121	R2	Y12	S3J	DTJ									S33		GA125					S33G SS33G	
			3	W131	R3	Y13	S4J S4TJ	DGJ						GA134			S44		GA135	GJ135 GJ135L	GTX-G3 ATX-G3	MAX-GT3 MAX-G3	S13G MS13G	S44G SS44G	SDGH MSDGH MSDSHOD
			4																						
	中	2	1				M4NJ	V2J						GA214			M44N		GA215				S21G MS21G	M44NG MM44NG	SVH MSVH
			2		DR5		M4																		
			3																						
			4																						
	硬	3	1				H7										H77						S31G		
			2	W321	R7		H7J																		
			3																					H77SG	
			4																						
镶齿	软	4	1																G415 GA415 GAT415	GJ415 GJT415	ATX-05 GTX-00 GTX-03	MAX-05 MAXGT-00 MAXGT-03	MS41A	SS80	MO1S MO1SOD MO2S MO2SOD
			2																					SS81	MO5S
			3																G435 GA435 GAT435	GJ435 GJT435	ATX-11H GTX-09	MAX-11H MAX-11HG MAXGT-09	S43A MS43A	SS82	M1S M1SOD
			4																			MAX-11CG MAXGT-18	S44A MS44A		J5JS M15SD M15S M15SOD

续表

钻头类型	地层	系列	地层级别	1					2					3					4						
				非密封滚动轴承					非密封滚动空气轴承					密封滚动轴承					保径密封滚动轴承						
				江钻	休斯	瑞德	赛克	史密斯	江钻	休斯	瑞德	赛克	史密斯	江钻	休斯	瑞德	赛克	史密斯	江钻		休斯		瑞德	赛克	史密斯
																			橡胶密封	金属密封	橡胶密封	金属密封			
镶齿	软至中硬	5	1																G515 GA515 GAT515	GJ515 GJT515 GJ515Y	ATX−22	MAX−22 MAX−22G	S51A MS51A	SS84	A1JSL MA1SL 2JS M2S M2SD
			2																				S52A		M27S M27SD
			3																G535 GA535	GJ535			S53A	S86 SS86	3JS M3S M3SOD
			4																		ATX−33C			SS88C	
	中硬	6	1						K612	G44			4GA						G615 GA615	GJ615				M84	4JS
			2								Y62JA		47JA 5GA								ATX44C	MAX44C	S62A	M89T MM88	5JS 47JS
			3							G55	Y63JA											MAX−55			
			4																						
	硬	7	1																						
			2																						
			3						K732	G77	Y73JA		7JA												
			4						K742																
	极硬	8	1																						
			2																						
			3						K832	G99	Y83JA		9JA											H100 HH100	
			4						K842																

续表

钻头类型	地层	系列	地层级别	5							6							7							
				保径密封滚动轴承							密封滑动轴承							保径密封滑动轴承							
				江钻		休斯		瑞德	赛克	史密斯	江钻		休斯		瑞德	赛克	史密斯	江钻			休斯		瑞德	赛克	史密斯
				橡胶密封	金属密封	橡胶密封	金属密封				橡胶密封	金属密封	橡胶密封	金属密封				橡胶密封	金属密封	浮动密封	橡胶密封	金属密封			
铣齿	软	1	1	GA115 GAT115	GJ115 GJ115L GJT115L	GTX–G1 ATX–G1	MAX–G1 MAX–GT1	MS11G	S33SG SS33SG	MSDSH MSDSSH MSDSHOD	H116 HA116		GT–1 ATJ–1 ATJ–1S		HP11 PMC	S33SF PSF	FDS FDS+ FDSS+	H117 HAT117	HJ117 HJT117 HJT117G		GT–G1 GT–G1H ATJ–G1	ATM–GT1	MHP11G	S33SGF MPSF ERA MPSF	MFDSH MFDSSH
			2	GA125					S33G SS33G		H126 HA126				HP12 EHP12	S33F	FDT	H127 HAT127 HAT127L FAT127 FAT127L	HJT127L	HFT127				S33TGF S33GF	
			3	GA135	GJ135 GJ135L	GTX–G3 ATX–G3	MAX–GT3 MAX–G3	S13G MS13G	S44G SS44G	SDGH MSDGH MSDSHOD	H136 HA136					S44F	FDG	H137 HA137 HAT137	HJ137 HJT137			ATM–GT3	HP13G MHP13G	S44GF	FDSH MFDSH
			4																						
	中	2	1	GA215				S21G MS21G	M44NG MM44NG	SVH MSVH	H216 HA216		ATJ–4			M44NF	FV	H217 HA217			ATJ–G4		HP21G	M44NGF	FVH
			2																						
			3																						
			4																						
	硬	3	1					S31G								H77F							HP31G		
			2																						
			3						H77SG																
			4																		ATJ–G8				

续表

钻头类型	地层	系列	地层级别	5							6							7							
				保径密封滚动轴承							密封滑动轴承							保径密封滑动轴承							
				江钻		休斯		瑞德	赛克	史密斯	江钻		休斯		瑞德	赛克	史密斯	江钻			休斯		瑞德	赛克	史密斯
				橡胶密封	金属密封	橡胶密封	金属密封				橡胶密封	金属密封	橡胶密封	金属密封				橡胶密封	金属密封	浮动密封	橡胶密封	金属密封			
镶齿	软	4	1	G415 GA415 GAT415	GJ415 GJT415	ATX−05 GTX−00 GTX−03	MAX−05 MAXGT−00 MAXGT−03	MS41A	SS80	MO1S MO1SOD MO2S MO2SOD								H417 HA417 HAT417	HJ417 HJT417		ATJ−05 GT−00 GT−03	ATM05 ATMGT03	EHP41A EHP41H	S80F ERA03	MF02
			2						SS81	MO5S								HA427Y	HJ427Y		ATJ−05C GT−09C	ATMGT09C		S81F ERA07	F05 F07 MF05
			3	G435 GA435 GAT435	GJ435 GJT435	ATX−11H GTX−09	MAX−11H MAX−11HG MAXGT−09	S43A MS43A	SS82	M1S M1SOD								H437 H437E H437L HA437 HT437 HD437 HA437L HAT437 HAD437	HJ437 HJT437 HJ437L HJT437G HJT437L HJD437		ATJ11 ATJ11H GT09 STR09	ATMGT09 ATM11H ATM11HG	HP43A EHP43A EHP43H	S82F S82CF SS82F ERA13 ERA13C ERA14C	F1 MF15 F10D MF10D
			4				MAX−11CG MAXGT−18	S44A MS44A		J5JS M15SD M15S M15SOD								H447 HA447 HAT447 HA447Y FA447 FA447L	HJ447Y HJT447L	HF447 HFT447	ATJ11C ATJ18 GT18 GT18C	ATMGT18 ATM11CG	HP44A	S83F SS83F ERA17	F15 MF15 F15D F150D MF15D MA15 MF150D

续表

钻头类型	地层	系列	地层级别	5							6							7							
				保径密封滚动轴承							密封滑动轴承							保径密封滑动轴承							
				江钻		休斯		瑞德	赛克	史密斯	江钻		休斯		瑞德	赛克	史密斯	江钻			休斯		瑞德	赛克	史密斯
				橡胶密封	金属密封	橡胶密封	金属密封				橡胶密封	金属密封	橡胶密封	金属密封				橡胶密封	金属密封	浮动密封	橡胶密封	金属密封			
镶齿	软	5	1	G515 GA515 GAT515	GJ515 GJT515 GJ515Y	ATX—22	MAX—22 MAX—22G	S51A MS51A	SS84	A1JSL MA1SL 2JS M2S M2SD								H517 HT517 H517E H517L HA517 HA517Y HA517G HA517L HAT517 HAD517 HB517	HJ517 HJT517 HJ517Y HJT517L HJD517	HFT517	ATJ22 ATJ22S GT20 GT20S ATJ22G	ATMGT20 ATM22 ATM22G	HP51XM HP51 HP51A HP51X HP51H EHP51A EHP51H	S84F SS84P S84CF ERA22 ERA22C	F2 F2H F25 A1 F15H F25A F17 MF2 F2D F17 MF2D
			2					S52A		M27S M27SD								H527 HA527 HAT527 HA527Y	HJ527 HJ527Y		ATJ22C ATJ28 ATJ28C GT20C GT28C GT28	ATM22C	HP52A HP52X HP52	S85F S85CF ERA25 ERA25C	F271 F27 MF27D MF27
			3	G535 GA535	GJ535			S53A	S86 SS86	3JS M3S M3SOD								H537 H537L HA537 HA537GL HAT537	HJ537 HJT537 HJ537Y HJ537L HJT537L		ATJ33 ATJ33S ATJ33A ATJ33H ATJ35 STR30	ATM33 ATM33G	EHP53 EHP53A HP53AM HP53 HP53A	S86F S86CF SS86F ERA33 ERA33C	MF3 F3 F3H F3D MF30D MF3H MF3D
			4			ATX—33C			SS88C									HA547Y	HJ547Y HJT547GH		ATJ33C ATJ35C	ATM33C ATM33CG	HP54	S88F S88CF S88FA S88CFH	F35 F35A F37 F37D MF37 F37A MF37D

续表

钻头类型	地层	系列	地层级别	5							6							7							
				保径密封滚动轴承							密封滑动轴承							保径密封 滑动轴承							
				江钻		休斯		瑞德	赛克	史密斯	江钻		休斯		瑞德	赛克	史密斯	江钻			休斯		瑞德	赛克	史密斯
				橡胶密封	金属密封	橡胶密封	金属密封				橡胶密封	金属密封	橡胶密封	金属密封				橡胶密封	金属密封	浮动密封	橡胶密封	金属密封			
镶齿	中硬	6	1	G615 GA615	GJ615				M84	4JS								H617 HA617 HA617Y HA617GL			ATJ44 ATJ44A ATJ44G		HP61 EHP61 HP61A EHP61A	MAF M84F	F4 F4A F45A F47 F47A F4H
			2			ATX44C	MAX44C	S62A	M89T MM88	5JS 47JS											ATJ44C ATJ44CA		HP62 EHP62 HP62A EHP62A	M89TF M84CF M85F M86CF	F50D F47H F5 MF5D MF5 F45H
			3				MAX−55											H637 HA637	HJT637GH		ATJ55R ATJ55RG ATJ55 AYJ55A		HP63 EHP63	M89F	F57 F57A F57D F570D F57DD
			4																		ATJ66				F670D
	硬	7	1																					H83F	
			2																						
			3															H737 HA737	HJT737G HJT737GH		ATJ77		HP73 EHP73	H87F	MF7 F7 F70D
			4																		ATJ88				
	极硬	8	1																					H89F	F80D F8DD
			2																						
			3						H100 HH100									H837 HA837			ATJ99		HP83 EHP83	H100F	F9
			4																						

表 5-10 瑞德牙轮钻头型号与适用地层

钻头类型	地层系列	地层岩性	地层分级	结构特点 1 标准型滚动轴承	2 滚动轴承空气冷却	3 滚动轴承、保径	4 滚动密封轴承	5 滚动密封轴承、保径	6 滑动密封轴承	7 滑动密封轴承、保径
铣齿钻头	1	具有低抗压强度、高可钻性的软地层	1	Y11			S11	EMS11DH，EMS11G，MS11G，MS11DH	HP11，EHT11	MHT11G，MHT11DH
			2	Y12					EHP12，HP12，EHT12	
			3	Y13			S13	EMS13DH，EMS13G，ETS13G，MS13G	HP13	HP13G，MHP13，MHT13DH
	2	具有高抗压强度的中到中硬地层	1	Y21			S21	S21G	HP21	HP21G
			2	Y22R						
	3	硬、半研磨性或研磨性地层	1	Y31				S31G		HP31G
			2	Y31RAP						
镶齿钻头	4	具有低抗压强度、高可钻性的软地层	1							
			2							
			3					EMS43A/ADH，MS43A-M，MS43AD-M		EHP43 A/H/ADH/HDH，HP43/A/A-M/M
			4					EMS44A，EMS44H，EMS44HDH，EMS44ADH		HP44-M，EHP44H，EHP44HDH，HP44
	5	具有低抗压强度的软到中地层	1					S51A		HP51，HP51A
			2					S52A		HP52，HP52A
			3					S53A		EHP53A/DH/ADH/ADG，HP53DH/A/A-M/ADH/JA
			4							HP54
	6	具有高抗压强度的中硬地层	1							EHP61，EHP61A，HP61DH，HP61，EHP61DH，HP61A，EHP61ADH，HP61DG
			2		Y62JA			S62A		EHP62，EHP62A，EHP62DG，HP62，HP62A，HP62DH，HP62ADH
			3							EHP63，HP63，HP62DH
			4							HP64
	7	硬、半研磨性或研磨性地层	3		Y73JA					EHP73，HP73，HP73DH
			4		Y73RAP					HP74，HP74DH
	8	极硬的研磨性地层	3		Y83A					EHP83，EHP83DH，HP83，HP83DH
			4							HP82

表 5–11　史密斯公司牙轮钻头型号与适用地层

钻头类型	地层系列	地层岩性	地层分级	结构特点 1 标准型滚动轴承	2 滚动轴承空气冷却	3 滚动轴承、保径	4 滚动密封轴承	5 滚动密封轴承、保径	6 滑动密封轴承	7 滑动密封轴承、保径
铣齿钻头	1	具有低抗压强度、高可钻性的软地层	1	DSJ			SDS	MSDSH，MSDSHOD，MSDSSH	FDS，FDS+，FDS+2，FDSS+，FDSS+2	MFDSH，FDSH+，MFDSHOD，MFDSSH
			2	DTJ		DTT	SDT	SVH，MSVH	FDT	FVH
			3	DGJ		DCT	SDG	SDGH	FDG	
			4							FDGH
	2	具有高抗压强度的中到中硬地层	1	V2		V2H	SV	SVH	FV	
			2							FVH
			3			T2H	ST2			
	3	硬、半研磨性或研磨性地层	1	L4		L4H	SL4			
			2					SL4H		
镶齿钻头	4	具有低抗压强度、高可钻性的软地层	1					M01S，M01SOD		MF02，02MF
			2					M05S，05M，05MD		F07，F05，MF05，05MF，05MFD
			3					10M，10MD，12M，12MD，12MY，M1S，M1SOD，M10T，M12S，M12YT		10MF，10MFD，12MF，12MFD，12MFY，F1，F10D，F10T，F12T，MF1，MF10D，MF12
			4					15M，15MD，M15S，M15SD，M15SOD，M15T		15MF，15MFD，F14，F15，MA15，MF15，MF15OD，MF15D
	5	具有低抗压强度的软到中地层	1					20M，20MD，A1JSL，M2S，M2SD，M20T，MA1SL2JS		20MF，20MFD，A1，F15H，F16，F17，F2，F2D，F2H，F20T，F25，F25A，MF2D，MF2
			2					M27S，M27SOD		F27，F27A，F27I，MF27，MF27D，
			3					3JS，M3S，M3SOD		F3，F3H，MF3D，MF3H，MF3OD，MF3，F3D
			4							F37，F37D，F37A，F35，F35A，F67，MF37，MF37D
	6	具有高抗压强度的中硬地层	1					4JS		F4，F45A，F4H，F45H，F45A，F47，F47A
			2		4JA，4GA			5JS，47JS		F47H，F57，MF5D，MF5OD，MF5
			3		5JA，5GA					F47H，F5，MF5D，F57DD，F57OD，MF57
			4							F67OD
	7	硬、半研磨性或研磨性地层	3							F7，F7OD，MF7
			4		73A，7GA					F7
	8	极硬的研磨性地层	1							F8，F8DD，F8OD
			3		9JA					F9

5.3　金刚石钻头

5.3.1　江汉金刚石钻头

5.3.1.1　型号

江汉金刚石钻头型号表示如下：

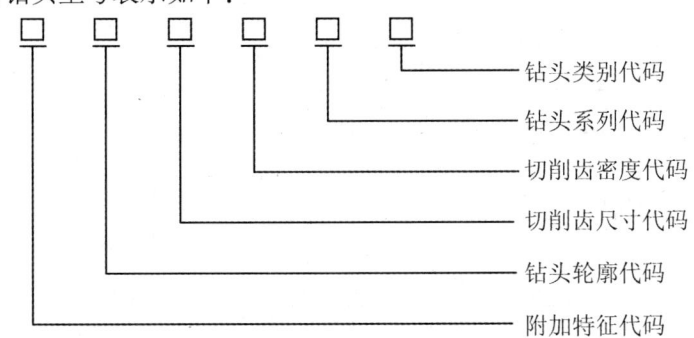

各代码的使用及说明见表5−12。

表5−12　江汉金刚石钻头型号说明

钻头类别		钻头系列		切削齿密度代码	切削齿尺寸		钻头冠部轮廓			附加特征	
代码	钻头名称	代码	钻头系列名称		代码	PDC齿直径 in	代码	长度	形状	代码	附加特征说明
B (BC)	PDC金刚石钻头（PDC金刚石取心钻头）	无	普通系列	1（低）	1	2	1	短	圆形	+	尖圆齿钻头
					2	1½	4	中			
		H	力平衡系列		3	1				M	磨头/铣头
					4	3/4	7	长			
					6	1/2				B	双心/偏心钻头
		W	抗回旋系列		8	3/8	2	短	抛物线		
						TSP齿尺寸（粒/克拉）	5	中		ST	侧钻钻头
P (PC)	TSP金刚石钻头（TSP金刚石取心钻头）	无	普通系列		1	1	8	长		HZ	水平/定向井钻头
					2	2					
					3	3	3	短	锥形	G	钻头保径结构
						TSP齿尺寸（粒/克拉）	6	中		H	混合齿钻头
D (DC)	ND金刚石钻头（ND金刚石取心钻头）	无	普通系列		1	1					
				9（高）	2	2	9	长		C	柱状齿钻头
					3	3					
					4	4～5	0	异形		Y	孕镶齿
					7	6～8					
					9	>10～12				R	任意式布齿

5.3.1.2 钻头新旧型号对照

钻头新旧型号对照见表 5-13。

表 5-13　钻头新旧型号对照表

序号	原型号	新型号	序号	原型号	新型号
1	RC493	BC460	35	B664N+HZ	B564+HZ
2	RC476	BC463	36	B664N	B564
3	RC444	BC463R	37	B664+	B564+
4	RC414	BC462	38	B564	B564
5	PC832	PC832	39	B561LG	B561RG1
6	PC733	PC733	40	B561L	B561+R
7	P939H	P939H	41	B462	B462
8	P853	P853	42	B461ST	B461ST
9	P815	P815	43	B461RG	B461RG1
10	P739	P739	44	B461RD	B461R-1
11	P733	P733	45	B461RB+	B461+RB
12	P616	P616	46	B461RB	B461RB
13	P533B	P533B	47	B461R	B461R
14	D891M	D891M	48	B461N	B461
15	D854	D854	49	B461LT+	B461+R
16	D756	D756	50	B461L	B461R-2
17	BW664	BW564	51	B461HZ	B461HZ
18	BW542	BW542	52	B461H	B461RH
19	BW462	BW562	53	B461C	B461RC
20	BW461	BW461	54	B461	B461
21	BW442HZ	BW542HZ	55	B444	B544
22	BW441	BW441	56	B361ST	B461RST
23	BW331	BW534	57	B361RG	B361RG1
24	BH664	BH564	58	B361R	B361R
25	BH562	BH562	59	B334Y	B534Y
26	BH542	BH542	60	B331	B534
27	BH461	BH461	61	B321Y	B524Y
28	BH442	BH442	62	B268WB	B668B
29	BH441	BH441	63	B268+	B668+
30	B669L	B669+R	64	B268	B668
31	B669+	B669+	65	B264FB+	B464+B
32	B668	B668-1	66	B264F	B364
33	B665	B665	67	B264+	B364+
34	B664NHZ	B564HZ			

5.3.1.3　江汉金刚石钻头选型

江汉金刚石钻头的选型见表 5−14 和表 5−15。

表 5−14　江汉金刚石全面钻进钻头选型

地层硬度和岩性 / 金刚石钻头类型（IADC 代码）	极软	软	中软	中	中硬	硬	极硬
	粘土 泥岩	泥灰岩 砂岩 盐岩	页岩 砂岩 白垩岩	页岩 砂岩 石灰岩	页岩、砂岩、 石灰岩、硬石膏、白云岩	砂岩 石灰岩 白云岩	石英岩 火山岩
B364，B364+，B464+B（M131）	√	√	√				
B668，B668B（M434）	√	√	√				
B668+（M434）		√	√	√			
B361R，B361RG8（M132）		√	√	√			
B461，B461+（M232）		√	√	√			
B461R，B461R−1，B461R−2（M232）		√	√	√			
B461RC，B461RH，B461RG8（M232）		√	√	√			
B461+R，B461HZ，B461ST（M232）		√	√	√			
B461B，B461RB，B461+RB（M232）		√	√	√			
B462，B461RST（M232）		√	√	√			
B524Y，B534Y，B534（M313）		√	√	√			
B431（M212）		√	√	√			
B544（M323）		√	√	√			
B542（M322）		√	√	√			
BW542，BH542，BW542HZ（M322）			√	√	√		
BW534，（M313）			√	√	√		
B564HZ，B564+HZ（M333）		√	√	√			
BW564，BH564（M333）				√	√		
B561+R（M332）				√	√		
BH562（M332）				√	√		
B664+，B665（M433）				√	√		
B668−1，B669+（M434）				√	√		
BW461，BH461（M232）			√	√	√		
BW441，BH441（M222）		√	√	√	√		
B561（M332）			√	√			
BH541（M322）		√	√	√	√		
B534（M312）		√	√	√			
B564，B564HZ（M333）				√	√		
P511ST（M621）				√	√		
P516，P815（M623）				√	√	√	
P616B（M723）				√	√	√	
P733（M722）				√	√	√	
D526，D625（M613）				√	√	√	
D651ST，D751ST（M711）				√	√	√	
D756（M713）					√	√	
D854（M813）					√	√	√

表 5–15　江汉金刚石取心钻头选型

金刚石钻头类型（IADC 代码）＼地层硬度和岩性	极软	软	中软	中	中硬	硬	极硬
	粘土 泥岩	泥灰岩 砂岩 盐岩	页岩 砂岩 白垩岩	页岩 砂岩 石灰岩	页岩、砂岩、 石灰岩、硬石膏、 白云岩	砂岩 石灰岩 白云岩	石英岩 火山岩
BC460（M331）	√	√	√				
BC463（M332）			√	√	√		
BC462（M334）		√	√	√			
BC463R（M332）		√	√	√			
PC733（M722）				√	√		
PC832（M823）				√	√	√	
DC524（M612）					√	√	√
DC754（M712）					√	√	√

5.3.2　川石·克锐达金刚石钻头

5.3.2.1　型号

川石·克锐达金刚石钻头型号表示如下：

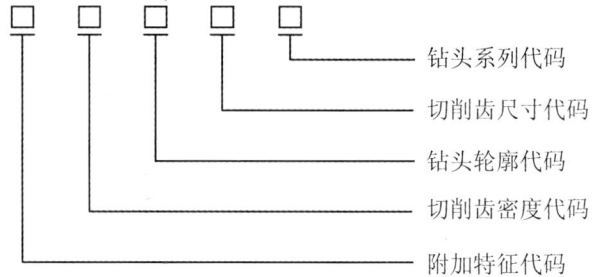

钻头系列代码
切削齿尺寸代码
钻头轮廓代码
切削齿密度代码
附加特征代码

川石·克锐达金刚石钻头系列及型号表示法见表 5–16。

5.3.2.2　金刚石钻头系列

1. AG/G 金系列 PDC 钻头

AG/G 金系列 PDC 钻头为传统钻井而设计，以应力转移切削齿（SEC）、基于切削齿载荷特性和井底岩石区域强度特性的组合布齿（ECP）、硬质合金加强边缘齿（CSE）和抛光黑冰齿为特征。AG 系列还融合了抗回旋技术，延长钻头寿命并扩大其使用范围。

2. AR/R 系列 PDC 钻头

AR/R 系列 PDC 钻头应用自锐式的聚晶金刚石复合片为切削齿，在软至中硬的地层中可获得高的机械钻速。AR 系列还融台了抗回旋技术，延长钻头寿命并扩大其使用范围。

3. BD 黑金刚石 PDC 钻头

BD 黑金刚石 PDC 钻头是一种为特殊应用而设计的多用途钻头，它采用 ECP 布齿技术，在满足用户特定地层和操作条件的特殊需要方面可达到量体裁衣式的效果，该系列在钻头水力学、规径设计和整体流线型几何设计方面采用了全新的技术。

表5-16 川石·克锐达金刚石钻头系列及型号表示法

前缀代码		数字代码			后缀代码②
字母		第一位	第二位	第三位	供选择的特征
钻头系列		切削齿尺寸	钻头冠部形状	布齿密度	
G AG① AR①/R BD STR	PDC片	3：3/8in 4：1/2in 5：3/4in	1~9 1：长抛物线 9：平顶	1~3：低密度齿 4~6：中密度齿 7~9：高密度齿	C, D, G, K, M, U
S	TSP（巴拉斯）	2：三角聚晶 7：圆柱聚晶	—	1~3：低密度齿 4~6：中密度齿 7~9：高密度齿	G, CE, P
D	天然金刚石	—	—	—	G, CE, M

注：①钻头系列中首字母为A表示其具抗回旋特征。
②特殊设计的代码以满足客户特殊钻井需要，所提供的选择特征并不包括所有的钻头型号。后缀代码含义如下：C1—硬质合金支撑边缘齿；C2—抛光切削齿/硬质合金支撑边缘组合；C3—黑冰抛光齿；CE—心部喷射；D—定向钻井选型；G1—下凹规径；G2—比标准规径短的规径；G3—阶梯规径；G5—规径块上有PDC规径齿的规径；G8—比标准规径长的规径；G9—筒式规径；K—磨损节；M—多喷嘴组合；P—块状段；U1—天然金刚石倒划眼；U3—PDC（3/8in）倒划眼；U4—PDC（1/2in）倒划眼。

4. STR/STAR星系列PDC钻头

STR/STAR星系列PDC钻头专为215.9mm以下尺寸或不规则尺寸钻头而设计的PDC钻头系列。金系列SEC齿、ECP布齿技术，CSE齿和黑冰抛光齿技术的应用使其可在小井眼、定向井和深井使用中获得理想的效果。在导向性能受到关注时，通过调整切削齿的后倾角、增加磨损节以限制扭矩的波动而产生出STAR系列可供选择。

5. S系列巴拉斯钻头

S系列巴拉斯钻头采用热稳定聚晶金刚石（TSP）为切削齿，可在中至硬地层中使用；或使用金刚石孕镶块，钻进硬、研磨性地层。

6. D系列天然金刚石钻头

D系列天然金刚石钻头表面布置有各种级别的天然金刚石，主要钻进较硬更具研磨性的地层。

5.3.2.3 钻头选型

川石·克锐达金刚石钻头选型见表5-17。

5.3.3 四川百施特金刚石钻头

5.3.3.1 型号

四川百施特金刚石钻头型号表示如下：

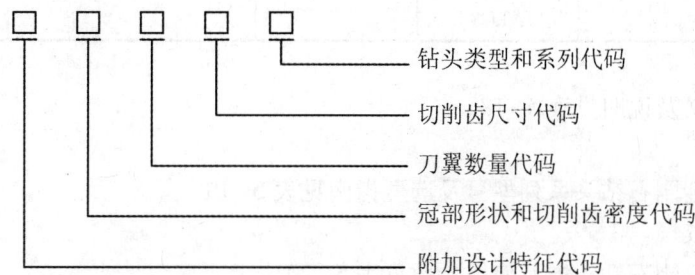

表 5-17　川石·克锐达金刚石钻头选型

钻头分级	地层	岩层	参考牙轮钻头	金系列	常规系列	黑冰系列	小井眼系列	巴拉斯及天然金刚石
111～126 417	极软地层，含粘性夹层和低抗压强度	强粘土 粘土 泥灰岩	GTX-1　MX-1 MAX-GT3 MAXGT-03 MX-03	G573　G574 G554　AG554	R554　R574 R431　R526 AR554	BD554	STR554	
116～126 417～447	软地层，低抗压强度高可钻性	泥灰岩 盐岩 石膏岩 页岩 砂岩	GT-1　ATJ-4 MX-03 MAXGT-09 MX-09 MX-18	AG574 AG554 G426　G526 G554　G534 G582　AG526	R526　AR526 AR426　R433 R434　R482 R426	BD535 BD536P BD445P	STR382	
126～127 417～447	软至中硬低抗压强度的均质夹层地层	页岩 砂岩 白垩岩 灰岩	ATJ-4/G4 MX-03/09 MAXGT-09 MX-09 MX-18 GT-09	G426　G445 AG526　AG435 G535　G536 G545　G482 G534　G526 G482　G546 G382　G582 G434　G438 G548　G435 G437　G447	R535　AR426 R335　AR435 R435　R436 AR536　AR545 R547　R545 R426　R434	BD445H BD447P BD447 BD445 BD535 BD536H	STR445 STR386 STR335	S225 S725 D331 D262 D41
437～517	中至硬地层中等抗压强度含少量研磨性夹层的地层	页岩 砂岩 灰岩	MX-09 MX-18 ATJ-22 MAXGT-20 MX-20	AG447　G447 G438　G449 G536　G547 G548　G435 G437　G488	R536　AR536 AR545　R547 R445　R418 R437　R447 AR437　R545	BD536H BD445H BD447H BD449	STR447 ST426 ST445 STR386	S226 S248 S278 S280 S725 D41 D331 D262
517～637	硬至致密地层，高抗压强度无研磨性	粉砂岩 砂岩 灰岩 白云岩	MX-20 MAXGT-20 MX-30 MTJ-33 MX-35 ATJ-44 MX-35C MAX-44			BD447H BD449H		D24 S278 S280 S279
647～837	极硬和研磨性地层	火成岩	ATJ-66 ATJ88 ATJ99					S278 S279 S280

各代码的含义及说明见表 5-18。

5.3.3.2　选型

四川百施特金刚石钻头系列型号及选型指南见表 5-19。

5.3.3.3　使用参数

四川百施特金刚石钻头推荐使用参数见表 5-20。

表 5-18 四川百施特金刚石钻头型号代码的含义

前缀代码		数字代码			后缀代码
字母	钻头系列	第一位	第二位	第三位	供选择的特征
M（胎体钻头） MS（钢体钻头） MC（胎体取心钻头）	PDC 钻头	切削齿尺寸（mm）：25，19，16，13，08	刀翼数量：3 ~ 12	冠部形状和切削齿密度：1 ~ 9	M，RS，SG，SGS，SS
N（天然金刚石钻头） NC（天然金刚石取心钻头）	天然金刚石钻头	金刚石粒度：1 ~ 12	布齿密度：1 ~ 3	冠部形状：1 ~ 9	—
P（热稳定聚晶金刚石钻头） PC（热稳定聚晶金刚石取心钻头）	热稳定聚晶金刚石钻头	聚晶类型及规格：1 ~ 3	布齿密度：1 ~ 3	冠部形状：1 ~ 9	—
I（孕镶金刚石钻头） IC（孕镶金刚石取心钻头）	孕镶金刚石钻头	单晶粒度：20 ~ 80	孕镶块密度：1 ~ 3	冠部形状：1 ~ 9	—

注：后缀代码含义如下：SG—特殊保径；RS—旋转导向钻头；SGS—特殊保径，螺旋刀翼；SS—螺旋刀翼，螺旋保径；M—混装齿。

表 5-19 四川百施特金刚石钻头选型

牙轮钻头分级	地层	岩性	金刚石钻头
111 ~ 124	低抗压强度极软地层	粘土，粉砂岩，砂岩	MS1951，M1951，M1953
116 ~ 137	低抗压强度的软地层	粘土，泥灰岩，盐岩，页岩，褐煤，砂岩	MS1951，M1951，M1953，M1963，M1965
517 ~ 527	低抗压强度的均质夹层中软地层	粘土，泥灰岩，褐煤，砂岩，粉砂岩，硬石膏，凝灰岩	MS1951，MS1963，M1953，M1963，M1964，M1965，M1973
517 ~ 537	中等抗压强度的非均质夹层地层	泥岩，灰岩，硬石膏，钙质砂岩，页岩	MS1963，M1963，M1964，M1965，M1973，M1974
537 ~ 617	中等抗压强度和含研磨性夹层的中硬地层	灰岩，硬石膏，白云岩，砂岩，页岩	M1963，M1964，M1965，M1973，M1974，M1975，M1985，M1674，M1677，M1365，M1386，M1388
627 ~ 637	高抗压强度的硬及致密地层	钙质页岩，硅质砂岩，粉砂岩，灰岩	M1985，M1674，M1677，M1386，M1388
637 ~ 837	极硬和研磨性地层	石英岩，火成岩	I3018，I3026，I3028

表 5-20 四川百施特钻头推荐使用参数

钻头	推荐钻压，kN/mm	推荐转速，r/min
PDC 钻头	0.10 ~ 0.60	60 ~ 260
TSP 钻头和天然金刚石钻头	0.19 ~ 0.42	60 ~ 180
孕镶金刚石钻头	0.10 ~ 0.37	60 ~ 180

5.3.4 特殊钻头

5.3.4.1 随钻扩眼器（RWD）

随钻扩眼器的实物如图 5-1 所示，技术参数见表 5-21。

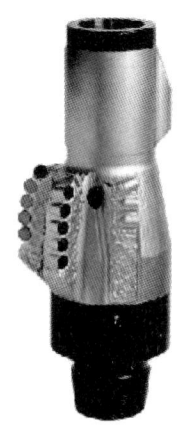

图 5-1　随钻扩眼器

表 5-21　川石·克锐达随钻扩眼器技术参数

型　　号	通径尺寸 mm	随钻扩眼器参数				推荐钻井参数		
		领眼尺寸 mm	扩眼尺寸 mm	喷嘴数 个	刀翼数 个	排　量 L/s	转　速 r/min	钻　压 kN
STRWD3243.7750-4.125	95.2	79.4	104.8	2	2	13～22	90～350	13～26
STRWD445.750-6.50	146.1	120.7	165.1	2	2	13～22	90～350	13～26
SRWD46.000-7.00	152.4	120.7	177.8	2	4	16～25	90～350	12～22
SRWD46.300-7.50	160.3	120.7	190.5	2	4	16～25	90～350	12～22
SRWD58.375-9.875	212.7	165.1	250.8	2	4	25～38	90～350	12～22
RWD510625-12.25	269.9	215.9	311.1	5	3	38～57	60～180	18～53

5.3.4.2 双心钻头

1. 结构特征

双心钻头有一个自身旋转轴和一个与井眼同心的轴，这两条轴线偏心距离由所钻井眼井径、名义通径、领眼直径、扩眼翼的弧度决定。

2. 常用双心钻头特点与推荐参数

1）S225B 双心钻头

S225B 双心钻头具有双锥形领眼，侧翼扩眼的特点，使用中不可带稳定器。其实物如图 5-2 所示，技术参数见表 5-22。

2）SC225B 双心钻头

SC225B 双心钻头可与常规取心工具相匹配，最大扩眼超出名义尺寸 25.4mm。其实物如图 5-3 所示，技术参数见表 5-23。

 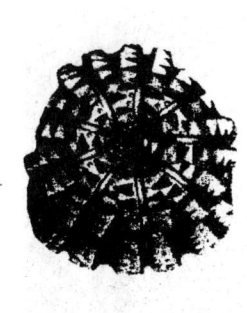  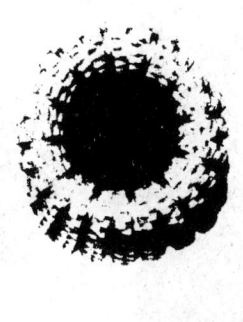

图 5-2　S225B 双心钻头　　　　　　　图 5-3　SC225B 双心钻头

表 5-22　川石·克锐达 S225B 双心钻头技术参数

钻头尺寸 mm	钻头技术规范			推荐钻井参数		
	流道面积 mm^2	保径长度 mm	API 接头	排量 L/s	转速 r/min	钻压 kN
149.2	0.97～3.23	44.5	3½	9～16	100～300	22～80
152.4	0.97～3.23	44.5	3½	9～16	100～300	22～80
206.4	1.94～6.45	76.2	4½	19～28	100～300	45～125
244.5	1.94～7.42	76.2	6⅝	19～28	100～300	45～125
311.1	1.94～7.42	101.6	6⅝	35～44	100～300	45～156

表 5-23　川石·克锐达 SC225B 双心钻头技术参数

钻头尺寸 mm	钻头技术规范			推荐钻井参数		
	流道面积 mm^2	保径长度 mm	API 接头 in×in	排量 L/s	转速 r/min	钻压 kN
152.4	0.65～6.45	—	4¾×2⅝	6～13	80～500	22～80
215.9	0.97～9.68	—	6¾×4	11～20	60～500	45～111
311.1	1.61～9.68	—	8×5¼	22～32	80～500	67～134

3）R435B 双心钻头

R435B 双心钻头的特点有：（1）抛物线领眼，侧翼扩眼，布齿密度加强，延长钻头寿命；（2）适用于软至中硬地层；（3）使用中不可带稳定器。其实物如图 5-4 所示，技术参数见表 5-24。

4）江汉 B461B/M232 双心钻头

江汉 B461B/M232 双心钻头的特点有：（1）短圆形冠部领眼，侧翼扩眼，中等布齿密；（2）适用于软至中软地层；（3）使用中不可带稳定器。其实物如图 5-5 所示，技术参数见表 5-25。

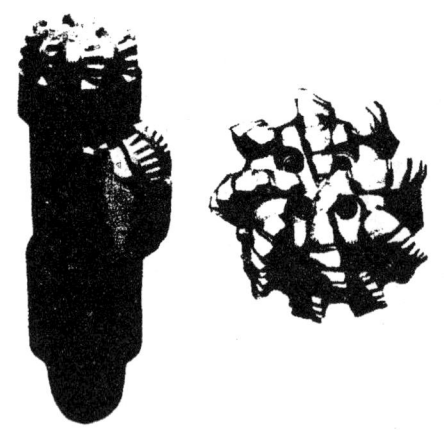
图 5-4 R435B 双心钻头

图 5-5 B461B/M232 双心钻头

表 5-24 川石·克锐达 R435B 双心钻头参数

钻头尺寸 mm	钻头技术规范			推荐钻井参数		
	流道面积 mm²	保径长度 mm	API 接头 in	排量 L/s	转速 r/min	钻压 kN
152.4	19.35	—	3½	10~19	80~300	9~68
206.4	25.80	—	4½	28~35	80~300	22~111
244.5	25.80	—	6⅝	32~38	80~300	22~111
311.1	32.25	—	6⅝	38~57	80~300	45~178

表 5-25 江汉 B461B/M232 双心钻头技术参数

钻头尺寸 mm	钻头技术规范				推荐钻井参数		
	切削齿数 个	保径长度 mm	喷嘴数量 个	API 正规扣 in	钻压 kN	转速 r/min	排量 L/s
149.2–171.5	41	140	3	3½	9~70	80~300	10~20

5) 江汉 P616B/M732 双心钻头

江汉 P616B/M732 双心钻头的特点有：(1) 中锥形冠部领眼，侧翼扩眼；(2) 可根据用户需求进行特殊设计；(3) 适用于中硬地层；(4) 使用中不可带稳定器。其实物如图 5-6 所示，技术参数见表 5-26。

6) 江汉 B461RB/M232 双心钻头

江汉 B461RB/M232 双心钻头的特点有：(1) 短圆形冠部领眼，中等布齿密度，任意式布齿；(2) 偏心结构设计，最大扩眼尺寸可超出名义尺寸 6.35mm；(3) 适用于膨胀性泥岩、页岩、盐岩井段扩眼；(4) 使用中不可带稳定器。其实物如图 5-7 所示，技术参数见表 5-27。

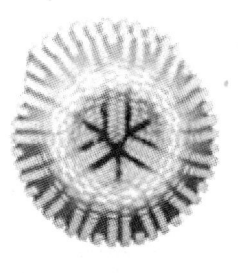

图 5-6　P616B/M732 双心钻头

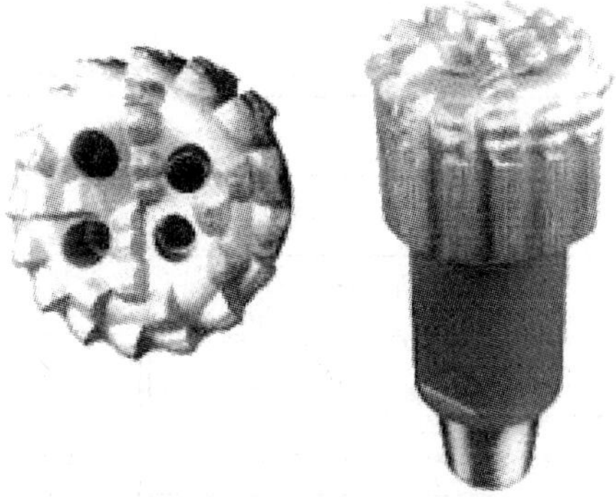

图 5-7　B461RB/M232 双心钻头

表 5-26　江汉 P616B/M732 双心钻头技术参数

钻头尺寸 mm	钻头技术规范			推荐钻井参数		
	切削齿数 个	保径长度 mm	API 正规扣 in	钻压 kN	转速 r/min	排量 L/s
215.9	825	140	4½	9～70	80～300	10～20

表 5-27　江汉 B461RB/M232 双心钻头技术参数

钻头尺寸 mm	钻头技术规范				推荐钻井参数		
	切削齿数 个	保径长度 mm	喷嘴数量 个	API 正规扣 in	钻压 kN	转速 r/min	排量 L/s
215.9	37	120	4	4½	40～90	80～250	21～29

5.4　IADC 钻头磨损分级方法

5.4.1　牙轮钻头

牙轮钻头的磨损分级见表 5-28。

表 5-28　钻头磨损分级表

切削结构				轴承	规径	备注	
内排 (I)	外排 (O)	主要钝化特征 (D)	位置 (L)	轴承密封 (B)	规径 1/16 (G)	其他钝化特征 (O)	起钻原因 (R)

(1) 第一栏（I），用于描述钻头 2/3 内排切削结构情况（分 0～8 级）。
(2) 第二栏（O），用于描述钻头 1/3 外排切削结构情况（分 0～8 级）。
①铣齿钻头：测量齿高磨损高度。"0"表示齿高无磨损或无折断，"8"表示齿高全部磨去或折断。
②镶齿钻头：测量齿的磨损、碎裂或脱落的数量。"0"表示齿无磨损、碎裂或脱落，"8"表示齿全部磨损、折断或脱落。

(3) 第三栏（D），用2个字母表示钻头切削的主要钝化特征。每次只需记录最主要的一项特征，代号及含义见表5-29。

表5-29 牙轮钻头主要钝化特征代号

代号	特征	代号	特征	代号	特征
BC	牙轮破裂	FC	齿顶磨平	PN	堵塞喷嘴
BT	断齿	HC	热龟裂	RG	保径齿磨圆
BU	钻头泥包	JD	落物损坏	ST	掌尖破坏
CD	牙轮卡死	LC	掉牙轮	SS	自锐磨圆
CC	牙轮破裂	LN	掉喷嘴	TR	齿间磨损
CI	牙轮互咬	LT	掉齿	WO	钻头冲蚀
CT	牙齿碎裂	NO	无主要或其他纯化特征	WT	牙齿磨损
CR	钻头出心	OC	偏心磨损		
ER	牙轮侵蚀	PB	钻头缩径		

(4) 第四栏（L），用一个字母或数码表示主要钝化特征的位置，见表5-30。

表5-30 钝化位置

切削结构的位置表示		牙轮号数
N	内排齿	1
M	中排齿	2
B	外排齿	3
A	所有排齿	—

(5) 第五栏（B），用一个字母与数码表示钻头轴承磨损情况。

①对于非密封轴承钻头，用0～8个等级表示轴承寿命程度。"0"表示是新的轴承；"8"表示轴承寿命已用完（卡死或脱落）。

②对于密封轴承钻头，用一个字母表示密封情况。"E"表示密封有效，"F"表示密封失效。

(6) 第六栏（G），表示钻头直径磨损情况。"I"表示钻头直径未磨小，若直径有磨损，则以 $1/16$ in 为单位来衡量。如 $3/16$ in 表示钻头直径磨小 $3/16$ in。测量方法：使钻头规与两个牙轮的最外点相接触，然后将钻头规与第三个牙轮最外点间的距离乘以2/3，再调整到最接近的以十六分之几英寸表示的数，就是钻头直径磨损的数值。

(7) 第七栏（O），表示除主要钝化特征以外的其他钝化特征，其表示法与第三栏相同。

(8) 第八栏（R），用一组字母表示钻头起出的原因，其代号见表5-31。

表 5-31　牙轮钻头起出的原因代号

代号	原因	代号	原因
BHA	改变井底钻具组合	HP	井眼问题
DMF	井底马达故障	LOG	测井
DSF	钻柱失效	PP	泵压不正常
DST	中途测试	PR	机械钻速低
DTF	井下工具故障	RIG	钻机修理
DOG	试油	TD	已钻达预定井深
CM	处理钻井液	TW	钻具脱扣
CP	到取心位置	TQ	扭矩过大
DP	钻具堵塞	WC	气候原因
FM	地层变化	WO	钻柱损坏

5.4.2　金刚石钻头

IADC 牙轮钻头磨损分级法同样适用于金刚石钻头，只不过金刚石钻头没有轴承，据此可以把金刚石钻头的磨损分级与牙轮钻头的磨损分级区别开来。针对表 5-28 分析为：

（1）第一栏、第二栏用于钻头 2/3 半径的内排区和 1/3 半径的外排区的磨损分析。在进行分级时，应记录下两个排区的平均磨损量。例如图 5-8 内排区里的五个复合片的分级定为 2，这是根据内排区中各个复合片分级的平均值计算出来的，即 (4+3+2+1+0)/5 = 2。同时外排区的分级定为 6，即 (7+6+5)/3 = 6。

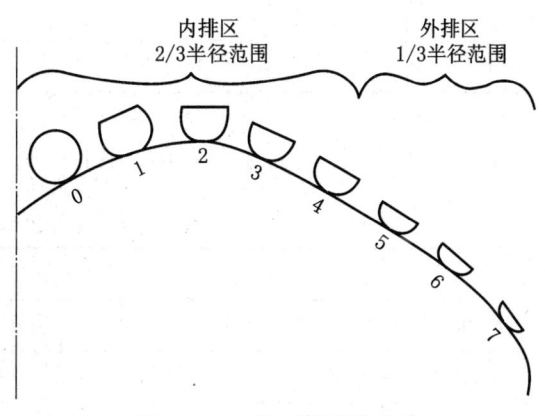

图 5-8　切削元件磨损分级

（2）第三栏用于描述金刚石钻头的磨损基本特征，表 5-31 列出了金刚石钻头的 16 种磨损特征及其代号。

（3）第四栏用于记录基本磨损特征所在部位。金刚石钻头有 8 个部位，即：内锥、冠顶、外锥、肩部、规径、钻头工作面、中排齿、边缘齿。图 5-9 给出了钻头各工作部位及其代号。

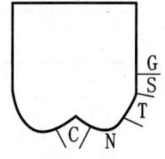 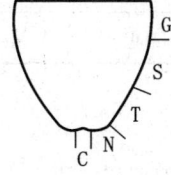 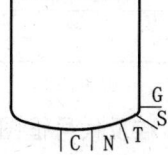 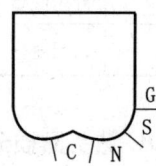

图 5-9　金刚石钻头工作部位及其代号

C—内锥；N—冠顶；T—外锥；S—肩部；G—规径

(4) 由于金刚石钻头没有轴承，故第五栏统一用"X"表示。

(5) 第六栏用于记录规径磨损情况。如果钻头规径仍为标准尺寸，就用"I"表示。如果规径有磨损，则其磨损值按 $\frac{1}{16}$ in 为一单位予以记录。

(6) 第七栏用于描述钻头的二级磨损特征，所使用的代号与主要磨损特征所使用的相同，见表5-32。

表5-32 金刚石钻头的磨损特征代号

代号	特征	代号	特征
BT	切削齿断裂	LT	切削齿脱落
BU	钻头泥包	OC	偏心磨损
CR	钻头中部磨凹	PN	堵喷嘴或堵水道
CT	切削齿碎裂	RG	规径倒圆（或磨损）
ER	冲蚀	RO	磨出环型槽
HC	热裂纹	WO	钻头全磨损（不能再用）
JD	破碎成碎块	WT	切削齿磨损
LN	掉喷嘴	NO	无主要的或其他磨损特征

(7) 第八栏用以记录起钻原因，其代号见表5-33。

表5-33 金刚石钻头起出原因代号

代号	原因	代号	原因
HR	已达到规定时间	BHA	改变井底钻具组合
PP	泵压不正常	DMF	井下马达故障
PR	机械钻速低	DSF	钻柱失效
TD	已钻达预定井深	DST	中途测试
TQ	扭矩过大	DTF	井下工具故障
TW	钻杆脱扣	LOG	测井
WC	气候原因	RIG	钻机修理
WO	钻柱损坏	CM	处理钻井液
HP	井眼问题	CP	到取心位置
FM	地层变化	DP	钻具堵塞

5.4.3 IADC钻头磨损分级标准及代号框图

IADC钻头磨损分级标准及代号如图5-10所示。

(1) 内排齿是指从钻头中心至2/3钻头半径区域内的齿；外排齿是指钻头外侧1/3钻头半径区域内的齿。

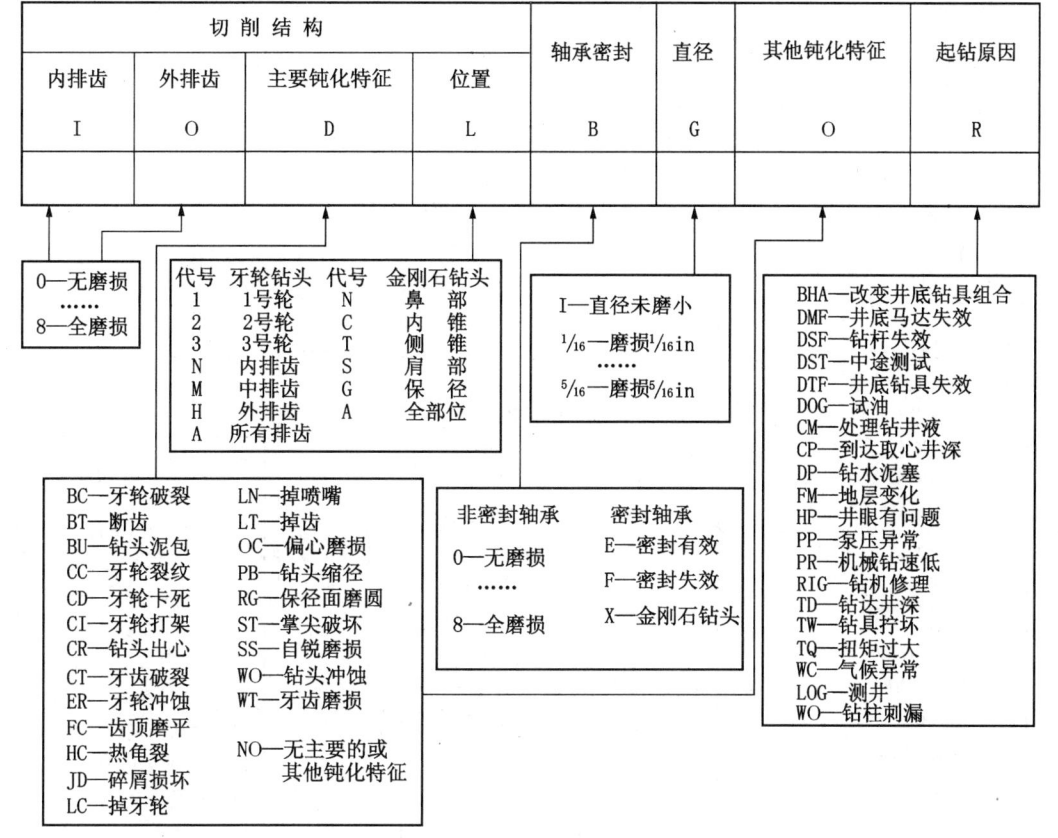

图 5-10 IADC 钻头磨损分级标准及代号

（2）磨损特征是指使用后的钻头外观上有明显变化，这些变化又影响钻头的使用性能。用两个字母表示钻头切削结构的主要磨损特征，具体代号及其含义见切削结构的磨损特征。此处只需记录其中磨损特征最严重的一项。

（3）磨损位置用一个或多个字母或数字 1，2，3 表示。

5.5 国内钻头磨损评定方法

5.5.1 钻头磨损

钻头磨损分级采用字母及数字混合编码来说明切削结构、轴承密封、钻头外径及起钻原因等，如图 5-11 所示。

5.5.2 切削齿磨损

以旧钻头与新钻头齿高磨损比值和总齿数比值 8 倍的数值，来描述钻头切削齿的磨损钝化程度。切削齿磨损分为 8 级，见图 5-12 和表 5-34 所示。

5.5.3 轴承磨损

对于铣齿牙轮钻头，以钻头已用轴承寿命与新钻头可用轴承寿命比值 8 倍的数值，作为轴承磨损分级依据，用数字 0、1、2、…、8 表示轴承寿命使用磨损程度。0 表示新轴承；1 表示使用时间达到轴承寿命的 1/8；依此类推，8 表示轴承使用寿命已完。现场对钻头轴承磨损分级规定见表 5-35。

切削结构				轴承密封 B	直径 G	其他特征 O	起钻原因 R
内排齿 I	外排齿 O	磨损特征 D	位置 L				

内排齿 I、外排齿 O：

0—无磨损

……

8—全磨损

直径 G：

I—直径无磨损

1—磨损1mm

2—磨损2mm

……

轴承密封 B：

非密封轴承

0—无磨损

……

8—全磨损

密封轴承

E—密封有效

F—密封无效

X—金刚石钻头

位置 L：

牙轮钻头	金刚石钻头
1—1号轮	C—内锥
2—2号轮	N—鼻部
3—3号轮	T—外锥
N—内排齿	S—肩部
M—中排齿	G—规径
H—外排齿	A—全部
A—所有齿排	

磨损特征 D、其他特征 O：

BC—牙轮断[a]
BF—喷嘴连接失效[b]
BT—切削齿断
BU—钻头泥包
CC—牙轮碎裂[a]
CD—牙轮卡死[a]
CI—牙轮旷动[a]
CR—心部磨凹
CT—切削齿碎裂
ER—切削齿冲蚀
FC—齿顶磨平[a]
HC—热裂纹
JD—外侧(碎屑)磨损
LC—掉牙轮[a]
LN—掉喷嘴
LT—掉齿
OC—偏心磨损[a]
PB—钻头缩径[a]
PN—堵喷嘴/水道
RG—保径面磨圆[a]
RO—磨出环行槽[b]
SD—掌尖破坏[a]
SS—自锐磨损[a]
TR—轨迹磨损[a]
WO—钻头冲蚀
WT—切削齿磨损
NO—无主要的或其他磨损特征
NR—不能再用
RR—可再用

注：a 指牙轮钻头磨损特征
b 指金刚石钻头磨损特征

起钻原因 R：

BHA—井底钻具组合改变
CM—处理钻井液
CP—到达取心井深
DP—钻具堵塞
DMF—井下马达失效
DTF—井下工具失效
DSF—钻具失效
DST—中途测试
HP—井眼有问题
HR—已到规定时间
FM—地层改变
LOG—测井
PP—泵压变化
PR—机械钻速低
RIG—钻机修理
TD—钻达井深
TQ—扭矩变化
TW—钻具扭断
WC—气候原因
WO—钻柱冲蚀

图 5—11　钻头磨损分级图

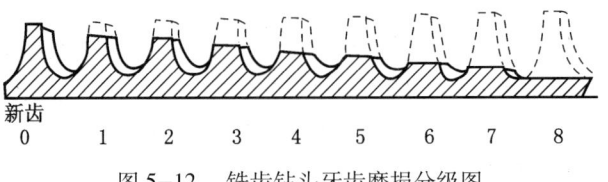

图 5—12　铣齿钻头牙齿磨损分级图

5 钻头

表 5-34 切削齿磨损分级

齿高磨损比值 （掉断齿数比） C_1（C_2）	0	0~1	1~2	2~3	3~4	4~5	5~6	6~7	7~8
牙齿磨损分级	0	1	2	3	4	5	6	7	8

表 5-35 轴承磨损分级

非密封轴承 磨损级别	磨损程度	
	按使用时间分级	非密封轴承在现场评价情况
0	新轴承	新钻头
1	0＜轴承已用掉≤1/8	转动灵活，轴承不旷
2	1/8＜轴承已用掉≤2/8	转动灵活，轴承基本不旷
3	2/8＜轴承已用掉≤3/8	
4	3/8＜轴承已用掉≤4/8	转动灵活，稍有旷动
5	4/8＜轴承已用掉≤5/8	轴向旷动小于1mm，径向旷动小于2mm
6	5/8＜轴承已用掉≤6/8	轴向旷动 1~2mm，径向旷动 2~3mm
7	6/8＜轴承已用掉≤7/8	轴向旷动大于2mm，径向旷动大于3mm
8	轴承已用掉≥7/8	轴承完全失效

对于密封（滚动）轴承，用字母 E 和 F 分别代表密封有效和密封无效。对于金刚石钻头及金刚石取心钻头，用字母 X 表示无此项评价内容。

5.5.4 直径磨损

直径磨损以钻头直径直接磨损量表示，单位为 mm。I 表示直径无磨损；磨损量在两数值之间时，应取较大的数值。

6 常用井下工具

6.1 减 震 器

6.1.1 分类

按减震形式不同，减震器可以分为以下两类：
（1）单向减震器：只吸收和减弱轴向震动。
（2）双向减震器：同时吸收和减弱轴向震动和周向震动。

按减震元件不同，减震器可以分为以下三类：
（1）液压减震器：减震元件为液压油或硅油。
（2）碟簧减震器：减震元件为碟形弹簧。
（3）橡胶减震器：减震元件为橡胶。

6.1.2 型号

减震器型号表示如下：

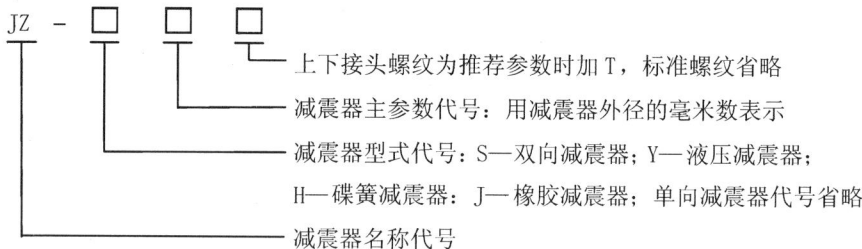

6.1.3 液压减震器

6.1.3.1 结构及工作原理

液压单向减震器主要由花键心轴、花键筒体、密封筒体、液压缸、冲管、过渡接头、防掉螺母、下接头及密封元件等组成，结构如图6-1所示。花键心轴与上部钻柱相连，下接头与钻头相连。

液压双向减震器主要由心轴、扶正外筒、花键外成筒、液压缸、活塞、冲管、下接头、对开卡环、防掉螺母、密封装置及液体弹簧（硅油）等组，结构如图6-2所示。

液压减震器的工作原理有以下几点。

（1）钻压传递：钻压通过心轴、活塞作用在液体弹簧上，经压缩硅油传递给下接头及钻头。

（2）扭矩传递：转盘的扭矩由上部钻柱传递给心轴，通过心轴与活塞的螺纹、活塞与花键外筒的花键传递给油缸及下接头而驱动钻头。

（3）减震：减震机构主要有心轴、活塞、上液压腔（阻尼腔）和下液压腔（工作腔）组成。钻井过程中，钻柱和钻头受到冲击、震动，使轴向负荷发生变化，该负荷使减震器内下部液压腔（工作腔）中的硅油发生弹性变形（压缩或膨胀），从而吸收或释放钻柱或钻头的冲击、震动能量。在硅油弹性变形的同时，心轴相对花键外筒作轴向运动，上液压腔

（阻尼腔）中的液体高速流过环隙阻尼，产生大量摩擦热，吸收部分冲击能量，从而达到减缓钻柱震动和减少冲击载荷的作用。

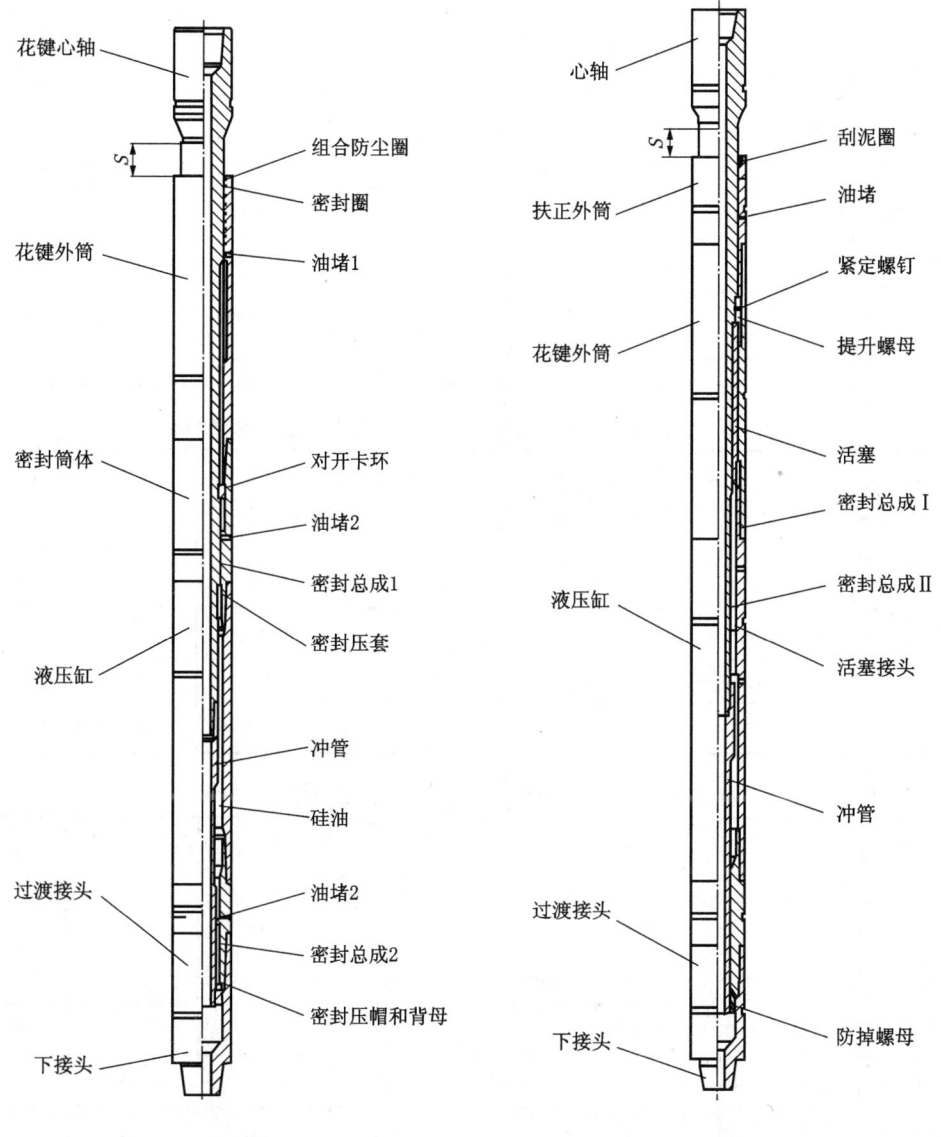

图 6-1　液压单向减震器结构　　　　图 6-2　液压双向减震器结构

6.1.3.2　技术参数

部分国产液压减震器的技术参数见表 6-1 至表 6-4。

6.1.4　机械减震器

机械减震器是配合牙轮钻头或研磨性取芯钻头钻进时起纵向减震作用的减震工具。空气机械减震器是根据欠平衡空气钻井的特殊工况开发出的机械减震器产品。

6.1.4.1　结构及工作原理

机械减震器主要由花键心轴、花键筒体、碟簧筒体、衬套、对开卡环、垫片、碟簧组、调整环、调整套、活塞、密封套、隔套、下接头及密封元件等组成，结构如图 6-3 所示。花键心轴与上部钻柱相连，下接头与钻头相连。

表6-1　北京石油机械厂液压单向减震器技术参数

型号	外径 mm	内径 mm	长度 mm	连接螺纹	最大工作压力 kN	允许上提拉力 kN	最大工作扭矩 kN·m	弹性刚度 kN/mm
JZ-YS229-Ⅱ	229	70	4800	7⅝REG	540	2000	20	4.0~6.5
JZ-Y121	121	38	3800	3½IF	250	1000	10	3.0~3.5
JZ-Y159-Ⅰ	159	45	4200	4IF	300	1500	15	3.5~5.0
JZ-Y165-Ⅰ	165	45	4200	4IF	300	1500	15	3.5~5.0
JZ-Y178-Ⅰ	178	57	3800	4½IF	350	1500	15	3.5~5.0
JZ-Y203	203	64	4500	6⅝REG	480	2000	20	4.0~5.5
JZ-Y229	229	70	3900	7⅝REG	540	2000	20	4.0~6.5

表6-2　贵州高峰机械有限责任公司液压单向减震器技术参数

型号	外径 mm	内径 mm	最大工作行程 mm	最大活塞行程 mm	环境温度 ℃	最大工作扭矩 kN·m	最大工作压力 kN	允许上提拉力 kN	长度 mm	接头螺纹	平均刚度 kN/mm
YJ121	121	38	100	203	190	10	260	980	4116	3½REG	3.5
YJ178ⅡA	178	57	125	203	190	14.7	390	1470	3745	NC50	4.7
YJ203Ⅱ	203	68	120	140	190	19.6	490	1960	3945	6⅝REG	4.3
YJ229Ⅱ	229	70	120	140	190	19.6	540	1960	3885	7⅝REG	4.7

表6-3　北京石油机械厂液压双向减震器技术参数

型号	外径 mm	内径 mm	长度 mm	连接螺纹	最大工作压力 kN	允许上提拉力 kN	最大工作扭矩 kN·m	弹性刚度 kN/mm
JZ-YS159-Ⅰ	159	45	4800	4IF	300	1500	15	3.5~5.0
JZ-YS165-Ⅰ	165	45	4800	4IF	300	1500	15	3.5~5.0
JZ-YS178-Ⅰ	178	50	5200	4½IF	350	1500	15	3.5~5.0
JZ-YS203-Ⅰ	203	64	5100	6⅝REG	480	2000	20	4.0~5.5
JZ-YS229-Ⅱ	229	70	4800	7⅝REG	540	2000	20	4.0~6.5

表6-4　贵州高峰机械有限责任公司液压双向减震器技术参数

型号	外径 mm	内径 mm	最大工作行程 mm	最大活塞行程 mm	环境温度 ℃	最大工作扭矩 kN·m	最大工作压力 kN	允许上提拉力 kN	长度 mm	接头螺纹	平均刚度 kN/mm
SJ121	121	38	100	203	190	10	300	1200	4208	NC35	3.5
SJ159Ⅲ	159	47	120	203	190	15	340	1500	5510	NC46	3.5
SJ178Ⅲ	178	57	120	203	190	15	340	1900	6210	NC50	3.9
SJ203Ⅱ	203	65	120	220	190	20	440	1960	5641	6⅝REG	3.9
SJ229Ⅱ	229	71.4	120	230	190	20	540	2160	5902	7⅝REG	3.5

空气机械减震器主要由花键心轴、花键筒体、碟簧筒体、衬套、对开卡环、碟簧组、调整环、调整套、活塞、下接头及密封元件等组成,结构如图 6-4 所示。花键心轴与上部钻柱相连,下接头与钻头相连。

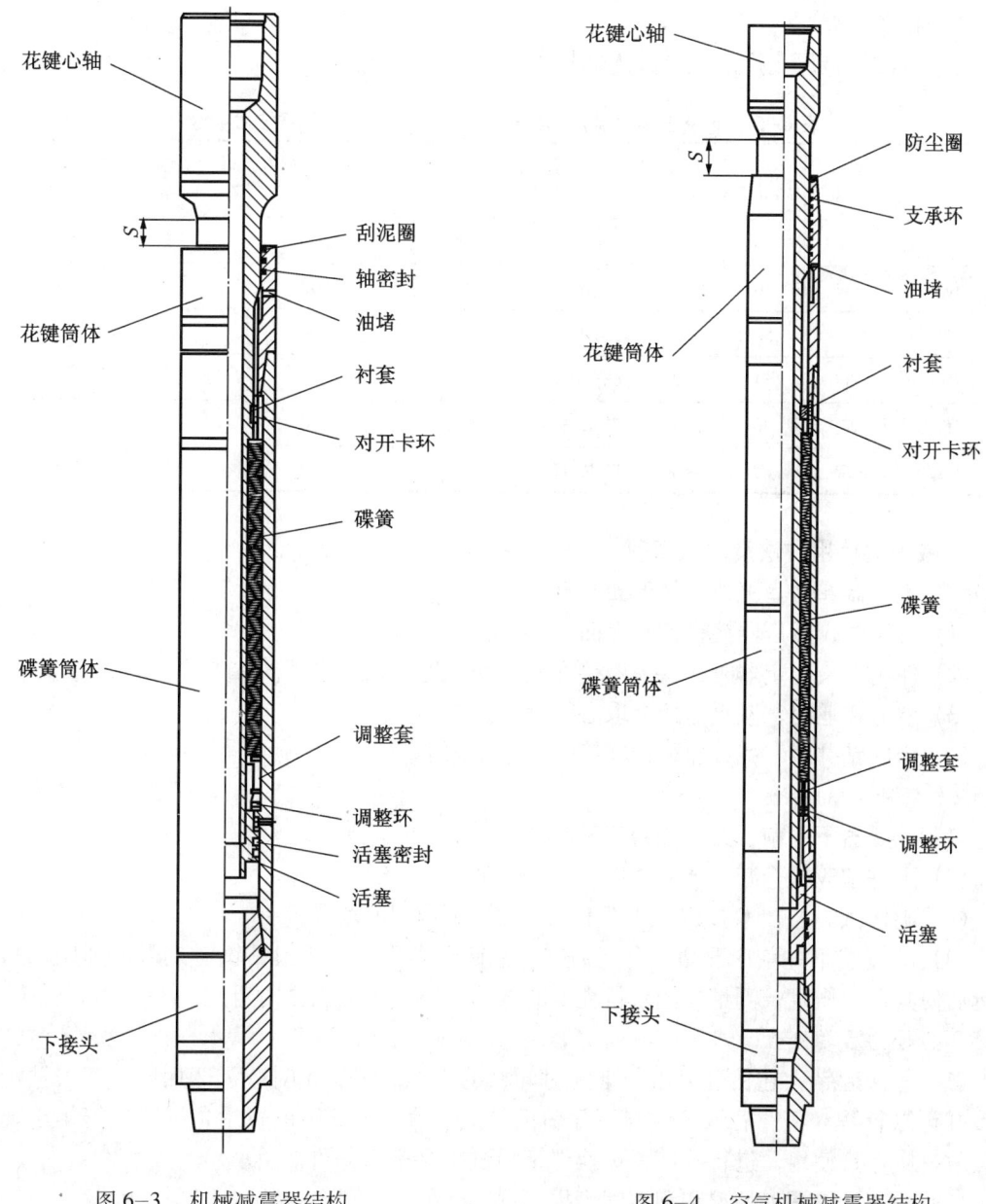

图 6-3 机械减震器结构　　　　图 6-4 空气机械减震器结构

机械减震器的工作原理有以下几点:
(1) 钻压传递:钻压通过花键心轴作用在碟形弹簧上,经碟簧组传递给调整套、调整环、碟簧筒体、下接头及钻头。
(2) 扭矩传递:转盘的扭矩由上部钻柱传递给花键心轴,通过花键心轴与花键筒体的花键传递给碟簧筒体及下接头,从而驱动钻头。
(3) 减震:机械减震器的减震机构主要有花键心轴、碟簧组、调整套和调整环组成。

钻井过程中，钻柱和钻头受到冲击、震动，使轴向负荷发生变化，该负荷使减震器内的碟簧组发生弹性变形，从而吸收钻柱或钻头的冲击、震动能量。当钻头上的冲击和震动负荷减少或消失，随着碟簧组的复原，减震器开始恢复到原来的长度。

6.1.4.2 技术参数

北京石油机械厂生产的机械减震器技术参数见表6-5。

表6-5 北京石油机械厂ZJ系列（空气）机械减震器技术参数

型号	外径 mm	内径 mm	长度 mm	连接螺纹	最大工作压力 kN	允许上提拉力 kN	最大工作扭矩 kN·m	弹性刚度 kN/mm
JZ-H159-I	159	50	3000	4IF	300	1500	15	3.5～5.0
JZ-H165-I	165	50	3000	4IF	300	1500	15	3.5～5.0
JZ-H178-I	178	50	3000	4½IF	350	1500	15	3.5～5.0
JZ-H203-II	203	64	3000	6⅝REG	480	2000	20	4.0～5.5
JZ-H229	229	70	3500	7⅝REG	540	2000	20	4.0～6.5
JZ-H279	279	80	4500	8⅝REG	700	2500	25	5.0～7.5

6.1.5 减震器使用方法及注意事项

6.1.5.1 减震器在钻柱中的连接位置

（1）钻进时，减震器接在钻头上面。
（2）使用钻头稳定器时，减震器接在钻头稳定器与钻铤之间。
（3）取心作业时，减震器接在取心筒上面。
（4）定向钻井时，减震器可接在第一只稳定器上面。

6.1.5.2 下井前的检查

（1）减震器下井前，必须经台架试验合格。
（2）下井前应检查减震器的油堵，不得漏油。
（3）确认减震器技术参数与井下工况和钻井参数相匹配。
（4）减震器下井前应测量工作行程S，在钻台上用1～3根钻铤对减震器加压，卸去钻铤后使其自由恢复，测量并记录行程S的数值，待减震器出井时对比。

6.1.5.3 起钻后的检查

（1）每次起钻，在钻台上用与下井时同样的1～3根钻铤对减震器加压，卸去钻铤后测量并记录行程S值。若该S值与下井前记录的S值相差25mm以上，说明碟簧组出现疲劳失效，应停止使用，进行检修，更换碟簧组试验合格后方可使用。
（2）检查油堵漏油情况和刮泥圈磨损情况。

6.1.5.4 注意事项

（1）了解减震器的结构、性能和使用方法，操作时应平稳，严禁溜钻、顿钻等。
（2）减震器下井工作500h以上，起钻后应拆检维修，否则不得下井使用。
（3）起下钻时，严禁大钳卡在油堵及螺纹端面位置，以防损坏。
（4）减震器上、下钻台及搬运过程中，注意保护螺纹及心轴镀铬部分。
（5）井底有落物或打捞作业时严禁使用。
（6）减震器只适用于牙轮钻头和研磨性取心钻头，严禁用于刮刀钻头。

6.2 水力加压器

贵州高峰石油机械有限责任公司生产的SJQ型水力加压器，是一种在钻井过程中利用循环钻井液的液力给钻头施加钻压的井下工具，主要用于定向井、大位移井、水平井和小井眼井的加压与减震，也适用于普通直井的加压和减震。它具有双行程动作，即一段行程为大钻压工作，另一段行程为小钻压工作。因此除了通过变排量来改变钻压之外，还可以通过改变行程来改变钻压。其主要技术参数见表6-6。

表6-6 贵州高峰石油机械有限责任公司SJQ型水力加压器技术参数

型号	外径 mm	上端螺纹	下端螺纹	闭合总长 mm	活塞级数	工作行程 mm		最大抗拉负荷 kN
						大钻压	小钻压	
SJQ89	89	NC26	NC26	5580	5	0~300	300~500	500
SJQ121	121	NC38	NC38	5580	5	0~300	300~500	1000
SJQ165	165	NC50	NC50	5500	4	0~400	400~700	2000
SJQ229	229	$7^5/_8$REG	$6^5/_8$REG	5100	3	0~500	500~800	4000

6.3 稳定器

6.3.1 型号

稳定器型号表示如下：

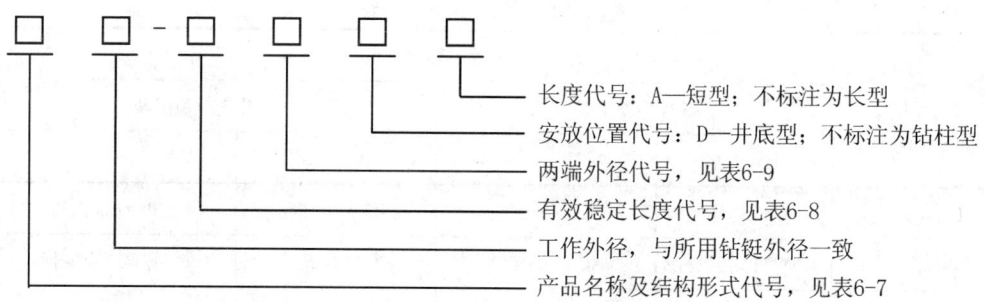

长度代号：A—短型；不标注为长型
安放位置代号：D—井底型；不标注为钻柱型
两端外径代号，见表6-9
有效稳定长度代号，见表6-8
工作外径，与所用钻铤外径一致
产品名称及结构形式代号，见表6-7

表6-7 稳定器结构形式代号

产品名称及结构形式	代号
可换套稳定器	WH
整体螺旋稳定器	WL
整体直棱稳定器	WZ
三滚轮稳定器	WG

表6-8 稳定器长度代号

稳定器	有效稳定长度，mm	代号
三滚轮稳定器	200	2
	300	3
可换套稳定器 整体螺旋稳定器 整体直棱稳定器	400	4
	500	5
	600	6
	700	7
	800	8
	900	9

表6-9 稳定器外径代号

稳定器两端外径，mm（in）	代号
121（4¾）	4
159（6¼）	6
178（7）	7
203（8）	8
229（9）	9

稳定器的连接螺纹见表6-10。

表6-10 稳定器连接螺纹

稳定器 两端外径 mm（in）	两端连接螺纹尺寸和类型			
	钻柱型稳定器		井底型稳定器	
	上端	下端	上端	下端
121（4¾）	NC35内螺纹	NC35外螺纹	NC35内螺纹	3½REG内螺纹
159（6¼）	NC44内螺纹	NC44外螺纹	NC44内螺纹	4½REG内螺纹
	NC46内螺纹	NC46外螺纹	NC46内螺纹	
178（7）	NC50内螺纹	NC50外螺纹	NC50内螺纹	4½REG内螺纹
203（8）	NC56内螺纹	NC56外螺纹	NC56内螺纹	6⅝REG内螺纹
229（9）	NC61内螺纹	NC61外螺纹	NC61内螺纹	7⅝REG内螺纹或外螺纹

6.3.2 整体式螺旋稳定器

6.3.2.1 结构

整体式螺旋稳定器结构如图6-5所示，螺旋稳定器齿形如图6-6所示。

6 常用井下工具

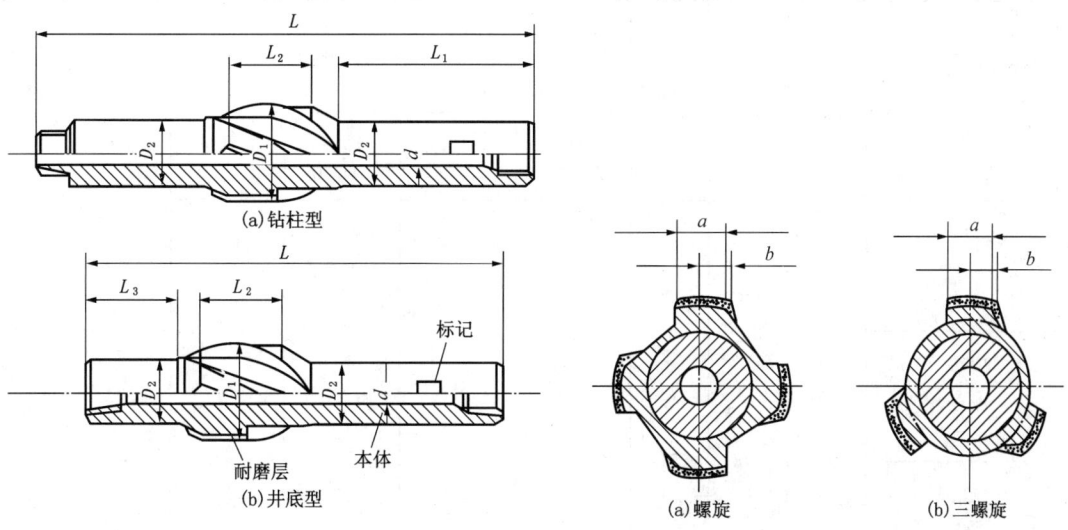

图 6–5 整体式螺旋稳定器

图 6–6 螺旋稳定器齿形（旋向为顺时针）

6.3.2.2 技术参数

整体式螺旋稳定器的规格见表 6–11，断面尺寸见表 6–12。

表 6–11 整体式螺旋稳定器规格

稳定器工作外径 D_1 mm	$L_2 \pm 5$ mm	D_2 mm	d mm	$L \pm 20$，mm				适用钻头直径 mm（in）
				短型		长型		
				井底型 L_3=150	钻柱型 L_1=350	井底型 L_3=300	钻柱型 L_1=700	
152.4 152 151	400 500	121	51	950 1050	1100 1200	1450 1550	1650 1750	152.4（6）
158.7 158 157								158.7（6¼）
165.1 164 163								165.1（6½）
190.5 190 189	400	159	57	950	1100	1450	1650	190.5（7½）
200.0 199 198	500	178	71	1050	1200	1550	1750	200.0（7⅞）

续表

<table>
<tr><th rowspan="3">稳定器工作外径
D_1
mm</th><th rowspan="3">$L_2 \pm 5$
mm</th><th rowspan="3">D_2
mm</th><th rowspan="3">d
mm</th><th colspan="4">$L \pm 20$，mm</th><th rowspan="3">适用钻头直径
mm（in）</th></tr>
<tr><th colspan="2">短　型</th><th colspan="2">长　型</th></tr>
<tr><th>井底型
L_3=150</th><th>钻柱型
L_1=350</th><th>井底型
L_3=300</th><th>钻柱型
L_1=700</th></tr>
<tr><td>212.7
212
211</td><td>400</td><td>159</td><td>57</td><td>950</td><td>1100</td><td>1450</td><td>1650</td><td>212.7（8³/₈）</td></tr>
<tr><td>215.9
215
214</td><td>500</td><td></td><td></td><td>1050</td><td>1200</td><td>1550</td><td>1750</td><td>215.9（8½）</td></tr>
<tr><td>222.2
221
220</td><td>600</td><td>178</td><td>71</td><td>1150</td><td>1300</td><td>1650</td><td>1850</td><td>222.2（8¾）</td></tr>
<tr><td>241.3
240
239</td><td>400</td><td></td><td></td><td>950</td><td>1100</td><td>1450</td><td>1650</td><td>241.3（9½）</td></tr>
<tr><td>244.5
244
243</td><td>500</td><td>178</td><td>71</td><td>1050</td><td>1200</td><td>1550</td><td>1750</td><td>244.5（9⁵/₈）</td></tr>
<tr><td>250.8
250
249</td><td>600</td><td></td><td></td><td>1150</td><td>1300</td><td>1650</td><td>1850</td><td>250.8（9⁷/₈）</td></tr>
<tr><td>311.1
310
309</td><td>500
600
700</td><td>203</td><td></td><td>1150
1250
1350</td><td>1300
1400
1500</td><td>1750
1850
1950</td><td>1950
2050
2150</td><td>311.1（12¼）</td></tr>
<tr><td>444.4
443
441</td><td>500
600
700</td><td>229</td><td>76</td><td>1350
1450
1550</td><td>1500
1600
1700</td><td>1950
2050
2150</td><td>2150
2250
2350</td><td>444.5（17½）</td></tr>
<tr><td>660.4
658
655</td><td>700
800
900</td><td>229</td><td></td><td>1950
2050
2150</td><td>2100
2200
2300</td><td>2550
2650
2750</td><td>2750
2850
2950</td><td>660.4（26）</td></tr>
</table>

6.3.3 可换套稳定器

6.3.3.1 WH 型可换套稳定器

WH 型可换套稳定器的结构如图 6–7 所示，技术参数见表 6–13。

6.3.3.2 WHG 型可换套滚子稳定器

WHG 型可换滚子稳定器的结构如图 6–8 所示，技术参数见表 6–14。

表 6-12　螺旋稳定器断面尺寸

稳定器工作外径 mm	四螺旋，mm		三螺旋，mm	
	a	b	a	b
152.4（152.0，151.0）	40	23	50	28
158.7（158.0，157.0）				
165.1（164.0，163.0）				
190.5（190.0，189.0）	50	28	60	33
200.0（199.0，198.0）				
212.7（212.0，211.0）				
215.9（215.0，214.0）				
222.2（221.0，220.0）				
241.3（240.0，239.0）	60	33	70	38
244.5（244.0，243.0）				
250.8（250.0，249.0）				
311.2（310.0，309.0）	80	43	90	48
444.4（443.0，442.0）	110	58	120	63

注：螺旋表面镶嵌硬质合金时无 b 尺寸。

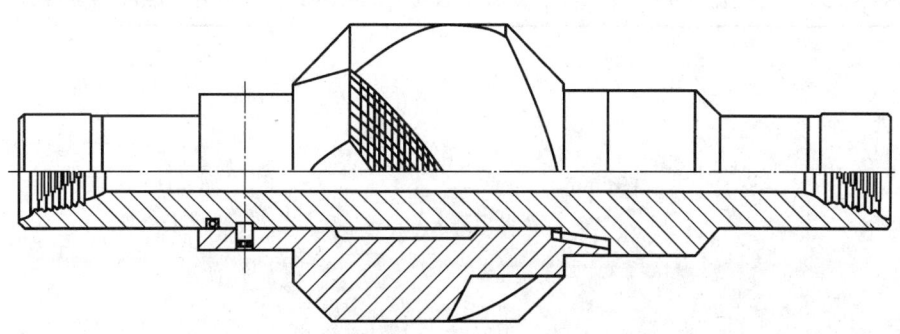

图 6-7　WH 型可换套稳定器

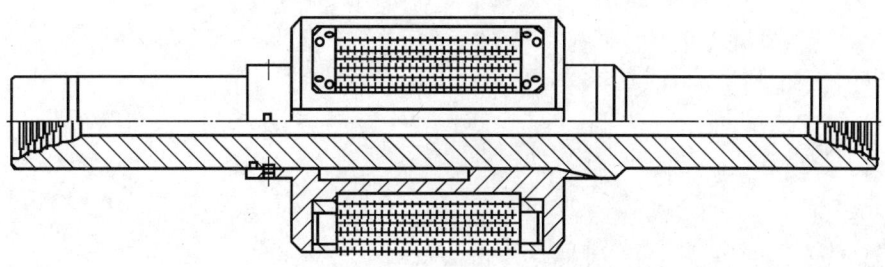

图 6-8　WHG 型可换套滚子稳定器

表 6-13　贵州高峰石油机械有限责任公司 WH 型可换套稳定器技术参数

工作外径 mm	内径 mm	有效稳定长度		适用钻头直径 mm (in)	心轴两端外径		钻柱型			井底型		
		尺寸 mm	代号		尺寸 mm (in)	代号	上端螺纹	下端螺纹	总长 mm	上端螺纹	下端螺纹	总长 mm
311.2	71.4	400	4	311.2 (12¼)	210 (8¼)	8	NC61	NC61	1880	NC61	6⅝REG	1626
406.4	76	400	4	406.4 (16)	241 (9)	9	7⅝REG	7⅝REG	2108	7⅝REG	7⅝REG	1854
558.8	76	400	4	558.8 (22)	241 (9)	9	7⅝REG	7⅝REG	2108	7⅝REG	7⅝REG	1854
609.6	76	300	3	609.6 (24)	241 (9)	9	7⅝REG	7⅝REG	2108	7⅝REG	7⅝REG	1854
711.2	76	300	3	711.2 (28)	241 (9)	9	7⅝REG	7⅝REG	2108	7⅝REG	7⅝REG	1854

表 6-14　贵州高峰石油机械有限责任公司 WHG 型可换套稳定器技术参数

工作外径 mm	内径 mm	有效稳定长度		适用钻头直径 mm (in)	心轴两端外径		钻柱型			井底型		
		尺寸 mm	代号		尺寸 mm (in)	代号	上端螺纹	下端螺纹	总长 mm	上端螺纹	下端螺纹	总长 mm
311.2	71.4	300	3	311.2 (12¼)	210 (8¼)	8	NC61	NC61	2000	NC61	6⅝REG	1800
406.4	76	400	4	406.4 (16)	241 (9)	9	7⅝REG	7⅝REG	2600	7⅝REG	7⅝REG	2400
558.8	76	400	4	558.8 (22)	241 (9)	9	7⅝REG	7⅝REG	2600	7⅝REG	7⅝REG	2400
609.6	76	400	4	609.6 (24)	241 (9)	9	7⅝REG	7⅝REG	2600	7⅝REG	7⅝REG	2400
711.2	76	400	4	711.2 (28)	241 (9)	9	7⅝REG	7⅝REG	2600	7⅝REG	7⅝REG	2400

7 井下事故处理工具

7.1 震击器和震击加速器

7.1.1 分类与命名

震击器按工作状况可分为随钻震击器和打捞震击器；按震击原理可分为液压震击器、机械震击器和自由落体震击器；按震击方向可分为上击器、下击器和双向震击器。震击加速器的分类与命名与震击器基本相同。

震击器和加速器的命名和型号编制方法如下：

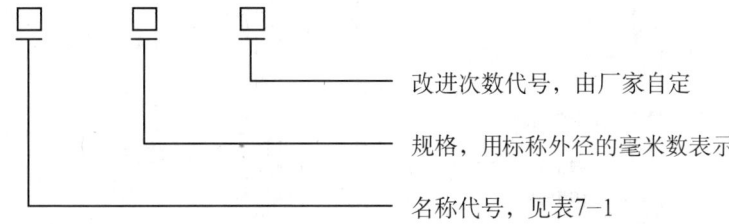

表 7-1 震击器和震击加速器的名称代号示例

产 品 名 称	名称代号	意 义
超级上击器	CS	C—超级；S—上击
地面下击器	DX	D—地面；X—下击
开式下击器	KX	K—开式；X—下击
闭式下击器	BX	B—闭式；X—下击
液压上击器	YS	Y—液压；S—上击
机械上击器	JS	J—机械；S—上击
随钻上击器	SSJ	第一个S—随钻；SJ—上击
随钻下击器	SX	S—随钻；X—下击
整体式随钻震击器	ZS	Z—整体；S—随钻
全机械式随钻震击器	QJ	QJ—全机械式
震击加速器	ZJS	ZJS—震击加速器

7.1.2 随钻震击器

7.1.2.1 整体式随钻震击器

1. 全机械整体式随钻震击器

1) 结构和工作原理

随钻震击器（图 7-1）释放力的产生主要由卡瓦机构、弹性机构和打击机构来完成。其中弹性机构用于储能，卡瓦机构在达到极限位置时突然张开，使卡瓦心轴突然释放，打击面产生打击，从而在钻柱中产生震击力。调节机构可准确、稳定地调节释放力的大小。

全机械整体式随钻震击器出厂及正常工作时处于复位状态，卡瓦的内棱带嵌入卡瓦心轴的沟槽内，此时卡瓦"抱紧"卡瓦心轴，如图 7-2 所示。由于卡瓦被其两侧的弹性套限位不能移动，从而使卡瓦心轴也不能轴向移动。震击作业时，上提或下压钻柱，弹性机构受力开始变形，卡瓦与卡瓦套之间生产相对位移，此过程为储能过程（钻柱被拉伸或压缩产生弹性变形）。当钻柱对随钻震击器的拉力或压力达到释放力时，卡瓦外棱带进入卡瓦套内棱带的沟槽，卡瓦突然张开，使心轴突然释放，心轴在钻柱拉力或压力的作用下从卡瓦中迅速拉出。此时，被拉伸（或压缩）的钻柱突然收缩（或伸长），钻柱储存的能量瞬时释放，产生强烈的震击力。

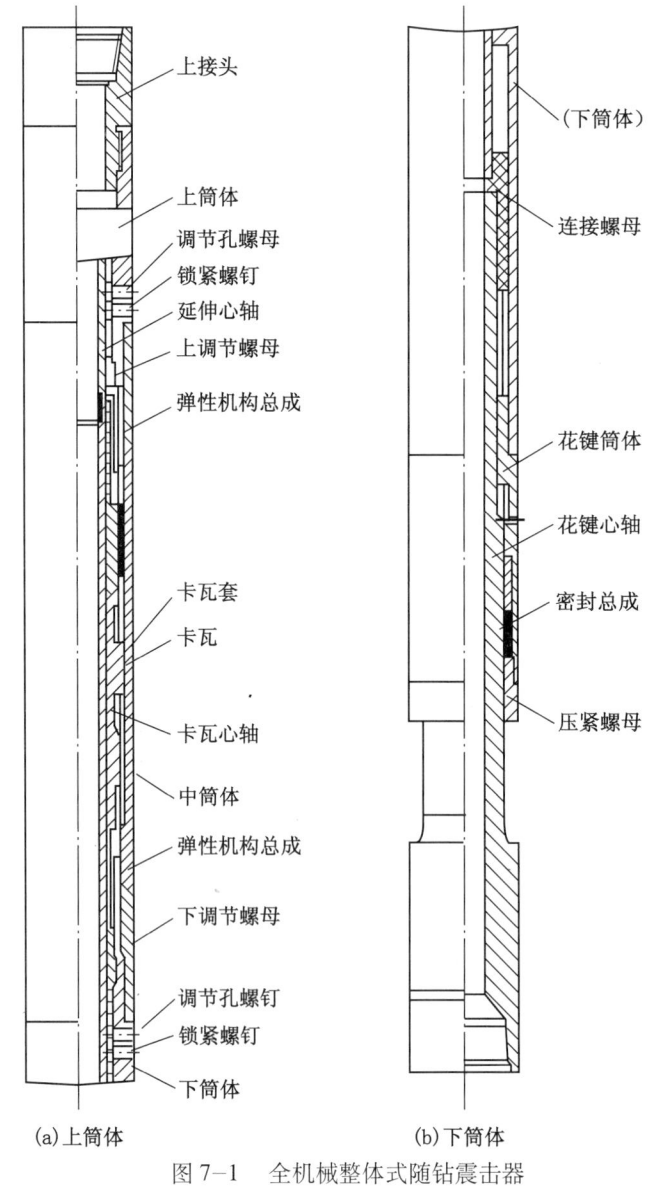

图 7-1 全机械整体式随钻震击器

7 井下事故处理工具

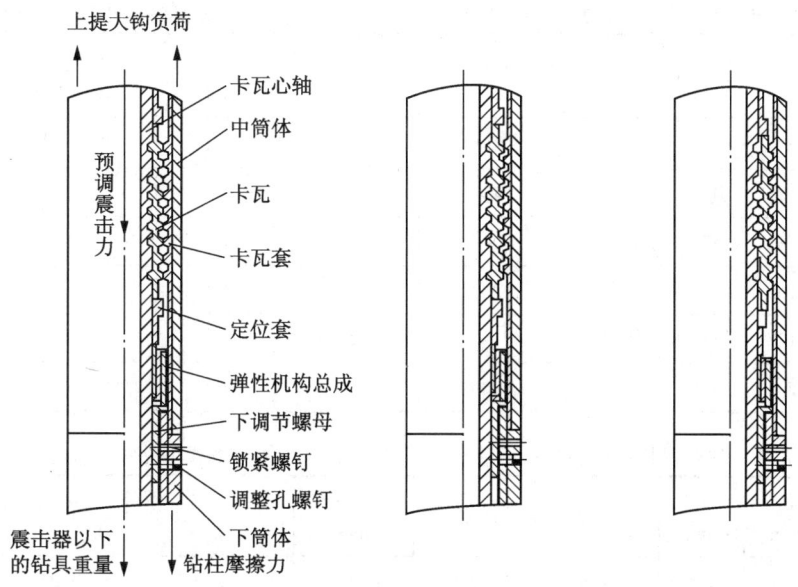

图 7-2 全机械整体式随钻震击器工作原理示意图

通过调节螺母可以调节随钻震击器释放力的大小，调节时仅需拆下锁紧螺钉和调整孔螺钉，用调节扳手拨动调节螺母，使调节螺母整体沿螺纹旋转，产生轴向位移，达到调节释放力的目的。

2）技术参数

部分国产全机械整体式随钻震击器技术参数见表 7-2 至表 7-4。

表 7-2 北京石油机械厂全机械整体式随钻震击器技术参数

型　　号		QJ120A-I	QJ159A	QJ165A	QJ178A	QJ203A	QJ229A
外径，mm		120	159	165	178	203	229
内径，mm		45	57	57	57	70	70
最大释放力 kN	上击	500	700	750	800	900	1100
	下击	300	400	400	500	550	600
出厂标定释放力 kN	上击	400±20	600±30	650±30	700±30	800±40	1000±50
	下击	250±20	350±20		350±30	400±30	500±40
最大抗拉负荷，kN		1200	1500	1500	1800	2200	2500
最大工作扭矩，kN·m		12	14	14	15	18	20
长度，mm		5646	5640	5640	5790	5800	5800
泵开面积，cm²		46.65	83.84	83.84	107.21	138.23	188.49
连接螺纹		3½IF	4½IF			6⅝REG	7⅝REG

表 7-3　贵州高峰石油机械有限责任公司 JZ 型全机械整体式随钻震击器技术参数

型　号	外径 mm	内径 mm	接头螺纹	最大抗拉载荷 kN	最大工作扭矩 kN·m	泵开面积 cm^2	上击行程 mm	下击行程 mm	总长 mm
JZ95	95	28	$2^7/_8$REG	800	8	32	200	200	5800
JZ121	121	51.4	NC38	1400	13	60	198	205	6343
JZ159 Ⅲ	159	57	NC46	2200	15	100	149	166	6517
JZ165	165	57	NC50	2200	15	100	149	166	6517
JZ178	178	57	NC50	2300	15	100	147.5	167.5	6570
JZ203	203	71.4	$6^5/_8$REG	2500	20	176	144.5	176.5	7244

表 7-4　贵州高峰石油机械有限责任公司 JSZ 型全机械整体式随钻震击器技术参数

型　号	外径 mm	内径 mm	接头螺纹	上击行程 mm	下击行程 mm	最大上震击力 kN	最大下震击力 kN	总长 mm
JSZ159	159	63.5	NC50	227	152	630	360	4223
JSZ203	203	71	$6^5/_8$REG	232	226	820	460	4904

3）使用方法

（1）震击器在钻柱中的位置。

全机械整体式随钻震击器在钻柱组合中的位置应尽量避免放在中和点，合理的位置是在钻柱中和点以下，使震击器受到的钻柱压力与其开泵形成的压力相当。

①配置在钻具组合的下部（受压）。

这时震击器应装在下部钻具组合顶部稳定器以上至少间隔一根钻铤的位置。

②配置在下部钻具组合的上部（受拉）。

如果预计钻铤会发生粘附卡钻，则震击器应位于下部钻具组合中足够高的位置。其缺点是如果钻头和稳定器被卡，震击器和卡点之间的距离太大会降低震击效果。具体可参见分体式随钻震击器的安装位置。

（2）操作方法。

①向上震击。

a. 记录原悬重和原悬重状态下的方入。

b. 下压钻柱 50 ~ 100kN，关闭上击器。

c. 上提钻柱使震击器达到预定大钩载荷，刹住刹把待震击器向上震击。

d. 下放钻具，直到锁紧机构重新锁紧。

重复上述过程则可实现连续上击。上击时，预定大钩载荷按下式计算：

$$G = G_1 + G_2 + G_3 - G_4$$

式中　G——预定大钩载荷，kN；

G_1——震击器以上钻柱悬重，kN；

G_2——钻柱摩擦力，kN；

G_3——标定上击释放力，kN；

G_4——开泵力，kN。

② 向下震击。

下放钻柱达到大钩预定载荷，震击器将产生向下震击。若需要重复下击，则必须上提钻柱到原锁紧位置，再次下放钻柱下击。重复上述过程可实现连续下击。下击时大钩载荷按下式计算：

$$G = G_1 - G_2 - G_3 - G_4$$

式中　G——预定大钩载荷，kN；

　　　G_1——震击器以上钻柱悬重，kN；

　　　G_2——钻柱摩擦力，kN；

　　　G_3——标定下击释放力，kN；

　　　G_4——开泵力，kN。

③ 钻柱摩擦力 G_2、开泵力 G_4 的计算方法。

a. 钻柱摩擦力 G_2：是指钻具和井壁之间的摩擦力。其经验数据是 50～200kN，与钻柱组合、钻井液情况、井身结构等有关。

b. 开泵力 G_4：正常循环时，钻柱内钻井液压力对震击器的作用力。这个力将使震击器拉开，因此计算上击或下击时的大钩悬重均要减去开泵力。

$$G_4 = P \times A/10；$$

式中　G_4——开泵力，kN；

　　　P——泵压，MPa；

　　　A——震击器泵开面积，cm^2。

举例 QJ120A 随钻震击器的泵开面积为 46.65cm^2，泵压为 15MPa 时，计算得开泵力为 70kN。

2. 液压整体式随钻震击器

贵州高峰石油机械有限责任公司 YSZ 型液压随钻震击器属整体式随钻震击器，上击采用液压工作原理，可由提拉速度的变化获得不同的上击力。下击为自由落体，其震击力的大小由震击器以上钻具的重力决定。主要技术参数见表 7-5。

表 7-5　贵州高峰石油机械有限责任公司 YSZ 型液压整体随钻震击器技术参数

型号	外径 mm	水眼 mm	接头螺纹	总长 mm	拉开行程 mm	最大工作扭距 kN·m	最大抗拉载荷 kN	最大震击力 kN	出厂标定震击力 kN
YSZ121	121	50	NC38	5757	650	13	1400	300	200
YSZ159Ⅱ	159	57	NC50	6435	700	15	2000	700	350
YSZ178	178	60	NC50	6425	700	15	2000	700	350
YSZ203	203	70	6⅝REG	6446	700	18	2300	800	450

7.1.2.2　分体式随钻震击器

分体式随钻震击器由随钻上击器和随钻下击器两个独立的震击器组成，其中上击器为液压式震击器，下击器为机械式震击器。两者既可以配套使用，也可以单独使用。

1. 结构与工作原理

上击器结构如图 7-3 所示；下击器结构如图 7-4 所示。

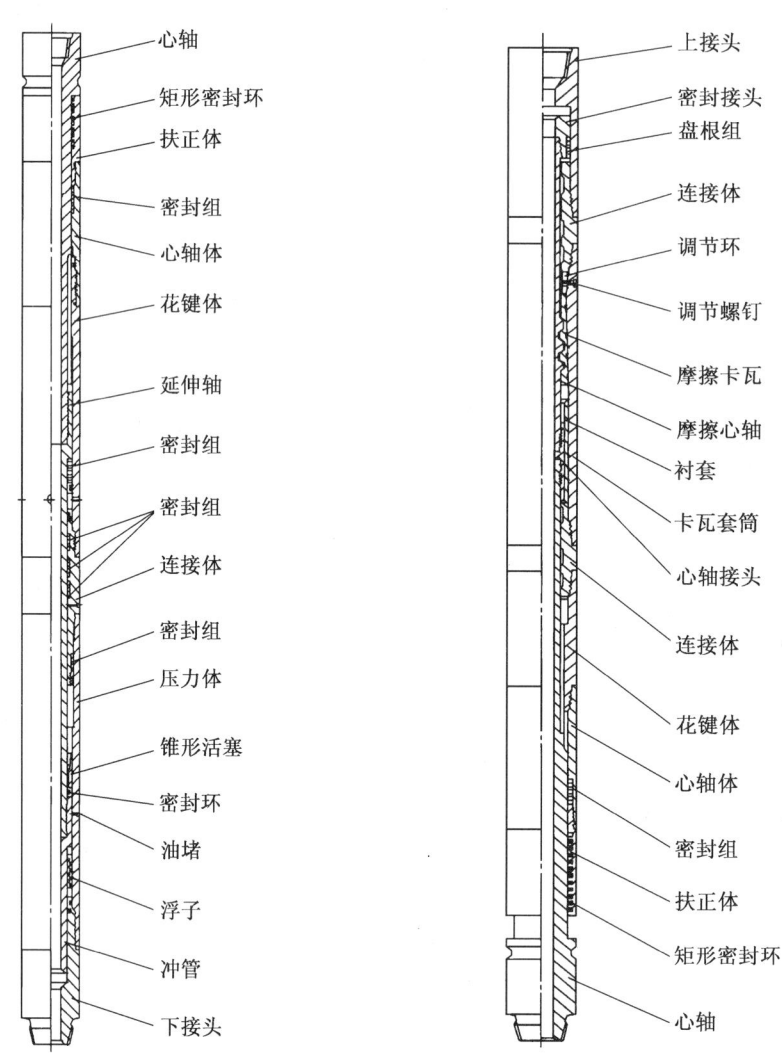

图 7-3　随钻上击器结构示意图　　图 7-4　随钻下击器结构示意图

1）上击器的工作原理

上击器一般为拉开状态，锥形活塞在压力体中处于释放位置（卸荷腔）。需要向上震击时，首先下放钻柱，使上击器的心轴向下移动，将锥形活塞推入压力体的工作腔，当心轴下台肩与浮子体的端面贴合时，上击器完全闭合（即复位）。注意此时钻柱向下的作用力不得超过下击器的释放力，否则下击器将产生向下震击（误击）。

上击器闭合后，上提钻柱使上击器心轴向上运动，锥形活塞随之上移，由于液压油的阻尼作用，锥形活塞移动受阻，因而上击器以上的钻柱受拉伸产生弹性变形（伸长）。当锥形活塞缓慢到达压力体的卸荷腔的瞬间，由于液压油突然泄荷，心轴在上击器以上钻柱弹性变形产生的回力作用下，高速向上运动。直到延伸轴的上端面撞击到花键体的台肩面上，使上击器以下的管柱受到强烈的向上震击。平稳地下放钻柱至下击器重新闭合，上提钻柱重复上述过程即可以进行多次上击。

2）下击器的工作原理

在钻进过程中，随钻下击器一般处于拉开状态，摩擦心轴与摩擦卡瓦脱离。需要向下震击时，下放钻柱使下击器的摩擦卡瓦向下移动，由于卡瓦上的内棱带径向尺寸小于摩擦心轴的外棱带径向尺寸，使摩擦卡瓦的向下运动受阻，上部钻柱的部分重力施加到下击器上。继续下放钻柱，当施加在下击器上的重力达到预先调定的释放力时，摩擦卡瓦从摩擦心轴的外棱带上滑脱而突然释放，下击器外部的花键体和心轴等组合件，在上部的部分钻柱的重力作用下急剧下行。当扶正体端面撞击到心轴台肩时，对下击器以下的管柱产生向下震击。平稳地上提钻柱使下击器重新拉开，下放钻柱重复上述过程即可进行多次下击。

2. 技术参数

部分国产分体式随钻震击器的技术参数见表7-6、表7-7。

表7-6 北京石油机械厂分体式随钻震击器技术参数

震击器型号	SS159	SX159	SS165-I	SX165-I
外径，mm	159	159	165	165
内径，mm	70	70	70	70
密封压力，MPa	30	30	30	30
最大工作扭矩，kN·m	14	14	14	14
最大抗拉载荷，kN	1500	1500	1500	1500
最大释放力（±20%），kN	700	350	700	350
标定释放力，kN	300～450	180～250	300～450	180～250
拉开行程，mm	343	198	343	343
泵开面积，cm^2	38.09	87.58	38.09	87.58
长度，mm	5600	5200	5600	5200
连接螺纹	4½IF	4½IF	4½IF	4½IF

表7-7 贵州高峰石油机械有限责任公司 ZSJ/ZXJ 型随钻震击器技术参数

型　号	ZSJ46 ZXJ46	ZSJ56 ZXJ56	ZSJ62 II ZXJ62 II	ZSJ64 ZXJ64	ZSJ70 ZXJ70	ZSJ76 ZXJ76	ZSJ80 ZXJ80
外径，mm	121	146	159	165	178	197	203
内径，mm	51	57	57	57	70	71.4	71.4
接头螺纹	NC38	4½FH	NC46	NC50	5½FH	6⅝REG	6⅝REG
最大抗拉负荷，kN	1400	2000	2200	2200	2300	2500	2500
最大工作扭矩，kN·m	13	15	15	15	15	18	20
最大上击力，kN	270	450	550	550	550	750	750
最大上击行程，mm	305	330	346	346	346	370	370
最大下击力，kN	250	400	550	550	550	600	600
最大下击行程，mm	182	182	182	182	182	181	181
最大工作温度，℃	180	180	180	180	180	180	180
上击器总长，mm	6391	5738	6738	6736	6359	6670	6597
下击器总长，mm	5125	5000	5371	5457	5457	5249	5249

3. 使用方法

1) 下井前的检查

随钻震击器下井前，应首先检查确认以下事项：

(1) 上击器和下击器在下井前均应处于拉开状态。

(2) 检查下击器的标定释放力，确认其不超过下击器上部钻柱重力的 1/3～1/2。

(3) 确认震击器壳体各部位连接螺纹已按规定力矩旋紧。

(4) 检查上击器油堵和下击器调节螺钉是否上紧。

2) 震击器在钻柱中的位置

(1) 直井：钻头 + 钻铤 + 随钻震击器 + 钻铤（30～60m，直径不大于震击器外径）+ 钻杆。

(2) 定向井：钻头 + 钻铤 + 加重钻杆（10～30m）+ 随钻下击器 + 加重钻杆（10～30m）+ 随钻上击器 + 钻铤（25～60m，直径不大于震击器外径）+ 钻杆。

震击器下部钻铤的重力应大于预定的钻压，使震击器在受拉状态下工作。

3) 起下钻作业

(1) 起下钻过程中，不得用大钳或吊装工具卡在心轴拉开部位，以免损坏心轴的电镀表面。

(2) 下钻时应严格控制下放速度，防止在井眼缩径处遇阻导致下击器误击。若已经产生下击，可向上轻提钻柱，使卡瓦回位，暂停作业数分钟。震击器在井内以及起、下钻过程中始终处于拉开状态。

(3) 井径小的地方遇阻造成上击器关闭时，应轻提钻具，并静止悬吊钻具 5～10min，使锥形活塞回到卸荷腔。

4) 正常钻进

随钻震击器在正常钻进过程中应处于受拉状态，即上击器和下击器均被拉开。

震击器也可以在受压情况下钻进，但其压力不能超过下击器下井前标定释放力的一半。在受压钻进时上击器可能关闭。上提钻柱时在下部钻柱重力的作用下，有可能产生轻微向上震击。无论震击器在受拉或受压状态下钻进，都必须均匀送钻，严防溜钻或顿钻。

5) 向上震击作业

需要向上震击时，首先下放钻柱，对上击器加压 40～60kN，使上击器复位。然后上提钻柱到预定悬重，刹住刹把等待向上震击。震击力的大小可以通过提升负荷和提升速度控制。上击作业大钩预定载荷一般不得超过上击器以上钻柱重力与上击器最大释放力之和，可按下式计算：

$$G = G_1 - G_2 + G_3 + G_4 + G_5 - G_6$$
$$G_6 = P \times A/10$$

式中 G——上击时大钩预定载荷，kN；

G_1——钻柱悬重，kN；

G_2——上击器以下钻柱的重力，kN；

G_3——震击器的释放力，kN；

G_4——指重表误差，约为上击力的 5%～10%，kN；

G_5——摩擦阻力，在定向斜井中影响大，约为上拉力的 10%～20%，kN；

G_6——开泵力，kN；

P——泵压，MPa；

A——泵开面积，cm^2。

6) 向下震击作业

需要向下震击时，先下放钻柱，使下击器承受的钻柱重力超过下击器予调释放力，震击器将产生下击。应记录震击时的悬重。震击后，用最低提升速度上提钻柱，直至悬重超过下击器上部钻柱重力 50～100kN，使下击器复位（拉开）。

4. 故障排除

1) 上击器不震击

(1) 上击器未能完全闭合（复位）。可以增加向下载荷或停止循环钻井液，使上击器闭合（复位）。

(2) 井温过高。震击器内部液压油粘度下降导致震击效果不明显。

(3) 上击器锥形活塞的泄油槽可能被堵塞。此时应拉开上击器，并在短时间内迅速上提、下放几次，如无效则起钻更换。

(4) 行程到位不震击，可能是震击器压力腔内出现油液漏失。应起钻更换、加注新油。

(5) 锥形活塞过度磨损。应起出上击器进行检修并更换零件。

2) 下击器不震击

(1) 井深或井眼曲率大等原因，导致井眼摩擦阻力大，钻柱重力没有传递到震击器上，逐渐加压至震击为止。

(2) 下击器处于闭合状态，没有复位，应重新上提钻柱使其复位（拉开）。

(3) 下击器卡瓦副因过度摩擦而咬合，提出下击器检修。

7.1.3 打捞震击器

7.1.3.1 液压上击器

液压上击器的结构和工作原理与前述分体式随钻液压上击器基本相同，结构如图 7-5 所示，技术参数见表 7-8，使用方法如下。

(1) 钻具组合有以下两种。

①打捞作业：打捞工具＋安全接头＋液压上击器＋钻铤（3～6 根）＋加速器＋钻杆。

②取心作业：取心筒＋钻铤＋安全接头＋液压上击器＋钻杆。

(2) 操作方法与分体式随钻液压上击器相同。

7.1.3.2 超级液压上击器

1. 结构

北京石油机械厂超级液压上击器结构如图 7-6 所示，贵州高峰石油机械有限责任公司超级液压上击器如图 7-7 所示。

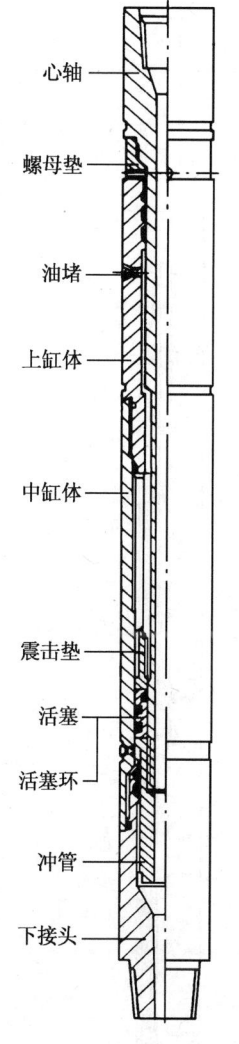

图 7-5　YSJ 液压上击器

表 7-8 贵州高峰石油机械有限责任公司 YSJ 型液压上击器技术参数

型 号	外径 mm	内径 mm	接头螺纹	最大工作扭矩 kN·m	最大震击提拉负荷 kN	最大行程 mm	环境温度 ℃	密封压力 MPa	总长 mm
YSJ 44	114	38	2⁷⁄₈REG	4.9	200	288	−40～150	15	1986
YSJ 46	121	38	NC38	7.8	300	290	−40～150	15	2114
YSJ 62	159	57	NC50	15.0	710	379	−40～150	15	2690
YSJ 70 Ⅲ	178	60	5½FH	19.6	750	379	−40～150	15	2616
YSJ 80	203	78	6⁵⁄₈REG	20.0	750	382	−40～150	15	2616

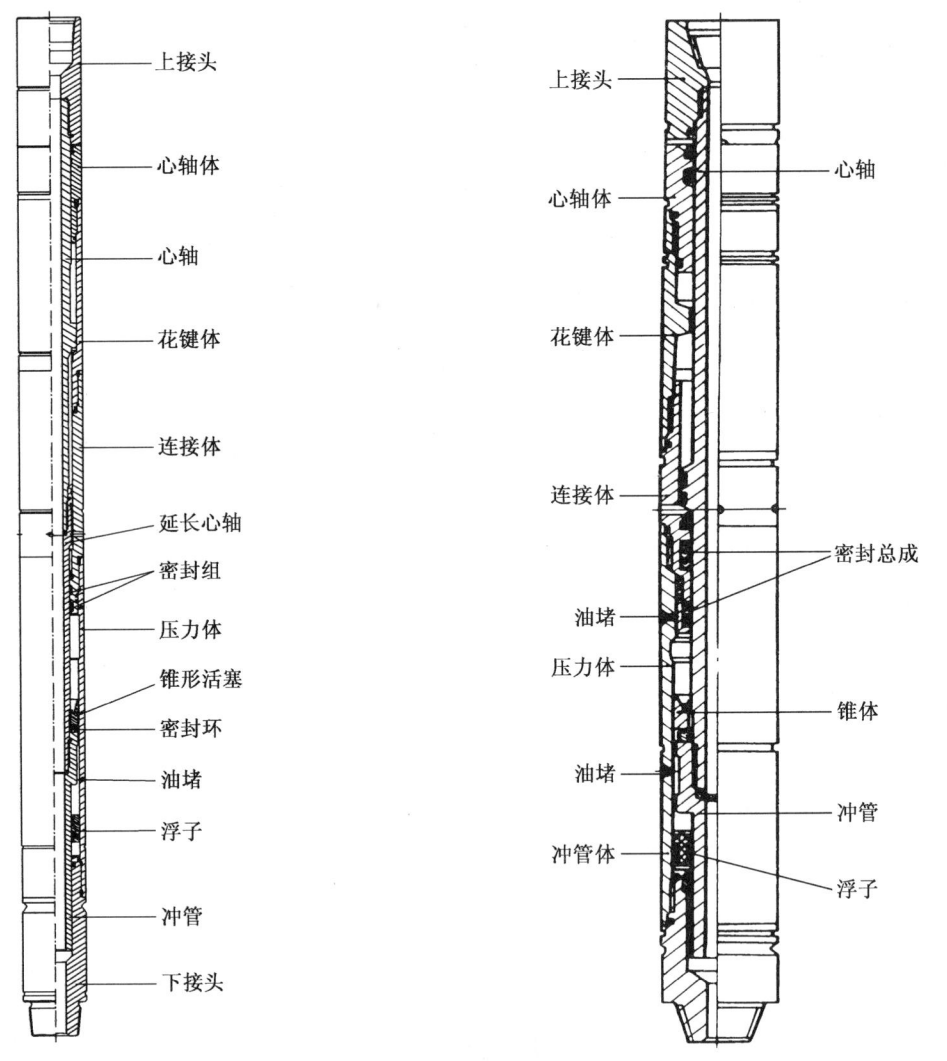

图 7-6 北京石油机械厂超级液压上击器

图 7-7 贵州高峰石油机械有限责任公司超级液压上击器

2. 技术参数

部分国产超级液压上击器技术参数见表 7-9、表 7-10。

表7-9　北京石油机械厂CS型超级液压上击器技术参数

	CS121	CS159	CS165	CS178	CS203
外径，mm	121	159	165	178	203
内径，mm	45	57	57	60	70
密封压力，MPa	20	30	30	30	30
最大工作扭矩，kN·m	8	15	15	15	25
最大抗拉负荷，kN	900	1500	1600	1800	2200
最大释放力，kN	350	700	700	800	1000
出厂标定释放力，kN	200	440	440	350~550	540
拉开行程，mm	310	320	320	320	320
拉开长度，mm	3710	4400	4400	4450	4750
泵开面积，cm^2	22.93	33.92	33.92	36.69	48.10
接头螺纹	3½IF	4½IF	4½IF	5½FH	6¾REG
耐温，℃			120		

表7-10　贵州高峰石油机械有限责任公司CSJ型超级液压上击器技术参数

型　号	CSJ46	CSJ62	CSJ70	CSJ76
外径，mm	121	159	178	197
内径，mm	51	57	60	78
总长，mm	3980	4080	4130	4450
拉开行程，mm	305	320	320	330
最大工作扭矩，kN·m	9.8	14.7	14.7	19.8
最大提拉力，kN	400	700	900	1200
最高工作温度，℃	150	120	120	120
质量，kg	340	420	480	560
接头螺纹	NC38	NC50	5½FH	6⅝REG

7.1.3.3　液压加速器

液压加速器又叫震击加速器，与打捞液压上击器及超级液压上击器配合使用，接在上击器上面，中间加3~6根钻铤。工作时能对其下方的钻铤和上击器心轴起加速作用，使之对卡点产生强大的震击力，同时它又能吸收部分弹性能，减少上部钻具的反弹震动。

1. 结构

液压加速器的结构与液压上击器的结构基本相同，如图7-8所示。两者的主要区别有以下几点：

(1) 液压上击器是单向密封，即上行密封，下行不密封；液压加速器是双向密封。

(2) 液压上击器有卸载槽，液压加速器没有卸载槽，只是一个弹性储能器。

(3) 液压加速器的总体长度比液压上击器长，油腔可储更多的油。储能量与储油量成正比。

2. 工作原理

工作之前，液压加速器活塞处于油腔下部，即闭合位置。上击时，由于液压上击器心轴以上钻具受拉力发生弹性伸长，同时加速器油腔内可压缩液压油被压缩，两者均产生弹性势能。当上击器活塞到达卸载位置时，上击器的约束解除，上击器以上受拉钻柱在其弹性势能作用下带动上击器心轴快速上行。与此同时，加速器油腔里的液压油弹性势能加速了上击器心轴及其上方的钻具上行速度，从而提高了震击力。

3. 技术参数

贵州高峰石油机械有限责任公司液压加速器技术参数见表7–11。

7.1.3.4 机械上击器

机械上击器（图7–9）是采用摩擦副工作原理的一种井下震击工具，运动部件都密封在一个油腔内，工作可靠，释放力可以在井内调节。

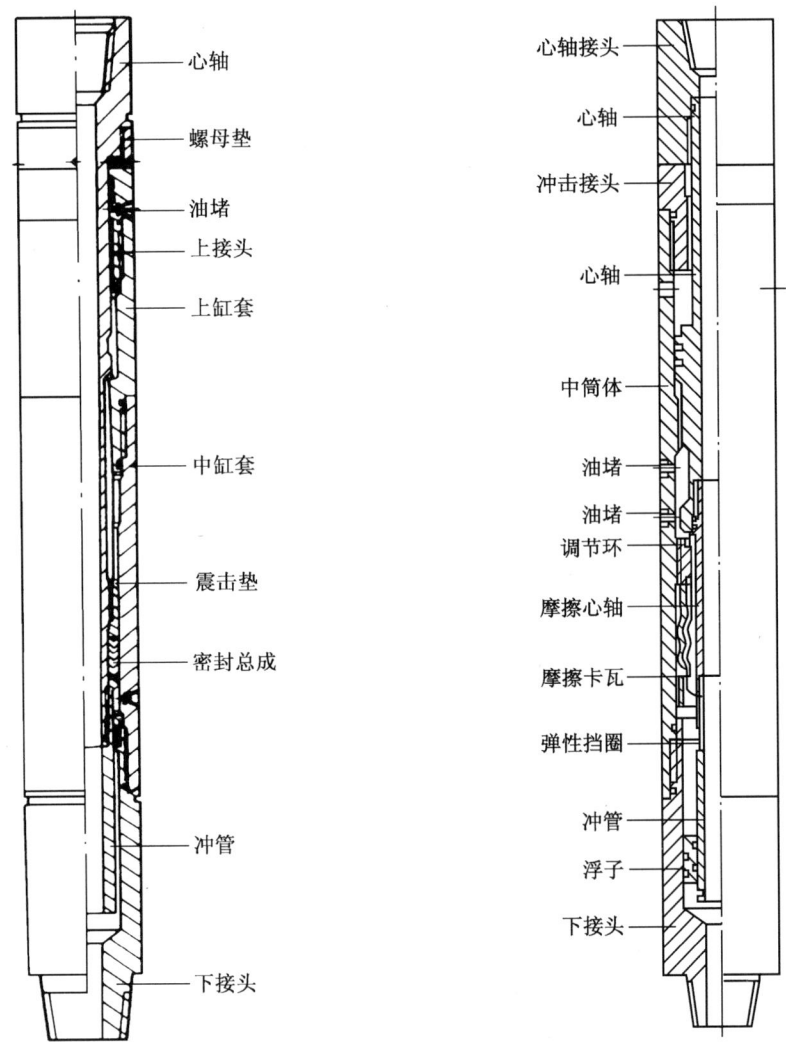

图7–8 液压加速器　　　　图7–9 机械上击器

1. 结构和工作原理

机械上击器由以下部分组成。

表 7-11 贵州高峰石油机械有限责任公司液压加速器技术参数

型 号	外径 mm (in)	内径 mm (in)	接头螺纹	最大抗拉负荷 kN	拉开全行程力 kN	最大行程 mm
YJQ73	73 (2⅞)	20 (1³⁄₁₆)	2⅜TBG	400	78~118	218
YJQ89	89 (3½)	28 (1³⁄₃₂)	NC26	600	127~167	218
YJQ95	95 (3¾)	32 (1¼)	2⅜REG	800	147~196	330
YJQ102	102 (4)	32 (1¼)	2¾REG	800	196~245	330
YJQ108	108 (4¼)	32 (1¼)	NC31	800	310~370	330
YJQ114	114 (4½)	38 (1½)	NC31	780	245~294	216
YJQ121	121 (4¾)	38 (1½)	NC38	980	294~343	234
YJQ146	146 (5¾)	51 (2)	NC40	1300	343~392	330
YJQ159	159 (6¼)	57 (2¼)	NC50	1270	607~657	338
YJQ178	178 (7)	60 (2⅜)	5½FH	1470	735~833	320
YJQ203	203 (8)	78 (3⁵⁄₆₄)	6⅝REG	1760	510~588	341

(1) 固定部分：中筒体、上接头、下接头和调节环等。
(2) 活动部分：心轴接头、心轴、摩擦心轴、摩擦卡瓦和冲管等。
(3) 震击偶由心轴大直径段上台肩与筒体上接头下端面组成。
(4) 调节机构由调节环、调节环键与摩擦心轴键槽、心轴长键与筒体断键组成。
(5) 弹性锁紧机构主要由摩擦心轴和摩擦卡瓦等部件组成。因摩擦卡瓦内锥面棱带内径比摩擦心轴棱外径小，摩擦卡瓦纵向切有数条缝，使摩擦卡瓦成为可胀可缩的弹性体，由调节环控制摩擦卡瓦的释放力。

震击前，机械上击器处于复位状态。摩擦卡瓦抱紧摩擦心轴。由于摩擦卡瓦上端被调节机构限位，摩擦心轴和摩擦卡瓦不能轴向移动。当上提钻具时，机械上击器上部钻具伸长，弹性锁紧机构变形，摩擦心轴和摩擦卡瓦相对移动。当上部钻具的弹性力达到预调上击力时，摩擦卡瓦滑脱，摩擦卡瓦轴伴同上部钻具高速回缩，钻具的弹性势能转化上部钻具的动能，在震击偶处形成很大的向上震击力。通过心轴或左或右转动，带动调节环或下或上移动实现在井下调节上震击力。

2. 技术参数

JS70 机械上击器技术参数见表 7-12。

表 7-12 JS70 机械上击器技术参数

型 号	外径 mm	内径 mm	接头螺纹	最大抗拉负荷 kN	工作行程 mm	总长 mm
JS70	178	75	NC50	1470	181~185	2322

3. 使用方法

(1) 地面试验与拉力调节。油腔内注满机械油，并做拉开、关闭、转动试验。无阻卡后将释放力调节到预定初释放力值。关闭机械上击器后下井。

（2）钻具组合：打捞工具＋安全接头＋机械上击器＋钻铤（3～15根）＋加速器＋钻杆。

（3）上击操作。下放钻具加压力于机械上击器10～20kN，使其复位。上提钻具使释放力达到调节值时，立即震击。一次震击后，再下放钻具使其复位，重复上击。

（4）卡瓦摩擦力一般在150～500kN间调整。心轴正转1/3圈，可增加上击力20kN，反之减少。经验证明每千米钻具转0.5～1.5圈，才能使机械上击器心轴与筒体之间有一相对扭矩。

7.1.3.5 开式下击器

开式下击器借助于钻柱的重力和钻柱弹性伸长所积蓄的弹性能量而形成强烈的下击力，下击被卡钻具。

1. 结构及工作原理

开式下击器结构如图7−10所示，以心轴为固定件与下部钻柱连接，心轴中段六方体与缸套下接头内六方相配合，用以传递扭矩。活塞装在心轴顶端，以螺纹连接，外周有多道密封件，与缸套密封。活动件是缸套及其上下接头，缸体下部有4个孔，允许钻井液进出。上接头与上部钻具连接，而下接头的上台肩面限制缸套的行程。

震击偶是以缸套下接头的下端面作为撞击体，以心轴接头的上台肩作为承击体。下击的能量来源于震击器上部钻铤重力和下部钻具弹性能。

2. 技术参数

部分开式下击器技术参数见表7−13。

表7−13 开式下击器主要技术参数

型 号	外 径 mm（in）	内 径 mm（in）	接头螺纹	最大抗拉负荷 kN	总 长 mm
KXJ36	95（3¾）	32（1¼）	2³/₈REG	900	1800
KXJ40	102（4）	32（1¼）	2³/₈REG	1000	1900
KXJ44	114（4½）	38（1½）	NC31	1100	1500
KXJ46	121（4¾）	38（1½）	NC38	1200	1986
KXJ56	146（5¾）	51（2）	NC40	1300	2300
KXJ62	159（6¾）	51（2）	NC50	1400	2627
KXJ70	178（7）	70（2¾）	5½FH	1500	2737
KXJ80	203（8）	70（2¾）	6⁵/₈REG	1500	2901

7.1.3.6 闭式下击器

1. 结构及工作原理

闭式下击器的活动部件是由密封在油腔内的液压油进行润滑的。行程比开式下击器短，但工作可靠，液压油只起润滑作用，不起压缩储能作用。结构如图7−11所示，固定件仍是上缸体、中缸体和下接头，活动件为震击杆（心轴）、震击垫和冲管。它和液压上击器的主要区别是：

（1）没有活塞，震击杆是在充满耐磨液压油的缸体内上下滑动。

（2）缸体是内面光滑的圆柱体，没有卸载槽。

（3）震击垫不起震击作用，只起限位作用。

（4）震击偶是由震击杆上接头下面的螺母垫和上缸体的上端面组成，螺母垫是撞击体，缸体上端面是承击体。下击的能量来源于震击器的钻铤重力和钻具弹性能。

7 井下事故处理工具

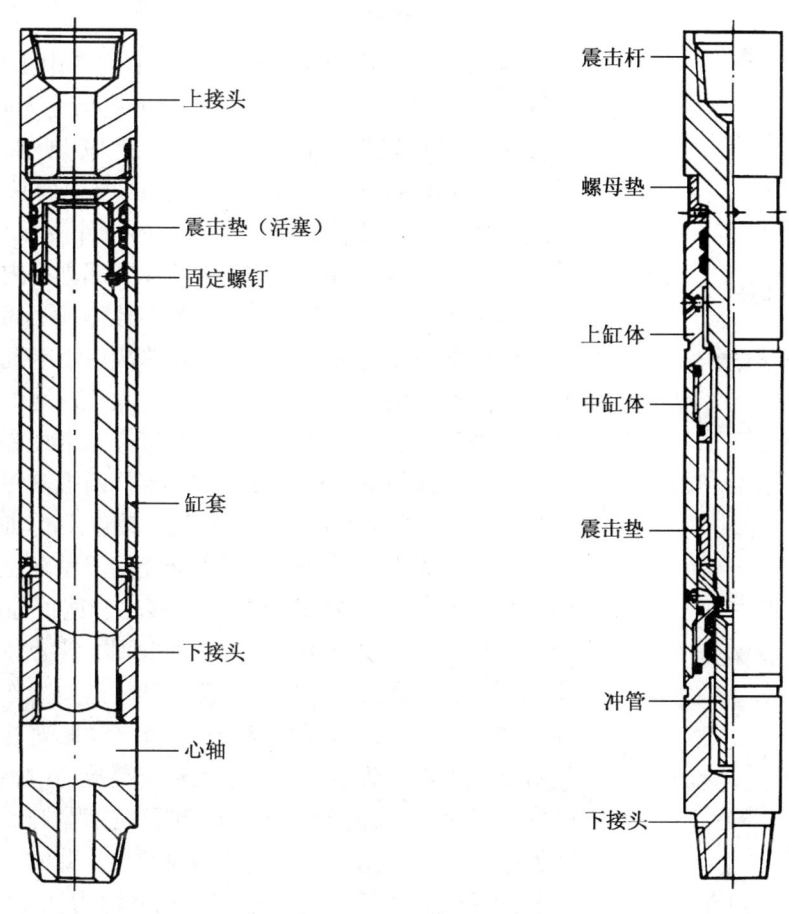

图 7-10　开式下击器　　　　图 7-11　闭式下击器

2. 技术参数

贵州高峰石油机械有限责任公司 BXJ 型闭式下击器的技术参数见表 7-14。

表 7-14　贵州高峰石油机械有限责任公司 BXJ 型闭式下击器技术参数

型　号	外　径 mm (in)	内　径 mm (in)	接头螺纹	最大抗拉负荷 kN	最大行程 mm	拉开总长 mm
BXJ95	95 (3¾)	32 (1¼)	2⅜REG	900	300	2850
BXJ102	102 (4)	32 (1¼)	2⅜REG	1000	300	2850
BXJ108	108 (4¼)	32 (1¼)	2⅜REG	1000	400	2950
BXJ114	114 (4½)	38 (1½)	2⅜REG	1100	405	2690
BXJ121	121 (4¾)	38 (1½)	NC38	1100	405	2690
BXJ146	146 (5¾)	51 (2)	NC40	1300	460	3000
BXJ158	158 (6¼)	57 (2¼)	NC50	1400	460	3100
BXJ178	178 (7)	70 (2¾)	5½FH	1500	470	3420
BXJ203	203 (8)	70 (2¾)	5½FH	1600	470	3300

7.1.3.7 地面下击器

1. 结构及工作原理

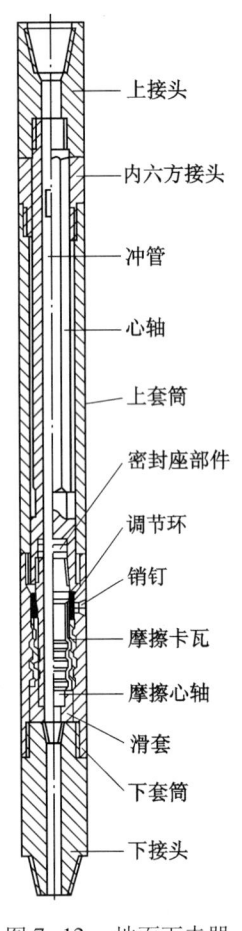

图 7-12 地面下击器

地面下击器结构如图 7-12 所示。其中上筒体接头（具有内六方）、上筒体、下筒体和下接头等为固定部分，下接头与卡点以上的钻具连接。上接头、心轴、延长心轴、卡瓦心轴等为活动部分，上接头与地面钻具（方钻杆或加重钻杆）连接。卡瓦（具有内、外棱带）、卡瓦心轴（具有外棱带）和卡瓦套（下筒体下部具有内棱带）构成锁紧机构，三者均为上小下大的锥形体。上筒体接头与心轴构成扭矩传递机构，弹性机构总成用于卡瓦锁紧机构的限位，利用调节螺母调节释放力的大小。地面下击器工作前，处于复位状态，卡瓦的内棱带嵌入卡瓦心轴的沟槽内，此时卡瓦抱紧卡瓦心轴。由于卡瓦两端被弹性机构总成和衬套限位不能移动，因而卡瓦心轴也不能轴向移动。

当需要震击时，将地面下击器连接于钻柱组合中，上提钻柱。因卡瓦心轴带动卡瓦上移，卡瓦顶住弹性机构（或调节螺母）不能上移。继续上提钻具，卡点以上的钻柱受拉而伸长，同时，地面下击器在钻柱的拉力作用下，弹性机构受力变形，卡瓦与卡瓦套之间产生相对位移。当钻柱对地面下击器施加的拉力达到标定释放力时，卡瓦外棱带进入卡瓦套内棱带的沟槽内，卡瓦突然张开，卡瓦心轴在钻柱拉力的作用下从卡瓦中迅速拉出。此时，下部受拉伸长的钻柱，由于失去卡瓦锁紧机构阻力，而突然收缩，钻柱储存的弹性能瞬时释放，转变为卡点以上钻柱的动能并传至卡点，被卡钻具受到猛烈地向下冲击力。每次震击后，下放钻柱，心轴在其上部加重钻杆的作用下，卡瓦心轴受压回位，又可以进行第二次震击，如此反复实现多次震击。

2. 技术参数

部分国产机械式地面下击器技术参数见表 7-15、表 7-16。

表 7-15　北京石油机械厂机械式地面下击器技术参数

型　　号	DX178A-I	DX178A16-I
外径，mm	178	178
内径，mm	50	50
长度，m	4.2	5.4
最大抗拉负荷，kN	1800	1800
最大工作扭矩，kN·m	15	15
连接螺纹	4½IF	4½IF
出厂标定下击释放力，kN	400±20	400±20
最大下击释放力，kN	700	700

表 7–16　贵州高峰石油机械有限责任公司 DJ 型机械地面下击器技术参数

型号	外径 mm（in）	内径 mm（in）	接头 螺纹	最大抗拉负荷 kN	最大震击力 kN	最大行程 mm	密封压力 MPa	总长 mm
DJ46	121（$4\frac{3}{4}$）	32（$1\frac{1}{4}$）	NC38	900	400	1000	20	2500
DJ70 Ⅱ	178（7）	61（$2\frac{3}{8}$）	NC50	1500	750	1222	20	3030
DJ70L	178（7）	61（$2\frac{3}{8}$）	NC50	1500	750	1800	20	4115

3. 释放力调节

用改锥拨动调节螺母（在其纵向开有多条定位槽），可以调节释放力的大小，并用销钉锁定。

调节释放力时，应预先确定卡点以上钻柱的悬重，调定的释放力不应大于该悬重值。一般应先调整至中等释放力多次震击，如不能解卡，再逐步向高释放力调节，不允许一次性调至高释放力震击。

7.2　管柱打捞工具

7.2.1　公锥

7.2.1.1　分类

（1）公锥的接头螺纹分为数字型（NC）、内平型（IF）、正规型（REG）和贯眼型（FH）。

（2）公锥的打捞螺纹分右旋和左旋两种，接头螺纹和打捞螺纹的旋向一致。

（3）公锥打捞螺纹的牙型分锯齿形和三角形两种，一般为锯齿型。

（4）公锥打捞螺纹部分有开排屑槽和不开排屑槽两种。不开排屑槽的公锥适应于打捞后开泵循环的要求。

（5）公锥有普通公锥和大范围（大头）打捞公锥两种。

7.2.1.2　型号

公锥的型号表示如下：

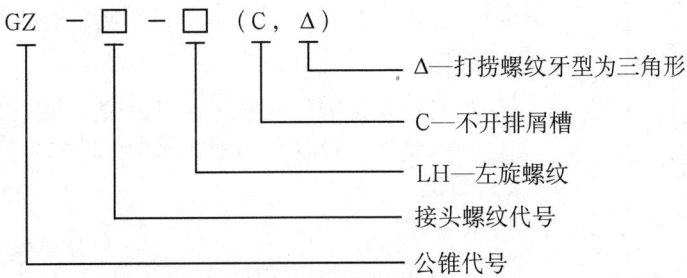

例如：GZ–NC38（3½IF）表示接头螺纹为 NC38（3½IF），打捞螺纹为右旋锯齿形并开排屑槽的公锥；GZ–NC38（3½IF）–LH（C，Δ）表示接头螺纹为 NC38（3½IF），打捞螺纹为左旋三角形不开排屑槽的公锥。

7.2.1.3　结构与技术参数

1. 公锥的结构与技术参数

普通公锥的结构如图 7–13 所示，技术参数见表 7–17。大范围打捞公锥的结构如图 7–14 所示，技术参数见表 7–18。

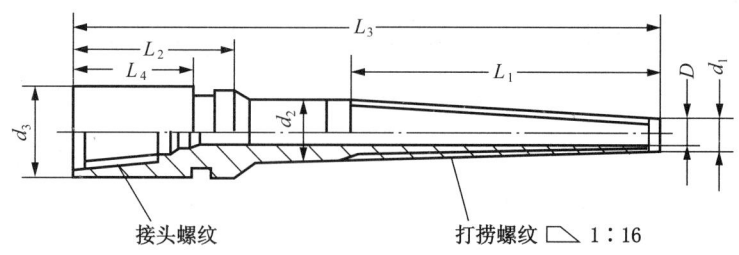

图 7–13　普通公锥

表 7–17　普通公锥技术参数

产品型号	D mm	d_1 mm	d_2 mm	d_3 mm	L_1 mm	L_2 mm	L_3 mm	L_4 mm	打捞孔径范围 mm
GZ–NC26（2⅜IF）–□（）	13.5	38	60	86	342	180	560	70	43 ~ 55
GZ–NC26（2⅜IF）–□（）	20	52	70	86	298	180	535	70	57 ~ 65
GZ–NC31（2⅞IF）–□（）	20	52	70	105	298	180	535	70	57 ~ 65
GZ–NC31（2⅞IF）–□（）	25	70	83	105	218	180	475	70	75 ~ 78
GZ–NC31（2⅞IF）–□（）	20	43	70	105	432	200	800	70	48 ~ 65
GZ–NC38（3½IF）–□（）	20	55	82	121	432	200	800	70	60 ~ 77
GZ–NC50（4½IF）–□（）	25	86.5	108	156	344	200	800	70	89 ~ 103
GZ–3½REG–□（）	18	33.7	65	108	500	200	800	70	38 ~ 60
GZ–5½FH–□（）	25	83.5	108	178	392	200	900	70	89 ~ 103

注：如果为左旋螺纹，在表中的“□”位置加注 LH；如果不开排屑槽，在“()”内加注 C，打捞螺纹牙型为三角形时，在“()”内加注△。以上标记，在产品出厂时，由厂家标注。

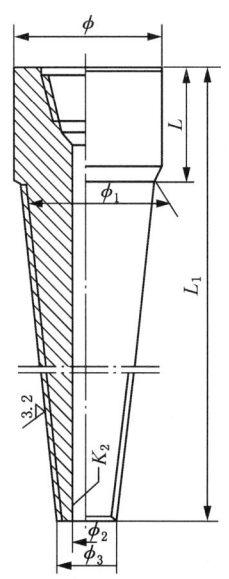

图 7–14　大范围打捞公锥

7.2.1.4　技术要求

（1）公锥由高强度合金钢锻料车制并经热处理制成。产品须经无损探伤，不得有裂纹、断扣等缺陷。

（2）公锥打捞螺纹表面硬度 HRC60 ~ 65。

（3）公锥接头螺纹表面须经镀铜或磷化处理。

7.2.2　母锥

7.2.2.1　分类

（1）母锥接头螺纹分为数字型（NC）、内平型（IF）、正规型（REG）和贯眼型（FH）。

（2）母锥打捞螺纹分右旋和左旋两种。接头螺纹和打捞螺纹的旋向一致。

（3）母锥打捞螺纹的牙型分锯齿形和三角形两种，一般为三角形。

（4）母锥打捞螺纹部分有开排屑槽和不开排屑槽两种。

表 7-18 大范围打捞公锥技术参数

规 格	接头螺纹	L mm	L_1 mm	ϕ mm	ϕ_1 mm	ϕ_2 mm	ϕ_3 mm	打 捞 扣
GZ80（2³⁄₈）	2⁷⁄₈IF	156	844	80	79.4	9	36	8 扣/in，1∶16
GZ105（3½）	3½IF	200	1000	105	95	20	45	5 扣/in，1∶16
GZ155（6¼）	4½IF	230	1450	155	130	30	65	5 扣/in，1∶16
GZ160（6¼）	4½IF	230	850	160	160	80	120	5 扣/in，1∶16
GZ203（8）	6⁵⁄₈REG	200	680	203	200	80	185	8 扣/in，1∶32

7.2.2.2 型号

母锥的型号表示如下：

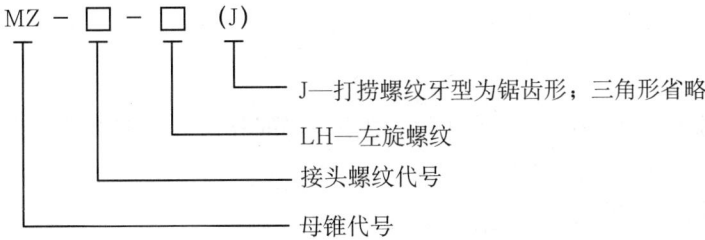

例如：MZ-NC38（3½IF）表示接头螺纹为 NC38，打捞螺纹为右旋三角形；MZ-3½IF-LH（J）表示接头螺纹为 3½IF，打捞螺纹为左旋锯齿形。

7.2.2.3 结构与技术参数

母锥的结构如图 7-15 所示，技术参数见表 7-19。

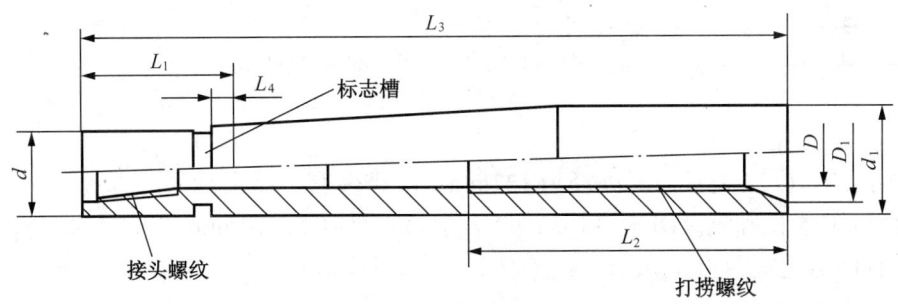

图 7-15 母锥结构

表 7-19 母锥技术参数

产品型号	D mm	D_1 mm	d mm	d_1 mm	L_1 mm	L_2 mm	L_3 mm	L_4 mm	推荐打捞管柱外径 mm
MZ-NC26（2³⁄₈IF）-□（ ）	52	80	86	86	100	175	300	15	48
MZ-NC26（2³⁄₈IF）-□（ ）	68	100	86	105	100	300	600	15	63.5
MZ-2⁷⁄₈REG-□（ ）	80	110	95	115	180	300	600	60	73
MZ-NC31（2⁷⁄₈IF）-□（ ）	95	110	105	115	180	300	600	60	89

续表

产品型号	D mm	D_1 mm	d mm	d_1 mm	L_1 mm	L_2 mm	L_3 mm	L_4 mm	推荐打捞管柱外径 mm
MZ–NC38（3½IF）–□（）	108	138	121	146	200	350	700	70	102
MZ–4½FH–□（）	120	155	148	168	200	350	700	70	114
MZ–NC50（4½IF）–□（）	135	165	156	180	200	400	750	70	127
MZ–5½FH–□（）	150	180	178	194	200	400	750	70	141
MZ–$6^{5}/_{8}$FH–□（）	176	205	203	219	200	400	750	70	168
MZ–$6^{5}/_{8}$FH–□	183	205	203	219	200	400	750	70	178

7.2.3 打捞筒

7.2.3.1 分类

打捞筒按用途分为倒扣式和非倒扣式；按使用特征分为可退式和不可退式。

7.2.3.2 型号

打捞筒的型号表示如下：

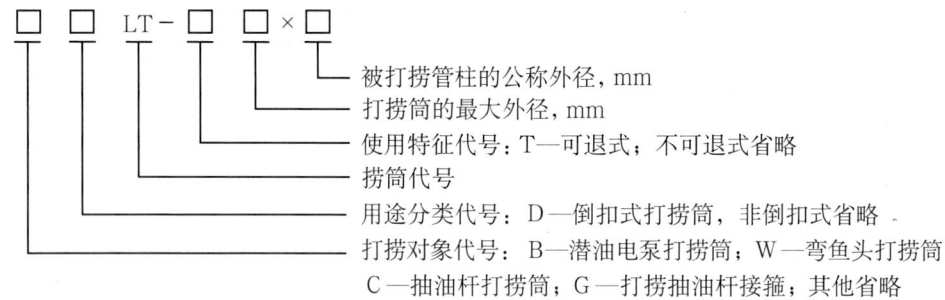

□ □ LT－ □ □×□

- 被打捞管柱的公称外径，mm
- 打捞筒的最大外径，mm
- 使用特征代号：T—可退式；不可退式省略
- 捞筒代号
- 用途分类代号：D—倒扣式打捞筒，非倒扣式省略
- 打捞对象代号：B—潜油电泵打捞筒；W—弯鱼头打捞筒；C—抽油杆打捞筒；G—打捞抽油杆接箍；其他省略

例如：LT–T127 表示最大外径为 127mm，配带多套打捞卡瓦的可退式打捞筒，其打捞范围由所配卡瓦确定。DLT–T105×60 表示最大外径为 105mm，用于打捞公称外径为 60mm 管柱的可退式倒扣打捞。

7.2.3.3 可退式打捞筒

1. 结构与工作原理

可退式打捞筒的外部由上接头、筒体、引鞋等组成。内部装有打捞卡瓦、密封圈，下部有铣鞋或控制环（卡）。打捞筒卡瓦分为螺旋卡瓦和篮状卡瓦两类，如图 7–16 和图 7–17 所示。

螺旋卡瓦形如弹簧。其外侧为宽锯齿左旋螺纹，该螺纹与筒体的内螺纹相配合。二者螺距相同，但外侧螺纹面较筒体内螺纹面窄得多。螺旋卡瓦内侧有打捞牙，为多头左旋锯齿型螺牙。螺旋卡瓦下端焊有指形键，该键与控制卡配合，阻止卡瓦在筒体内转动。这类卡瓦通常有三种尺寸，各卡瓦间的打捞范围相差 3mm。

篮状卡瓦为圆筒状，形似花篮。卡瓦外部为完整的宽锯齿左旋螺纹。内侧打捞牙亦为多头左旋锯齿螺纹。卡瓦下端开有键槽，纵向开有等分胀缩槽，犹如弹簧卡头。卡瓦内径一般比落鱼外径小 3mm 左右。有的篮状卡瓦内孔上部有限位台肩，可防止鱼顶超出卡瓦。

7 井下事故处理工具

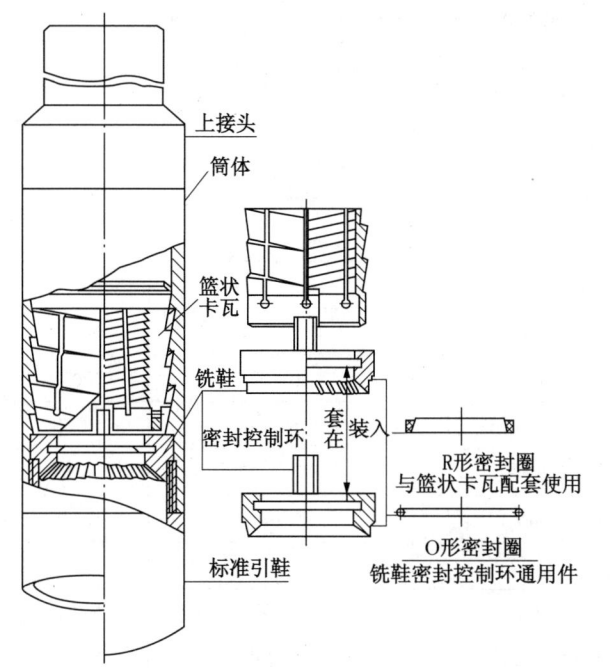

图 7-16 卡瓦打捞筒（内装篮状卡瓦）

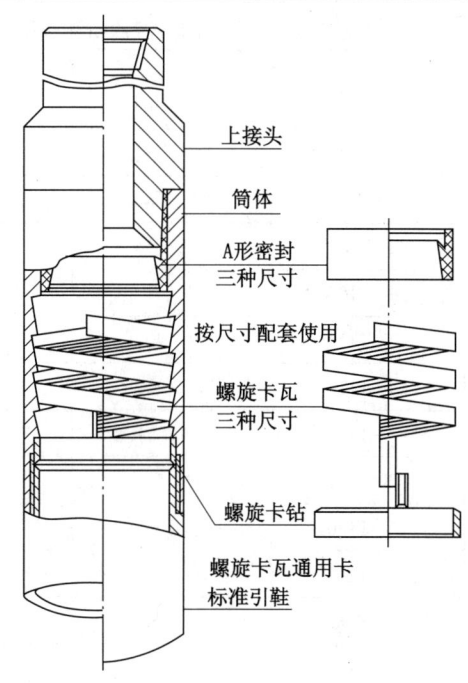

图 7-17 卡瓦打捞筒（内装螺旋卡瓦）

控制环（卡）的作用与铣鞋一样，引套落鱼和控制卡瓦在筒体内上下活动。铣鞋还具有铣掉鱼顶毛刺的作用。在铣鞋内装有 R 形密封圈和 O 形密封圈，捞住落鱼后可循环。

A 形密封为一橡胶筒，内部有密封唇，它将落鱼外部与筒体之间密封。它可与各种螺旋卡瓦配套使用。使用篮状卡瓦时不起密封作用，但也不必取出。相同外径的打捞筒、螺旋卡瓦和篮状卡瓦可以相互使用，但螺旋卡瓦打捞的落鱼外径相对较大。

卡瓦打捞筒还可以配接加长短节（接在筒体之上），加大引鞋等，操作者可据井下情况选用。当落鱼进入卡瓦内后，上提筒体，卡瓦下移卡住落鱼。

2. 技术参数

贵州高峰石油机械有限责任公司 LT-T 型可退式卡瓦打捞筒主要技术参数见表 7-20，常用打捞筒的配套卡瓦见表 7-21。

7.2.3.4 可退式倒扣打捞筒

1. 结构

可退式倒扣打捞筒结构如图 7-18 所示。

2. 技术参数

贵州高峰石油机械有限责任公司 DLT-T 型可退式倒扣打捞筒主要技术参数见表 7-22。

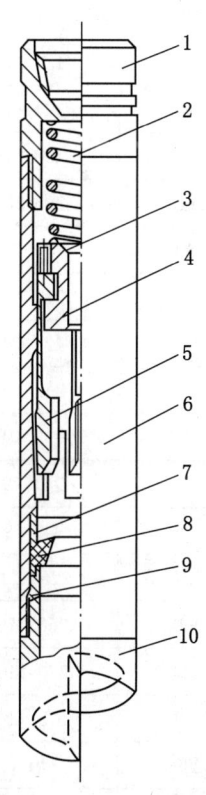

图 7-18 可退式倒扣捞筒结构示意图
1—上接头；2—弹簧；3—螺钉；4—异位块；
5—卡瓦；6—筒体；7—上隔套；
8—密封圈；9—下隔套；10—引鞋

表 7-20　贵州高峰石油机械有限责任公司 LT-T 型可退式卡瓦打捞筒主要技术参数

型　号	外　径 mm (in)	螺旋卡瓦最大打捞管柱外径 mm (in)	篮状卡瓦最大打捞管柱外径 mm (in)	接头螺纹
LT-T89	89 (3½)	60 (2⅜)	47.5 (1⅞)	NC26
LT-T92	92 (3⅝)	63.5 (2½)	50.8 (2)	NC26
LT-T102	102 (4)	73 (2⅞)	60.3 (2⅜)	NC26
LT-T105	105 (4⅛)	82.5 (3¼)	70.5 (2¾)	NC31
LT-T111	111 (4⅜)	85.7 (3⅜)	57.2 (2¼)	NC26
LT-T117	117 (4⅝)	89 (3½)	76 (3)	NC31
LT-T127	127 (5)	95 (3¾)	79.5 (3⅛)	NC38
LT-T133	133 (5¼)	104.7 (4⅛)	95 (3¾)	NC38
LT-T140	140 (5½)	117.5 (4⅝)	105 (4⅛)	NC38
LT-T143	143 (5⅝)	121 (4¾)	95 (3¾)	NC38
LT-T152	152 (6)	121 (4¾)	105 (4⅛)	NC38
LT-T162	162 (6⅜)	133.5 (5¼)	117.5 (4⅝)	NC46
LT-T168	168 (6⅝)	127 (5)	114 (4½)	NC46
LT-T178	178 (7)	123.8 (4⅞)	114.3 (4½)	NC46
LT-T187	187 (7⅜)	146 (5¾)	127 (5)	NC50
LT-T194	194 (7⅝)	159 (6¼)	141 (5⁹⁄₁₆)	NC50
LT-T200	200 (7⅞)	159 (6¼)	127 (5)	NC50
LT-T206	206 (8⅛)	178 (7)	159 (6¼)	NC50
LT-T213	231 (8⅜)	178 (7)	159 (6¼)	NC50
LT-T219	219 (8⅝)	178 (7)	159 (6¼)	NC50
LT-T225	225 (8⅞)	197 (7¾)	184 (7¼)	NC50
LT-T232	232 (9⅛)	203 (8)	187 (7⅜)	NC50
LT-T238	238 (9⅜)	197 (7¾)	178 (7)	NC50
LT-T241	241 (9½)	213 (8⅜)	197 (7¾)	NC50
LT-T245	245 (9⅝)	203 (8)	190.5 (7½)	6⅝REG
LT-T254	254 (10)	200 (7⅞)	190.5 (7½)	6⅝REG
LT-T260	260 (10¼)	219 (8⅝)	200 (7⅞)	7⅝REG
LT-T270	270 (10⅝)	228.6 (9)	209.5 (8¼)	6⅝REG
LT-T273	273 (10¾)	228.6 (9)	203 (8)	6⅝REG
LT-T279	279 (11)	219 (8⅝)	193.5 (7⅝)	6⅝REG
LT-T286	286 (11¼)	245 (9⅝)	225.5 (8⅞)	6⅝REG
LT-T302	302 (11⅞)	254 (10)	235 (9¼)	6⅝REG
LT-T340	340 (13⅜)	279 (11)	228.6 (9)	7⅝REG

表 7-21　常用打捞筒的配套卡瓦

打捞筒尺寸，mm		219	213	200	194	143
所配卡瓦内径 mm	螺旋	177.8	177.8	158.7	158.7	120.6
		174.6	174.6	155.6	155.6	117.5
		171.5	171.5	152.4	152.4	114.3
	篮状	165	162	141.3	141.3	108
		158.5	155.6	123.8	123.8	96.8
		152.4	152.4	120.6	120.6	88.9
		127	127	114.3	114.3	85.7
		123.8	128.8	85.7	79.4	73

表 7-22　贵州高峰石油机械有限责任公司 DLT-T 型可退式倒扣打捞筒主要技术参数

型　号	外 径 mm	接头螺纹	落鱼外径 mm	许用提拉负荷 kN	许用倒扣拉力 kN	许用倒扣扭矩 kN·m
DLT-T48	95	$2^{7}/_{8}$REG	47 ~ 49.3	250	117.7	3.1
DLT-T60	105	NC31	59.7 ~ 61.3	350	147.1	5.7
DLT-T73	114	NC31	72 ~ 74.5	420	176.5	7.8
DLT-T89	134	NC38	88 ~ 91	500	176.5	10.2
DLT-T95	140	NC38	94 ~ 96	710	198	11.5
DLT-T102	145	NC38	101 ~ 104	700	196	11.0
DLT-T114	160	4½REG	113 ~ 115	890	196	12.2
DLT-T127	185	NC50	126 ~ 129	1200	235	13.5
DLT-T140	200	NC50	139 ~ 142	1500	235	15.3

7.2.4　打捞矛

7.2.4.1　分类

打捞矛按用途分为倒扣式和非倒如式；按使用特征分为可退式和不可退式。

7.2.4.2　型号

打捞矛型号表示如下：

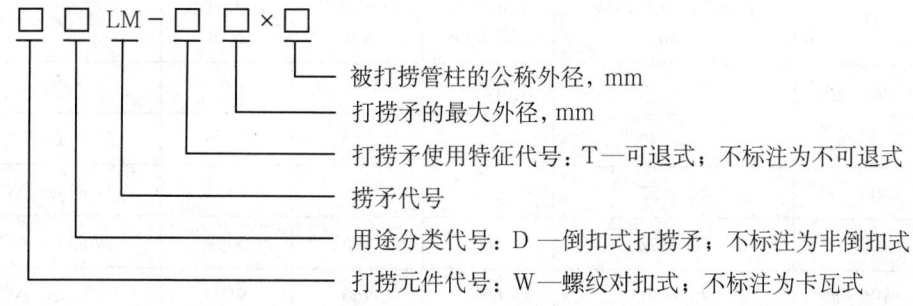

例如：DLM-T220×219 表示接头最大外径为 220mm，打捞公称外径为 219mm 管柱的可退式倒扣打捞矛；DLM-220×219 表示接头最大外径为 220mm，打捞公称外径为 219mm 管柱的倒扣式打捞矛；LM-T156×127 表示接头最大外径为 156mm，打捞公称外径为 127mm 管柱的可退式打捞矛；LM-156 表示接头最大外径为 156mm，配带多套打捞卡瓦的打捞矛，其打捞范围由所配卡瓦确定。

7.2.4.3 结构

可退式倒扣打捞矛的结构如图 7-19 所示，可退式非倒扣打捞矛结构如图 7-20 所示。

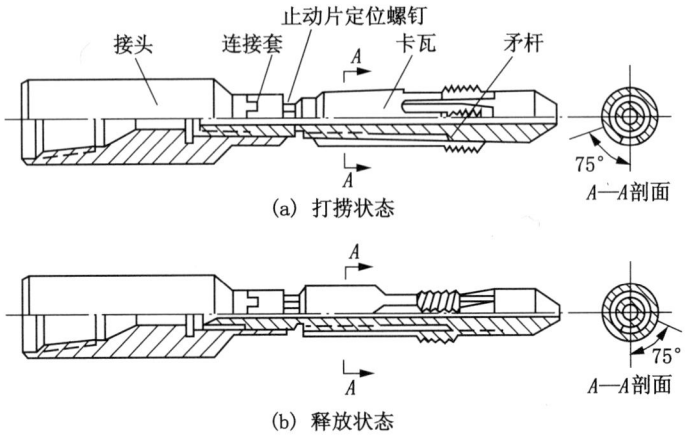

图 7-19 可退式倒扣打捞矛

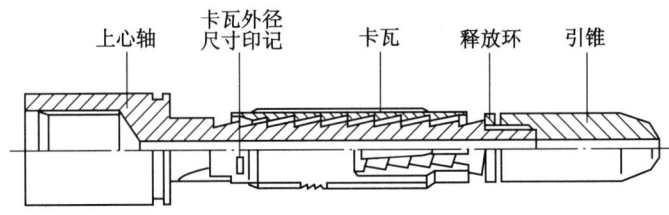

图 7-20 可退式非倒扣打捞矛

7.2.4.4 技术参数

倒扣式打捞矛技术参数见表 7-23；非倒扣式打捞矛技术参数见表 7-24。

表 7-23 倒扣式打捞矛技术参数

型　号	打捞管柱内径范围 mm	许用拉力 kN	倒扣拉力 kN	许用扭矩 N·m	螺纹接头
DLM-□96×48	39~42	150	95	1750	NC26
DLM-□95×48	39~42	200	117	2500	$2^7/_8$REG，NC31
DLM-□100×60	49~52	330	147	4313	$2^7/_8$REG，NC31
DLM-□105×73	60~78	500	166	5799	$2^7/_8$REG，NC31
DLM-□105×89	75~91	650	166	9593	$2^7/_8$REG，NC31

续表

型　号	打捞管柱内径范围 mm	许用拉力 kN	倒扣拉力 kN	许用扭矩 N·m	螺纹接头
DLM-□115×73	60～78	500	166	5799	2$^7/_8$REG，NC31
DLM-□115×89	75～91	650	166	9593	2$^7/_8$REG，NC31
DLM-□121×102	88～103	780	190	10726	NC31，NC38
DLM-□140×114	99～103	800	196	11522	NC38，4½REG
DLM-□140×127	107～116	860	196	12320	NC38，4½REG
DLM-□160×140	117～128	880	196	13263	NC50
DLM-□175×178	146～162	1650	290	14403	NC50
DLM-□220×219	195～203	1800	340	19000	5½FH
DLM-□250×245	216～229	2250	340	22370	5½FH
DLM-□280×273	247～259	2500	390	23242	5½FH
DLM-□345×340	313～323	2750	390	24713	6$^5/_8$REG

表7-24　非倒扣式打捞矛技术参数

型　号	打捞管柱内径范围 mm	许用拉力 kN	螺纹接头
LM-□60×□	40～45	150	2$^3/_8$TBG
LM-□80×□	40～45	250	2$^3/_8$TBG
LM-□86×□	40～45	300	2$^3/_8$TBG，NC26
LM-□89×□	54～76	320	2$^7/_8$TBG
LM-□92×□	54～76	340	2$^7/_8$TBG
LM-□95×□	54～78	360	2$^7/_8$TBG
LM-□105×□	62～128	440	NC31
LM-□108×□	62～128	470	NC31
LM-□121×□	62～135	580	NC38
LM-□127×□	75～180	640	NC31
LM-□152×□	75～180	900	NC46
LM-□156×□	75～180	970	NC50
LM-□159×□	108～127	1010	NC50
LM-□162×□	108～180	1050	NC46
LM-□165×□	108～180	1090	NC50
LM-□178×□	150～180	1270	5½FH

续表

型　号	打捞管柱内径范围 mm	许用拉力 kN	螺纹接头
LM-□184×□	170~206	1350	$6\frac{5}{8}$REG
LM-□197×□	170~323	1550	NC50，$6\frac{5}{8}$REG
LM-□219×□	190~323	1920	$6\frac{5}{8}$REG
LM-□224×□	216~323	2000	$6\frac{5}{8}$REG
LM-□245×□	216~486	2400	$7\frac{5}{8}$REG
LM-□340×□	216~486	2600	$7\frac{5}{8}$REG

7.2.5 倒扣接头

7.2.5.1 结构

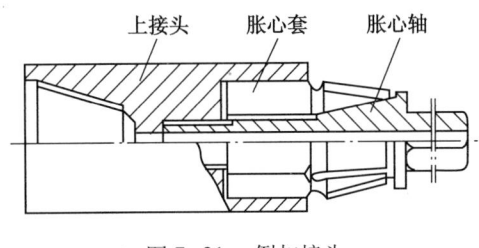

图 7-21 倒扣接头

倒扣接头由上接头、胀心套和胀心轴组成，如图 7-21 所示。上接头为左旋螺纹，与倒扣钻柱连接，胀心套上端为开口六方柱与上接头下端的内六方孔相配合，用以传递扭矩。下面是三条开有通槽的正旋钻具公螺纹可与被卡钻柱连接。胀心轴的中部为一圆锥体，轴的上部与上接头连接，下部是引子，起引导和扶正作用。倒扣接头与落鱼对扣后，上提钻柱带动胀心轴上行，把胀心套胀大，把螺纹撑紧，撑紧螺纹的程度和上提拉力成正比。一直使对扣螺纹能承受下部钻具的倒扣力矩时，才可实施倒扣。

7.2.5.2 技术参数

倒扣接头的技术参数见表 7-25。

表 7-25 倒扣接头技术参数

外　径 mm（in）	上接头连接螺纹（LH）	打捞螺纹（RH）	抗拉强度 kN	抗扭强度 kN·m
105（$2\frac{7}{8}$）	$2\frac{7}{8}$IF	$2\frac{7}{8}$IF	500	9
120（$3\frac{1}{2}$）	NC38	NC38	900	15
156（$4\frac{1}{2}$）	NC50	NC50	1500	35
178（$5\frac{1}{2}$）	$5\frac{1}{2}$FH，NC50	$5\frac{1}{2}$FH，NC50	2000	50
197（$6\frac{5}{8}$）	$6\frac{5}{8}$REG	$6\frac{5}{8}$REG	2500	65

7.2.6 安全接头

常用安全接头有 C 型、H 型和 J 型。除根据用途分为左、右旋螺纹外，其他部件及技术参数都完全相同。

7.2.6.1 型号

安全接头型号表示如下：

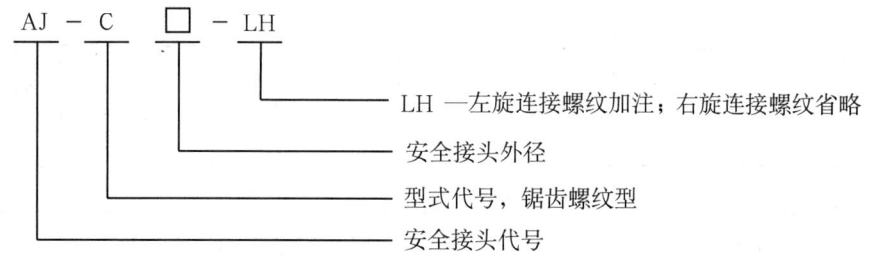

例如：AJ－C178－LH 表示外径为 178mm 锯齿左旋螺纹钻井安全接头。

7.2.6.2 C 型安全接头

1. 结构与原理

安全接头结构如图 7-22 所示。

外螺纹接头上部是内螺纹，以便与钻具连接。下部是特种锯齿形粗牙外螺纹，并有上下两道密封槽。内螺纹接头下部是钻柱外螺纹，中间为特种锯齿形内螺纹，上下有密封面。安全接头的特种锯齿形螺纹，由于配合的比较松，螺距大，因而可以快速连接或拆卸。其结合台肩面处有三道等分的反向斜面，使特种螺纹配合面完全接触，并使之相互锁紧。安全接头可以承受正、反扭矩，如不采用专门的解脱方法，接头既不会松动，也不会脱开。安全接头之间配有两道 O 形圈，可以承受 69MPa 的压力。

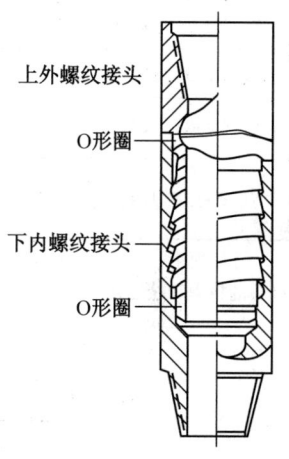

图 7-22 安全接头

2. 技术参数

安全接头技术参数见表 7-26。

表 7-26 安全接头技术参数

型　　号	接头外径 mm	接头连接螺纹	水眼直径 mm	屈服拉力 kN	屈服扭矩 kN·m	最大工作拉力 kN	最大工作扭矩 kN·m
AJ–C86– [LH]	86	NC26（2³⁄₈IF）	44	1390	9.55	925	6.35
AJ–C95– [LH]	95	2⁷⁄₈REG	32	2060	15.25	1370	10.15
AJ–C105– [LH]	105	NC31（2⁷⁄₈IF，2⁷⁄₈TBG，2⁷⁄₈UP TBG）	54	2105	19.10	1340	12.70
AJ–C108– [LH]	108	3½REG	38	3005	20.55	2005	13.70
AJ–C121– [LH]	121	NC38（3½IF）	68	2275	26.50	1515	17.65
AJ–C140– [LH]	140	4½REG	57	3845	41.05	2560	27.35
AJ–C146– [LH]	146	NC46（4IF）	83	3380	46.05	2255	30.70
AJ–C152– [LH]	152	NC46（4IF）	83	3200	51.10	2130	34.05
AJ–C156– [LH]	156	NC50（4½IF）	95	4615	52.65	3075	35.10
AJ–C159– [LH]	159	NC50（4½IF）	95	4665	58.40	3110	38.90

续表

型　号	接头外径 mm	接头连接螺纹	水眼直径 mm	屈服拉力 kN	屈服扭矩 kN·m	最大工作拉力 kN	最大工作扭矩 kN·m
AJ–C171– [LH]	171	5½REG	70	5570	81.70	3710	54.45
AJ–C178– [LH]	178	5½FH	102	5080	85.50	3385	57.00
AJ–C197– [LH]	197	6⁵/₈REG	89	5480	124.10	3650	82.75
AJ–C203– [LH]	203	6⁵/₈REG	127	3415	48.00	2275	32.00
AJ–C229– [LH]	229	7⁵/₈REG	101	—	—	—	—
AJ–C254– [LH]	254	8⁵/₈REG	121	—	—	—	—
AJ–C115– [LH]	115	3½TBG 3½UP TBG	72	905	—	600	—

注：内平型（IF）螺纹与同栏的数字型（NC）螺纹可互换；栏中的两种油管螺纹根据需要可任选一种；大尺寸安全接头的拉力和扭矩暂未作规定。

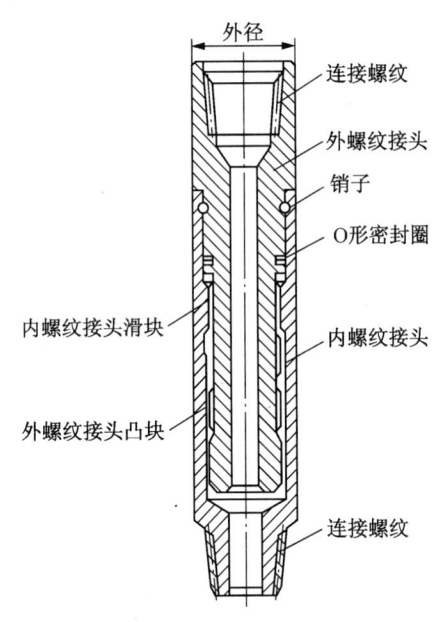

图 7–23　H 型安全接头

7.2.6.3　H 型安全接头

1. 结构与工作原理

H 型安全接头是利用接头内部螺纹段 H 型凸块和滑槽的配合，达到连接和脱开的目的。其结构如图 7–23 所示。

2. 技术参数

H 型安全接头技术参数见表 7–27。

7.2.6.4　J 型安全接头

1. 结构与工作原理

J 型安全接头类似于 H 型安全接头，是利用接头内部公、母段 J 型的凸块和滑槽的配合，达到连接和脱开的目的。J 型安全接头结构如图 7–24 所示。

2. 技术参数

J 型安全接头技术参数见表 7–28。

7.2.7　铅模（铅印）

7.2.7.1　结构

铅模有平底形和锥形两种，主要由接头体和铅模组成，如图 7–25 所示。

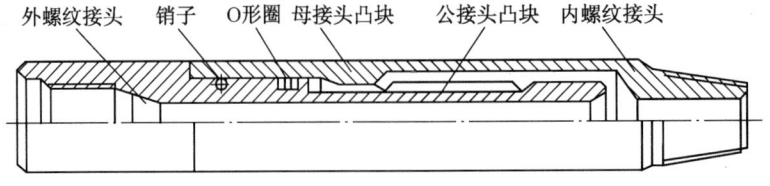

图 7–24　J 型安全接头

表 7-27 H 型安全接头技术参数

型号	接头外径 mm	接头螺纹	内径 mm	最大工作拉力 kN	最大工作扭矩 kN·m
H-105	105	NC31	38	1340	12.70
H-121	121	NC38 (3½IF)	38	1400	17.65
H-156	156	NC50 (4½IF)	50	1400	35.00
H-159	159	NC50 (4½IF)	50	1600	35.00
H-178	178	NC50 (4½IF)	80	2500	40.00
H-203	203	6⅝REG	90	3300	44.00

表 7-28 J 型安全接头技术参数

型号	外径 mm	内径 mm	接头螺纹	最大工作扭矩 kN·m	最大工作拉力 kN	销子剪断力, kN		
						铝销	铜销	钢销
J159	159	50	NC50	16	1500	88	132	176
J178	178	80	NC50	22	2000	88	132	176
J203	203	71	6⅝REG	22	2500	127	137	225

7.2.7.2 技术参数

平底铅模技术参数见表 7-29，锥形铅模的技术参数见表 7-30。

7.2.8 可变弯接头

7.2.8.1 结构和原理

可变弯接头由上接头、外筒、活塞、凸轮、接箍、定向接头、转向销子、下球座、调节垫圈和下接头等组成，如图 7-26 所示。为了实现接头的可变功能，使用两个辅助零件，即限流塞和打捞器，如图 7-27 所示。投入限流塞，在活塞上、下形成压力差，推动活塞下行。凸轮受压后使定向接头变向。打捞完成，起钻前，用钢丝下入打捞器，取出限流塞，弯接头恢复为直接头。

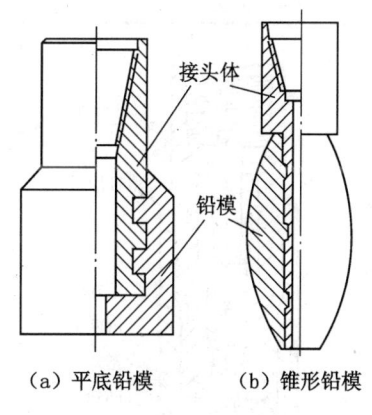

（a）平底铅模　　（b）锥形铅模

图 7-25　铅模

表 7-29　平底铅模技术参数

规格	接头		铅模内径 mm	铅模长度 mm	总长 mm
	外径, mm	扣型			
270	203	6⅝REG	40	150	350
225	159	4½IF	40	130	300
195	159	4½IF	30	120	250
170	121	3½IF	30	120	200
120	108	2⅞IF	20	100	200
100	89	2½ZG	20	100	200

表 7–30 锥形铅模的技术参数

铅模规格 mm（in）	接头扣型	结构 类型	最大 外径 mm	接头 外径 mm	锥度最大 内径 mm	水眼 mm	铅部分 长度 mm	锥度部分 长度 mm	全长 mm	适 用 范 围
108 （4¼）	2½ 油管扣 2½ 正规扣	A B	108 108	89.5 95	55 ± 5	20 ± 5	150 ± 10 120 ± 10	100	500 ± 50 530 ± 20	在 146mm 套管内用
114 （4½）	2½ 油管扣 $2^{7}/_{8}$ 正规扣	A B	114.3 114.3	89.5 95	60 ± 5	20 ± 5	150 ± 10 120 ± 10	100	500 ± 50 530 ± 20	在 146mm 套管内用
133 （5¼）	2½ 油管扣 3½ 正规扣	A B	133 133	89.5 108	70 ± 5	20 ± 5	150 ± 10 120 ± 10	120	500 ± 50 550 ± 20	在 168mm 套管内用
140 （$5^{1}/_{2}$）	$2^{1}/_{2}$ 油管扣 $3^{1}/_{2}$ 正规扣	A B	140 140	89.5 108	70 ± 5	20 ± 5	150 ± 10 120 ± 10	120	500 ± 50 550 ± 20	在 168mm 套管内用
165 （$6^{1}/_{2}$）	$3^{1}/_{2}$ 正规扣 贯眼扣 $3^{1}/_{2}$ 正规扣 贯眼扣	B B	166 166	108 118	80 ± 5	30 ± 5	120 ± 10	140	510 ± 20 570 ± 20	在 193mm 套管内用
190 （$7^{1}/_{2}$）	$3^{1}/_{2}$ 正规扣 $4^{1}/_{2}$ 正规扣 $3^{1}/_{2}$ 正规扣 $4^{1}/_{2}$ 正规扣	B B	188 188	108 140	100 ± 5	30 ± 5	120 ± 10	140	570 ± 20	在 219mm 套管内用

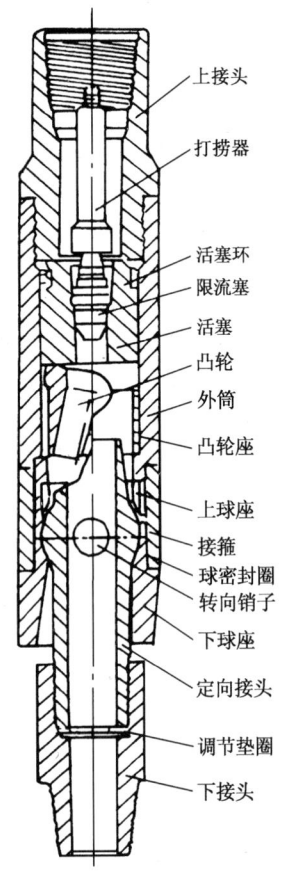

图 7–26 可变弯接头

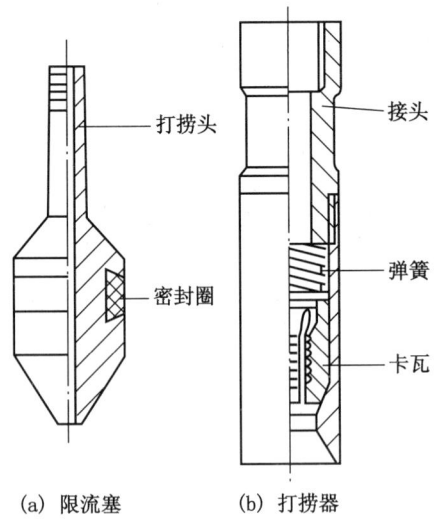

(a) 限流塞 (b) 打捞器

图 7–27 限流塞与打捞器结构

7.2.8.2 技术参数

KJ 型可变弯接头技术参数见表 7–31，与它配套使用的限流塞和打捞器技术参数见表 7–32。

表 7–31 KJ 型可变弯接头技术参数

型号	外径 mm	接头螺纹		内径 mm	弯曲角 （°）	屈服强度 kN	最大扭矩 kN·m
		上接头	下接头				
KJ102	102	NC31	NC31	35	7	1176	10.9
KJ108	108	NC31	NC31	40	7	1470	15.7
KJ120	120	NC31	NC31	50	7	1666	22.76
KJ146	146	NC38	NC38	65	7	1960	30.6
KJ165	165	NC50	NC50	70	7	2352	39.2
KJ184	184	5½FH	NC50	75	7	2744	49.4
KJ190	190	5½FH	NC50	80	7	3136	60.4
KJ200	200	5½FH	NC50	90	7	3430	63.7
KJ210	210	5½FH	NC50	114	7	3920	81.5
KJ222	222	5½FH	NC50	114	7	4312	101.1
KJ244	244	$6^5/_8$REG	$6^5/_8$REG	140	7	4802	105.8

表 7–32 限流塞与打捞器技术参数

<table>
<tr><th rowspan="2">钻柱内径
mm</th><th colspan="3">限流塞</th><th colspan="2">打捞器</th></tr>
<tr><th>大端直径，mm</th><th>打捞颈，mm</th><th>外径，mm</th><th>引鞋外径，mm</th><th>引鞋内径，mm</th></tr>
<tr><td>41.3 ~ 44.5</td><td>33 × 36</td><td rowspan="3">18</td><td rowspan="3">36</td><td>36</td><td>32</td></tr>
<tr><td>50.8 ~ 54</td><td>40 × 43</td><td>40</td><td>36</td></tr>
<tr><td>61.9 ~ 69.9</td><td>49 × 52</td><td>50</td><td>46</td></tr>
<tr><td>76.2 ~ 82.6</td><td>56 × 59</td><td rowspan="2">22</td><td rowspan="2">43</td><td>58</td><td>52</td></tr>
<tr><td>88.9 ~ 95.3</td><td>72 × 75</td><td>65</td><td>57</td></tr>
<tr><td>101.6 ~ 114.3</td><td>75 × 78</td><td>30</td><td>55</td><td>77</td><td>62</td></tr>
<tr><td rowspan="2">—</td><td>89 × 92</td><td rowspan="2">30</td><td rowspan="2">55</td><td rowspan="2">—</td><td rowspan="2">—</td></tr>
<tr><td>114 × 117</td></tr>
</table>

7.3 测卡与爆炸松扣工具

7.3.1 测卡车

7.3.1.1 用途

测卡车是应用于钻井或修井卡钻事故处理过程中的一种组合技术装备，可进行测卡点、爆炸松扣、爆炸切割、化学切割、水眼冲砂和软打捞等项作业，具有方便快捷、机动性强等特点。测卡车系统如图 7–28 所示。

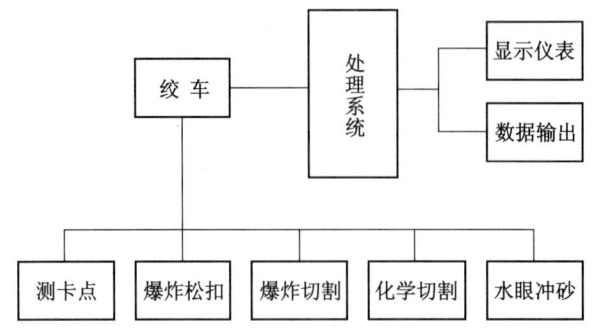

图 7-28 测卡车系统

7.3.1.2 技术参数

DC6-5000 型测卡车技术参数见表 7-33。

7.3.2 测卡仪

7.3.2.1 主要结构

测卡仪由地面仪器和井下仪器构成。地面仪器包括信号处理系统和一组显示仪表。井下仪器包括电缆头、磁性定位器、加重杆、伸缩杆、弹簧锚、卡点定位传感器，如图 7-29 所示。

7.3.2.2 工作原理

目前国内使用的测卡松扣仪器有进口 DIA-LOG、HOMCO、AES 和国产 CQY-1 等，常用规格有 1in、$1\frac{3}{8}$in 和 $1\frac{5}{8}$in。

发生卡钻事故时，利用测卡车将仪器下至被卡管具内的特定位置后，给管具施加相应的扭（或拉）作用力，传感器在锚定装置的作用下与管具形成"一体"，并将管具发生的弹性形变转化成电信号，经电缆传输到地面信号处理系统，经识别后由地面仪表反映出来。当传感器位于卡点以上时，测卡读数随作用力的变化而变化；当传感器位于卡点以下时，测卡读数不随作用力的变化而变化或变化很小；通过对不同位置测卡数据的分析就可以确定卡点的确切位置。

7.3.2.3 主要技术参数

(1) 地面仪器工作温度范围：-40～70℃。
(2) 井下仪器耐温：200℃。
(3) 井下仪器耐压：120MPa。
(4) 适用范围：内径为 30～339.7mm 的管具。
(5) 测卡精度：±1.0m。

7.3.2.4 使用方法

1. 地面测试

在地面将井下仪器连接好（顺序为电缆头、磁性

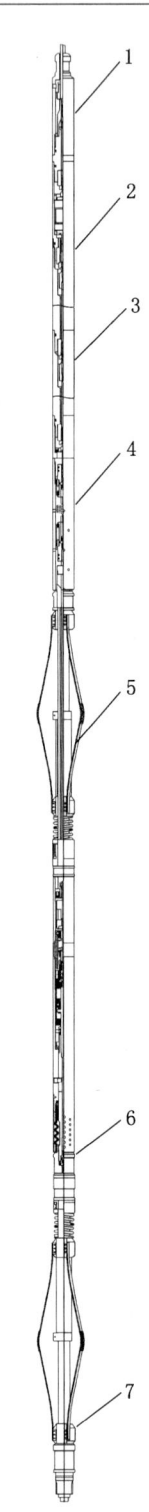

图 7-29 井下仪器结构
1—电缆头；2—磁性定位器；3—加重杆；
4—伸缩杆；5，7—弹簧锚；
6—卡点定位传感器

定位器、加重杆、伸缩杆、上弹簧锚、传感器总成、下弹簧锚、引鞋)。根据井下管具规格将弹簧锚调到合适的张力,将井下仪器通过电缆与地面仪器连接后,对整套仪器进行模拟测试,确认仪器正常后方可入井。

表 7-33 DC6-5000 型测卡车技术参数

最大作业深度 m	最大提升负荷 kN	载重量 kg	发动机型号 6HK1-TC		整车参数		
			最大功率, kW (2500r/min 时)	最大扭矩, kN·m (1500r/min 时)	接近角 (°)	离去角 (°)	设备总质量 kg
7000	50	12000	200	0.76	26	16.6	19200

2. 测卡点

当仪器下到需要测卡的位置后,给钻具或管串施加一定的作用力(通常采用扭转或提拉方式)。如果钻具或管串未卡,即可从地面仪器的读数表中读出相应读数。释放所加应力,读数表指针返回初始值;如果钻具或管串已卡,施加作用力后,读数表无显示或达不到预定目标值。转动测卡需要的参考圈数见表 7-34。

表 7-34 转动测卡需要的参考数据

管具名称	油管, in	钻铤, in	钻杆, in	套管, in
圈数,圈/1000m	$3\tfrac{1}{3}$	$1\tfrac{3}{5}$	$1\tfrac{3}{5}$	$\tfrac{4}{5}$

7.3.3 爆炸松扣工具

7.3.3.1 用途

确定卡点后,通过电缆及爆炸松扣工具携带定量爆炸源(雷管和导爆索)下到适当位置后引爆,将已施加有反向扭力的钻具或管串的螺纹震松并卸扣。

7.3.3.2 结构

为提高操作的安全性,爆炸松扣工具采用由 3 个二极管串联而成的安全接头,起反向保护作用,结合系统负向供电方式,确保爆炸源由负向电流正确引爆。爆炸松扣工具结构如图 7-30 所示。

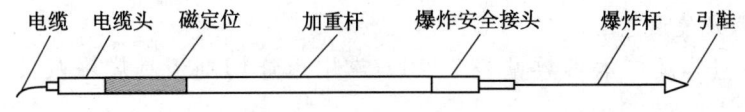

图 7-30 爆炸松扣工具示意图

7.3.3.3 使用方法

(1) 按照图 7-30 所示将工具连接好,进行地面测试。

(2) 井下钻具紧扣:紧扣的目的是使钻柱各连接部位受力均匀,并有足够的紧固程度,以防在施加反扭矩时把钻具倒开。紧扣时施加正扭矩的扭矩圈数推荐数据见表 7-35 和表 7-36。

表 7-35　爆炸松扣施加反转圈数

管具名称	油　管	钻　铤	钻　杆	套　管
推荐圈数，圈/1000m	$3^{1}/_{3} \sim 4$	$1^{3}/_{5} \sim 2^{1}/_{2}$	$1^{3}/_{5} \sim 2^{1}/_{2}$	$^{4}/_{5}$

表 7-36　钻杆紧扣与松扣时扭转圈数

钻具公称尺寸，mm	140	127	114	89	73	60
推荐圈数，紧扣圈/1000m	3.5	3.8	4.3	5.5	6.7	8.0
推荐圈数，松扣圈/1000m	2.5	2.7	3.1	3.9	4.8	5.2

（3）将工具下到所测卡点以上松扣位置（通常为卡点以上 1～2 个单根接箍处），爆炸杆接头直径应小于钻具最小内径 10～15mm，爆炸松扣推荐药量见表 7-37、表 7-38 和表 7-39。

（4）施加反扭矩：该项操作是爆炸倒扣的关键。

（5）用磁性定位器探测卡点以上的待松扣的接头位置，将爆炸杆中点量卡该接头，接通电源引爆。引爆成功则电路断开，如果倒扣成功，则转盘扭矩迅速下降。

7.3.4　爆炸切割工具

7.3.4.1　用途

爆炸切割工具主要应用于钻井或修井作业中切割管柱的作业，通常用来切割油管、套管、钻杆或小规格钻铤。由电缆携带聚能环形炸药下至预定位置，依靠炸药引爆时产生的高能冲击波将管柱切断。

7.3.4.2　结构

爆炸切割工具的结构如图 7-31 所示。

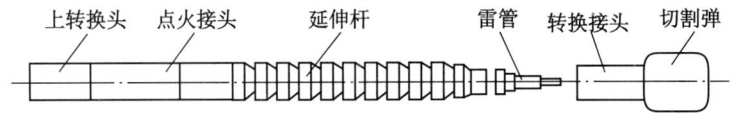

图 7-31　爆炸切割工具示意图

7.3.4.3　技术参数及使用范围

国产切割弹型号及技术参数见表 7-40，常用爆炸切割工具规格及使用范围见表 7-41。

7.3.4.4　使用方法

（1）工具准备：将电缆头、磁性定位器、加重杆、安全接头、上转换接头、点火接头、延伸杆依次连接好，并进行引爆电路检查。

（2）关掉井场所有动力设备、无线通讯设备，切断电源，然后将雷管放入导爆短节，再将爆炸短节、切割弹接到延长杆下部。

（3）将整套工具下到预定深度时，将钻具或管串上提，其负荷比切割深度以上管柱重力多 30～50kN，由地面仪器供电引爆爆炸源（切割弹），即可完成爆炸切割作业。

表 7–37 钻杆爆炸松扣推荐药量表

（单位：根）

钻杆外径 mm（in）	钻井液密度 g/cm³	井深，km															
		0 ~ 0.6	0.6 ~ 0.9	0.9 ~ 1.2	1.2 ~ 1.5	1.5 ~ 1.8	1.8 ~ 2.1	2.1 ~ 2.4	2.4 ~ 2.7	2.7 ~ 3.0	3.0 ~ 3.3	3.3 ~ 3.6	3.6 ~ 3.9	3.9 ~ 4.2	4.2 ~ 4.5	4.5 ~ 4.8	4.8 ~ 5.1
73.03 (2⁷/₈)	1.20	2	2	3	3	3	3	3	3	3	4	4	4	4	4	4	4
	1.68	2	3	3	3	3	3	4	4	4	4	4	4	5	5	5	5
	2.16	2	3	3	3	3	4	4	4	4	5	5	5	5	6	6	6
88.9 (2½)	1.20	3	3	3	3	3	4	4	4	4	4	4	4	5	5	5	5
	1.68	3	3	3	4	4	4	4	4	5	5	5	5	5	6	6	6
	2.16	3	3	3	4	4	4	5	5	5	5	6	6	6	6	7	7
127 (5)	1.20	4	4	4	4	4	4	4	5	5	5	5	5	5	6	6	6
	1.68	4	4	4	4	5	5	5	5	5	6	6	6	6	7	7	7
	2.16	4	4	4	5	5	5	5	5	6	6	6	6	7	7	7	8

注：每根导爆索长度约为 1.5m，线密度为 10.6g/m。

若环空无钻井液，导爆索应减少 1 根；若环空有钻井液，水眼内无钻井液，导爆索应增加 1 根。

井深小于 60m，导爆索应增加 1 根。

表 7–38　钻铤爆炸松扣松扣推荐药量表

（单位：根）

钻铤外径 mm	钻井液密度 g/cm³	井深，km															
		0 ~ 0.6	0.6 ~ 0.9	0.9 ~ 1.2	1.2 ~ 1.5	1.5 ~ 1.8	1.8 ~ 2.1	2.1 ~ 2.4	2.4 ~ 2.7	2.7 ~ 3.0	3.0 ~ 3.3	3.3 ~ 3.6	3.6 ~ 3.9	3.9 ~ 4.2	4.2 ~ 4.5	4.5 ~ 4.8	4.8 ~ 5.1
152.4	1.20	6	6	6	6	7	7	7	7	7	7	7	8	8	8	8	8
	1.68	6	6	6	7	7	7	7	8	8	8	8	8	9	9	9	9
	2.16	6	6	7	7	7	7	8	8	8	9	9	9	9	10	10	10
177.8	1.20	7	7	7	7	8	8	8	8	8	8	9	9	9	9	9	9
	1.68	7	7	8	8	8	8	8	9	9	9	9	10	10	10	10	11
	2.16	7	8	8	8	8	9	9	9	10	10	10	10	11	11	11	11
203.2	1.20	8	8	8	8	9	9	9	9	9	9	10	10	10	10	10	10
	1.68	8	8	9	9	9	9	9	10	10	10	10	10	11	11	11	11
	2.16	8	8	9	9	9	10	10	10	10	11	11	11	11	12	12	12
228.6	1.20	9	9	9	9	10	10	10	10	10	10	10	11	11	11	11	11
	1.68	9	9	9	10	10	10	10	11	11	11	11	12	12	12	12	12
	2.16	9	9	10	10	10	11	11	11	11	12	12	12	13	13	13	13

注：每根导爆索长度约为 1.5m，线密度为 10.6g/m。

若环空无钻井液，导爆索应减少 1 根；若环空有钻井液，水眼内无钻井液，导爆索应增加 1 根。

井深小于 60m，导爆索应增加 1 根。

表 7–39 油管爆炸松扣推荐药量表

（单位：根）

油管外径 mm	钻井液密度 g/cm³	井深，km															
		0 ~ 0.6	0.6 ~ 0.9	0.9 ~ 1.2	1.2 ~ 1.5	1.5 ~ 1.8	1.8 ~ 2.1	2.1 ~ 2.4	2.4 ~ 2.7	2.7 ~ 3.0	3.0 ~ 3.3	3.3 ~ 3.6	3.6 ~ 3.9	3.9 ~ 4.2	4.2 ~ 4.5	4.5 ~ 4.8	4.8 ~ 5.1
52.39	1.20	1	1	1	1	1	1	1	1	1	1	1	1	1	2	2	2
	1.68	1	1	1	1	1	1	1	1	1	2	2	2	2	2	2	2
	2.16	1	1	1	1	1	1	1	2	2	2	2	2	2	2	2	2
60.33	1.20	1	1	1	1	1	1	1	1	2	2	2	2	2	2	2	2
	1.68	1	1	1	1	1	2	2	2	2	2	2	2	2	2	2	2
	2.16	1	1	1	1	2	2	2	2	2	2	2	2	2	3	3	3
73.03	1.20	1	1	1	2	2	2	2	2	2	2	2	2	2	2	2	2
	1.68	1	1	2	2	2	2	2	2	2	2	2	2	3	3	3	3
	2.16	1	2	2	2	2	2	2	2	2	3	3	3	3	3	3	3
88.90	1.20	2	2	2	2	2	2	2	2	2	2	2	3	3	3	3	3
	1.68	2	2	2	2	2	2	2	3	3	3	3	3	3	3	3	3
	2.16	2	2	2	2	2	3	3	3	3	3	3	3	4	4	4	4
114.30	1.20	2	2	2	2	2	2	2	3	3	3	3	3	3	3	3	3
	1.68	2	2	2	2	3	3	3	3	3	3	3	3	4	4	4	4
	2.16	2	2	2	3	3	3	3	3	3	4	4	4	4	4	5	5

注：每根导爆索长度约为 1.5m，线密度为 10.6g/m。
若环空无钻井液，导爆索应减少 1 根；若环空有钻井液，水眼内无钻井液，导爆索应增加 1 根。
井深小于 60m，导爆索应增加 1 根。

表7-40 国产切割弹型号及技术参数

名称	型号	外径 mm	耐压 MPa	耐温 ℃	适用管柱 外径，mm	适用管柱 内径，mm
油管切割弹	UQ54-1	54	70	180	73.0	62
油管切割弹	UQ79-1	79	60	180	88.9	90
钻杆切割弹	UQ60-1	60	60	180	88.9	66
钻杆切割弹	UQ60-2	60	60	180	127	70
钻铤切割弹	UQ50-1	60	60	180	120.7	60
钻铤切割弹	UQ60-1	60	60	180	158.8	70

表7-41 爆炸切割工具规格及使用范围

爆炸切割工具 名称	外径 mm	耐压 MPa	耐温 ℃	适用范围 外径 mm	壁厚 mm	单位质量 kg/m	钢级	名称
钻杆切割工具	60.32	110	200	88.90	11.40	23.06	G-105	钻杆
钻杆切割工具	74.61	110	200	114.30	8.56	24.70	G-105	钻杆
钻杆切割工具	84.14	80	200	127.00	9.19	29.01	G-105	钻杆
套管切割工具	92.07	62	200	114.30	7.37	20.09	N-80	套管
套管切割工具	101.60	115	160	127.00	9.19	26.78	N-80	套管
套管切割工具	114.30	115	160	139.70	10.54	34.22	N-80	套管
套管切割工具	120.65	115	160	139.70	6.98	23.06	N-80	套管
套管切割工具	136.52	90	160	152.40	9.72	34.22	N-80	套管
套管切割工具	139.70	60	160	177.80	11.51	47.62	N-80	套管
套管切割工具	152.40	100	160	177.80	10.36	43.15	N-80	套管
套管切割工具	155.57	70	160	193.67	9.52	44.19	N-80	套管
套管切割工具	184.15	55	160	219.07	12.70	65.54	N-80	套管
套管切割工具	207.96	55	160	244.47	13.84	79.69	P-110	套管

7.3.5 化学切割工具

7.3.5.1 用途

化学切割主要用于钻井或修井作业中切割管柱的作业，通常用来切割油管或套管。当被卡管具不适宜采用爆炸松扣工艺时通常可采用化学切割的方法。化学切割工具是一种用电缆起下、电流引爆装置。工具内装有一种推进剂，可使化学反应剂在高压下冲出喷嘴，并在高温下与管子的金属发生反应。化学切割的优点是切割断口整齐，便于打捞。

7 井下事故处理工具

7.3.5.2 结构

化学切割工具由工具本体和在工具本体下部等距离分布的化学射流喷嘴组成，包括点火器下部接头、气体发生器、水力锚、化学药筒、切割头、扶正器、引鞋等。工具上装有压力起动卡瓦（水力锚），以防止工具顺井眼向上垂直运动，造成电缆打扭。化学切割工具结构如图7-23所示。

7.3.5.3 规格及使用范围

化学切割工具的规格及使用范围见表7-42。

7.3.5.4 使用方法

(1) 工具准备：将电缆头、磁性定位器、加重杆、安全接头、点火器依次连接好。
(2) 关掉所有动力设备、无线电通讯设备，切断电源。
(3) 将气体发生剂装入发生器中，连接水力锚和点火器，水力锚以下的组件按图7-32的顺序组装，并在井口把工具本体和化学射流喷嘴组装在一起。

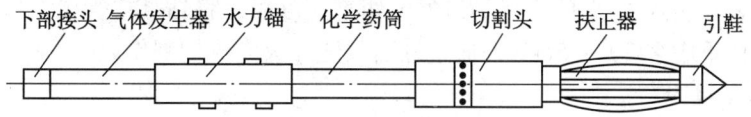

图 7-32 化学切割工具示意图

表 7-42 化学切割工具规格及使用范围

化学切割工具		适用管具范围			
外径 mm	工具最大开口 mm	外径 mm	内径 mm	单位质量 kg/m	名称
19.05	26.67	33.40	24.31 ~ 26.64	2.68 ~ 3.35	
28.57	36.07	42.16	32.46 ~ 35.81	3.12 ~ 4.49	
34.92	48.26	48.26	38.10 ~ 41.91	3.57 ~ 5.43	
38.10	51.82	52.37	42.42 ~ 44.48	4.84 ~ 5.06	
		60.32	43.26 ~ 50.67	6.99 ~ 11.46	
39.69	53.34	60.32	47.07 ~ 50.67	6.99 ~ 9.23	
42.86	55.88		49.25 ~ 50.67	6.99 ~ 7.89	
44.45	63.50		52.30 ~ 62.00	9.67 ~ 15.92	油管
47.62	64.77	73.02			
50.80	65.53		55.75 ~ 62.00	9.67 ~ 14.14	
53.97	66.04		56.62 ~ 62.00	9.67 ~ 11.75	
57.15	80.01		66.09 ~ 74.22	15.33 ~ 23.06	
60.32	82.55	88.90	66.09 ~ 77.93	11.46 ~ 23.06	
66.67	88.01		74.22 ~ 76.00	13.84 ~ 15.33	
79.37	92.96	101.60	84.84 ~ 90.12	14.14 ~ 20.83	

续表

化学切割工具		适用管具范围			
外 径 mm	工具最大开口 mm	外 径 mm	内 径 mm	单 位 质 量 kg/m	名 称
92.07	111.00	114.30	97.18 ~ 102.87	15.62 ~ 23.06	套管
101.60	120.65	127.00	106.17 ~ 115.82	17.11 ~ 29.02	
112.71	128.27	139.70	118.62 ~ 128.02	19.34 ~ 34.22	
115.89	130.81				
139.70	165.10	177.80	157.07 ~ 163.98	29.76 ~ 43.15	
187.32	212.60	218.95	194.34 ~ 205.66	35.71 ~ 63.98	

（4）接通仪器电源，当整套工具下到预定切割深度时，将钻具或管串上提，其负荷比切割深度以上管柱重力多 30 ~ 50kN，通过地面仪器点火完成切割作业。

7.3.6 水眼冲砂工具

7.3.6.1 用途

水眼冲砂技术是确保测卡、爆炸松扣、打捞套铣等作业顺利进行的配套工艺。当管具水眼被堵时，用电缆携带冲砂管下入钻具水眼内建立内部循环。利用钻井液射流冲刺水眼内的岩屑，使钻具水眼畅通、可降低卡钻事故的处理难度，加快了事故的处理速度。

7.3.6.2 结构

水眼冲砂工具与电缆绞车配合使用，整套工具由井口、井下和起下钻三部分工具组成。

（1）井口工具由防喷盒、提升短节、三通、旋转头等组成，如图 7–33 所示。

（2）井下工具由电缆头、磁性定位器、旋转接头、上偏水眼接头、堵塞器总成、堵塞器座、剪切销子、小钻头、下偏水眼接头等组成，如图 7–34 所示。

（3）水眼冲砂工具的起下主要由电缆来完成。起下钻工具由卡瓦座、卡瓦、安全卡瓦、上卸扣钳子、短钻杆等组成。

7.3.6.3 技术参数

水眼冲砂工具的技术参数见表 7–43。

表 7–43 水眼冲砂工具技术参数

钻 具 规 格	冲洗水眼直径 mm	A 型堵塞器外径 mm	B 型堵塞器外径 mm	堵塞器座内径 mm	小钻头外径 mm
127mm 钻杆	108.6	88	85	80	64
127mm 内外加厚钻杆	93.7				
159mm 钻铤	71.4	55	60	50	45
178mm 钻铤	71.4				
203mm 钻铤	71.4				
89mm 钻杆	76.0	55	60	50	45
121mm 钻铤	57.2				

7 井下事故处理工具

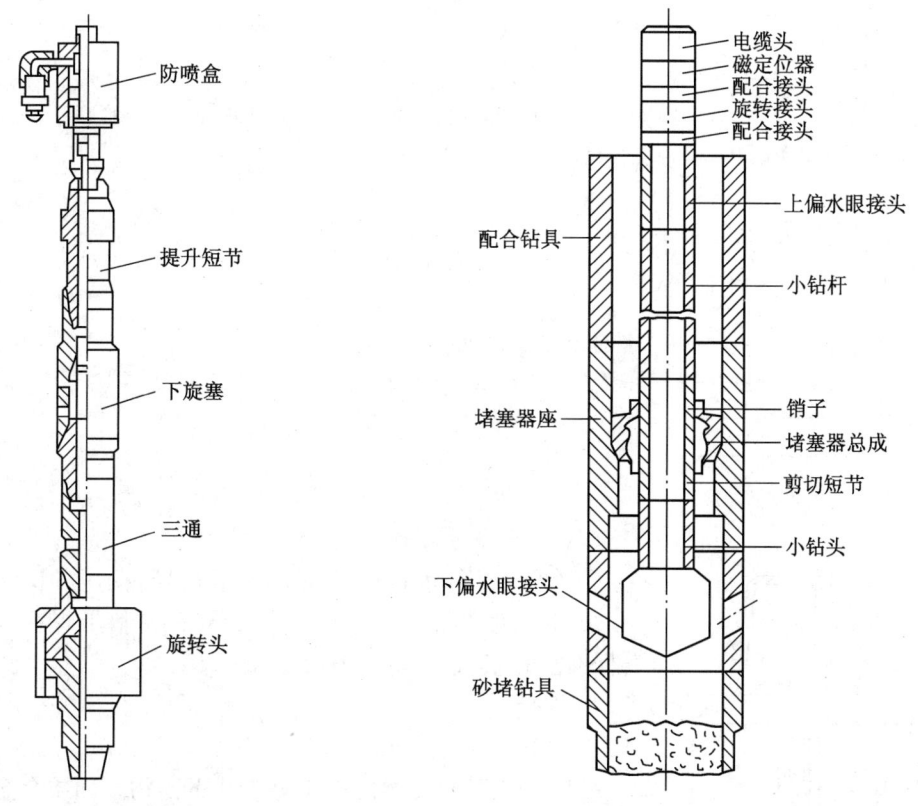

图 7-33 水眼冲砂井口工具　　图 7-34 水眼冲砂井下工具

7.3.6.4 使用方法

(1) 下钻对扣。

(2) 安装井口工具。将旋转头、三通、下旋塞、防喷管（可缺省）、提升短节、防喷盒等依次连接好，将电缆穿过上述工具的水眼，并用大钩吊离井口 5～10m。

(3) 接井下冲砂工具。井下冲砂工具组合为：小钻头 + 剪削短节 + 小钻杆 + 上偏水眼接头 + 旋转接头 + 磁性定位器 + 电缆头 + 电缆。

(4) 下放井口工具使旋转头与井口钻具对扣。

(5) 冲砂工具下到砂面之后开泵冲砂。当全部砂堵被解除之后，停泵起出冲砂工具。

7.4 磨鞋与铣鞋

7.4.1 概况

7.4.1.1 分类

磨鞋有平底（或凹底）磨鞋、引子磨鞋和锥形磨鞋等三种。铣鞋有锯齿铣鞋和平底铣鞋两种。

7.4.1.2 型号

(1) 磨鞋型号表示如下：

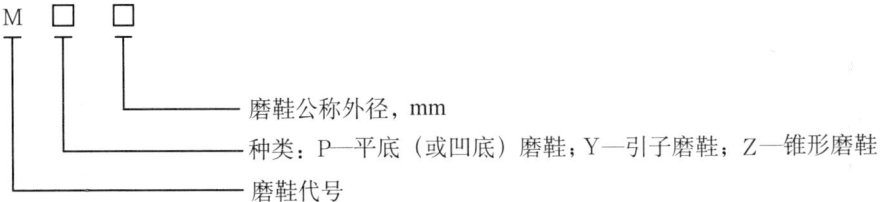

M □ □

- □（第二格）：磨鞋公称外径，mm
- □（第一格）：种类：P—平底（或凹底）磨鞋；Y—引子磨鞋；Z—锥形磨鞋
- M：磨鞋代号

（2）铣鞋型号表示如下：

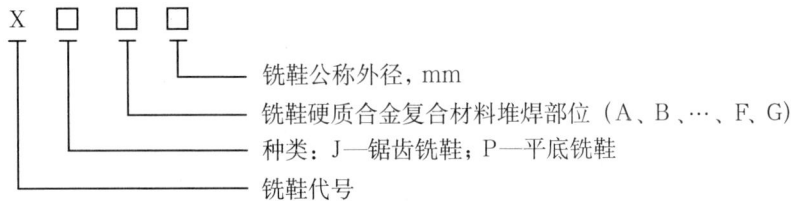

X □ □ □

- □（第三格）：铣鞋公称外径，mm
- □（第二格）：铣鞋硬质合金复合材料堆焊部位（A、B、…、F、G）
- □（第一格）：种类：J—锯齿铣鞋；P—平底铣鞋
- X：铣鞋代号

（3）型号表示示例。

①外径为 130mm 的平底磨鞋，其型号表示为 MP130。

②外径为 202.73mm、硬质合金复合材料堆焊在外部和底部的锯齿铣鞋，其型号表示为 XJG202。

图 7–35　平底（凹底）磨鞋

7.4.2　磨鞋

7.4.2.1　平底（或凹底）磨鞋

平底（或凹底）磨鞋用来磨铣井下落物。硬质合金堆焊（或硬质合金柱镶嵌）在平底磨鞋底部端面。平底（或凹底）磨鞋结构尺寸如图 7–35 所示，技术参数见表 7–44。

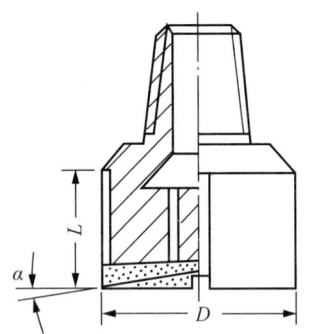

7.4.2.2　引子磨鞋

引子磨鞋用来磨铣落井的钻具及进行井下特殊作业。硬质合金堆焊（或镶嵌）在引子磨鞋翼片底部右旋侧面。引子磨鞋的结构如图 7–36 所示，技术参数见表 7–45。

7.4.2.3　锥形磨鞋

锥形磨鞋用来修复变形鱼顶及进行其他井下特殊作业，其标准锥度是 30°。硬质合金堆焊（或镶嵌）在锥度翼瓣面上和右旋侧面。锥形磨鞋的结构如图 7–37 所示，技术参数见表 7–46。

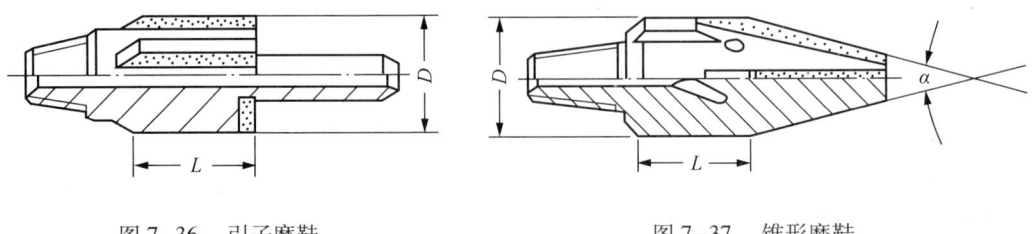

图 7–36　引子磨鞋

图 7–37　锥形磨鞋

7.4.3　铣鞋

铣鞋结构如图 7–38、图 7–39 所示，技术参数见表 7–47，用途见表 7–48。

表 7–44　平底（或凹底）磨鞋技术参数

型　号	外径 *D* mm	长度 *L* mm	平底角 *α* (°)	接头螺纹	适用井眼直径 mm
MP89	89	250	10 ~ 15	$2\frac{3}{8}$REG	95.2 ~ 101.6
MP97	97				107.9 ~ 114.3
MP110	110			$2\frac{7}{8}$REG	117.5 ~ 127.0
MP121	121				130.0 ~ 139.7
MP130	130				142.9 ~ 152.4
MP140	140			3½REG	155.6 ~ 165.1
MP156	156				168.0 ~ 187.3
MP178	178				190.5 ~ 209.5
MP200	200			4½REG	212.7 ~ 241.3
MP232	232				244.5 ~ 269.9
MP257	257			$6\frac{5}{8}$REG	273.0 ~ 295.3
MP279	279				298.5 ~ 317.5
MP295	295				320.6 ~ 346.1
MP330	330				349.3 ~ 406.4
MP381	381				406.4 ~ 444.5

表 7–45　引子磨鞋技术参数

型　号	外径 *D* mm	翼长 *L* mm	引子尺寸，mm		接头螺纹	适用井眼直径 mm
			直径	长度		
MY130	130	200	≥ 5	≥ 100	$2\frac{7}{8}$REG	142.9 ~ 152.4
MY140	140					155.6 ~ 165.1
MY156	156		≥ 5		3½REG	168.0 ~ 187.3
MY178	178				4½REG	190.5 ~ 209.5
MY200	200					212.7 ~ 241.3
MY232	232					244.5 ~ 269.9
MY257	257	250			$6\frac{5}{8}$REG	273.0 ~ 295.3
MY279	279					298.4 ~ 317.5
MY295	295	300				320.6 ~ 346.1
MY330	330					349.3 ~ 406.4
MY381	381					406.4 ~ 444.5

表7-46 锥形磨鞋技术参数

型号	外径 D mm	长度 L mm	锥度角 α (°)	接头螺纹	适用井眼直径 mm
MZ89	89	300	30	2$\frac{3}{8}$REG	95.0~101.6
MZ97	97				107.9~114.3
MZ110	110			2$\frac{7}{8}$REG	117.5~127.0
MZ121	121				130.0~139.7
MZ130	130				142.9~152.4
MZ140	140			3$\frac{1}{2}$REG	155.6~165.1
MZ156	156				168.0~187.3
MZ178	178				190.5~209.5
MZ200	200			4$\frac{1}{2}$REG	212.7~241.3
MZ232	232	350		6$\frac{5}{8}$REG	244.5~269.9
MZ257	257				273.0~295.3
MZ279	279				298.5~317.5
MZ295	295				320.6~346.1
MZ330	330				349.3~406.4
MZ381	381				406.4~444.5

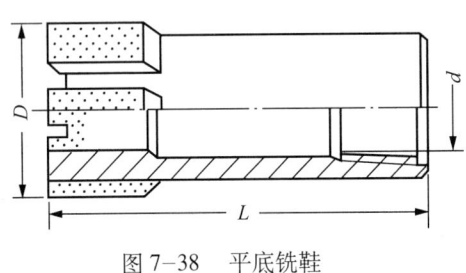

图7-38 平底铣鞋

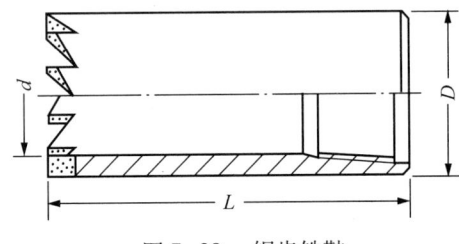

图7-39 锯齿铣鞋

表7-47 铣鞋技术参数

铣鞋规格	外径 D mm	内径 d mm	长度 L mm	适用最小井眼 mm	最大套铣钻具 mm
117	117.65	99.57	500~1000	120.65	88.90
136	136.05	108.61		146.05	101.60
145	145.58	124.26		155.58	120.65
		121.36		155.58	117.48
		118.62		155.58	114.30
177	177.33	150.39		187.33	142.88

续表

铣鞋规格	外径 D mm	内径 d mm	长度 L mm	适用最小井眼 mm	最大套铣钻具 mm
190	190.03	159.41	500~1000	200.03	152.40
202	202.73	174.63		212.73	168.28
202	202.73	171.83		212.73	165.10
202	202.73	168.28		212.73	161.93
205	205.98	184.15		215.90	177.80
209	209.08	187.58		219.09	180.98
234	234.48	198.76		244.48	190.50
234	234.48	193.68		244.48	187.33
240	240.83	207.01		250.83	200.03
256	256.70	224.41		266.70	215.90
256	256.70	220.50		266.70	212.73
288	288.45	252.73		298.45	244.48
288	288.45	247.90		298.45	238.13
313	313.85	276.35		323.85	266.70
313	313.85	273.61		323.85	263.53
355	355.13	317.88		365.13	307.98
434	434.50	381.25		444.50	368.30
498	498.00	448.44		508.00	438.15
574	574.20	485.65		584.20	497.43

表7-48 铣鞋用途

硬质合金堆焊部位代号	鞋底几何形状	硬质合金堆焊部位	用途
A	平底型	内部和底部	用于套铣落鱼金属,而不磨铣套管
B	平底型	外部和底部	用于套铣落鱼和裸眼井中磨铣金属、岩屑及堵塞物。
C	平底型	外部、内部和底都	用于套铣、切削金属、岩屑及堵塞物和水泥
D	平底型	底部	仅用于套铣岩屑堵塞物
E	平底型	底部和内部锥度	用于修理套管内鱼顶
F	锯齿型	底部	仅用于套铣岩屑和堵塞物,允许用大排量
G	锯齿型	外部和底部	仅用于套铣岩屑和堵塞物,允许用大排量

7.5 套铣工具

7.5.1 套铣管

7.5.1.1 结构

1. 套铣管按铣鞋连接分类

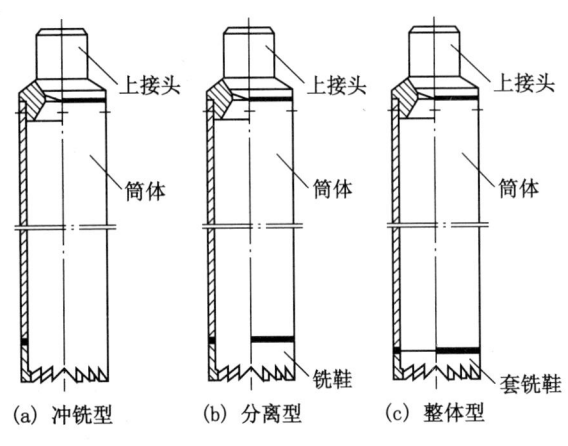

图 7-40 套铣管结构

(1) 冲铣型套铣管,由上接头与筒体焊接而成。其底部在管体本身切割成铣齿,并在底部加焊切削合金。由于只起冲铣作用,故多用薄壁无缝钢管制作,以保证有较大的内通径及较小的外径,结构如图 7-40 (a) 所示。

(2) 分离型套铣管,由上接头、筒体两部分焊接组成。筒体下端有与铣鞋相连接的螺纹,其结构如图 7-40 (b) 所示。

(3) 整体型套铣管,由上接头、筒体与套铣鞋三者焊接而成,如图 7-40 (c) 所示。这种型式的套铣管多用于套铣水泥、硬结砂、井下工具及某些硬度较高的材料等,因而须用强度较大的厚壁无缝钢管或高强度钻杆制作。

2. 按铣管连接分类的套铣管

(1) 有接箍套铣管。将管材的两端车成外螺纹(方螺纹),用双内螺纹的接箍作为铣管之间的连接,这种套铣管称为外接箍套铣管,如图 7-41 (b) 所示。将铣管两端车成内螺纹(梯形或矩形螺纹),用双外接头连接,则称为内接箍套铣管,如图 7-41 (a) 所示。

(2) 无接箍套铣管。将管材车成双级同步螺纹,一端外螺纹、一端内螺纹,直接将两根铣管连接。这种铣管叫同步螺纹无接箍套铣管,如图 7-42 所示。这种套铣管具有强度高,上卸扣快等特点。因为没有内外接箍和内台肩,在与防掉套铣矛、倒扣套铣工具配合使用时,可以提高打捞效率。

7.5.1.2 型号

套铣管型号表示如下:

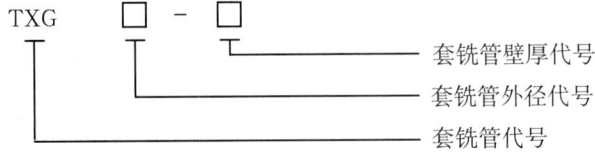

7.5.1.3 技术参数

套铣管技术参数见表 7-49。

7.5.1.4 常规套铣

1. 套铣钻柱组合

(1) 根据井下情况选择合适的套铣钻具组合。

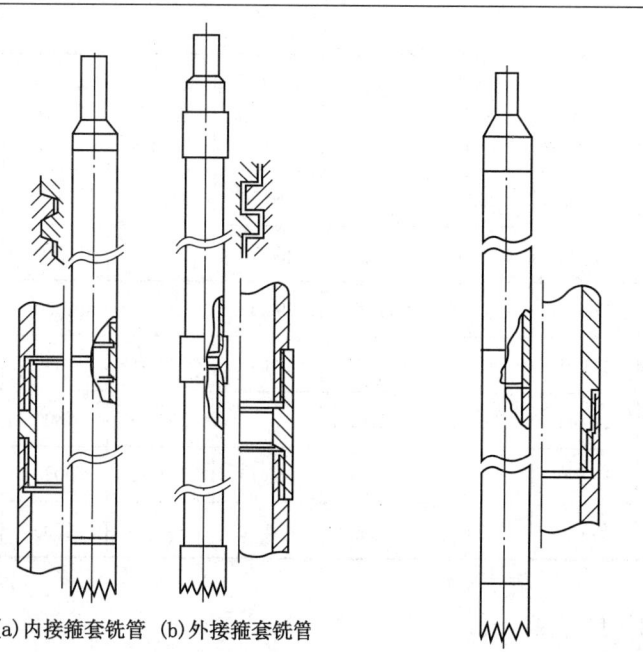

(a)内接箍套铣管　(b)外接箍套铣管

图 7-41　有接箍套铣管

图 7-42　同步螺纹套铣管（无接箍）

表 7-49　套铣管技术参数

型　　号	套铣管外径 mm	套铣管内径 mm	壁厚 mm	最小使用井眼 mm	最大套铣尺寸 mm	最大抗拉负荷 kN	接头屈服扭矩 kN·m	密封压力 MPa
TXG114.30−8.56	114.30	97.18	8.56	120.65	80.90	390	9.490	20
TXG127.00−9.19	127.00	108.62	9.19	146.05	101.60	440	12.202	20
TXG139.70−9.17	139.70	121.36	9.17	152.4	117.48	500	14.914	20
TXG146.05−7.92	146.05	130.21	7.92	161.93	127.00	500	14.914	20
TXG146.05−9.00	146.05	128.05	9.00	161.93	120.65	560	16.269	20
TXG168.28−8.94	168.28	150.39	8.94	187.33	142.88	600	21.693	15
TXG177.80−9.19	177.80	159.42	9.19	200.03	152.40	640	24.404	15
TXG193.68−9.53	193.68	174.63	9.53	212.73	168.28	700	31.183	15
TXG193.68−10.92	193.68	171.83	10.92	212.73	165.10	810	36.607	15
TXG193.68−12.70	193.68	168.28	12.70	212.73	161.93	1060	43.386	15
TXG203.20−9.53	203.20	184.15	9.53	215.90	177.00	820	32.539	15
TXG206.38−9.40	206.38	187.58	9.40	215.90	177.80	830	32.539	15
TXG219.07−11.43	219.07	196.21	11.43	244.48	187.33	1100	47.453	15
TXG219.07−12.70	219.07	193.67	12.70	244.48	184.15	1220	54.232	15
TXG228.60−10.80	228.60	207.01	10.80	250.83	200.03	1260	47.453	15

续表

型 号	套铣管外径 mm	套铣管内径 mm	壁厚 mm	最小使用井眼 mm	最大套铣尺寸 mm	最大抗拉负荷 kN	接头屈服扭矩 kN·m	密封压力 MPa
TXG244.48–11.99	244.48	220.50	11.99	266.70	212.73	1460	67.791	15
TXG244.48–13.84	244.48	216.80	13.84	266.70	206.47	1560	81.349	15
TXG273.05–11.43	273.05	250.19	11.43	290.45	238.13	1620	81.349	15
TXG273.05–12.57	273.05	247.91	12.57	298.45	234.95	1640	88.128	15
TXG298.44–12.42	298.44	273.60	12.42	323.85	263.53	1800	108.465	10
TXG339.72–13.06	339.72	313.60	13.06	365.13	301.62	2020	149.140	10
TXG406.40–16.66	406.40	373.08	16.66	444.50	355.60	2500	254.894	7.0

(2) 推荐使用下列组合之一：
① 铣鞋＋套铣管＋转换接头＋上击器＋钻铤或加重钻杆（27～55m）＋钻杆＋方钻杆；
② 铣鞋＋套铣管＋转换接头＋钻杆＋方钻杆。

2. 套铣参数

套铣参数见表7–50。

表7–50 套铣参数

套铣管外径，mm	钻压，kN	排量，L/s	转速，r/min
114.30～139.70	10～40	10～15	40～60
168.28～177.80	20～50	15～25	40～60
193.68～228.60	20～70	20～40	40～60
244.48～508.00	30～80	20～50	40～60

7.5.2 套铣防掉矛

套铣防掉矛适用于落鱼不在井底的卡钻事故套铣作业，要求在无内台肩的铣管内使用。一般与双级同步螺纹铣管配套使用，套铣和打捞一次完成。

7.5.2.1 HMC工具

1. 结构

HMC工具结构包括心轴、卡瓦滑套总成、摩擦块滑套总成和剪销接头总成等，如图7–43所示。卡瓦滑套总成由卡瓦滑套、2个半合圆的卡瓦固定环和固定螺钉等组成。摩擦块滑套总成由摩擦块滑套、4个摩擦块、16只摩擦块弹簧、4片合圆的摩擦块固定环、2个滑块和固定螺钉组成。剪销接头总成由剪销接头、锁紧键、固定螺钉、剪销丝堵组成。卡瓦滑套总成和摩擦块滑套总成套在心轴上，用左旋螺纹的开口环连接在一起。摩擦块滑套总成的上端与开口环的下端用左旋螺纹连接成一体。由于卡瓦嵌在心轴槽上，所以不能转动。卡瓦滑套总成的下端与开口环的上端相接自由地嵌入心轴槽中。卡瓦滑套总成可随摩擦块滑套总成在心轴上上下运动。摩擦块滑套总成既能上下运动，又可随套铣管一起转动。

2. 工作原理

（1）剪销接头总成通过剪销衬套将套铣防掉矛固定在套铣管中，与连接在剪销接头下边的对扣接头等工具一起随套铣管下井。

（2）当套铣到对扣接头与鱼顶接触时，套铣管正转与落鱼对扣。对扣螺纹被上紧，套铣防掉矛的销钉被剪断，整套工具连接到鱼顶之上。继续套铣时，由于摩擦块在弹簧作用下始终向外撑在套铣管内壁上，所以只有摩擦块总成随套铣管转动，其余部件和落鱼固定在一起。如图7-44（a）所示。

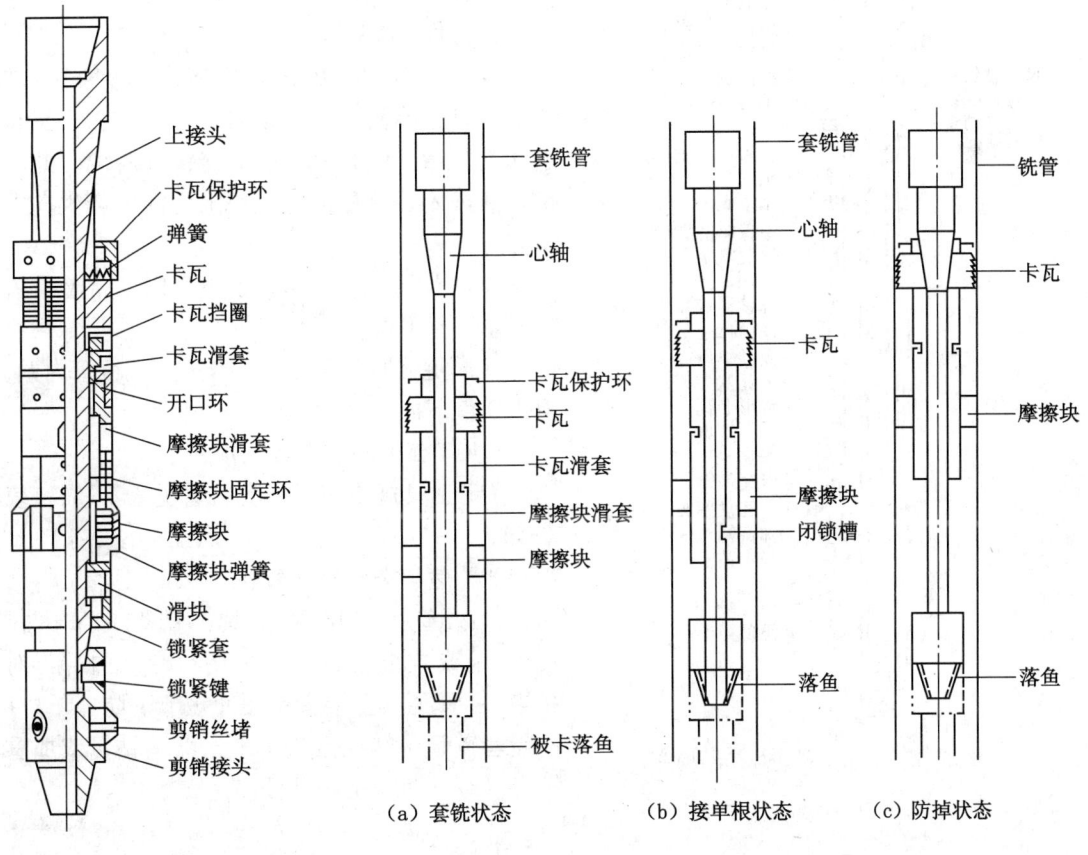

图7-43 HMC套铣防掉矛结构图

图7-44 HMC套铣防掉矛工作原理图

（3）滑块起闭锁作用。上提套铣管，当滑块进入心轴下部闭锁槽时，摩擦块滑套总成和卡瓦总成不能与心轴作相对运动，卡瓦被锁住，进不了上部锥形槽，套铣防掉矛处于自锁状态。在此状态下，可以接单根和上下活动钻具，如图7-44（b）所示。下放铣管并正转，可解除自锁。

（4）当落鱼被套铣解卡后便往下滑，同时带动套铣防掉矛心轴一起往下滑。由于摩擦块与套铣管摩擦阻力的作用，使心轴和卡瓦作相对运动。心轴上部卡瓦槽的7°斜面将卡瓦向外撑，使卡瓦咬住铣管内壁。落鱼被悬挂在铣管内，以防止落鱼落到井底，如图7-44（c）所示。如果卡瓦打滑，摩擦块滑到摩擦衬套台阶上，也可阻止落鱼下落。

7.5.2.2 ICT工具

1. 结构

ICT套铣防掉矛由上接头、阻尼活塞（比套铣管内径小1.58mm，包括压紧螺母、垫片、截流环和控制盒等）、摩擦块总成（包括摩擦块螺母、摩擦块弹簧和摩擦块）、卡瓦总成（包括锁紧螺母、卡瓦盒、锥形卡瓦、卡瓦螺母、卡瓦、卡瓦弹簧、弹簧帽和稳定销）、节流嘴、下部短节等组成，结构如图7-45所示。

2. 工作原理

（1）套铣时，ICT工具随套铣管同步转动。当对扣接头行至鱼顶时，自动对扣，正转自动紧扣后，ICT工具自动与铣管脱离。此时钻井液进入节流嘴，摩擦块阻尼活塞产生向上拉伸力。

（2）当落鱼被套铣解卡下行时，带着套铣防掉矛一起下行。

（3）使锥形卡瓦外撑、卡瓦咬住铣管内壁，阻止落鱼下掉。

3. ICT工具规格与配用套铣管

ICT工具规格与配用套铣管见表7-51、表7-52。

7.5.2.3 防掉套铣钻具组合

（1）选用HMC型工具：铣鞋+摩擦衬套+1根或数根套铣管+剪切衬套（内部：对扣接头+H型安全接头+缓冲短节+防掉矛）+所需套铣管+转换接头+上击器+钻铤或加重钻杆（27～55m）+钻杆。

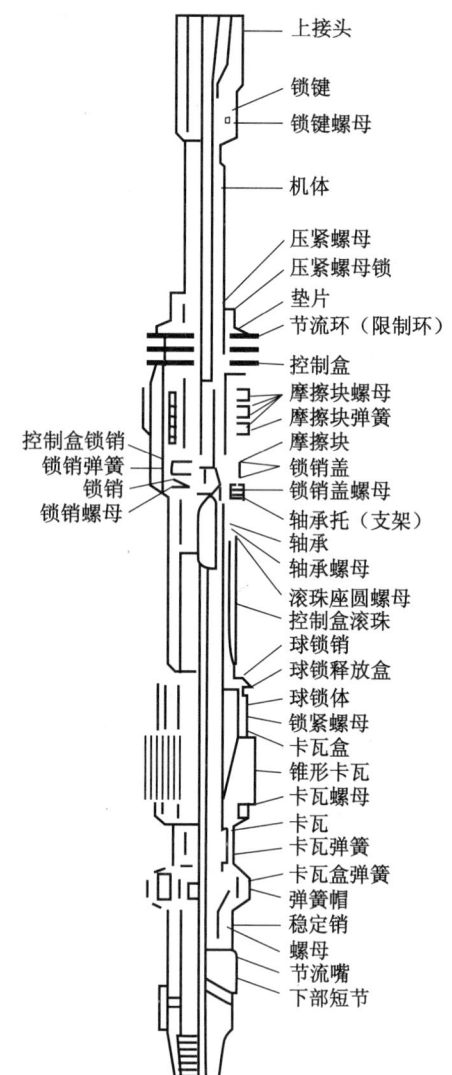

图7-45 ICT套铣防掉矛结构图

表7-51 尺寸配合

工具规格	配用套铣管，mm			销钉剪切力，kN		
				铝销	铜销	钢销
HT100	127	140	146	—	48	80
HT146	178	203	229	62	100	190
HT187	219	229	245	62	100	190

表7-52 尺寸配合

工具规格	配用套铣管，mm		摩擦块直径，mm		阻尼活塞直径，mm	
IT100	140	146	124.8	124.8	122	122
IT146	203	206.4	181	183	178	180

(2) 选用 ICT 工具：铣鞋 +1 根或数根套铣管（内部：对扣接头 +H 型安全接头 + 防掉矛）+ 转换接头 + 下击器 + 上击器 + 钻铤或加重钻杆（27～55m）+ 钻杆。

7.5.3 套铣倒扣器

套铣倒扣器一般用于被卡落鱼在井底的情况，并可将套铣、倒扣两次作业工序合而为一。

7.5.3.1 结构

套铣倒扣器分为内、外两部分：(1) 外部。外部包括与铣管固定在一起的上接头、缸筒、中间接头、铣管安全接头和冲管，如图 7–46（a）所示。(2) 内部。内部包括与活塞杆（或称打捞杆）连接在一起的有活塞总成、偏水眼接头、H 型（或 J 型）安全接头和对扣接头，如图 7–46（b）所示。内部零件通过套在活塞杆上面，位于中间接头内的矩形弹簧，悬挂在缸套中。

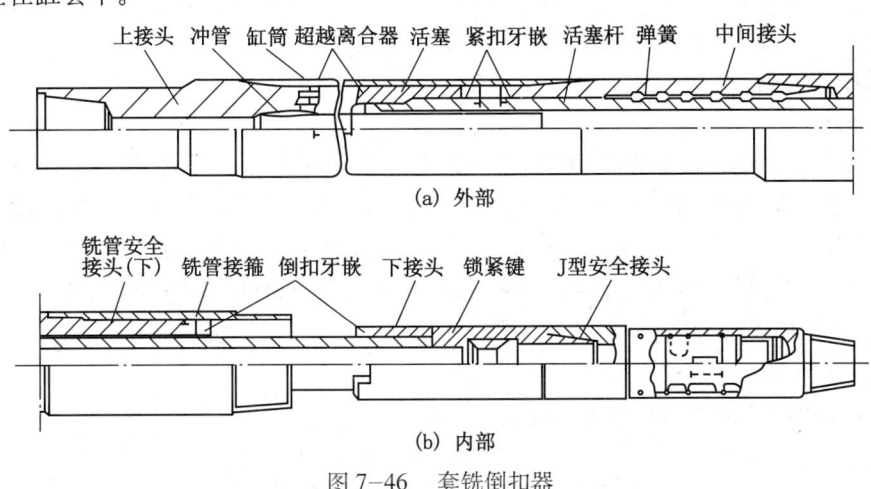

图 7–46 套铣倒扣器

7.5.3.2 工作原理

(1) 对扣。工具组装后，矩形弹簧的弹力使超越离合器啮合。此时对扣接头随铣管下行，与落鱼顶部对扣连接。当超越离合器正弦曲面打滑时，对扣连接完成，如图 7–47（a）所示。

(2) 紧扣。上提钻具，此时因打捞杆（活塞杆）系统已经固定在鱼顶上，中间接头上行而压缩矩形弹簧，迫使紧扣牙嵌（其一半在活塞下部，一半在中间接头上部）啮合。当转动钻具时，扭矩经中间接头、活塞、打捞杆传至对扣接头，完成紧扣，如图 7–47（b）所示。

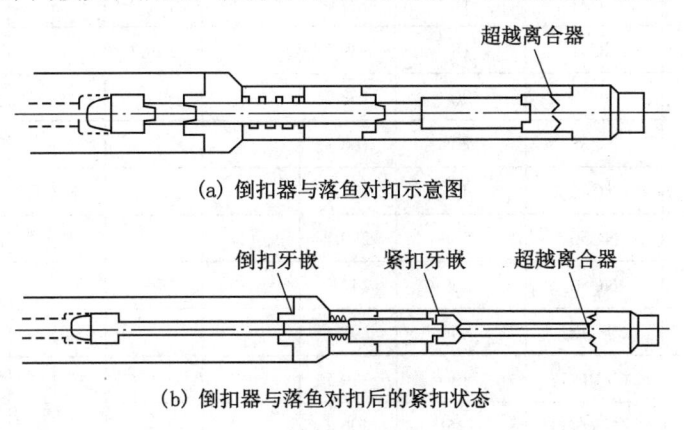

图 7–47 套铣倒扣器工作原理图

(3) 倒扣。在使用爆炸松扣前，为防止铣管被卡，可将 H 型（或 J 型）安全接头倒开，活动铣管。待爆炸松扣工具下到位置后，再将 J 型安全接头对上扣，而后按爆炸松扣程序倒扣。

7.5.3.3 套铣倒扣钻具组合

(1) 外部：铣鞋 + 套铣管 + 套铣管安全接头 + 套铣打捞矛 + 下击器 + 上击器 + 钻铤或加重钻杆（27～55m）+ 钻杆。

(2) 内部：对扣接头 + J 型安全接头 + 偏水眼接头。

7.6 切 割 工 具

对于井下被卡落鱼的未卡部分或已套铣的部分，如不用倒扣的方法，而采用切割办法分段取出落鱼，此时需使用切割工具。

7.6.1 机械式内割刀

7.6.1.1 结构

机械式内割刀结构，如图 7-48 所示。按功能主要零件分成三大部分：(1) 锚定机构。卡瓦和卡瓦锥体相向移动。卡瓦锚定在管柱内壁上。两者离开，工具可起出。(2) 切割机构，主要是刀片和推刀块。当卡瓦锚定后，推刀块也固定，下放心轴，推刀块迫使刀片伸出，接触管壁，心轴旋转即可切割。(3) 操纵机构，主要有摩擦块、滑牙套和滑牙片等。用以实现卡瓦的锚定和解脱。

7.6.1.2 技术参数

ND-J 型机械式内割刀技术参数见表 7-53。

表 7-53 ND-J 型机械式内割刀技术参数

工具型号	工具外径 mm	接头螺纹	水眼直径 mm	切割管外径，mm			换刀后切割管外径，mm		
				套管	油管	钻杆	套管	油管	钻杆
ND-J89	57	2³⁄₈TBG	12	—	88.9	88.9	—	101.6	101.6
ND-J102	83	2³⁄₈TBG	14	—	101.6	—	—	114.3	114.3
ND-J114	85	NC26	16	114.3	114.3	114.3	—	—	—
ND-J127	102	NC31	18	127.0	—	127.0	—	—	—
ND-J140	112	NC31	18	139.7	—	139.7	—	—	—
ND-J168	127	NC38	20	168.3	—	—	—	—	—
ND-J168	138	NC38	20	168.3	—	—	—	—	—
ND-J178	145	NC46	40	177.8	—	—	193.7	—	—
ND-J219	185	NC50	50	219.1	—	—	—	—	—
ND-J245	210	NC50	55	244.5	—	—	—	—	—
ND-J298	260	6⁵⁄₈REG	80	298.4	—	—	—	—	—
ND-J340	295	6⁵⁄₈REG	80	339.7	—	—	—	—	—
ND-J406	370	6⁵⁄₈REG	125	406.4	—	—	—	—	—
ND-J508	475	6⁵⁄₈REG	125	508	—	—	—	—	—

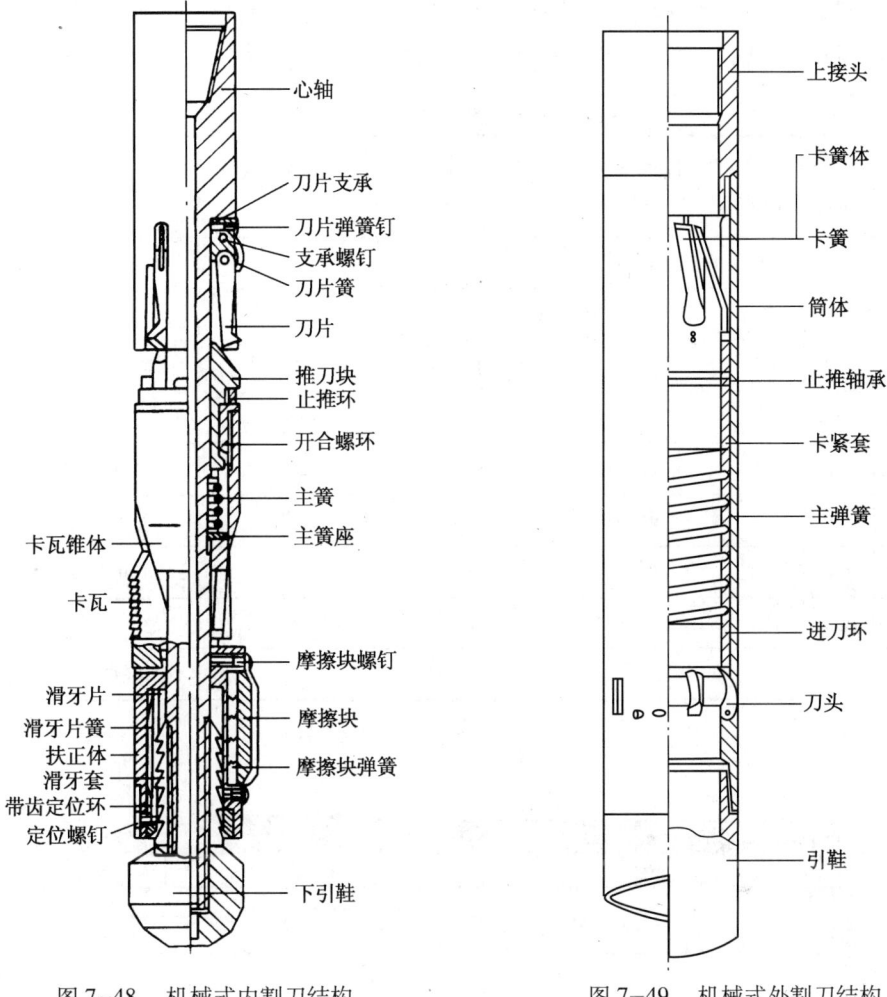

图 7-48　机械式内割刀结构　　　　图 7-49　机械式外割刀结构

7.6.2　机械式外割刀

7.6.2.1　结构

机械式外割刀的结构如图 7-49 所示。主要零件分为三部分：(1) 切割部分，由刀头和进刀环组成。(2) 定位与操纵部分，由卡紧套、滑环、主弹簧、进刀环和销钉组成。当割刀下到预定位置，上提钻具，割刀内卡紧套上的卡簧向上顶住落鱼台肩。筒体通过剪销带动进刀环向上移动，弹簧被压缩在拉力超过剪销允许负荷时剪销剪断，弹簧推动进刀环下行将割刀推向落鱼并定位。(3) 自动给进部分，由上、下止推环组成一副止推轴承。上止推环与卡紧套和落鱼接头固定一体不转动，而筒体带动下止推环以下部件一起转动。在禁止钻具上下活动的情况下完成切割。由弹簧势能推动进刀环实现自动进刀。

7.6.2.2　技术参数

WD-J 型机械式外割刀技术参数见表 7-54。

7.6.3　水力式内割刀

7.6.3.1　结构

水力式内割刀是利用液压推动的力量从管子内部切割管体的工具，结构如图 7-50 所示。利用调压总成的限流作用，在活塞总成的上、下形成压差，迫使活塞下行，经过导流管总成推动割刀片向外张开，割切管壁。完成切割后，停止循环钻井液，活塞总成在弹簧力的作用下向上移动，刀片自动收拢，便可取出钻具。

表 7-54 WD-J 型机械式外割刀技术参数

工具型号	外径 mm	内径 mm	可切割管外径 mm	适用最小井眼 mm	能过最大落鱼外径 mm	接头螺纹	销钉剪力，kN	
							单	双
WD-J58	58	41	—	62	—	—	1.29	2.58
WD-J98	98	79	60	105	78	—	1.29	2.58
WD-J114	114	82	60	120.6	79	NC31	2.89	5.78
WD-J119	119	98	73	125.4	95	NC38	1.29	2.58
WD-J143	143	111	52，89	146.2	108	NC38	2.89	5.78
WD-J149	149	117	60，89	155.6	114	NC38	2.89	5.78
WD-J154	154	124	60，101	158.8	120	NC46	2.89	5.78
WD-J194	194	162	89，101，114，127	209.5	159	NC50	2.89	5.78
WD-J206	206	168	101，146	219.0	165	$6^5/_8$REG	2.89	5.78

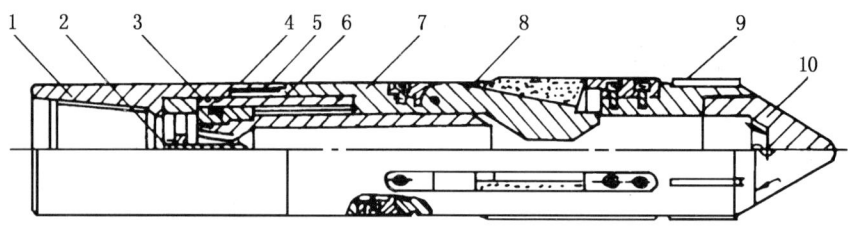

图 7-50 水力式内割刀结构

1—上接头；2—调压总成；3—活塞总成；4—缸套；5—弹簧；6—导流管总成；7—本体；8—刀片总成；9—扶正器；10—堵头

7.6.3.2 技术参数

水力式内割刀的技术参数见表 7-55。

表 7-55 水力式内割刀技术参数

工具型号	接头螺纹	本体外径 mm	刀片收缩外径 mm	刀片张开外径 mm	总长 mm	扶正套与扶正块外径 mm	可切割管柱 mm	
							外径	壁厚
TGX-9	NC50	210	210	310	1512	222	244.47	8.94
						220		10.03
						218		10.05
						216		11.99

续表

工具型号	接头螺纹	本体外径 mm	刀片收缩外径 mm	刀片张开外径 mm	总长 mm	扶正套与扶正块外径 mm	可切割管柱 mm	
							外径	壁厚
TGX–7	NC46	146	146	210	1313	158	177.8	8.05
						156		9.19
						154		10.36
						151		11.51
						149		12.65
						147		13.72
TGX–5	NC31	114	114	170	1287	121	139.7	7.72
						118		9.17
						115		10.54

7.6.4 水力式外割刀

7.6.4.1 结构

水力式外割刀是专门用来从外向内切割各种类型的管状落鱼，由筒体部分（即上接头、外筒、引鞋连接在一起组成）、给进机构（分为组合活塞和进刀套两部分）、切割机构（由刀片、刀销和刀销螺钉组成）、限位机构（由剪销、导向螺栓和外筒上的限位台肩构成）四部分组成，如图7-51所示。在活塞上部的限流孔产生压力降，此压差推动活塞和进刀套下行。当活塞的水压力达到剪销的剪切力时，销钉被剪断，进刀套推动刀片向内伸出，指向落鱼，旋转钻头切割。可通过调节水压力的大小来控制刀片的给进压力。

7.6.4.2 技术参数

水力式外割刀是不可退切割工具，力求一次切割完成。更换不同规格的组合活塞，可切割不同规格的落鱼。水力式外割刀技术参数见表7-56。

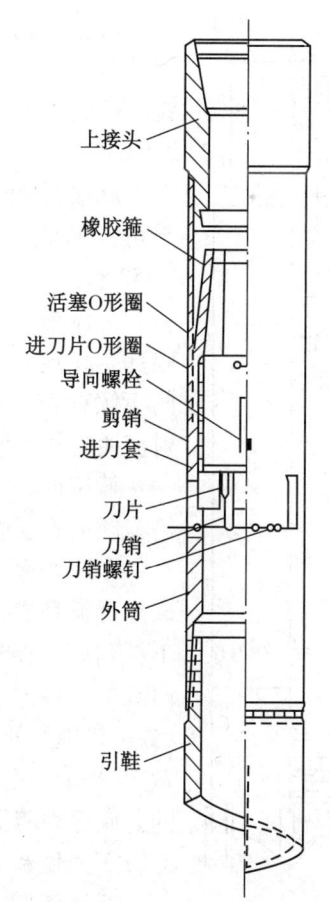

图7-51 水力式外割刀结构

表 7-56　水力式外割刀技术参数

外径，mm	103.2	112.7	119.1	142.9	210
内径，mm	81.0	92.1	98.4	109.5	172
割刀允许通过的最大尺寸，mm	77.8	87.3	92.0	104.8	165
切割落鱼外径范围，mm	33.4～69.5	48.3～73.0	48.3～73.0	52.4～101.6	88.9～127.0
适用井眼，mm	109.5	119.1	125.4	149.2	215.9
割刀允许最大承载，kN	12.6	13.5	16.7	17.3	34.2
剪销剪断力，kN	9	9	11	11	14

7.7　落物打捞工具

7.7.1　反循环（强磁）打捞篮

反循环打捞篮适用于软和中硬地层打捞。可用于打捞落井的钻头牙轮、钻头巴掌、钻头轴承、断卡瓦牙、钳牙、手工具和各种螺栓、螺母及碎铁块等。

反循环强磁打捞篮是一种多用途组合式打捞工具：装上篮筐即是打捞篮；将篮筐换成磁心则成为反循环强磁打捞器；将铣鞋换成抓头又可组成反循环一把抓。

7.7.1.1　结构

反循环组合打捞篮，主要由接头、筒体、钢球、喇叭口与可换的篮筐、磁心、铣鞋、爪头等组成，有如图 7-52、图 7-53 和图 7-54 所示的三种形式的打捞组合。

筒体是双层结构。上水眼向上倾斜45°，使内筒空间与井眼环空相连，反循环时，它是井底钻井液的返出通道。下水眼向下倾斜45°，它使内外筒之间的空间与井眼环空相通，是使射流通向井底形成反循环的通道。

篮筐或磁心由铣鞋固定于筒内。磁心主要由上下压盖、外筒、磁钢等组成。

7.7.1.2　工作原理

反循环打捞篮与组合强磁打捞篮的钻井液循环路线相同。下钻到底正循环冲洗井底之后，投入一钢球。此时，钻井液则由双层筒体之间间隙经下水眼射到井底，然后从井底通过铣鞋（或一把抓）进入捞筒内部，最后由上水眼返到环形空间，如图 7-55 所示。在钻井液反循环作用的冲击与携带下，被铣鞋拨松的井底碎物随钻井液一起进入篮筐或被磁心吸住而捞获。

7.7.1.3　技术参数

反循环打捞篮规格见表 7-57，组合式反循环强磁打捞篮技术参数见表 7-58。

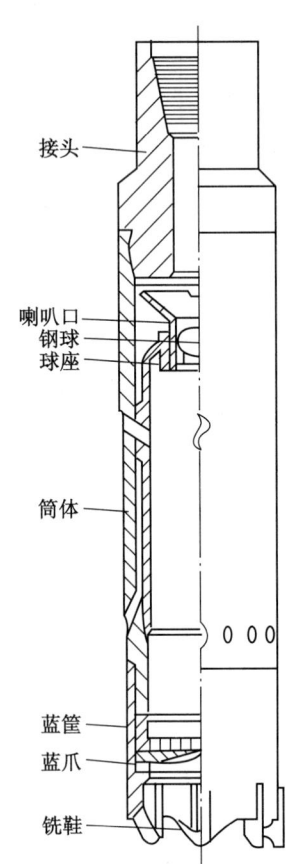

图 7-52　反循环打捞篮

7 井下事故处理工具

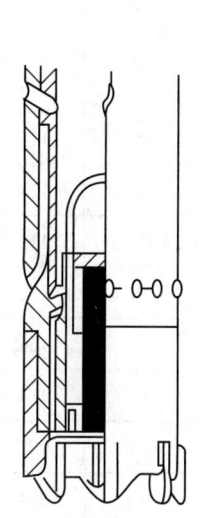

图 7-53 反循环强磁打捞篮

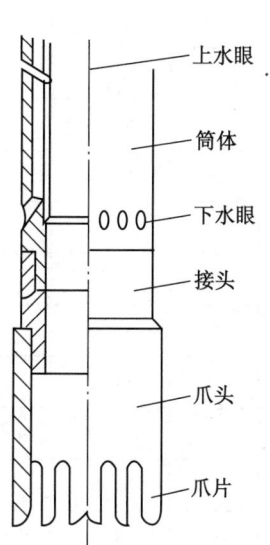

图 7-54 反循环一把抓

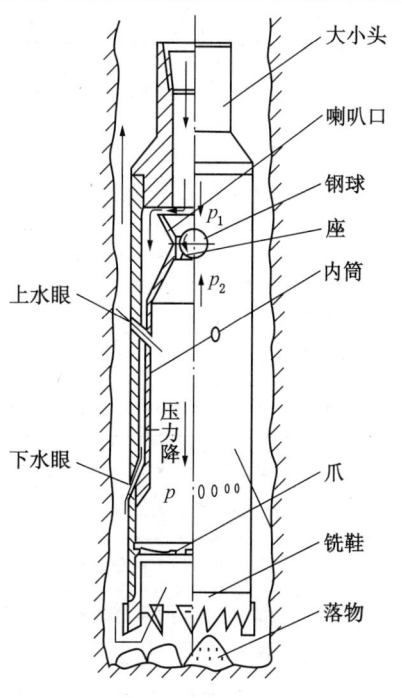

图 7-55 反循环打捞工作原理

表 7-57 反循环打捞篮技术参数

型　号	适用井眼 mm	筒体外径 mm	落物最大直径 mm	钢球直径 mm	接头螺纹
LL-F89 (3½)	95～101.6	89	60	30	NC26
LL-F97 (3¹³/₁₆)	107.9～114.3	97	64.5	30	NC26
LL-F110 (4⁵/₁₆)	117.5～127	110	78	35	NC26
LL-F121 (4¾)	130～139.7	121	90.5	35	2⅞REG
LL-F130 (5⅓)	142.9～152.4	130	95.5	40	NC31
LL-F140 (5½)	155.6～165	140	112	40	NC38
LL-F156 (6⅛)	168～187.3	156	121	45	NC40
LL-F178 (7)	190.5～209.5	178	132	45	4½REG
LL-F200 (7⅞)	212.7～241.3	200	154	50	NC46
LL-F232 (9⅛)	244.5～269.6	232	179.5	50	NC50
LL-F257 (10⅛)	273～295.3	257	195.5	55	NC56
LL-F279 (11)	298.5～317.5	279	211.5	55	5½FH
LL-F295 (11⅝)	320.6～346.1	295	221	60	NC61
LL-F330 (13)	349.3～406.4	330	251	60	NC70
LL-F381 (15)	406.4～444.5	381	282.6	60	NC77

表7-58 组合式反循环强磁打捞篮技术参数

型　号	适用井眼 mm	筒体外径 mm	最大打捞直径 m	钢球直径 mm	连接螺纹	磁　心 外径 mm	磁　心 理想吸力 kN	一把抓外径 mm
LC-F92 (3⅝)	95.2～101.6	92	57.2	30	NC26	45	1.24	94
LC-F102 (4)	104.8～114.3	102	63.5	30	NC26	52	1.57	103
IC-F114 (4½)	117.5～127	114	77.8	35	NC26	65	2.65	116
IC-F124 (4⅞)	130.0～139.7	124	90.5	35	2⅞REG	77	3.72	127
LC-F130 (5⅛)	142.9～152.4	130	95.3	40	NC31	81	4.12	132
LC-F146 (5¾)	155.6～165.1	146	111.1	40	NC38	97	5.91	152
LC-F159 (6¼)	168.2～187.3	159	120.7	45	NC40	104	6.79	164
LC-F178 (7)	190.5～209.5	178	130.2	45	4½REG	110	7.60	184
LC-F200 (7⅞)	212.7～241.3	200	154.0	50	NC46	132	10.94	208
LC-F225 (8⅞)	241.5	225	176	50	NC50	150	14.13	234
LC-F230 (9⅛)	241.5～269.9	230	179.4	50	NC50	153	14.70	240
LC-F257 (10⅛)	273～295.3	257	195.3	55	NC56	165	17.10	264
LC-F279 (11)	298.5～317.5	279	211.1	55	5½FH	180	20.35	292
LC-F295 (11⅝)	320.6～346.1	295	220.7	60	NC61	190	22.68	304
LC-F302 (11⅞)	320.6～346.1	302	220.7	60	NC61	190	22.68	314
LC-F330 (13)	349.3～406.4	330	249.2	60	NC70	218	29.86	344
LC-F380 (15)	406.4～444.5	380	279.4	60	NC77	245	38.64	400

7.7.2　液压井底碎物打捞器

液压井底碎物打捞器，专门打捞井底各种碎物。例如，封隔器零件、手工具、卡瓦片、钻头牙轮、井壁碎石、轴承、磁盘、碎铁、弹子、吊钳牙、卡瓦牙、钢丝绳、铁链等。

7.7.2.1　结构

液压井底碎物打捞器结构如图7-56所示。外部由上接头、外筒、铣鞋组成。上接头装有自裂盘和丝堵，还开有通向液压缸的钻井液通道。循环孔上的台阶可以承置钢球，内部由内筒、活塞和指形爪组成。由铣鞋将井底落物套进内筒。投球堵住循环孔，液压推动活塞下行，指形爪收拢将落物封住。自裂盘起保险销作用，当压力升至21.8MPa时，自裂片破裂，恢复正常循环。

7.7.2.2　规格型号

液压井底碎物打捞器规格型号见表7-59。

7.7.3　随钻打捞杯

7.7.3.1　结构

随钻打捞杯的结构如图7-57所示。

7 井下事故处理工具

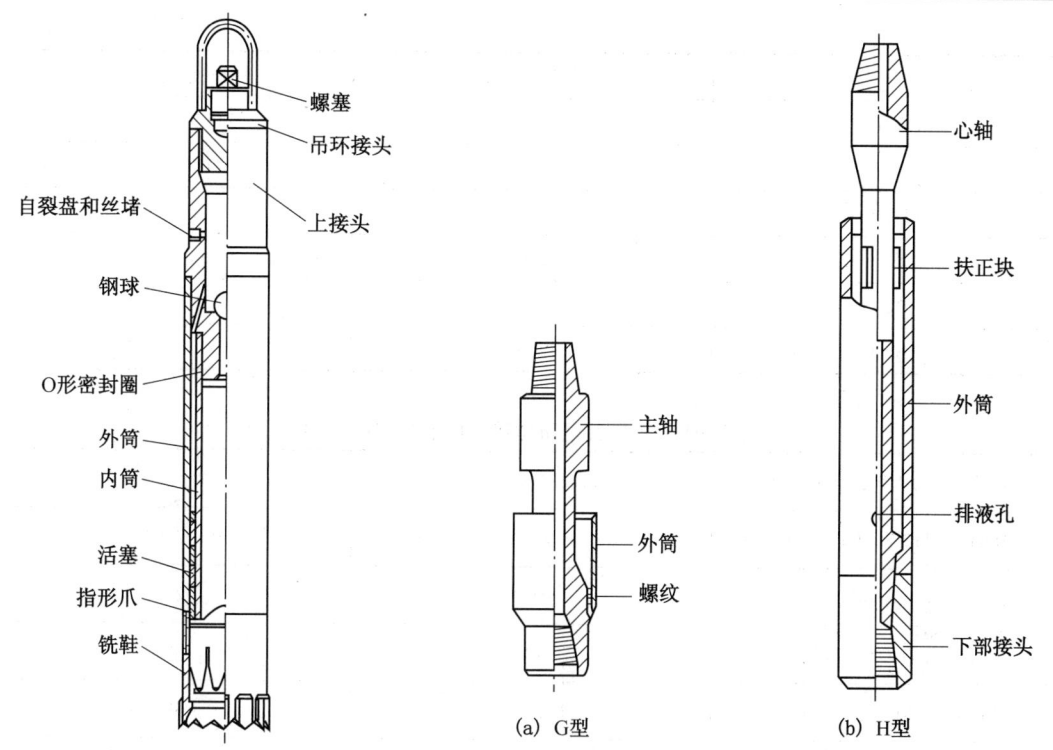

图 7-56 液压井底碎物打捞器结构　　图 7-57 随钻打捞杯

表 7-59 液压井底碎物打捞器规格型号表

规格, in	型 号	井眼尺寸, mm (in)	接头螺纹
$5\frac{7}{8}$	YL57	152.4 (6)	$3\frac{1}{2}$IF
$8\frac{3}{8}$	YL83	215.9 ($8\frac{1}{2}$)	$4\frac{1}{2}$IF
$12\frac{1}{8}$	YL121	311.2 ($12\frac{1}{4}$)	$6\frac{5}{8}$REG
$16\frac{7}{8}$	YL167	444.5 ($17\frac{1}{2}$)	$7\frac{5}{8}$REG

7.7.3.2 随钻打捞杯规格

牡丹江石油工具有限责任公司随钻打捞杯规格见表 7-60。不同井径所推荐使用的打捞杯规格见表 7-61。

表 7-60 牡丹江石油工具有限责任公司随钻打捞杯规格

型 号	外径, mm	适用井眼尺寸, mm
LB94	94	108～117.5
LB102	102	117.5～123.8
LB114	114	130.2～149.2
LB127	127	152.4～161.9
LB140	140	165.1～190.5
LB168	168	190.5～215.9

续表

型 号	外径，mm	适用井眼尺寸，mm
LB178	178	215.9～244.5
LB197	197	244.5～279.5
LB219	219	244.5～295
LB229	229	254～305
LB245	245	292.1～330.2
LB280	280	327～375

表7-61 不同井径所推荐使用的打捞杯规格

井径或套管内径，mm（in）	打捞杯外径，mm	接头螺纹（REG）
108.0～117.5（4¼～4⅝）	93.66	2⅜
117.5～123.8（4⅝～4⅞）	101.6	2⅞
130.2～149.2（5⅛～5⅞）	114.3	3½
152.4～161.9（6～6⅜）	127	3½
165.1～190.5（6½～7½）	139.7	3½
190.5～215.9（7½～8½）	168.28	4½
219.1～244.5（8⅝～9⅝）	177.8	4½
244.5～288.9（9⅝～11⅜）	219.08	6⅝
292.1～330.2（11½～13）	244.48	6⅝
374.7～444.5（14¾～17½）	327.03	7⅝

7.7.4 杆状落物的打捞工具

杆状落物是指不带有电缆的测井仪、不带有钢丝的测斜仪和撬杠等杆状物体。这类杆状物，在井下既不能横卧于井底，又不能直立于井筒，而是斜靠于井壁，同时又没有可供打捞的特殊部位。

7.7.4.1 卡板式打捞筒

卡板式打捞筒由接头、筒体、两副卡板和引鞋组成，如图7-58所示。卡板只能向上活动不能向下活动，平常由于弹簧的作用，保持水平状态，因此它只能让落物进入而不允许落物脱出。其引鞋基本型式有3种，如图7-59所示：

（1）加大引鞋，在井眼大捞筒小的情况下适用。

（2）半圆式引鞋，即沿周向将管壁的1/2筒体削去0.3～0.4m，形成一个高差，这对于判明井下打捞情况十分有利。因为细长杆落物斜倚于井壁，能不能把它引入捞筒是打捞成败的关键。用这种引鞋能正确判断落鱼是否已进入捞筒，在现场多次使用，成功率极高。

（3）壁钩式引鞋，它可以拨动鱼头，改变鱼头在井内所处的位置，有利于引入。

7.7.4.2　卡簧式打捞筒

卡簧式打捞筒是用直径合适的套管制成的。在套管的适当位置沿圆周均匀分布割 4 个窗口，其下端与管体相连，其余 3 面与套管本体割离，形成一个舌状钢板。用火烤软，砸向管体中心，形成一个卡簧式打捞筒，如图 7–60 所示。上部大小头与钻柱连接，下部引鞋（也可以直接割引鞋）引导鱼头入筒，筒体上有两排卡簧式打捞篮，是为了可靠地将落物夹持住，其打捞方法和卡板式打捞筒相同。

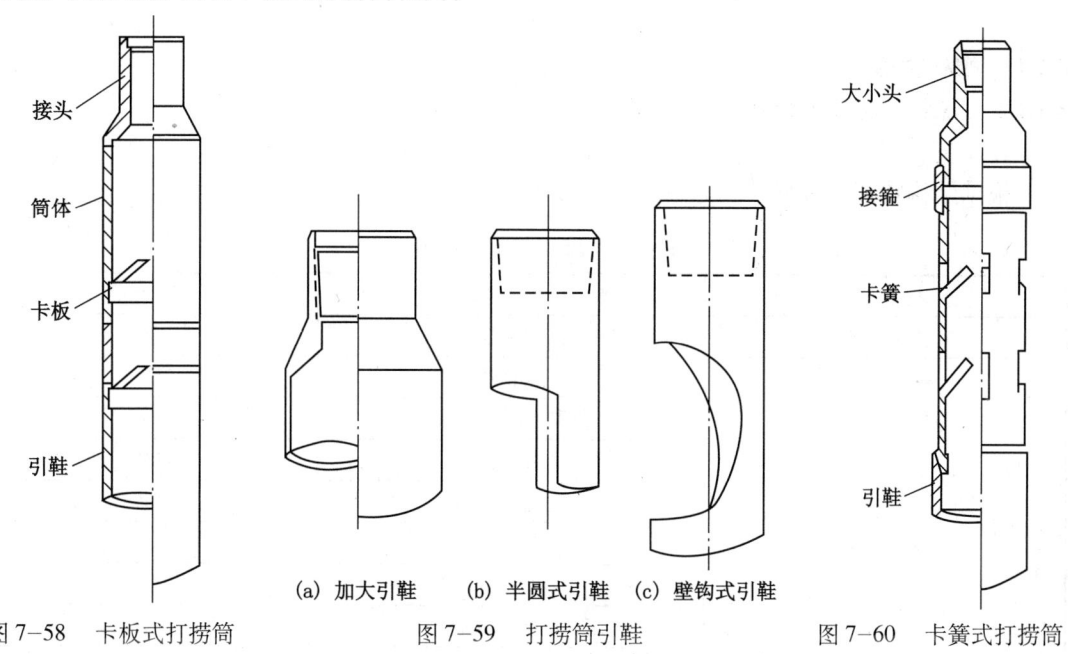

图 7–58　卡板式打捞筒

(a) 加大引鞋　(b) 半圆式引鞋　(c) 壁钩式引鞋

图 7–59　打捞筒引鞋

图 7–60　卡簧式打捞筒

8 定向井工具和测量仪器

8.1 井下动力钻具

8.1.1 螺杆钻具

8.1.1.1 螺杆钻具技术标准

1. 类型

根据结构特征，螺杆钻具分成单瓣和多瓣螺杆钻具两大类，见表8-1。

表8-1 螺杆钻具类型与代号

类 型	钻具名称	类型代号
单瓣钻具	$1/2$ 螺杆钻具	LZ
多瓣钻具	$2/3$ 螺杆钻具	2LZ
	$3/4$ 螺杆钻具	3LZ
	$4/5$ 螺杆钻具	4LZ
	$5/6$ 螺杆钻具	5LZ
	$6/7$ 螺杆钻具	6LZ
	$7/8$ 螺杆钻具	7LZ
	$8/9$ 螺杆钻具	8LZ
	$9/10$ 螺杆钻具	9LZ
	$10/11$ 螺杆钻具	10LZ

注：① $1/2$、$2/3$、$3/4$、$4/5$、$5/6$、$6/7$、$7/8$、$8/9$、$9/10$、$10/11$ 是指液压马达转子螺旋线的瓣数与定子内螺旋线的瓣数比。
② 类型代号LZ是"螺钻"汉语拼音第一个字母组合，LZ字符前的数字是指多瓣钻具中转子螺旋线的瓣数。

2. 规格

螺杆钻具上下端连接螺纹均采用内螺纹，螺杆钻具规格和连接螺纹应符合表8-2的规定。

表8-2 螺杆钻具规格与连接螺纹

钻具规格（外径）		连 接 螺 纹	
第一系列 mm（in）	第二系列 mm（in）	上端	下端
45（$1^3/_4$）	54（$2^1/_8$）	—	—
60（$2^3/_8$）	65（$2^9/_{16}$）	—	—
73（$2^7/_8$）	—	—	—
89（$3^1/_2$）	86（$3^3/_8$）	$2^3/_8$REG	
95（$3^3/_4$）	100（$3^{15}/_{16}$）	$2^7/_8$REG	
—	102（4）	$2^7/_8$REG	
120（$4^3/_4$）	127（5）	$3^1/_2$REG	

续表

钻具规格（外径）		连 接 螺 纹	
第一系列 mm（in）	第二系列 mm（in）	上端	下端
165（6½）	159（6¼）	4½REG	
172（6¾）	175（6⅞）	4½REG	
—	178（7）	4½REG	
197（7¾）	203（8）	5½REG，可选用 5½FH	6⅝REG
244（9⅝）	241（9½）	6⅝REG	6⅝REG 可选用 7⅝REG
292（11½）	286（11¼）	7⅝REG	

3. 钻头的水眼压力降分级

螺杆钻具用钻头的水眼压力降分为 4 级：1.5MPa、3.5MPa、7.0MPa、14.0MPa。

4. 型号

螺杆钻具型号表示如下：

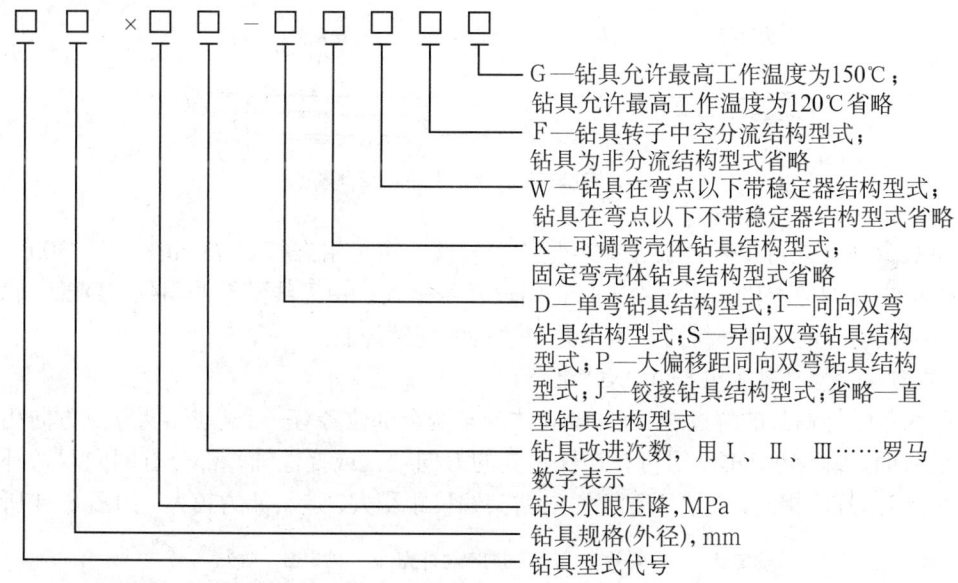

8.1.1.2 螺杆钻具组成

常规螺杆钻具主要由马达总成（转子和定子）、旁通阀总成、万向轴和传动轴等组成。其中，马达总成如图 8-1 所示，旁通阀总成如图 8-2 所示。

8.1.1.3 导向螺杆钻具组合及其特点

1. 异向双弯螺杆钻具组合（DTU 组合）

异向双弯螺杆钻具的特点是：万向轴壳体的某两个部位各有一个弯点，两弯点方向相反，且中心线共面。即这种 DTU 组合在螺杆钻具的万向轴（或挠性轴）部分装有反向双弯的外壳，如图 8-3 所示。由于是反向双弯，钻头的偏移距较小，这种组合可以开动转盘（低速）实现稳斜及水平段钻进。

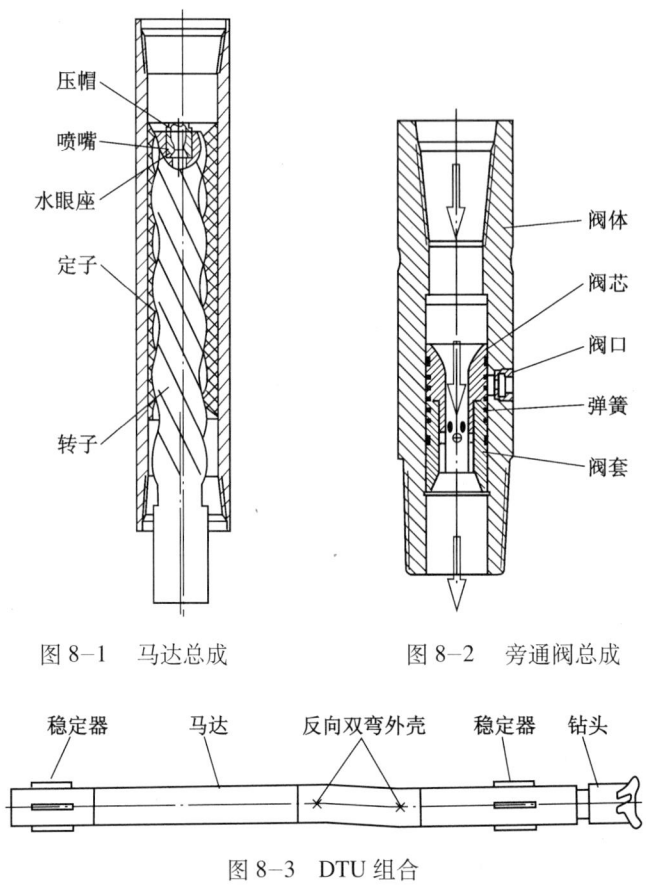

图 8-1 马达总成　　　图 8-2 旁通阀总成

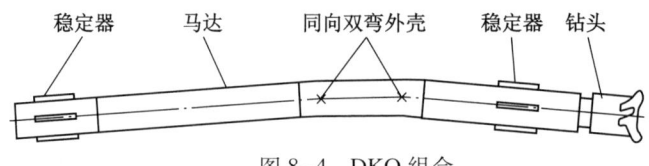

图 8-3 DTU 组合

异向双弯钻具既可用来打长曲率半径的造斜段，也可用来打 6°/30m ~ 10°/30m 造斜率的中曲率半径的造斜段，还可用来打稳斜段及水平段。由无线随钻测斜仪、DTU 马达及高效钻头组成的导向钻井系统可以实现井眼轨迹的连续控制。

2. 同向双弯螺杆钻具组合（DKO 组合）

同向双弯螺杆钻具的特点是：万向轴壳体的某两个部位各有一个弯点，两弯点方向相同，且中心线共面。即这种 DKO 组合在螺杆钻具的万向轴（或挠性轴）部分有同向双弯外壳，其基本功能与 DTU 相同，但由于双弯同向钻头偏移距稍大，造斜能力较大，如图 8-4 所示。

图 8-4 DKO 组合

3. 单弯螺杆钻具组合（AKO 组合）

单弯螺杆钻具的特点是：万向轴壳体的某一部位具有一个弯点。即这种 AKO 组合在螺杆钻具的万向轴（或挠性轴）部分装有单弯外壳，弯体分为固定式和可调式，其功能与 DKO 组合相当，如图 8-5 所示。

4. 大偏移距同向双弯螺杆钻具组合（FAB 组合）

大偏移距同向双弯螺杆钻具的特点是：液压马达上部与万向轴壳体某部位各有一个弯

点,两弯点方向相同,且中心线共面。即这种螺杆钻具在其上部及下部(万向轴部分)各装有一单弯外壳,如图 8-6 所示。由于这种组合的钻头偏移距很大,故有很强的造斜能力,是一种强造斜组合。正因为钻头偏移距很大,不能开动转盘钻井,故不能用 FAB 马达组成导向钻井系统。

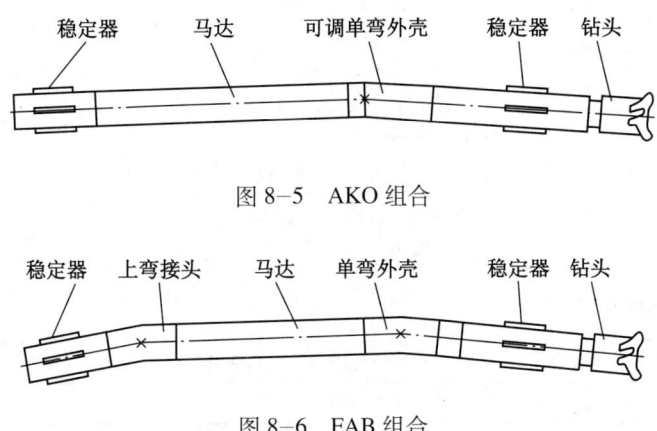

图 8-5 AKO 组合

图 8-6 FAB 组合

5. 球铰接螺杆钻具组合

球铰接螺杆钻具的特点是:弯壳体钻具的数个部位,呈铰接状态,如图 8-7 所示。球铰接螺杆钻具是适用于短半径水平井钻井的钻具,其造斜率可以达到 4.5°/m。

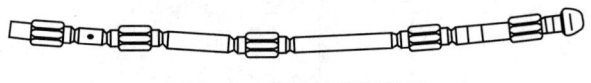

图 8-7 球铰接螺杆钻具

6. 螺杆钻具稳定器

螺杆钻具稳定器是钻具传动轴壳体上,附有一直棱或螺旋式起支承或扶正作用的对称或非对称凸起。稳定器的种类有固定式、可换式,稳定器的扶正条形式多种多样,可以起到较好的稳定效果。

7. 转子中空分流螺杆钻具

转子中空分流螺杆钻具的特点是:把转子做成中空,从转子中心分流小部分钻井液,而绝大部分钻井液通过液马达。

8.1.1.4 螺杆钻具故障分析与排除

通过观察反映钻井液循环压力变化的立管压力,可分析和判断螺杆钻具使用过程中出现的各种问题。螺杆钻具故障分析及处理方法见表 8-3。

表 8-3 螺杆钻具故障分析及处理方法

异常现象	可能原因	判断及处理方法
压力表压力突然升高	马达失速	把钻具上提 0.3~0.6m,核对循环压力,逐步加钻压,压力表的压力随之逐步升高,均正常后,可确认是失速
	马达传动轴卡死,钻头水眼被堵	把钻头提离井底,若压力表读数仍很高,起出钻具检查或更换钻头

续表

异常现象	可能原因	判断及处理方法
压力表压力缓慢地升高（不指随钻井深度增加而增大的正常压降）	钻头水眼被堵	把钻头提离井底，再检查压力，如果压力仍然高于正常循环压力，可以试着变循环流量或上下活动钻杆，如无效，起出钻具修理、更换
	钻头磨损	继续工作，细心观察，如仍无进尺，起出更换
	地层变化	把钻头稍稍上提，如果压力与循环压力相同，则可继续钻进
压力表压力缓慢降低	循环压力损失变化	检查钻井液排量
	钻杆损坏	稍提钻具，压力表读数仍低于循环压力，起出井眼检查
无进尺	地层变化	适当改变钻压和排量（注意必须在允许范围内）
	马达失速	压力表读数偏高，钻具提离井底，检查循环压力，从小钻压开始，逐步增大钻压
	旁通阀处于"开位"	压力表读数偏低，稍提起钻具，停、启钻井泵两次仍无效，则需要起出井眼，检查更换旁通阀
	万向轴损坏	常伴有压力波动，稍提起钻具，压力波动范围小些，只能起钻，检查更换
	钻头损坏	更换新钻头

8.1.1.5 北京石油机械厂螺杆钻具

1. 型号

北京石油机械厂螺杆钻具型号表示如下：

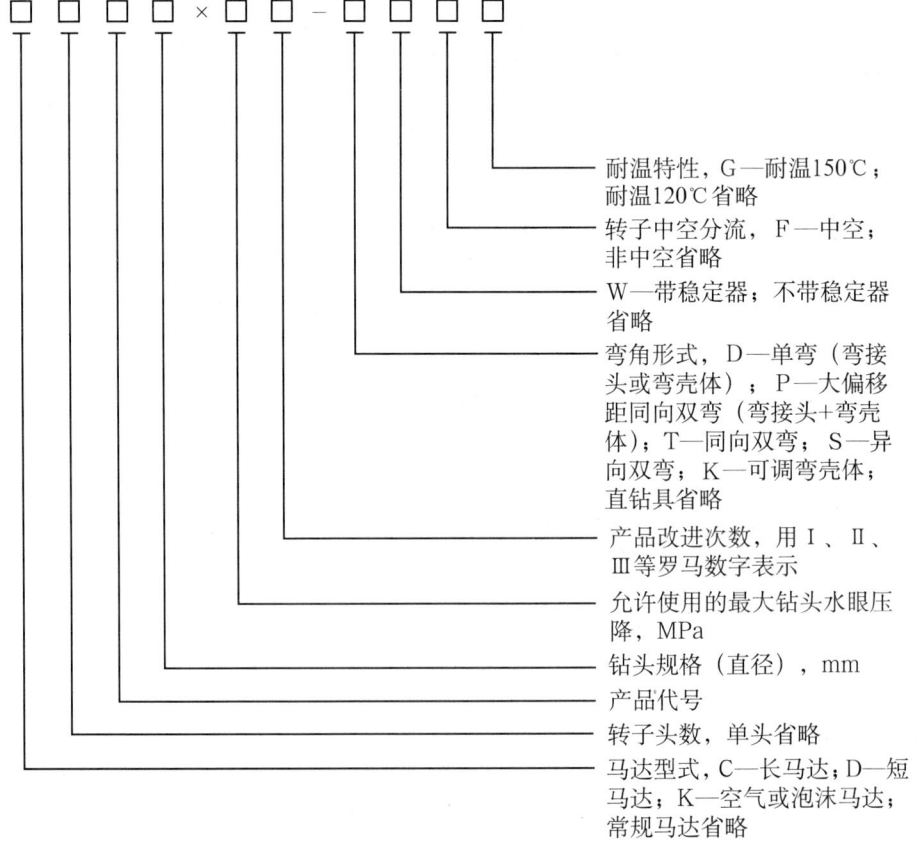

2. 技术参数

北京石油机械厂螺杆钻具技术参数见表 8-4。

8.1.1.6 大港中成螺杆钻具

1. 型号

大港中成螺杆产品型号表示如下：

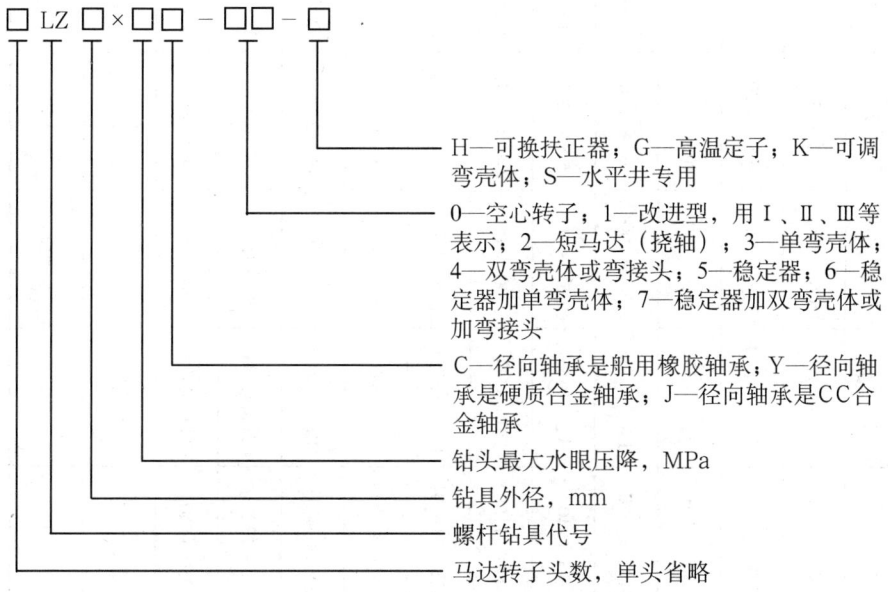

2. 螺杆马达使用流量计算

流经转子喷嘴水眼所产生压力差 Δp 的计算公式为：

$$\Delta p = \Delta p_1 + \Delta p_2 = \frac{\rho \times Q_0^2}{6697.76 \times d^4} + \frac{L \times 6.1 \times \rho \times Q_0^2}{10^5 \times D^{4.86}} \times \left(\frac{\mu}{\rho}\right)^{0.14}$$

式中 Δp——马达两端压力差，psi；

Δp_1——转子喷嘴所消耗的压力降，psi；

Δp_2——转子长孔所消耗的压力降，psi；

ρ——钻井液密度，lb/gal；

Q_0——流经转子水眼的流量，gal/min；

D——转子长孔直径，in；

d——喷嘴直径，in；

μ——钻井液粘度，cp；

L——转子长孔长度，ft。

根据上述公式计算出的 Q_0 与 d 值见表 8-5，中空转子所配的喷嘴尺寸见表 8-6，中空转子长孔内径 D 和长孔长度 L 尺寸见表 8-7。

表 8-4 北京石油机械厂螺杆钻具技术参数

钻具型号		5LZ60×7.0	5LZ73×7.0	5LZ89×7.0	5LZ95×7.0	C5LZ95×7.0	5LZ100×7.0	5LZ120×7.0	C5LZ120×7.0	D5LZ120×7.0	3LZ165×7.0
外径尺寸，mm (in)		60 ($2^3/_8$)	73 ($2^7/_8$)	89 ($3^1/_2$)	95 ($3^3/_4$)	95 ($3^3/_4$)	100 ($3^7/_8$)	120 ($4^3/_4$)	120 ($4^3/_4$)	120 ($4^3/_4$)	165 ($6^1/_2$)
井眼尺寸，in		$2^3/_4 \sim 4^3/_4$	$3^1/_8 \sim 4^3/_4$	$3^3/_4 \sim 6^1/_2$	$4^1/_4 \sim 5^7/_8$	$4^1/_4 \sim 5^7/_8$	$4^1/_4 \sim 5^7/_8$	$5^7/_8 \sim 7^7/_8$	$5^7/_8 \sim 7^7/_8$	$5^7/_8 \sim 7^7/_8$	$8^3/_8 \sim 9^7/_8$
马达流量，L/s		$1.262 \sim 3.13$	$1.262 \sim 5.05$	$2 \sim 7$	$4.73 \sim 11.04$	$5.0 \sim 13.33$	$4.73 \sim 11.04$	$5.78 \sim 15.8$	$6.67 \sim 20$	$5.78 \sim 15.8$	$17 \sim 27$
中空马达流量，gal/min		$20 \sim 50$	$20 \sim 80$	$32 \sim 110$	$75 \sim 175$	$80 \sim 210$	$75 \sim 175$	$92 \sim 250$	$105 \sim 320$	$92 \sim 250$	$270 \sim 430$
输出转速，r/min		$140 \sim 360$	$120 \sim 480$	$95 \sim 330$	$140 \sim 320$	$140 \sim 380$	$140 \sim 320$	$70 \sim 200$	$80 \sim 240$	$70 \sim 200$	$200 \sim 300$
马达压降，MPa (psi)		2.5 (360)	3.45 (500)	4.1 (600)	3.2 (465)	6.5 (940)	3.2 (465)	2.5 (360)	5.5 (800)	1.6 (230)	4.1 (600)
额定扭矩，N·m (ft·lbf)		160 (115)	275 (203)	560 (415)	710 (524)	1490 (1100)	710 (524)	1300 (960)	3045 (2250)	900 (665)	2500 (1845)
最大扭矩，N·m (ft·lbf)		280 (200)	480 (355)	980 (725)	1240 (915)	2235 (1650)	1240 (915)	2275 (1680)	4872 (3600)	1485 (1100)	3750 (2780)
推荐钻压，kN (lbf)		5 (1130)	12 (2700)	18 (4000)	21 (4700)	40 (9000)	21 (4700)	55 (12400)	55 (12400)	55 (12400)	80 (18000)
最大钻压，kN (lbf)		10 (2260)	25 (5600)	37 (8300)	40 (9000)	80 (18000)	40 (9000)	72 (16200)	100 (22482)	72 (16200)	160 (36000)
钻具长度，m (ft)		3.3 (10.83)	3.45 (11.32)	4.67 (15.3)	4.21 (13.83)	6.88 (22.6)	4.21 (13.83)	4.88 (15.75)	7.7 (25.3)	3.29 (10.8)	6.5 (21.4)
钻具质量，kg (lb)		70 (155)	80 (180)	150 (330)	180 (400)	250 (550)	200 (440)	400 (880)	400 (880)	400 (880)	800 (1760)
连接螺纹 (API 正规)	上端	1.9TBG	$2^3/_8$TBG	$2^3/_8$REG	$2^7/_8$ REG	$2^7/_8$ REG	$2^7/_8$ REG	$3^1/_2$ REG	$3^1/_2$ REG	$3^1/_2$ REG	$4^1/_2$ REG
	下端	1.9TBG	$2^3/_8$ REG	$2^3/_8$ REG	$2^7/_8$ REG	$2^7/_8$ REG	$2^7/_8$ REG	$3^1/_2$ REG	$3^1/_2$ REG	$3^1/_2$ REG	$4^1/_2$ REG

续表

钻具型号	5LZ165×7.0	C5LZ165×7.0	D7LZ165×7.0	9LZ165×7.0	5LZ172×7.0	C4LZ172×7.0	C5LZ172×7.0	C5LZ172×7.0	5LZ197×7.0	C5LZ197×7.0
外径尺寸, mm (in)	165 ($6^{1}/_{2}$)	165 ($6^{1}/_{2}$)	165 ($6^{1}/_{2}$)	165 ($6^{1}/_{2}$)	172 ($6^{3}/_{4}$)	172 ($6^{3}/_{4}$)	172 ($6^{3}/_{4}$)	172 ($6^{3}/_{4}$)	197 ($7^{3}/_{4}$)	197 ($7^{3}/_{4}$)
井眼尺寸, in	$8^{3}/_{8}$～$9^{7}/_{8}$	$8^{3}/_{8}$～$9^{7}/_{8}$	$8^{3}/_{8}$～$9^{7}/_{8}$	$8^{3}/_{8}$～$9^{7}/_{8}$	$8^{3}/_{8}$～$9^{7}/_{8}$	$8^{3}/_{8}$～$9^{7}/_{8}$	$8^{3}/_{8}$～$9^{7}/_{8}$	$8^{3}/_{8}$～$9^{7}/_{8}$	$9^{7}/_{8}$～$12^{1}/_{4}$	$9^{7}/_{8}$～$12^{1}/_{4}$
马达流量, L/s	16～28/47.3	18.93～31.55	18～28	19～31.6/50.5	18.93～37.85	18.93～37.85	18.93～37.85	18.93～37.85	22～36/55	22～36/55
中空马达流量, gal/min	254～445/750	300～600	285～445	300～500/800	300～600	300～600	300～600	300～600	350～570/870	350～570/870
输出转速, r/min	100～178	130～215	130～200	85～135	100～200	150～300	100～200	100～200	95～150	100～160
马达压降, MPa (psi)	3.2 (465)	5.0 (730)	2.5 (360)	2.5 (360)	3.2 (465)	7.0 (1100)	6.0 (870)	4.5 (650)	3.2 (465)	5.2 (754)
额定扭矩, N·m (ft·lbf)	3200 (2360)	5000 (4000)	2300 (1700)	3200 (2360)	3660 (2700)	6320 (4665)	6870 (5070)	5150 (3800)	5000 (3690)	8890 (6560)
最大扭矩, N·m (ft·lbf)	5600 (4130)	8640 (6400)	3680 (2720)	5600 (4130)	5856 (4320)	10110 (7465)	10992 (8112)	8240 (6080)	8750 (6458)	14220 (10500)
推荐钻压, kN (lbf)	80 (18000)	90 (20250)	80 (18000)	80 (18000)	100 (22500)	170 (38240)	170 (38240)	150 (33700)	120 (27000)	145 (32620)
最大钻压, kN (lbf)	160 (36000)	180 (40500)	150 (33700)	160 (36000)	200 (44990)	340 (76500)	340 (76500)	300 (67500)	240 (54000)	290 (65240)
钻具长度, m (ft)	6.5 (21.4)	8.33 (27.3)	4.97 (16.3)	5.7 (18.6)	6.71 (22.0)	9.18 (30.1)	9.18 (30.1)	7.76 (25.5)	6.9 (22.65)	8.7 (28.5)
钻具质量, kg (lb)	843 (1854)	1043 (2317)	639 (1405)	778 (1633)	950 (2100)	1300 (2870)	1300 (2870)	1100 (2425)	1270 (2800)	1350 (2970)
连接螺纹 (API 正规) 上端	$4^{1}/_{2}$ REG	$4^{1}/_{2}$ REG	$4^{1}/_{2}$ REG	$4^{1}/_{2}$ REG	$4^{1}/_{2}$ REG	$4^{1}/_{2}$ REG	$4^{1}/_{2}$ REG	$4^{1}/_{2}$ REG	$5^{1}/_{2}$ REG	$5^{1}/_{2}$ REG
连接螺纹 (API 正规) 下端	$4^{1}/_{2}$ REG	$4^{1}/_{2}$ REG	$4^{1}/_{2}$ REG	$4^{1}/_{2}$ REG	$4^{1}/_{2}$ REG	$4^{1}/_{2}$ REG	$4^{1}/_{2}$ REG	$4^{1}/_{2}$ REG	$6^{5}/_{8}$ REG	$6^{5}/_{8}$ REG

续表

钻具型号	C3LZ216×7.0	C5LZ216×7.0	3LZ244×7.0	5LZ244×7.0	LZ127×3.5	LZ165×3.5	LZ197×3.5	LZ244×3.5	LZ100×7.0	LZ120×7.0
外径尺寸，mm (in)	216 (8½)	216 (8½)	244 (9⅝)	244 (9⅝)	127 (5)	165 (6½)	197 (7¾)	244 (9⅝)	100 (3⅞)	120 (4¾)
井眼尺寸，in	9⅞ ~ 12¼	9⅞ ~ 12¼	12¼ ~ 7½	12¼ ~ 7½	6½ ~ 7⅞	8⅜ ~ 9⅞	9⅞ ~ 12¼	12¼ ~ 7½	4⅝ ~ 6	5⅞ ~ 7⅞
马达流量，L/s	28 ~ 56.78	28 ~ 56.78	18.93 ~ 56.78	50.7 ~ 75.5	9.5 ~ 15.8	12.6 ~ 22	19 ~ 28.4	25.2 ~ 44	4.7 ~ 11	6.33 ~ 15
中空马达流量，gal/min	444 ~ 900	444 ~ 900	300 ~ 900	800 ~ 1200	150 ~ 250	200 ~ 350	300 ~ 450	400 ~ 700	75 ~ 175	100 ~ 240
输出转速，r/min	145 ~ 290	105 ~ 210	96 ~ 290	90 ~ 140	355 ~ 560	275 ~ 480	275 ~ 415	96 ~ 290	280 ~ 700	245 ~ 600
马达压降，MPa (psi)	5.0 (725)	5.0 (725)	5.0 (725)	2.5 (360)	2.5 (360)	2.5 (360)	2.5 (360)	2.5 (360)	5.17 (750)	4.0 (580)
额定扭矩，N·m (ft·lbf)	7930 (5848)	10700 (7892)	7040 (5200)	9300 (6858)	576 (425)	935 (690)	1532 (1130)	2623 (1935)	650 (480)	790 (585)
最大扭矩，N·m (ft·lbf)	12700 (9367)	17100 (12612)	11260 (8300)	16275 (12002)	1152 (850)	1870 (1380)	3064 (2260)	5246 (3870)	1300 (960)	1580 (1165)
推荐钻压，kN (lbf)	200 (44964)	200 (44964)	210 (48000)	210 (48000)	20 (4500)	29 (6300)	54 (11800)	49 (11000)	35 (7900)	35 (7900)
最大钻压，kN (lbf)	360 (80935)	360 (80935)	400 (90000)	400 (90000)	40 (9000)	55 (12100)	83 (18200)	102 (23000)	57 (12800)	70 (15740)
钻具长度，m (ft)	8.29 (27.18)	8.29 (27.18)	7.56 (24.8)	7.8 (25.6)	5.8 (18.9)	6 (19.7)	6.2 (20.2)	7.87 (25.8)	6.4 (21)	6.4 (21)
钻具质量，kg (lb)	1500 (3300)	1800 (3970)	2250 (4960)	2270 (5000)	400 (882)	700 (1540)	1023 (2250)	1845 (4068)	245 (540)	450 (990)
连接螺纹 (API正规) 上端	6⅝ REG	6⅝ REG	6⅝ REG	6⅝ REG	3½ REG	4½ REG	4½ REG	6⅝ REG	2⅞ REG	3½ REG
连接螺纹 (API正规) 下端	6⅝ REG	6⅝ REG	7⅝ REG	7⅝ REG	3½ REG	4½ REG	4½ REG	7⅝ REG	2⅞ V	3½ REG

续表

钻具型号		LZ127×7.0	LZ165×7.0	LZ197×7.0	LZ244×7.0	K5LZ95×7.0	K7LZ120×7.0	K7LZ172×7.0	K7LZ197×7.0	K7LZ244×7.0
外径尺寸，mm（in）		127（5）	165（$6^1/_2$）	197（$7^3/_4$）	244（$9^5/_8$）	95（$3^3/_4$）	120（$4^3/_4$）	172（$6^3/_4$）	197（$7^3/_4$）	244（$9^5/_8$）
井眼尺寸，in		$6^1/_2$ ~ $7^7/_8$	$8^3/_8$ ~ $9^7/_8$	$9^7/_8$ ~ $12^1/_4$	$12^1/_4$ ~ $17^1/_2$	$4^1/_4$ ~ $5^7/_8$	$5^7/_8$ ~ $7^7/_8$	$8^3/_8$ ~ $9^7/_8$	$9^1/_2$ ~ $12^1/_4$	$12^1/_4$ ~ $17^1/_2$
马达流量，L/s		9.5 ~ 19	15.8 ~ 25.2	19 ~ 31.6	38 ~ 63	5 ~ 10	10 ~ 20	22 ~ 38.5	33.5 ~ 56.7	42 ~ 70
中空马达流量，gal/min		150 ~ 300	250 ~ 400	300 ~ 500	600 ~ 1000	80 ~ 160	160 ~ 317	350 ~ 610	530 ~ 900	665 ~ 1110
输出转速，r/min		345 ~ 690	350 ~ 550	230 ~ 390	240 ~ 400	60 ~ 130	50 ~ 100	50 ~ 100	50 ~ 80	40 ~ 70
马达压降，MPa（psi）		3.1（450）	4.1（600）	4.1（600）	4.1（600）	2.0（290）	1.8（260）	2.4（350）	2.4（350）	2.4（350）
额定扭矩，N·m（ft·lbf）		712（525）	1817（1340）	2928（2160）	6236（4600）	1000（738）	2770（2043）	6000（4425）	11000（8110）	15000（11065）
最大扭矩，N·m（ft·lbf）		1424（1050）	3634（2680）	5856（4320）	12472（9200）	1600（1180）	4430（3267）	9600（7080）	17600（12980）	24000（17700）
推荐钻压，kN（lbf）		47（10600）	80（18000）	120（27000）	213（48000）	30（6744）	55（12365）	150（33723）	200（45000）	210（47210）
最大钻压，kN（lbf）		110（24700）	160（36000）	240（54000）	329（74000）	60（13488）	100（22482）	300（67446）	380（85400）	400（89925）
钻具长度，m（ft）		6.6（21.5）	7.3（23.9）	7.8（25.6）	9.0（29.5）	5.8（19）	6.2（20.3）	6.7（21.98）	6.9（22.6）	7.8（25.6）
钻具质量，kg（lb）		500（1100）	860（1900）	1120（2470）	2270（5000）	250（550）	400（882）	950（2090）	1500（3300）	2270（5000）
连接螺纹（API 正规）	上端	$3^1/_2$ REG	$4^1/_2$ REG	$5^1/_2$ REG	$6^5/_8$ REG	$2^7/_8$ REG	$3^1/_2$ REG	$4^1/_2$ REG	$5^1/_2$ REG	$6^5/_8$ REG
	下端	$3^1/_2$ REG	$4^1/_2$ REG	$6^5/_8$ REG	$7^5/_8$ REG	$2^7/_8$ REG	$3^1/_2$ REG	$4^1/_2$ REG	$6^5/_8$ REG	$7^5/_8$ REG

表 8-5　井况与螺杆钻具规格给定后的 Q_0 与 d 值

喷嘴直径 in	钻井液密度 lb/gal	马达两端压力降, MPa (psi)			
		0.69 (100)	1.38 (200)	2.07 (300)	2.76 (400)
		流经转子水眼流量, gal/min			
$^{12}/_{32}$	8.34	40	56	69	80
	10.00	36	51	63	73
	12.00	33	47	58	66
	14.00	31	43	53	62
$^{18}/_{32}$	8.34	90	127	155	179
	10.00	82	116	142	164
	12.00	75	106	129	150
	14.00	69	98	120	138

表 8-6　中空转子所配的喷嘴尺寸

喷嘴号	喷嘴直径 mm (in)	喷嘴号	喷嘴直径 mm (in)
07	5.56 ($^7/_{32}$)	16	12.70 ($^{16}/_{32}$)
08	6.35 ($^8/_{32}$)	18	14.27 ($^{18}/_{32}$)
09	7.14 ($^9/_{32}$)	20	15.88 ($^{20}/_{32}$)
10	7.94 ($^{10}/_{32}$)	22	17.48 ($^{22}/_{32}$)
11	8.74 ($^{11}/_{32}$)	24	19.05 ($^{24}/_{32}$)
12	9.53 ($^{12}/_{32}$)	28	22.23 ($^{28}/_{32}$)
13	10.31 ($^{13}/_{32}$)	30	23.8 ($^{30}/_{32}$)
14	11.11 ($^{14}/_{32}$)	32	25.4 ($^{32}/_{32}$)
15	11.91 ($^{15}/_{32}$)		

表 8-7　中空转子长孔内径 D 和长孔长度 L

钻具型号	长孔内径 D mm (in)	长孔长度 L mm (ft)
5LZ95×7Y	20 (0.8)	1880 (6.2)
5LZ105×7Y	20 (0.8)	2590 (8.5)
5LZ120×7Y	20 (0.8)	2780 (9.1)
5L120×7Y-I	20 (0.8)	2250 (7.4)
5LZ165×7Y	25 (1)	3480 (11.4)
5LZ172×7Y	25 (1)	4266 (14.0)
9LZ165×7Y	25 (1)	2550 (8.3)
5LZ197×7Y	25 (1)	3390 (11.1)
5LZ210×7Y	25 (1)	5010 (16.4)
5LZ244×7Y	25 (1)	3820 (12.5)

3. 规格及技术参数

大港中成螺杆钻具产品规格及技术参数见表 8-8、表 8-9 和表 8-10。大港螺杆钻具弯点和稳定器位置如图 8-8 所示，相关参数见表 8-11。

表 8-8 大港中成螺杆钻具常规型钻具规格及技术参数

钻具型号		3LZ60 × 3.5C	5LZ89 × 7Y	5LZ89 × 7Y − I	5LZ95 × 7Y	5LZ95 × 7Y − I	5LZ95 × 7Y − I	9LZ95 × 7Y	5LZ105 × 7Y	5LZ120 × 7Y	5LZ120 × 7Y − I
井眼尺寸，mm（in）		73 ~ 89 ($2^7/_8$ ~ $3^1/_2$)	114 ~ 152 ($4^1/_2$ ~ 6)	114 ~ 152 (4½ ~ 6)	118 ~ 152 ($4^5/_8$ ~ 6)	118 ~ 152 ($4^5/_8$ ~ 6)	118 ~ 152 ($4^5/_8$ ~ 6)	118 ~ 152 ($4^5/_8$ ~ 6)	118 ~ 152 ($4^5/_8$ ~ 6)	149 ~ 200 ($5^7/_8$ ~ $7^7/_8$)	149 ~ 200 ($5^7/_8$ ~ $7^7/_8$)
接头螺纹	上端（API−REG），in	1.93TBG	$2^3/_8$IF	$2^3/_8$IF	$2^7/_8$	$2^7/_8$	$2^7/_8$	$2^7/_8$	$2^7/_8$	$3^1/_2$	$3^1/_2$
	下端（API−REG），in	1.93TBG	$2^3/_8$	$2^3/_8$	$2^7/_8$	$2^7/_8$	$2^7/_8$	$2^7/_8$	$3^1/_2$	$3^1/_2$	$3^1/_2$
钻具长度，m（ft）		2.0 (6.7)	3.6 (12)	3.5 (11.3)	3.86 (12.6)	5.15 (16.9)	4.9 (15.9)	3.0 (9.9)	4.5 (14.6)	5.7 (18.7)	4.4 (14.4)
推荐排量，L/s（gal/min）		0.6 ~ 0.8 ~ 1 (10 ~ 13 ~ 16)	2.5 ~ 4.2 ~ 7 (40 ~ 67 ~ 111)	2.5 ~ 4.2 ~ 7 (40 ~ 67 ~ 111)	3.75 ~ 6 ~ 10 (60 ~ 95 ~ 159)	4 ~ 7 ~ 11 (64 ~ 111 ~ 174)	3.75 ~ 4.5 ~ 6 (60 ~ 95 ~ 159)	3 ~ 4.5 ~ 6 (48 ~ 71 ~ 95)	6 ~ 9 ~ 14 (95 ~ 143 ~ 222)	7 ~ 12 ~ 16 (111 ~ 190 ~ 254)	4 ~ 6 ~ 9 (64 ~ 95 ~ 143)
钻头转速，r/min		116 ~ 164 ~ 193	89 ~ 150 ~ 180	89 ~ 150 ~ 180	90 ~ 144 ~ 180	89 ~ 155 ~ 244	90 ~ 144 ~ 180	105 ~ 156 ~ 180	102 ~ 152 ~ 180	87 ~ 150 ~ 180	62 ~ 94 ~ 140
马达压降，MPa（psi）		2.4 (348)	2.4 (348)	2.4 (348)	2.4 (348)	3.2 (464)	2.4 (348)	2.4 (348)	2.4 (348)	2.4 (348)	2.4 (348)
输出扭矩，N·m（ft·lbf）		118 (97)	642 (473)	642 (473)	800 (656)	1375 (1019)	800 (656)	657 (484)	1352 (1000)	1624 (1200)	1471 (1090)
滞动扭矩，N·m（ft·lbf）		236 (194)	1284 (947)	1284 (947)	1780 (1313)	2650 (2038)	1780 (948)	1314 (968)	2163 (1600)	2847 (2100)	2942 (2180)
输出功率，kW（hp）		1.4 ~ 2.4 (1.9 ~ 3.2)	6 ~ 12 (8 ~ 16)	6 ~ 12 (8 ~ 16)	8 ~ 15 (10 ~ 20)	12.8 ~ 35 (17 ~ 47)	8 ~ 15 (10 ~ 20)	7 ~ 12 (9 ~ 16)	14 ~ 25 (19 ~ 34)	15 ~ 31 (22 ~ 42)	10 ~ 22 (13 ~ 30)
钻头水眼压降，MPa（psi）		1 ~ 3.4 (150 ~ 500)	1.4 ~ 6.9 (200 ~ 1000)	1.4 ~ 6.9 (200 ~ 1000)	1.4 ~ 6.9 (200 ~ 1000)	1.4 ~ 6.9 (200 ~ 1000)	1.4 ~ 6.9 (200 ~ 1000)	1.4 ~ 6.9 (200 ~ 1000)	1.4 ~ 6.9 (200 ~ 1000)	1.4 ~ 6.9 (200 ~ 1000)	1.4 ~ 6.9 (200 ~ 1000)
钻具质量，kg（lb）		46 (101)	127 (280)	124 (273)	152 (335)	192 (422)	200 (440)	124 (273)	210 (462)	385 (849)	301 (663)

续表

钻具型号	7LZ120×7Y-I	5LZ165×7Y	5LZ165×7Y-IV	5LZ165×7Y-V	7LZ165×7Y	9LZ165×7Y	5LZ172×7Y	5LZ197×7Y	5LZ197×7Y-IV	5LZ210×7Y	5LZ245×7Y	5LZ245×7Y-IV
井眼尺寸, mm (in)	149~200 (5⁷⁄₈~7⁷⁄₈)	213~251 (8³⁄₈~9⁷⁄₈)	213~251 (8³⁄₈~9⁷⁄₈)	213~251 (8³⁄₈~9⁷⁄₈)	213~251 (8³⁄₈~9⁷⁄₈)	213~251 (8³⁄₈~9⁷⁄₈)	213~251 (8³⁄₈~9⁷⁄₈)	251~311 (9⁷⁄₈~12¹⁄₄)	251~311 (9⁷⁄₈~12¹⁄₄)	251~375 (9⁷⁄₈~14³⁄₄)	311~445 (12¹⁄₄~17¹⁄₂)	311~445 (12¹⁄₄~17¹⁄₂)
接头螺纹 上端 (API-REG), in	3¹⁄₂	4¹⁄₂	4¹⁄₂	4¹⁄₂	4¹⁄₂	4¹⁄₂	4¹⁄₂	5¹⁄₂	5¹⁄₂	6⁵⁄₈	6⁵⁄₈	6⁵⁄₈
接头螺纹 下端 (API-REG), in	3¹⁄₂	4¹⁄₂	4¹⁄₂	4¹⁄₂	4¹⁄₂	4¹⁄₂	4¹⁄₂	6⁵⁄₈	6⁵⁄₈	6⁵⁄₈	6⁵⁄₈ (7⁵⁄₈)	6⁵⁄₈ (7⁵⁄₈)
钻具长度, m (ft)	3.5 (11.5)	6.7 (22)	7.5 (25)	5.1 (16.7)	5.0 (16.4)	5.8 (19)	7.2 (23.6)	7.04 (23.1)	8.92 (27.6)	8.4 (27.5)	8.1 (26.6)	9.06
推荐排量, L/s (gal/min)	5~9~12 (79~143~190)	16~22~28 (254~349~444)	10~18~27 (159~286~380)	10~18~24 (159~286~380)	10~18~25 (159~286~397)	19~24~32 (302~380~508)	16~25~36 (254~397~571)	19~32~38 (302~508~603)	16~26~38 (254~412~603)	23~39~54 (365~619~857)	44~50~75 (698~794~1190)	38~42~62 (603~667~984)
钻头转速, r/min	89~160~180	112~155~197	86~155~180	83~149~190	82~148~180	94~120~159	94~146~180	89~150~178	90~145~180	88~149~180	90~102~154	92~101~149
马达压降, MPa (psi)	2.8 (406)	3.2 (464)	4.8 (696)	2.4 (348)	2.4 (348)	2.4 (348)	3.2 (464)	3.2 (464)	5.2 (754)	4.2 (464)	2.4 (348)	3.6 (522)
输出扭矩, N·m (ft·lbf)	1502 (1113)	3797 (2800)	5294 (3918)	2773 (2054)	2781 (2049)	4599 (3392)	5215 (3859)	5500 (4056)	8855 (6552)	10375 (7678)	12473 (9200)	14267 (10558)
滞动扭矩, N·m (ft·lbf)	3004 (2226)	6644 (4900)	8470 (6268)	5546 (4108)	5562 (4098)	8305 (6125)	8344 (6175)	11000 (8112)	14168 (10484)	16600 (12284)	21828 (16100)	22827 (16892)
输出功率, kW (hp)	14~30 (19~40)	45~78 (60~105)	48~100 (64~134)	24~55 (32~74)	24~52 (32~70)	45~77 (60~103)	51~98 (68~131)	51~102 (68~137)	84~167 (112~224)	96~195 (129~261)	118~201 (158~269)	138~223 (185~299)
钻头水眼压降, MPa (psi)	1.4~6.9 (200~1000)	1.4~6.9 (200~1000)	1.4~6.9 (200~1000)	1.4~6.9 (200~1000)	1.4~6.9 (200~1000)	1.4~6.9 (200~1000)	1.4~6.9 (200~1000)	1.4~6.9 (200~1000)	1.4~6.9 (200~1000)	1.4~6.9 (200~1000)	1.4~6.9 (200~1000)	1.4~6.9 (200~1000)
钻具质量, kg (lb)	240 (528)	730 (1609)	790 (1738)	584 (1285)	720 (1584)	785 (1730)	980 (2156)	1524 (3360)	1610 (3542)	1716 (3775)	2272 (5010)	2375 (5225)

表 8-9 大港中成螺杆钻具高速型钻具规格及技术参数

钻具型号		LZ127×3.5C	LZ165×3.5C LZ165×3.5Y	LZ197×3.5C LZ197×3.5Y	LZ244×3.5C	LZ127×7Y	LZ165×7Y	LZ197×7Y	LZ244×7Y
井眼尺寸, mm (in)		165～200 (6¼～7⅞)	213～251 (8⅜～9⅞)	251～311 (9⅞～12¼)	311～445 (12¼～17½)	165～200 (6¼～7⅞)	213～251 (8⅜～9⅞)	251～311 (9⅞～12¼)	311～445 (12¼～17½)
接头 螺纹	上端 (API-REG), in	3½	4½	5½	6⅝	3½	4½	5½	6⅝
	下端 (API-REG), in	3½	4½	6⅝	7⅝	3½	4½	6⅝	6⅝ (7⅝)
钻具长度, m (ft)		6 (19.7)	6/5.7 (19.7/18.7)	6.4/6.1 (21/20)	8.1 (26.4)	6.5 (21.2)	7.6 (25)	8.3 (27.1)	9.4 (30.84)
推荐排量, L/s (gal/min)		9.5～15.8 (150～250)	12.6～22 (200～350)	18.9～28.3 (300～450)	25.2～44.2 (400～700)	9.5～18.9 (150～300)	15.8～18.9 (250～400)	18.9～31.5 (300～500)	37.85～63 (600～1000)
钻头转速, r/min		335～560	275～480	275～415	215～375	345～690	280～450	245～410	300～500
马达压降, MPa (psi)		2.5 (360)	2.5 (360)	2.5 (360)	2.5 (360)	3.1 (450)	4.1 (600)	4.1 (600)	5.2 (750)
输出扭矩, N·m (ft·lbf)		576 (425)	935 (690)	1532 (1130)	2623 (1935)	712 (525)	1817 (1340)	2928 (2160)	5423 (4000)
滞动扭矩, N·m (ft·lbf)		1152 (850)	1870 (1380)	3064 (2260)	5246 (3870)	1424 (1050)	3634 (2680)	5856 (4320)	10846 (8000)
输出功率, kW (hp)		20～34 (27～45)	27～47 (36～63)	45～67 (60～90)	59～103 (79～138)	25.4～51.5 (34～69)	53～85 (71～114)	75～125 (101～168)	170～284 (228～381)
钻头水眼压降, MPa (psi)		1～3.4 (150～500)	1～3.4 (150～500)	1～3.4 (150～500)	1～3.4 (150～500)	1.4～6.9 (200～1000)	1.4～6.9 (200～1000)	1.4～6.9 (200～1000)	1.4～6.9 (200～1000)
推荐钻压, kN (×10³lbf)		19.6 (4.4)	29 (6.5)	54 (11.9)	50 (11)	47.04 (10.6)	83.3 (18.7)	127.4 (28.7)	238.1 (52.9)
最大钻压[①], kN (×10³lbf)		39.20 (8.8)	53.90 (12.1)	83.0 (18.3)	98.0 (22.1)	117.20 (25.1)	161.70 (36.4)	205.8 (46.3)	348.88 (78.5)
钻具质量, kg (lb)		413 (911)	718/654 (1582/1441)	1066/969 (2350/2136)	1973 (4350)	499 (1099)	916 (2020)	1281 (2825)	2272 (5010)

注：① 最大钻压为瞬时钻压，操作时应严格限制。

表 8-10　大港中成螺杆钻具 14J 型钻具规格及性能参数表

钻具型号		LZ165×14J	LZ197×14J	LZ244×14J	5LZ165×14J	9LZ165×14J	5LZ197×14J	5LZ244×14J
井眼尺寸，mm（in）		213 ~ 251 ($8^3/_8$ ~ $9^7/_8$)	251 ~ 311 ($9^7/_8$ ~ 12¼)	311 ~ 445 (12¼ ~ $17^1/_2$)	213 ~ 251 ($8^3/_8$ ~ $9^7/_8$)	213 ~ 251 ($8^3/_8$ ~ $9^7/_8$)	251 ~ 311 ($9^7/_8$ ~ $12^1/_4$)	311 ~ 445 ($12^1/_4$ ~ $17^1/_2$)
接头螺纹	上端（API–REG），in	$4^1/_2$	$5^1/_2$	$6^5/_8$	$4^1/_2$	$4^1/_2$	$5^1/_2$	$6^5/_8$
	下端（API–REG），in	$4^1/_2$	$6^5/_8$	$6^5/_8$（$7^5/_8$）	$4^1/_2$	$4^1/_2$	$6^5/_8$	$6^5/_8$（$7^5/_8$）
钻具长度，m（ft）		7.7 (25.2)	8.03 (26.35)	9.1 (29.7)	6.8 (22.4)	5.9 (19.4)	7.04 (23.1)	8.1 (26.6)
推荐排量，L/s（gal/min）		15.8 ~ 18.9 (250 ~ 400)	19 ~ 32 (300 ~ 500)	38 ~ 63 (600 ~ 1000)	16 ~ 22 ~ 28 (254 ~ 349 ~ 444)	19 ~ 24 ~ 32 (302 ~ 380 ~ 508)	19 ~ 32 ~ 38 (302 ~ 508 ~ 603)	44 ~ 50 ~ 75 (698 ~ 794 ~ 1190)
钻头转速，r/min		280 ~ 450	245 ~ 410	300 ~ 500	112 ~ 155 ~ 197	94 ~ 120 ~ 159	89 ~ 150 ~ 178	90 ~ 102 ~ 154
马达压降，MPa（psi）		4.1 (600)	4.1 (600)	5.2 (750)	3.2 (464)	2.4 (348)	3.2 (464)	2.4 (348)
输出扭矩，N·m（ft·lbf）		1817 (1340)	2928 (2160)	5423 (4000)	3797 (2800)	4599 (3392)	5500 (4056)	12473 (9200)
滞动扭矩，N·m（ft·lbf）		3634 (2680)	5856 (4320)	10846 (8000)	6644 (4900)	8305 (6125)	11000 (8112)	21825 (16100)
输出功率，kW（hp）		53 ~ 85 (71 ~ 114)	75 ~ 125 (101 ~ 128)	170 ~ 284 (228 ~ 381)	45 ~ 78 (60 ~ 105)	45 ~ 77 (60 ~ 103)	51 ~ 102 (68 ~ 137)	118 ~ 201 (158 ~ 269)
钻头水眼压降，MPa（psi）		1.4 ~ 6.9 (200 ~ 1000)	1.4 ~ 13.8 (200 ~ 2000)	1.4 ~ 13.8 (200 ~ 2000)	1.4 ~ 13.8 (200 ~ 2000)	1.4 ~ 13.8 (200 ~ 2000)	1.4 ~ 13.8 (200 ~ 2000)	1.4 ~ 13.8 (200 ~ 2000)
推荐钻压，kN（$\times 10^3$lbf）		93.10 (20.9)	112.70 (25.3)	289.10 (65)	107.80 (24.3)	107.80 (24.3)	147.00 (33.1)	254.80 (57.3)
最大钻压①，kN（$\times 10^3$lbf）		165 (36.4)	198.94 (44.7)	392.00 (88.2)	150.92 (34)	150.92 (34)	196.00 (44.1)	362.60 (81.6)
钻具质量，kg（1b）		910 (2006)	1492 (3289)	2272 (5010)	730 (1609)	785 (1730)	1492 (3289)	2272 (5010)

注：①最大钻压为瞬时钻压，操作时应严格限制。

表 8-11 大港中成螺杆钻具弯点和稳定器位置参数

序号	钻具型号	总长 L mm	两弯点距离 L_1 mm	上弯点角度 a_1 (°)	下弯点至底部距离 L_2 mm	下弯点角度 a_2 (°)	稳定器中点至底部距离 L_3 mm	稳定器直径 ϕ mm	稳定器类型
1	5LZ89×7Y-7	3829	2454	0~2	1033	0~2.5	625	106	偏心式
2	5LZ95×7Y-7	4010	2558	0~2	1057	0~3.5'	790	120	偏心式
3	9LZ95×7Y-7	3162	1710	0~2	1057	0~3.5	790	120	偏心式
4	5LZ105×7Y-7	4752	3119	0~2	1057	0~3.5	790	147	偏心式
5	5LZ120×7Y-7-I	4700	2928	0~2	1184	0~2	600	147	螺旋式
6	5LZ165×7Y-7	7011	4054	0~2	2195	0~2	610	210	直线式
7	7LZ165×7Y-7	5350	2500	0~2	2195	0~2	610	210	直线式
8	9LZ165×7Y-7	6130	3280	0~2	2195	0~2	610	210	直线式
9	5LZ172×7Y-7	7146	5538	0~2	1619	0~2.5	823	210	直线式
10	5LZ197×7Y-7	7573	4288	0~2	2574	0~2	717	308	直线式
11	5LZ210×7Y-7	8584	6210	0~2	1542	0~2	878	308	直线式
12	5LZ244×7Y-7	8422	4701	0~2	2804	0~2	924	308	直线式

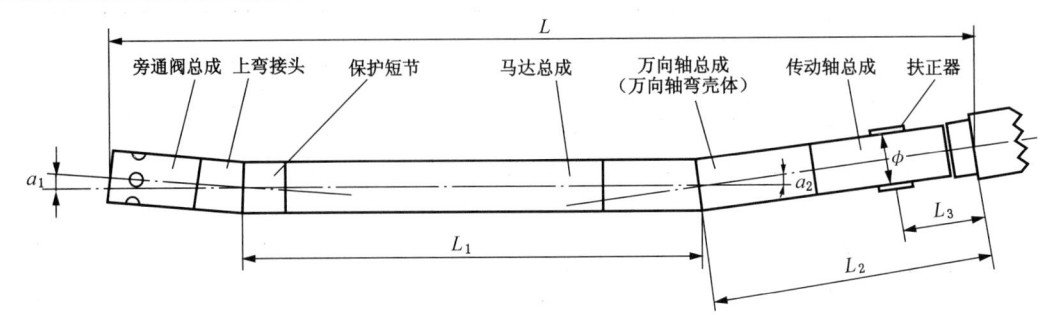

图 8-8　大港螺杆钻具弯点和稳定器位置

8.1.1.7　天津立林（渤海）螺杆钻具

1．型号

天津立林螺杆钻具型号说明

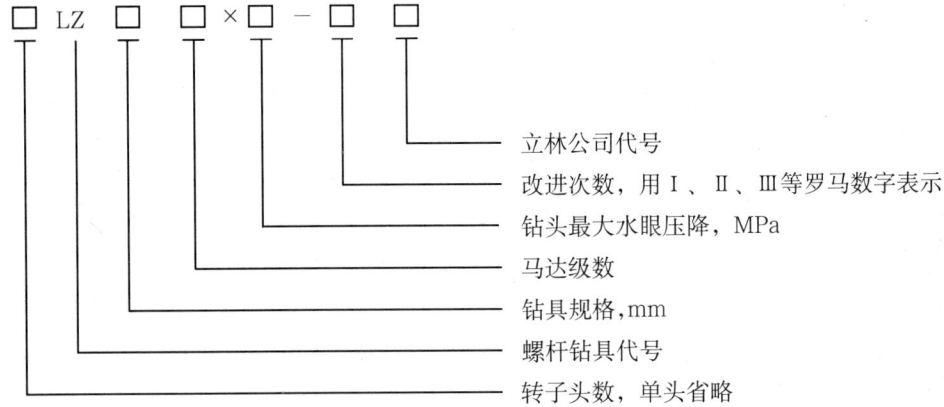

例如：5LZ165 × 7.0BH 表示为转子头数与定子头数比为 5:6 的、外径为 165mm 螺杆钻具，钻头水眼压降为 7.0MPa。

2. 允许承受的最大拉力

天津立林螺杆钻具允许承受最大拉力见表 8-12。

表 8-12　天津立林螺杆钻具允许承受最大拉力

钻具外径 mm	负载作用于钻头上 kN（lbf）	负载作用于壳体上 kN（lbf）
95	830（182600）	1100（42000）
120	1290（290250）	2010（452250）
165	1883（423278）	2413（540512）
197	2980（667520）	4375（980000）
216	3532（791168）	5010（1122240）
244	3786（848064）	5854（1311296）

3．规格及技术参数

天津立林螺杆钻具规格及技术参数见表 8-13。

8 定向井工具和测量仪器

表 8–13 天津立林螺杆钻具规格及技术参数

钻具型号		5LZ73A × 7.0–Ⅵ BH	5LZ89A × 7.0–Ⅵ BH	5LZ95A × 7.0–Ⅵ BH	9LZ95A × 7.0–Ⅵ BH	5LZ120A × 7.0–Ⅵ BH	5LZ165B × 7.0–Ⅵ BH	5LZ165C × 7.0–Ⅵ BH	5LZ165D × 7.0–Ⅵ BH
外径尺寸，mm（in）		73（$2^{7}/_{8}$）	89（$3^{1}/_{2}$）	95（$3^{3}/_{4}$）	95（$3^{3}/_{4}$）	120（$4^{3}/_{4}$）	165（$6^{1}/_{2}$）	165（$6^{1}/_{2}$）	165（$6^{1}/_{2}$）
井眼尺寸，mm（in）		79 ~ 120（$3^{1}/_{8}$ ~ $4^{3}/_{4}$）	114 ~ 152（$4^{1}/_{2}$ ~ 6）	118 ~ 152（$4^{5}/_{8}$ ~ 6）	118 ~ 152（$4^{5}/_{8}$ ~ 6）	149 ~ 200（$5^{7}/_{8}$ ~ $7^{7}/_{8}$）	213 ~ 251（$8^{3}/_{8}$ ~ $9^{7}/_{8}$）	213 ~ 251（$8^{3}/_{8}$ ~ $9^{7}/_{8}$）	213 ~ 251（$8^{3}/_{8}$ ~ $9^{7}/_{8}$）
接头螺纹	上端螺纹	$2^{3}/_{8}$ TBG	$2^{3}/_{8}$ REG	$2^{7}/_{8}$REG	$2^{7}/_{8}$REG	$3^{1}/_{2}$REG	$4^{1}/_{2}$REG	$4^{1}/_{2}$REG	$4^{1}/_{2}$REG
	下端螺纹	$2^{3}/_{8}$ REG	$2^{3}/_{8}$ REG	$2^{7}/_{8}$REG	$2^{7}/_{8}$REG	$3^{1}/_{2}$REG	$4^{1}/_{2}$REG	$4^{1}/_{2}$REG	$4^{1}/_{2}$REG
水眼压降，MPa		1.4 ~ 6.9	1.4 ~ 6.9	1.4 ~ 6.9	1.4 ~ 6.9	1.4 ~ 6.9	1.4 ~ 6.9	1.4 ~ 6.9	1.4 ~ 6.9
推荐流量，L/s		2.7 ~ 6.5	4.4 ~ 10.5	5 ~ 12	3.6 ~ 8.8	6.5 ~ 16	12 ~ 30	12 ~ 30	12 ~ 30
钻头转数，r/min		108 ~ 261	100 ~ 240	108 ~ 260	60 ~ 145	72 ~ 174	74 ~ 182	74 ~ 182	74 ~ 182
马达压降，MPa		2.4	2.4	2.4	3.2	2.4	3.2	4.0	4.8
工作扭距，N·m		357 ~ 619	628 ~ 1089	684 ~ 1186	1206 ~ 1608	1289 ~ 2235	2996 ~ 5192	3745 ~ 6490	4490 ~ 7788
滞动扭距，N·m		≤ 936	≤ 1300	≤ 1810	≤ 2091	≤ 2860	≤ 6650	≤ 8980	≤ 9345
输出功率，kW		12	21	24	23	30	72	92	111
推荐钻压，kN		12	18	21	30	55	80	80	80
最大钻压，kN		25	35	40	50	72	160	160	160
质量，kg		96	130	158	172	396	795	910	1028
长度，mm		3300	3570	3789	3789	5088	6428	7163	8003

续表

钻具型号		5LZ172B×7.0-VI BH	5LZ172C×7.0-VI BH	5LZ197B×7.0-VI BH	5LZ197C×7.0-VI BH	5LZ216B×7.0-VI BH	5LZ216C×7.0-VI BH	5LZ244B×7.0-VI BH	5LZ244C×7.0-VI BH	5LZ244D×7.0-VI BH
外径尺寸, mm (in)		172 ($6^3/_4$)	172 ($6^3/_4$)	197 ($7^3/_4$)	197 ($7^3/_4$)	216 ($8^1/_2$)	216 ($8^1/_2$)	244 ($9^5/_8$)	244 ($9^5/_8$)	244 ($9^5/_8$)
井眼尺寸, mm (in)		213~251 ($8^3/_8$~$9^7/_8$)	213~251 ($8^3/_8$~$9^7/_8$)	251~311 ($9^7/_8$~$12^1/_4$)	251~311 ($9^7/_8$~$12^1/_4$)	311~394 ($12^1/_4$~$15^1/_2$)	311~394 ($12^1/_4$~$15^1/_2$)	311~445 ($12^1/_4$~$17^1/_2$)	311~445 ($12^1/_4$~$17^1/_2$)	311~445 ($12^1/_4$~$17^1/_2$)
接头螺纹	上端螺纹	$4^1/_2$ REG	$4^1/_2$ REG	$5^1/_2$ REG	$5^1/_2$ REG	$6^5/_8$ REG	$6^5/_8$ REG	$6^5/_8$ REG	$6^5/_8$ REG	$6^5/_8$ REG
	下端螺纹	$4^1/_2$ REG	$4^1/_2$ REG	$6^5/_8$ REG	$6^5/_8$ REG	$6^5/_8$ REG	$6^5/_8$ REG	$7^5/_8$ REG	$7^5/_8$ REG	$7^5/_8$ REG
水眼压降, MPa		1.4~6.9	1.4~6.9	1.4~6.9	1.4~6.9	1.4~6.9	1.4~6.9	1.4~6.9	1.4~6.9	1.4~6.9
推荐流量, L/s		14~32	14~32	19~38	19~38	24~40~54	25~40~54	28~44~70	28~44~70	30~45~72
钻头转数, r/min		81~178	81~178	81~178	81~178	78~129~180	76~128~180	74~117~185	74~117~185	77~115~186
马达压降, MPa		3.2	4.0	3.2	4.0	3.2	4.0	3.2	4.0	4.8
工作扭距, N·m		3605~6250	4350~7548	4975~8623	6218~10779	6048~10483	7560~13103	7135~12367	8918~15459	11130~19290
滞动扭距, N·m		≤7500	≤9065	≤11500	≤14200	≤15800	≤19600	≤21900	≤22930	≤23149
输出功率, kW		98	116	93	120	105	128	110	138	171
推荐钻压, kN		95	95	120	120	160	160	220	220	220
最大钻压, kN		180	180	240	240	280	280	330	330	330
质量, kg		978	1142	1210	1355	1650	1752	2130	2305	2485
长度, mm		6663	7493	6625	7465	6648	7488	7302	8142	8982

8.1.1.8　迪纳（DYNA）钻具

迪纳钻具规格、型号及推荐井眼尺寸见表 8–14，钻具规范及技术参数见表 8–15。

表 8–14　迪纳钻具规格、型号及推荐井眼尺寸

外径 mm（in）	型号	推荐井眼尺寸 mm（in）
98.43（$3^{7}/_{8}$）	Δ1000	107.95 ~ 149.23（$4^{1}/_{4}$ ~ $5^{7}/_{8}$）
127.00（5）	Δ500	152.40（6 ~ $7^{7}/_{8}$）
	Δ1000	
165.10（$6^{1}/_{2}$）	Δ500 Δ500+4 Δ1000	212.73 ~ 247.65（$8^{3}/_{8}$ ~ $9^{3}/_{4}$）
196.85（$7^{3}/_{4}$）	Δ500 Δ500+4 Δ1000	247.65 ~ 311.15（$9^{3}/_{4}$ ~ $12^{1}/_{4}$）
244.48（$9^{5}/_{8}$）	标准	311.15 ~ 444.50（$12^{1}/_{4}$ ~ $17^{1}/_{2}$）
304.80（12）	Δ500	444.50 ~ 660.40（$17^{1}/_{2}$ ~ 26）

表 8–15　迪纳钻具规范及技术参数

外径 mm（in）	98.43（$3^{7}/_{8}$）	127.00（5）		165.10（$6^{1}/_{2}$）				196.85（$7^{3}/_{4}$）				244.48（$9^{5}/_{8}$）	304.80（12）
类型	Δ1000	Δ500	Δ1000	Δ500	Δ500+4	Δ1000	Δ1000低速	Δ500	Δ500+4	Δ1000	Δ1000低速	标准	Δ500
连接螺纹 上端	$2^{7}/_{8}$ REG	$3^{1}/_{2}$ REG		$4^{1}/_{2}$ REG				$5^{1}/_{2}$ REG				$6^{5}/_{8}$ REG	$7^{5}/_{8}$ REG
连接螺纹 下端	$2^{7}/_{8}$ REG	$3^{1}/_{2}$REG		$4^{1}/_{2}$ REG				$6^{5}/_{8}$ REG				$7^{5}/_{8}$ REG	$7^{5}/_{8}$ REG
长度 m	6.85	6.03	6.55	6.06	7.23	7.54	5.85	6.40	7.68	8.22	11.26	8.07	10.10
质量 kg	258	413	419	718	866	907	800	1066	1168	1281	1524	1973	3674
排量 L/s	6.3 ~ 9.5	11.4 ~ 15.8	12 ~ 16	16 ~ 22				20.5 ~ 28.4			22 ~ 38	31.5 ~ 50.5	50.5 ~ 95.7
钻头压降 MPa	1.4 ~ 6.8	1.0 ~ 3.4	1.4 ~ 6.9	1.0 ~ 3.4		1.4 ~ 6.9		1.0 ~ 3.4		1.4 ~ 6.9		1.0 ~ 3.4	1.0 ~ 3.4
马达压降 MPa	4.30	2.53	2.60	2.53	3.50	3.40	1.70	2.53	3.50	3.40	2.70	2.53	2.53
转速 r/min	380 ~ 500	350 ~ 480	370 ~ 510	292 ~ 431	275 ~ 395	90 ~ 150		230 ~ 332	242 ~ 337	90 ~ 160		200 ~ 420	125 ~ 188
扭矩 N·m	558	650	745	1085	1897	2439		1572	2851	5691		2405	7677
功率 kW	22.2 ~ 33.9	23.8 ~ 32.0	28.8 ~ 40.0	33.2 ~ 49.0	54.7 ~ 78.5	23.0 ~ 38.3		37.9 ~ 54.7	72.4 ~ 100.4	53.7 ~ 95.4		50.4 ~ 106.0	100.5 ~ 151.3

8.1.1.9 纳维（NAVY）钻具

1. 纳维钻具分类

纳维钻具分为三类：Mach 1 型为多头螺杆马达；Mach 2 型为单头螺杆马达；Mach 3 型为单头螺杆马达。

2. 技术参数

纳维钻具技术参数见表 8-16、表 8-17 和表 8-18。

表 8-16 Mach 1 型纳维钻具技术参数

外径 mm (in)	推荐井眼尺寸 mm (in)	排量 L/s	转速 r/min	最大压差 MPa	最大扭矩 N·m	功率范围 kW	效率（最大）%	接头螺纹 旁通阀上端螺纹	接头螺纹 钻头接头下端螺纹	长度 m	质量 kg
95.25 (3¾)	107.95~149.23 (4¼~5⅞)	4.67~9.17	125~250	4.4	1000	13~26	65	2⅞REG	2⅞REG	5.1	200
120.65 (4¾)	152.40~200.03 (6~7⅞)	5~11.67	90~215	4.0	1400	13~32	68	3½REG	3½REG	5.3	322
171.45 (6¾)	212.73~250.83 (8⅜~9⅞)	11.67~23.33	90~180	4.0	3450	33~65	70	4½REG	4½REG	6.1	780
203.20 (8)	241.30~311.15 (9½~12¼)	20~38.33	75~150	3.2	5450	43~86	70	6⅝REG	6⅝REG	7.0	1102
241.30 (9½)	311.45~444.50 (12¼~17½)	25~40	90~145	4.4	8350	79~127	72	7⅝REG	6⅝REG	7.5	1851
285.75 (11¼)	444.50~660.40 (17½~26)	33.33~66.67	70~140	3.6	12000	88~176	73	7⅝REG	7⅝REG	8.1	2753

表 8-17 Mach 2 型纳维钻具技术参数

外径 mm (in)	推荐井眼尺寸 mm (in)	排量 L/s	转速 r/min	最大压差 MPa	最大扭矩 N·m	功率范围 kW	效率（最大）%	接头螺纹 旁通阀上端螺纹	接头螺纹 钻头接头下端螺纹	长度 m	质量 kg
44.45 (1¾)	47.63~69.85 (1⅞~2¾)	1.25~2.83	720~1750	3.2	35	2.6~6.4	71	AWROd	AWROd	2.7	22.23
60.33 (2⅜)	73.03~88.90 (2⅞~3½)	1.83~4.58	550~1370	4.8	115	6.6~16	75	BWROd	BWROd	4.0	81.65
95.25 (3¾)	107.95~149.23 (4¼~5⅞)	4.67~11.67	280~700	4.0	520	15~38	82	2⅞REG	2⅞REG	5.9	208.66

续表

外径 mm (in)	推荐 井眼尺寸 mm (in)	排量 L/s	转速 r/min	最大 压差 MPa	最大 扭矩 N·m	功率 范围 kW	效率 (最大) %	接头螺纹		长度 m	质量 kg
								旁通阀 上端螺纹	钻头接头 下端螺纹		
120.65 ($4^{3}/_{4}$)	152.40 ~ 200.03 (6 ~ $7^{7}/_{8}$)	6.33 ~ 15	245 ~ 600	4.0	790	20 ~ 50	83	$3^{1}/_{2}$REG	$3^{1}/_{2}$REG	6.1	381.02
171.45 ($6^{3}/_{4}$)	212.73 ~ 250.83 ($8^{3}/_{8}$ ~ $9^{7}/_{8}$)	12.67 ~ 30	205 ~ 485	4.0	2030	44 ~ 103	86	$4^{1}/_{2}$REG	$4^{1}/_{2}$REG	8.1	979.78
203.20 (8)	241.30 ~ 311.15 (9½ ~ 12¼)	15.5 ~ 40	145 ~ 380	3.2	2830	43 ~ 113	88	$6^{5}/_{8}$REG	$6^{5}/_{8}$REG	8.2	1270.10
241.30 ($9^{1}/_{2}$)	317.50 ~ 444.50 ($12^{1}/_{2}$ ~ $17^{1}/_{2}$)	25 ~ 46.67	195 ~ 365	4.8	5280	108 ~ 202	90	$7^{5}/_{8}$REG	$6^{5}/_{8}$REG	10.0	2358.72
285.75 ($11^{1}/_{2}$)	444.50 ~ 660.40 ($17^{1}/_{2}$ ~ 26)	33.33 ~ 66.67	120 ~ 250	3.2	7300	92 ~ 191	90	$7^{5}/_{8}$REG	$7^{5}/_{8}$REG	9.8	3311.28

表 8-18 Mach 3 型纳维钻具技术性能

外径 mm (in)	推荐 井眼尺寸 mm (in)	排量 L/s	转速 r/min	最大 压差 MPa	最大 扭矩 N·m	功率 范围 kW	效率 (最大) %	接头螺纹		长度 m	质量 kg
								旁通阀 上端螺纹	钻头接头 下端螺纹		
95.25 ($3^{3}/_{4}$)	107.95 ~ 149.23 ($4^{1}/_{4}$ ~ $5^{7}/_{8}$)	3.83 ~ 9.17	340 ~ 855	4.0	330	12 ~ 30	81	$2^{7}/_{8}$REG	$2^{7}/_{8}$REG	5.1	180
120.65 ($4^{3}/_{4}$)	152.40 ~ 200.03 (6 ~ $7^{7}/_{8}$)	5 ~ 11.67	270 ~ 680	4.0	560	16 ~ 40	85	$3^{1}/_{2}$REG	$3^{1}/_{2}$REG	5.3	310
152.40 ($6^{1}/_{4}$)②	200.03 ~ 250.83 ($7^{7}/_{8}$ ~ $9^{7}/_{8}$)	10.83 ~ 21.67	200 ~ 510	4 0	1375	29 ~ 73	85	$4^{1}/_{2}$REG	$4^{1}/_{2}$REG	7.2	800
171.45 ($6^{3}/_{4}$)	212.73 ~ 250.83 ($8^{3}/_{8}$ ~ $9^{7}/_{8}$)	10 ~ 25	205 ~ 480	3.2	1350	20 ~ 68	85	$4^{1}/_{2}$REG	$4^{1}/_{2}$REG	6.6	800
203.20 (8)	241.00 ~ 311.15 ($9^{1}/_{2}$ ~ $12^{1}/_{4}$)	12.5 ~ 30	160 ~ 400	3.2	2000	34 ~ 84	87	$6^{5}/_{8}$REG①	$6^{5}/_{8}$REG	7.2	1100
241.00 ($9^{1}/_{2}$)	311.15 ~ 444.50 ($12^{1}/_{4}$ ~ $17^{1}/_{2}$)	15 ~ 38.33	130 ~ 340	3.2	3090	42 ~ 110	90	$7^{5}/_{8}$REG	$6^{5}/_{8}$REG	7.5	1800
241.00 ($9^{1}/_{2}$)	311.15 ~ 444.50 ($12^{1}/_{4}$ ~ $17^{1}/_{2}$)	25 ~ 56.67	140 ~ 325	2.0	3000	44 ~ 102	90	$7^{5}/_{8}$REG	$6^{5}/_{8}$REG	7.5	1800
285.75 ($11^{1}/_{4}$)	444.50 ~ 660.40 ($17^{1}/_{2}$ ~ 26)	18.33 ~ 43.33	115 ~ 290	3.2	4050	49 ~ 123	89	$7^{5}/_{8}$REG	$7^{5}/_{8}$REG	8.1	2700

注：①仅美国用 $5^{1}/_{2}$ REG 扣；②仅用于美国。

8.1.2 涡轮钻具

8.1.2.1 型式

涡轮钻具分为以下 3 种型式。

（1）单节式：只有一个涡轮节的涡轮钻具。

（2）多节式：有两个以上涡轮节的复式涡轮钻具。

（3）支承节式：全部轴向推力轴承安装成专门单体的涡轮钻具。

8.1.2.2 型号

涡轮钻具型号表示如下：

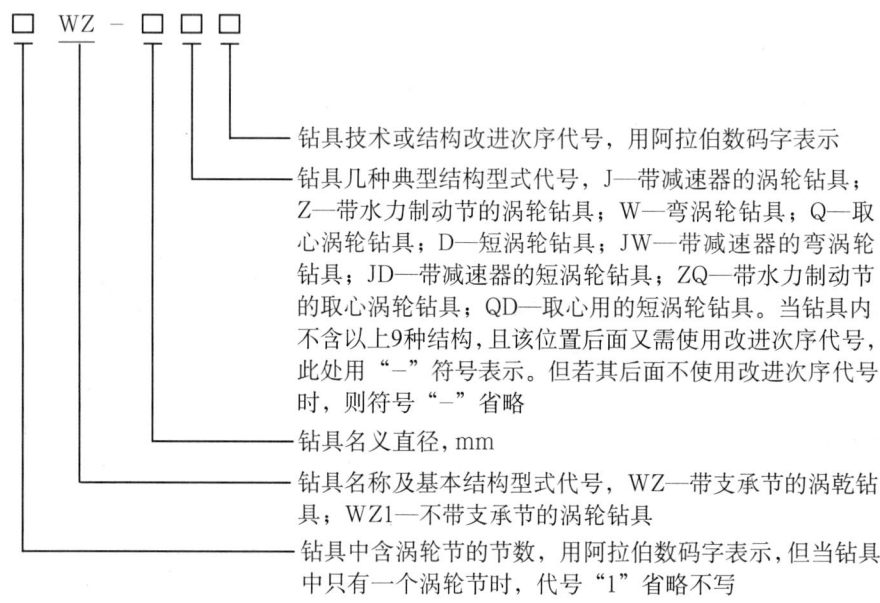

□ WZ － □ □ □

- 钻具技术或结构改进次序代号，用阿拉伯数码字表示
- 钻具几种典型结构型式代号，J—带减速器的涡轮钻具；Z—带水力制动节的涡轮钻具；W—弯涡轮钻具；Q—取心涡轮钻具；D—短涡轮钻具；JW—带减速器的弯涡轮钻具；JD—带减速器的短涡轮钻具；ZQ—带水力制动节的取心涡轮钻具；QD—取心用的短涡轮钻具。当钻具内不含以上9种结构，且该位置后面又需使用改进次序代号，此处用“－”符号表示。但若其后面不使用改进次序代号时，则符号“－”省略
- 钻具名义直径，mm
- 钻具名称及基本结构型式代号，WZ—带支承节的涡乾钻具；WZ1—不带支承节的涡轮钻具
- 钻具中含涡轮节的节数，用阿拉伯数码字表示，但当钻具中只有一个涡轮节时，代号“1”省略不写

例如：3WZ－195Z3 表示直径为 195mm、带支承节及水力制动节的，经过三次改进后的，具有 3 个涡轮节的涡轮钻具。

8.1.2.3 直径系列

涡轮钻具名义直径及与其相应的涡轮级内外径（即转子内径、定子外径）见表 8－19。

表 8－19 涡轮钻具直径

涡轮钻具名义直径，mm	102	127	172	195	215	240	255
涡轮级外径（定子外径），mm	—	—	148	165	186	—	221
涡轮级内径（转子内径），mm	—	—	—	—	100	—	120

8.1.2.4 技术参数

兰州石油机械厂涡轮钻具技术参数见表 8－20。

表 8－20 兰州石油机械厂涡轮钻具技术参数

型 号	WZ1－170	WZ1－170D	WZ－195	WZ1－195D	WZ1－215	2WZ1－215	WZl－255
井眼尺寸 mm	193.7 ～ 215.9	193.7 ～ 215.9	215.9 ～ 244.5	215.9 ～ 244.5	244.5 ～ 311.1	244.5 ～ 311.1	295.3 ～ 444.5

续表

型 号		WZ1–170	WZ1–170D	WZ–195	WZ1–195D	WZ1–215	2WZ1–215	WZ1–255
连接螺纹	上端	$4^1/_2$FH	$4^1/_2$FI	$5^9/_{16}$FH	$5^9/_{16}$FH	$5^9/_{16}$FH	$5^9/_{16}$FH	$6^5/_8$FH
	下端	$4^1/_2$FH	$4^1/_2$FH	$4^1/_2$FH	$4^1/_2$FH	$4^1/_2$FH	$4^1/_2$FH	$6^5/_8$FH
排量，L/s		20～28	20～28	25～35	25～35	32～45	32～45	45～65
钻具压降 MPa		2.4～4.7	2.8～5.5	4.0～7.7	2.2～4.1	2.2～5.1	—	3.7～7.8
涡轮级数		110	60	130	70	110	—	120
转速，r/min		564～790	818～1145	620～865	620～865	381～508	—	540～780
扭矩，N·m		540～1069	392～784	952～1874	530～1010	971～1736	—	2188～4591
功率，kW		32～88	33.8～92.6	61.8～170.6	33.8～91.9	39～91.9	78～183.8	124～375
外径，mm		170	170	195	195	215	215	255
长度，mm		7.7	3.4	8.2	4.8	8.5	15.5	9.0
质量，kg		1132	678	1404	836	1650	3195	2560

注：钻井液密度为1.2g/cm³。

8.2　定向井专用工具

8.2.1　弯接头

弯接头分为固定角度弯接头、可调角度弯接头两种。固定式弯接头结构如图8–9所示，由接头体、循环套、定向键和固定螺栓组成。弯接头的弯曲角一般为1°、1°30′、2°30′、3°。弯曲角超过3°时，钻出的井眼曲率太大，也不易下井，常规定向井中一般不用。

可调角度弯接头根据调节方式和工作原理的不同可分为电动式、机械式、液压式等几种类型。

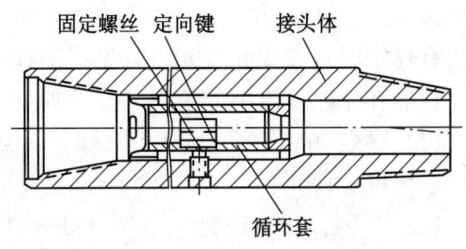

图8–9　固定式弯接头

8.2.2　无磁钻铤

无磁钻铤是一种由蒙乃尔合金或不锈钢制成的不易磁化的钻铤。

地球水平磁场强度分布如图8–10所示，无磁钻铤长度的选择是为了精确测量正钻井井眼的磁方位角。在使用磁性测斜仪时，应根据测量井段的井斜角和方位角的大小选定无磁钻铤的长度，如图8–11所示。

Ⅰ区：0.46m（18′）钻铤曲线 A 下；0.64m（25′）钻铤曲线 B 下；0.76m（30′）钻铤曲线 C 下；串联0.46m+0.64m 钻铤曲线 C 上。

Ⅱ区：0.76m（30′）钻铤曲线 A 下；1.52m（60′）钻铤曲线 B 下（加找中器）；1.52m（60′）钻铤曲线 C 下（近钻头有稳定器）；2.29m（90′）钻铤曲线 C 上。

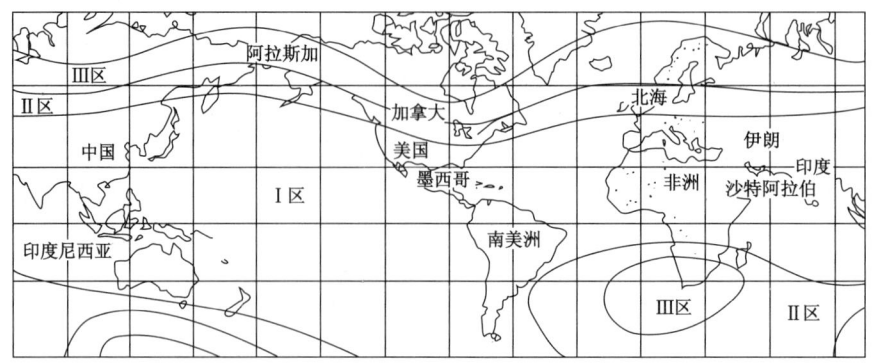

图 8-10 地球水平磁场强度分布图

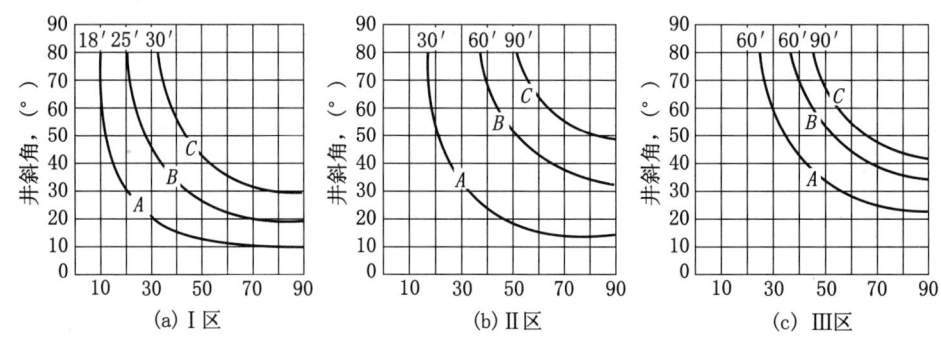

图 8-11 无磁钻铤长度的确定
方位角由磁北或南，(°)

Ⅲ区：1.52m（60′）钻铤曲线 A 下（加找中器）；1.52m（60′）钻铤曲线 B 下（近钻头有稳定器）；2.29m（90′）钻铤曲线 C 下。

仪器在无磁钻铤中的位置，推荐如下：

(1) Ⅰ区：6m 钻铤中心以下，0.3～0.6m；8m 钻铤中心以下，0.6～1m；10m 钻铤中心以下，1～1.3m。

(2) Ⅱ区：10m 钻铤中心以下 1～1.3m；20m 钻铤中心以下 2.3～3m；30m 钻铤中心。

(3) Ⅲ区：20m 钻铤中心（曲线 A）；20m 钻铤中心以下 2.3～3m（曲线 B）；30m 钻铤中心。

8.3 测量仪器

8.3.1 单点测斜仪

8.3.1.1 单点照相测斜仪

1. 组成

单点照相测斜仪由定向杆总成（或测斜杆减震器总成）、仪器外筒、加长杆、密封接头、活动接头、扶正体、绳帽和测量仪器总成（电池筒、照相机、带罗盘和定时器的测量装置）等组成。单点照相测斜仪如图 8-12 所示，定向杆总成如图 8-13 所示。

8 定向井工具和测量仪器

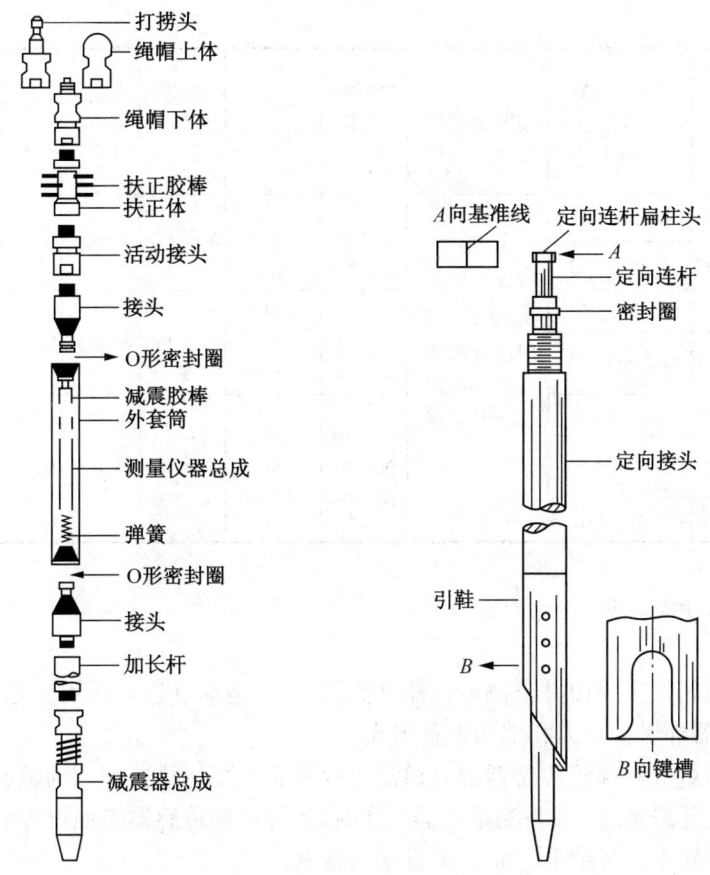

图 8-12 单点照相测斜仪组合　　图 8-13 定向杆总成

2. 技术参数

单点照相测斜仪技术参数见表 8-21。

表 8-21 单点照相测斜仪技术参数

生产厂家	型号	外筒/仪器 直径 mm	定时器类型	井斜测量范围 (°)	井斜测量精度 (°)	方位测量范围 (°)	方位测量精度 (°)	工具面测量范围 (°)	工具面测量精度 (°)	备注
牡丹江石油仪器仪表成套公司	DZX-1	44.45/31.75	机械定时器 电子定时器	0~10 0~20 0~90	±0.2 ±0.2 ±0.25	0~360	±0.5	0~360	±2	
美国东方人公司	"R"	44.45/31.75	机械定时器 电子定时器 运动传感器 无磁传感器	0~10 0~20 0~90	±0.2 ±0.2 ±0.25	0~360	±0.5	0~360	±2	
	"R" HT	53.97/31.75								
	"E"	34.92/26.99		0~10 0~20 0~90	±0.2 ±0.2 ±0.25	0~360	±0.5	0~360	±2	
	"E" HT	44.45/26.99								

续表

生产厂家	型号	外筒/仪器直径 mm	定时器类型	井斜测量范围 (°)	井斜测量精度 (°)	方位测量范围 (°)	方位测量精度 (°)	工具面测量范围 (°)	工具面测量精度 (°)	备注
美国 SPERRY-SUN 公司	"A"	44.45/34.92	机械定时器 电子定时器 运动传感器 无磁传感器	0~6 0~20 0~90	±0.2 ±0.2 ±0.25	0~360	±0.5	0~360	±2	
	"A" HT	53.97/34.92								
	"B"	34.92/25.40		0~6 0~20 0~90	±0.2 ±0.2 ±0.25	0~360	±0.5	0~360	±2	
	"B" HT	44.45/25.40								
北京六合创业科技有限公司	LHS-R	45/31.75		0~10 0~20 0~90	±0.2 ±0.2 ±0.25	0~360	±0.5	0~360	±2	
	LHS-E	35/27								隔热 ø45
	LHS-F	40 (49)/31.75								自浮

8.3.1.2 单点电子测斜仪

1. 组成

单点电子测斜仪主要由井下测量仪器（探管）、电池筒（通常采用充电电池为探管提供工作电源）、仪器外保护总成和地面设备组成。

（1）井下测量仪器探管传感器部分通常由两轴加速度传感器和三轴磁通门传感器组成，内置嵌入式微处理器系统。井下测量仪器工作时，系统控制传感器按照设定的方式采集信号，并对其进行温度修正，将结果存储于固态存储器中。

（2）井下测量仪器外保护总成用于承载井下压力，并兼顾照相测斜仪的外保护筒。

（3）地面设备一般包括充电器、通信电缆、专用数据处理仪、针式打印机、仪器面板等。地面设备和软件用于在测量完成后读取测量数据，计算并输出井眼参数，包括井斜角、方位角、磁性工具面方位、高边工具面方位、温度和效验值等。

2. 技术参数

单点电子测斜仪技术参数见表8-22。

表8-22 单点电子测斜仪技术参数

生产厂家	型号	外筒直径 mm	井斜测量范围/精度 (°)	方位测量范围/精度 (°)	磁工具面测量范围/精度 (°)	高边工具面测量范围/精度 (°)	备注
北京六合创业科技有限公司	LHE-3000 /4000	45/35	0~180/±0.2	0~360/±1	0~360/±0.5	0~360/±0.5	自浮，吊测
北京普利门机电高技术公司	FES-1	48	0~180/±0.2	0~360/±1.5	0~360/±15	0~360/±1.5	密度<0.78，自浮，测量点24
北京海蓝科技开发有限责任公司	YSS-48F	48	0~180/±0.2	0~360/±1.5	0~360/±1.5	0~360/±1.5	自浮
	YSS-48D						吊测
	YSS-48FD						自浮，吊测

8.3.2 多点测斜仪

8.3.2.1 多点照相测斜仪

1. 组成

多点照相测斜仪主要由减震器总成、间隔棒（加长杆）、密封接头、仪器外筒、测量仪器、热护罩、活动接头、扶正体、绳帽等组成，如图8—14、图8—15所示。

2. 技术参数

多点照相测斜仪的技术参数见表8—23。

8.3.2.2 多点电子测斜仪

1. 组成

多点电子测斜仪主要由井下测量仪器（探管）、电池筒（通常采用充电电池为探管提供工作电源）、仪器外保护总成和地面设备组成。

（1）井下测量仪器（探管）传感器部分通常由三轴加速度传感器和三轴磁通门传感器组成，内置嵌入式微处理器系统。

（2）井下测量仪器外保护总成用于承载井下压力，保护仪器正常工作。外保护总成应兼顾照相测斜仪的外保护筒。

（3）地面设备包括PC机及其专用软件、RS—232通信接口等。地面设备和软件用于在测量完成后读取测量数据，计算并输出井眼参数，包括井斜角、方位角、磁性工具面方位、高边工具面方位、地磁参数、温度和效验值等。

2. 技术参数

多点电子测斜仪的技术参数见表8—24。

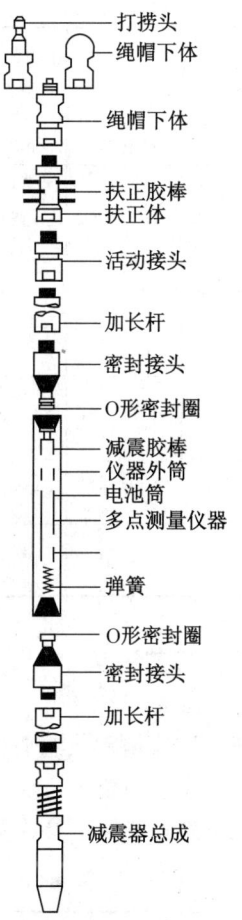

图8—14 多点照相测斜仪组合

表8—23 多点照相测斜仪参数

生产厂家	型号	外筒/仪器直径 mm	定时器类型	井斜测量 范围/精度 (°)	方位测量 范围/精度 (°)	胶片时间容量
牡丹江石油仪器仪表成套公司	CDX—1	44.5/31.75	机械定时器 电子定时器 微型电子式	0～12/±0.2 0～17/±0.2 0～90/±0.25	0～360/±0.5	24h/2min 点
美国东方人公司	"R"	44.45/31.75	机械定时器 电子定时器 微型电子式	0～10/±0.2 0～17/±0.2 0～90/±0.25	0～360/±0.5	4h/4min 点
美国东方人公司	"R" HT	53.97/31.75	机械定时器 电子定时器 微型电子式	0～10/±0.2 0～17/±0.2 0～90/±0.25	0～360/±0.5	4h/4min 点
美国东方人公司	"E"	34.92/26.99	机械定时器 电子定时器 微型电子式	0～10/±0.2 0～20/±0.2 0～90/±0.25	0～360/±0.5	24h/4min 点
美国东方人公司	"E" HT	44.45/26.99	机械定时器 电子定时器 微型电子式	0～10/±0.2 0～20/±0.2 0～90/±0.25	0～360/±0.5	24h/4min 点
美国斯帕里森公司	"A"	44.45/34.92	机械定时器 电子定时器 微型电子式	0～6/±0.2 0～20/±0.2 0～90/±0.25	0～360/±0.5	
美国斯帕里森公司	"A" HT	53.97/34.92	机械定时器 电子定时器 微型电子式	0～6/±0.2 0～20/±0.2 0～90/±0.25	0～360/±0.5	
美国斯帕里森公司	"B"	34.92/25.40	机械定时器 电子定时器 微型电子式	0～6/±0.2 0～20/±0.2 0～90/±0.25	0～360/±0.5	
美国斯帕里森公司	"B" HT	44.45/25.40	机械定时器 电子定时器 微型电子式	0～6/±0.2 0～20/±0.2 0～90/±0.25	0～360/±0.5	

表 8–24　多点电子测斜仪技术参数

生产厂家	型号	外筒/探管直径 mm	井斜测量范围/精度（°）	方位测量范围/精度（°）	磁工具面测量范围/精度（°）	高边工具面测量范围/精度（°）	备注
北京六合创业科技有限公司	LHE–1000	45（35）/27	0 ~ 180/±0.2	0 ~ 360/±1.0	0 ~ 360/±0.5	0 ~ 360/±0.5	耐温 :100℃ 测点数 :2200
美国斯帕里森公 司	ESS	44.5/–	0 ~ 180/±0.2	0 ~ 360/±1.0	0 ~ 360/±1.5	0 ~ 360/±1.5	测点数 :1000 耐温 :125℃ 耐压 :102MPa
北京海蓝科技开发有限责任公司	YSS–25	35/25	0 ~ 180/±0.2	0 ~ 360/±1.5	0 ~ 360/±1.5	0 ~ 360/±1.5	测点数 :1945 耐高温 :125℃
	YSS–32	45/32					测点数 :1945 耐温 :125℃
	YSS–45G	45/25					测量点 :1945 耐温 :150℃

8.3.3　陀螺测斜仪

8.3.3.1　组成

SRO 陀螺测斜仪组成如图 8–16 所示。

8.3.3.2　技术参数

陀螺测斜仪技术参数见表 8–25。

表 8–25　陀螺测斜仪技术参数

生产厂家		美国斯帕里森公司	美国斯帕里森公司	美国科学钻井公司
	参数 \ 型号	SRO	BOSS Ⅱ	KEEPER
系统参数	仪器外径，mm	35		
	抗压筒外径，mm		89	89
	井斜测量范围/精度，（°）	0 ~ 70/±0.3	0 ~ 70/±0.3	0 ~ 105/±0.1
	方位测量范围/精度，（°）	0 ~ 360/±1.5	0 ~ 70/±0.7	0 ~ 360/±0.25（井斜≤ 5°） 0 ~ 360/±0.10（井斜> 5°）
	高边工具面测量范围/精度，（°）	0 ~ 360/±2.8	0 ~ 70/±0.5	0 ~ 360/ ±0.5
	最长测量时间 ,h	8	—	—
	最多测量点数	1440	—	—
	工作电流，mA	120	500	—
	陀螺漂移率，（°）/h	—	—	0.05
工作环境	钻井液类型	水基、油基	水基、油基	水基、油基
	最高工作温度，℃	82	125	125

续表

生产厂家		美国 斯帕里森公司	美国 斯帕里森公司	美国 科学钻井公司
	型号 / 参数	SRO	BOSS Ⅱ	KEEPER
工作环境	最大压力，MPa	102	80.6	102
	下放速度，m/s	1	1	—
	下放深度，m	—	单芯电缆 <6000	—

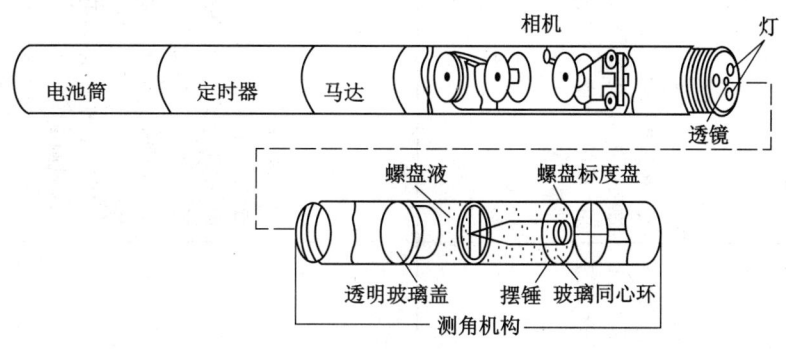

图 8−15　多点照相测量仪

8.3.4　随钻测斜仪

随钻测斜仪分为有线随钻测斜仪和无线随钻测斜仪两种，其对比情况见表 8−26。

8.3.4.1　有线随钻测斜仪

1. 组成

有线随钻测斜仪由井下测量仪器与地面设备两大部分组成。地面设备包括高压循环头和旁通接头。

如图 8−17 所示高压循环头主要由循环头、密封头、电缆卡子和手压泵组成。高压循环头直接和水龙带连接，不用水龙头；电缆从高压循环头的顶端密封头进入钻杆，每次接单根必须把井下仪器提到井口最上面一根钻杆里，接完单根再下到井底座键和密封电缆，卡电缆卡子，与旁通接头相比，增加了起下仪器的时间。

旁通接头用于将电缆通过其进入钻具水眼，将测斜仪器送至井底。如图 8−18 所示，旁通接头总成由接头体、电缆密封总成和电缆卡子组成。使用旁通接头进行随钻定向、扭方位施工时，中途不需要起下电缆，节省时间。但由于旁通接头以上的电缆在井口以下的钻杆环形空间里，井口作业应特别注意不要挤坏电缆和防止电缆打扭。

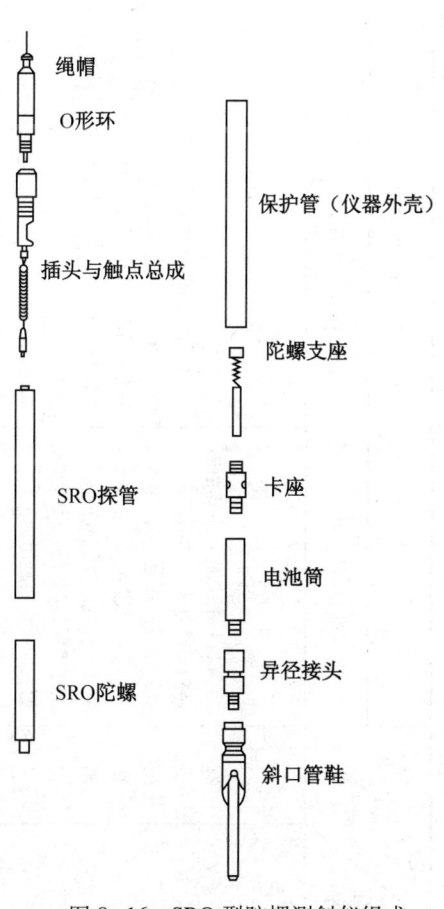

图 8−16　SRO 型陀螺测斜仪组成

表 8-26　随钻测斜仪

分类	内容＼项目	系统描述：井下测量系统	系统描述：地面接收处理系统	系统描述：信号传输及密封装置	性能：测量参数	用途
随钻测斜仪	有线随钻测斜仪	(1) 探管总成：主要由磁通门（磁力计）、重力加速计等测量元件和电子线路组成。 (2) 仪器外筒：主要由电缆头总成、外筒扶正短节、上连接器、仪器筒、下连接器、加长杆、定向鞋组成	接收井下信号并传给地面计算机系统；把信号进行放大和译码处理，在显示屏上以数字形式显示，并打印出来	主要由单芯电缆（电缆车或拖橇）、高压循环头（或电缆旁通接头）、液压管线及手压泵组成	井斜角、方位角、磁性工具面角、高边工具面角、磁倾角、磁场强度、井眼温度	(1) 定向井定向造斜； (2) 直井侧钻； (3) 在无磁环境中使用
	无线随钻测斜仪	井下仪器由非磁钻铤短节、电源部分、井眼参数探测器（探管总成）、脉冲发生器、定向总成组成	(1) 脉冲接收检测器； (2) 脉冲信号过滤器； (3) 地面计算机； (4) 测量参数显示器； (5) 记录仪； (6) 打印机； (7) 图形记录仪； (8) 操作终端	信号由钻井液传输	(1) 井斜角、方位角、磁性工具面角、高边工具面角、井眼温度、压力、磁场强度； (2) 钻压、扭矩、转速、环空压力； (3) 自然伽马、电阻率、孔隙度等	(1) 定向井定向造斜、扭方位和随钻监测控制井眼轨迹； (2) 直井段和斜井段转盘钻井的井眼轨迹控制； (3) 导向钻井系统中的井眼轨迹控制； (4) 大斜度井、水平井井眼轨迹控制及提供部分常规地质测井项目； (5) 地层参数测井； (6) 在无磁环境中使用

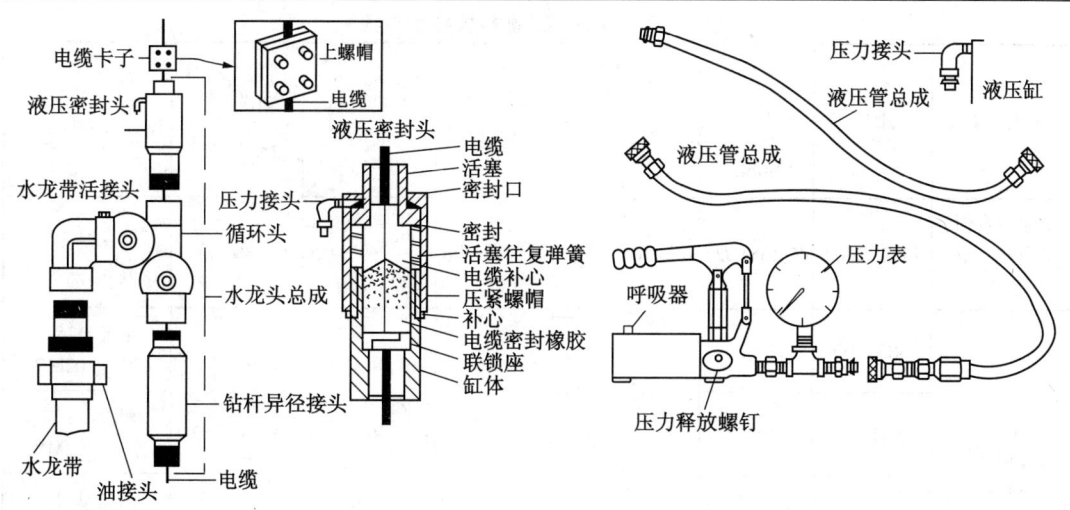

图 8-17　高压循环头及手压泵

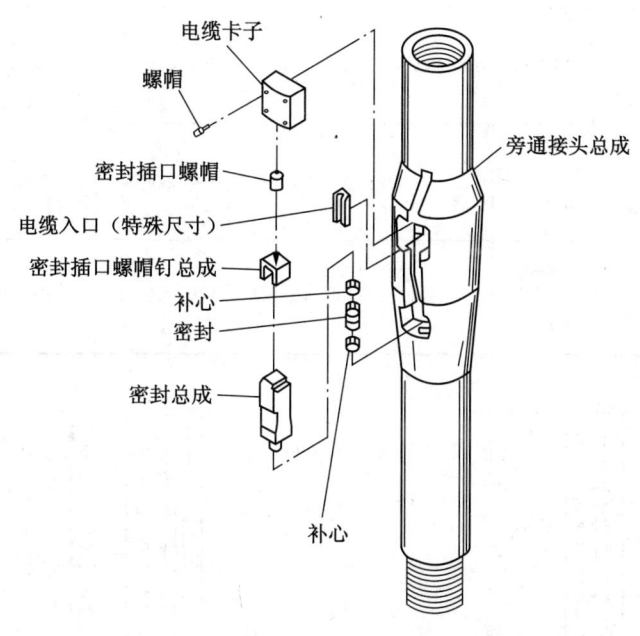

图 8-18　旁通接头总成

2. 技术参数

有线随钻测斜仪技术参数见表 8-27。

8.3.4.2　无线随钻测斜仪

1. 组成

无线随钻测斜仪系统主要由井下测量工具（包括传感器组、微处理器、压力信号调制器和电源）和地面数据采集、处理与显示设备两大部分组成。图 8-19、图 8-20 是典型的无线随钻测斜仪地面仪器连接和仪器结构示意图。

表 8-27　有线随钻测斜仪技术参数

生产厂家	型号	外筒/探管直径 mm	井斜测量范围/精度 (°)	方位测量范围/精度 (°)	磁工具面测量范围/精度 (°)	高边工具面测量范围/精度 (°)	备注
北京六合创业科技有限公司	LHE-2000	45 (35) /27	0～180/±0.2	0～360/±1.0	0～360/±0.5	0～360/±0.5	耐温:100℃ 隔热时:260℃
美国 SPERRY-SUN 公司	SST1000	44.5/35	0～180/±0.3	0～360/±2.0	0～360/±2.0	0～360/±2.0	耐温:125℃ 耐压:102MPa
	SST900	44.5/25					耐温:182℃ 耐压:102MPa
	SST700	44.5/25					耐温:182℃ 耐压:102MPa
	MS3	44.5/35	0～180/±0.2	0～360/±1.0	0～360/±1.5	0～360/±1.5	耐温:125℃ 耐压:102MPa
英国瑞塞尔公司	RSS	35/25	0～180/±0.3	0～360/±2.0	0～360/±2.0	0～360/±2.0	耐温:125℃ 耐压:138MPa 磁悬浮技术
北京海蓝科技开发有限责任公司	YST-25	35/25	0～180/±0.2	0～360/±1.5	0～360/±1.5	0～360/±1.5	耐温:125℃ 耐压:100MPa
	YST-35	45/35					
北京普利门机电高技术公司	DST-Φ35	35/25	0～180/±0.2	0～360/±1.5	0～360/±1.5	0～360/±1.5	耐温:125℃ 耐压:100MPa
	DST-Φ45	45/35					

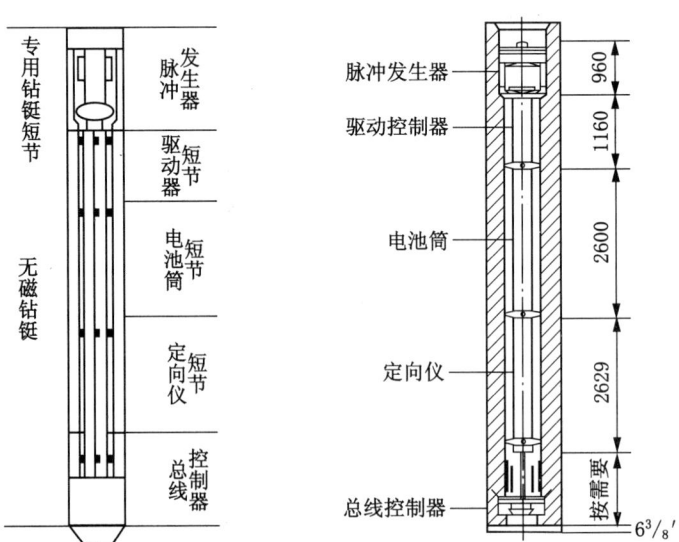

图 8-19　CGDS-MD 结构

8 定向井工具和测量仪器

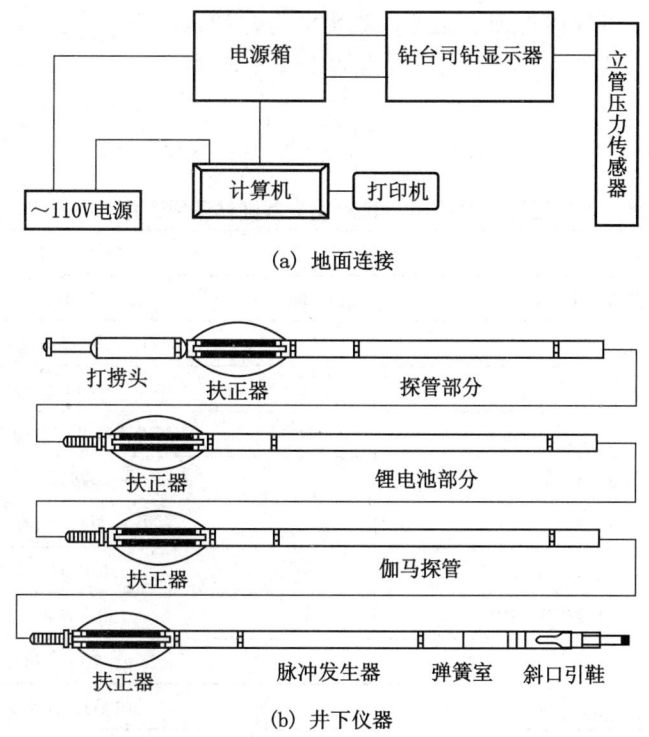

图 8-20 QDT 仪器地面连接和井下仪器结构示意图

2. 各组成部分的特点

1) 传感器及微处理器

传感器按用途可分为用于钻井工程的传感器、用于地层对比和地层评价的传感器和一般传感器。

(1) 用于钻井工程的传感器主要有重力加速度和磁通门磁力传感器,还有井下扭矩和钻压、井下振动监测、井底环空压力、井下钻井液密度和钻井液温度等传感器。

(2) 用于地层对比和地层评价的传感器主要有自然伽马和地层电阻率传感器,还有感应电阻率、侧向电阻率、地层密度、岩性密度、补偿中子、补偿双电阻率、热中子孔隙度、超热中子孔隙度、井眼补偿中子伽马孔隙度、井径等传感器。

(3) 一般传感器有涡轮发电动机电压、电池电压和工具温度传感器。

微处理器负责对采集的测量信号进行运算处理和对脉冲发生器发出控制指令,必须具有抗震、耐高温、可靠性高的特性。

2) 压力信号调制器

压力信号调制器是把测量结果调制成压力信号向地面传输的机构。压力信号调制阀的构造形式有开关阀和旋转阀。压力信号分正、负脉冲和连续波三种类型,这三者中,以连续波系统的传输速率最高。

3) 电源

无线随钻测斜仪系统井下工具电源分为涡轮发电动机供电或电池组供电。涡轮发电动机的优点是能提供较强电能,耐温性也较好,但对流量和流过涡轮的流体类型很敏感,一些通常能通过钻头、钻铤的堵漏材料和其他碎屑很难通过涡轮的定子和转子间隙。采用电池组作电源时，可用碱性电池或锂电池，锂电池寿命较长，电池在井下连续工作时间依测量工作方式、井温和电池类型而不同，通常为 125 ~ 800h。

3. 技术参数

无线随钻测斜仪技术参数见表 8–28、表 8–29 和表 8–30。

表 8–28　西安石油仪器厂 SZD2000 型无线随钻测斜仪井下仪器技术参数

项　目	参数指标
工具面更新速率，s	7 ~ 10
传感器	自然伽马（可选）
脉冲幅度	可调
工作方式	地面设置或井下泵速调整
井斜 / 精度，(°)	0 ~ 180/ ±0.1
方位 / 精度，(°)	0 ~ 360/ ±1.0
磁性工具面 / 重力高边工具面，(°)	±1.0/±1.0
最高工作温度 / 最大抗压，MPa	150℃ /140
抗震动	25 g，20 ~ 50Hz
抗冲击	1000g，1ms
井下仪器串（直径 × 总长度），mm × mm	47.6 × 6450

表 8–29　其他国产主要无线随钻测斜仪技术参数

参数	型号	YST–48X	YST–48R	PMWD–1
	生产厂家	北京海蓝科技开发有限责任公司	北京海蓝科技开发有限责任公司	北京普利门机电高技术公司
系统精度	仪器外径，mm	48	48	48
	电源，脉冲传输	锂电池，正脉冲	锂电池，正脉冲	锂电池，正脉冲
	井斜测量范围 / 精度，(°)	0 ~ 180/ ±0.2	0 ~ 180/±0.2	0 ~ 180/±0.1
	方位测量范围 / 精度，(°)	0 ~ 360/ ±1.5	0 ~ 360 /±1.5	0 ~ 360 /±1.0
	磁工具面测量范围 / 精度，(°)	0 ~ 360/ ±1.5	0 ~ 360 /±1.5	0 ~ 360 /±1.0
	高边工具面测量范围 / 精度，(°)	0 ~ 360/ ±1.5	0 ~ 360 /±1.5	0 ~ 360 /±1.0
	测量数据采样时间，s	10	10	—
	自然伽马 / 精度，API	0 ~ 1501±3 150 ~ 5001±10	—	—
	地层电阻率	—	—	—
工作环境	最大压力，MPa	100	100	100
	最高工作温度，℃	125	125	150
	最大耐冲击	—	—	1000g，0.5ms
	最大抗振动	—	—	5g，7 ~ 200Hz

表 8-30 国外产主要无线随钻测斜仪技术参数

参数（型号 / 生产厂家）			DWD 美国 SPERRY-SUN 公司	QDT 美国 QDT 公司	GEOLINK 英国 GEOLINK 公司
系统参数	电源，脉冲传输		发电机，正脉冲	锂电池，正脉冲	锂电池，负脉冲
	井斜测量范围 / 精度，(°)		0 ~ 180/ ±0.2	0 ~ 180/ ±0.1	0 ~ 180/ ±0.1
	方位测量范围 / 精度，(°)		0 ~ 360/ ±1.5	0 ~ 360/ ±1.0	0 ~ 360 / ±1.0 (井斜≥ 5)
	磁工具面测量范围 / 精度，(°)		0 ~ 360/ ±2.8	0 ~ 360/ ±1.0	0 ~ 360/ ±1.0
	高边工具面测量范围 / 精度，(°)		0 ~ 360/ ±2.8	0 ~ 360/ ±1.0	0 ~ 360/ ±1.0
	测量数据修正时间，min		2.5	—	—
	工具面修正时间，s (HZ)		14 (0.5) /9.3 (0.8)	—	—
	自然伽马 / 精度，API		—	—	0 ~ 500/±2
	地层电阻率，Ω·m		—	—	0.1 ~ 20000 (0.3 ~ 0.6m)
工作环境	钻井液类型		水基，油基	水基，油基	水基，油基
	钻井液密度，g/cm^3		<2.17	<2.17	—
	钻井液排量，L/s		5.7 ~ 75.7	22.1 ~ 75.7	30.2 ~ 69.3
	含砂量，%		<0.5	<0.5	<0.5
	塑性粘度，mPa·s		<50	<50	无限制
	最大压力，MPa		102	102	103.45
	最高工作温度，℃		125	125	150
	堵漏材料	类型	细、中型短纤维	细、中型短纤维	正常堵漏材料
		浓度，kg/m^3	<57	<57	无特殊要求

9 钻井取心工具

9.1 取心工具选择

取心工具选择的步骤如下：

（1）根据取心目的和要求确定常规取心方式或特殊取心方式。

（2）取心方式确定后，根据地层岩性、硬度、胶结情况及取心井段深度，选择取心工具及取心钻头，具体情况见表 9–1。

表 9–1 取心工具的选择

<table>
<tr><td colspan="2">地层软硬</td><td>松散</td><td>软</td><td>成柱性好</td><td>中 硬</td><td>中硬易碎</td><td>致密坚硬</td></tr>
<tr><td colspan="2">地层可钻性</td><td colspan="3">Ⅰ～Ⅲ</td><td colspan="2">Ⅳ～Ⅵ</td><td>Ⅶ～Ⅹ</td></tr>
<tr><td colspan="2">钻头类型</td><td colspan="2">切削型</td><td>切削型或
微切削型</td><td colspan="2">微切削型</td><td>研磨型</td></tr>
<tr><td colspan="2">取心方式</td><td colspan="6">工具类型</td></tr>
<tr><td rowspan="4">常规
取心</td><td>一般单筒取心</td><td colspan="2">加压式</td><td>加压式或
自锁式</td><td>自锁式</td><td>—</td><td>自锁式</td></tr>
<tr><td>中长筒取心</td><td>—</td><td>加压式</td><td>加压式或
自锁式</td><td>自锁式</td><td>—</td><td>—</td></tr>
<tr><td>外返孔取心</td><td>—</td><td>—</td><td>—</td><td>—</td><td>自锁式</td><td>—</td></tr>
<tr><td>橡皮筒取心</td><td>橡皮筒</td><td>—</td><td>—</td><td>—</td><td>—</td><td>—</td></tr>
<tr><td rowspan="5">特殊
取心</td><td>保形取心</td><td colspan="2" rowspan="3">加压式</td><td rowspan="3">加压式或
自锁式</td><td>—</td><td>—</td><td>—</td></tr>
<tr><td>密闭取心</td><td colspan="3" rowspan="2">自锁式</td></tr>
<tr><td>定向井取心</td></tr>
<tr><td>保压密闭取心</td><td>—</td><td colspan="2">自锁式</td><td rowspan="2">自锁式</td><td colspan="2" rowspan="2">—</td></tr>
<tr><td>水平井取心</td><td>—</td><td>—</td><td>自锁式</td></tr>
</table>

9.2 常规取心工具

9.2.1 常规取心工具概况

9.2.1.1 型号

常规取心工具型号表示如下：

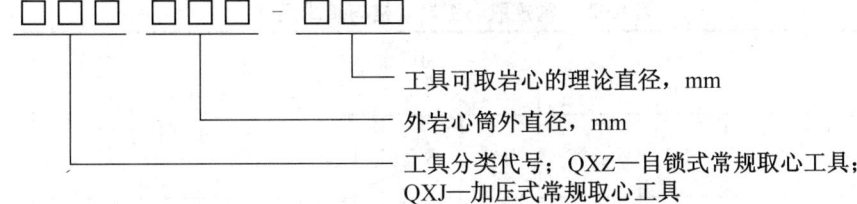

　　工具可取岩心的理论直径，mm
　　外岩心筒外直径，mm
　　工具分类代号；QXZ—自锁式常规取心工具；
　　QXJ—加压式常规取心工具

例如：QXZ 194-120 表示自锁式常规取心工具，外岩心筒外直径 194mm，可取岩心理论直径 120mm。

9.2.1.2　结构

常规取心工具结构如图 9-1、图 9-2 所示。

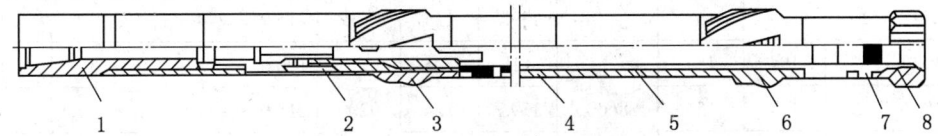

图 9-1　自锁式常规取心工具结构示意图
1—上接头；2—悬挂总成；3—上稳定器；4—外岩心筒；
5—内岩心筒；6—下稳定器；7—岩心爪；8—取心钻头

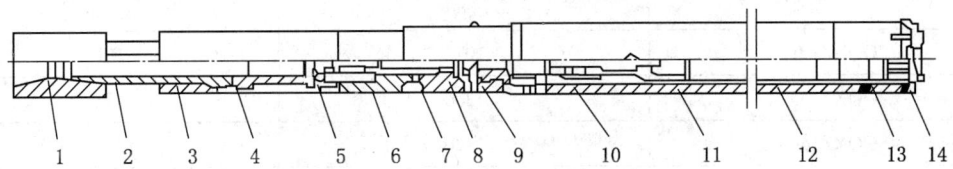

图 9-2　加压式常规取心工具结构示意图
1—加压上接头；2—六方杆；3—六方套；4—密封填料；5—加压球座；
6—加压下接头；7—加压杆；8—定位接头；9—悬挂销钉；10—悬挂总成；
11—内筒；12—外筒总成；13—取心钻头；14—岩心爪

9.2.1.3　规格及技术参数
9.2.2　常规取心技术要求

常规取心技术要求如下：

（1）取心工具各部件不允许有裂缝，无变形、沟痕、碰伤等缺陷。

（2）内、外筒直线度不超过 4mm；内筒内壁光滑。

（3）岩心爪锥面与其座的锥面应吻合，其摩擦面敷焊耐磨层，耐磨层应颗粒均匀、平整、牢固；岩心爪弹性好，徒手闭合 10 次无明显变形。

（4）稳定器堆焊层不许有网状裂纹，镶焊硬质合金块不许有松动碎裂。

（5）加压接头滑动灵活，有效滑距不小于 200mm。

（6）各部件连接螺纹应无缺陷、表面光滑并进行防粘扣处理；外筒外螺纹台肩面与其内螺纹端面不许有损害连接密封性的缺陷。

（7）各密封件完好，耐温 120℃，耐酸、碱、油。

（8）取心轴承装配后应有 0.5～1.0mm 的轴向间隙，并转动灵活。

（9）外岩心筒内、外螺纹的最大抗拉力和屈服扭矩值，见表 9-3。

表 9–2　常规取心工具规格与基本尺寸

取心工具型号	外筒尺寸 mm			内筒尺寸 mm			适用井眼直径 mm (in)	岩心名义直径 mm
	外径	内径	长度	外径	内径	长度		
QXZ 121 – 66	121	93	8700	85.0	72.0	9200	142.9 ~ 152.4（$5^5/_8$ ~ 6）	66
QXZ 133 – 70	133	101		88.9	75.9		152.4 ~ 165.1（6 ~ $6^1/_2$）	70
QXZ 146 – 82	146	114	8600	101.6	88.6		165.1 ~ 190.5（$6^1/_2$ ~ $7^1/_2$）	82
QXZ 172 – 101	172	136		121	105		190.5 ~ 215.9（$7^1/_2$ ~ $8^1/_2$）	101
QXZ 180 – 105	180	144		127.0	112		215.9 ~ 244.5（$8^1/_2$ ~ $9^5/_8$）	105
QXZ 194 – 120	194	158		139.7	124		215.9 ~ 244.5（$8^1/_2$ ~ $9^5/_8$）	120
QXJ 194 – 100	194	154	8600	121	105	9200	190.5 ~ 215.9（$7^1/_2$ ~ $8^1/_2$）	100
QXJ 194 – 115	194	154		139.7	124		215.9 ~ 244.5（$8^1/_2$ ~ $9^5/_8$）	115
QXJ 216 – 120	203	172		139.7	124		244.5	120

表 9–3　外岩心筒内、外螺纹最大抗拉力和屈服扭矩

外岩心筒螺纹代号	最大抗拉力 kN	屈服扭矩 kN·m
OQXZ121	1070	9.1
OQXZ133	1200	13.0
OQXZ146	1320	24.2
OQXZ172	1500	30.2
OQXZ180	1980	43.6
OQXZ194	2500	60.2

（10）外筒螺纹紧扣扭矩见表 9–4。

（11）安全接头卸扣扭矩值为外岩心筒螺纹紧扣扭矩值的 40% ~ 60%。

（12）工具组装好后应保证岩心爪座底钻头内台阶面有足够的轴向间隙，自锁式为 8 ~ 13mm, 加压式为 15 ~ 20mm。

表 9–4　外岩心螺纹紧扣扭矩

外岩心筒外径 × 外岩心筒内径 mm × mm	扭矩 kN·m
121 × 93	6 ~ 7
133 × 101	8 ~ 9
146 × 114	10 ~ 12
172 × 136	12 ~ 13
180 × 144	13 ~ 16
194 × 158	16 ~ 19

9.2.3 常规取心工具产品介绍

9.2.3.1 四川石油取心中心取心工具

1. 产品规格

四川石油取心中心生产的取心工具规格见表9-5。

表9-5 四川石油取心中心取心工具规格

类别	名称	型号	顶端扣型	钻头尺寸 mm (in)	适用范围	备注
常规取心工具	川-3型	QX180-105	$4\frac{1}{2}$API IF	215.9~244.5 ($8\frac{1}{2}$~$9\frac{5}{8}$)	适用于成柱性较好的地层	各种工具可配铝合金、玻璃钢、不锈钢内筒和相应配套的切割器
		QX133-70	$3\frac{1}{2}$API IF	149.2~165.1 ($5\frac{7}{8}$~$6\frac{1}{2}$)		
	川9-4型	CQX203-133	$6\frac{5}{8}$API IF	311 ($12\frac{1}{4}$)		
	川8-4型	CQX180-105	$4\frac{1}{2}$API IF	215.9~244.5 ($8\frac{1}{2}$~$9\frac{5}{8}$)		
	川7-4型	CQX172-101	$4\frac{1}{2}$API IF	190.5~244.5 ($7\frac{1}{2}$~$9\frac{5}{8}$)		
	川6T-4型	CQX146-89	$3\frac{1}{2}$API IF	165.1~198.4 ($6\frac{1}{2}$~$7\frac{7}{8}$)		
	川6-4型	CQX133-70	$3\frac{1}{2}$API IF	149.2~165.1 ($5\frac{7}{8}$~$6\frac{1}{2}$)		
	川5-4型	CQX121-66	$3\frac{1}{2}$API IF	149.2~165.1 ($5\frac{7}{8}$~$6\frac{1}{2}$)		
	川4-4型	CQX89-45	$2\frac{3}{8}$API IF	104.8 ($4\frac{1}{8}$)		
	外返孔取心	WQX系列产品规格与川8-4型至川5-4型各型规格相同				

注:表中为自锁式取心工具;川8-4中8表示适用于215.9~244.5mm钻头,4表示厂家编号。

2. 推荐取心钻进参数

川-4型常规取心工具推荐取心钻进参数见表9-6。

表9-6 推荐取心钻进参数

名称	钻头尺寸 mm (in)	软地层钻井取心参数			硬地层钻井取心参数		
		钻压 kN	转速 r/min	排量 L/s	钻压 kN	转速 r/min	排量 L/s
川5-4型	123.8 ($5\frac{7}{8}$)	9~60	50~100	6~12	20~70	40~65	7~12
川6-4型	152.4 (6)	9~60	50~100	6~12	20~70	40~65	7~12
川7-4型	215.9 ($8\frac{1}{2}$)	20~90	50~100	11~20	40~11	50~80	16~22
川8-4型	215.9 ($8\frac{1}{2}$)	20~90	50~100	11~20	40~11	50~80	16~22
川9-4型	311.2 ($12\frac{1}{4}$)	10~120	50~100	22~32	60~130	50~80	24~32

9.2.3.2 胜利取心公司常规取心工具

1. 产品规格

胜利取心公司生产的常规系列取心工具规格见表9-7。

表 9-7 胜利取心公司常规系列取心工具规格

型号	R-8120	Y-8120	Y-666
取心钻头外径 × 内径, mm × mm	(331～215)×115	(331～215)×120	(178～152)×66
取心筒长度, mm	9500	9500	9500
外筒外径 × 内径, mm × mm	194×154	194×154	120.6×95.2
内筒外径 × 内径, mm × mm	139.7×126	139.7×126	85.7×73.0
上部螺纹	NC50	NC50	NC38
总质量, kg	1300	1300	800
最大扭矩, kN·m	16.68	16.68	11.53
上扣扭矩, kN·m	7.05	7.05	5.29

注：R—软地层，割心方式为加压式；Y—硬地层，割心方式为自锁式。

2. 推荐取心钻进参数

以直径为 215.9mm 钻头为例，推荐取心钻进参数见表 9-8。

表 9-8 推荐取心钻进参数

取心地层		树心钻压 kN	树心进尺 m	取心钻压 kN	转速 r/min	排量 L/s
松软	胶结差	5～10	0.2～0.3	100～120	50～60	10～15
	一般	7～15	0.2～0.3	30～50	50～60	15～20
	良好	7～15	0.2～0.3	30～70	50～60	20～23
中硬 硬	差	7～15	0.2～0.3	30～50	50～60	15～20
	好	7～15	0.2～0.3	30～90	50～60	20～23

9.2.3.3 美国克里斯坦森公司常规取心工具

美国克里斯坦森公司常规取心工具规格及技术参数见表 9-9。

表 9-9 克里斯坦森公司常规取心工具规格及技术参数

取心筒型号	外筒直径 mm (in)	岩心公称直径 mm (in)	内筒长度 m (ft)	允许排量 L/s	推荐最大拉力 kN
250P 系列	104.8 (4$\frac{1}{8}$)	54.0 (2$\frac{1}{8}$)	2.79～11.15 (30～120)	8.89	451.05
	120.7 (4$\frac{3}{4}$)	66.7 (2$\frac{5}{8}$)	2.79～11.15 (30～120)	10.35	611.19
	146.1 (5$\frac{3}{4}$)	88.9 (3$\frac{1}{2}$)	2.79～11.15 (30～120)	12.87	889.64
	158.8 (6$\frac{1}{4}$)	101.6 (4)	2.79～11.15 (30～120)	15.45	860.73
	171.5 (6$\frac{3}{4}$)	101.6 (4)	2.79～11.15 (30～120)	14.32	1223.26
	203.2 (8)	133.4 (5$\frac{1}{4}$)	2.79～11.15 (30～120)	18.6	1378.95

9.3 特殊取心工具

9.3.1 特殊取心工具概况

9.3.1.1 分类代号

特殊取心工具分类代号见表9–10。

表9–10 特殊取心工具分类代号

名称	分类代号
密闭取心工具	MB
定向取心工具	DX
保压取心工具	BY
保形取心工具	BX
保形密闭取心工具	BM
水平井取心工具	SP

9.3.1.2 型号

特殊取心工具型号表示如下：

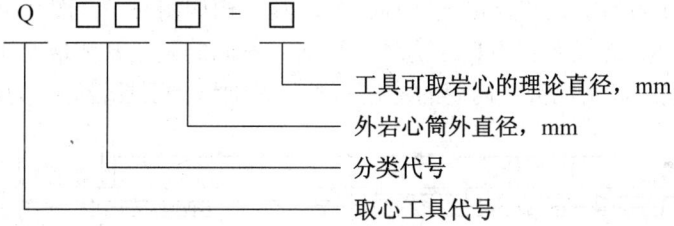

例如：QMB 194–115 表示密闭取心工具，外岩心筒外直径为194mm，可取岩心理论直径为115mm。

9.3.1.3 技术参数

特殊取心工具规格及技术参数见表9–11和表9–12。

表9–11 特殊取心工具规格及技术参数（1）

型号	外岩心筒, mm			内岩心筒, mm			取心钻头公称外径 mm	岩心公称直径 mm	产地
	外径	内径	长度	外径	内径	长度			
QMB 194–115	194	154.0	9000	139.7	127	8200	215.9	115	胜利
QDX 133–70	133	101.0	4600	88.9	76	4600	152.4～165.1	70	四川
QDX 180–105	180	144.0	4600	127.0	112	4600	215.9～144.5	105	四川
QBY 193–70	193	168.0	4876	88.9	76	4500	215.0	70	大庆
QBX 194–100	194	154.0	9000	139.7	127	8200	215.9	100	胜利
QBM 194–100	194	154.0	9000	139.7	127	8200	215.9	100	胜利
QSP 194–105	194	154.0	7900(3900)	127.0	112	7200(3200)	215.9	105	胜利

表 9-12 特殊取心工具规格及技术参数（2）

取心方式	型号	外岩心筒 外径 × 内径 mm × mm	内岩心筒 外径 × 内径 mm × mm	取心钻头 外径 × 内径 mm × mm	工具长度 mm	工具接头螺纹	产地
加压密闭	MB243 RM9120 BM9120	219 × 196 194 × 170	168 × 150 146 × 132	243 × 136 235 × 120	9000 9500	5½FH 5½FH	大庆 胜利
自锁密闭	TM-215 YM8115	178 × 152 194 × 154	140 × 124 140 × 121	215 × 115 215 × 115	9500 9500	5½FH 5½FH	大庆 胜利
橡皮筒式	7×3½I 型	178（外径）	108（外径）	206 × 86	6100	86	辽河
绳索式	中原 9507 中原 9507	— —	— —	165 × 70 215 × 70	— —	— —	中原

注：YM—硬地层密闭取心；RM—软地层密闭取心。

9.3.2 特殊取心工具结构特点

9.3.2.1 密闭取心工具

1. 结构及工作特点

密闭取心工具分为加压式和自锁式两种类型，其结构如图 9-3、图 9-4 所示。这两种密闭取心工具与对应的常规取心工具结构基本相同，不同的是：密闭取心工具的内筒两端为密封结构，内筒里装满密闭液；内筒的悬挂总成中无轴承，工具岩心筒为双筒双动结构。

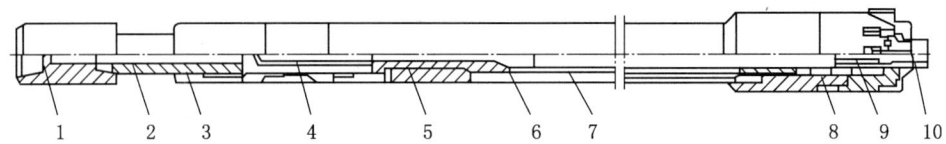

图 9-3 加压式密闭取心工具结构示意图

1—加压上接头；2—六方杆；3—六方套；4—加压球座及加压中心杆；5—工具上接头及悬挂部件；
6—外岩心筒组合；7—内岩心筒组合；8—取心钻头；9—割心机构；10—密闭活塞

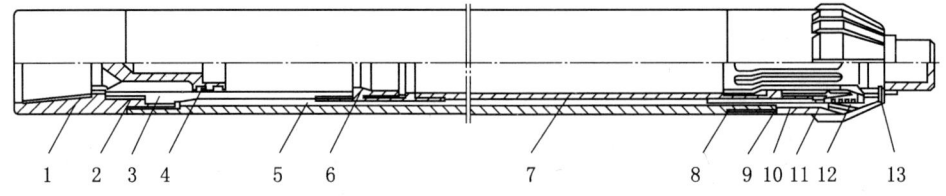

图 9-4 自锁式密闭取心工具结构示意图

1—上接头；2—分水接头；3—浮动活塞；4—Y 密封圈；5—外筒总成；6—限位接头；7—内筒总成；
8—密封活塞；9—缩径套；10—取心钻头；11—岩心爪；12—O 形密封圈；13—活塞固定销钉

加压式密闭取心工具内筒上端由丝堵密封，下端由密封活塞密封，密封活塞通过销钉固定在取心钻头进口处；内筒插入取心钻头腔内，通过填料密封。自锁式密闭取心工具内筒上端由浮动密封活塞密封，下端由销钉固定在取心钻头进口处的密封活塞密封。

取心钻进时，加压力剪断密封活塞固定销，岩心进入，活塞上行，密闭液沿岩心与内筒之间的环形空隙向下排出,同时连续地、均匀地涂抹在岩心表面上形成保护膜,避免钻井液污染岩心。

2. 特殊技术要求

(1) 密封材料应使用丁腈橡胶,耐温不低于120℃。
(2) 密封面不应有划伤、凹痕陷。
(3) 所有密封圈须完好无损,装配应涂润滑脂,不许有翻转扭折现象。
(4) 密封活塞与取心工具配合应进行清水试验。

9.3.2.2 定向取心工具

1. 结构及工作特点

如图9-5所示,定向取心工具结构与常规自锁式取心工具结构基本相同。其差别主要是定向取心工具中含有定向仪器组合。仪器组合由固定引鞋、加长杆、多点测斜仪和扶正叶片组成。在取心工具内筒的上方内设有定位键,保证仪器与内筒固定成一个整体;加长杆用于调整多点测斜仪,使其处于无磁钻铤的中段;工具内筒下端接岩心卡箍座(位于岩心的入口处),其上镶有在岩心上划槽的刻刀。

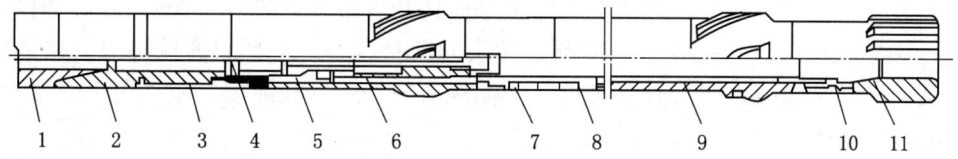

图9-5 定向取心工具结构示意图
1—无磁钻铤;2—上接头;3—安全接头;4—测斜仪;5—悬挂总成;
6,9—稳定器;7—外岩心筒;8—内岩心筒;10—取心钻头;11—岩心爪

取心前在地面将岩心卡箍座上的刻刀标记线、内筒表面上的标记线和仪器外筒上的标记线,三者调校在一条直线上,以使仪器的标记线与刻刀标记线同步。取心定向测量时,仪器不仅记录测点所在深度的井斜角、方位角,同时也记录下该测点对应岩心上的刻痕所在方位。利用上述所测参数,并通过量角器量度和计算,最终得出地层构造相关参数(如构造倾角、倾向及裂缝方向等)。

2. 特殊技术要求

(1) 定位要求:要将仪器上的标记线与主刻刀标记线校直校正到一条水平线上。如果校不到一条水平线上,要记录它们的周向夹角,以便修正。
(2) 时钟同步:多点测斜仪的定时器与地面的秒表同时启动以保证仪器测量(照相)时,适时停止转动和循环。
(3) 固定刀块采用硬质合金制成,刃长不小于20 mm。

9.3.2.3 保形取心工具

1. 结构及工作特点

保形取心是指在极疏松砂岩地层条件下,为取得岩心物性资料,要求岩心出筒前保持原始形状。其工具结构特点是在加压式常规取心工具内筒里,增加了一层摩阻系数很小的衬管(内筒组合采取自洗结构),如图9-6所示。衬管为复合材料管。取心起钻后,衬管与岩心一起取出并实施切割。

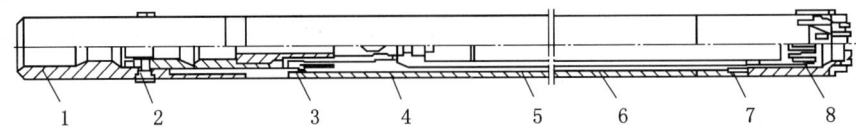

图9-6　QBX194-100型保形取心工具结构示意图
1—上接头；2—悬挂销钉；3—悬挂总成；4—外岩心筒；5—内岩心筒；
6—衬筒；7—取心钻头；8—岩心爪

2.特殊技术要求

(1) 复合材料衬筒内壁光滑，壁厚均匀，误差不大于1.0 mm。

(2) 复合材料衬筒直线度公差值不大于1.0mm。

(3) 保形取心工具连接后，整个岩心管路应平滑无台阶。

9.3.2.4　水平井取心工具

1.结构及工作特点

水平井取心工具结构如图9-7所示，在内岩心筒（简称内筒）组合中部及处于钻头腔的部位上分别装有扶正轴承，使内筒居中，以保证在水平状态下实现双筒单动；在内筒组合中除装有卡箍式岩心爪外，在内筒下接头外面还套着被收紧的卡板式岩心爪；内筒悬挂总成通过锁紧机构，悬挂在外岩心筒配合接头的内台肩上；工具的弹挂机构由弹簧外套、承托弹簧、弹簧轴组成；弹簧外套上部与差动接头的外六方杆连接，差动接头的内六方套与外筒配合接头连接。

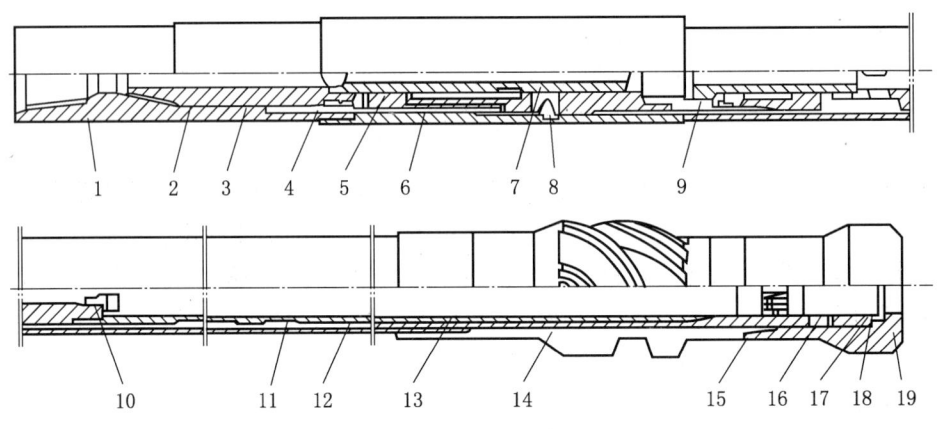

图9-7　水平井取心工具结构示意图
1—上接头；2—六方套；3—六方杆；4—割心球；5—弹簧套；6—承托弹簧；7—弹簧轴；
8—锁销组合；9—悬挂总成；10—尼龙球；11—扶正轴承短节；12—外筒；13—内筒；14—扶正器；
15—卡箍岩心爪；16—滚珠轴承；17—卡板岩心爪；18—内筒下接头；19—取心钻头

割心之前，泵入一个尼龙球，堵住弹挂机构的弹簧轴内孔，弹簧轴受液压作用下移，承托弹簧被压缩，当弹簧轴到达一定位置，弹簧轴穿过锁紧机构并与内筒悬挂总成相挂接，与此同时锁紧机构与外筒配合接头脱离。当上提钻具时，差动接头的外六方杆带着弹挂机构和内筒组合一起上移（相对外筒组合），原套在内筒下接头外面的卡板岩心爪被释放，在其弹簧力作用下卡板式岩心爪伸开切断岩心，封住内筒。当岩心较硬，卡板式岩心爪切不断岩心时，则卡箍岩心爪起作用自锁割心，两种岩心爪实现割心双保险。内筒总成中的弹挂机构和锁紧机构解决了水平井取心中割心困难的问题。

2. 特殊技术要求

（1）承托弹簧应符合设计要求。承受作用力范围为 3 ~ 7kN 时，其压缩距应小于 100mm，以保证钻进循环时弹簧轴不与内筒组合挂接。

（2）投入尼龙球堵塞循环孔时，循环压力应增高 1 MPa。

（3）当弹挂机构起作用时，上提钻具卡板岩心爪能够弹开复原。

（4）工具可通过最大造斜率为 48°/100m 的井眼。

（5）内筒悬挂总成及其台阶悬挂的锁紧机构性能灵活；工具组装后轴向间隙为 8 ~ 12mm。

（6）内筒扶正轴承灵活。

9.3.2.5 保压密闭取心工具

1. 结构及工作特点

保压取心工具由取心钻头，割心部分，球阀机构，内、外岩心筒总成，压力补偿系统，内筒轴承悬挂总成和差动装置（带有锁闭和释放机构）六部分组成，如图 9–8、图 9–9 所示。

钻完取心进尺后，上提钻具割断岩心（自锁式割心）。投钢球使其坐入差动装置（外六方杆的）内的滑套球座上，钻井液推动滑套剪断锁钉，滑套到达一定位置，差动机构解锁，既“内、外六方”脱开，六方套和外筒下落，并推动球阀半滑环，球形阀体旋转 90° 关闭，即岩心筒关闭（国产工具关闭内筒；美国克里斯坦森工具关闭外筒）。与此同时工具的压力补偿系统打开。压力补偿系统包括高压氮气储气室、压力调节室及气室连通总成。为了使岩心保持井底条件下的压力，事先在地面将压力调节室的压力予调到井底压力。起钻过程中，供气阀门控制机构按预定压力，不断向筒内补充氮气使筒内压力保持稳定。岩心筒起出后，在专门工作间保持回收压力，实施整体冷冻和化验分析。保压密闭取心工具一般具备密闭取心工具的相应结构和功能，内筒充满密闭液。

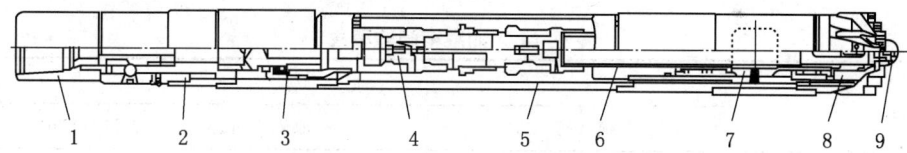

图 9–8 保压密闭取心工具结构示意图

1—上接头；2—差动机构；3—悬挂总成；4—压力补偿装置；5—外筒；6—内筒；7—球阀总成；8—取心钻头；9—密闭头

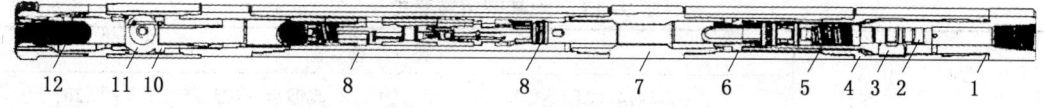

图 9–9 美国克里斯坦森保压密闭取心工具结构示意图

1—钻井液流孔；2—释放塞；3—锁块；4—花键接头；5—弹簧；6，8—密封圈；7—密封接头；9—外筒总成；10—球阀操作器；11—球阀；12—钻头

2. 特殊技术要求

（1）差动机构剪断锁钉后，差动机构滑动自如，悬挂球应到预定位置。

（2）差动机构组装后，最大差动距离为 560 mm。

（3）高压气室组装后在常温下用 40 ~ 50 MPa（或为井底液拄压力的 2.5 ~ 3 倍）氮气进行试压，30 min 内降压不超过 0.30 MPa 。

(4) 调压室总成在常温下用 25 MPa 氮气进行试压，30 min 内降压不超过 0.15 MPa。

(5) 内筒与球阀总成在常温下用清水进行试压 25 MPa，稳压 10 min，不渗不漏。

(6) 气室连通接头总成在常温下用 25 MPa 氮气进行动压试验，30 min 内降压不超过 0.15 MPa。

(7) 将高压气室、调压室总成和气室连通总成组装在一起，分别打压到上述各规定值，而后将滑套下滑，压力补偿系统开启并工作正常。

(8) 锥形阀组装后应能开关灵活，密封可靠。

9.3.3 特殊取心工具钻进参数推荐值

(1) 钻中硬至硬地层，钻压为钻头直径（mm）乘以 0.35～0.59 kN/mm；钻软地层，钻压应降低 1/3。

(2) 转速为 60～80 r/min；软地层适当增加。

(3) 排量应根据井眼尺寸而定，钻进排量参数推荐值见表 9-13。

表 9-13　特殊取心工具钻进排量参数推荐值

井眼尺寸，mm（in）	排量，L/s
152.4（6）	6～12
190.5（7$^{1}/_{2}$）	12～19
215.9（8$^{1}/_{2}$）	16～22

9.3.4 密闭液与示踪剂技术要求

(1) 油基密闭液要求见表 9-14，水基密闭液要求见表 9-15。

表 9-14　油基密闭液要求

项　目	指　标	
	高温前（25±3℃）	高温后（135±5℃下养护 12h）
外观	黄棕色稳定粘稠液体	黄棕色固相均匀的粘稠液体
抽丝长度，mm	≥300	≥100（在 25±3℃下测定）
粘度，mPa·s	≥35000	≥650（在 135±5℃下测定）

表 9-15　水基密闭液要求

项　目	指　标	
	高温前（25±3℃）	高温后（105±5℃下养护 12h）
外观	白色或黄棕色固相均匀的粘稠液体	白色或黄棕色固相均匀的粘稠液体
抽丝长度，mm	≥100	<100（在 25±3℃下测定）
粘度，mPa·s	≥25000	≥750（在 105±5℃下测定）

(2) 示踪剂一般为硫氰酸铵或酚酞。

9.3.5 特殊取心工具

9.3.5.1 国内特殊取心工具

国内特殊取心工具规格见表 9-16、表 9-17。

表9-16 四川石油取心中心特殊取心工具规格

类别	名称	型号	顶端扣型	钻头尺寸，mm (in)	适用范围	备注
特殊取心工具	定向取心工具	DQX180-105	$4\frac{1}{2}$ IF	215.9～244.5 ($8\frac{1}{2}$～$9\frac{5}{8}$)	适用于成柱性较好的地层	各种工具可配铝合金、玻璃钢、不锈钢内筒和相应配套的切割器
		DQX172-101	$4\frac{1}{2}$ IF	190.5～244.5 ($7\frac{1}{2}$～$9\frac{5}{8}$)		
		DQX133-70	$3\frac{1}{2}$ IF	149.2～165.1 ($5\frac{7}{8}$～$6\frac{1}{2}$)		
	全闭式孔取心工具	DQX180-101	$4\frac{1}{2}$ IF	215.9～244.5 ($8\frac{1}{2}$～$9\frac{5}{8}$)		
	水平井取心工具	SPQ121-66	$3\frac{1}{2}$ IF	149.2～165.1 ($5\frac{7}{8}$～$6\frac{1}{2}$)		
	绳索式取心工具	ZSQ159-60	$4\frac{1}{2}$ IF	215.9 ($8\frac{1}{2}$)		
	密闭取心工具	MQX180-105	$4\frac{1}{2}$ IF	215.9～244.5 ($8\frac{1}{2}$～$9\frac{5}{8}$)		
		MQX172-101	$4\frac{1}{2}$ IF	190.5～244.5 ($7\frac{1}{2}$～$9\frac{5}{8}$)		
		MQX133-70	$3\frac{1}{2}$ IF	149.2～165.1 ($5\frac{7}{8}$～$6\frac{1}{2}$)		

表9-17 大庆钻井工程技术研究院DQ型保压取心工具规格

井眼直径，mm	215.9	球阀通径，mm	92
工具外径，mm	193	球阀外径，mm	156
工具长度，mm	7820	最大抗拉载荷，kN	2530
可取岩心直径，mm	68～70	安全扭矩，kN·m	150
可取岩心长度，mm	4500	工具质量，kg	800
可适用井深，m	3500		
适用地层	中硬地层		

9.3.5.2 美国克里斯坦森公司特殊取心工具

美国克里斯坦森公司特殊取心工具规格见表9-18。

表9-18 美国克里斯坦森公司特殊取心工具规格

工具类型	外筒外径，mm (in)	岩心直径，mm (in)	内筒长度，m (ft)
密闭取心	171.5 ($6\frac{3}{4}$)	101.6 (4)	9.14 (30)
	171.5 ($6\frac{3}{4}$)	88.9 ($3\frac{1}{2}$)	9.14 (30)
水平取心	171.5 ($6\frac{3}{4}$)	101.6 (4)	9.14～18.3 (30～60)
保压取心	152.4 (6)	63.5 ($2\frac{1}{2}$)	3.0～6.1 (10～20)
橡皮套取心	174.6 ($6\frac{7}{8}$)	76.2 (3)	6.1 (20)
绳索取心	158.8 ($6\frac{1}{4}$)	50.8 (2)	4.0～7.9 (13～26)

9.4 取心钻头

9.4.1 取心钻头分类及特点

取心钻头根据破岩方式分为切削型、微切削型和研磨型三类：

（1）切削型取心钻头以切削方式破碎地层，适用于软～中地层取心，钻进速度快。目前主要包括刮刀取心钻头和PDC取心钻头，结构如图9-10所示。

(a)刮刀式取心钻头　　　　　　　　(b)PDC取心钻头

图 9-10　切削型取心钻头

（2）微切削型取心钻头以切削、研磨方式同时作用破碎地层，适用于中硬～硬地层取心。这类钻头多为各种聚晶金刚石烧结成胎体结构，如图9-11所示。

（3）研磨型取心钻头主要以研磨方式破碎地层，有表镶或孕镶天然金刚石与聚晶金刚石两种，适用于各种研磨性硬地层取心。该钻头钻进平稳、速度慢，结构如图9-12所示。

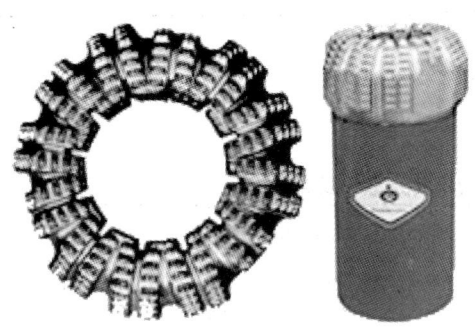 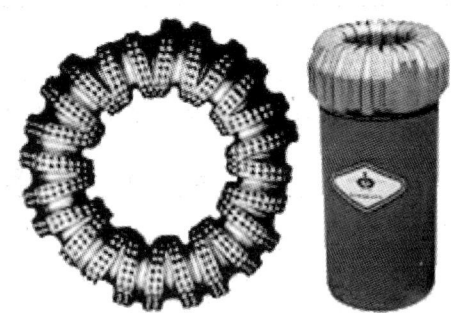

图 9-11　微切削型取心钻头　　　　图 9-12　研磨型取心钻头

9.4.2 取心钻头选择

在取心方式及取心工具确定之后，应根据取心地层岩石可钻性的级别或硬度，并参见表9-19至表9-22选择合适的取心钻头的类型或型号。

9 钻井取心工具

表 9-19 钻头类型与地层可钻性级值对应关系

地层级别		I～III	III～IV	IV～VI	VI～VIII	VIII～X	≥X
地层级值		K<3	3≤K<4	4≤K<6	6≤K<8	8≤K10	K≥10
地层分类		粘软 SS	软 S	软～中 S～M	中～硬 M～H	硬 H	极硬 EH
克瑞达公司取心钻头	PDC	CQP系列	CQP系列	CQP系列	CQP系列	—	—
	TSP	—	—	—	CQB系列	CQB系列	—
	天然金刚石	—	—	—	—	CQT系列	CQT系列
江汉取心钻头	PDC	BC460	BC460, BC462	BC462, BC463	BC463	—	—
	TSP	—	—	PC733, PC832	PC733, PC832	PC832	—
	天然金刚石	—	—	—	DC524, DC754	DC524, DC754	DC524, DC754
胜利取心钻头	刮刀型	HSC042	HSC042	—	—	—	—
	PDC	PSC146	PSC146	PSC136	—	—	—
	TSP	—	—	TMC616	TMC616	TMC526	TMC526
	天然金刚石	—	—	—	—	NMC938	NMC938
克里斯坦森取心钻头	PDC	RC473	RC444	RC476	RC493, RC201	—	—
	TSP	—	—	—	SC226, SC276, SC249	—	—
	天然金刚石	C18	C18	C18, C22	C201, C22, C23		C23, C40

表 9-20 克瑞达公司取心钻头系列尺寸及配套取心工具

取心钻头系列	取心钻头尺寸, mm (in)		配套取心工具
	外径	内径	
CQP 系列 (PDC)	150.9 (6)	70 ($2^3/_4$)	250P[①]、川-3, 川-4
	214.4 ($8^1/_2$)	101, 105 (4, $4^1/_8$)	川-3, 川-4
	310 ($12^1/_4$)	133 ($5^1/_4$)	250P, 川-3, 川-4
CQB 系列 (TSP)	148～152.4 ($5^7/_8$～$6^1/_2$)	66.70 ($2^3/_4$)	250P, 川-3, 川-4
	211～214.4 ($7^1/_2$～$9^5/_8$)	101, 105 (4, $4^1/_8$)	250P, 川-3, 川-4
	310 ($12^1/_4$)	133 ($5^1/_4$)	川-3, 川-4
CQT 系列 (天然金刚石)	148～152.4 (6)	66.70 ($2^3/_4$)	250P, 川-3, 川-4
	211～214.4 ($8^1/_2$)	101, 105 (4, $4^1/_8$)	250P, 川-3, 川-4
	310 ($12^1/_4$)	133 ($5^1/_4$)	250P, 川-3, 川-4

注：① 美国克里斯坦森公司取心工具。

表 9–21 胜利取心公司取心钻头系列尺寸及配套取心工具

取心钻头系列	取心钻头类型	取心钻头尺寸，mm		地层类别	配套取心工具
		外径	内径		
刮刀型－硬质合金	HSC042–8115	215	115	软	R–8120
刮刀型－硬质合金	HSC042S–8100	215	105	软	SP–8100
刮刀型－硬质合金	HSC044bm–8100	215	100	软	Mb–8100
刀片形–PDC	PSC146bm–8100	215	100	软～中硬	Mb–8100
圆弧形–PDC	PSC136D–8100	215	100	软～中硬	D–8100
圆弧形–PDC	PSC136–8120	—	120	中硬	Y–8120A
单锥－柱锥形聚晶	TMC616–8120	—	120	中硬～硬	Y–8120A
双锥－三角形聚晶	TMC526–8120	—	120	中硬～硬	Y–8120B
双锥－三角形聚晶	TMC526m–8115	—	—	硬～极硬	Ym–8115
圆弧型－天然金刚石	NMC938–8120	—	—	硬～极硬	Y–8120A

表 9–22 DBS 公司取心钻头型号选择表

地层	软	中软	中硬	硬	极硬
钻头类型	——CSD120FFD ——CSP107—— ——CB17FD—— (CMD123FD) ——CD93—— ——CT303—— (CM133) ——CD502—— (CMP408) ——CD104—— ——CD93—— ——CD202—— ——CT403—— (CT436) ——CB303—— (CMD133) ——CMD256—— ——CB401—— (CMD456) ——CB601—— (CMD567)				

10 固井工具

10.1 套管串附件

10.1.1 引鞋

引鞋按制造材料可分为木质引鞋、水泥引鞋和金属引鞋三种。

10.1.1.1 木质引鞋

本质引鞋用坚硬的木质材料制成,只适用于表层套管,与套管鞋紧配合。一般在套管鞋处钻6~8个5mm小孔,用铁钉固定本质引鞋。本质引鞋的结构如图10-1所示,技术参数见表10-1。

表10-1 木质引鞋技术参数

规格 mm	外径, mm		插入端尺寸, mm			圆弧半径 mm	循环孔径 mm	总长度 mm	侧流孔 个
	最大	最小	大头直径	小头直径	长度				
339.7	365	140	320	313	150	720	50	550	4
508	533	200	488	480	150	852	60	650	4

10.1.1.2 水泥引鞋

水泥引鞋的结构如图10-2所示,技术参数见表10-2。

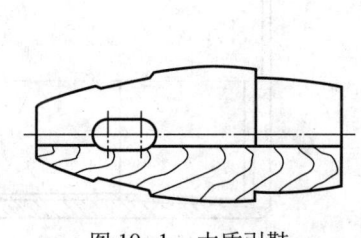

图10-1 木质引鞋

图10-2 水泥引鞋

表10-2 水泥引鞋技术参数

规格, mm	外径, mm	循环孔直径, mm	长度, mm
177.8	195	70	600
244.5	270	80	600
273	299	80	600
339.7	365	90	600

10.1.1.3 金属引鞋

金属引鞋的结构如图 10-3 所示，技术参数见表 10-3。

表 10-3 金属引鞋技术参数

规格 mm	外径，mm		内径，mm		圆弧半径，mm		螺纹长度 mm	长度 mm	侧流孔 个
	最大	最小	最大	最小	外圆弧	内圆弧			
127	141	70	104	50	600	900	85.72	280	4
139.7	154	75	116	55	620	930	88.9	324	4
177.8	195	90	146	75	652	728	101.6	370	4
244.5	270	105	214	85	680	760	120.65	410	4
273	299	117	246	93	696	800	120.65	400	4
339.7	365	140	309	115	720	860	120.65	520	4

10.1.2 套管鞋

套管鞋结构如图 10-4 所示，技术参数见表 10-4。

表 10-4 套管鞋技术参数

规格，mm	177.8	244.5	273	339.7	508
最大外径，mm	195	270	299	365	533
外倒角直径，mm	193	268	279	363	530
长度，mm	230	270	270	270	280

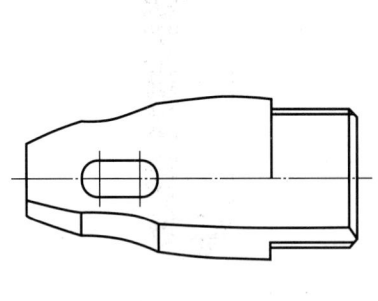

图 10-3 金属引鞋

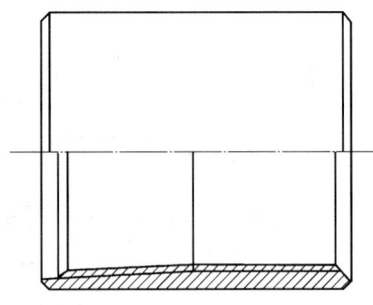

图 10-4 套管鞋

10.1.3 浮鞋与浮箍

10.1.3.1 结构

水泥浮鞋的结构如图 10-5 所示，阻流环式浮箍的结构如图 10-6 所示，水泥浮箍的结构如图 10-7 所示。

10.1.3.2 规范

浮鞋与浮箍的规范见表 10-5。

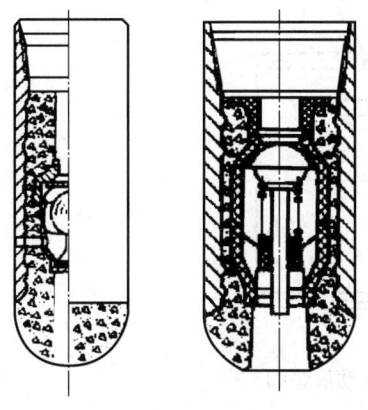 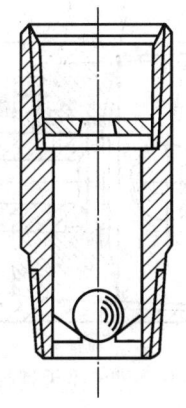 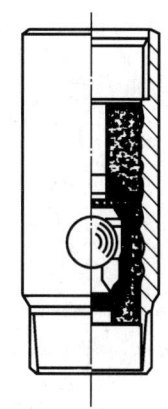

图 10-5 水泥浮鞋　　图 10-6 阻流环式浮箍　　图 10-7 水泥浮箍

表 10-5 浮鞋与浮箍规范

规格,mm		127	139.7	177.8	244.5	273	339.7
外径,mm		141	154	195	270	299	365
内径,mm		108	120	155	221	250	318
循环内孔,mm		50	55	60	70	70	70
长度,mm	水泥填充型	450~500		600~700		—	900
	非水泥填充型	300~500					
浮球直径,mm		60		85			

10.1.4 套管自动灌浆阀

10.1.4.1 结构

套管自动灌浆阀有 4 种结构类型——浮球压差式、液流型舌型阀板压差式、浮动活塞压差式、涡轮压差式,如图 10-8 至图 10-11 所示。

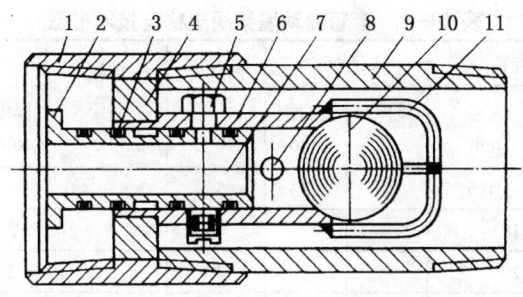

图 10-8 浮球压差式自动灌浆阀

1—接箍;2—关闭套;3—密封圈;4—承托环;5—销钉;6—外套;
7—自锁机构;8—进浆孔;9—本体;10—尼龙球;11—球篮

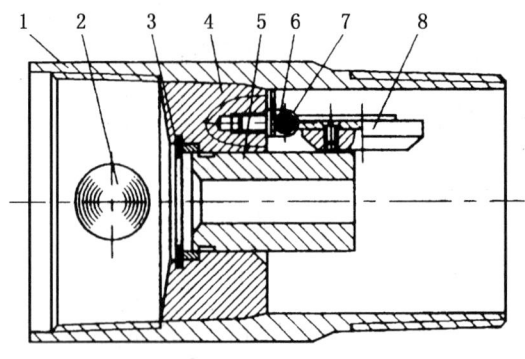

图 10-9 液流型舌型阀板压差式自动灌浆阀

1—本体；2—尼龙球；3—挡圈；4—承托环；5—液流嘴；
6—铰链支座；7—弹簧；8—舌阀板

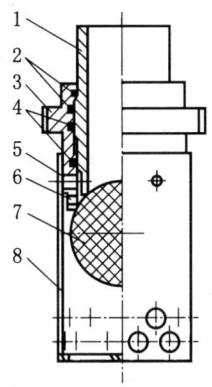

图 10-10 浮动活塞压差式自动灌浆阀

1—滑套；2—卡簧；3—承托环；4—密封圈；
5—销钉；6—进浆孔；7—尼龙球；8—球篮

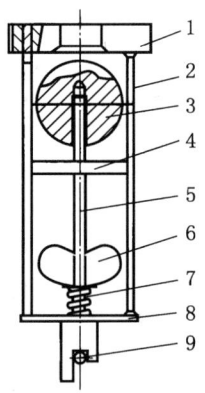

图 10-11 涡轮压差式自动灌浆阀

1—承托环；2—钢筋骨架；3—尼龙球；
4—扶正架；5—中心拉杆挂钩；6—涡轮叶片；
7—弹簧；8—网状托盘；9—挂钩

10.1.4.2 规格与技术参数

套管自动灌浆阀规格与技术参数见表 10-6。

表 10-6 套管自动灌浆阀规格与技术参数

类型	直径 mm	进浆孔 孔数 个	进浆孔 直径 mm	销钉 数量 个	销钉 直径 mm	循环孔 直径 mm	剪销 泵压 MPa	液流嘴 厚度 mm	液流嘴 剪切泵压 MPa	材质	高度 mm
浮球式	139.7	2	10.5	2	7	55	3.5~4.0	—	—	钢	380
板式	177.8	1	18~20	—	—	60	—	2	4~4.5	铝	400
板式	244.5	1	20~22	—	—	70	—	2	4~4.5	铝	410
浮动活塞式	139.7	4	14	3	2	56	2.0	—	—	钢	320
浮动活塞式	177.8	4	14	3	2	56	2.0	—	—	铝	320
浮动活塞式	244.5	4	14	3	2	56	2.0	—	—	铝	320
涡轮式	139.7	多孔板	10~15	—	—	50	—	—	—	钢	280

10.1.5 水泥伞

水泥伞通常安装在分级注水泥器下部，防止水泥浆下沉和支撑液柱压力。有金属型和帆布型两种类型。水泥伞的结构如图10-12所示，技术参数见表10-7。

10.1.6 刮泥器

刮泥器类型有往复式和旋转式两种。往复式刮泥器有钢丝型和钢绳型两种，其结构如图10-13所示，与井眼配合尺寸见表10-8、表10-9。旋转式刮泥器的结构如图10-14所示。

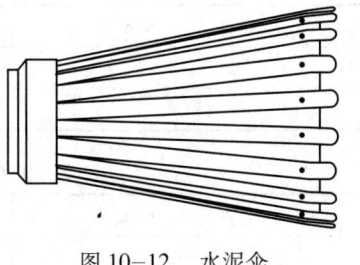

图10-12 水泥伞

表10-7 水泥伞技术参数

规格 mm	长度 mm	通径 mm	外径 mm	推荐井眼尺寸，mm	
				最小	最大
127	435	130	155	194	267
139.7	435	143	168	200	279
177.8	435	181	206	229	318
244.5	435	248	273	305	381
273	435	276	301	337	413
339.7	435	343	368	406	479
508	435	511	536	574	648

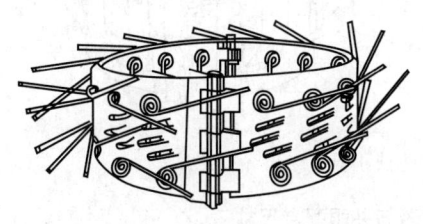   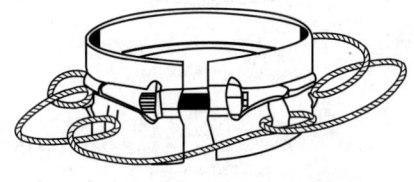

(a) 钢丝型　　　　　　　　　(b) 钢绳型

图10-13 往复式刮泥器

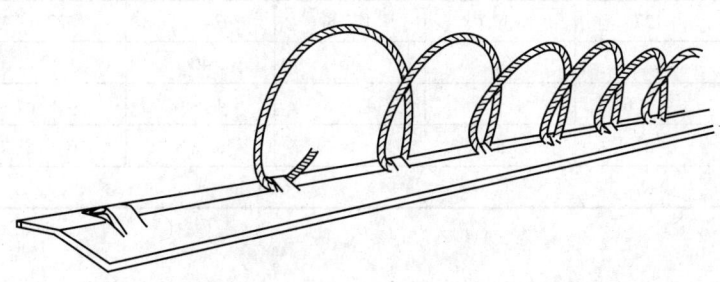

图10-14 旋转式刮泥器

表10-8 往复式钢丝型刮泥器与井眼配合尺寸

套管尺寸，mm	最小井眼尺寸，mm	钢丝展开外径，mm
139.7	171.5	308
177.8	222	333

表10-9 往复式钢绳型刮泥器与井眼配合尺寸

套管尺寸，mm	最小井眼尺寸，mm	钢丝展开外径，mm
139.7	184	254
177.8	222	279

10.1.7 套管扶正器

套管扶正器分为刚性扶正器和弹簧片柔性扶正器两种。刚性扶正器的结构如图10-15所示。弹簧片柔性扶正器的结构如图10-16所示，与井眼配合尺寸见表10-10，技术参数见表10-11。

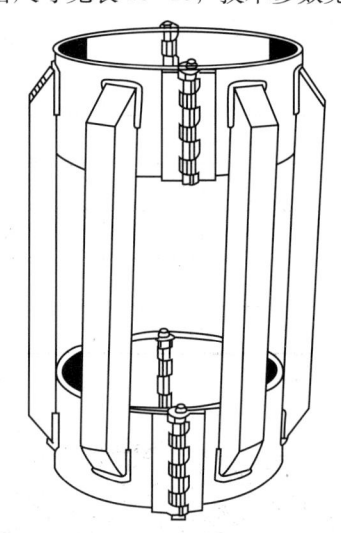

图10-15 刚性扶正器

表10-10 弹簧片扶正器与井眼配合尺寸

规格，mm	127	139.7	177.8	244.5	273	339.7
井眼尺寸，mm	149~152	215.9		311	375	444.5

表10-11 弹簧片扶正器技术参数

规格，mm	127	139.7	177.8	244.5	273	339.7
弹簧片宽，mm	30	30	40	40	40	40
弹簧片厚，mm	4~6	4~6	4~6	4~6	4~6	4~6
弹簧片数，片	5	5	6	6~8	6~8	6~8
扶正器长，mm	600					

10.1.8 限位卡

限位卡是用于固定或限制扶正器、水泥伞和刮泥器等外部附件的装置，如图10-17所示。限位卡的技术参数见表10-12。

 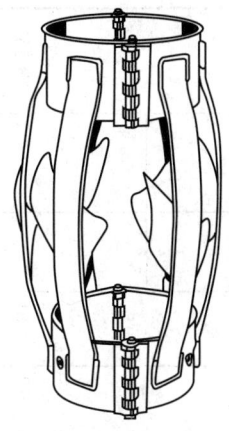 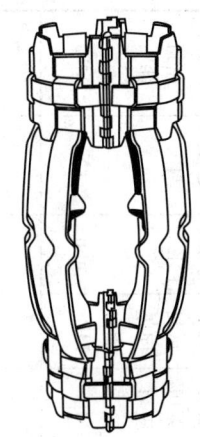

(a) 螺旋柔性扶正器　　　　(b) 焊接式旋流柔性扶正器　　　(c) 非焊接式弹簧片柔性扶正器

图 10-16　弹簧片柔性扶正器

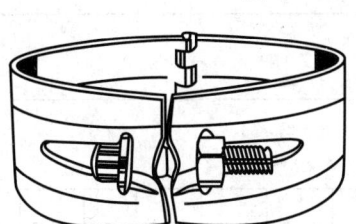

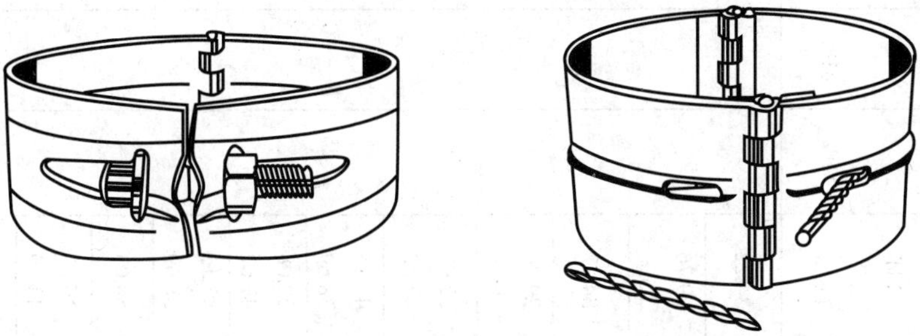

图 10-17　限位卡

表 10-12　限位卡技术参数

规格，mm	127	139.7	177.8	244.5	273	339.7	508
最大外径，mm	149	162	200	267	296	368	530
最小内径，mm	127	140	178	244.5	273	339.7	508
箍紧力，kN	12	16	16	16	16	24	40

10.1.9　尾管悬挂器

10.1.9.1　型号

尾管悬挂器型号表示如下：

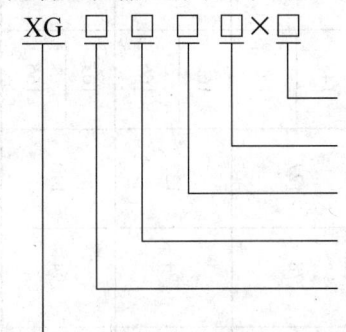

- 尾管公称尺寸代号，mm
- 上层套管公称尺寸代号，mm
- 特殊使用环境代号：C—CO_2 环境；S—H_2S 环境；一般环境省略
- 特殊用途代号：F—特殊用途；无特殊用途省略
- 作用型式及结构特点代号：J—机械；Y—液压式；S—液压—机械双作用
- 尾管悬挂器名称代号

10.1.9.2　尾管悬挂器规格

尾管悬挂器规格见表 10-13。

表 10–13　尾管悬挂器规范

<table>
<tr><th rowspan="2">型号</th><th rowspan="2">上层套管公称尺寸
mm</th><th rowspan="2">尾管公称尺寸
mm</th><th rowspan="2">最大外径
mm</th><th rowspan="2">最小外径
mm</th><th rowspan="2">额定载荷
kN</th><th rowspan="2">送入工具连接螺纹</th><th colspan="2">适用于上层套管</th><th rowspan="2">密封能力
MPa</th><th rowspan="2">液缸剪钉压力
MPa</th><th rowspan="2">液缸剪钉与球座剪切压差
MPa</th><th rowspan="2">尾管胶塞剪切压力
MPa</th><th rowspan="2">复合胶塞承受回压能力
MPa</th><th rowspan="2">回接筒有效密封长度
mm</th><th rowspan="2">封隔器坐封力
kN</th><th rowspan="2">封隔器坐封后密封能力
MPa</th></tr>
<tr><th>壁厚
mm</th><th>公称质量
kg/m</th></tr>
<tr><td rowspan="2">XG□140×89</td><td rowspan="2">140</td><td rowspan="2">89</td><td>114</td><td rowspan="4">76</td><td rowspan="4">300</td><td rowspan="4">NC31</td><td>10.54</td><td>34.22</td><td rowspan="12">≥ 25</td><td rowspan="12">5 ~ 10</td><td rowspan="12">8 ~ 10</td><td rowspan="12">4 ~ 12</td><td rowspan="12">≥ 10</td><td rowspan="4">≥ 500</td><td rowspan="4">30 ~ 100</td><td rowspan="12">≥ 25</td></tr>
<tr><td>117</td><td>9.17
7.72</td><td>29.76
25.3</td></tr>
<tr><td rowspan="2">XG□140×102</td><td rowspan="2">140</td><td rowspan="2">102</td><td>114</td><td>10.54</td><td>34.22</td></tr>
<tr><td>117</td><td>9.17
7.72</td><td>29.76
25.3</td></tr>
<tr><td rowspan="2">XG□178×114</td><td rowspan="2">178</td><td rowspan="2">114</td><td>148</td><td rowspan="2">99.6</td><td rowspan="2">500</td><td rowspan="6">NC38</td><td>12.65
11.51</td><td>52.08
47.62</td><td rowspan="8">≥ 1000</td><td rowspan="6">50 ~ 200</td></tr>
<tr><td>152</td><td>10.36
9.19</td><td>43.15
38.69</td></tr>
<tr><td rowspan="2">XG□178×127</td><td rowspan="2">178</td><td rowspan="2">127</td><td>148</td><td rowspan="2">108.6</td><td rowspan="2">500</td><td>12.65
11.51</td><td>52.08
47.62</td></tr>
<tr><td>152</td><td>10.36
9.19</td><td>43.15
38.69</td></tr>
<tr><td rowspan="2">XG□194×127</td><td rowspan="2">194</td><td rowspan="2">127</td><td>163</td><td rowspan="2">108.6</td><td rowspan="2">600</td><td>12.7</td><td>58.03</td></tr>
<tr><td>166</td><td>10.92
9.52</td><td>50.15
44.19</td></tr>
<tr><td rowspan="2">XG□194×140</td><td rowspan="2">194</td><td rowspan="2">140</td><td>163</td><td rowspan="2">121.4</td><td rowspan="2">900</td><td rowspan="2">NC50</td><td>12.7</td><td>58.03</td><td rowspan="2">100 ~ 300</td></tr>
<tr><td>166</td><td>10.92
9.52</td><td>50.15
44.19</td></tr>
</table>

续表

型号	上层套管公称尺寸 mm	尾管公称尺寸 mm	最大外径 mm	最小外径 mm	额定载荷 kN	送入工具连接螺纹	适用于上层套管 壁厚 mm	适用于上层套管 公称质量 kg/m	密封能力 MPa	液缸剪钉压力 MPa	液缸剪钉与球座剪切压差 MPa	尾管胶塞剪切压力 MPa	复合胶塞承受回压能力 MPa	回接筒有效密封长度 mm	封隔器坐封力 kN	封隔器坐封后密封能力 MPa
XG□219×127	219	127	185 192	108.6	900	NC50	12.7 11.43 10.16	65.17 59.52 53.57	≥25	5~10	8~10	4~12	≥10	≥1000	100~300	≥25
XG□219×140	219	140	185 192	121.4	900		12.7 11.43 10.16	65.17 59.52 53.57								
XG□245×140	245	140	212 215	121.4	1200		13.84 11.99 11.05 10.03	79.61 69.94 64.73 59.52								
XG□245×178	245	178	212 215	155	1200		13.84 11.99 11.05 10.03	79.61 69.94 64.73 59.52								
XG□245×194	245	194	215	171.8	1200		11.99 11.05 10.03	69.94 64.73 59.52								
XG□273×194	276	194	240 245	171.8	1800		13.84 12.57 11.43 10.16	90.32 82.58 75.89 67.7								

续表

型号	上层套管公称尺寸 mm	尾管公称尺寸 mm	最大外径 mm	最小外径 mm	额定载荷 kN	送入工具连接螺纹	适用于上层套管 壁厚 mm	适用于上层套管 公称质量 kg/m	密封能力 MPa	液缸剪钉压力 MPa	液缸剪钉与球座剪切压差 MPa	尾管胶塞剪切压力 MPa	复合胶塞承受回压能力 MPa	回接筒有效密封长度 mm	封隔器坐封力 kN	封隔器坐封后密封能力 MPa
XG□273×178	273	178	240	155	1800	NC50	13.84 12.57	90.32 82.58	≥ 25	5 ~ 10	8 ~ 10	4 ~ 12	≥ 10	≥ 1000	100 ~ 300	≥ 25
			245				11.43 10.16	75.89 67.7								
XG□340×245	340	245	308	220.5	2400		12.19 10.92 9.65	101.18 90.77 81.1							150 ~ 300	
XG□340×273	340	273	308	248	2400		12.19 10.92 9.65	101.18 90.77 81.1								
XG□406×340	406	340	373	313	2400		12.57 11.13	124.99 111.6								
XG□508×340	508	340	460	313	2400		16.13 12.7	197.9 158.47								
			470				11.12	139.87								
XG□508×406	508	406	460	348	2400		16.13 12.7	197.9 158.47								
			470				11.12	139.87								

10.1.9.3 液压式尾管悬挂器

双卡液压式尾管悬挂器总成及各部件总成如图 10-18 所示。

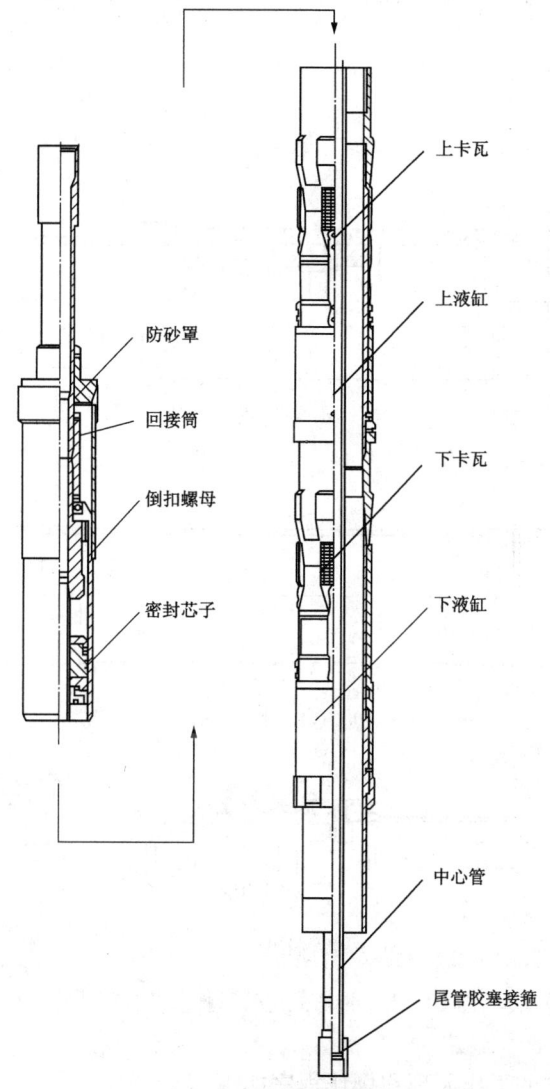

(a) 双卡瓦液压式尾管悬挂器总成

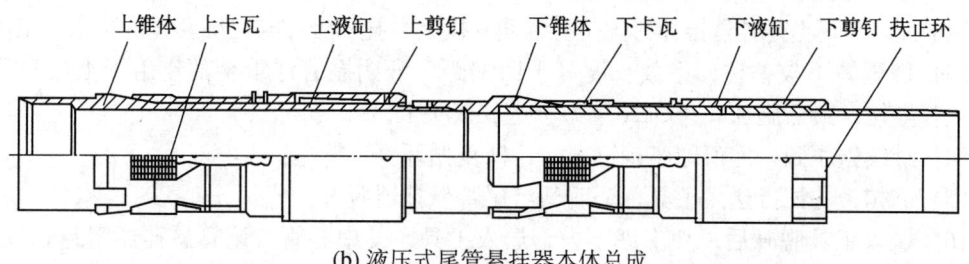

(b) 液压式尾管悬挂器本体总成

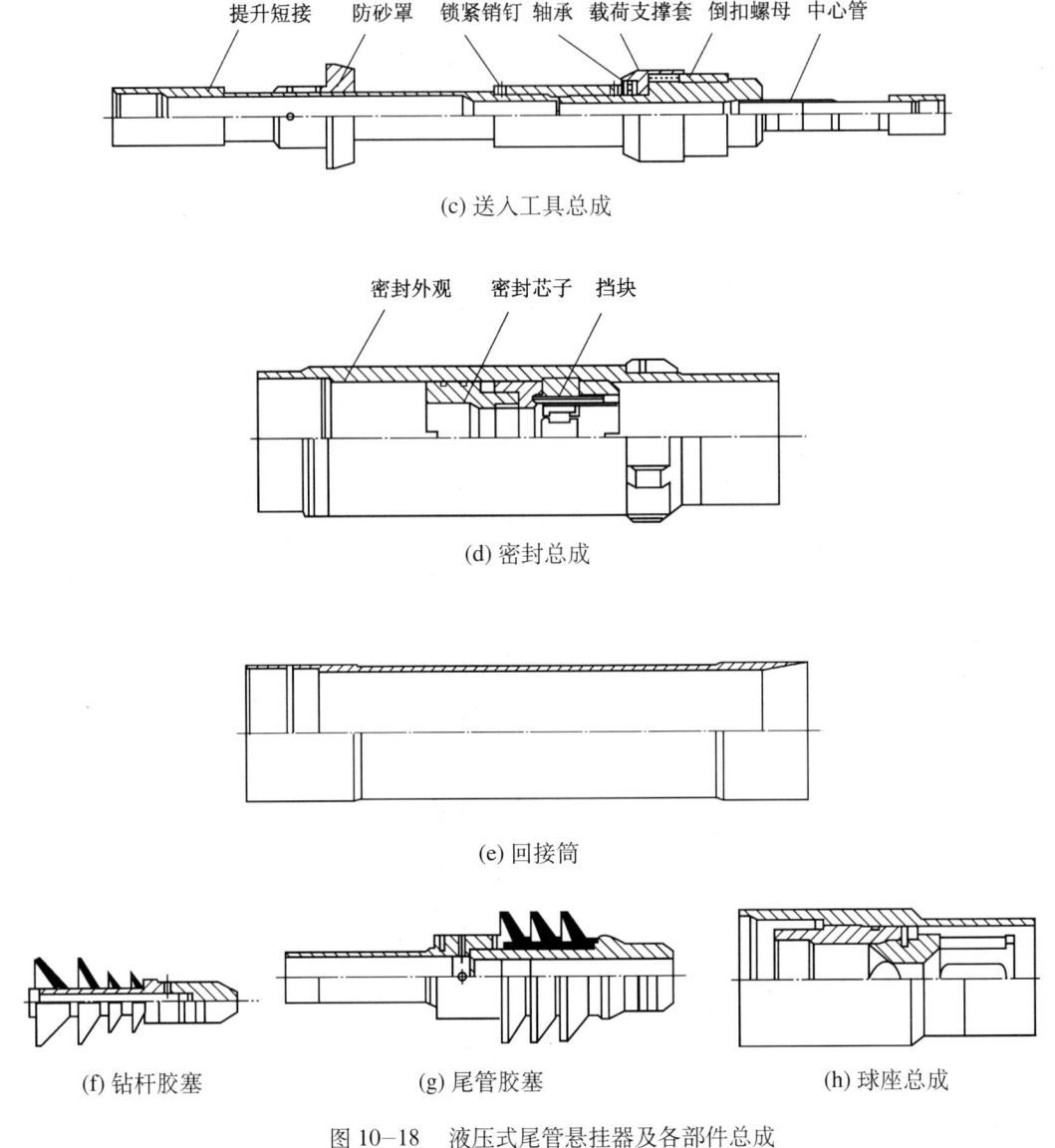

(c) 送入工具总成

(d) 密封总成

(e) 回接筒

(f) 钻杆胶塞

(g) 尾管胶塞

(h) 球座总成

图 10−18　液压式尾管悬挂器及各部件总成

液压式尾管悬挂器的工作原理和操作程序如下：

(1) 将液压式尾管悬挂器伴随尾管下至设计位置，小排量循环后投球（泵送或自由降落）。

(2) 球到球座后，小排量蹩压至规定压力，环形活塞上行剪断液缸销钉，继续上行推动连杆和卡瓦，卡瓦至悬挂器锥体最大位置，使其楔入悬挂器锥体与上层套管内壁之环空间隙。

(3) 稳压并下放钻柱，下放长度等于回缩距，证明尾管浮重全部作用于上层套管上，完成尾管坐挂，最后施加 2 ~ 5kN 重力于送放接头上。

(4) 继续蹩压到一定值球座销钉剪断，恢复循环。

(5) 倒扣，并试提送入工具，证明其与尾管悬挂器脱开。

(6) 送入工具脱开后，加少许压力于送入工具，使中心管与尾管悬挂器密封总成之间保持密封。随之转入注水泥、替浆作业。

(7) 碰压结束后，提起送入工具和密封芯子并循环出多余水泥浆，起钻。

10.1.9.4 液压式尾管封隔悬挂器

尾管封隔悬挂器具有在注水泥前坐挂尾管，注水泥后立即封隔尾管与套管环空两种功能。使尾管重叠段封固质量有双重保证。DYX-AF 型尾管封隔悬挂器如图 10-19 所示。

液压式尾管封隔悬挂器的工作原理和操作程序如下：

（1）尾管封隔悬挂器坐封—倒扣—注水泥及其之前的操作程序参见液压式尾管悬挂器的工作原理及程序。

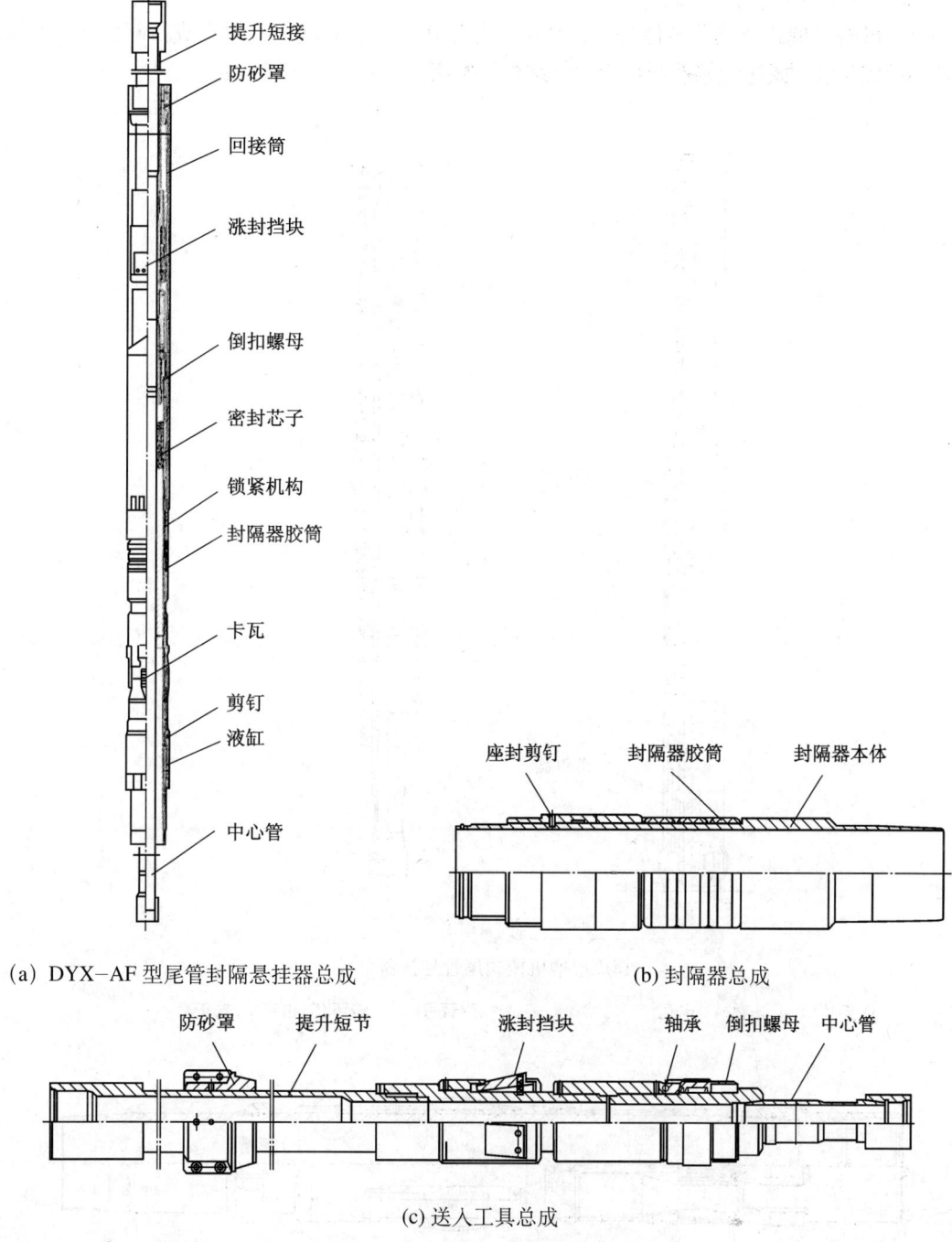

图 10-19 DYX-AF 型尾管悬挂器

(2)拔中心管。注完水泥之后,缓慢上提钻具 1.5~2m,使涨封挡块提出回接筒,涨封挡块在弹簧作用下张开。

(3)涨封封隔器。下放钻具使涨封挡块压在回接筒上,钻具重量通过回接筒传至锁紧滑套,剪断销钉挤压封隔器胶筒,封闭封隔器本体与套管间的环形间隙,并且锁紧滑套实施自锁。

(4)最后将送入工具和密封芯子提离悬挂器并循环出多余水泥浆,起钻候凝。

10.1.9.5 机械式尾管悬挂器

1. J 形槽机械式尾管悬挂器

除 J 形槽机械式悬挂器本体外,其他部件包括送入工具总成、密封总成、回接筒、胶塞,其结构组成与液压式尾管悬挂器相应部件结构基本相同,如图 10-20 所示。

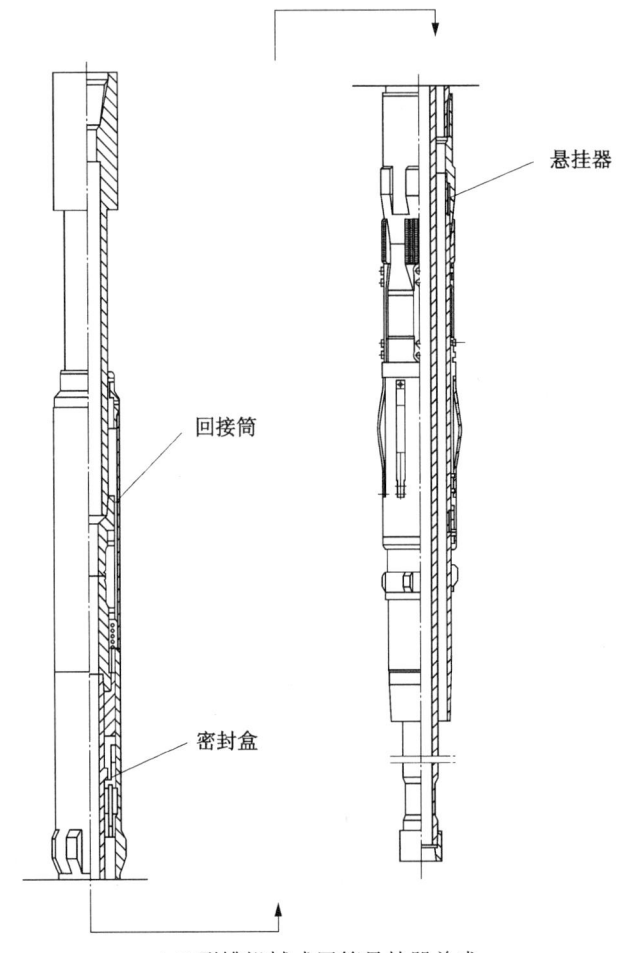

(a) J 形槽机械式尾管悬挂器总成

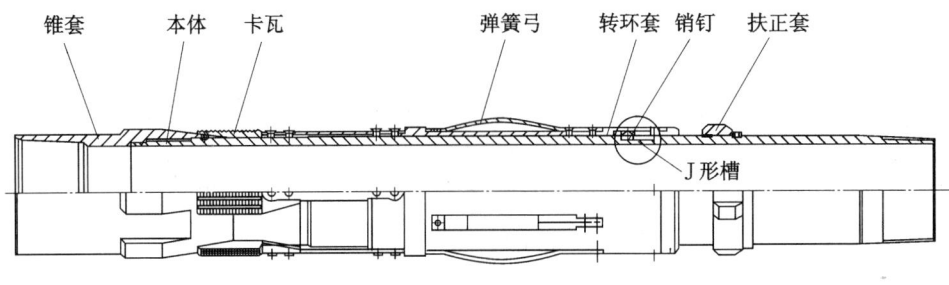

(b) 悬挂器本体总成

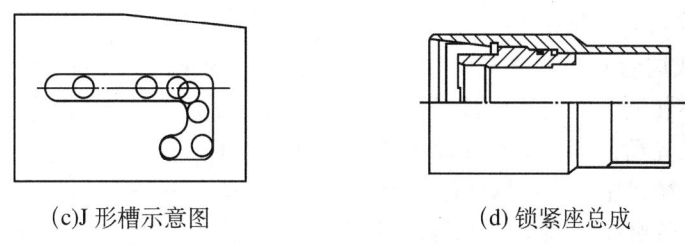

(c) J形槽示意图　　　　　(d) 锁紧座总成

图10-20　J形槽机械式尾管悬挂器

J形槽机械式尾管悬挂器的工作原理和操作程序如下：

（1）J形槽机械式尾管悬挂器伴随尾管下至设计位置后，上提钻具0.1～0.3m，由于弹簧片与外层套管内壁间存在摩阻，致使换向销移到J形槽上端。

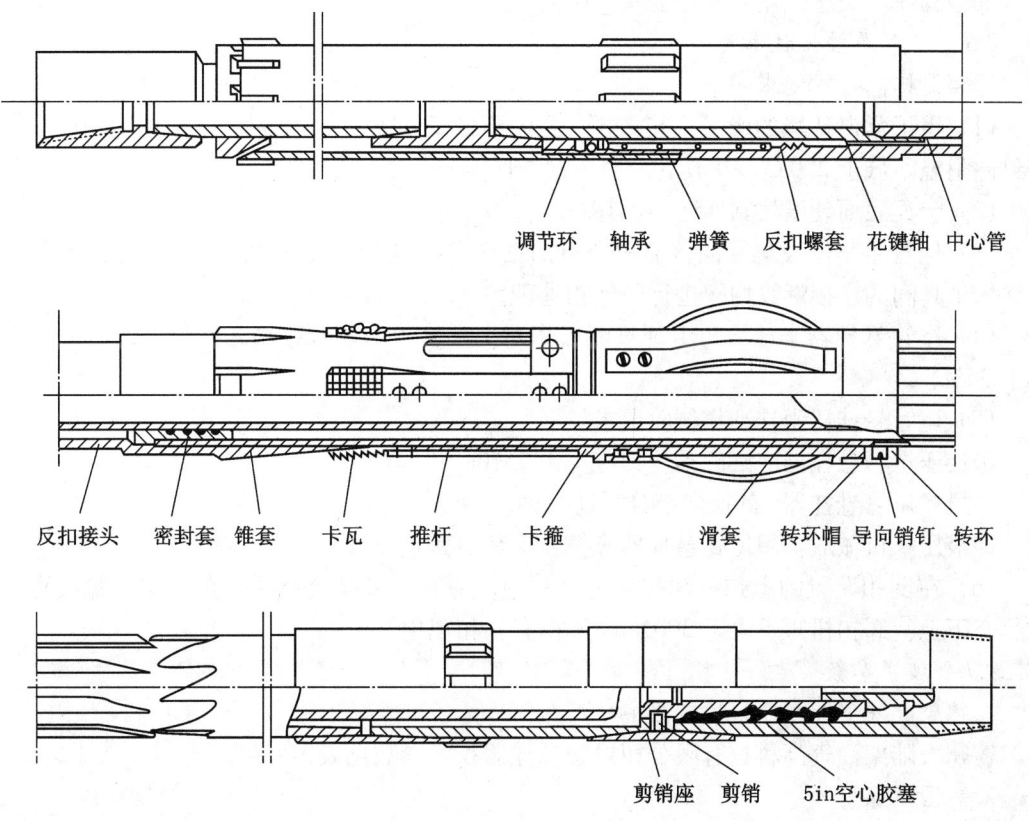

图10-21　轨道槽机械式尾管悬挂器主体总成

（2）反转钻具30°～50°，致使换向销移到正对J形槽长槽位置。

（3）下放钻具，卡瓦进入锥体大端，使卡瓦张开卡紧外层套管内壁，实施尾管坐挂。

（4）继续下放钻柱，下放长度等于回缩距，证明尾管浮重全部作用于上层套管上，完成尾管坐挂，最后施加2～3kN重力于送放接头上，恢复循环。

以下操作程序与液压式尾管悬挂器基本相同。

2. 轨道槽机械式尾管悬挂器

轨道槽机械式尾管悬挂器总成以外的配套部件与J形槽机械式尾管悬挂器总成以外的配套部件结构基本相同。轨道槽机械式尾管悬挂器主体总成如图10-21所示。

轨道槽机械式尾管悬挂器的工作原理和操作程序如下：

(1) 轨道槽机械式尾管悬挂器伴随尾管下至设计位置。上提钻柱超过转向所需长度（但小于0.3m），由于其弹簧片与外层套管内壁间存在摩擦导向销钉在轨道槽中产生转向进入短槽。

(2) 下放钻柱，导向销钉再次转向，并由短槽进入长槽。钻柱下放中，卡瓦上行进入锥体大端，实施尾管坐挂（当重新上提送入钻柱时，又可使导向销钉转入短槽，解除悬挂，但下套管中途一定要控制上提速度，防止提前坐挂）。

(3) 当钻柱下放长度等于回缩距、悬重减轻等于尾管浮重时，则坐挂成功。最后施加2～3kN重力于送放接头上，恢复循环。

其他程序与液压式尾管悬挂器基本相同。

10.1.9.6 尾管悬挂器技术要求

尾管悬挂器技术要求如下：

(1) 用于常温环境的产品，其密封件耐温不低于121℃；对于用于高温环境的产品，其密封件耐温不低于200℃，并具有耐油、耐酸性能。

(2) 卡瓦表面硬度达到45～65HRC。

(3) 尾管悬挂器及尾管回接装置所有的钻杆接头螺纹、套管螺纹、油管螺纹及悬挂器与送入工具间的连接螺纹均应进行防粘扣处理。

(4) 尾管悬挂器坐挂后，卡瓦过流面积对上层套管与尾管接箍之间过流面积的比值不小于35%。

(5) 尾管悬挂器坐挂动作试验要求。

① 液压尾管悬挂器液缸启动压力应小于2MPa。

② 机械尾管悬挂器，其换向部分活动自如。

③ 液压—机械双作用尾管悬挂器应符合①和②两项要求。

(6) 在倒扣装置的上扣、卸扣阻力试验中，应在内外螺纹涂抹符合要求的螺纹脂，正常状态下上、卸扣扭矩不大于300N·m，不得有粘扣现象。

10.1.9.7 技术参数

1. 德州大陆架油气高科技有限公司产品

德州大陆架油气高科技有限公司尾管悬挂器技术参数见表10-14。

2. 美国产品

美国液压尾管悬挂器技术参数见表10-15。

10.1.10 尾管回接装置

尾管回接装置分为常规尾管回接装置与封隔式尾管回接装置。尾管回接装置的型号表示方法与尾管悬挂器的型号表示方法基本相同。尾管回接装置名称为HC。

例如：HC178表示尾管公称尺寸为178mm的常规尾管回接装置；HCFC245表示尾管公称尺寸为245mm的防CO_2型封隔式尾管回接装置。

尾管回接装置的技术参数见表10-16。

表 10-14 德州大陆架油气高科技有限公司尾管悬挂器技术参数

型号	SSX-A 型	SSX-A 型			DYX-A 型			DYX-AF 型			XGJ-A 型		
规格，mm × mm(in × in)	339.7 × 244.5 ($13^3/_8 \times 9^5/_8$)	244.5 × 177.8 ($9^5/_8 \times 7$)			244.5 × 177.8 ($9^5/_8 \times 7$)			244.5 × 177.8 ($9^5/_8 \times 7$)			244.5 × 177.8 ($9^5/_8 \times 7$)		
定额拉伸负荷，kN	2400	1600			1200			1200			1200		
悬挂器支撑套承载能力，kN	300	160			160			160			160		
密封能力，MPa	>25	>25			>25			>25			>25		
液缸剪钉剪断压力，MPa	7.0	10.5			7 ~ 8			7 ~ 8			12		
球座剪钉剪断压力，MPa	17.5	18.2			16 ~ 17			16 ~ 17			—		
尾管胶塞剪钉剪断压力，MPa	13	12			12			12			12		
本体最大外径，mm	308	215			215			215			215		
本体最小内径，mm	220.5	155			155			155			155		
回接筒长度，mm	1200	1200			1200			2800			1200		
回接筒外径，mm	292	207			210			210			203		
回接筒内径，mm	260	187			187			187			187		
钻杆胶塞总长，mm	295	332			332			332			332		
尾管胶塞胶碗外径，mm	230	170	166	162	170	166	162	170	166	162	170	166	162
适用尾管壁厚，mm	10.05	6.91	10.36	12.65	6.91	10.36	12.65	6.91	10.36	12.65	6.91	10.36	12.65
	11.05	8.05	11.51	—	8.05	11.51	—	8.05	11.51	—	8.05	11.51	—
	11.99	9.19	—	—	9.19	—	—	9.19	—	—	9.19	—	—

续表

型号		SSX–A 型			SSX–A 型			DYX–A 型			DYX–AF 型			XGJ–A 型		
铜球直径，mm		55			45			45			45			—		
适用上层套管壁厚，mm		9.65 ~ 12.19			10.03 ~ 11.99			10.03 ~ 11.99			10.03 ~ 11.99			10.03 ~ 11.99		
提升短节上接头扣型		410（NC50）			410（NC50）			410（NC50）			410（NC50）			410（NC50）		
过流面积	上层套管壁厚 mm	10.92	10.92	12.19	10.03	11.05	11.99	10.05	11.05	11.99	10.05	11.05	11.99	10.05	11.05	11.99
	坐挂前 / 坐挂后 cm^2	178/125	166/125	153/116	67/36	60/32	53/31	67/36	60/32	53/31	74/46	67/43	61/40	67/36	60/32	53/31
封隔器坐封力，kN		—			—			—			300 ~ 500			—		
封隔器剪钉力，kN		—			—			—			100			—		
封隔器密封能力，MPa		—			—			—			＞ 25			—		
判断倒扣上提高度，m		—			—			—			1.3			—		
适用外层套管钢级		—			—			—			N–80、P–110			N–80、P–110		
转换支撑套最大外径，mm		—			—			—			—			238		
坐挂时需上提行程，m		—			—			—			—			>0.04		
坐挂时需右转角度，(°)		—			—			—			—			＞ 35		
坐挂时下放最大行程，m		—			—			—			—			0.15		

表 10–15 美国液压尾管悬挂器技术参数

<table>
<tr><th>型号</th><th>规格
mm×mm
(in×in)</th><th>坐挂压力
MPa (psi)</th><th>蹩通球座
MPa (psi)</th><th>悬挂器通径
mm</th><th>喇叭口内径
mm</th><th>铜球直径
mm</th><th>悬挂器长度
mm</th></tr>
<tr><td rowspan="3">TIW
IB–TCR</td><td>339.7×244.5
($13^3/_8$×$9^5/_8$)</td><td>8.27
(1200)</td><td>16.55
(2400)</td><td>218</td><td>251.4</td><td>—</td><td>5029</td></tr>
<tr><td>244.5×177.8
($9^5/_8$×7)</td><td>13.79
(2000)</td><td>20.68
(3000)</td><td>152</td><td>187</td><td>44.5</td><td>5010</td></tr>
<tr><td>177.8×127.0
(7×5)</td><td>13.79
(2000)</td><td>20.68
(3000)</td><td>108</td><td>133.2</td><td>33</td><td>4690</td></tr>
<tr><td>BAKER
HMC</td><td>244.5×177.8
($9^5/_8$×7)</td><td>8.23
(1200)</td><td>16.55
(2400)</td><td>157.66</td><td>190.5</td><td>45</td><td>5091</td></tr>
</table>

表 10–16 尾管回接装置技术参数

<table>
<tr><th>型　号</th><th>回接套管公称尺寸
mm</th><th>有效密封长度
mm</th><th>封隔器回接装置
坐封启动力
kN</th><th>封隔器回接装置
坐封力
kN</th><th>回接密封能力
MPa</th></tr>
<tr><td>HC□89</td><td>89</td><td rowspan="2">≥500</td><td rowspan="2">80</td><td rowspan="2">30～100</td><td rowspan="11">≥25</td></tr>
<tr><td>HC□102</td><td>102</td></tr>
<tr><td>HC□114</td><td>114</td><td rowspan="9">≥1000</td><td rowspan="9">120</td><td rowspan="2">50～200</td></tr>
<tr><td>HC□127</td><td>127</td></tr>
<tr><td>HC□140</td><td>140</td><td rowspan="5">100～300</td></tr>
<tr><td>HC□178</td><td>178</td></tr>
<tr><td>HC□194</td><td>194</td></tr>
<tr><td>HC□245</td><td>245</td></tr>
<tr><td>HC□273</td><td>273</td></tr>
<tr><td>HC□340</td><td>340</td><td rowspan="2">150～350</td></tr>
<tr><td>HC□406</td><td>406</td></tr>
</table>

10.1.11 内管法注水泥器

10.1.11.1 类型及结构

内管法注水泥器分为水泥浇注型和套管嵌装型，两种类型均由插头和插座两部分组成，如图 10–22、图 10–23 所示。

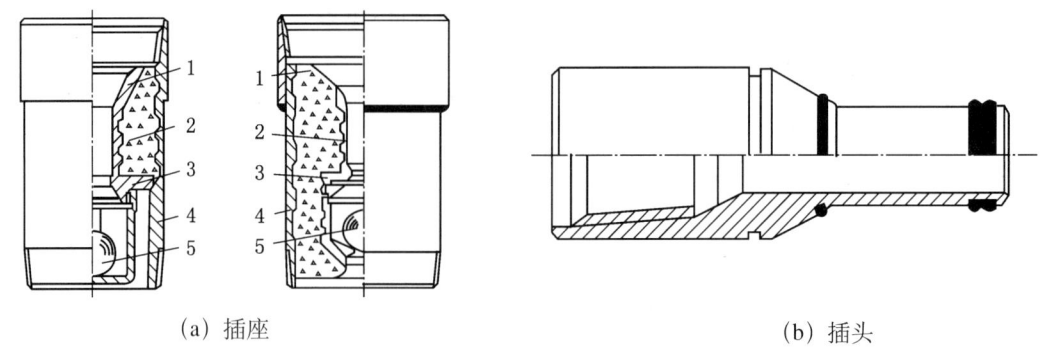

(a)插座 (b)插头

图 10—22 水泥浇注型内管法注水泥器

1—喇叭口;2—心管;3—承环;4—本体;5—尼龙球

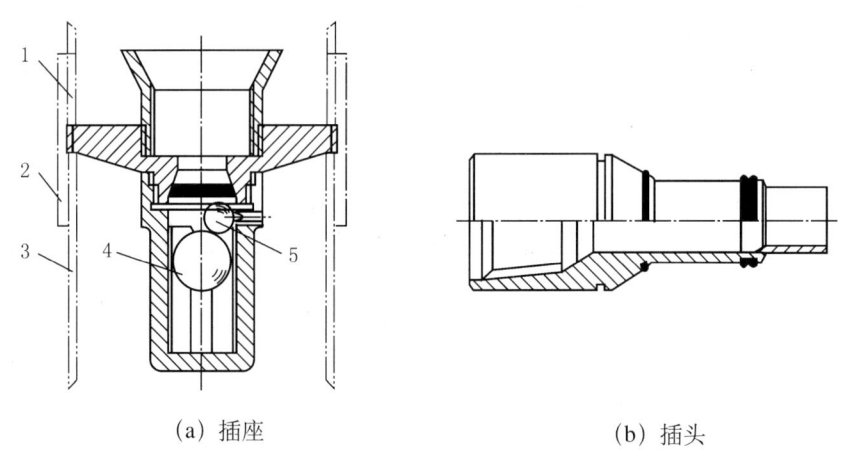

(a)插座 (b)插头

图 10—23 套管嵌装型内管法注水泥器

1—套管;2—接箍;3—套管;4—尼龙球;5—限位球

10.1.11.2 技术参数

内管法注水泥器的技术参数见表 10—17、表 10—18。

表 10—17 内管法注水泥器插座技术参数

类　　型	套管嵌装型	水泥浇注型
总长,mm	500～550	650～700
接箍外径,mm	—	与套管接箍相同
本体外径,mm	—	与套管相同
本体最小壁厚,mm	—	7
配合段长度,mm	150	160
配合段内径,mm	129	82
最小过水内径,mm	95	75
喇叭口内径,mm	>220	>220

表 10-18　内管法注水泥器插头技术参数

类　型	套管嵌装型	水泥浇注型
总长，mm	435	435
本体外径，mm	156～165	156～165
配合段长度，mm	147	150
配合段外径，mm	129	82

10.1.11.3　注意事项

内插管注水泥器适用于浅井段、大尺寸套管固井。施工时要防止套管受浮力作用上浮和插入接头受上顶力作用而密封失效，为此应进行以下计算。

当设计水泥浆返出地面时，为使套管自重与管内钻井液柱重量之和与所受浮力相等，计算套管内钻井液密度：

$$\rho_{临} = (S_{外} \times \rho_{水泥浆} - q \times 10^3)/S_{内}$$

式中　$\rho_{临}$——套管底部受力内外平衡时套管内钻井液应有的最低密度，g/cm³；

$S_{外}$——套管外截面积，mm²；

$S_{内}$——套管内截面积，mm²；

q——套管每米质量，kg/m；

$\rho_{水泥浆}$——水泥浆密度，g/cm³。

考虑一定的安全系数，要求实际使用的套管内钻井液密度比 $\rho_{临}$ 大 0.01～0.05g/cm³，所以应在固井前进行钻井液密度调整。

为使达到最高泵压时，插入接头密封不失效，应进行坐封力计算，其计算式为：

$$F_{坐封} = p_{最大} \times S_{插} \times 10^{-1}$$

式中　$F_{坐封}$——坐封力，kN；

$p_{最大}$——施工最高泵压，MPa；

$S_{插}$——插头下端截面积，cm²。

考虑出现异常泵压时插头密封不失效，实际施加坐封力应为 $1.2F_{坐封}$～$1.5F_{坐封}$。

10.1.12　分级注水泥器

10.1.12.1　概况

分级注水泥器按打开方式分为胶塞式（机械式）和液压式（压差式）两种类型。

1. 型号

分级注水泥器型号表示如下：

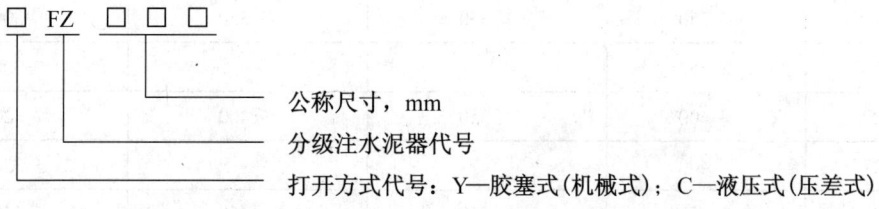

2. 规格及技术参数

分级注水泥器的规格见表10-19，胶塞长度见表10-20，强度见表10-21。

表10-19 分级注水泥器规格

型　号	最大外径 D mm	不可钻最小内径 d mm	总长 L mm	两端边接螺纹代号
YFZ89 CFZ89	≤112	≥79	≤580	$3\frac{1}{2}$ TBG
YFZ102 CFZ102	≤126	≥87	≤780	4TBG
YFZ114 CFZ114	≤136	≥97	≤980	$4\frac{1}{2}$ LCSG，$4\frac{1}{2}$ BCSG
YFZ127 CFZ127	≤152	≥109	≤1100	5LCSG，5BCSG
YFZ140 CFZ140	≤180	≥119	≤1100	$5\frac{1}{2}$ LCSG，$5\frac{1}{2}$ BCSG
YFZ178 CFZ178	≤210	≥154	≤1200	7LCSG，7BCSG
YFZ244 CFZ244	≤290	≥220	≤1300	$9\frac{5}{8}$ CSG，$9\frac{5}{8}$ LCSG，$9\frac{5}{8}$ BCSG
YFZ273 CFZ273	≤310	≥248	≤1300	$10\frac{3}{4}$ CSG，$10\frac{3}{4}$ BCSG
YFZ340 CFZ340	≤390	≥317	≤1300	$13\frac{3}{8}$ CSG，$13\frac{3}{8}$ BCSG

表10-20 分级注水泥器胶塞长度

型　号	挠性塞 L_1, mm	重力型打开塞 L_2, mm	顶替型打开塞 L_3, mm	关闭塞 L_4, mm
YFZ89	≤340	≤300	≤350	≤300
CFZ89	≤300	—	—	300
YFZ102	≤300	≤300	≤350	≤300
CFZ102	≤300	—	—	≤300
YFZ114	≤350	≤350	≤350	≤300
CFZ114	≤350	—	—	≤300
YFZ127	≤400	≤350	≤400	≤320
CFZ127	≤400	—	—	≤320
YFZ140	≤450	≤350	≤450	≤340

续表

型　号	挠性塞 L_1, mm	重力型打开塞 L_2, mm	顶替型打开塞 L_3, mm	关闭塞 L_4, mm
CFZ140	≤450	—	—	≤340
YFZ178	≤450	≤400	≤450	≤360
CFZ178	≤450	—	—	≤360
YFZ244	≤550	≤450	≤550	≤380
CFZ244	≤550	—	—	≤380
YFZ273	≤650	≤500	≤650	≤380
CFZ273	≤650	—	—	≤380
YFZ340	≤750	≤500	≤750	≤400
CFZ340	≤750	—	—	≤400

注：用于非连续注水泥作业的胶塞式（机械式）分级注水泥器使用重力型打开塞；用于连续注水泥作业的胶塞式（机械式）分级注水泥器使用顶替型打开塞。

表10-21　分级注水泥器强度

型　号	抗内压强度, MPa	抗外挤强度, MPa	危险截面抗拉载荷, kN
YFZ289 CFZ289	71	64	1100
YFZ102 CFZ102	56	43	1200
YFZ114 CFZ114	63	53	1200
YFZ127 CFZ127	71	73	1700
YFZ140 CFZ140	65	62	2100
YFZ178 CFZ178	63	60	3300
YFZ244 CFZ244	45	27	4500
YFZ273 CFZ273	41	24	4800
YFZ340 CFZ340	37.8	18.7	5100

10.1.12.2 胶塞式分级注水泥器

1. 结构

分级注水泥器包括分级箍（主体）和桡性塞、重力型打开塞（非连续分级注水泥时使用）、顶替型打开塞（连续分级注水泥时使用）、关闭塞及碰压座，如图10-24所示。

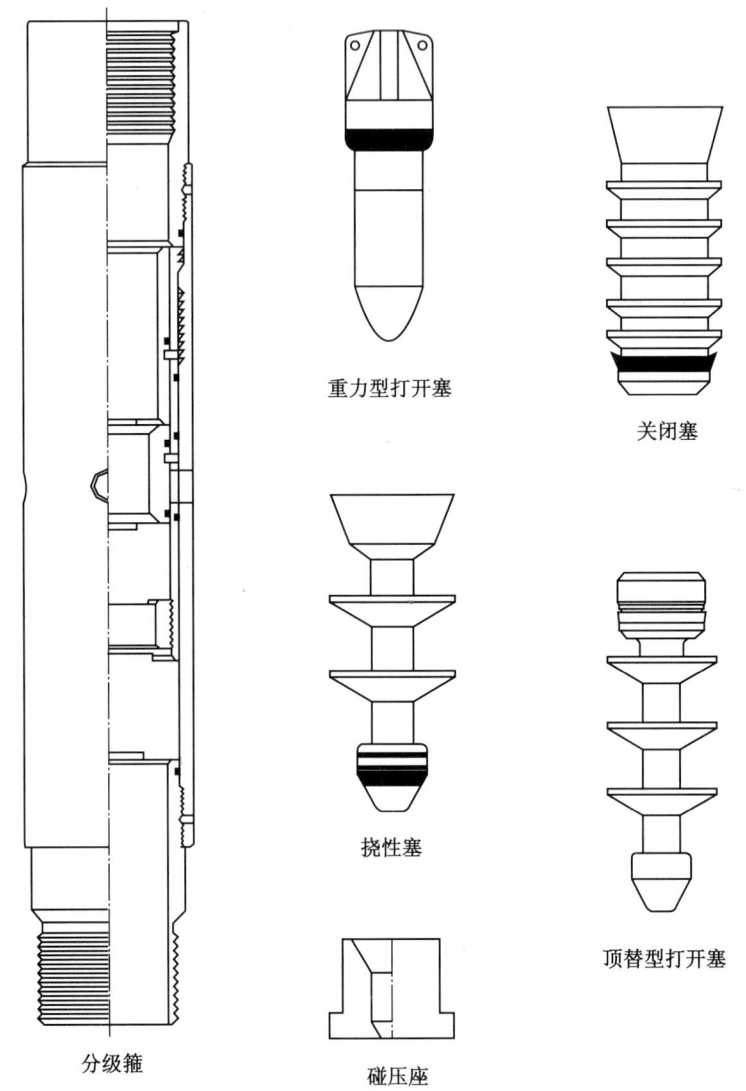

图10-24 双级注水泥器结构示意图

2. 技术要求

（1）各胶塞的橡胶件和各密封件的橡胶应耐油、耐酸、耐碱，邵氏硬度为60～80，耐温范围是－30～120℃。

（2）要钻掉的分级箍内套和胶塞芯子应选用可钻性好的材料。

（3）用于连续分级注水泥作业的桡性塞和碰压座，其结构应保证碰压后，液体能够旁通。

（4）分级箍在打开循环孔前和关闭循环孔后，整体密封压力应大于25MPa。在打开循环孔前，对于胶塞式（机械式）分级箍，试验压力为25MPa，保持5min不渗漏；对于液压式分级箍，试验压力为设计打开压力值的 1/3，保持 5min 不渗漏。在关闭循环孔后密封试验压力为 25 MPa，保持 5min 不渗漏。

10.1.12.3 分级注水泥器产品规格

德州大陆架油气高科技有限公司产品规格见表 10-22，美国公司产品规格见表 10-23。

表 10-22 德州大陆架油气高科技有限公司产品规格

型号	SJG-Ⅰ	SJG-Ⅱ	DSG-A		
技术规格，mm（in）	244.5 ($9^5/_8$)	177.8 (7)	244.5 ($9^5/_8$)	177.8 (7)	139.7 ($5^1/_2$)
额定载荷，kN	2500	1200	2100	1700	1200
密封能力，MPa	>20	>20	>25	>25	>25
打开压力，MPa	7.0	6.0	7.0	7.0	7.0
关闭压力，MPa	6.0	5.0	5.0	5.0	5.0
本体最大外径，mm	282	208	283	208	170
本体内径，mm	220.5	157	220.5	155	122

表 10-23 美国公司产品规格

厂家及型号	尺寸 mm（in）	适用套管质量范围 kg/m（lb/ft）	外径 mm（in）	钻后内径 mm（in）	开孔压力 MPa（psi）	关孔压力 MPa（psi）
WEATHERFORD 751E 型	339.7 ($13^3/_8$)	90.77～107.14 61～72	380.99 15	314.33 12.375	4.83～6.90 700～1000	6.90 1000
	244.5 ($9^5/_8$)	64.73～79.61 43.5～53.5	282.70 11.13	204.95 8.609	4.83～6.90 700～1000	8.27 1200
	177.8 (7)	38.69～47.62 26～32	208.28 8.2	156.49 6.161	4.83～6.90 700～1000	8.27 1200
HALLIBUETON TYPE-PES	339 ($13^3/_8$)	90.77～107.14 61～72	380.99 15	313.92 12.359	2.21 320	6.21 900
	244.5 ($9^5/_8$)	64.73～79.61 43.5～53.5	282.45 11.12	218.92 8.619	3.34 485	6.72 975
	177.8 (7)	38.69～47.62 26～32	209.55 8.25	156.74 6.171	5.56 820	8.86 1285

10.1.13 套管外封隔器

10.1.13.1 型号

套管外封隔器型号表示如下：

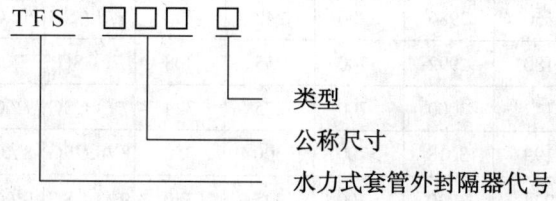

10.1.13.2 结构及坐封机理

套管外封隔器主要由胶筒、中心管、密封环和阀箍等组成，如图 10-25 所示。中心管为一段套管，可直接与套管接箍连接；封隔器胶筒是由内胶筒和桡性钢骨架上的硫化外胶筒组成，是一个可承受高压膨胀的密封器件，外胶筒两端是软金属片叠加碗形加强层，以提高胶筒承压能力；阀箍上装有两只断开杆及三个并列串联的控制阀，分别为施工阀、锁紧阀（止回阀）和限压阀。冲断销用于保证封隔器在下套管时不被提前坐封；三个控制阀在施工中，即可准确地控制封隔器坐封，又可避免因坐封力过大胀破胶筒。此外，阀箍中设有过滤装置，防止钻井液中的颗粒物堵塞阀孔和进液通道。

套管外封隔器坐封机理如图 10-26 所示，分为四个状态。

(1) 图 10-26 (a)：下套管时，冲断销、施工阀、锁紧阀均处关闭状态。

(2) 图 10-26 (b)：顶替胶塞通过中心管将冲断销断开，液体经过滤网、施工阀、锁紧阀，使胶筒膨胀。

(3) 图 10-26 (c)：顶替胶塞运行到阻流环时，套管内压力升高，封隔器胶筒膨胀与井壁接触密封，当胶筒与环空之间压差达到限压阀销钉限定值时，限压阀销钉被剪断，限压阀及锁紧阀（止回阀）关闭，实现坐封。

(4) 图 10-26 (d)：井口放压为零，施工阀关闭，保证整个阀箍系统永久性关闭。

10.1.13.3 技术参数

套管外封隔器技术参数见表 10-24。

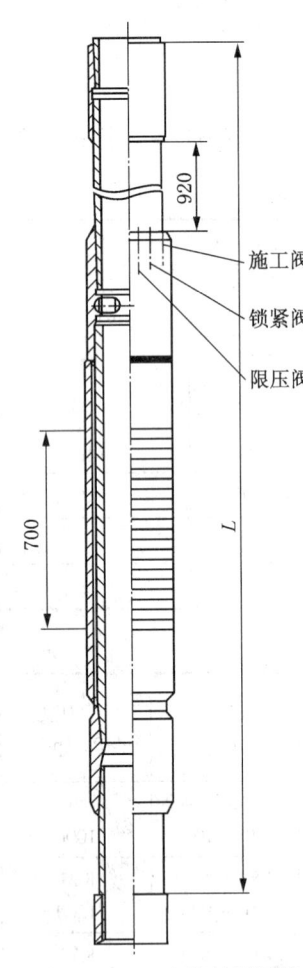

图 10-25 套管外封隔器

表 10-24 套管外封隔器技术参数

型号	公称直径 d mm	最大外径 D mm	最小内径 d_o mm	有效长度 L mm	胶筒密封长度 L_0 mm	适用井径		连接螺纹代号（套管圆螺纹）		壁厚 mm	许用载荷 kN
						最小 mm	最大 mm	上端内螺纹	下端外螺纹		
TFS-114	114	154	100	2941	>700	190	235	4½LCSG	4½CSG	6.35	800
TFS-127	127	172	112	2960	>700	205	249	5LCSG	5CSG	7.52	110
TFS-140	140	180	122	2967	>700	220	260	5½LCSG	5½CSG	7.72	1240
TFS-140B	140	185	122	2967	>700	220	260	5½LCSG	5½CSG	7.72	1470
TFS-168	168	208	150	2986	>700	248	295	6⅝LCSG	6⅝CSG	8.94	1680
TFS-178	178	218	180	2992	>700	255	308	7LCSG	7CSG	8.05	1780
TFS-194	194	234	177	3000	>700	275	324	7⅝LCSG	7⅝CSG	8.33	1750
TFS-219	219	259	199	3018	>700	300	350	8⅝LCSG	8⅝CSG	10.16	2330
TFS-245	245	285	224	3030	>700	325	380	9⅝LCSG	9⅝CSG	10.03	2510

续表

型号	公称直径 d mm	最大外径 D mm	最小内径 d_o mm	有效长度 L mm	胶筒密封长度 L_0 mm	适用井径		连接螺纹代号（套管圆螺纹）		壁厚 mm	许用载荷 kN
						最小 mm	最大 mm	上端内螺纹	下端外螺纹		
TFS−273	273	313	253	2967	>700	355	410	$10^3/_4$CSG	$10^3/_4$CSG	11.43	2680
TFS−299	299	344	278	2967	>700	380	440	$11^3/_4$CSG	$11^3/_4$CSG	12.42	2820
TFS−340	340	386	320	2967	>700	425	480	$13^3/_8$CSG	$13^3/_8$CSG	13.06	2990

注：①Ⅲ型封隔器已代替Ⅰ、Ⅱ型封隔器，除 TFS−140B 外均为Ⅲ型。

② TFS−140B 型封隔器胶筒为高压胶筒，用于水平井。

③中心管、提升短节、短节、接箍材料选用：140B 选用 D75（P−110）；其余规格选用 D55（N−80）。

④螺纹抗温扣最小载荷按相应壁厚的短圆螺纹选用。

⑤有效长度 L 是胶筒密封长度为 700mm 时的长度。

⑥ LCSG 和 CSG 分别为套管长圆螺纹和短圆螺纹代号。

⑦施工阀销钉剪销压力：15MPa、16MPa、17MPa、18MPa 任选或根据用户要求。

⑧锁紧阀销钉剪销压力：4MPa、5MPa、6MPa 任选或根据用户要求。

⑨限压阀销钉剪销压力：6MPa、7MPa、8MPa、9MPa 任选或根据用户要求。

⑩封隔器胶筒适用井径与其相应承受工作压差能力参见图 10−27。

10.1.13.4 技术要求

1. 材料及加工

（1）中心管、短节和接箍采用管材材料应不低于 API 套管 N−80 钢级的规定。

（2）内、外胶筒和密封圈材质均为丁晴耐油橡胶，耐温不低于 120℃。

（3）螺纹应耐压 25MPa，无渗漏。

2. 外胶筒质量

外胶筒的开启压力不大于 0.5MPa，在相应坐封井径范围内，胶筒的爆破压力应不小于其工作压力的两倍。外胶筒的外观要求见表 10−25。

表 10−25 外胶筒的外观要求

序号	缺陷名称	项目
1	气泡	在长 100cm、宽为 50cm 的检验框内，直径不大于 5mm 的气泡不多于 5 处
2	明疤	在长 100cm、宽为 50cm 的检验框内，面积不大于 30mm² 的明疤杂质不多于 5 处
3	凹凸	在长 100cm、宽为 50cm 的检验框内，深度不超过 1.5mm，面积不大于 20mm² 的凹凸不多于 5 处

3. 阀环部件质量

（1）施工阀、锁紧阀和限压阀应动作灵活，工作可靠。各阀剪断销钉的剪断压力应分别符合前述管外封隔器基本参数的规定要求，偏差不大于 0.5MPa。

（2）锁紧阀、限压阀关闭后的密封须耐压 25MPa，无渗漏。

10.1.14 套管地锚

套管地锚适用于稠油热采井固井，是将套管柱底端与地层锚定在一起，对油层套管和技术套管施加预应力的工具。

10.1.14.1 结构

套管地锚有 WA-I 型和 WA-II 型两种,其结构如图 10-28、图 10-29 所示。

表 10-26 WA-I 型套管地锚技术参数

项 目	参 考 值
地锚额定负荷(安全系数>2),kN	1000
地锚张开前最大外径,mm	200
地锚张开后最大外径,mm	460
适应锚位井径,mm	200～350
最小流体通过面积,mm²	3317
悬挂销钉剪断泵压,MPa	6～8
打开工作压力,MPa	15～20

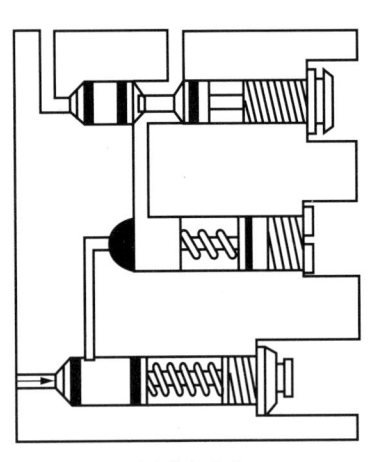

(a) 关闭状态

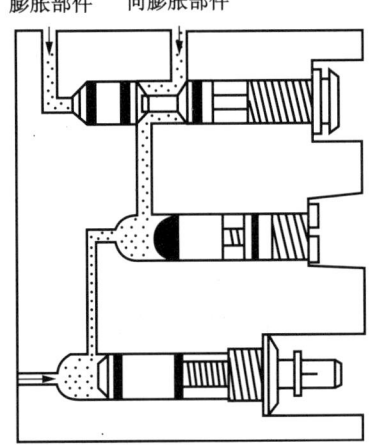

(b) 胶筒膨胀

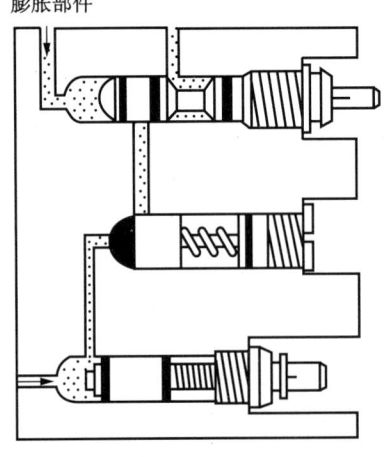

(c) 坐封

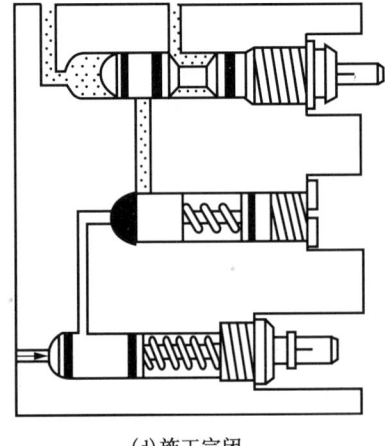

(d) 施工完闭

图 10-26 套管外封隔器坐封机理

10 固井工具

10.1.14.2 技术参数

WA-I型套管地锚的技术参数见表10-26，WA-Ⅱ型套管地锚的技术参数见表10-27。

表10-27 WA-Ⅱ型套管地锚技术参数

项 目	参 考 值
地锚额定负荷（安全系数＞2），kN	1000
地锚张开前最大外径，mm	200
地锚张开后最大外径，mm	350
适应锚位井径，mm	225～300
地锚内径，mm	159
活塞面积，mm²	7400
张开角，（°）	12
可在提拉预应力时套管内加压，MPa	15

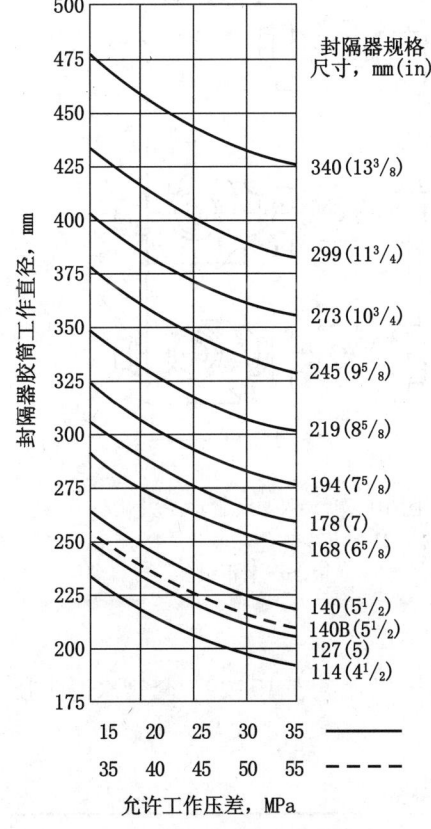

图10-27 允许工作压差曲线

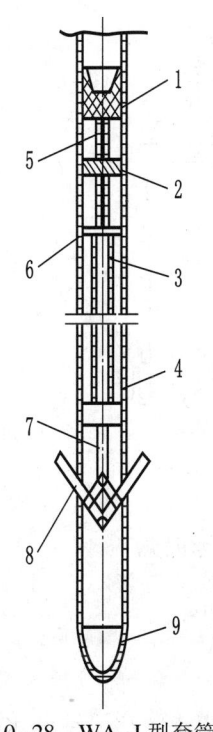

图10-28 WA-I型套管地锚
1—胶塞；2—密封套；3—顶杆；
4—锚体；5—上顶杆；
6—悬挂销钉；7—连杆组；
8—撑爪；9—引鞋

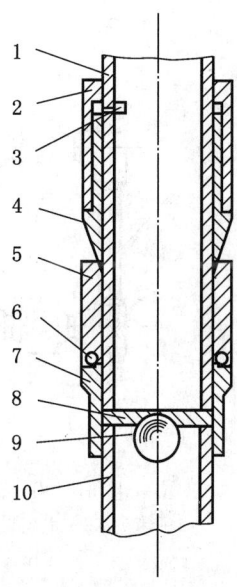

图10-29 WA-Ⅱ型套管地锚
1—中心管；2—缸套；
3—堵头；4—活塞；
5—撑爪；6—销钉；
7—固定环；8—承托环；
9—尼龙球；10—短套管

10.1.14.3 工作原理

(1)WA-Ⅰ型套管地锚接在套管柱下端，下到预定位置，进行常规固井作业。顶替碰压后，从井口憋压15～20MPa。底部带有钢板的特殊胶塞，在液压的作用下推动上顶杆；上顶杆推动顶杆剪断悬挂销钉；推动连杆组，使撑爪张开嵌入地层，从而提拉套管产生预应力。

（2）WA－Ⅱ型空心式套管地锚接在套管柱阻流环上端，下到预定井深，进行常规固井作业。顶替碰压前，胶塞通过地锚中心管将丝堵碰掉，液缸内腔与套管内环空连通，并借助套管内液柱压力将活塞向下推移，活塞锥面将撑爪打开嵌入地层，锚定在井壁上。碰压后进行提拉预应力操作。

10.2 地面固井工具

10.2.1 固井水泥头

10.2.1.1 结构

固井水泥头按其连接螺纹分为钻杆水泥头与套管水泥头两种类型。根据装胶塞个数，套管水泥头可分单塞套管水泥头和双塞套管水泥头，如图10-30、图10-31所示。

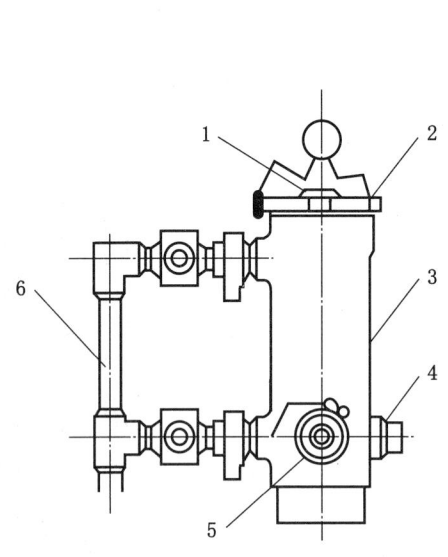

图10-30 单塞套管水泥头
1—堵头；2—水泥头盖；3—本体；4—堵头；
5—挡销；6—管汇组合

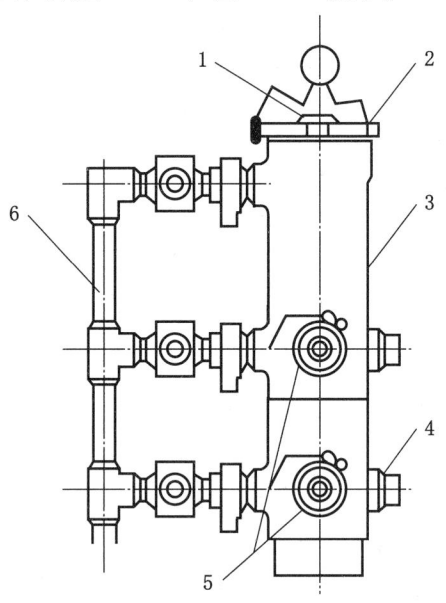

图10-31 双塞套管水泥头
1—堵头；2—水泥头盖；3—本体；4—堵头；
5—挡销；6—管汇组合

10.2.1.2 技术参数

钻杆水泥头技术参数见表10-28，钻杆水泥头上吊卡尺寸见表10-29。套管水泥头技术参数见表10-30、表10-31。

表10-28 钻杆水泥头技术参数

公称尺寸 mm	工作压力 MPa	内径 mm	可容胶塞长度 mm	钻杆接头螺纹
73	35，50	55～60	≥280	NC31
89	35，60	66～73	≥300	NC38
127	35，60	100～108	≥350	NC50
140	35，60	111～120	≥380	FH5 9/16

表 10–29 钻杆水泥头上吊卡尺寸

公称尺寸，mm	扣吊卡处直径，mm	扣吊卡处长度，mm
73	73	≥ 250
89	89	≥ 250
127	127	≥ 300
140	140	≥ 350

表 10–30 单塞套管水泥头技术参数

<table>
<tr><th>公称尺寸
mm</th><th>工作压力
MPa</th><th>内径
mm</th><th>可容胶塞长度
mm</th><th>档销型式</th><th>套管螺纹</th></tr>
<tr><td>101</td><td rowspan="4">35，50</td><td>88 ~ 90</td><td rowspan="2">≥ 300</td><td rowspan="4">单</td><td>4TBG</td></tr>
<tr><td>114</td><td>97 ~ 103</td><td>$4^{1}/_{2}$LCSG，$4^{1}/_{2}$BCSG</td></tr>
<tr><td>127</td><td>108 ~ 116</td><td rowspan="2">≥ 400</td><td>5LCSG，5BCSG</td></tr>
<tr><td>140</td><td>119 ~ 126</td><td>$5^{1}/_{2}$LCSG，$5^{1}/_{2}$BCSG</td></tr>
<tr><td>178</td><td rowspan="4">21，35</td><td>155 ~ 162</td><td rowspan="2">≥ 450</td><td rowspan="4">单，双</td><td>7LCSG，7BCSG</td></tr>
<tr><td>194</td><td>168 ~ 177</td><td>$7^{5}/_{8}$LCSG，$7^{5}/_{8}$BCSG</td></tr>
<tr><td>219</td><td>194 ~ 201</td><td>≥ 500</td><td>$8^{5}/_{8}$LCSG，$8^{5}/_{8}$BCSG</td></tr>
<tr><td>244</td><td>220 ~ 225</td><td rowspan="3">≥ 550</td><td>$9^{5}/_{8}$LCSG，$9^{5}/_{8}$CSG，$9^{5}/_{8}$BCSG</td></tr>
<tr><td>273</td><td rowspan="4">14，21</td><td>248 ~ 255</td><td rowspan="3">双</td><td>$10^{3}/_{4}$ CSG，$10^{3}/_{4}$ BCSG</td></tr>
<tr><td>298</td><td>274 ~ 279</td><td>$11^{3}/_{4}$ CSG，$11^{3}/_{4}$ BCSG</td></tr>
<tr><td>340</td><td>313 ~ 320</td><td>≥ 600</td><td>$13^{3}/_{8}$ CSG，$13^{3}/_{8}$ BCSG</td></tr>
<tr><td>508</td><td>476 ~ 486</td><td>≥ 650</td><td>双，三</td><td>20CSG，20BCSG</td></tr>
</table>

注：可容胶塞长度指档销到 $2^{3}/_{8}$TBG 油管螺纹连接孔之间的距离。

表 10–31 双塞套管水泥头技术参数

<table>
<tr><th rowspan="2">公称
尺寸
mm</th><th rowspan="2">工作
压力
MPa</th><th rowspan="2">内径
mm</th><th colspan="2">可容胶塞长度 1
mm</th><th colspan="2">可容胶塞长度 2
mm</th><th rowspan="2">挡销
形式</th><th rowspan="2">套管（油管）螺纹代号</th></tr>
<tr><th>一级</th><th>二级</th><th>一级</th><th>二级</th></tr>
<tr><td>101</td><td rowspan="4">35，50</td><td>88 ~ 90</td><td rowspan="2">≥ 240</td><td rowspan="2">≥ 240</td><td rowspan="2">≥ 300</td><td rowspan="2">≥ 300</td><td rowspan="4">单</td><td>4TBG</td></tr>
<tr><td>114</td><td>97 ~ 103</td><td>$4^{1}/_{2}$ LCSG，$4^{1}/_{2}$ BCSG</td></tr>
<tr><td>127</td><td>108 ~ 116</td><td rowspan="2">≥ 260</td><td rowspan="2">≥ 260</td><td rowspan="2">≥ 400</td><td rowspan="2">≥ 400</td><td>5LCSG，5BCSG</td></tr>
<tr><td>140</td><td>119 ~ 126</td><td>$5^{1}/_{2}$ LCSG，$5^{1}/_{2}$ BCSG</td></tr>
<tr><td>178</td><td rowspan="4">21，35</td><td>155 ~ 162</td><td>≥ 290</td><td>≥ 290</td><td rowspan="2">≥ 450</td><td rowspan="2">≥ 450</td><td rowspan="3">单，双</td><td>7LCSG，7BCSG</td></tr>
<tr><td>194</td><td>168 ~ 177</td><td rowspan="2">≥ 310</td><td rowspan="2">≥ 310</td><td>$7^{5}/_{8}$LCSG，$7^{5}/_{8}$BCSG</td></tr>
<tr><td>219</td><td>194 ~ 201</td><td>≥ 500</td><td>≥ 500</td><td>$8^{5}/_{8}$LCSG，$8^{5}/_{8}$BCSG</td></tr>
<tr><td>244</td><td>220 ~ 255</td><td>≥ 330</td><td>≥ 330</td><td rowspan="3">≥ 550</td><td rowspan="3">≥ 550</td><td>单，双</td><td>$9^{5}/_{8}$LCSG，$9^{5}/_{8}$CSG，$9^{5}/_{8}$BCSG</td></tr>
<tr><td>273</td><td rowspan="4">14，21</td><td>248 ~ 255</td><td rowspan="2">≥ 360</td><td rowspan="2">≥ 360</td><td rowspan="3">双</td><td>$10^{3}/_{4}$ CSG，$10^{3}/_{4}$ BCSG</td></tr>
<tr><td>298</td><td>274 ~ 279</td><td>$11^{3}/_{4}$ CSG，$11^{3}/_{4}$ BCSG</td></tr>
<tr><td>340</td><td>313 ~ 320</td><td rowspan="2">≥ 410</td><td rowspan="2">≥ 410</td><td>≥ 600</td><td>≥ 600</td><td>$13^{3}/_{8}$ CSG，$13^{3}/_{8}$ BCSG</td></tr>
<tr><td>508</td><td>476 ~ 486</td><td>≥ 650</td><td>≥ 650</td><td>双，三</td><td>20CSG，20BCSG</td></tr>
</table>

注：可容胶塞长度 1 适用于双胶塞固井用的双塞套管水泥头；可容胶塞长度 2 适用于双级固井用的双塞套管水泥头。

10.2.2 固井胶塞

10.2.2.1 结构

常规固井胶塞有上胶塞和下胶塞两种,如图 10-32 所示。自锁胶塞结构如图 10-33 所示。

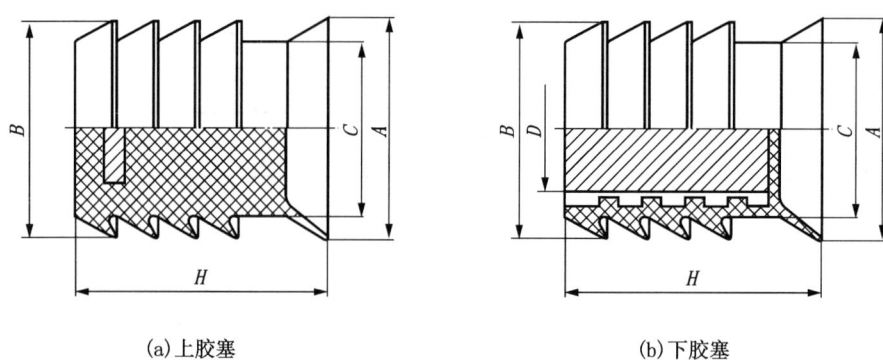

(a) 上胶塞　　　　　　(b) 下胶塞

图 10-32　常规胶塞结构

A—最大外径；B—唇部直径；C—主体直径；D—下部孔径；H—长度

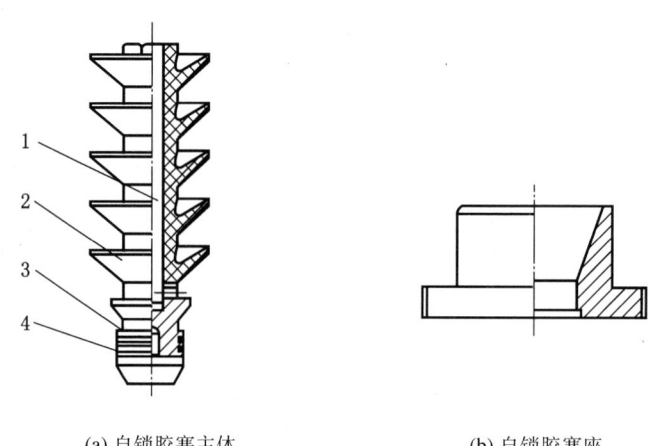

(a) 自锁胶塞主体　　　　　　(b) 自锁胶塞座

图 10-33　自锁胶塞结构

1—芯子；2—胶盘；3—O 形密封圈；4—卡簧

10.2.2.2 技术参数

常规固井胶塞技术参数见表 10-32,自锁胶塞技术参数见表 10-33。

表 10-32　常规固井胶塞技术参数

公称尺寸 mm	最大外径 A mm	唇部直径 B mm	主体直径 C mm	下部孔径 D mm	长度 H mm
101	101	94～97	77	≥40	100～190
114	114	108～110	80	≥40	100～190
127	127	120～123	90	≥50	120～210
140	140	130～135	100	≥50	120～210

续表

公称尺寸 mm	最大外径 A mm	唇部直径 B mm	主体直径 C mm	下部孔径 D mm	长度 H mm
178	178	168～173	130	≥70	150～240
194	194	182～189	145		
219	219	210～214	168		180～260
244	244	234～239	192		
273	273	262～268	210		220～300
298	298	286～293	236		
340	340	326～334	264		260～350
508	508	490～501	424	≥100	360～450

表 10-33　自锁胶塞技术参数

公称尺寸 mm	自锁胶塞主体，mm				自锁胶塞座，mm					
	最大外径	配合长度	配合直径	长度	外径	插座内径	长度	螺纹长度	配合长度	配合直径
127	115	65.5	65	353	100	96	80	25	34	65
139.7	134	65.5	65	363	110	106	90			
177.8	170	65.5	65	363	110	106	90			

10.2.2.3　技术要求

胶塞的技术要求有以下几点：

（1）下胶塞芯部材料应采用玻璃钢、塑料、铝合金等可钻性好的材料；上胶塞可不加上述芯部材料。

（2）下胶塞清水静压穿透压力应保持在 1～2 MPa 之间。

（3）胶塞应耐油、耐酸、耐碱。

（4）胶塞应能在套管内承受相应的密封压力，公称尺寸 101～244mm 的上胶塞密封压力不应低于 15MPa；公称尺寸 273～508mm 的上胶塞密封压力不应低于 10MPa。

（5）胶塞主体及表面不应有杂质、起泡、裂缝及厚度不均等缺陷。

10.2.3　循环接头

10.2.3.1　结构

循环接头根据用途分方钻杆连接循环接头与水龙带连接循环接头两种类型，如图 10-34、图 10-35 所示。

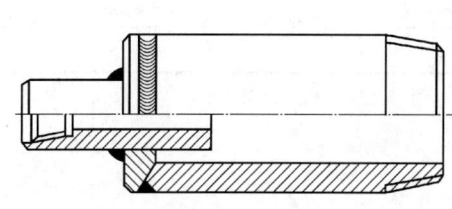

图 10-34　方钻杆连接循环接头

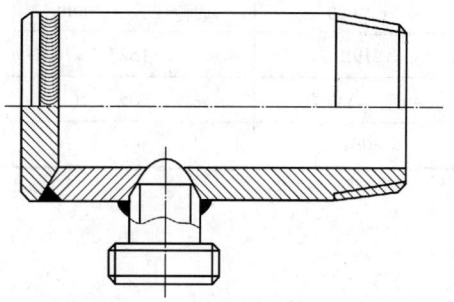

图 10-35　水龙带连接循环接头

10.2.3.2 技术参数

方钻杆连接循环接头技术参数见表10-34，水龙头带连接循环接头技术参数见表10-35。

表10-34 方钻杆连接循环接头技术参数

规 格	127	139.7	177.8	244.5	273	339.7
循环孔径，mm	70～90	70～90	70～90	70～90	70～90	70～90
长度，mm	250	300	350	350	350	400
顶盖厚度，mm	15	20	20	20	20	20

表10-35 水龙带连接循环接头技术参数

规 格	127	139.7	177.8	244.5	273	339.7
循环孔径，mm	70～90	70～90	70～90	70～90	70～90	70～90
长度，mm	250	300	350	350	350	400
顶盖厚度，mm	15	20	20	20	20	20

10.2.4 套管通径规

10.2.4.1 结构

套管通径规结构如图10-36所示。

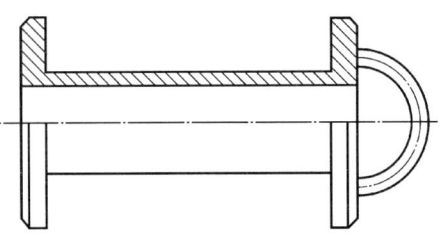

图10-36 套管通径规

10.2.4.2 技术参数

套管通径规技术参数见表10-36。

表10-36 套管通径规技术参数

套管，mm	通径规长度，mm	规板有效厚度，mm	通径规直径小于套管内径值，mm
≤219.1	152	8	3.2
244.5～339.7	305	10	4.0
≥406.4	305	12	4.8

11 钻井管材

11.1 方钻杆

11.1.1 结构

方钻杆分为四方方钻杆和六方方钻杆，如图 11-1、图 11-2 所示。

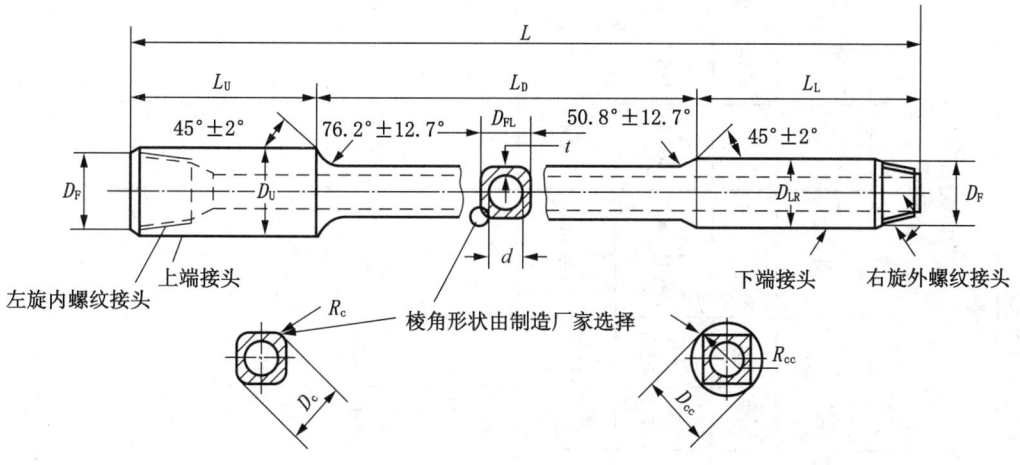

图 11-1 四方方钻杆结构

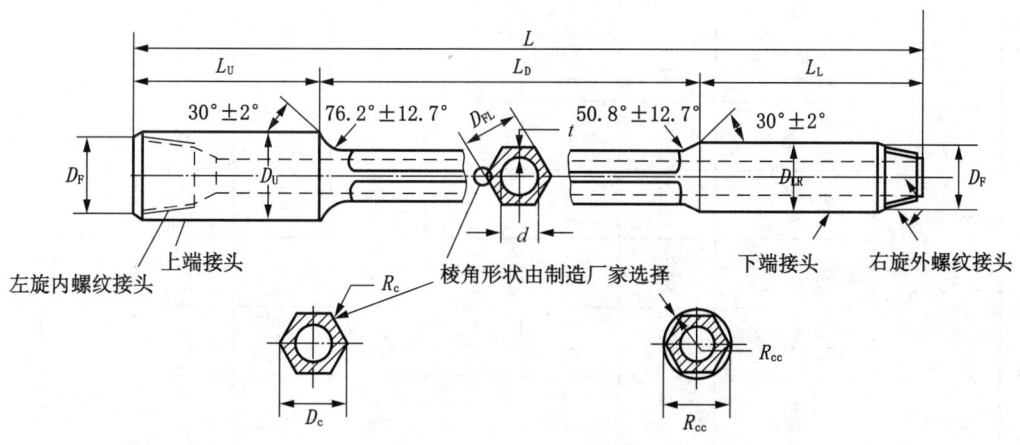

图 11-2 六方方钻杆结构

11.1.2 四方方钻杆规格

四方方钻杆规格见表 11-1。

11.1.3 六方方钻杆规格

六方方钻杆规格见表 11-2。

11.1.4 方钻杆机械性能

方钻杆机械性能见表 11-3。

表 11-1 四方方钻杆规格

规格 mm (in)	驱动部分长度 L_d m		总长度 L m		驱动部分 mm						上端内螺纹接头 mm							下端外螺纹接头 mm				内径 D mm
	标准	选用	标准	选用	对边宽度 D_{FL}	对角宽度 D_C	对角宽度 D_{CC}	棱角半径 R_C	棱角半径 R_{CC}	偏心孔最小壁厚 t	螺纹类型（左旋）标准	螺纹类型（左旋）选用	外径 标准	外径 选用	长度 L_U	倒角直径 D_F 标准	倒角直径 D_F 选用	螺纹类型（右旋）	外径 D_{LR}	长度 L_L	倒角直径 D_F	
63.5 ($2^1/_2$)	11.28	—	12.19	—	63.5	83.3	82.55	7.9	41.3	11.43	$6^5/_8$ REG	$4^1/_2$ REG	196.9	146.1	406.4	186.1	134.5	NC26 ($2^3/_8$IF)	85.7	508	82.9	31.8
76.2 (3)	11.28	—	12.19	—	76.2	100.0	98.43	9.5	49.2	11.43	$6^5/_8$ REG	$4^1/_2$ REG	196.9	146.1	406.4	186.1	134.5	NC31 ($2^7/_8$IF)	104.8	508	100.4	44.4
88.9 ($3^1/_2$)	11.28	—	12.19	—	88.9	115.1	112.70	12.7	56.4	11.43	$6^5/_8$ REG	$4^1/_2$ REG	196.9	146.1	406.4	186.1	134.5	NC38 ($3^1/_2$IF)	120.6	508	116.3	57.2
108.0 ($4^1/_4$)	11.28	15.54	12.19	16.46	108.0	141.3	139.70	12.7	69.9	12.07	$6^5/_8$ REG	$4^1/_2$ REG	196.9	146.1	406.4	186.1	134.5	NC46 (4IF)	158.8	508	145.3	71.4
108.0 ($4^1/_4$)	11.28	15.54	12.19	16.46	108.0	141.3	139.70	12.7	69.9	12.07	$6^5/_8$ REG	$4^1/_2$ REG	196.9	146.1	406.4	186.1	134.5	NC50 ($4^1/_2$IF)	161.9	508	154.0	71.4
133.4 ($5^1/_4$)	11.28	15.54	12.19	16.46	133.4	175.4	171.45	15.9	85.7	15.88	$6^5/_8$ REG	—	196.9	—	406.4	186.1	—	$5^1/_2$FH	177.8	508 508	170.7	82.6
133.4 ($5^1/_4$)	11.28	15.54	12.19	16.46	133.4	175.4	171.45	15.9	85.7	15.88	$6^5/_8$ REG	—	196.9	—	406.4	186.1	—	NC56	177.8	508	171.1	82.6

11 钻井管材

表 11-2 六方方钻杆规格

规格 mm (in)	驱动部分长度 L_d m 标准	驱动部分长度 L_d m 选用	总长度 L m 标准	总长度 L m 选用	驱动部分 mm 对边宽度 D_{FL}	驱动部分 mm 对角宽度 D_C	驱动部分 mm 对角宽度 D_{CC}	驱动部分 mm 棱角半径 R_C	驱动部分 mm 棱角半径 R_{CC}	驱动部分 mm 偏心孔最小壁厚 t	上端内螺纹接头 mm 螺纹类型(左旋)标准	上端内螺纹接头 mm 螺纹类型(左旋)选用	上端内螺纹接头 mm 外径 标准	上端内螺纹接头 mm 外径 选用	上端内螺纹接头 mm 长度 L_U	上端内螺纹接头 mm 倒角直径 D_F 标准	上端内螺纹接头 mm 倒角直径 D_F 选用	下端外螺纹接头 mm 螺纹规格和类型(右旋)	下端外螺纹接头 mm 外径 D_{LR}	下端外螺纹接头 mm 长度 L_L	下端外螺纹接头 mm 倒角直径 D_F	内径 D mm
76.2 (3)	11.28	—	12.19	—	76.2	85.7	85.7	6.4	42.9	12.1	$6^5/_8$ REG	$4^1/_2$ REG	196.9	146.1	406.4	186.1	134.5	NC26 ($2^3/_8$IF)	85.7	508	83.0	31.8
88.9 ($3^1/_2$)	11.28	—	12.19	—	88.9	100.8	100.0	6.4	50.0	13.3	$6^5/_8$ REG	$4^1/_2$ REG	196.9	146.1	406.4	186.1	134.5	NC31 ($2^7/_8$IF)	104.8	508	100.4	44.5
108.0 ($4^1/_4$)	11.28	15.54	12.19	16.46	108.0	122.2	121.4	9.9	60.7	15.9	$6^5/_8$ REG	$4^1/_2$ REG	196.9	146.1	406.4	186.1	134.5	NC38 ($3^1/_2$IF)	120.7	508	116.3	57.2
133.4 ($5^1/_4$)	11.28	15.54	12.19	16.46	133.4	151.6	149.9	9.5	75.0	15.9	$6^5/_8$ REG	—	196.9	—	406.4	186.1	—	NC46 (4IF)	158.8	508	145.3	71.4
133.4 ($5^1/_4$)	11.28	15.54	12.19	16.46	133.4	151.6	149.9	9.5	75.0	15.9	$6^5/_8$ REG	—	196.9	—	406.4	186.1	—	NC50 ($4^1/_2$IF)	161.9	508	154.0	71.4
152.4 (6)	11.28	15.54	12.19	16.46	152.4	173.0	173.0	9.5	86.6	15.9	$6^5/_8$ REG	—	196.9	—	406.4	186.1	—	$5^1/_2$FH	177.8	508	170.7	82.6
152.4 (6)	11.28	15.54	12.19	16.46	152.4	173.0	173.0	9.5	86.6	15.9	$6^5/_8$ REG	—	196.9	—	406.4	186.1	—	NC56	177.8	508	170.1	82.6

表 11-3 方钻杆机械性能

规格及型式 mm (in)	内径 mm	下部外螺纹接头 类型	下部外螺纹接头 外径 mm	推荐最小套管外径 mm	抗拉屈服, kN 下部外螺纹	抗拉屈服, kN 驱动部分	抗扭屈服, N·m 下部外螺纹	抗扭屈服, N·m 驱动部分	抗弯屈服（驱动部分）N·m	抗内压强度（驱动部分）MPa
63.5 (2¹/₂) 四方	31.8	NC26 (2³/₈IF)	85.7	114.3	1850	1977	13084	16677	17626	205
76.2 (3) 四方	44.5	NC31 (2⁷/₈IF)	104.8	139.7	2380	2591	19592	26438	30235	176
88.9 (3¹/₂) 四方	57.2	NC38 (3¹/₂IF)	120.6	168.3	3221	3226	30777	38370	46369	153
108.0 (4¹/₄) 四方	71.4	NC46 (4IF)	158.8	219.1	4688	4657	53351	66571	81756	134
108.0 (4¹/₄) 四方	71.4	NC50 (4¹/₂IF)	161.9	219.1	6117	4657	75668	66571	81756	134
133.4 (5¹/₄) 四方	82.6	5¹/₂FH	177.8	244.5	7157	7577	98907	134768	158631	142
76.2 (3) 六方	31.8	NC26 (2³/₈IF)	85.7	114.3	1584	2404	11253	27659	27116	184
88.9 (3¹/₂) 六方	47.6	NC31 (2⁷/₈IF)	104.8	139.7	2202	3158	18168	42573	42302	176
108.0 (4¹/₄) 六方	57.2	NC38 (3¹/₂IF)	120.6	168.3	3221	4656	30777	76739	75926	172
133.4 (5¹/₄) 六方	76.2	NC46 (4IF)	158.8	219.1	4270	6706	48064	138158	139649	142
133.4 (5¹/₄) 六方	82.6	NC50 (4¹/₂IF)	161.9	219.1	5169	6215	63384	129481	134633	142
152.4 (6) 六方	88.9	5¹/₂FH	177.8	244.5	6508	8610	89959	203102	206762	125

11.2 钻杆

11.2.1 钻杆管体

11.2.1.1 结构

API 对焊钻杆加厚形式如图 11-3 所示。

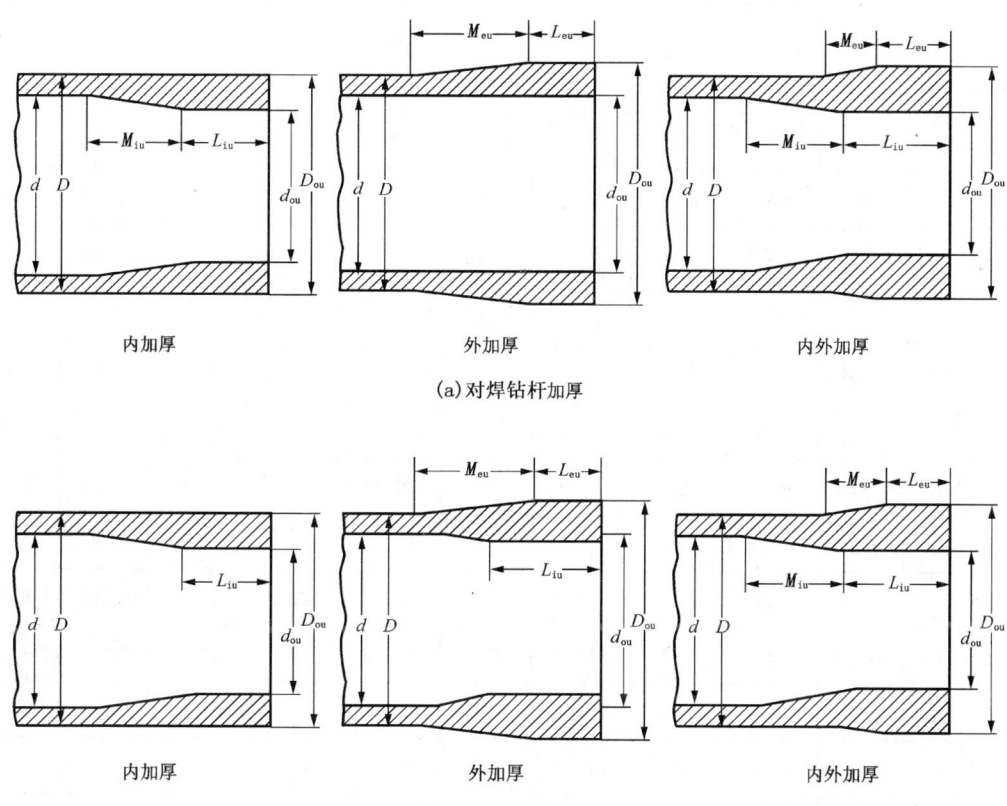

图 11-3 API 对焊钻杆加厚形式
(a) 第 1 组 (E 等级钻杆); (b) 第 3 组 (所有高强度等级钻杆 X-95、G-95 和 S-135 等级)

11.2.1.2 规格

API 对焊钻杆管体规格见表 11-4 和表 11-5。

11.2.2 钻杆接头

11.2.2.1 结构

API 钻杆接头结构如图 11-4 所示。

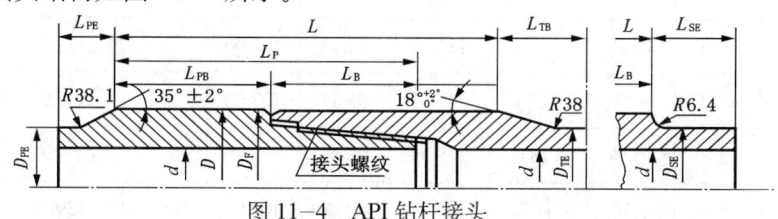

图 11-4 API 钻杆接头

11.2.2.2 规格

钻杆接头规格见表 11-6。

表 11-4 API 对焊钻杆管体规格（X、G、S 钢级）

钻杆外径 mm（in）	公称质量 kg/m	壁厚 t mm	内径 d mm	加厚尺寸，mm					计算质量	
				外径 $^{+3.18}_{-0.79}$ D_{OU}	内径 ±1.59 d_{ou}	内加厚长度 $^{+38.1}_{-12.7}$ L_{iu}	最小外加厚长度 L_{eu}	管端至锥尾消失长度 $L_{eu}+M_{eu}$	平端 kg/m	两端加厚部分 kg
内加厚										
73.0（2$^7/_8$）	15.48	9.19	54.6	73.02	33.34	88.90	—	—	14.47	2.45
88.9（3$^1/_2$）	19.79	9.35	70.2	88.90	49.21	88.90	—	—	18.34	3.56
101.6（4）	20.83	8.38	84.8	107.95	66.68	88.90	—	—	19.26	4.00
127.0（5）	24.18	7.52	112.0	127.00	90.49	88.90	—	—	22.15	6.17
外加厚										
60.3（2$^3/_8$）	9.90	7.11	46.1	67.46	39.69	107.90	76.2	139.7	9.32	2.09
73.0（2$^7/_8$）	15.48	9.19	54.6	82.55	49.21	107.90	76.2	139.7	14.48	2.80
88.9（3$^1/_2$）	19.80	9.35	70.2	101.60	63.50	107.90	76.2	139.7	18.34	4.63
88.9（3$^1/_2$）	23.07	11.40	66.1	101.60	63.50	107.90	76.2	139.7	21.79	3.72
101.6（4）	20.83	8.38	84.8	117.48	77.79	107.90	76.2	139.7	19.26	6.54
114.3（4$^1/_2$）	24.70	8.56	97.2	131.78	90.49	107.90	76.2	139.7	22.31	7.81
114.3（4$^1/_2$）	29.76	10.92	92.5	131.78	87.31	107.90	76.2	139.7	24.84	7.26
127.0（5）	29.02	9.19	108.6	146.05	100.01	107.90	76.2	139.7	26.71	9.81
127.0（5）	38.10	12.70	101.6	149.22	96.84	107.90	76.2	139.7	35.79	9.62
内外加厚										
88.9（3$^1/_2$）	23.07	11.40	66.1	96.04	49.21	107.90	76.2	139.7	21.79	5.03
114.3（4$^1/_2$）	24.70	8.56	97.2	120.65	73.02	63.5	38.1	76.2	22.31	3.95
114.3（4$^1/_2$）	29.76	10.92	92.5	121.44	71.44	107.90	76.2	139.7	27.84	7.99
127.0（5）	29.02	9.18	108.6	131.78	90.49	107.90	76.2	139.7	26.71	7.63
127.0（5）	38.10	12.70	101.6	131.78	84.14	107.90	76.2	139.7	35.79	6.99
139.7（5$^1/_2$）	32.59	9.17	121.4	146.05	96.84	107.90	76.2	139.7	29.51	9.53
139.7（5$^1/_2$）	36.76	10.54	118.6	146.05	96.84	107.90	76.2	139.7	33.57	8.36
168.28（6$^5/_8$）	37.50	8.38	151.52	168.28	135.00	107.90	76.2	139.7	33.05	11.75
168.28（6$^5/_8$）	41.22	9.19	149.90	168.28	135.00	107.90	76.2	139.7	36.06	10.90

表 11-5 API 对焊钻杆管体规格（E 钢级）

钻杆外径 mm（in）	公称质量 kg/m	壁厚 t mm	内径 d mm	加厚尺寸，mm 外径 +3.18 −0.79 D_{OU}	管端内径 ±1.59 d_{ou}	内加厚长度 +38.1 −12.7 L_{iu}	最小内锥面长度 M_{iu}	最小外加厚长度 L_{eu}	外锥面长度 最小	外锥面长度 最大	管端至锥尾消失长度 $L_{eu}+M_{eu}$	计算质量 平端 kg/m	计算质量 加厚 kg
内加厚														
73.0（2⅞）	15.48	9.19	54.6	73.0	33.3	44.45	38.1	—	—	—	—	14.48	1.45
88.9（3½）	14.14	6.45	76	88.9	57.2	44.45	—	—	—	—	—	13.21	2
88.9（3½）	19.79	9.35	70.2	88.9	49.2	44.45	38.1	—	—	—	—	18.34	2
88.9（3½）	23.07	11.4	66.1	88.9	49.2	44.45	38.1	—	—	—	—	21.79	2
101.6（4）	17.67	6.65	88.3	101.6	74.6	44.45	—	—	—	—	—	15.58	1.91
101.6（4）	20.88	8.38	84.8	101.6	69.8	44.45	50.8	—	—	—	—	19.26	2.09
114.3（4½）①	20.51	6.88	100.5	114.3	85.7	44.45	76.2	—	—	—	—	18.23	2.36
127（5）①	24.23	7.52	112.0	127.0	95.2	44.45	—	—	—	—	—	22.15	3.00
外加厚														
60.3（2⅜）	9.90	7.11	46.1	67.5	46.1	—	—	38.1	38.1	—	101.6	9.32	0.82
73.0（2⅞）	15.48	9.19	54.6	81.8	54.6	—	—	38.1	38.1	—	101.6	14.48	1.09
88.9（3½）	14.14	6.45	76.0	97.1	76.0	—	—	38.1	38.1	—	101.6	13.12	1.18
88.9（3½）	19.80	9.35	70.2	97.1	66.1	57.15	50.8	38.1	38.1	—	101.6	18.34	1.82
88.9（3½）	23.07	11.4	66.1	97.1	66.1	—	—	38.1	38.1	—	101.6	21.79	1.27
101.6（4）	17.63	6.65	88.3	114.3	88.3	—	—	38.1	38.1	—	101.6	15.58	2.27
101.6（4）	20.88	8.38	84.8	114.3	84.8	—	—	38.1	38.1	—	101.6	19.26	2.27
114.3（4½）①	20.46	6.88	100.5	127	100.5	—	—	38.1	38.1	—	101.6	18.23	2.54
114.3（4½）	24.70	8.56	97.2	127	97.2	—	—	38.1	38.1	—	101.6	22.31	2.54
114.3（4½）	29.76	10.92	92.5	127	92.5	—	—	38.1	38.1	—	101.6	27.84	2.54
内外加厚														
114.3（4½）	24.70	8.56	97.2	118.3	80.2	63.5	—	38.1	25.4	38.1	—	22.31	3.68
114.3（4½）	29.76	10.92	92.5	121.4	76.2	57.2	50.8	38.1	25.4	38.1	—	27.84	3.9
127.0（5）	29.02	9.19	108.6	131.8	93.7	57.2	50.8	38.1	25.4	38.1	—	26.71	3.9
127.0（5）	38.18	12.7	101.6	131.8	87.3	57.2	50.8	38.1	25.4	38.1	—	35.79	3.51
139.7（5½）	32.54	9.17	121.4	141.3	101.6	57.2	50.8	38.1	25.4	38.1	—	29.51	4.81
139.7（5½）	36.76	10.54	118.6	141.3	101.6	57.2	50.8	38.1	25.4	38.1	—	33.57	4.09
168.27（6⅝）	37.51	8.38	151.52	177.80	135.0	114.3	50.8	76.2	—	—	139.7	33.04	11.75
168.27（6⅝）	41.22	9.19	149.90	177.80	135.0	114.3	50.8	76.2	—	—	139.7	36.06	10.90

注：①这些尺寸和质量是试用的。

表 11–6　钻杆接头规格

钻杆				钻杆接头，mm									
钻杆接头型号	规格和类型	公称质量 kg/m	钢级	内、外螺纹接头外径 $D\pm0.8$	内、外螺纹接头内径 $d^{+0.4}_{-0.8}$	内、外螺纹接头台肩倒角直径 $D_F\pm0.4$	外螺纹接头体长度 $L_P{}^{+6}_{-10}$	外螺纹接头大钳空间 $L_{PB}\pm6.4$	内螺纹接头大钳空间 $L_B\pm6.4$	内、外接头组合长度 $L\pm12.7$	外螺纹接头焊颈最大直径 D_{PE}	内螺纹接头焊颈最大直径 D_{TE}（D_{SE}）	外螺纹接头对钻杆的扭矩强度比
NC26（$2^3/_8$IF）	$2^3/_8$EU	9.90	E75	85.7	44.5	83.0	254	177.8	203.2	381	65.09	65.09	1.10
			X95	85.7	44.5	83.0	254	177.8	203.2	381	65.09	65.09	0.87
			G105	85.7	44.5	83.0	254	177.8	203.2	381	65.09	65.09	0.79
NC31（$2^7/_8$IF）	$2^7/_8$EU	15.49	E75	104.8	54.0	100.4	267	177.8	228.6	406.4	80.96	81.0	1.03
			X95	104.8	50.8	100.4	267	177.8	228.6	406.4	80.96	81.0	0.90
			G105	104.8	50.8	100.4	267	177.8	228.6	406.4	80.96	81.0	0.82
			S135	111.1	41.3	100.4	267	177.8	228.6	406.4	80.96	81.0	0.82
NC38	$3^1/_2$EU	14.15	E75	120.6	76.2	116.3	292	203.2	266.7	469.9	98.43	98.43	0.91
NC38（$3^1/_2$IF）	3½EU	19.81	E75	120.6	68.3	116.3	305	203.2	266.7	469.9	98.43	98.43	0.98
			X95	127.0	65.1	116.3	305	203.2	266.7	469.9	98.43	98.43	0.87
			G105	127.0	61.9	116.3	305	203.2	266.7	469.9	98.43	98.43	0.86
			S135	127.0	54.0	116.3	305	203.2	266.7	469.9	98.43	98.43	0.80
		23.09	E75	127.0	65.1	116.3	305	203.2	266.7	469.9	98.43	98.43	0.97
			X95	127.0	61.9	116.6	305	203.2	266.7	469.9	98.43	98.43	0.83
			G105	127.0	54.0	116.3	305	203.2	266.7	469.9	98.43	98.43	0.90
NC40（4FH）	$3^1/_2$EU		S135	139.7	57.2	127.4	292	177.8	254.0	431.8	98.43	98.43	0.87
	4IU	2085	E75	133.4	71.4	127.4	292	177.8	254.0	431.8	106.36	106.36	1.01
			X95	133.4	68.3	127.4	292	177.8	254.0	431.8	106.36	106.36	0.86
			G105	139.7	61.9	127.4	292	177.8	254.0	431.8	106.36	106.36	0.93
			S135	139.7	50.8	127.4	292	177.8	254.0	431.8	106.36	106.36	0.87

11 钻井管材

续表

钻杆				钻杆接头，mm									外螺纹接头对钻杆的扭矩强度比
钻杆接头型号	规格和类型	公称质量 kg/m	钢级	内、外螺纹接头外径 $D\pm0.8$	内、外螺纹接头内径 $d^{+0.4}_{-0.8}$	内、外螺纹接头台肩倒角直径 $D_F\pm0.4$	外螺纹接头体长度 $L_P{}^{+6}_{-10}$	外螺纹接头大钳空间 $L_{PB}\pm6.4$	内螺纹接头大钳空间 $L_B\pm6.4$	内、外接头组合长度 $L\pm12.7$	外螺纹接头焊颈最大直径 D_{PE}	内螺纹接头焊颈最大直径 D_{TE} (D_{SE})	
NC46（4IF）	4EU	20.85	E75	152.4	82.5	145.3	292.1	178.8	254.0	431.8	114.30	114.30	1.43
			X95	152.4	82.5	145.3	292.1	178.8	254.0	431.8	114.30	114.30	1.13
			G105	152.4	82.5	145.3	292.1	178.8	254.0	431.8	114.30	114.30	1.02
			S135	152.4	76.2	145.3	292.1	178.8	254.0	431.8	114.30	114.30	0.94
NC46（4IF）	$4^1/_2$IU	20.48	E75	152.4	82.5	145.3	292.1	178.8	254.0	431.8	119.06	119.06	1.09
	$4^1/_2$IEU	24.73	X95	158.8	76.2	145.3	292.1	178.8	254.0	431.8	119.06	119.06	1.01
			G105	158.8	76.2	145.3	292.1	178.8	254.0	431.8	119.06	119.06	0.91
			S135	158.8	69.8	145.3	292.1	178.8	254.0	431.8	119.06	119.06	0.81
		29.79	E75	158.8	76.2	145.3	292.1	178.8	254.0	431.8	119.06	119.06	1.07
			X95	158.8	69.8	145.3	292.1	178.8	254.0	431.8	119.06	119.06	0.96
			G105	158.8	63.5	145.3	292.1	178.8	254.0	431.8	119.06	119.06	0.96
			S135	158.8	57.45	145.3	292.1	178.8	254.0	431.8	119.06	119.06	0.81
NC50 ($4^1/_2$FH)	$4^1/_2$EU	20.48	E75	168.28	98.43	154.0	292.1	178.8	254.0	431.8	127.0	127.0	1.32
	$4^1/_2$EU	24.73	E75	168.28	95.25	154.0	292.1	178.8	254.0	431.8	127.0	127.0	1.23
			X95	168.28	95.25	154.0	292.1	178.8	254.0	431.8	127.0	127.0	0.97
			G105	168.28	95.25	154.0	292.1	178.8	254.0	431.8	127.0	127.0	0.88
			S135	168.28	88.90	154.0	292.1	178.8	254.0	431.8	127.0	127.0	0.81
—	$4^1/_2$EU	29.79	E75	168.28	92.08	154.0	292.1	178.8	254.0	431.8	127.0	127.0	1.02
			X95	168.28	88.90	154.0	292.1	178.8	254.0	431.8	127.0	127.0	0.96
			G105	168.28	88.90	154.0	292.1	178.8	254.0	431.8	127.0	127.0	0.86
			S135	168.28	76.20	154.0	292.1	178.8	254.0	431.8	127.0	127.0	0.87

续表

钻杆				钻杆接头，mm									
钻杆接头型号	规格和类型	公称质量 kg/m	钢级	内、外螺纹接头外径 $D\pm0.8$	内、外螺纹接头内径 $d^{+0.4}_{-0.8}$	内、外螺纹接头台肩倒角直径 $D_F\pm0.4$	外螺纹接头体长度 $L_P{}^{+6}_{-10}$	外螺纹接头大钳空间 $L_{PB}\pm6.4$	内螺纹接头大钳空间 $L_B\pm6.4$	内、外接头组合长度 $L\pm12.7$	外螺纹接头焊颈最大直径 D_{PE}	内螺纹接头焊颈最大直径 $D_{TE}(D_{SE})$	外螺纹接头对钻杆的扭矩强度比
—	5IEU	29.05	E75	168.28	95.26	154.0	292.1	178.8	254.0	431.8	130.18	130.18	0.92
			X95	168.28	88.90	154.0	292.1	178.8	254.0	431.8	130.18	130.18	0.86
			G105	168.28	82.55	154.0	292.1	178.8	254.0	431.8	130.18	130.18	0.89
			S135	168.28	69.85	154.0	292.1	178.8	254.0	431.8	130.18	130.18	0.86
—	5IEU	38.13	E75	168.28	88.9	154.0	292.1	178.8	254.0	431.8	130.18	130.18	0.86
			X95	168.28	76.20	154.0	292.1	178.8	254.0	431.8	130.18	130.18	0.86
			G105	168.28	69.85	154.0	292.1	178.8	254.0	431.8	130.18	130.18	0.87
NC50 ($4^1/_2$FH)	5IEU	29.05	E75	177.80	95.25	170.7	330.2	203.2	254.0	457.2	130.18	130.18	1.53
			X95	177.80	95.25	170.7	330.2	203.2	254.0	457.2	130.18	130.18	1.21
			G105	177.80	95.25	170.7	330.2	203.2	254.0	457.2	130.18	130.18	1.09
			S135	177.80	88.90	170.7	330.2	203.2	254.0	457.2	130.18	130.18	0.98
—	5IEU	38.13	E75	177.80	88.90	170.7	330.2	203.2	254.0	457.2	130.18	130.18	1.21
			X95	177.80	88.90	170.7	330.2	203.2	254.0	457.2	130.18	130.18	0.95
			G105	177.80	88.90	170.7	330.2	203.2	254.0	457.2	130.18	130.18	0.99
			S135	177.80	82.55	170.7	330.2	203.2	254.0	457.2	130.18	130.18	0.83
—	$5^1/_2$IEU	32.62	E75	177.80	101.60	170.7	330.2	203.2	254.0	457.2	144.46	144.46	1.11
			X95	177.80	95.25	170.7	330.2	203.2	254.0	457.2	144.46	144.46	0.98
			G105	184.15	88.90	170.7	330.2	203.2	254.0	457.2	144.46	144.46	1.02
			S135	190.50	76.20	170.7	330.2	203.2	254.0	457.2	144.46	144.46	0.96
—	IEU	36.79	E75	177.80	101.60	170.7	330.2	203.2	254.0	457.2	144.46	144.46	0.99
			X95	184.15	88.90	170.7	330.2	203.2	254.0	457.2	144.46	144.46	1.01
			G105	184.15	88.90	170.7	330.2	203.2	254.0	457.2	144.46	144.46	0.92
			S135	190.5	76.20	180.2	330.2	203.2	254.0	457.2	144.46	144.46	0.86
$6^1/_2$FH	$6^5/_8$IEU	37.54	E75	203.2	127.00	195.7	330.2	203.2	254.0	457.2	176.21	176.21	1.04
			X95	203.2	127.00	195.7	330.2	203.2	254.0	457.2	176.21	176.21	0.82
			G105	209.55	120.65	195.7	330.2	203.2	254.0	457.2	176.21	176.21	0.87
			S135	215.9	107.95	195.7	330.2	203.2	254.0	457.2	176.21	176.21	0.86
—	$6^5/_8$IEU	41.29	E75	203.2	127.00	195.7	330.2	203.2	254.0	457.2	176.21	176.21	0.96
			X95	209.55	127.00	195.7	330.2	203.2	254.0	457.2	176.21	176.21	0.89
			G105	209.55	120.65	195.7	330.2	203.2	254.0	457.2	176.21	176.21	0.81
			S135	215.9	107.95	195.7	330.2	203.2	254.0	457.2	176.21	176.21	0.80

11.2.3　钻杆分级和标记

11.2.3.1　API 钻杆分级

API 钻杆分级见表 11–7。

表 11–7　API 钻杆分级

<table>
<tr><td colspan="4">分级</td><td>一级</td><td>二级</td><td>三级</td></tr>
<tr><td colspan="4">记号</td><td>两条白色带
一个中心冲坑</td><td>一条黄色带
两个中心冲坑</td><td>一条橙色带
三个中心冲坑</td></tr>
<tr><td rowspan="10">外部状况</td><td colspan="3">外径磨损，壁厚减小</td><td>剩余壁厚不小于 80%</td><td>剩余壁厚不小于 70%</td><td rowspan="9">超过二级的任一缺陷或损害</td></tr>
<tr><td colspan="3">凹痕和磨伤</td><td>直径减小不超过外径的 3%</td><td>直径减小不超过外径的 4%</td></tr>
<tr><td rowspan="2">卡瓦区
机械损害</td><td colspan="2">挤扁，缩颈</td><td>直径减小不超过外径的 3%</td><td>直径减小不超过外径的 4%</td></tr>
<tr><td colspan="2">凹槽，擦伤</td><td>深度不超过平均相邻壁厚的 10%</td><td>深度不超过平均相邻壁厚的 10%</td></tr>
<tr><td rowspan="2">应力引起
直径变化</td><td colspan="2">伸长</td><td>直径减小不超过外径的 3%</td><td>直径减小不超过外径的 4%</td></tr>
<tr><td colspan="2">镦粗</td><td>直径增大不超过外径的 3%</td><td>直径增大不超过外径的 4%</td></tr>
<tr><td rowspan="3">腐蚀，凹槽
和擦伤</td><td colspan="2">腐蚀</td><td>剩余壁厚不小于 80%</td><td>剩余壁厚不小于 70%</td></tr>
<tr><td rowspan="2">凹槽和
擦伤</td><td>纵向</td><td>剩余壁厚不小于 80%</td><td>剩余壁厚不小于 70%</td></tr>
<tr><td>横向</td><td>剩余壁厚不小于 80%</td><td>剩余壁厚不小于 70%</td></tr>
<tr><td colspan="3">裂纹</td><td>无</td><td>无</td><td>无</td></tr>
<tr><td rowspan="3">内部状况</td><td colspan="3">腐蚀凹痕，壁厚减小</td><td>剩余壁厚不小于 80%
从最深蚀坑底部测量</td><td>剩余壁厚不小于 80%
从最深蚀坑底部测量</td><td rowspan="2">超过二级的任一缺陷或损害</td></tr>
<tr><td colspan="3">冲蚀和磨损</td><td>剩余壁厚不小于 80%</td><td>剩余壁厚不小于 70%</td></tr>
<tr><td colspan="3">裂纹</td><td>无</td><td>无</td><td>无</td></tr>
</table>

11.2.3.2　钻杆色标识别法

钻杆色杆识别法是利用涂在钻杆两端和钻杆本体上的色带颜色识别钻杆的等级，如图 11–5 和表 11–8 所示。

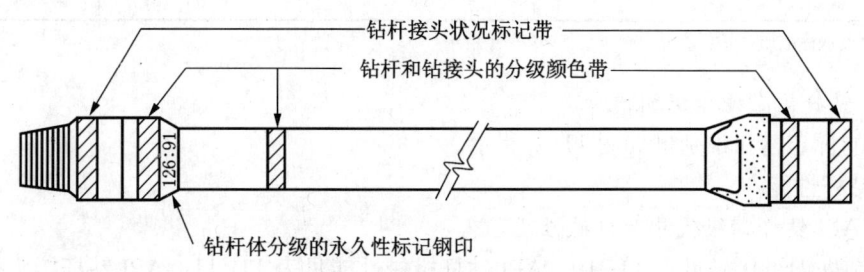

图 11–5　钻杆和接头色标识

表 11−8　色带颜色与钻杆及接头等级

钻杆及接头分级	标记带的数目颜色	钻杆及接头状况	标记带的颜色
一	两条白色	报废或进厂修复	红色
二	一条黄色	现场修复	绿色
三	一条橙色		
报废	一条红色		

11.2.3.3　公称外径及相关参数

钻杆公称外径及相关参数见表 11−9。

表 11−9　钻杆公称外径及相关参数

公称外径，mm（in）	公称外径代号	公称质量，kg/m	壁厚，mm	公称质量代号
60.3（$2\frac{3}{8}$）	1	7.2	4.83	1
		9.9①	7.11	2
73（$2\frac{7}{8}$）	2	10.2	5.51	1
		15.5①	9.19	2
88.9（3½）	3	14.1	6.54	1
		19.8①	9.35	2
		23.1	11.40	3
101.6（4）	4	17.6	6.65	1
		20.8①	8.38	2
		23.4	9.65	3
114.3（4½）	5	20.5	6.88	1
		24.7①	8.56	2
		29.8	10.92	3
		34	12.70	4
		36.7	13.97	5
		38.0	14.61	6
127.0（5）	6	24.2	7.52	1
		29.0①	9.19	2
		38.1	12.70	3
139.7（5½）	7	28.6	7.72	1
		32.6	9.17	2
		36.8	10.54	3

注：①表示标准质量钻杆。

11.2.3.4　钻杆标志槽和识别槽

钻杆的标志槽和识别槽如图 11−6 所示。

11.2.4　钻杆性能

11.2.4.1　API 钻杆钢级代号及机械性能

API 钻杆钢级代号见表 11−10，API 钻杆机械性能见表 11−11，API 钻杆接头机械性能见表 11−12。

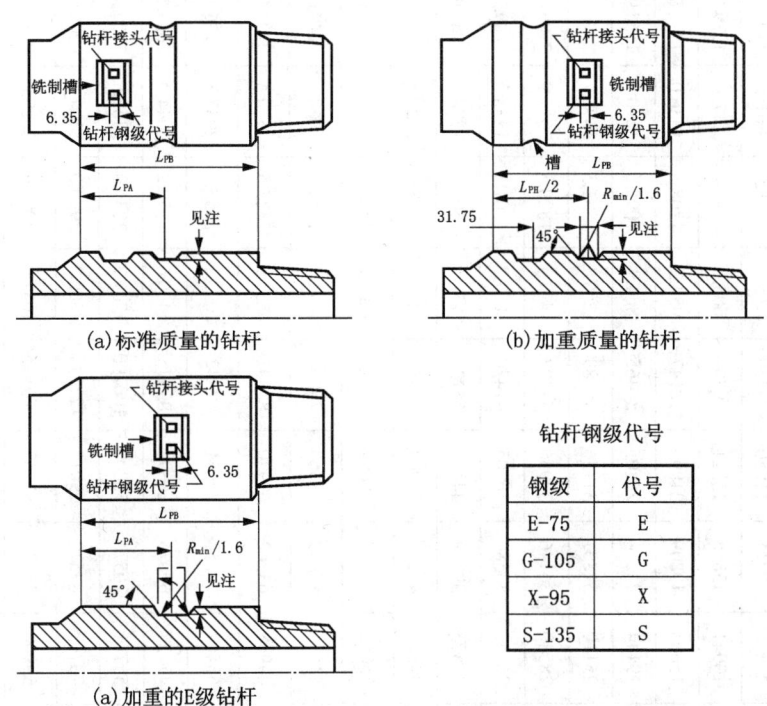

钻杆钢级代号

钢级	代号
E-75	E
G-105	G
X-95	X
S-135	S

图 11-6　钻杆标志槽和识别槽

槽深对大于 $5^1/_4$ in 规格的钻杆为 6.35mm（1/4 in），对于小于或等于 5in 规格的钻杆为 4.76mm（3/16 in）

表 11-10　API 钻杆钢级代号

标 准 等 级		高强度等级	
等　级	代　号	等　级	代　号
N-80	N	X-95	X
E	E	G-105	G
C-75	C	S-135	S
V-150	V		

表 11-11　API 钻杆机械性能

钢　级	最小屈服强度，MPa	最大屈服强度，MPa	最小抗拉强度，MPa	最小伸长率，%
E	517	724	689	$e=2342A^{0.2}/U^{0.9}$ e—在 50.8mm 内最小伸长率； A—拉伸试样断面积，mm^2； U—最小抗拉强度，MPa
X	655	862	724	
G	724	931	793	
S	931	1138	1000	

表 11-12　API 钻杆接头机械性能

最小抗拉强度，MPa	最小屈服强度，MPa	最小伸长率，%
965.3	828	13

11.2.4.2　API 钻杆强度数据

表 11-13 至表 11-15 给出 API 钻杆强度数据，其中一级、二级旧钻杆分别以外径为均匀磨损，最小壁厚为名义壁厚的 80% 和 70% 为基础计算，剪切强度按最小屈服强度的 57.7% 计算。

表 11-13　API 新钻杆强度数据

钻杆尺寸 mm (in)	公称质量 kg/m	最小抗挤压强度，MPa				最小抗内压强度，MPa				抗扭屈服强度，N·m				最小抗拉强度，kN			
		E	X	G	S	E	X	G	S	E	X	G	S	E	X	G	S
60.3 ($2^3/_8$)	7.22	76.1	96.4	106.6	131.5	72.4	91.7	101.4	130.3	6454	8162	9030	11606	435.5	551.6	609.7	783.9
60.3 ($2^3/_8$)	9.90	107.5	136.2	150.6	193.6	106.7	135.1	149.3	192.0	8460	10711	11850	15239	615.4	779.5	861.5	1107.6
73.0 ($2^7/_8$)	10.20	72.2	89.2	96.6	117.6	68.3	86.5	95.6	122.9	10941	13856	15321	19700	605.1	766.4	847.1	1089.1
73.0 ($2^7/_8$)	15.49	113.8	144.2	159.3	204.9	114.0	114.3	159.6	205.1	15633	19809	21896	28147	954.3	1208.8	1336.0	1717.8
88.9 ($3^1/_2$)	14.15	69.2	83.2	90.0	108.8	65.6	83.2	92.0	118.2	19144	24256	26805	34465	864.9	1095.6	1210.9	1556.9
88.9 ($3^1/_2$)	19.81	97.3	123.3	136.2	175.1	95.2	120.5	133.2	171.3	25110	31807	31156	45189	1209.1	1531.5	1692.7	2176.3
88.9 ($3^1/_2$)	23.08	115.6	146.5	161.9	208.1	116.1	147.1	162.5	209.0	28540	36146	39956	51327	1437.1	1820.3	2011.9	2586.7
101.6 (4)	17.65	58.0	68.7	73.8	87.2	59.3	75.1	83.0	106.7	26357	33380	36905	47440	1027.3	1301.3	1438.3	1849.3
101.6 (4)	20.85	78.3	99.2	109.6	139.0	74.7	94.6	104.5	134.4	31523	39929	44132	56727	1270.5	1609.3	1778.7	2286.9
101.6 (4)	23.38	88.9	112.7	124.4	160.0	86.0	108.9	120.4	154.7	34926	44240	48904	62883	1443.2	1828.0	2020.5	2597.5
114.3 ($4^1/_2$)	20.48	49.6	57.9	61.71	71.1	54.5	69.0	76.3	98.1	35061	44417	49094	63113	1202.2	1522.8	1683.2	2164.0
114.3 ($4^1/_2$)	24.72	71.6	87.9	95.3	115.8	67.8	85.9	94.9	121.1	41691	52809	58368	75045	1471.7	1864.1	2060.4	2649.0
114.3 ($4^1/_2$)	29.78	89.4	113.2	125.1	160.8	86.5	109.6	120.1	155.7	49948	63262	69920	89891	1835.9	2325.5	2570.3	3304.6
114.3 ($4^1/_2$)	33.98	102.1	129.4	143.0	183.9	100.5	127.4	140.8	181.0	55467	70258	77661	99842	2098.1	2657.5	2937.3	3776.5
127.0 (5)	24.20	48.8	55.8	59.4	67.8	53.6	67.8	75.0	96.5	47427	60076	66394	85376	1460.6	1850.2	2044.9	2629.2
127.0 (5)	29.04	69.0	82.8	89.6	108.3	65.5	83.0	91.7	118.0	55711	70570	78000	100290	1761.3	2231.0	2465.8	3170.3
127.0 (5)	38.12	93.1	117.8	130.3	167.5	90.5	114.6	126.7	162.9	70719	89579	99015	127311	2360.3	2990.0	3304.4	4248.6
139.7 ($5^1/_2$)	28.59	41.9	47.8	50.3	56.0	50.0	63.4	70.1	90.0	59900	75872	83857	107815	1657.0	2099.0	2320.0	2982.6
139.7 ($5^1/_2$)	32.61	58.2	69.0	74.1	87.6	59.4	75.2	83.2	106.9	68632	86935	96087	123542	1946.1	2465.1	2724.6	3503.0
139.7 ($5^1/_2$)	36.78	72.1	89.1	96.5	117.6	68.3	86.5	95.6	122.9	76563	96982	107191	137819	2213.7	2804.1	3099.2	3984.7
168.3 ($6^5/_8$)	37.53	33.2	36.5	37.8	41.6	45.1	57.1	63.1	81.1	95653	121156	133914	—	2179.1	2760.3	3050.9	—

表 11-14 API 一级钻杆强度数据

钻杆尺寸 mm (in)	公称质量 kg/m	最小抗挤压强度, MPa				最小抗内压强度, MPa				抗扭屈服强度, N·m				最小抗拉强度, kN			
		E	95	105	135	E	95	105	135	E	95	105	135	E	95	105	135
60.3 (2 3/8)	7.22	58.8	70.1	75.2	88.9	66.2	83.8	92.7	119.1	5050	6398	7071	9091	342	433	479	616
60.3 (2 3/8)	9.90	92.2	116.8	129.1	166.0	97.5	123.6	136.6	175.6	6523	8261	9131	11740	479	606	670	862
73.0 (2 7/8)	10.20	52.7	62.2	66.4	77.1	62.4	79.1	87.4	112.4	8585	10874	12019	15452	476	603	666	856
73.0 (2 7/8)	15.49	98.1	124.2	137.3	176.5	104.2	132.0	145.8	187.5	12010	15212	16813	21619	741	938	1037	1333
88.9 (3 1/2)	14.15	48.8	57.1	60.8	69.6	60.0	76.1	84.1	108.1	15041	19052	21057	27073	680	862	953	1225
88.9 (3 1/2)	19.81	82.8	104.9	116.0	149.1	87.0	110.2	121.8	156.6	19471	24664	27260	35048	944	1195	1321	1696
88.9 (3 1/2)	23.08	99.8	126.4	139.7	179.6	106.1	134.1	148.6	191.1	21891	27729	30648	39404	1115	1412	1561	2007
101.6 (4)	17.65	39.3	44.9	47.1	51.3	54.2	68.6	75.9	97.5	20758	26292	29059	37362	810	1026	1134	1457
101.6 (4)	20.85	62.1	74.4	80.1	95.4	68.3	86.5	95.6	122.9	24670	31249	34538	44406	997	1263	1396	1795
101.6 (4)	23.38	75.2	95.3	104.7	128.2	78.6	99.6	110.0	141.5	27207	34462	39090	48972	1129	1430	1581	2033
114.3 (4 1/2)	20.48	32.3	35.8	36.9	40.7	49.8	63.1	69.8	89.7	27663	35040	38728	49792	949	1202	1328	1708
114.3 (4 1/2)	24.72	51.9	61.1	65.3	75.6	62.0	78.5	86.7	111.5	32728	42455	45820	58910	1157	1466	1620	2083
114.3 (4 1/2)	29.78	75.7	95.8	105.8	129.7	79.1	100.1	110.7	142.3	38889	49260	54446	70001	1436	1819	2011	2586
114.3 (4 1/2)	33.98	87.3	110.5	122.2	157.1	91.9	116.4	128.7	165.5	42826	54246	59957	77086	1635	2071	2289	2943
127.0 (5)	24.20	31.0	34.0	34.9	39.0	49.0	62.0	68.6	88.2	37430	47412	52402	67375	1153	1460	1614	2075
127.0 (5)	29.04	48.5	56.8	60.4	69.1	59.9	75.9	83.9	107.8	43773	55446	61282	78791	1386	1755	1940	2494
127.0 (5)	38.12	79.0	100.1	110.6	141.4	82.7	104.8	115.8	148.9	54970	69629	76959	98946	1845	2337	2582	3320
139.7 (5 1/2)	28.59	25.8	28.5	29.9	32.5	45.7	57.9	64.0	82.3	47134	59703	65988	84840	1309	1658	1833	2356
139.7 (5 1/2)	32.61	39.5	45.1	47.3	51.7	54.3	68.8	76.0	97.7	54047	68461	75667	97285	1534	1943	2147	2761
139.7 (5 1/2)	36.78	52.6	62.1	66.4	77.1	62.4	79.0	87.4	112.4	60090	76114	84126	108162	1741	2205	2437	3133
168.3 (6 5/8)	37.53	20.2	22.4	23.1	23.6	41.2	52.2	57.7	74.1	75609	96971	107177	137799	1724	2183	2413	3102
168.3 (6 5/8)	41.25	24.9	27.8	29.1	31.4	45.2	57.3	63.3	81.4	81609	10821	115855	148956	1879	2380	2631	3382

表 11-15　API 二级钻杆强度数据

钻杆尺寸	公称质量	最小抗挤压强度，MPa				最小抗内压强度，MPa				抗扭屈服强度，N·m				最小抗拉强度，kN			
mm（in）	kg/m	E	95	105	135	E	95	105	135	E	95	105	135	E	95	105	135
60.3（$2^3/_8$）	7.22	47.2	55.1	58.5	66.6	57.9	73.4	81.1	104.2	7371	5536	6119	7866	297	376	415	534
60.3（$2^3/_8$）	9.90	83.7	106.0	117.2	150.6	85.4	108.1	119.5	153.6	5600	7094	7839	10079	413	523	578	744
73.0（$2^7/_8$）	10.20	41.7	48.0	50.6	56.0	54.6	69.2	76.5	98.4	7435	9418	10409	13383	413	523	578	744
73.0（$2^7/_8$）	15.49	89.2	113.0	124.9	160.6	91.2	115.5	127.6	164.1	10292	13036	14408	18525	639	809	894	1149
88.9（$3^1/_2$）	14.15	38.2	43.4	45.5	49.2	52.5	66.5	73.6	94.6	13032	16508	18245	23458	591	748	827	1063
88.9（$3^1/_2$）	19.81	74.9	94.8	103.7	126.8	76.1	96.4	106.6	137.0	16765	21236	23472	30178	816	1033	1142	1468
88.9（$3^1/_2$）	23.08	90.8	115.0	127.2	163.5	92.9	117.6	130.0	167.2	18748	23747	26247	33746	961	1217	1345	1729
101.6（4）	17.65	29.7	32.4	33.6	37.5	47.4	60.1	66.4	85.4	18007	22809	25210	32414	703	891	985	1266
101.6（4）	20.85	50.3	59.1	63.0	72.5	59.7	75.7	83.6	107.5	21338	27028	29874	38409	865	1095	1210	1556
101.6（4）	23.38	65.7	79.1	85.3	102.3	68.8	87.1	96.3	123.8	23476	29736	32866	42255	977	1238	1368	1759
114.3（$4^1/_2$）	20.48	23.4	26.5	27.7	29.6	43.6	55.2	61.0	78.5	24018	30423	33626	43233	825	1045	1155	1484
114.3（$4^1/_2$）	24.72	41.0	47.1	49.5	54.6	54.2	68.7	75.9	97.6	28347	35906	39686	51025	1004	1272	1406	1808
114.3（$4^1/_2$）	29.78	66.4	80.0	86.3	103.6	69.2	87.6	96.9	124.5	33552	42499	46972	60394	1243	1575	1741	2238
114.3（$4^1/_2$）	33.98	79.0	100.1	110.6	141.4	80.4	101.9	112.6	144.8	36825	46646	51556	66286	1412	1789	1977	2542
127.0（5）	24.20	22.6	25.5	26.5	28.0	42.9	54.3	60.0	77.1	32504	41173	45507	58509	1002	1270	1403	1804
127.0（5）	29.04	38.0	43.2	45.2	48.8	52.4	66.4	73.4	94.3	37930	48045	53102	68274	1203	1524	1684	2165
127.0（5）	38.12	71.3	87.1	94.4	114.4	72.4	91.7	101.4	130.3	47382	60018	66335	85288	1596	2021	2234	2872
139.7（$5^1/_2$）	28.59	19.5	21.6	22.2	22.5	40.0	50.7	56.0	72.0	40957	51878	57339	73721	1139	1442	1594	2049
139.7（$5^1/_2$）	32.61	29.9	32.6	33.8	37.7	47.5	60.2	66.5	85.5	46887	59390	65641	84396	1332	1688	1865	2398
139.7（$5^1/_2$）	36.78	41.7	48.0	50.5	56.0	54.6	69.2	76.5	98.3	52040	65919	72858	93673	1510	1913	2114	2719
168.3（$6^5/_8$）	37.53	15.4	16.2	16.2	16.2	36.1	45.7	50.5	64.9	65919	83288	92055	118356	1500	1900	2100	2700
168.3（$6^5/_8$）	41.25	19.1	20.9	21.5	21.7	39.6	50.1	55.4	71.2	70920	89832	99288	127657	1635	2070	2288	2942

11.2.5 整体加重钻杆

整体加重钻杆结构如图 11-7 所示,规格见表 11-16,机械性能见表 11-17。

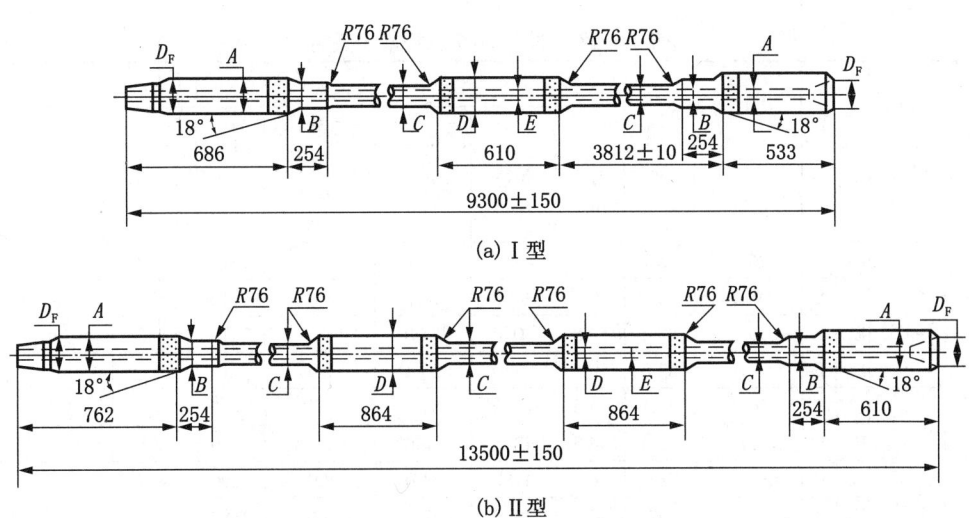

(a) Ⅰ型

(b) Ⅱ型

图 11-7 整体加重钻杆结构示意

表 11-16 整体加重钻杆规范

规 格	外径 C mm (in)	内径 E mm (in)	接头 形式	接头 外径 A mm (in)	内外螺纹台肩倒角 D_F mm	管体加厚部分尺寸 中部 D mm	管体加厚部分尺寸 端部 B mm	单根质量 kg
Ⅰ型(单根长度为 9300mm)								
ZJ-HZ55-5½FH-Ⅰ	139.7 (5½)	92.1 (3⅝)	5½ FH	177.8 (7)	170.7	152.4	144.5	730
ZJ-HZ50-NC50-Ⅰ	127.0 (5)	76.2 (3)	NC50 (4½IF)	165.1 (6½)	154.0	139.7	130.2	700
ZJ-HZ45-NC46-Ⅰ	114.3 (4½)	71.4 (2¹³⁄₁₆)	NC46 (4IF)	158.8 (6¼)	145.3	127.0	117.5	585
ZJ-HZ35-NC38-Ⅰ	88.9 (3½)	52.39 (2¹⁄₁₆)	NC38	120.7 (4¾)	16.3	101.6	92.1	370
Ⅱ型(单根长度为 13500mm)								
ZJ-HZ50-NC50-Ⅱ	127.0 (5)	76.2 (3)	NC50 (4½IF)	165.1 (6½)	154.0	139.7	130.2	945
ZJ-HZ45-NC46-Ⅱ	114.3 (4½)	71.4 (2¹³⁄₁₆)	NC46 (4IF)	158.8 (6¼)	145.3	127.0	117.5	790

注:整体加重钻杆断面模数与钻铤断面模数之比应不大于 5.5。

表 11-17 整体加重钻杆材料机械性能

抗拉强度 σ_b MPa	屈服强度 $\sigma_{0.2}$ MPa	拉伸率 δ_4 %	硬度 HB	夏比冲击功 A_{kv} J
≥964	≥758	≥13	285~341	平均值≥54 最小值≥47

11.2.6 推荐 API 钻杆紧扣扭矩

推荐 API 钻杆紧扣扭矩见表 11–18。

表 11–18 推荐 API 钻杆紧扣扭矩

公称外径 mm (in)	公称质量 kg/m (lb/ft)	加厚形式及钢级		接头类型	I 类接头			优类接头			II 类接头		
					接头外径 mm	接头内径 mm	紧扣扭矩 N·m	接头最小外径 mm	偏心磨损的最小内螺纹台肩 mm	紧扣扭矩 N·m	接头最小外径 mm	偏心磨损的最小内螺纹台肩 mm	紧扣扭矩 N·m
60.33 (2³/₈)	7.22 (4.85)	EU	E	NC26（IF）	85.7	44.5	4390	80.2	2.4	2510	79.4	2.4	2200
		EU	E	WO	85.7	50.8	3070	78.2	2.4	2510	77.4	2.4	2200
		EU	E	OH	79.4	50.8	3070	77.0	2.4	2510	76.2	2.4	2200
		EU	E	SL–H90	82.6	50.8	3470	75.4	2.4	2510	74.6	2.4	2200
	9.90 (6.65)	EU	E	NC26（IF）	85.7	44.5	4390	81.8	2.4	3290	81.0	2.4	2900
		EU	E	OH	82.6	44.5	4270	78.6	2.8	3290	77.8	2.4	2900
		IU	E	P.A.C	73.0	34.9	3180	71.0	4.0	3290	69.8	3.2	2900
		EU	X	NC26（IF）	85.7	44.5	4390	83.7	3.6	4180	82.5	2.8	3670
		EU	X	SL–H90	82.6	46.0	4670	79.0	3.2	4180	77.8	2.8	3670
		EU	G	NC26（IF）	85.7	44.5	4390	84.5	4.0	4620	83.3	3.2	4060
		EU	G	SL–H90	82.6	46.0	4670	79.8	3.6	4620	78.6	3.2	4060
73.03 (2⁷/₈)	10.20 (6.85)	EU	E	NC31（IF）	104.8	54.0	8050	94.5	2.4	4250	93.7	2.4	3740
		EU	E	WO	104.8	61.9	5090	92.9	2.4	4250	92.1	2.4	3740
		EU	E	OH	95.3	61.9	3790	88.9	2.8	4250	88.1	2.4	3740
		EU	E	SL–H90	98.4	61.9	5170	88.9	2.4	4250	87.7	2.4	3740
73.03 (2⁷/₈)	15.48 (10.40)	EU	E	NC31（1F）	104.8	54.0	8050	97.6	4.0	6090	96.4	3.2	5360
		EU	E	OHb	98.4	54.8	5980	92.5	4.4	6090	90.9	3.6	5360
		EU	E	SL–H90	98.4	54.8	7660	91.7	3.6	6090	90.5	3.2	5360
		IU	E	XH	108.0	47.6	9220	95.6	4.0	6090	94.5	3.6	5360
		IU	E	NC26	85.7	44.5	4390	85.7	5.6	5270	85.7	5.6	5270
		IU	E	PAC	79.4	38.1	4670	79.4	7.1	4670	79.4	7.1	4670
		EU	X	NC31（IF）	104.8	50.8	8940	100.0	5.2	7720	98.4	4.4	6790
		EU	X	SL–H90	98.4	54.8	8970	94.1	4.8	7720	92.5	4.0	6790
		EU	G	NC31（IF）	104.8	50.8	8940	101.2	5.6	8530	99.6	4.8	7510
		EU	G	SL–H90	101 6	50.8	8970	95.3	5.6	8530	93.7	4.8	7510
		EU	S	NC31（IF）	111.1	41.3	11490	104.8	7.6	10970	102.8	6.3	9660
		EU	S	SL–H90	104.8	41.3	11680	98.4	7.1	10970	96.8	6.3	9660
88.90 (3¹/₂)	14.14 (9.50)	EU	E	NC38（IF）	120.7	68.3	12280	112.3	3.2	7440	111.1	2.8	6540
		EU	E	NC38（WO）	120.7	76.2	9040	112.3	3.2	7440	111.1	2.8	6540
		EU	E	H	114.3	76.2	8050	109.1	3.6	7440	108.0	2.8	6540
		EU	E	SL–H90	117.5	76.2	8570	106.8	3.2	7440	105.6	2.4	6540
	19.80 (13.30)	EU	E	NC38（IF）	120.7	68.3	12280	115.1	4.8	9780	113.9	4.0	8600
		EU	E	OH	120.7	68.3	11730	111.9	4.8	9780	110.7	4.4	8600
		EU	E	XH	120.7	61.9	11860	111.1	5.2	9780	109.5	4.4	8600
		EU	E	H90	133.4	69.9	16170	116.3	4.0	9780	115.1	3.2	8600

续表

公称外径 mm (in)	公称质量 kg/m (lb/ft)	加厚形式及钢级		接头类型	I 类接头			优类接头			II 类接头		
					接头外径 mm	接头内径 mm	紧扣扭矩 N·m	接头最小外径 mm	偏心磨损的最小内螺纹台肩 mm	紧扣扭矩 N·m	接头最小外径 mm	偏心磨损的最小内螺纹台肩 mm	紧扣扭矩 N·m
88.90 (3^1/2)	19.80 (13.30)	IU	E	NC31（SH）	104.8	54.0	8050	104.8	7.5	9780	101.2	5.6	8600
		EU	X	NC38（IF）	127.0	65.1	13780	117.9	5.9	12380	116.3	5.2	10900
		EU	X	SL－H90	120.7	65.1	14150	111.9	5.6	12380	110.3	4.8	10900
		EU	X	H90	133.4	69.9	16170	118.7	5.2	12380	117.5	4.4	10900
		EU	G	NC38（IF）	127.0	61.9	15060	119.5	6.7	13690	117.5	6.0	12040
		EU	G	SL－H90	120.7	65.1	14150	113.5	6.4	13690	111.5	5.6	12040
		EU	S	NC38（IF）	127.0	54.0	17640	123.4	8.7	17600	121.4	7.9	15480
		EU	S	SL－H90	127.0.	54.0	19030	117.5	8.3	17600	115.1	7.1	15480
		EU	S	NC40 (4FH)	136.5	61.9	20290	128.6	7.9	17600	126.2	6.7	15480
	23.06 (15.50)	EU	E	NC38（IF）	127.0	65.1	13780	116.7	5.6	11120	115.1	4.8	9790
		EU	X	NC38（IF）	127.0	61.9	15060	119.9	7.1	14090	117.9	6.0	12400
		EU	G	NC38（IF）	127.0	54.0	17640	121.4	7.9	15570	119.5	6.7	13710
		EU	G	NC40 (4FH)	133.4	65.1	18820	126.6	7.1	15570	124.6	6.0	13710
		EU	S	NC40 (4FH)	139.7	57.2	22330	130.6	9.1	20020	128.6	7.9	17620
101.60 (4)	17.63 (11.85)	EU	E	NC46（IF）	152.4	82.6	22800	133.0	3.2	10230	132.2	2.8	8990
		EU	E	NC46（WO）	146.1	87.3	19980	133.0	3.2	10230	132.2	2.8	8990
		EU	E	OH	133.4	88.1	14890	127.0	3.6	10230	125.8	3.2	8990
		IU	E	H90	139.7	71.4	24030	124.6	3.2	10230	123.4	2.8	8990
101.60 (4)	20.83 (14.00)	EU	E	NC46（IF）	152.4	82.6	22800	134.9	4.0	12260	133.7	3.6	10770
		EU	E	OH	139.7	82.6	18490	128.6	4.4	12260	127.4	4.0	10770
		IU	E	H90	139.7	71.4	24030	126.2	4.0	12260	125.0	3.6	10770
		IU	E	NC40（FH）	133.4	71.4	15920	123.0	5.2	12260	121.8	4.8	10770
		IU	E	SH	117.5	65.1	10560	113.9	6.7	12260	112.3	6.0	10770
		EU	X	NC46（IF）	152.4	82.6	22800	137.7	5.6	15520	136.1	4.8	13650
		IU	X	NC40（FH）	133.4	68.3	17400	126.2	6.7	15520	124.6	6.0	13650
		IU	X	H90	139.7	71.4	24030	129.0	5.6	15520	127.4	4.8	13650
		EU	G	NC46（IF）	152.4	82.6	22800	138.9	6.0	17160	137.3	5.2	15080
		IU	G	NC40（FH）	139.7	61.9	20420	127.8	7.5	17160	125.8	6.7	15080
		IU	G	H90	139.7	71.4	24030	130.6	6.4	17160	128.6	5.2	15080
		EU	S	NC46（IF）	152.4	76.2	25590	142.5	7.9	22060	140.5	6.7	19390
		IU	S	NC40（FH）	139.7	50.8	24650	132.6	9.9	22060	130.2	8.7	19390
		IU	S	H90	139.7	71.4	24020	134.1	7.9	22060	132.2	7.1	19390
114.30 (4^1/2)	20.46 (13.75)	EU	E	NC50（IF）	161.9	95.3	25540	144.9	4.0	13600	143.3	3.2	11950
		EU	E	NC50（WO）	155.6	98.4	23350	144.9	4.0	13600	143.3	3.2	11950
		EU	E	OH	146.1	100.8	14210	136.9	4.4	13600	135.7	3.6	11950
		IU	E	H90	152.4	82.6	26450	134.9	4.0	13600	133.4	3.2	11950

续表

公称外径 mm (in)	公称质量 kg/m (lb/ft)	加厚形式及钢级	接头类型	I类接头 接头外径 mm	I类接头 接头内径 mm	I类接头 紧扣扭矩 N·m	优类接头 接头最小外径 mm	优类接头 偏心磨损的最小内螺纹台肩 mm	优类接头 紧扣扭矩 N·m	II类接头 接头最小外径 mm	II类接头 偏心磨损的最小内螺纹台肩 mm	II类接头 紧扣扭矩 N·m
114.30 (4¹/₂)	24.70 (16.60)	EU E	NC50 (IF)	161.9	95.3	25540	146.4	4.8	16200	145.3	4.0	14240
		EU E	OH	149.2	95.3	18490	138.9	5.2	16200	137.7	4.8	14240
		IEU E	NC46 (XH)	158.8	82.6	23050	138.1	5.6	16200	136.5	4.8	14240
		IEU E	FH	152.4	76.2	23580	137.7	6.0	16200	136.1	5.2	14240
		IEU E	H90	152.4	82.6	26450	130.5	4.8	16200	135.3	4.4	14240
		EU X	NC50 (IF)	161.9	95.3	25540	149.6	6.4	20520	147.6	5.2	18040
		IEU X	NC46 (XH)	158.8	76.2	26880	141.3	7.1	20520	139.7	6.4	18040
		IEU X	FH	152.4	69.9	23580	141.3	7.5	20520	139.3	6.7	18040
		IEU X	H90	152.4	76.2	26450	139.4	6.4	20520	138.1	5.6	18040
		EIJ G	NC50 (IF)	161.9	95.3	25540	150.8	6.7	22680	149.2	6.0	19940
		IEU G	NC46 (XH)	158.8	76.2	26890	143.3	8.3	22680	140.9	7.1	19940
		IEU G	FH	152.4	69.9	23580	143.3	8.7	22680	140.9	7.5	19940
		IEU G	H90	152.4	76.2	26450	141.3	7.1	22680	139.3	6.4	19940
		EU S	NC50 (IF)	161.9	88.9	30280	155.2	9.1	29160	152.8	7.9	25630
		IEU S	NC46 (XH)	158.8	69.9	30420	148.0	10.7	29160	145.3	9.1	25630
		IEU S	FH	158.8	63.5	30350	148.0	11.1	29160	145.7	9.9	25630
		IEU S	H90	152.4	76.2	30680	145.7	9.5	29160	143.3	8.3	25630
	29.76 (20.00)	EU E	NC50 (IF)	161.9	92.1	27950	148.8	6.0	19440	147.2	5.2	17100
		IEU E	NC46 (XH)	158.8	76.2	26890	140.5	6.7	19440	138.9	6.0	17100
		IEU E	FH	152.4	76.2	23580	140.5	7.1	19440	138.5	6.4	17100
		IEU E	H90	152.4	76.2	30680	138.9	6.0	19440	137.3	5.2	17100
		EU X	NC50 (IF)	161.9	88.9	30280	152.4	7.5	24620	150.4	6.7	21650
		IEU X	NC46 (XH)	158.8	69.9	30420	144.5	8.7	24620	142.5	7.9	21650
		IEU X	FH	152.4	63.5	29320	144.9	9.5	24620	142.5	8.3	21650
		IEU X	H90	152.4	76.2	26450	142.9	7.9	24620	140.5	6.7	21650
		EU G	NC50 (IF)	161.9	88.9	30280	154.0	8.3	27210	152.0	7.5	23930
		IEU G	NC46 (XH)	158.8	63.5	33650	146.4	9.9	27210	144.1	8.7	23930
		IEU G	FH	152.4	63.5	29320	146.8	10.3	27210	144.1	9.1	23930
		IEU G	H90	152.4	76.2	26450	144.5	8.7	27210	142.1	7.5	23930
		EU S	NC50 (IF)	168.3	76.2	37770	159.1	11.1	34990	156.4	9.5	30770
		IEU S	NC46 (XH)	158.8	57.2	36560	152.0	12.7	34990	149.2	11.1	30770
127 (5)	29.02 (19.50)	IEU E	NC50 (XH)	161.9	95.3	25540	150.4	6.7	21640	148.4	5.6	19020
		IEU E	5½FH	177.8	95.3	41590	162.7	5.2	21640	161.1	4.4	19020
		IEU X	NC50 (XH)	161.9	88.9	30280	154.0	8.3	27410	152.0	7.5	24090
		IEU X	H90	165.1	82.6	35160	149.6	7.9	27410	147.6	7.1	24090
		IEU X	5½FH	177.8	95.3	41590	165.9	6.7	27410	164.3	6.0	24090

11.2.7 钻杆接头螺纹

钻杆接头螺纹结构如图11-8所示，规格见表11-19。

11 钻井管材

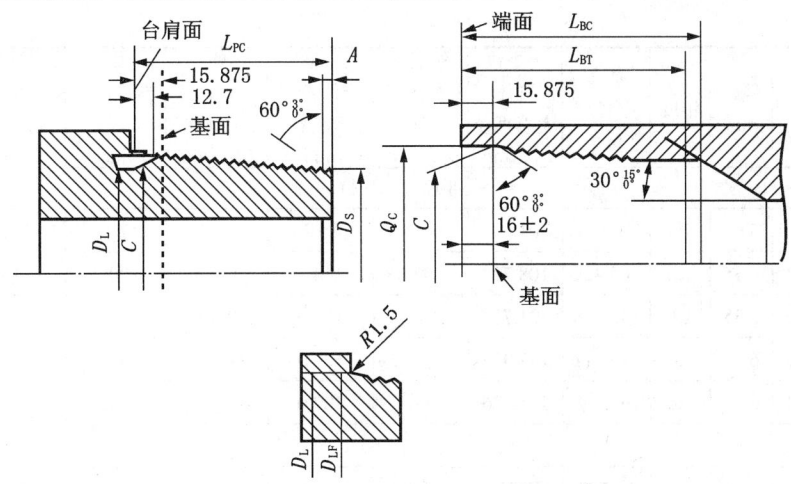

图 11-8 钻杆接头螺纹结构

表 11-19 常用钻杆接头螺纹规格

螺纹代号	螺纹牙型	螺距 mm	锥度	基面中径 C mm	外螺纹锥体大端直径 D_L, mm	外螺纹圆柱根部直径 D_{LF}, mm	外螺纹锥体长度 $L_{PC}{}^{\,0}_{-3.2}$ mm	内螺纹有效螺纹最小长度 L_{BT}, mm	内螺纹锥体长度 $L_{BC}{}^{+9.5}_{\,0}$ mm	内螺纹镗孔大端直径 $Q_C{}^{+0.84}_{-0.4}$ mm	内螺纹锥体大端直径 mm
数字型（NC）											
NC23	V0.038R	6.35	1:6	59.817	65.100	61.9	76.2	79.4	92.1	66.7	58.83
NC26	V0.038R	6.35	1:6	67.767	73.050	69.9	76.2	79.4	92.1	74.6	67.78
NC31	V0.038R	6.35	1:6	80.848	86.131	82.9	88.9	92.1	104.8	87.7	80.86
NC35	V0.038R	6.35	1:6	89.687	94.971	91.8	95.2	98.4	111.1	96.8	89.7
NC38	V0.038R	6.35	1:6	96.723	102.006	98.8	101.6	104.8	117.5	103.6	96.74
NC40	V0.038R	6.35	1:6	103.429	108.712	105.5	114.3	117.5	130.2	110.3	103.44
NC44	V0.038R	6.35	1:6	112.192	117.475	114.3	114.3	117.5	130.2	119.1	112.2
NC46	V0.038R	6.35	1:6	117.500	122.784	119.6	114.3	117.5	130.2	124.6	117.51
NC50	V0.038R	6.35	1:6	128.059	133.350	130.4	114.3	117.5	130.2	134.9	128.07
NC56	V0.038R	6.35	1:4	142.646	149.250	144.9	127.0	130.2	142.9	150.8	143.99
NC61	V0.038R	6.35	1:4	156.921	163.525	159.2	139.7	142.9	155.6	165.1	158.56
NC70	V0.038R	6.35	1:4	179.146	185.750	181.4	152.4	155.6	168.3	187.3	180.49
BC77	V0.038R	6.35	1:4	196.621	203.200	198.8	165.1	168.3	181	204.8	197.96
正规型（REG）											
2³⁄₈REG	V0.040	5.08	1:4	60.080	66.675	63.9	76.2	79.4	92.1	69.3	61.42
2⁷⁄₈REG	V0.040	5.08	1:4	69.605	76.200	73.4	88.9	92.1	104.8	77.8	70.95
2½REG	V0.040	5.08	1:4	82.293	88.900	86.1	95.2	98.4	111.1	90.5	83.63
4½REG	V0.040	5.08	1:4	110.868	117.475	114.7	107.9	111.1	123.8	119.1	112.21
5REG	V0.040	5.08	1:4	132.944	140.208	137.4	120.6	123.8	136.5	141.7	133.63
6⁵⁄₈REG	V0.050	6.35	1:6	146.248	152.197	149.4	127.0	130.2	142.9	154	145.6
7⁵⁄₈REG	V0.040	5.08	1:4	170.549	177.800	175.0	133.3	136.5	149.2	180.2	171.24
8⁵⁄₈REG	V0.040	5.08	1:4	194.731	201.981	199.1	136.5	139.7	152.4	204.4	195.42

续表

螺纹代号	螺纹牙型	螺距 mm	锥度	基面中径 C mm	外螺纹锥体大端直径 D_L，mm	外螺纹圆柱根部直径 D_{LF}，mm	外螺纹锥体长度 $L_{PC}{}^{0}_{-3.2}$ mm	内螺纹有效螺纹最小长度 L_{BT}，mm	内螺纹锥体长度 $L_{BC}{}^{+9.5}_{0}$ mm	内螺纹镗孔大端直径 $Q_C{}^{+0.84}_{-0.4}$ mm	内螺纹锥体大端直径 mm
贯眼型（FH）											
3½FH	V0.040	5.08	1:4	94.844	101.448	—	85.2	98.4	111.1	102.8	96.18
4FH	V0.040	6.35	1:6	103.429	108.712	105.6	114.3	117.5	130.2	110.3	103.44
4½FH	V0.040	6.35	1:6	115.113	121.717	—	101.6	104.8	117.5	123.8	116.45
5½FH	V0.050	6.35	1:6	142.011	147.955	—	127.0	130.2	142.9	150	141.36
6⁵/₈FH	V0.050	6.35	1:6	165.598	171.526	—	127.0	130.2	142.9	173.8	164.95
内平型（IF）											
3½IF	V0.065	6.35	1:6	67.767	73.050	69.9	76.2	79.4	92.1	74.6	67.78
2⁷/₈IF	V0.065	6.35	1:6	80.848	86.131	83	88.9	92.1	104.8	87.8	80.88
3½IF	V0.065	6.35	1:6	96.723	102.006	98.8	101.6	104.8	117.5	103.6	96.73
4IF	V0.065	6.35	1:6	117.500	122.784	119.6	114.3	117.5	130.2	124.6	117.51
4½IF	V0.065	6.35	1:6	128.059	133.350	130.4	114.3	117.5	130.2	134.9	128.07
5½IF	V0.065	6.35	1:6	157.201	162.484	—	127.0	130.2	142.9	163.9	157.21

11.3 钻　　铤

11.3.1 钻铤类型与结构

11.3.1.1 类型

钻铤根据外形与材料分为三种类型。

(1) A 型（圆柱式）：用普通合金钢制成，管体横截面内外皆为圆形的钻铤，代号为 ZT。

(2) B 型（螺旋式）：用普通合金钢制成，管体横截面外表面具有螺旋槽的钻铤。根据螺旋槽不同分为 I 型和 II 型，代号分别为 LTI 和 LTII。

(3) C 型（无磁式）：用磁导率很低的不锈合金钢制成的，管体横截面内外皆为圆形的钻铤，代号为 WT。

11.3.1.2 结构

钻铤结构如图 11–9、图 11–10、图 11–11 所示。

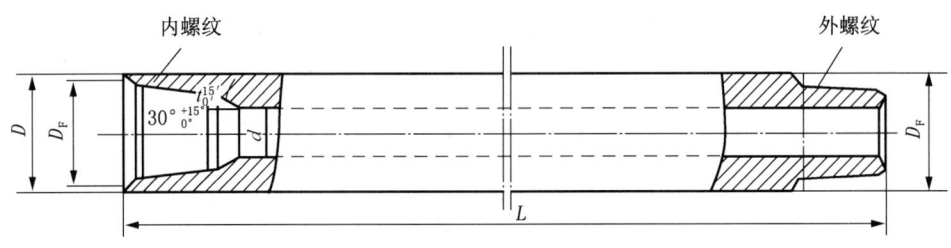

图 11–9　A、C 型钻铤结构

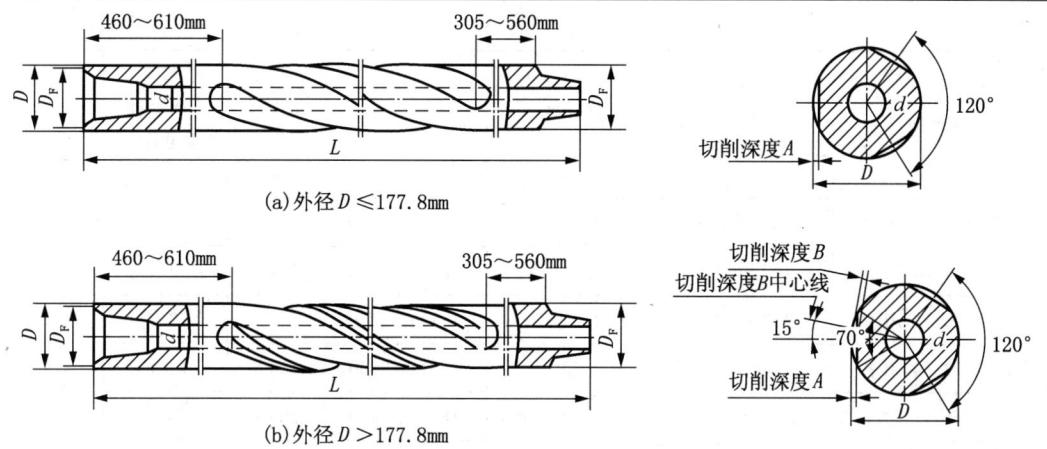

(a) 外径 $D \leqslant 177.8$mm

(b) 外径 $D > 177.8$mm

图 11-10 BI 型钻铤结构

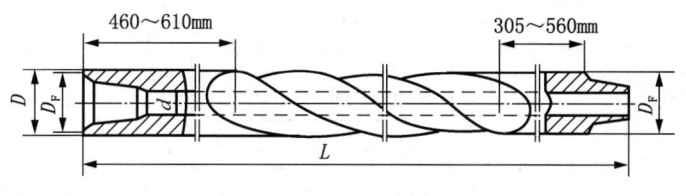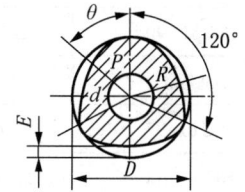

图 11-11 BII 型钻铤结构

11.3.2 钻铤尺寸规格

钻铤尺寸规格见表 11-20。

表 11-20 钻铤尺寸规格

钻铤螺纹型号	外径 D mm (in)	内径 d mm (in)	长度 L mm	台肩倒角直径 D_F mm	参考弯曲强度比[②]	公称质量 kg/m
NC23-31[①]（试行）	79.4 (3$\frac{1}{8}$)	31.8 (1$\frac{1}{4}$)	9150	76.2	2.57 : 1	32.8
NC26-35 (2$\frac{3}{8}$IF)	88.9 (3$\frac{1}{2}$)	38.1 (1$\frac{1}{2}$)	9150	82.9	2.42 : 1	40.2
NC31-41 (2$\frac{7}{8}$IF)	104.8 (4$\frac{1}{8}$)	50.8 (2)	9150	100.4	2.43 : 1	52.1
NC35-47	120.7 (4$\frac{3}{4}$)	50.8 (2)	9150	114.7	2.58 : 1	73.0
NC38-50 (3$\frac{1}{2}$IF)	127.0 (5)	57.2 (2$\frac{1}{4}$)	9150	121.0	2.38 : 1	79.0
NC44-60	152.4 (6)	57.2 (2$\frac{1}{4}$)	9150 或 9450	144.5	2.49 : 1	123.7
NC44-60	152.4 (6)	71.4 (2$\frac{13}{16}$)	9150 或 9450	144.5	2.84 : 1	111.8
NC44-62	158.8 (6$\frac{1}{4}$)	57.2 (2$\frac{1}{4}$)	9150 或 9450	149.2	2.91 : 1	135.6
NC46-62 (4IF)	158.8 (6$\frac{1}{4}$)	71.4 (2$\frac{13}{16}$)	9150 或 9450	150.0	2.63 : 1	111.8
NC46-65 (4IF)	165.1 (6$\frac{1}{2}$)	57.2 (2$\frac{1}{4}$)	9150 或 9450	154.8	2.76 : 1	147.5
NC46-65 (4IF)	165.1 (6$\frac{1}{2}$)	71.4 (2$\frac{13}{16}$)	9150 或 9450	154.8	3.05 : 1	135.6
NC46-67 (4IF)	171.4 (6$\frac{3}{4}$)	57.2 (2$\frac{1}{4}$)	9150 或 9450	159.5	3.18 : 1	160.9

续表

钻铤螺纹型号	外径 D mm (in)	内径 d mm (in)	长度 L mm	台肩倒角直径 D_F mm	参考弯曲强度比②	公称质量 kg/m
NC50-67③ (4½IF)	171.4 (6¾)	71.4 (2¹³⁄₁₆)	9150 或 9450	159.5	2.37 : 1	148.5
NC50-70 (4½IF)	177.8 (7)	57.2 (2¼)	9150 或 9450	164.7	2.54 : 1	174.3
NC50-70 (4½IF)	177.8 (7)	71.4 (2¹³⁄₁₆)	9150 或 9450	164.7	2.73 : 1	163.9
NC50-72 (4½IF)	184.2 (7¼)	71.4 (2¹³⁄₁₆)	9150 或 9450	169.5	3.12 : 1	177.3
NC56-77	196.8 (7¾)	71.4 (2¹³⁄₁₆)	9150 或 9450	185.3	2.70 : 1	207.1
NC56-80	203.2 (8)	71.4 (2¹³⁄₁₆)	9150 或 9450	190.1	3.02 : 1	223.5
6⅝REG	209.6 (8¼)	71.4 (2¹³⁄₁₆)	9150 或 9450	195.7	2.93 : 1	238.4
NC61-90	228.6 (9)	71.4 (2¹³⁄₁₆)	9150 或 9450	212.7	3.17 : 1	290.6
7⅝REG	241.3 (9½)	76.2 (3)	9150 或 9450	223.8	2.81 : 1	323.2
NC70-97	247.6 (9¾)	76.2 (3)	9150 或 9450	232.6	2.57 : 1	342.3
NC70-100	254.0 (10)	76.2 (3)	9150 或 9450	237.3	2.81 : 1	362.0
8⅝REG	279.4 (11)	76.2 (3)	9150 或 9450	266.7	2.84 : 1	445.5

注：①钻铤螺纹类型：NCXX—数字型，IF—内平型，REG—正规型，括号内是可以互换的钻铤螺纹类型。
②参考弯曲强度比：内螺纹危险断面抗弯截面模数与外螺纹危险断面抗弯截面模数之比。
③仅适用于 C 型钻铤。

11.3.3 螺旋钻铤螺旋槽尺寸规格

11.3.3.1 BⅠ型钻铤

BⅠ型钻铤的螺旋槽尺寸规格见表 11-21。

表 11-21 BⅠ型钻铤的螺旋槽尺寸规格

外径 D mm (in)	切削深度 A mm	导程 ±25.4 mm	切削深度 B mm
98.4 (3⅞)	4.0±0.79	914	
101.6 ~ 111.1 (4 ~ 4⅜)	4.8±0.79	914	
114.3 ~ 130.2 (4½ ~ 5⅛)	5.6±0.79	965	
133.4 ~ 146.1 (5¼ ~ 5¾)	6.4±0.79	1067	
149.2 ~ 161.9 (5⅞ ~ 6⅜)	7.1±1.59	1067	
165.1 ~ 177.8 (6½ ~ 7)	7.9±1.59	1168	
181.0 ~ 200.0 (7⅛ ~ 7⅜)	8.7±1.59	1626	5.6±0.79
203.2 ~ 225.4 (8 ~ 8⅞)	9.5±1.59	1727	6.4±0.79
228.6 ~ 250.8 (9 ~ 9⅞)	10.3±2.37	1829	7.1±1.59
254.0 ~ 276.2 (10 ~ 10⅞)	11.1±2.37	1930	7.9±1.59
279.4 (11)	11.9±2.37	2032	8.7±1.59

注：BⅠ型钻铤有 3 个螺旋槽，右旋，均布。

11.3.3.2 BⅡ型钻铤

BⅡ型钻铤的螺旋槽尺寸规格见表 11-22。

表 11-22　BⅡ型钻铤的螺旋槽尺寸规格

外径 D mm (in)	最大切削深度 E=2e mm	导程 ±25.4 mm
120.7 (4¾)	4.8	1000
155.6 (6⅛)	6.4	1000
158.8 (6¼)	6.4	1000
171.5 (6¾)	7.1	1000
184.2 (7¼)	7.9	1000
190.5 (7½)	7.9	1000
196.9 (7¾)	7.9	1000
203.2 (8)	9.5	1000
209.6 (8¼)	9.5	1000
215.9 (8½)	9.5	1000
228.6 (9)	9.5	1000
241.3 (9½)	11.9	1000
254.0 (10)	11.9	1000

注：BⅡ型钻铤有 3 个螺旋槽，右旋，均布。
　　BⅡ型钻铤外轮廓曲线方程为 $\rho = R - e(1-\cos\theta)$。式中：$\rho$—极径；$R$—半径；$e$—系数；$\theta$—极角。

11.3.4　钻铤机械性能

钻铤的机械性能见表 11-23。

表 11-23　钻铤的机械性能

钻铤 类型	外径范围 mm (in)	屈服强度 $\sigma_{0.2}$ MPa	抗拉强度 σ_b MPa	伸长率 δ_4 %	布氏硬度 HB	夏比冲击功 A_K J
A、B 型	79.4～171.4 (3⅛～6¾)	≥758	≥965	≥13	285～341	≥54
A、B 型	177.8～279.4 (7～11)	≥689	≥930	≥13	285～341	≥54
C 型	79.4～171.4 (3⅛～6¾)	≥758	≥827	≥18	—	—
C 型	177.8～279.4 (7～11)	≥689	≥758	≥20	—	—

11.3.5　推荐钻铤紧扣扭矩

推荐钻铤紧扣扭矩见表 11-24。

表 11-24 推荐钻铤紧扣扭矩

连接螺纹		外径 mm (in)	内径，mm (in)							
			25.4 (1)	31.8 (1¼)	38.1 (1½)	44.5 (1¾)	50.8 (2)	57.2 (2¼)	63.5 (2½)	71.4 (2¹³/₁₆)
尺寸 in	型式		最小紧扣扭矩，N·m							
	NC23	76.2(3) 79.4(3⅛) 82.6(3¼)	3390* 4470* 5420	3390* 4470* 4610	3390* 3520 3520					
2⅞	PAC（3）	76.2(3) 79.4(3⅛) 82.6(3¼)		5150* 6640* 7050	5150* 5690 5690	3930 3930 3930				
2⅜ 2⅞	IF NC26 小眼	88.9(3½) 95.3(3¾)		6230* 7450	6230* 6370	5010 5010				
2⅞ 3½ 2⅞	特眼 双流线 改眼	95.3(3¾) 98.4(3⅞) 104.3(4⅛)		5550* 7180* 10840*	5550* 7180* 10840	5550* 7180* 10030				
2⅞ API 3½	IF NC31 小眼	98.4(3⅞) 104.8(4⅛) 108.0(4¼) 114.3(4½)		6230* 9890* 11930* 13550	6230* 9890* 11930* 12600	6230* 9890* 10980 10980	6230* 9220 9220 9220			
API	NC35	114.3(4½) 120.7(4¾) 127.0(5)				12600* 16400 16400	12060* 14640 14640	12060* 12470 12470	10030 10030 10030	
3½ 4 3½	特眼 小眼 改眼	108.0(4¼) 114.3(4½) 120.7(4¾) 127.0(5) 133.4(5¼)				6910* 11380* 16130* 17890 17890	6910* 11380* 15860 15860 15860	6910* 11380* 13550 13550 13550	6910* 11110* 11110 11110 11110	
3½ 3½	IF NC38 小眼	120.7(4¾) 127.0(5) 133.4(5¼) 139.7(5½)				13420* 18710* 21690 21690	13420* 18710* 19790 19790	13420* 17350 17350 17350	13420* 14770 14770 14770	11250 11250 11250 11250
3½	H90（4）	120.7(4¾) 127.0(5) 133.4(5¼) 139.7(5½)				11790* 17210* 22910* 25080	11790* 17210* 22640 22640	11790* 17210* 20330 20330	11790* 17210* 17760 17760	11790* 14100 14100 14100

续表

连接螺纹		外径 mm (in)	内径,mm (in)					
			44.5 (1¾)	50.8 (2)	57.2 (2¼)	63.5 (2½)	71.4 ($3^{13}/_{16}$)	76.2 (3)
尺寸 in	型式		最小紧扣扭矩,N·m					
4 4 4½	FH NC40 改眼 双流线	127.8(5) 133.4(5¼) 139.7(5½) 146.1(5¾) 152.4(6)	14640* 20470* 26710 27650 27650	14640* 20470* 25210 25210 25210	14640* 20470* 22910 22910 22910	14640* 20060 20060 20060 20060	14640* 16400 16400 16400 16400	
4	H90 (4)	133.4(5¼) 139.7(5½) 146.1(5¾) 152.4(6) 158.8(6¼)		16940* 23450* 30230* 31860 31860	16940* 23450* 29150 29150 29150	16840* 23450* 26300 26300 26300	16940* 22370 22370 22370 22370	
4½	REG	139.7(5½) 146.1(5¾) 152.4(6) 158.8(6¼)		20880* 27520* 31720 31720	20880* 27520* 29280 29280	20880* 26300 26300 26300	20880* 21960 21960 21960	
	NC44	146.1(5¾) 152.4(6) 158.8(6¼) 165.1(6½)		27930* 33890 33890 33890	27930* 31590 31590 31590	27930* 28740 28740 28740	24400* 24400 24400 24400	
4½	FH	139.7(5½) 146.1(5¾) 152.4(6) 158.8(6¼) 165.1(6½)		17490* 24260* 31590* 36600 36600	17490* 24260* 31590* 33890 33890	17490* 24260* 30910 30910 30910	17490* 24260* 26840 26840 26840	17490* 23990 23990 23990 23990
4½ 4 4 4½ 5 4½	特眼 NC46 IF 半内平 双流线 改眼	146.1(5¾) 152.4(6) 158.8(6¼) 165.1(6½) 171.5(6¾)			23860* 31450* 37960 37960 37960	23860* 31450* 34570 34570 34570	23860* 30090 30090 30090 30090	23860* 27380 27380 27380 27380
4½	H90 (4)	146.1(5¾) 152.4(6) 158.8(6¼) 165.1(6½) 171.5(6¾)			23860* 31720* 38640 38640 38640	23860* 31720* 35250 35250 35250	23860* 31180 31180 31180 31180	23860* 28470 28470 28470 28470
5	H90 (4)	158.8(6¼) 165.1(6½) 171.5(6¾) 177.8(7)			33890* 42700* 47450 47450	33890* 42700* 44740 44740	33890* 39990 39990 39990	33890* 36600 36600 36600

续表

连接螺纹		外径 mm (in)	内径, mm (in)				
			57.2 (2¼)	63.5 (2½)	71.4 (2¹³/₁₆)	76.2 (3)	82.2 (3¼)
尺寸 in	型式		最小紧扣扭矩, N·m				
4½ 5 5 5½ 5	IF NC50 特眼 改眼 双流线 半内平	158.8 (6¼) 165.1 (6½) 171.5 (6¾) 177.8 (7) 184.2 (7¼)	30900* 40000* 48800* 51500 51000	30900* 40000* 48100 48100 48100	30900* 40000* 43400 43400 43400	30900* 40000* 40700 40700 40700	30900* 35900 35900 35900 35900
5½	H90 (4)	171.5 (6¾) 177.8 (7) 184.2 (7¼) 190.5 (7½)	46100* 56300* 57600 57600	46100* 54200 54200 54200	46100* 49500 49500 49500	46100* 46100 46100 46100	
5½	REG	171.5 (6¾) 177.8 (7) 184.2 (7¼) 190.5 (7½)	42700* 52900* 56900 56900	42700* 52900* 53600 53600	42700* 48800 48800 48800	42700* 45400 45400 45400	
5½	FH	177.8 (7) 184.2 (7¼) 190.5 (7½) 196.9 (7¾)		44100* 54900* 66400* 69100	44100* 54900* 63700 63700	44100* 54900* 61000 61000	44100* 54900* 56300 56300
	NC56	184.2 (7¼) 190.5 (7½) 196.9 (7¾) 203.2 (8)		54200* 65800* 69100 69100	54200* 65100 65100 65100	54200* 61000 61000 61000	54200* 56900 56900 56900
6⅝	REG	190.5 (7½) 196.9 (7¾) 203.2 (8) 209.6 (8¼)		62400 74600 77300 77300	62400 71900 71900 71900	62400 67800 67800 67800	62400 63700 63700 63700
6⅝	H90 (4)	190.5 (7½) 196.9 (7¾) 203.2 (8) 209.6 (8¼)		62400* 74600* 80700 80700	62400* 74600* 75900 75900	62400* 71900 71900 71900	62400* 67100 67100 67100
	NC61	203.2 (8) 209.6 (8¼) 215.9 (8½) 222.3 (8¾) 228.6 (9)		73200* 86800* 97600 97600 97600	73200* 86800* 92200 92200 92200	73200* 86800* 88100 88100 88100	73200* 82700 82700 82700 82700

续表

连接螺纹		外径 mm（in）	内径, mm（in）					
尺寸 in	型式		63.5 (2½)	71.4 (2¹³⁄₁₆)	76.2 (3)	82.6 (3¼)	88.9 (3½)	95.3 (3¾)
			最小紧扣扭矩，N·m					
5½	IF	203.2（8） 209.6（8¼） 215.9（8½） 222.3（8¾） 228.6（9） 235.0（9¼）	75900* 89500* 100300 100300 100300 100300	75900* 89500* 94900 94900 94900 94900	75900* 89500* 90800 90800 90800 90800	75900* 85400 85400 85400 85400 85400	75900* 80000 80000 80000 80000 80000	
6⅝	FH	215.9（8½） 222.3（8¾） 228.6（9） 235.0（9¼） 241.3（9½）		90800* 105800* 112500 112500 112500	90800* 105800* 108500 108500 108500	90800* 103000 103000 103000 103000	90800* 97600 97600 97600 97600	90200 90200 90200 90200 90200
	NC70	228.6（9） 235.0（9¼） 241.3（9½） 247.7（9¾） 254.0（10） 260.4（10¼）		101700* 119300* 136900* 145100 145100 145100	101700* 119300* 136900* 142400 142400 142400	101700* 119300* 135600 135600 135600 135600	101700* 119300 128800 128800 128800 128800	101700* 119300 122000 122000 122000 122000
	NC77	254.0（10） 260.4（10¼） 266.7（10½） 273.1（1¾） 279.4（11）			145100* 165400* 187100* 193900 193900	145100* 165400* 187100* 187100 187100	145100* 165400* 180300 180300 180300	145100* 165400* 173500 173500 173500
7	H90（4）	203.2（8） 209.6（8¼） 215.9（8½）		71900* 85400* 96900	71900* 85400* 92900	71900* 85400* 88100	71900* 82000 82000	
7⅝	REG	215.9（8½） 222.3（8¾） 228.6（9） 235.0（9¼） 241.3（9½）			81300* 96300* 112500* 119300 119300	81300* 96300* 112500* 112500 112500	81300* 96300* 107100 107100 107100	81300* 96300* 100300 100300 100300
7⅝	H90（4）	228.6（9） 235.0（9¼） 241.3（9½）			97600* 115900* 132900*	97600* 115900* 132900*	97600* 115900* 132900*	97600* 115900* 129500
8⅞	REG	254.0（10） 260.4（10¼） 266.7（10½）			146400* 166800* 188500	146400* 166800* 181700	146400* 166800* 174900	146400* 166800 166800

续表

连接螺纹		外径 mm (in)	内径, mm (in)					
			63.5 (2½)	71.4 (2¹³/₁₆)	76.2 (3)	82.6 (3¼)	88.9 (3½)	95.3 (3¾)
尺寸 in	型式		最小紧扣扭矩, N·m					
8⅝	H90 (4)	260.4(10¼) 266.7(10½)			152500* 174200*	152500* 174200*	152500* 174200	152500* 174200
7	H90 (4) (带低扭矩面)	222.3(8¾) 228.6(9)	91500* 100300	91500* 96300	90200 90200	84100 84100		
7⅝	REG (带低扭矩面)	235.0(9¼) 241.3(9½) 247.7(9¾) 254.0(10)		97600* 115200* 123400 123400	97600* 115200* 118000 118000	97600* 111200 111200 111200	97600* 104400 104400 104400	
7⅝	H90 (4) (带低扭矩面)	247.7(9¾) 254.0(10) 260.4(10¼) 266.7(10½)			123400* 142400 152500 152500	123400* 142400 146400 146400	123400* 140300 140300 140300	123400* 132900 132900 132900
8⅝	REG (带低扭矩面)	273.1(10¾) 279.4(11)			151900* 174900*	151900* 174900*	151900* 174900*	151900* 174900*
8⅝	H90 (4) (带低扭矩面)	273.1(10¾) 279.4(11) 285.8(11¼)			125400* 149100 173500*	125400* 149100 173500*	*125400 149100 *173500	125400 149100 173500*

注：* 表示与外径和内径相关的扭矩薄弱处是内螺纹端，其他所有的扭矩薄弱处是外螺纹端。

11.4 套 管

11.4.1 API套管钢级、标识和套管标记

11.4.1.1 API套管钢级和标识

API套管钢级和标识见表11-25，日本产特殊套管钢级和标识见表11-26。

表11-25 API套管钢级和标识

性能 \ 钢级	H40	J55	K55	C75	L80	N80	C90	C95	P105	P110	Q125	V150
识别色带	黑	浅绿	绿	蓝	红和棕	红	紫	棕	白	白	桔红	
最小屈服强度, MPa	276	379	379	517	552	552	620	655	724	758	862	1034
最大屈服强度, MPa	552	552	552	620	655	758	724	758	930	965	1034	1241
最小抗拉强度, MPa	414	517	655	655	655	689	689	724	827	862	931	1103

表 11-26 日本产特殊套管钢级和标识

钢 级	接箍标记	钢 级	接箍标记
NKT110	白色 + 红环	NT150DS	粉红白色 + 双红环
SM110T	白色 + 红环	NKT1403SB	—
SM110TT	白色 + 双红环	KO110T	白色 + 双紫红色环

11.4.1.2 套管标记

1. 常用套管

常用套管标记如图 11-12、图 11-13、图 11-14 所示。国产套管标记基本同于 API 套管标记。

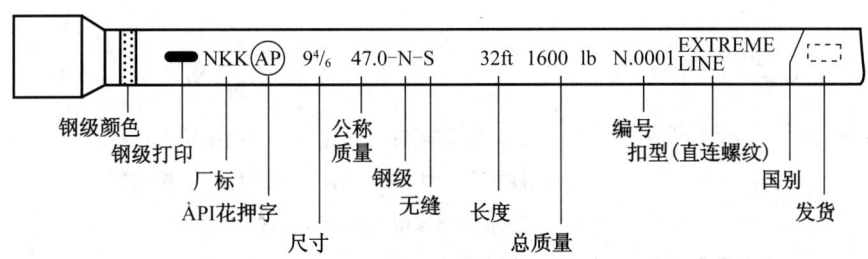

图 11-12 NKK 生产的 API 圆螺纹套管标记

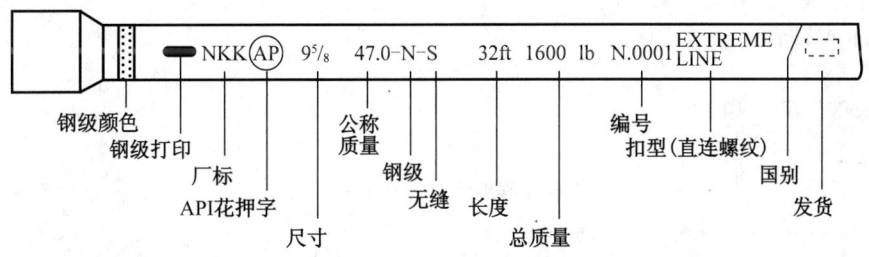

图 11-13 API 直连型螺纹套管标记

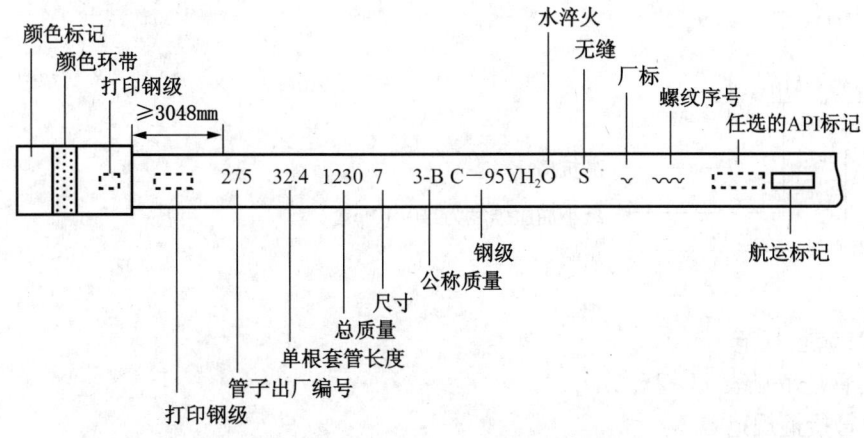

图 11-14 凡罗克生产的 VAM 螺纹套管标记

2. 日本产特殊套管标记
（1）住友：

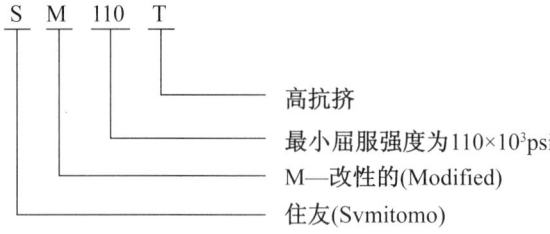

（2）新日铁：

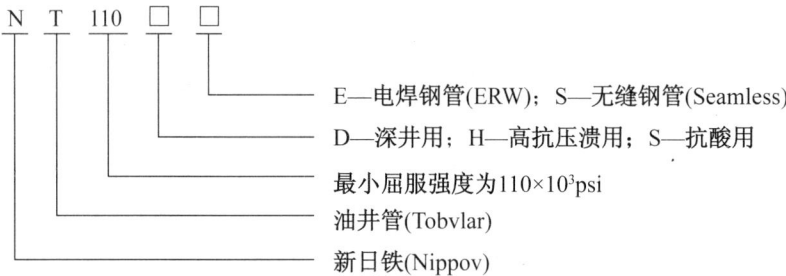

（3）日本铁管：

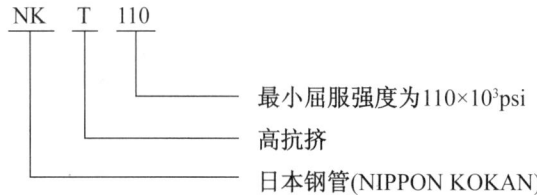

（4）川崎：

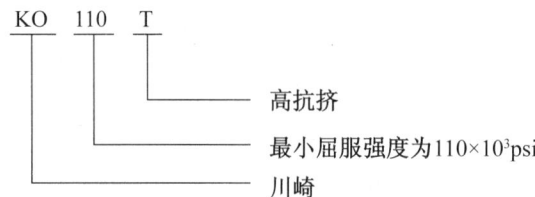

11.4.2　API 套管规范
API 套管规范见表 11-27。

11.4.3　套管接箍规范
圆螺纹套管接箍规范见表 11-28，偏梯形螺纹套管接箍规范见表 11-29。

表 11–27 API 套管规范

规格 mm（in）	公称质量 kg/m（lb/ft）	钢级	外径 mm	壁厚 mm	内径 mm	带螺纹和接箍，mm			直连型，mm		挤毁压力 MPa	管体屈服强度 kN
						通径	标准接箍外径	特殊间隙接箍外径	通径	机紧后内螺纹端外径		
114.3（4½）	14.14（9.50）	H–40	114.3	5.21	103.89	100.71	127	—	—	—	19	494
	14.14（9.50）	J–55	114.3	5.21	103.89	100.71	127	—	—	—	22.8	676
	15.63（10.50）	J–55	114.3	5.69	102.92	99.75	127	123.83	—	—	27.6	734
	17.26（11.60）	J–55	114.3	6.35	101.6	98.43	127	123.83	—	—	34.2	819
	14.14（9.50）	K–55	114.3	5.21	103.89	100.71	127	—	—	—	22.8	676
	15.63（10.50）	K–55	114.3	5.69	102.92	99.75	127	123.83	—	—	27.6	734
	17.26（11.60）	K–55	114.3	6.35	101.6	98.43	127	123.83	—	—	34.2	819
	17.26（11.60）	C–75	114.3	6.35	101.6	98.43	127	123.83	—	—	42.1	1112
	20.09（13.50）	C–75	114.3	7.37	99.57	96.39	127	123.83	—	—	56.1	1281
	17.26（11.60）	L–80	114.3	6.35	101.6	98.43	127	123.83	—	—	43.8	1188
	20.09（13.50）	L–80	114.3	7.37	99.57	96.39	127	123.83	—	—	58.9	1366
	17.26（11.60）	N–80	114.3	6.35	101.6	98.43	127	123.83	—	—	43.8	1157
	20.09（13.50）	N–80	114.3	7.37	99.57	96.39	127	123.83	—	—	58.9	1366
	17.26（11.60）	C–90	114.3	6.35	101.6	98.43	127	123.83	—	—	47	1335
	20.09（13.50）	C–90	114.3	7.37	99.57	96.39	127	123.83	—	—	64.1	1535
	17.26（11.60）	C–90	114.3	6.35	101.6	98.43	127	123.83	—	—	48.5	1410
	20.09（13.50）	C–90	114.3	7.37	99.57	96.39	127	123.83	—	—	66.6	1620
	17.26（11.60）	P–110	114.3	6.35	101.6	98.43	127	123.83	—	—	52.3	1633
	20.09（13.50）	P–110	114.3	7.37	99.57	96.39	127	123.83	—	—	73.6	1878
	22.47（15.10）	P–110	114.3	8.56	97.18	94.01	127	123.83	—	—	98.9	2518
	22.47（15.10）	Q–125	114.3	8.56	97.18	94.01	127	—	—	—	109.2	2452
127（5）	17.11（11.50）	J–55	127	5.59	115.82	112.65	141.3	—	—	—	21.1	810
	19.35（13.00）	J–55	127	6.43	114.15	111.66	141.3	136.53	—	—	28.5	925
	22.32（15.00）	J–55	127	7.52	111.96	108.79	141.3	136.53	105.4	136.1	38.3	1072
	17.11（11.50）	K–55	127	5.59	115.82	112.65	141.3	—	—	—	21.1	810
	19.35（13.00）	K–55	127	6.43	114.15	111.66	141.3	—	—	—	28.5	925
	22.32（15.00）	K–55	127	7.52	111.96	108.79	141.3	136.53	105.4	136.1	38.3	1072
	22.32（15.00）	C–75	127	7.52	111.96	108.79	141.3	136.53	105.44	136.14	47.9	1459
	26.79（18.00）	C–75	127	9.19	108.61	105.44	141.3	136.53	105.44	136.14	68.7	1762
	31.85（21.40）	C–75	127	11.1	104.8	101.63	141.3	136.53	—	—	82.5	2091
	34.53（23.20）	C–75	127	12.14	102.72	99.54	141.3	136.53	—	—	89.4	2265

续表

规格 mm（in）	最小内屈服压力，MPa							接头连接强度①，kN							
	平端或直连型	圆螺纹		偏梯形螺纹				带螺纹和接箍						直连型	
		短	长	标准接箍		特殊间隙接箍		圆螺纹		偏梯形螺纹				标准接头	选用接头
				同钢级	较高钢级②	同钢级	较高钢级②	短	长	标准接箍	较高钢级标准接箍②	特殊间隙接箍	较高钢级特殊间隙接箍②		
114.3（4½）	22	22	—	—	—	—	—	343	—	—	—	—	—	—	—
	30.2	30.2	—	—	—	—	—	449	—	—	—	—	—	—	—
	33	33	—	33	33	33	33	587	—	903	903	903	903	—	—
	36.9	36.9	36.9	36.9	36.9	36.9	36.9	685	721	1001	1001	1001	1001	—	—
	30.2	30.2	—	—	—	—	—	498	—	—	—	—	—	—	—
	33	33	—	33	33	33	33	650	—	1108	1108	1108	1108	—	—
	36.9	36.9	36.9	36.9	36.9	36.9	36.9	756	801	1232	1232	1232	1232	—	—
	50.3	—	50.3	50.3	—	50.3	—	—	943	1281	—	1281	—	—	—
	58.3	—	58.3	58.3	—	51.6	—	—	1143	1473	—	1424	—	—	—
	53.6	—	53.6	53.6	53.6	53.6	53.6	—	943	1295	—	1295	—	—	—
	62.2	—	62.2	62.2	62.2	55.1	62.3	—	1143	1486	—	1424	—	—	—
	53.6	—	53.6	53.6	53.6	53.6	53.6	—	992	1353	1353	1353	1353	—	—
	62.2	—	62.2	62.2	62.2	55.1	62.2	—	1201	1553	1553	1499	1553	—	—
	60.3	—	60.3	60.3	—	60.3	—	—	992	1375	—	1375	—	—	—
	70	—	70	70	—	62.1	—	—	1201	1579	—	1499	—	—	—
	63.7	—	63.7	63.7	—	63.7	—	—	1041	1446	1446	1446	—	—	—
	73.8	—	73.8	73.8	—	65.4	—	—	1264	1664	1664	1571	—	—	—
	73.7	—	73.7	73.7	73.7	73.7	73.7	—	1241	1713	1713	1713	1713	—	—
	85.6	—	85.6	85.6	85.6	75.8	85.6	—	1504	1971	1971	1873	1971	—	—
	99.4	—	99.4	92.8	99.4	75.8	95.6	—	1806	2265	2265	1873	2265	—	—
	113	—	113	106	—	—	—	—	1949	2465	—	—	—	—	—
127（5）	29.2	29.2	—	—	—	—	—	592	—	—	—	—	—	—	—
	33.6	33.6	33.6	33.6	33.6	33.6	33.6	752	810	1121	1121	1121	1121	—	—
	39.3	39.3	39.3	39.3	39.6	35.4	39.3	921	992	1304	1277	130	1304	1459	—
	29.2	29.2	—	—	—	—	—	654	—	—	—	—	—	—	—
	33.6	33.6	33.6	33.6	33.6	33.6	33.6	828	894	1375	1375	1375	1375	—	—
	39.3	39.3	39.3	39.3	39.3	35.4	39.3	1014	1095	1597	1597	1597	1597	1851	—
	53.6	—	53.6	53.6	—	48.2	—	—	1313	1668	—	1620	—	1851	—
	65.5	—	65.5	64.1	—	48.2	—	—	1673	2011	—	1620	—	1984	—
	79.1	—	69.9	64.1	—	48.2	—	—	2073	2269	—	1620	—	—	—
	86.5	—	69.9	64.1	—	48.2	—	—	2282	2269	—	1620	—	—	—

11 钻井管材

续表

规格 mm (in)	公称质量 kg/m (lb/ft)	钢级	外径 mm	壁厚 mm	内径 mm	带螺纹和接箍 通径	带螺纹和接箍 标准接箍外径 mm	带螺纹和接箍 特殊间隙接箍外径 mm	直连型 通径	直连型 机紧后内螺纹端外径 mm	挤毁压力 MPa	管体屈服强度 kN
127 (5)	35.87 (24.10)	C-75	127	12.7	101.6	98.43	141.3	136.53	—	—	93.1	2358
	22.32 (15.00)	L-80	127	7.52	111.96	108.79	141.3	136.53	105.44	136.14	50	1557
	26.79 (18.00)	L-80	127	9.19	108.61	105.44	141.3	136.53	105.44	136.14	72.4	1878
	31.85 (21.40)	L-80	127	11.1	104.8	101.63	141.3	136.53	—	—	88	2229
	34.53 (23.20)	L-80	127	12.14	102.72	99.54	141.3	136.53	—	—	95.4	2416
	35.87 (24.10)	L-80	127	12.7	101.6	98.43	141.3	136.53	—	—	99.3	2518
	22.32 (15.00)	N-80	127	7.52	111.96	108.79	141.3	136.53	105.44	136.14	50	1557
	26.79 (18.00)	N-80	127	9.19	108.61	105.44	141.3	136.53	105.44	136.14	72.4	1878
	31.85 (21.40)	N-80	127	11.1	104.8	101.63	141.3	136.53	—	—	88	2229
	34.53 (23.20)	N-80	127	12.14	102.72	99.54	141.3	136.53	—	—	95.4	2416
	35.87 (24.10)	N-80	127	12.7	101.6	98.43	141.3	136.53	—	—	99.3	2518
	22.32 (15.00)	C-90	127	7.52	111.96	108.79	141.3	136.53	105.44	136.14	54.1	1753
	26.79 (18.00)	C-90	127	9.19	108.61	105.44	141.3	136.53	105.44	136.14	79.5	2113
	31.85 (21.40)	C-90	127	11.1	104.8	101.63	141.3	136.53	—	—	99	2509
	34.53 (23.20)	C-90	127	12.14	102.72	99.54	141.3	136.53	—	—	107.3	2718
	35.87 (24.10)	C-90	127	12.7	101.6	98.43	141.3	136.53	—	—	111.7	2830
	22.32 (15.00)	C-90	127	7.52	111.96	108.79	141.3	136.53	105.44	136.14	55.9	1851
	26.79 (18.00)	C-90	127	9.19	108.61	105.44	141.3	136.53	105.44	136.14	82.9	2229
	31.85 (21.40)	C-90	127	11.1	104.8	101.63	141.3	136.53	—	—	104.5	2647
	34.53 (23.20)	C-90	127	12.14	102.72	99.54	141.3	136.53	—	—	113.3	2870
	35.87 (24.10)	C-90	127	12.7	101.6	98.43	141.3	136.53	—	—	117.9	2990
	22.32 (15.00)	P-110	127	7.52	111.96	108.79	141.3	136.53	105.44	136.14	61	2140
	26.79 (18.00)	P-110	127	9.19	108.61	105.44	141.3	136.53	105.44	136.14	92.9	2581
	31.85 (21.40)	P-110	127	11.1	104.8	101.63	141.3	136.53	—	—	121	3065
	34.53 (23.20)	P-110	127	12.14	102.72	99.54	141.3	136.53	—	—	131.1	3324
	35.87 (24.10)	P-110	127	12.7	101.6	98.43	141.3	136.53	—	—	136.5	3461
	26.79 (18.00)	Q-125	127	9.19	108.6	105.4	141.3	—	105.4	136.1	102.3	2932
	31.85 (21.40)	Q-125	127	11.1	104.8	101.6	141.3	—	—	—	137.5	3484
	34.53 (23.20)	Q-125	127	12.14	102.7	99.54	141.3	—	—	—	149.1	3777
	35.87 (24.10)	Q-125	127	12.7	101.6	98.43	141.3	—	—	—	155.1	3933

续表

规格 mm(in)	最小内屈服压力, MPa								接头连接强度①, kN							直连型
	平端或直连型	圆螺纹		偏梯形螺纹			特殊间隙接箍		带螺纹和接箍							
		短	长	标准接箍		较高钢级②	同钢级	较高钢级②	圆螺纹		偏梯形螺纹			较高钢级特殊间隙接箍②	标准接头	选用接头
				同钢级	较高钢级②				短	长	标准接箍	较高钢级标准接箍②	特殊间隙接箍			
127 (5)	90.5	—	69.9	64.1	—	48.2	—	—	2394	2269	—	1620	—	—	—
	57.2	—	57.2	57.2	57.2	51.4	57.2	—	1313	1686	—	1620	—	—	—
	69.9	—	69.9	68.3	69.9	51.4	69.9	—	1673	2033	—	1620	—	—	—
	84.4	—	74.5	68.3	—	51.4	—	—	2073	2269	—	1620	—	—	—
	92.3	—	74.6	68.3	—	51.4	—	—	2282	2269	—	1620	—	—	—
	96.5	—	74.5	68.3	—	51.4	—	—	2394	2269	—	1620	—	—	—
	57.2	—	57.2	57.2	57.2	51.4	57.2	—	1384	1762	180	1704	1762	1944	—
	69.9	—	69.9	68.3	69.9	51.4	69.9	—	1762	2122	217	1704	2122	2087	—
	84.4	—	74.5	68.3	84.4	51.4	70.7	—	2180	2389	257	1704	2131	—	—
	92.3	—	74.6	68.3	92.3	51.4	70.7	—	2403	2389	279	1704	2131	—	—
	96.5	—	74.5	68.3	93.9	51.4	70.7	—	2523	2389	290	1704	2131	—	—
	64.3	—	64.3	64.3	—	57.9	—	—	1384	1797	—	1789	—	1913	—
	78.6	—	78.6	76.9	—	57.9	—	—	1762	2167	—	1789	—	2087	—
	94.9	—	83.9	76.9	—	57.9	—	—	2180	2389	—	1789	—	—	—
	103.8	—	83.9	76.9	—	57.9	—	—	2403	2389	—	1789	—	—	—
	108.6	—	83.9	76.9	—	57.9	—	—	2523	2389	—	1789	—	—	—
	67.8	—	67.8	67.8	—	61	—	—	1450	1886	—	—	—	2042	—
	83	—	83	81.2	—	61	—	—	1851	2278	—	—	—	2193	—
	100.2	—	88.5	81.2	—	61	—	—	2291	2505	—	—	—	—	—
	109.6	—	88.6	81.2	—	61	—	—	2523	2505	—	—	—	—	—
	114.7	—	88.6	81.2	—	61	—	—	2647	2505	—	—	—	—	—
	78.6	—	78.6	78.6	78.6	70.7	78.6	—	1726	2238	2238	2131	2238	2434	—
	96.1	—	96.1	93.9	96.1	70.7	96.1	—	2202	2696	2696	2131	2696	2612	—
	116	—	102.5	93.9	116	70.7	116	—	2727	2985	3203	2131	2727	—	—
	126.9	—	102.6	94	126.9	70.7	126.9	—	3003	2985	3470	2131	2727	—	—
	132.7	—	102.5	93.9	128.1	—	128.1	—	3150	2985	3613	2131	2727	—	—
	109.2	—	109.2	106.7	—	—	—	—	2380	2941	—	—	—	2830	—
	131.8	—	116.5	106.7	—	—	—	—	2945	3221	—	—	—	—	—
	144.2	—	116.5	106.7	—	—	—	—	3243	3221	—	—	—	—	—
	150.8	—	116.5	106.7	—	—	—	—	3404	3221	—	—	—	—	—

续表

规格 mm（in）	公称质量 kg/m（lb/ft）	钢级	外径 mm	壁厚 mm	内径 mm	带螺纹和接箍，mm			直连型，mm		挤毁压力 MPa	管体屈服强度 kN
						通径	标准接箍外径	特殊间隙接箍外径	通径	机紧后内螺纹端外径		
139.7（5½）	20.83（14.00）	H—40	139.7	6.2	127.3	124.1	153.7	—	—	—	18.1	716
	20.83（14.00）	J—55	139.7	6.2	127.3	124.1	153.7	—	—	—	21.5	988
	23.07（15.50）	J—55	139.7	6.99	125.7	122.6	153.7	149.2	118.2	148.8	27.9	1103
	17.86（12.00）	J—55	139.7	7.72	124.3	121.1	153.7	149.2	118.2	148.8	33.9	1215
	20.83（14.00）	K—55	139.7	6.2	127.3	124.1	153.7	—	—	—	21.5	988
	23.07（15.50）	K—55	139.7	6.99	125.7	122.6	153.7	149.2	118.2	148.8	27.9	1103
	25.30（17.00）	K—55	139.7	7.72	124.3	121.1	153.7	149.2	118.2	148.8	33.9	1215
	25.30（17.00）	C—75	139.7	7.72	124.3	121.1	153.7	149.2	118.2	148.8	41.6	1655
	29.76（20.00）	C—75	139.7	9.17	121.4	118.2	153.7	149.2	118.2	148.8	58	1944
	34.23（23.00）	C—75	139.7	10.54	118.6	115.4	153.7	149.2	118.2	148.8	72.2	2211
	25.30（17.00）	L—80	139.7	7.72	124.3	121.1	153.7	149.2	118.2	148.8	43.3	1766
	29.76（20.00）	L—80	139.7	9.17	121.4	118.2	153.7	149.2	118.2	148.8	60.9	2073
	34.23（23.00）	L—80	139.7	10.54	118.6	115.4	153.7	149.2	118.2	148.8	76.9	2358
	25.30（17.00）	N—80	139.7	7.72	124.3	121.1	153.7	149.2	118.2	148.8	43.3	1766
	29.76（20.00）	N—80	139.7	9.17	121.4	118.2	153.7	149.2	118.2	148.8	60.9	2073
	34.23（23.00）	N—80	139.7	10.54	118.6	115.4	153.7	149.2	118.2	148.8	76.9	2358
	25.30（17.00）	C—90	139.7	7.72	124.3	121.1	153.7	149.2	118.2	148.8	46.5	1989
	29.76（20.00）	C—90	139.7	9.17	121.4	118.2	153.7	149.2	118.2	148.8	66.4	2336
	34.23（23.00）	C—90	139.7	10.54	118.6	115.4	153.7	149.2	115.4	148.8	85.4	2656
	38.69（26.00）	C—90	139.7	12.09	115.5	112.3	153.7	149.2	—	—	98.2	3008
	52.09（35.00）	C—90	139.7	16.51	106.7	103.5	153.7	149.2	—	—	129.4	3964
	25.30（17.00）	C—95	139.7	7.72	124.3	121.1	153.7	149.2	118.2	148.8	47.9	2096
	29.76（20.00）	C—95	139.7	9.17	121.4	118.2	153.7	149.2	118.2	148.8	69	2465
	34.23（23.00）	C—95	139.7	10.54	118.6	115.4	153.7	149.2	115.4	148.8	89.2	2803
	25.30（17.00）	P—110	139.7	7.72	124.3	121.1	153.7	149.2	118.2	148.8	51.6	2429
	29.76（20.00）	P—110	139.7	9.17	121.4	118.2	153.7	149.2	118.2	148.8	76.5	2852
	34.23（23.00）	P—110	139.7	10.54	118.6	115.4	153.7	149.2	115.4	148.8	100.3	3243
	34.23（23.00）	Q—125	139.7	10.54	118.6	115.4	153.7	—	115.4	148.8	110.8	3688

续表

规格 mm（in）	最小内屈服压力，MPa							接头连接强度①，kN							
	平端或直连型	圆螺纹		偏梯形螺纹				带螺纹和接箍						直连型	
		短	长	标准接箍		特殊间隙接箍		圆螺纹		偏梯形螺纹				标准接头	选用接头
				同钢级	较高钢级②	同钢级	较高钢级②	短	长	标准接箍	较高钢级标准接箍②	特殊间隙接箍	较高钢级特殊间隙接箍②		
139.7（5½）	21.4	21.4	—	—	—	—	—	578	—	—	—	—	—	—	—
	29.4	29.4	—	—	—	—	—	765	—	—	—	—	—	—	—
	33.2	33.2	33.2	33.2	33.2	32.6	33.2	899	965	1335	1335	1335	1335	1508	1508
	36.7	36.7	36.7	36.7	36.7	32.6	36.7	1019	1099	1464	1464	1415	1464	1655	1655
	29.4	29.4	—	—	—	—	—	841	—	—	—	—	—	—	—
	33.2	33.2	33.2	33.2	33.2	32.6	33.2	998	1063	1628	1628	1628	1628	1909	1909
	36.7	36.7	36.7	36.7	36.7	32.6	36.7	1121	1210	1789	1789	1789	1789	2096	2096
	50	—	50	50	—	44.5	—	—	1455	1882	—	1793	—	2096	2096
	59.4	—	59.4	58.1	—	44.5	—	—	1793	2211	—	1793	—	2211	2131
	68.3	—	63.8	58.1	—	44.5	—	—	2104	2447	—	1793	—	2443	2131
	53.4	—	53.4	53.4	53.4	47.4	53.4	—	1504	1904	—	1793	—	2096	2096
	63.4	—	63.4	62	63.4	47.4	63.4	—	1851	2238	—	1793	—	2211	2131
	72.8	—	68.1	62	72.8	47.4	65.2	—	2176	2447	—	1793	—	2443	2131
	53.4	—	53.4	53.4	53.4	47.4	53.4	—	1548	1984	1984	1886	1984	2207	2207
	63.4	—	63.4	62	63.4	47.4	63.4	—	1904	2331	2331	1886	2331	2327	2242
	72.8	—	68.1	62	72.8	47.4	65.2	—	2232	2576	2652	1886	2358	2567	2242
	60.1	—	60.1	60.1	—	53.4	—	—	1584	2029	—	1886	—	2207	2207
	71.3	—	71.3	69.8	—	53.4	—	—	1949	2385	—	1886	—	2327	2242
	81.9	—	76.6	69.8	—	53.4	—	—	2287	2581	—	1886	—	2567	2242
	94	—	76.6	69.8	—	53.4	—	—	2661	2581	—	1886	—	—	—
	128.3	—	76.6	69.2	—	53.4	—	—	2732	2581	—	1886	—	—	—
	63.4	—	63.4	63.4	—	56.3	—	—	1664	2136	—	1980	—	2318	2318
	75.2	—	75.2	73.6	—	56.3	—	—	2047	2505	—	1980	—	2443	2358
	86.5	—	80.9	73.6	—	56.3	—	—	2403	2705	—	1980	—	2696	2358
	73.4	—	73.4	73.4	73.4	65.2	73.4	—	1980	2527	2527	2358	258	2759	2759
	87.2	—	87.2	85.2	87.2	65.2	81.9	—	2438	2968	2968	2358	303	2910	2803
	100.1	—	90.7	85.2	100.1	65.2	81.9	—	2861	3221	3377	2358	303	3435	2803
	113.8	—	106.4	96.9	—	—	—	—	3088	3479	—	—	—	3470	—

续表

规格 mm（in）	公称质量 kg/m（lb/ft）	钢级	外径 mm	壁厚 mm	内径 mm	带螺纹和接箍，mm			直连型，mm		挤毁压 MPa	管体屈服强度 kN
						通径	标准接箍外径	特殊间隙接箍外径	通径	机紧后内螺纹端外径		
168.3 ($6^5/_8$)	29.76（20.00）	H–40	168.3	7.32	153.6	150.5	187.7	—	—	—	17.4	1019
	29.76（20.00）	J–55	168.3	7.32	153.6	150.5	187.7	177.8	—	—	20.5	1401
	35.72（24.00）	J–55	168.3	8.94	150.4	147.2	187.7	177.8	145.5	177.8	31.4	1700
	29.76（20.00）	K–55	168.3	7.32	153.6	150.5	187.7	177.8	—	—	20.5	1401
	35.72（24.00）	K–55	168.3	8.94	150.4	147.2	187.7	177.8	145.5	177.8	31.4	1700
	35.72（24.00）	C–75	168.3	8.94	150.4	147.2	187.7	177.8	145.5	177.8	38.3	2314
	41.67（28.00）	C–75	168.3	10.59	147.1	143.9	187.7	177.8	143.9	177.8	53.7	2714
	47.62（32.00）	C–75	168.3	12.07	144.2	141	187.7	177.8	141	177.8	67.6	3061
	35.72（24.00）	L–80	168.3	8.94	150.4	147.2	187.7	177.8	145.5	177.8	39.7	2469
	41.67（28.00）	L–80	168.3	10.59	147.1	143.9	187.7	177.8	143.9	177.8	56.3	2896
	47.62（32.00）	L–80	168.3	12.07	144.2	141	187.7	177.8	141	177.8	71.2	3266
	35.72（24.00）	N–80	168.3	8.94	150.4	147.2	187.7	177.8	145.5	177.8	39.7	2469
	41.67（28.00）	N–80	168.3	10.59	147.1	143.9	187.7	177.8	143.9	177.8	56.3	2896
	47.62（32.00）	N–80	168.3	12.07	144.2	141	187.7	177.8	141	177.8	71.2	3266
	35.72（24.00）	C–90	168.3	8.94	150.2	147.2	187.7	177.8	145.5	177.8	42.3	2776
	41.67（28.00）	C–90	168.3	10.59	147.1	143.9	187.7	177.8	143.9	177.8	61.2	3257
	47.62（32.00）	C–90	168.3	12.07	144.2	141	187.7	177.8	141	177.8	78.1	3675
	35.72（24.00）	C–95	168.3	8.94	150.4	147.2	187.7	177.8	145.5	177.8	43.5	2932
	41.67（28.00）	C–95	168.3	10.59	147.1	143.9	187.7	177.8	143.9	177.8	63.6	3439
	47.62（32.00）	C–95	168.3	12.07	144.2	141	187.7	177.8	141	177.8	81.4	3880
	35.72（24.00）	P–110	168.3	8.94	150.4	147.2	187.7	177.8	145.5	177.8	46.4	3395
	41.67（28.00）	P–110	168.3	10.59	147.1	143.9	187.7	177.8	143.9	177.8	70.1	3982
	47.62（32.00）	P–110	168.3	12.07	144.2	141	187.7	177.8	141	177.8	91.2	4489
	47.62（32.00）	Q–125	168.3	12.07	144.2	141	187.7	177.8	141	—	100.2	5103
177.8 (7)	25.30（17.00）	H–40	177.8	5.87	166.1	162.9	194.5	—	—	—	9.8	872
	29.76（20.00）	H–40	177.8	6.91	164	160.8	194.5	—	—	—	13.6	1023
	29.76（20.00）	J–55	177.8	6.91	164	160.8	194.5	—	—	—	15.7	1406
	34.23（23.00）	J–55	177.8	8.05	161.7	158.5	194.5	187.3	156.2	187.7	22.5	1628
	38.69（26.00）	J–55	177.8	9.19	159.4	156.2	194.5	187.3	156.2	187.7	29.8	1846
	29.76（20.00）	K–55	177.8	6.91	164	160.81	194.5	—	—	—	15.7	1406
	34.23（23.00）	K–55	177.8	8.05	161.7	158.5	194.5	187.3	156.2	187.7	22.5	1628
	38.69（26.00）	K–55	177.8	9.19	159.4	156.2	194.5	187.3	156.2	187.7	29.8	1846

续表

规格 mm (in)	最小内屈服压力，MPa							接头连接强度①，kN								
	平端或直连型	圆螺纹		偏梯形螺纹				带螺纹和接箍							直连型	
				标准接箍		特殊间隙接箍		圆螺纹		偏梯形螺纹						
		短	长	同钢级	较高钢级②	同钢级	较高钢级②	短	长	标准接箍	较高钢级标准接箍②	特殊间隙接箍	较高钢级特殊间隙接箍②	标准接头	选用接头
168.3 ($6^5/_8$)	21	21	—	—	—	—	—	819	—	—	—	—	—	—	—
	28.8	28.8	28.8	28.8	28.8	28	28.8	1090	1183	1664	1664	1664	1664	—	—
	35.2	35.2	35.2	35.2	35.2	28	35.2	1397	1513	2015	2015	1735	2015	2122	2122
	28.8	28.8	28.8	28.8	28.8	28	28.8	1188	1290	2015	206	2015	206	—	—
	35.2	35.2	35.2	35.2	35.2	28	35.2	1522	1655	2438	249	2198	2314	2692	2692
	48.1	—	48.1	48.1	—	38.2	—	—	2015	2594	—	2198	—	2692	2692
	57	—	57	57	—	38.2	—	—	2456	3039	—	2198	—	2883	2865
	64.9	—	64.9	63.4	—	38.2	—	—	2839	3430	—	2198	—	3190	2865
	51.3	—	51.3	51.3	—	40.7	—	—	2104	2634	—	2198	—	2692	2692
	60.7	—	60.7	60.7	—	40.7	—	—	2563	3083	—	2198	—	2883	2865
	69.2	—	69.2	69.2	—	40.7	—	—	2963	3484	—	2198	—	3190	2865
	51.3	—	51.3	51.3	51.3	40.7	51.3	—	2140	2736	2736	2314	2736	2834	2834
	60.7	—	60.7	60.7	60.7	40.7	56	—	2607	3208	3208	2314	2892	3034	3017
	69.2	—	69.2	67.7	69.2	40.7	56	—	3012	3622	3622	2314	2892	3359	3017
	57.7	—	57.7	57.7	—	45.9	—	—	2314	2816	—	236	—	2834	2834
	68.3	—	68.3	68.3	—	45.9	—	—	2816	3301	—	236	—	3034	3017
	77.8	—	77.8	76.2	—	45.9	—	—	3257	3724	—	236	—	3359	3017
	60.9	—	60.9	60.9	—	48.4	—	—	2429	2959	—	248	—	2972	2972
	72.1	—	72.1	72.1	—	48.4	—	—	2959	3470	—	248	—	3186	3168
	82.2	—	81.6	80.4	—	48.4	—	—	3421	3915	—	248	—	3528	3168
	70.5	—	70.5	70.5	70.5	56	57.3	—	2852	3497	3497	2892	3497	3542	3542
	83.6	—	81.6	83.6	83.6	56	57.3	—	3475	4102	4102	2892	3702	3791	3773
	95.2	—	81.6	93.1	95.2	56	57.3	—	4022	4627	4627	2892	3702	4200	—
	108.1	—	108.1	105.8	—	—	—	—	4400	5063	—	—	—	4538	—
177.8 (7)	15.9	15.9	—	—	—	—	—	543	—	—	—	—	—	—	—
	18.8	18.8	—	—	—	—	—	783	—	—	—	—	—	—	—
	25.8	25.8	—	—	—	—	—	1041	—	—	—	—	—	—	—
	30.1	30.1	30.1	30.1	30.1	27.2	30.1	1264	1383	1922	1922	1873	1922	2220	2220
	34.3	34.3	34.3	34.3	34.3	27.2	34.3	1486	1633	2180	2180	1873	2180	2251	2251
	25.8	25.8	—	—	—	—	—	1130	—	—	—	—	—	—	—
	30.1	30.1	30.1	30.1	30.1	27.2	30.1	1375	1517	2322	2322	2322	2322	2812	2812
	34.3	34.3	34.3	34.3	34.3	27.2	34.3	1620	1784	2634	2634	2371	2496	2852	2852

续表

规格 mm（in）	公称质量 kg/m（lb/ft）	钢级	外径 mm	壁厚 mm	内径 mm	带螺纹和接箍，mm			直连型，mm		挤毁压力 MPa	管体屈服强度 kN
						通径	标准接箍外径	特殊间隙接箍外径	通径	机紧后内螺纹端外径		
177.8（7）	34.23（23.00）	C−75	177.8	8.05	161.7	158.5	194.5	187.3	156.2	187.7	25.9	2220
	38.69（26.00）	C−75	177.8	9.19	159.4	156.2	194.5	187.3	156.2	187.7	36	2518
	43.16（29.00）	C−75	177.8	10.36	157.1	153.9	194.5	187.3	153.9	187.7	46.4	2821
	47.62（32.00）	C−75	177.8	11.51	154.8	151.6	194.5	187.3	151.6	187.7	56.5	3110
	52.09（35.00）	C−75	177.8	12.65	152.5	149.3	194.5	187.3	149.3	191.3	66.7	3395
	56.55（38.00）	C−75	177.8	13.72	150.4	147.2	194.5	187.3	147.2	191.3	73.6	3657
	34.23（23.00）	L−80	177.8	8.05	161.7	158.5	194.5	187.3	156.2	187.7	26.4	2367
	38.69（26.00）	L−80	177.8	9.19	159.4	156.2	194.5	187.3	156.2	187.7	37.3	2687
	43.16（29.00）	L−80	177.8	10.36	157.1	153.9	194.5	187.3	153.9	187.7	48.4	3008
	47.26（32.00）	L−80	177.8	11.51	154.8	151.6	194.5	187.3	151.6	187.7	59.4	3315
	52.09（35.00）	L−80	177.8	12.65	152.5	149.3	194.5	187.3	149.3	191.3	70.2	3622
	56.55（38.00）	L−80	177.8	13.72	150.4	147.2	194.5	187.3	147.2	191.3	78.5	3902
	34.23（23.00）	N−80	177.8	8.05	161.7	158.5	194.5	187.3	156.2	187.7	26.4	2367
	38.69（26.00）	N−80	177.8	9.19	159.4	156.2	194.5	187.3	156.2	187.7	37.3	2687
	43.16（29.00）	N−80	177.8	10.36	157.1	153.9	194.5	187.3	153.9	187.7	48.4	3008
	47.62（32.00）	N−80	177.8	11.51	154.8	151.6	194.5	187.3	151.6	187.7	59.4	3315
	52.09（35.00）	N−80	177.8	12.65	152.5	149.3	194.5	187.3	149.3	191.3	70.2	3622
	56.55（38.00）	N−80	177.8	13.72	150.4	147.2	194.5	187.3	147.2	191.3	78.5	3902
	34.23（23.00）	C−90	177.8	8.05	161.7	158.5	194.5	187.3	156.2	187.7	27.8	2665
	38.69（26.00）	C−90	177.8	9.19	159.4	156.2	194.5	187.3	156.2	187.7	39.6	3021
	43.16（29.00）	C−90	177.8	10.36	157.1	153.9	194.5	187.3	153.9	187.7	52.3	3381
	47.62（32.00）	C−90	177.8	11.51	154.8	151.6	194.5	187.3	151.6	187.7	64.7	3733
	52.09（35.00）	C−90	177.8	12.65	152.5	149.3	194.5	187.3	149.3	191.3	77	4071
	56.55（38.00）	C−90	177.8	13.72	150.4	147.2	194.5	187.3	147.2	191.3	88.4	4387
	34.23（23.00）	C−95	177.8	8.05	161.7	158.5	194.5	187.3	156.2	187.7	28.5	2812
	38.69（26.00）	C−95	177.8	9.19	159.4	156.2	194.5	187.3	156.2	187.7	40.5	3190
	43.16（29.00）	C−95	177.8	10.36	157.1	153.9	194.5	187.3	153.9	187.7	54	3573

续表

规格 mm（in）	最小内屈服压力，MPa							接头连接强度①，kN							
	平端或直连型	圆螺纹		偏梯形螺纹				带螺纹和接箍						直连型	
				标准接箍		特殊间隙接箍		圆螺纹		偏梯形螺纹					
		短	长	同钢级	较高钢级②	同钢级	较高钢级②	短	长	标准接箍	较高钢级标准接箍②	特殊间隙接箍	较高钢级特殊间隙接箍②	标准接头	选用接头
177.8（7）	41	—	41	41	—	37.1	—	—	1851	2478	—	2371	—	2812	2812
	46.8	—	46.8	46.8	—	37.1	—	—	2176	2807	—	2371	—	2852	2852
	52.7	—	52.7	52.7	—	37.1	—	—	2500	3146	—	2371	—	3048	2999
	58.5	—	58.5	54.7	—	37.1	—	—	2816	3466	—	2371	—	3386	2999
	64.4	—	59.7	54.7	—	37.1	—	—	3128	3706	—	2371	—	3782	3386
	69.8	—	59.7	54.7	—	37.1	—	—	3413	3706	—	2371	—	4080	3386
	43.7	—	43.7	43.7	43.7	39.6	43.7	—	1935	2514	—	2371	—	2812	2812
	49.9	—	49.9	49.9	49.9	39.6	49.9	—	2274	2852	—	2371	—	2852	2852
	56.3	—	56.3	56.3	56.3	39.6	54.4	—	2612	3195	—	2371	—	3048	2999
	62.5	—	62.5	58.3	62.5	39.6	54.4	—	2941	3519	—	2371	—	3386	2999
	68.7	—	63.7	58.3	68.7	39.6	54.4	—	3266	3706	—	2371	—	3782	3386
	74.5	—	63.7	58.3	74.5	39.6	54.4	—	3564	3706	—	2371	—	4080	3386
	43.7	—	43.7	43.7	43.7	39.6	43.7	—	1967	2616	2616	2496	2616	2963	2963
	49.9	—	49.9	49.9	49.9	39.6	49.9	—	2309	2968	2968	2496	2968	3003	3003
	56.3	—	56.3	56.3	56.3	39.6	54.4	—	2656	3319	3319	2496	3123	3208	3154
	62.5	—	62.5	58.3	62.5	39.6	54.4	—	2990	3662	3662	2496	3123	3564	3154
	68.7	—	63.7	58.3	68.7	39.6	54.4	—	3319	3897	3995	2496	3123	3982	3564
	74.5	—	63.7	58.3	74.5	29.6	54.4	—	3622	3897	4307	2496	3123	4293	3564
	49.2	—	49.2	49.2	—	44.5	—	—	2131	2692	—	2496	—	2963	2963
	56.2	—	56.2	56.2	—	44.5	—	—	2505	3057	—	2496	—	3003	3003
	63.3	—	63.3	63.3	—	44.5	—	—	2883	3417	—	2496	—	3208	3154
	70.3	—	65.6	65.6	—	44.5	—	—	3243	3768	—	2496	—	3564	3154
	77.3	—	65.6	65.6	—	44.5	—	—	3599	3897	—	2496	—	3982	3564
	83.8	—	65.6	65.6	—	44.5	—	—	3929	3897	—	2496	—	4293	3564
	51.9	—	51.9	51.9	—	47	—	—	2247	2830	—	2621	—	3110	3110
	59.3	—	59.3	59.3	—	47	—	—	2638	3212	—	2621	—	3154	3154
	66.8	—	65.6	66.8	—	47	—	—	3039	3595	—	2621	—	3368	3310

续表

规格 mm（in）	公称质量 kg/m（lb/ft）	钢级	外径 mm	壁厚 mm	内径 mm	带螺纹和接箍，mm			直连型，mm		挤毁压力 MPa	管体屈服强度 kN
						通径	标准接箍外径	特殊间隙接箍外径	通径	机紧后内螺纹端外径		
177.8（7）	47.62（32.00）	C−95	177.8	11.51	154.8	151.6	194.5	187.3	151.6	187.7	67.2	3938
	52.09（35.00）	C−95	177.8	12.65	152.5	149.3	194.5	187.3	149.3	191.3	80.3	4298
	56.55（38.00）	C−95	177.8	13.72	150.4	147.2	194.5	187.3	147.2	191.3	92.7	4632
	38.69（26.00）	P−110	177.8	9.19	159.4	156.2	194.5	187.3	156.2	187.7	43	3693
	43.16（29.00）	P−110	177.8	10.36	157.1	153.9	194.5	187.3	153.9	187.7	58.8	4133
	47.62（32.00）	P−110	177.8	11.51	155	151.6	194.5	187.3	151.6	187.7	74.3	4560
	52.09（35.00）	P−110	177.8	12.65	152.5	149.3	194.5	187.3	149.3	191.3	89.8	4979
	56.55（38.00）	P−110	177.8	13.72	150.4	147.2	194.5	187.3	147.2	191.3	104.4	5361
	52.09（35.00）	Q−125	177.8	12.65	152.5	149.3	194.5	—	149.3	191.3	98.7	5659
	56.55（38.00）	Q−125	177.8	13.72	150.4	147.2	194.5	—	147.2	191.3	115.5	6095
193.7（$7^5/_8$）	35.72（24.00）	H−40	193.7	7.62	178.4	175.3	215.9	—	—	—	14	1228
	39.29（26.40）	J−55	193.7	8.33	177	173.8	215.9	206.4	171.5	203.5	19.9	1842
	39.29（26.40）	K−55	193.7	8.33	177	173.8	215.9	206.4	171.5	203.5	19.9	1842
	39.29（26.40）	C−75	193.7	8.33	177	173.8	215.9	206.4	171.5	203.5	22.6	2509
	44.20（29.70）	C−75	193.7	9.53	174.6	171.5	215.9	206.4	171.5	203.5	32.1	2852
	50.15（33.70）	C−75	193.7	10.92	171.8	168.7	215.9	206.4	168.7	203.5	43.4	3243
	58.04（39.00）	C−75	193.7	12.7	168.3	165.1	215.9	206.4	165.1	203.5	57.9	3733
	63.69（42.80）	C−75	193.7	14.27	165.1	162	215.9	206.4	—	—	70.6	4160
	67.41（45.30）	C−75	193.7	15.11	163.5	160.3	215.9	206.4	—	—	74.4	4387
	70.09（47.10）	C−75	193.7	15.88	161.9	158.8	215.9	206.4	—	—	77.8	4587
	39.29（26.40）	L−80	193.7	8.33	177	173.8	215.9	206.4	171.5	203.5	23.4	2678
	44.20（29.70）	L−80	193.7	9.53	174.6	171.5	215.9	206.4	171.5	203.5	33	3039
	50.15（33.70）	L−80	193.7	10.92	171.8	168.7	215.9	206.4	168.7	203.5	45.2	3461
	58.04（39.00）	L−80	193.7	12.7	168.3	165.1	215.9	206.4	168.7	203.5	60.8	3982
	63.69（42.80）	L−80	193.7	14.27	165.1	162	215.9	206.4	—	—	74.5	4440
	67.41（45.30）	L−80	193.7	15.11	163.5	160.3	215.9	206.4	—	—	79.4	4676
	70.39（47.30）	L−80	193.7	15.88	161.9	158.8	215.9	206.4	—	—	83	4894
	39.29（26.40）	N−80	193.7	8.33	177	173.8	215.9	206.4	171.5	203.5	23.4	2678
	44.20（29.70）	N−80	193.7	9.53	174.6	171.5	215.9	206.4	171.5	203.5	33	3039
	50.15（33.70）	N−80	193.7	10.92	171.8	168.7	215.9	206.4	168.7	203.5	45.2	3461

续表

规格 mm（in）	最小内屈服压力，MPa							接头连接强度①，kN								
	平端或直连型	圆螺纹		偏梯形螺纹				带螺纹和接箍							直连型	
		短	长	标准接箍		特殊间隙接箍		圆螺纹		偏梯形螺纹					标准接头	选用接头
				同钢级	较高钢级②	同钢级	较高钢级②	短	长	标准接箍	较高钢级标准接箍②	特殊间隙接箍	较高钢级特殊间隙接箍②			
177.8（7）	74.2	—	65.6	69.3	—	47	—	—	3417	3964	—	2621	—		3742	3310
	81.6	—	65.6	69.3	—	47	—	—	3795	4093	—	2621	—		4182	3742
	88.4	—	65.6	69.3	—	47	—	—	4142	4093	—	2621	—		4507	3742
	68.7	—	65.6	68.7	68.7	51.6	51.6	—	3083	3795	3795	3123	3795		3755	3755
	77.4	—	65.6	77.4	77.4	51.6	51.6	—	3546	4249	4249	3123	3995		4013	3942
	85.9	—	65.6	80.3	81.3	51.6	51.6	—	3991	4685	4685	3123	3995		4458	3942
	94.5	—	65.6	80.3	81.3	51.6	51.6	—	4431	4876	5117	3123	3995		4974	4458
	102.4	—	65.6	80.3	81.3	51.6	51.6	—	4836	4876	5513	3123	3993		5370	4458
	107.3	—	99.5	91.2	—	—	—	—	4921	5263	—	—	—		5379	—
	116.4	—	99.5	91.2	—	—	—	—	5370	5263	—	—	—		5797	—
193.7（$7^5/_8$）	19	19	—	—	—	—	—	943	—	—	—	—	—		—	—
	28.5	28.5	28.5	28.5	28.5	28.5	28.5	1401	1539	2149	2149	2149	2149		2460	2460
	28.5	28.5	28.5	28.5	28.5	28.5	28.5	1522	1677	2585	2149	2585	2585		3114	3114
	39	—	39	39	—	39	—	—	2051	2776	—	2776	—		3114	3114
	44.5	—	44.5	44.5	—	42.3	—	—	2411	3154	—	3154	—		—	—
	51	—	51	51	—	42.3	—	—	2825	3586	—	3270	—		3408	3310
	59.4	—	59.4	59.4	—	42.3	—	—	3341	4133	—	3270	—		—	—
	66.7	—	66.7	63.4	—	42.3	—	—	3791	4605	—	3270	—		—	—
	70.6	—	67.8	63.3	—	42.3	—	—	4027	4850	—	3399	—		—	—
	74.2	—	67.8	63.4	—	42.3	—	—	4240	5072	—	3270	—		—	—
	41.5	—	41.5	41.5	41.5	41.5	41.5	—	2145	2825	—	2825	—		3114	3114
	47.5	—	47.5	47.5	47.5	45.2	47.5	—	2518	3208	—	3208	—		3114	3114
	54.5	—	54.5	54.5	54.5	45.2	54.5	—	2954	3648	—	3270	—		3408	3310
	63.3	—	53.3	63.3	63.3	45.2	62.1	—	2497	4204	—	3270	—		3786	3310
	71.2	—	71.2	67.5	—	45.2	—	—	2969	4685	—	3270	—		—	—
	75.3	—	72.4	67.5	—	45.2	—	—	4213	4934	—	3399	—		—	—
	79.2	—	72.3	67.5	—	45.2	—	—	4436	5161	—	3270	—		—	—
	41.5	—	41.5	41.5	41.5	41.5	41.5	—	2180	2932	2932	2932	2932		3279	3279
	47.5	—	47.5	47.5	47.5	45.2	47.5	—	2258	3332	3332	3332	3332		3279	3279
	54.5	—	54.5	54.5	54.5	45.2	54.5	—	2999	3791	3791	3439	3791		3586	3488

续表

规格 mm（in）	公称质量 kg/m（lb/ft）	钢级	外径 mm	壁厚 mm	内径 mm	带螺纹和接箍，mm			直连型，mm		挤毁压力 MPa	管体屈服强度 kN
						通径	标准接箍外径	特殊间隙接箍外径	通径	机紧后内螺纹端外径		
193.7 ($7^5/_8$)	58.04（39.00）	N–80	193.7	12.7	168.3	165.1	215.9	206.4	165.1	203.5	60.8	3982
	63.69（42.80）	N–80	193.7	14.27	165.1	162	215.9	206.4	—	—	74.5	4440
	67.41（45.30）	N–80	193.7	15.11	163.5	160.3	215.9	206.4	—	—	79.4	4676
	70.09（47.10）	N–80	193.7	15.88	161.9	158.8	215.9	206.4	—	—	83	4894
	39.29（26.40）	C–90	193.7	8.33	177	173.8	215.9	206.4	171.5	203.5	24.9	3012
	44.20（29.70）	C–90	193.7	9.53	174.6	171.5	215.9	206.4	171.5	203.5	34.8	3421
	50.15（33.70）	C–90	193.7	10.92	171.8	168.7	215.9	206.4	168.7	203.5	48.6	3893
	58.04（39.00）	C–90	193.7	12.7	168.3	165.1	215.9	206.4	165.1	203.5	66.3	4480
	63.69（42.80）	C–90	193.7	14.27	165.1	162	215.9	206.4	—	—	82	4992
	67.41（45.30）	C–90	193.7	15.11	163.5	160.3	215.9	206.4	—	—	89.3	5263
	70.09（47.10）	C–90	193.7	15.88	161.9	168.8	215.9	206.4	—	—	93.4	5504
	39.29（26.40）	C–95	193.7	8.33	177	173.8	215.9	206.4	171.5	203.5	25.6	3177
	44.20（29.70）	C–95	193.7	9.53	174.6	171.5	215.9	206.4	171.5	203.5	35.4	3608
	50.15（33.70）	C–95	193.7	10.92	171.8	168.7	215.9	206.4	168.7	203.5	50.2	4107
	58.04（39.00）	C–95	193.7	12.7	168.3	165.1	215.9	206.4	165.1	203.5	69	4729
	63.69（42.80）	C–95	193.7	14.27	165.1	162	215.9	206.4	—	—	85.6	5272
	67.41（45.30）	C–95	193.7	15.11	163.5	160.3	215.9	206.4	—	—	94.2	5553
	70.09（47.10）	C–95	193.7	15.88	161.9	168.8	215.9	206.4	—	—	98.6	5811
	44.20（29.70）	P–110	193.7	9.53	174.6	171.5	215.9	206.4	171.5	203.5	36.9	4182
	50.15（33.70）	P–110	193.7	10.92	171.8	168.7	215.9	206.4	168.7	202.5	54.3	4756
	58.04（39.00）	P–110	193.7	12.7	168.3	165.1	215.9	206.4	165.1	203.5	76.4	5477
	63.69（42.80）	P–110	193.7	14.27	165.1	162	215.9	206.4	—	—	96	6104
	67.41（45.30）	P–110	193.7	15.11	163.5	160.3	215.9	206.4	—	—	106.4	6434
	70.09（47.10）	P–110	193.7	15.88	161.9	158.8	215.9	206.4	—	—	114.1	6727
	58.04（39.00）	Q–125	193.7	12.7	168.3	165.1	215.9	—	165.1	203.5	83.2	6224
	63.69（42.80）	Q–125	193.7	14.27	165.1	162	215.9	—	—	—	105.8	6936
	67.41（45.30）	Q–125	193.7	15.11	163.5	160.3	215.9	—	—	—	117.8	7310
	70.09（47.10）	Q–125	193.7	15.88	161.9	158.8	215.9	—	—	—	128.9	7644

续表

规格 mm（in）	最小内屈服压力，MPa							接头连接强度①，kN								
	平端或直连型	圆螺纹		偏梯形螺纹				带螺纹和接箍							直连型	
				标准接箍		特殊间隙接箍		圆螺纹		偏梯形螺纹						
		短	长	同钢级	较高钢级②	同钢级	较高钢级②	短	长	标准接箍	较高钢级标准接箍②	特殊间隙接箍	较高钢级特殊间隙接箍②		标准接头	选用接头
193.7（$7^5/_8$）	63.3	—	63.3	63.3	63.3	45.2	62.1	—	3550	4365	4365	3439	4302		3586	3488
	71.2	—	71.2	67.5	71.2	45.2	62.1	—	4027	4863	4863	3439	4302		—	—
	75.3	—	72.4	67.5	75.3	45.2	55.4	—	4280	5125	5125	3577	4471		—	—
	79.2	—	72.3	67.5	79.2	45.2	62.1	—	4507	5361	5357	3439	4302		—	—
	46.7	—	46.7	46.7	—	46.7	—	—	2367	3030	—	3030	—		3279	3279
	53.4	—	53.4	53.4	—	50.8	—	—	2781	3439	—	3439	—		3279	3279
	61.2	—	61.2	61.2	—	50.8	—	—	3261	3915	—	3577	—		3586	3488
	71.2	—	71.2	71.2	—	50.8	—	—	3857	4507	—	3577	—		3986	3488
	80.1	—	80.1	76	—	50.8	—	—	4378	5023	—	3577	—		—	—
	84.7	—	81.4	76	—	50.8	—	—	4649	5290	—	3577	—		—	—
	89	—	81.4	76	—	50.8	—	—	4894	5513	—	3577	—		—	—
	49.3	—	49.3	49.3	—	49.3	—	—	2492	3186	—	3186	—		3444	3444
	56.4	—	56.4	56.4	—	53.6	—	—	2932	3617	—	3613	—		3444	3444
	64.7	—	64.7	64.7	—	53.6	—	—	3435	4116	—	3613	—		3764	3662
	75.2	—	75.2	75.2	—	53.6	—	—	4067	4738	—	3613	—		4187	3662
	84.5	—	81.4	80.1	—	53.6	—	—	4614	5281	—	3613	—		—	—
	89.4	—	81.4	80.2	—	53.6	—	—	4899	5566	—	3800	—		—	—
	94	—	81.4	80.1	—	53.6	—	—	5157	5784	—	3613	—		—	—
	65.3	—	65.3	65.3	65.3	55.4	55.4	—	3421	4271	4271	4271	4271		4102	4102
	74.9	—	74.9	74.9	74.9	55.4	55.4	—	4009	4863	4863	4302	4863		4485	4356
	87	—	81.4	87	87	55.4	55.4	—	4743	5597	5597	4302	5504		4983	4356
	97.8	—	81.4	87.4	87.4	55.4	55.4	—	5384	6238	6238	4302	5504		—	—
	103.6	—	81.4	87.4	87.4	55.4	55.4	—	5717	6571	6571	4471	5726		—	—
	108.8	—	81.4	87.4	87.4	55.4	55.4	—	6260	6874	6874	4302	5504		—	—
	98.9	—	98.9	98.9	—	—	—	—	5321	6135	—	—	—		5384	—
	111.1	—	111.1	105.4	—	—	—	—	6029	6834	—	—	—		—	—
	117.7	—	113.1	105.4	—	—	—	—	6402	7203	—	—	—		—	—
	123.6	—	113.1	105.4	—	—	—	—	6741	7439	—	—	—		—	—

续表

规格 mm（in）	公称质量 kg/m（lb/ft）	钢级	外径 mm	壁厚 mm	内径 mm	带螺纹和接箍，mm			直连型，mm		挤毁压力 MPa	管体屈服强度 kN
						通径	标准接箍外径	特殊间隙接箍外径	通径	机紧后内螺纹端外径		
219.1 ($8^5/_8$)	41.67（28.00）	H–40	219.1	7.72	203.6	200.5	244.5	—	—	—	11.1	1415
	47.62（32.00）	H–40	219.1	8.94	201.2	198	244.5	—	—	—	15.2	1628
	35.72（24.00）	J–55	219.1	6.71	205.7	202.5	244.5	—	—	—	9.4	1695
	47.62（32.00）	J–55	219.1	8.94	201.2	198	244.5	231.8	195.6	231.7	17.4	2238
	53.57（36.00）	J–55	219.1	10.16	198.8	195.6	244.5	231.8	195.6	231.7	23.8	2527
	35.72（24.00）	K–55	219.1	6.71	205.7	202.5	244.5	—	—	—	9.4	1695
	47.62（32.00）	K–55	219.1	8.94	201.2	198	244.5	231.8	195.6	231.7	17.4	2238
	53.57（36.00）	K–55	219.1	10.16	198.8	195.6	244.5	231.8	195.6	231.7	23.8	2527
	53.57（36.00）	C–75	219.1	10.16	198.8	195.6	244.5	231.8	195.6	231.7	27.6	3448
	59.53（40.00）	C–75	219.1	11.43	196.2	193	244.5	231.8	193	231.7	36.8	3857
	65.48（44.00）	C–75	219.1	12.7	193.7	190.5	244.5	231.8	190.5	231.7	45.9	4258
	72.92（49.00）	C–75	219.1	14.15	190.8	187.6	244.5	231.8	187.6	231.7	56.4	4712
	53.57（36.00）	L–80	219.1	10.16	198.8	195.6	244.5	231.8	195.6	231.7	28.3	3679
	59.53（40.00）	L–80	219.1	11.43	196.2	193	244.5	231.8	193	231.7	38.1	4116
	65.48（44.00）	L–80	219.1	12.7	193.7	190.5	244.5	231.8	190.5	231.7	47.9	4543
	72.92（49.00）	L–80	219.1	14.15	190.8	187.6	244.5	231.8	187.6	231.7	59.2	5023
	53.57（36.00）	N–80	219.1	10.16	198.8	195.6	244.5	231.8	195.6	231.7	28.3	3679
	59.53（40.00）	N–80	219.1	11.43	196.2	193	244.5	231.8	193	231.7	38.1	4116
	65.48（44.00）	N–80	219.1	12.7	193.7	190.5	244.5	231.8	190.5	231.7	47.9	4543
	72.92（49.00）	N–80	219.1	14.15	190.8	187.6	244.5	231.8	187.6	231.7	59.2	5023
	53.57（36.00）	C–90	219.1	10.16	198.8	195.6	244.5	231.8	195.6	231.7	29.3	4138
	59.53（40.00）	C–90	219.1	11.43	196.2	193	244.5	231.8	193	231.7	40.5	4627
	65.48（44.00）	C–90	219.1	12.7	193.7	190.5	244.5	231.8	190.5	231.7	51.6	5112
	72.92（49.00）	C–90	219.1	14.15	190.8	187.6	244.5	231.8	187.6	231.7	64.4	5655
	53.57（36.00）	C–95	219.1	10.16	198.8	195.6	244.5	231.8	195.6	231.7	30	4369
	59.53（40.00）	C–95	219.1	11.43	196.2	193	244.5	231.8	193	231.7	41.5	4885
	65.48（44.00）	C–95	219.1	12.7	193.7	190.5	244.5	231.8	190.5	231.7	53.4	5392
	72.92（49.00）	C–95	219.1	14.15	190.8	187.6	244.5	231.8	187.6	231.7	67	5966
	59.53（40.00）	P–110	219.1	11.43	196.2	193	244.5	231.8	193	231.7	44.1	5565

续表

规格 mm (in)	最小内屈服压力，MPa							接头连接强度[1]，kN							
	平端或直连型	圆螺纹		偏梯形螺纹				带螺纹和接箍						直连型	
				标准接箍		特殊间隙接箍		圆螺纹		偏梯形螺纹					
		短	长	同钢级	较高钢级[2]	同钢级	较高钢级[2]	短	长	标准接箍	较高钢级标准接箍[2]	特殊间隙接箍	较高钢级特殊间隙接箍[2]	标准接头	选用接头
219.1 ($8^5/_8$)	17	—	—	—	—	—	1037	—	—	—	—	—	—	—	
	19.7	19.7	—	—	—	—	—	1241	—	—	—	—	—	—	—
	20.3	20.3	—	—	—	—	—	1086	—	—	—	—	—	—	—
	27.1	27.1	27.1	27.1	27.1	27.1	27.1	1655	1855	2576	2576	2576	2576	3052	3052
	30.8	30.8	30.8	30.8	30.8	30.8	30.8	1931	2162	2910	2910	2910	2910	3061	3061
	20.3	20.3	—	—	—	—	—	1170	—	—	—	—	—	—	—
	27.1	27.1	27.1	27.1	27.1	27.1	27.1	1789	2011	3070	3070	3070	3070	3866	3866
	30.8	30.8	30.8	30.8	30.8	28	30.8	2082	2340	3470	3470	3470	3470	3875	3875
	42	—	42	42	—	38.1	—	—	2883	3768	—	3733	—	3875	3875
	47.2	—	47.2	47.2	—	38.1	—	—	3301	4213	—	3733	—	4191	3942
	52.5	—	52.5	52.5	—	38.1	—	—	3711	4654	—	3733	—	4480	3942
	58.5	—	58.5	58.5	—	38.1	—	—	4178	5148	—	3733	—	4480	3942
	44.7	—	44.7	44.7	44.7	40.7	44.7	—	3017	3844	—	3733	—	3875	3875
	50.3	—	50.3	50.3	50.3	40.7	50.3	—	3453	4298	—	3733	—	4191	3942
	56	—	56	56	56	40.7	55.9	—	3889	4743	—	3733	—	4480	3942
	62.3	—	62.3	62.3	62.3	40.7	55.9	—	4374	5250	—	3733	—	4480	3942
	44.7	—	44.7	44.7	44.7	40.7	43.7	—	3061	3982	3982	3929	3982	4080	4080
	50.3	—	50.3	50.3	50.3	40.7	43.7	—	3506	4454	4454	3929	4454	4414	4147
	56	—	56	56	56	40.7	43.7	—	3946	4916	4916	3929	4907	4716	4147
	62.3	—	62.3	62.3	62.3	40.7	43.7	—	4436	5437	5437	3929	4907	4716	4147
	50.3	—	50.3	50.3	—	43.7	—	—	3332	4129	—	3929	—	4080	4320
	56.7	—	56.7	56.7	—	43.7	—	—	3817	4618	—	3929	—	4414	4414
	63	—	63	63	—	43.7	—	—	4293	5099	—	3929	—	4716	4147
	70.1	—	70.1	70.1	—	43.7	—	—	4827	5642	—	3929	—	4716	4147
	53.2	—	53.2	53.2	—	43.7	—	—	3510	4342	—	4124	—	4285	4285
	59.8	—	59.8	59.8	—	43.7	—	—	4022	4859	—	4124	—	4636	4356
	66.5	—	66.5	66.5	—	43.7	—	—	4525	5366	—	4124	—	4952	4356
	74.1	—	71.6	74.1	—	43.7	—	—	5090	5935	—	4124	—	4952	4356
	69.2	—	69.2	69.2	69.2	43.7	43.7	—	4694	5731	5731	4907	5731	5517	5183

11 钻井管材

续表

规格 mm (in)	公称质量 kg/m (lb/ft)	钢级	外径 mm	壁厚 mm	内径 mm	带螺纹和接箍，mm			直连型，mm		挤毁压力 MPa	管体屈服强度 kN
						通径	标准接箍外径	特殊间隙接箍外径	通径	机紧后内螺纹端外径		
219.1 ($8^5/_8$)	65.48 (44.00)	P-110	219.1	12.7	193.7	190.5	244.5	231.8	190.5	231.7	58.1	6247
	72.92 (49.00)	P-110	219.1	14.15	190.8	187.6	244.5	231.8	187.6	231.7	74.1	6910
	72.92 (49.00)	Q-125	219.1	14.15	190.8	187.6	244.5	—	187.6	231.7	80.4	7853
244.5 ($9^5/_8$)	48.07 (32.30)	H-40	244.5	7.92	228.6	224.7	269.9	—	—	—	9.4	1624
	53.57 (36.00)	H-40	244.5	8.94	226.6	222.6	269.9	—	—	—	11.9	1824
	53.57 (36.00)	J-55	244.5	8.94	226.6	222.6	269.9	257.2	—	—	13.9	2509
	59.53 (40.00)	J-55	244.5	10.03	224.4	220.5	269.9	257.2	218.4	256.5	17.7	2803
	53.57 (36.00)	K-55	244.5	8.94	226.6	222.6	269.9	257.2	—	—	13.9	2509
	59.53 (40.00)	K-55	244.5	10.03	224.4	220.5	269.9	257.2	218.4	256.5	17.7	2803
	59.53 (40.00)	C-75	244.5	10.03	224.4	220.5	269.9	257.2	218.4	256.5	20.6	3822
	64.74 (43.50)	C-75	244.5	11.05	222.4	218.4	269.9	257.2	218.4	256.5	25.7	4191
	69.94 (47.00)	C-75	244.5	11.95	220.5	216.5	269.9	257.2	218.4	256.5	31.8	4529
	79.62 (53.50)	C-75	244.5	13.84	216.8	212.8	269.9	257.2	218.4	256.5	43.8	5188
	59.53 (40.00)	L-80	244.5	10.03	224.4	220.5	269.9	257.2	218.4	256.5	21.3	4075
	64.74 (43.50)	L-80	244.5	11.05	222.4	218.4	269.9	257.2	218.4	256.5	26.3	4471
	69.94 (47.00)	L-80	244.5	11.95	220.5	216.5	269.9	257.2	218.4	256.5	32.8	4832
	79.62 (53.50)	L-80	244.5	13.84	216.8	212.8	269.9	257.2	218.4	256.5	45.6	5535
	59.53 (40.00)	N-80	244.5	10.03	224.4	220.5	269.9	257.2	218.4	256.5	21.3	4075
	64.74 (43.50)	N-80	244.5	11.05	222.4	218.4	269.9	257.2	218.4	256.5	26.3	4471
	69.94 (47.00)	N-80	244.5	11.95	220.5	216.5	269.9	257.2	218.4	256.5	32.8	4832
	79.62 (53.50)	N-80	244.5	13.84	216.8	212.8	269.9	257.2	218.4	256.5	45.6	5535
	59.53 (40.00)	C-90	244.5	10.03	224.4	220.5	269.9	257.2	218.4	256.5	22.4	4587
	64.74 (43.50)	C-90	244.5	11.05	222.4	218.4	269.9	257.2	218.4	256.5	27.6	5028
	69.94 (47.00)	C-90	244.5	11.95	220.5	216.5	269.9	257.2	218.4	256.5	3405	5432
	79.62 (53.50)	C-90	244.5	13.84	216.8	212.8	269.9	257.2	218.4	256.5	49.1	6224
	59.53 (40.00)	C-95	244.5	10.03	224.4	220.5	269.9	257.2	218.4	256.5	22.9	4841
	64.74 (43.50)	C-95	244.5	11.05	222.4	218.4	269.9	257.2	218.4	256.5	28.4	5308
	69.94 (47.00)	C-95	244.5	11.99	220.5	216.5	269.9	257.2	216.5	256.5	35.1	5735
	79.62 (53.50)	C-95	244.5	13.84	216.8	212.8	269.9	257.2	212.8	256.5	50.6	6571

续表

规格 mm (in)	最小内屈服压力，MPa							接头连接强度[①]，kN							
	平端或直连型	圆螺纹		偏梯形螺纹				带螺纹和接箍						直连型	
		短	长	标准接箍		特殊间隙接箍		圆螺纹		偏梯形螺纹				标准接头	选用接头
				同钢级	较高钢级[②]	同钢级	较高钢级[②]	短	长	标准接箍	较高钢级标准接箍[②]	特殊间隙接箍	较高钢级特殊间隙接箍[②]		
219.1 ($8^5/_8$)	76.9	—	71.6	76.9	76.9	43.7	43.7	—	5277	6331	6331	4907	6282	5900	5183
	85.7	—	71.6	77.4	77.4	43.7	43.7	—	5940	7003	7003	4907	6282	5900	5183
	97.4	—	97.4	97.4	—	—	—	—	6656	7688	—	—	—	6371	—
244.5 ($9^5/_8$)	15.7	15.7	—	—	—	—	—	1130	—	—	—	—	—	—	—
	17.7	17.7	—	—	—	—	—	1130	—	—	—	—	—	—	—
	24.3	24.3	24.3	24.3	24.3	24.3	24.3	1753	2015	2843	2843	2843	2843	—	—
	27.2	27.2	27.2	27.2	27.2	25.2	27.2	2011	2314	3177	3177	3177	3177	3426	3426
	24.3	24.3	24.3	24.3	24.3	24.3	24.3	1882	2176	3359	3359	3359	3359	—	—
	27.2	27.2	27.2	27.2	27.2	25.2	27.2	2162	2496	3751	3751	3751	3751	4338	4338
	37.2	—	37.2	37.2	—	34.4	—	—	3088	4120	—	4120	—	4338	4338
	40.9	—	40.9	40.9	—	34.4	—	—	3453	4520	—	4156	—	4338	4338
	44.4	—	44.1	44.4	—	34.4	—	—	3791	4885	—	4156	—	4592	4592
	51.2	—	51.2	51.2	—	34.4	—	—	4445	5593	—	4156	—	5219	4685
	39.6	—	39.6	39.6	—	35.4	—	—	3235	4213	—	4156	—	4338	4338
	43.6	—	43.6	43.6	—	35.4	—	—	3617	4618	—	4156	—	4338	4338
	47.4	—	47.4	47.4	—	35.4	—	—	3973	4992	—	4156	—	4592	4592
	54.7	—	54.7	54.7	—	35.4	—	—	4658	5722	—	4156	—	5219	4685
	39.6	—	39.6	39.6	39.6	35.4	35.4	—	3279	4356	4356	4356	4356	4569	4569
	43.6	—	43.6	43.6	43.6	35.4	35.4	—	3671	4778	4778	4374	4778	4569	4569
	47.4	—	47.4	47.4	47.4	35.4	35.4	—	4027	5166	5166	4374	5166	4832	4832
	54.7	—	54.7	54.7	54.7	35.4	35.4	—	4725	5913	5913	4374	5468	5495	4934
	44.5	—	44.5	44.5	—	35.4	—	—	3577	4541	—	4374	—	4569	4569
	49.1	—	49.1	49.2	—	35.4	—	—	4000	4979	—	4374	—	4569	4569
	53.2	—	53.2	53.2	—	35.4	—	—	4391	5384	—	4374	—	4832	4832
	61.5	—	58.3	61.5	—	35.4	—	—	5148	6167	—	4374	—	5495	4934
	47	—	47	47	—	35.4	—	—	3768	4778	—	4592	—	4796	4796
	51.8	—	51.8	51.8	—	35.4	—	—	4218	5241	—	4592	—	4796	4796
	56.2	—	56.2	56.2	—	35.4	—	—	4627	5664	—	4592	—	5077	5077
	64.9	—	58.3	58.3	—	35.4	—	—	5428	6487	—	4592	—	5771	5179

续表

规格 mm（in）	公称质量 kg/m (lb/ft)	钢级	外径 mm	壁厚 mm	内径 mm	带螺纹和接箍，mm			直连型，mm		挤毁压力 MPa	管体屈服强度 kN
						通径	标准接箍外径	特殊间隙接箍外径	通径	机紧后内螺纹端外径		
244.5 ($9^5/_8$)	64.74（43.50）	P−110	244.5	11.05	222.4	218.4	269.9	257.2	218.4	256.5	30.5	6144
	64.74（43.50）	P−110	244.5	11.99	220.5	216.5	269.9	257.2	216.5	256.5	36.5	6643
	64.74（43.50）	P−110	244.5	13.84	216.8	212.8	269.9	257.2	212.8	256.5	54.8	7608
	69.94（47.00）	Q−125	244.5	11.99	220.5	216.5	269.9	—	216.5	256.5	38.9	7550
	79.62（53.50）	Q−125	244.5	13.84	216.8	212.8	269.9	—	212.8	256.5	58.2	8645
273.1 (10¾)	48.74（32.75）	H−40	273.1	7.09	258.9	254.9	298.5	—	—	—	5.8	1633
	60.27（40.50）	H−40	273.1	8.89	255.3	251.3	298.5	—	—	—	9.6	2033
	60.27（40.50）	J−55	273.1	8.89	255.3	251.3	298.5	285.5	—	—	10.9	2799
	67.71（45.50）	J−55	273.1	10.16	252.7	248.8	298.5	285.8	248.8	291.1	14.4	3181
	75.90（51.00）	J−35	273.1	11.43	250.2	246.2	298.5	285.8	246.2	291.1	18.6	3564
	60.27（40.50）	K−55	273.1	8.89	255.3	251.3	298.5	285.8	—	—	10.9	2799
	67.71（45.50）	K−55	273.1	10.16	252.7	248.8	298.5	285.8	248.8	291.1	14.4	3181
	75.90（51.00）	K−55	273.1	11.43	250.2	246.2	298.5	285.8	246.2	291.1	18.6	3564
	75.90（55.50）	C−75	273.1	11.43	250.2	246.2	298.5	285.8	246.2	291.1	21.4	4859
	82.59（55.50）	C−75	273.1	12.57	247.9	243.9	298.5	285.8	243.9	291.1	27	5321
	75.90（51.00）	L−80	273.1	11.43	250.2	246.2	298.5	285.8	246.2	291.1	22.2	5183
	82.59（55.50）	L−80	273.1	12.57	247.9	243.9	298.5	285.8	243.9	291.1	27.7	5677
	75.90（51.00）	N−80	273.1	11.43	250.2	246.2	298.5	285.8	246.2	291.1	22.2	5183
	82.59（55.50）	N−80	273.1	12.57	247.9	243.9	298.5	285.8	243.9	291.1	27.7	5677
	75.90（51.00）	C−90	273.1	11.43	250.2	246.2	298.5	285.8	246.2	291.1	23.4	5828
	82.59（55.50）	C−90	273.1	12.57	247.9	243.9	298.5	285.8	243.9	291.1	28.7	6385
	75.90（51.00）	C−95	273.1	11.43	250.2	246.2	298.5	285.8	246.2	291.1	24	6153
	82.59（55.50）	C−95	273.1	12.57	247.9	243.9	298.5	285.8	243.9	291.1	29.6	6741
	75.90（51.00）	P−110	273.1	11.43	250.2	246.2	298.5	285.8	246.2	291.1	25.2	7128
	82.59（55.50）	P−110	273.1	12.57	247.9	243.9	298.5	285.8	243.9	291.1	31.8	7804
	90.33（60.70）	P−110	273.1	13.84	245.4	241.4	298.5	285.8	241.4	291.1	40.5	8551
	97.77（65.70）	P−110	273.1	15.11	242.8	238.9	298.5	285.8	—	—	51.7	9290
	90.33（60.70）	Q−125	273.1	13.84	245.4	241.4	285.8	—	241.4	291.1	41.9	9717
	97.77（65.70）	Q−125	273.1	15.11	242.8	238.9	285.8	—	—	—	34.6	10558

续表

规格 mm (in)	最小内屈服压力，MPa							接头连接强度①，kN								
	平端或直连型	圆螺纹		偏梯形螺纹				带螺纹和接箍							直连型	
		短	长	标准接箍		特殊间隙接箍		圆螺纹		偏梯形螺纹					标准接头	选用接头
				同钢级	较高钢级②	同钢级	较高钢级②	短	长	标准接箍	较高钢级标准接箍②	特殊间隙接箍	较高钢级特殊间隙接箍②			
244.5 ($9^5/_8$)	60	—	60	60	60	35.4	35.4	—	4921	6175	6175	5468	6175		5708	5708
	65.1	—	65.1	63.2	63.2	35.4	35.4	—	5397	6674	6674	5468	6674		6042	6042
	75.2	—	66.7	63.2	63.2	35.4	35.4	—	6327	7644	7644	5468	6999		6870	6167
	74	—	71.5	74	—	—	—	—	6051	7341	—	—	—		6536	—
	85.4	—	85.4	85.4	—	—	—	—	7096	8409	—	—	—		7417	—
273.1 ($10^3/_4$)	12.5	12.5	—	—	—	—	—	912	—	—	—	—	—		—	—
	15.7	15.7	—	—	—	—	—	1397	—	—	—	—	—		—	—
	21.6	21.6	—	21.6	21.6	21.6	21.6	1869	—	3114	3114	3114	3114		—	—
	24.7	24.7	—	24.7	24.7	22.7	24.7	2193	—	3542	3542	3542	3542		4338	—
	27.8	27.8	—	27.8	27.8	22.7	27.8	2514	—	3964	3964	3657	3964		4859	—
	21.6	21.6	—	21.6	21.6	21.6	21.6	2002	—	3644	3644	3644	3644		—	—
	24.7	24.7	—	24.7	24.7	22.7	24.7	2349	—	4142	4142	4142	4142		5499	—
	27.8	27.8	—	27.8	27.8	22.7	27.8	2696	—	4641	4641	4632	4641		6153	—
	37.9	37.9	—	37.9	—	28.6	—	3364	—	5161	—	4632	—		6153	—
	41.6	41.6	—	41.6	—	28.6	—	3751	—	5655	—	4632	—		6741	—
	40.4	40.4	—	40.4	—	28.6	—	3553	—	5295	—	4632	—		6153	—
	44.5	44.5	—	44.5	—	28.6	—	3933	—	5797	—	4632	—		6741	—
	40.4	40.4	—	40.4	40.4	28.6	28.6	3577	—	5464	558	4876	558		6478	—
	44.5	44.5	—	44.5	44.5	28.6	28.6	3982	—	5984	611	4876	611		7096	—
	45.4	45.4	—	45.4	—	28.6	—	3911	—	5726	—	4948	—		6478	—
	50	47.4	—	50	—	28.6	—	4356	—	6269	—	4948	—		7096	—
	48	47.4	—	48	—	28.6	—	4124	—	6024	—	5121	—		6803	—
	52.8	47.4	—	51.4	—	28.6	—	4592	—	6598	—	5121	—		7542	—
	55.6	54.2	—	51.4	51.4	28.6	28.6	4805	—	7092	7092	6095	7804		8098	—
	61.1	54.2	—	51.4	51.4	28.6	28.6	5352	—	7764	7764	6095	7764		8867	—
	67.3	54.2	—	51.4	51.4	28.6	28.6	5953	—	8507	8507	6095	7804		8898	—
	73.4	54.2	—	51.4	51.4	28.6	28.6	6549	—	9241	9241	6095	7804		—	—
	76.5	76.5	—	76.5	—	—	—	6683	—	9383	—	—	—		9606	—
	83.5	83.5	—	83.5	—	—	—	7350	—	10193	—	—	—		—	—

续表

规格 mm（in）	公称质量 kg/m（lb/ft）	钢级	外径 mm	壁厚 mm	内径 mm	带螺纹和接箍，mm			直连型，mm		挤毁压力 MPa	管体屈服强度 kN
						通径	标准接箍外径	特殊间隙接箍外径	通径	机紧后内螺纹端外径		
298.5（11¾）	62.50（42.00）	H—40	298.5	8.46	281.5	277.6	323.9	—	—	—	7.2	2127
	69.94（47.00）	J—55	298.5	9.53	279.5	275.4	323.9	—	—	—	10.4	3279
	80.36（54.00）	J—55	298.5	11.05	276.4	272.4	323.9	—	—	—	14.3	3782
	89.29（60.00）	J—55	298.5	12.42	273.6	269.7	323.9	—	—	—	18.3	4236
	69.94（47.00）	K—55	298.5	9.53	279.4	275.4	323.9	—	—	—	10.4	3279
	80.36（54.00）	K—55	298.5	11.05	276.4	272.4	323.9	—	—	—	14.3	3782
	89.29（60.00）	K—55	298.5	12.42	273.6	269.7	323.9	—	—	—	18.3	4236
	89.29（60.00）	C—75	298.5	12.42	273.6	269.7	323.9	—	—	—	21.2	5775
	89.29（60.00）	L—80	298.5	12.42	273.6	269.7	323.9	—	—	—	21.9	6158
	89.29（60.00）	N—80	298.5	12.42	273.6	269.7	323.9	—	—	—	21.9	6158
	89.29（60.00）	C—90	298.5	12.42	273.6	269.7	323.9	—	—	—	23.2	6927
	89.29（60.00）	C—95	298.5	12.42	273.6	269.6	323.9	—	—	—	23.7	7314
	89.29（60.00）	P—120	298.5	12.42	273.6	269.7	323.9	—	—	—	24.9	8467
	89.29（60.00）	Q—125	298.5	12.42	273.6	269.7	323.9	—	—	—	25.4	9619
339.7（13³/₈）	71.43（48.00）	H—40	339.7	8.38	323	319	365.1	—	—	—	5.1	2407
	81.11（54.50）	J—55	339.7	9.65	320.4	316.5	365.1	—	—	—	7.8	3795
	90.78（61.00）	J—55	339.7	10.92	317.9	313.9	365.1	—	—	—	10.6	4280
	101.20（68.00）	J—55	339.7	12.19	315.3	311.4	365.1	—	—	—	13.4	4756
	81.11（54.50）	K—55	339.7	9.65	320.4	316.5	365.1	—	—	—	7.8	3795
	90.78（61.00）	K—55	339.7	10.92	317.9	313.9	365.1	—	—	—	10.6	4280
	101.20（68.00）	K—55	339.7	12.19	315.3	311.4	365.1	—	—	—	13.4	4756
	101.20（68.00）	C—75	339.7	10.92	315.3	311.4	365.1	—	—	—	15.3	6487
	107.15（72.00）	C—75	339.7	12.19	313.6	309.7	365.1	—	—	—	17.9	6932
	101.20（68.00）	L—80	339.7	10.92	315.3	311.4	365.1	—	—	—	15.6	6932
	107.15（72.00）	L—80	339.7	12.19	313.6	309.7	365.1	—	—	—	18.4	7390
346.1（13⁵/₈）	101.20（68.00）	N—80	339.7	12.19	315.3	311.4	365.1	—	—	—	15.6	6923
	107.15（72.00）	N—80	339.7	13.06	313.6	309.7	365.1	—	—	—	18.4	7390
	101.20（68.00）	C—90	339.7	12.19	315.3	311.4	365.1	—	—	—	16.0	7786
	107.15（72.00）	C—90	339.7	13.06	313.6	309.7	365.1	—	—	—	19.2	8316
	101.20（68.00）	C—95	339.7	12.19	315.3	311.4	365.1	—	—	—	16.1	8218
	107.15（72.00）	C—95	339.7	13.06	313.6	309.7	365.1	—	—	—	19.4	8778

续表

规格 mm（in）	最小内屈服压力，MPa							接头连接强度①，kN							
	平端或直连型	圆螺纹		偏梯形螺纹				带螺纹和接箍						直连型	
		短	长	标准接箍		特殊间隙接箍		圆螺纹		偏梯形螺纹				标准接头	选用接头
				同钢级	较高钢级②	同钢级	较高钢级②	短	长	标准接箍	较高钢级标准接箍②	特殊间隙接箍	较高钢级特殊间隙接箍②		
298.5（11¾）	13.7	13.7	—	—	—	—	—	1366	—	—	—	—	—	—	—
	21.2	21.2	—	21.2	21.2	—	—	2122	—	3591	3591	—	—	—	—
	24.5	24.5	—	24.5	24.5	—	—	2527	—	4142	4142	—	—	—	—
	27.6	27.6	—	27.6	27.6	—	—	2888	—	4636	4636	—	—	—	—
	21.2	21.2	—	21.2	21.2	—	—	2265	—	4160	4160	—	—	—	—
	24.5	24.5	—	24.5	24.5	—	—	2696	—	4801	4801	—	—	—	—
	27.6	27.6	—	27.6	27.6	—	—	3083	—	5375	5375	—	—	—	—
	37.6	37.6	—	37.6	—	—	—	3866	—	6055	—	—	—	—	—
	40.1	40.1	—	40.2	—	—	—	4062	—	6224	—	—	—	—	—
	40.2	40.1	—	40.2	—	—	—	4111	—	6407	6407	—	—	—	—
	40.2	40.1	—	43.4	—	—	—	4498	—	6749	—	—	—	—	—
	47.7	40.1	—	43.4	—	—	—	4743	—	7101	—	—	—	—	—
	55.2	40.1	—	43.4	43.4	—	—	5526	—	8351	8351	—	—	—	—
	62.7	62.7	—	62.7	—	—	—	6207	—	9228	—	—	—	—	—
339.7（13³/₈）	11.9	11.9	—	—	—	—	—	1433	—	—	—	—	—	—	—
	18.8	18.8	—	18.8	18.8	—	—	2287	—	4044	4044	—	—	—	—
	21.3	21.3	—	21.3	21.3	—	—	2647	—	4560	4560	—	—	—	—
	23.8	23.8	—	23.8	23.8	—	—	3003	—	5072	5072	—	—	—	—
	18.8	18.8	—	18.8	18.8	—	—	2434	—	4618	4618	—	—	—	—
	21.3	21.3	—	21.3	21.3	—	—	2816	—	5201	5201	—	—	—	—
	23.8	23.8	—	23.8	23.8	—	—	3195	—	5784	5784	—	—	—	—
	32.5	31.4	—	32.5	—	—	—	4027	—	6656	—	—	—	—	—
	34.8	31.4	—	34	—	—	—	4351	—	7110	—	—	—	—	—
	34.6	31.4	—	34	—	—	—	4236	—	6874	—	—	—	—	—
	37.1	31.4	—	34	—	—	—	4578	—	7341	—	—	—	—	—
346.1（13³/₈）	34.6	31.4	—	34	34	—	—	4285	—	7052	7052	—	—	—	—
	37.1	31.4	—	34	34	—	—	4627	—	7532	7532	—	—	—	—
	39	31.4	—	34	—	—	—	4703	—	7488	—	—	—	—	—
	41.7	31.4	—	34	—	—	—	3081	—	7995	—	—	—	—	—
	41.2	31.4	—	34	—	—	—	4956	—	7884	—	—	—	—	—
	44.1	31.4	—	34	—	—	—	5357	—	8422	—	—	—	—	—

续表

规格 mm (in)	公称质量 kg/m (lb/ft)	钢级	外径 mm	壁厚 mm	内径 mm	带螺纹和接箍，mm			直连型，mm		挤毁压力 MPa	管体屈服强度 kN
						通径	标准接箍外径	特殊间隙接箍外径	通径	机紧后内螺纹端外径		
346.1 ($13^5/_8$)	101.20 (68.00)	P−110	339.7	12.19	315.3	311.4	365.1	—	—	—	16.1	9517
	107.15 (72.00)	P−110	339.7	13.06	313.6	309.7	365.1	—	—	—	19.9	10162
	107.15 (72.00)	Q−125	339.7	13.06	313.6	309.7	365.1	—	—	—	19.9	11550
406.4 (16)	96.73 (65.00)	H−40	406.4	9.53	387.4	382.6	431.8	—	—	—	4.3	3275
	111.61 (75.00)	J−55	406.4	11.13	384.2	379.4	431.8	—	—	—	7.0	5241
	125.01 (84.00)	J−55	406.4	12.57	381.3	376.5	431.8	—	—	—	9.7	5900
	111.61 (75.00)	K−55	406.4	11.13	384.2	379.4	431.8	—	—	—	7.0	4241
	125.01 (84.00)	K−55	406.4	12.57	381.3	376.5	431.8	—	—	—	9.7	5900
473.1 ($18^5/_8$)	130.22 (87.50)	H−40	473.1	11.05	451	446.2	508	—	—	—	4.3[3]	4423
	130.22 (87.50)	J−55	473.1	11.05	451	446.2	508	—	—	—	4.3[3]	6082
	130.22 (87.50)	K−55	473.1	11.05	451	446.2	508	—	—	—	4.3[3]	6082
508 (20)	139.89 (94.00)	H−40	508	11.13	485.8	481	533.4	—	—	—	3.6[3]	4792
	139.89 (94.00)	J−55	508	11.13	485.8	481	533.4	—	—	—	3.6[3]	6585
	158.49 (106.50)	J−55	508	12.7	482.6	477.8	533.4	—	—	—	5.3[3]	7497
	197.93 (133.00)	J−55	508	16.13	475.7	471	533.4	—	—	—	10.3[3]	9455
	139.89 (94.00)	K−55	508	11.13	485.8	481	533.4	—	—	—	3.6[3]	6585
	158.49 (106.50)	K−55	508	12.7	482.6	477.8	533.4	—	—	—	5.3[3]	7497
	197.93 (133.00)	K−55	508	16.13	475.7	471	533.4	—	—	—	10.3[3]	9455

续表

规格 mm（in）	最小内屈服压力，MPa							接头连接强度①，kN							
	平端或直连型	圆螺纹		偏梯形螺纹				带螺纹和接箍						直连型	
				标准接箍		特殊间隙接箍		圆螺纹		偏梯形螺纹					
		短	长	同钢级	较高钢级②	同钢级	较高钢级②	短	长	标准接箍	较高钢级标准接箍②	特殊间隙接箍	较高钢级特殊间隙接箍②	标准接头	选用接头
346.1（13⁵/₈）	47.6	31.4	—	34	34	—	—	5771	—	9250	9250	—	—	—	—
	51	31.4	—	34	34	—	—	6238	—	9882	9882	—	—	—	—
	58	58	—	58	—	—	—	7012	—	10958	—	—	—	—	—
406.4（16）	11.3	11.3	—	—	—	—	—	1953	—	—	—	—	—	—	—
	18.1	18.1	—	18.1	18.1	—	—	3159	—	5339	5339	—	—	—	—
	20.5	20.5	—	20.5	20.5	—	—	3635	—	6011	6011	—	—	—	—
	18.1	18.1	—	18.1	18.1	—	—	3346	—	5922	5922	—	—	—	—
	20.5	20.5	—	20.5	20.5	—	—	3849	—	6669	6669	—	—	—	—
473.1（18⁵/₈）	11.2	11.2	—	—	—	—	—	2487	—	—	—	—	—	—	—
	15.5	15.5	—	15.5	15.5	—	—	3355	—	5913	5913	—	—	—	—
	15.5	15.5	—	15.5	15.5	—	—	3533	—	6349	6349	—	—	—	—
508（20）	10.5	10.5	10.5	—	—	—	—	2585	—	—	—	—	—	—	—
	14.5	14.5	14.5	14.5	14.5	—	—	3488	4035	6238	6238	—	—	—	—
	16.6	16.5	16.5	16	16	—	—	4062	4703	7101	7101	—	—	—	—
	21.1	16.5	16.5	16	16	—	—	5303	6140	2952	2952	—	—	—	—
	14.5	14.5	14.5	14.5	14.5	—	—	3666	6249	6580	6580	—	—	—	—
	16.6	16.5	16.5	16	16	—	—	4271	4952	7488	7488	—	—	—	—
	21.1	16.5	16.5	16	16	—	—	5575	6465	9446	9446	—	—	—	—

注：① 连接强度大于相应的管体屈服强度。

② 对 J–55 和 K–55 套管而言，最接近的较高钢级是 N–80。对 N–80 套管而言，最接近的较高钢级是 P–110。对 P–110 套管而言，最接近的较高钢级是最小屈服强度为 103.4MPa 的非 API 钢级 –150YS。对 C–75、L–80、C–90 和 C–95 套管而言，尚未确定较高钢级。

③ 挤毁压力值由弹性挤毁公式计算。

11 钻井管材

表11-28 API圆螺纹套管接箍

套管规格 mm (in)	接箍外径 mm	接箍最小长度, mm		镗孔直径 mm	承载面厚度 mm	质量, kg	
		短接箍	长接箍			短接箍	长接箍
114.30 (4½)	127.00	158.75	177.80	116.68	3.97	3.62	4.15
127.00 (5)	141.30	165.10	196.85	129.38	4.76	4.66	5.75
139.70 (5½)	153.67	171.45	203.20	142.08	3.18	5.23	6.42
168.28 (6⅝)	187.71	184.15	222.25	170.66	6.35	9.12	11.34
177.80 (7)	194.46	184.15	228.60	180.18	4.76	8.39	10.83
193.70 (7⅝)	215.90	190.50	234.95	197.64	5.56	12.30	15.63
219.08 (8⅝)	244.48	196.85	254.00	223.04	6.35	16.23	21.67
244.48 (9⅝)	269.88	196.85	266.70	248.44	6.35	18.03	25.45
273.05 (10¾)	298.45	203.20	—	277.02	6.35	20.78	—
298.45 (11¾)	323.85	203.20	—	302.42	6.35	22.64	—
339.72 (13⅜)	265.12	203.20	—	343.69	5.56	25.66	—
406.40 (16)	431.80	228.60	—	411.96	5.56	34.91	—
473.08 (18⅝)	508.00	228.60	—	478.63	5.56	54.01	—
508.00 (20)	533.40	228.60	292.10	513.56	5.56	43.42	57.04

表11-29 API偏梯形螺纹套管接箍

套管规格 mm (in)	接箍外径 mm	接箍最小长度, mm		镗孔直径 mm	承载面厚度 mm	质量, kg	
		短接箍	长接箍			短接箍	长接箍
114.30 (4½)	127.00	123.82	225.42	117.86	3.18	0.00	3.48
127.00 (5)	141.30	136.52	231.78	130.56	3.97	5.85	4.00
139.70 (5½)	153.67	149.22	234.95	143.26	3.97	6.36	4.47
168.28 (6⅝)	187.71	177.80	244.48	171.83	6.35	11.01	5.60
177.80 (7)	194.46	187.32	254.00	181.36	5.56	10.54	6.28
193.68 (7⅝)	215.90	206.38	263.52	197.23	7.94	15.82	9.29
219.08 (8⅝)	244.48	231.78	269.88	222.63	9.52	20.86	10.80
244.48 (9⅝)	269.88	257.18	269.88	248.03	9.52	23.36	12.02
273.05 (10¾)	298.45	285.75	269.88	276.61	9.52	25.74	13.39
298.45 (11¾)	323.85	—	269.88	302.01	9.52	28.03	—
339.72 (13⅜)	265.12	—	269.88	343.28	9.52	31.77	—
406.40 (16)	431.80	—	269.88	410.31	9.52	40.28	—
473.08 (18⅝)	508.00	—	269.88	476.99	9.52	62.68	—
508.00 (20)	533.40	—	269.88	511.91	9.52	50.10	—

11.4.4 特种（非API）套管

11.4.4.1 抗酸性介质腐蚀的套管

H_2S 在湿环境条件下，对 H_2S 敏感的钢材容易腐蚀，尤其在较寒冷的地区，钢材甚至会产生硫化物应力开裂（SSC）。但随着温度的升高，H_2S 在水中溶解度的降低使其腐蚀性降低。当温度升高到一定程度时，H_2S 的腐蚀作用会变得很小，甚至不产生SSC。通常对 H_2S 敏感的钢材都存在一个不发生 SSC 的温度，这个温度被称为临界温度。ARMOCO 公司推荐套管临界温度见表 11—30。

表 11—30 ARMOCO 公司推荐套管临界温度

套管钢级	临界温度，℃	套管钢级	临界温度，℃
K—55	75	S—95	150
L—80	75	P—110	180
C—75	100	Q—125	210
N—80	150	S—140	250
C—90P	—	V—150	300

在 SY/T 5087—2003 和 NACE MR0175 两个标准中明确规定，当气体总压力大于或等于 0.4MPa，而该气体中的 H_2S 分压大于或等于 0.0003MPa 时，称为酸性天然气，该天然气可引起对 H_2S 敏感性钢材发生 SSC。必须选择抗硫材料制成的套管。

天然气中 H_2S 的分压等于天然气中所含 H_2S 单独占有该体积时所具有的压力。酸性天然气是否会导致敏感材料发生 SSC，可按图 11—15 和图 11—16 进行划分。两图中的气体总压力线和 H_2S 分压力线以下的区域为 H_2S 腐蚀安全区，两条线以上为 H_2S 腐蚀破坏区。但是实践表明，即使是 H_2S 分压低于 0.0003MPa 时，也不可随意使用对 H_2S 异常敏感的钢材。API 套管中抗硫套管有表 11—31 中的 6 种。天津钢管集团股份有限公司生产的抗硫化氢应力腐蚀套管见表 11—32。

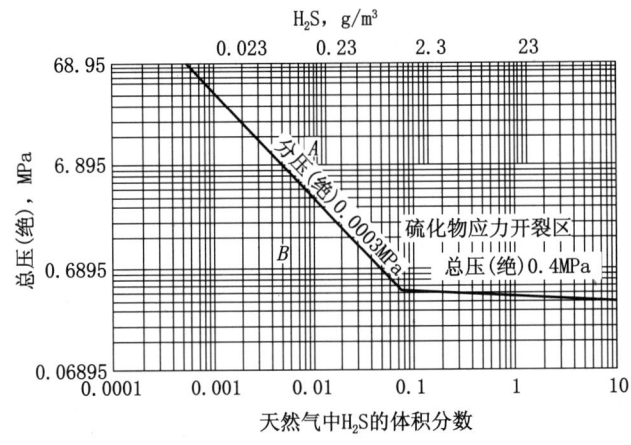

图 11—15 含硫气相介质中硫化物应力腐蚀区

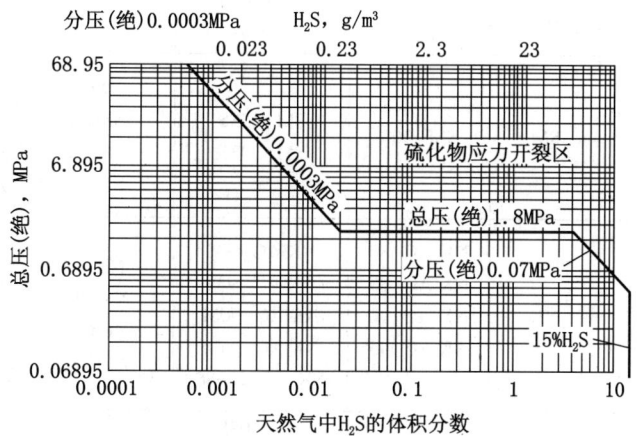

图 11-16 含硫多相系统硫化物应力腐蚀区

表 11-31 API 套管抗硫情况表

API 技术规范	5A	5AC	5AX	5AQ
适用于含硫化物的地区	H-40 J-55 K-55	C-75 L-80 C-90		

表 11-32 天津钢管集团股份有限公司抗硫化氢应力腐蚀套管机械性能

钢级	规格 mm (in)	上卸扣	静水压	连接强度		抗内压		抗挤毁		管体拉伸	
				API	TCPO	API	TCPO	API	TCPO	API	TCPO
TP90S (S)	177.8 (7)	API5CT	API5CT	3043.8	3790.1	36935	49733	33731	46048	3382	4450
	244.5 (9⁵/₈)			4000.6	4645.4	28747	31150	17844	25045	4588	5340
TP95S	177.8 (7)			3417.6	4267.6	42364	53329	43388	65326	3938	4762
	244.5 (9⁵/₈)			4628.0	5489.1	30349	32040	81505	48950	4841	5340

注：TCPO—天津钢管集团股份有限公司的代号。

在含 CO_2 油气田观察到的腐蚀破坏，主要由腐蚀产物膜局部破损处的点蚀引起的环状或台面的蚀坑或蚀孔。

CO_2 分压是影响腐蚀时速率的主要因素。研究结果表明，当 CO_2 的分压低于 0.021MPa 时腐蚀可以忽略；当 CO_2 的分压为 0.021~0.21MPa 时，腐蚀可能发生；当温度低于 60℃ 时为均匀腐蚀；60~110℃ 时则局部孔蚀严重；大于 150℃ 时则腐蚀速率下降。

在含 CO_2 的油气田中，CO_2 的腐蚀速率随钢材含 Cr 组分的增加而减小。9Cr-1Mo、13Cr 和 Cr 双向不锈钢等均已成功的用于含 CO_2 的油气井井下管柱。对于 CO_2 与 H_2S 共存系统，往往侧重于从 H_2S 腐蚀考虑防护。而当 CO_2 与 H_2S 分压之比大于 500 时，腐蚀产物膜才以碳酸铁为主。国外用于酸性环境油套管见表 11-33。

表 11-33 国外用于酸性环境油套管

国家	公司	系列代号	抗 SSC 油套管	特级抗 SSC 油套管	抗 CO_2 腐蚀 油套管	抗 SSC 和 CO_2 腐蚀 油套管
日本	住友金属工业公司（SM）	SM	SM-80S SM-90S SM-95S	SM-85SS SM-90SS	SM9Cr SM13Cr SM22Cr SM25Cr	SM2025 SM2035 SM2535 SM2242 SM2250
日本	日本钢管公司（NKK）	NK	NK AC-80 NK AC-85 NK AC-90 NK AC-95 NK AC-105	NK AC-90S NK AC-95S NK AC-90M NK AC-95M NK AC-100SS	NK CR9 NK CR13 NK CR22 NK CR25	NKNIC25 NKNIC32 NKNIC42 NKNIC42M NKNIC52 NKNIC62
日本	新日本制铁公司（NSC）	NT	NT-80S NT-85S NT-90S NT-85HSS NT-90HSS NT-95HSS NT-100HSS NT-105HSS NT-110HSS	NT-80SS NT-85SS NT-90SS NT-95SS NT-100SS NT-105SS NT-110SS NT-80SSS NT-85SSS NT-90SSS NT-95SSS	NT-13CR NT-22CR NT-25CR 抗 CO_2-Cl^- 管 NT-22CR-65 NT-22CR-110 NT-22CR-75 NT-22CR-110	
日本	川崎制铁公司（KSC）	KO	KO-80S KO-85S KO-90S KO-95S KO-110S	KO-80SS KO-85SS KO-90SS	KO-13Cr	
法国	瓦鲁海克公司（VALLOUREC）		L-80VH C-95VH C-90VHS C-95VTS		C-75VC13-VCM C-80VC13-VCM L-80VC13-VCM C-75VC13-VCM	Alloy 825-80 Hastelloy Alloy 825-110 Hastelloy Alloy 825-130 Hastelloy Alloy g-3 Hastelloy Alloy c-3-110 Alloy c-3-125 Alloy c-3-150 75 Vs22-Vs25 80 Vs22-Vs25 110 Vs22-Vs25 130 Vs22-Vs25 Vs28-80 Vs28-110 Vs28-130
加拿大	阿尔戈马钢铁公司（ALGOMA）		S00-9 S00-95			
瑞典	山特维克公司（SANDVIK）				DAF2205	Samicr028

11.4.4.2 高抗挤毁套管

天津钢管集团股份有限公司生产的高抗挤毁套管是一种特殊通径、特厚壁非 API 规格的套管，其主要机械性能见表 11-34、表 11-35 和表 11-36。

表 11-34 主要机械性能

钢级	屈服强度 MPa	最小抗拉强度 MPa	最小延伸率
TP80T	552～758	689	依照 API
TP95T	655～860	793	依照 API
TP110T	758～965	862	依照 API
TP125T	860～1035	930	依照 API
TP95TT	655～860	793	依照 API
TP110TT	758～965	862	依照 API
TP125TT	860～1035	930	依照 API
TP130TT	896～1150	970	12%

表 11-35 TP 单 T 套管系列抗挤毁强度保证值

外径 mm	壁厚 mm	质量 kg/m	最小抗挤强度，MPa				
			TP75T	TP80T	TP95T	TP110T	TP125T
139.70	7.72	25.30	47.85	54.40	61.91	70.33	—
139.70	91.7	29.76	66.74	70.60	79.70	95.84	—
139.70	10.54	34.22	79.43	84.81	100.11	113.07	121.83
139.70	12.09	38.69	—	—	119.90	126.86	—
139.70	13.46	41.66	—	—	132.10	139.96	—
177.80	8.05	34.22	29.72	37.92	38.96	39.30	—
177.80	9.19	38.69	41.37	49.02	53.78	57.23	—
177.80	10.36	43.15	51.02	59.16	67.43	79.29	—
177.80	11.51	47.62	62.19	69.29	78.19	93.77	—
177.80	12.65	52.10	73.29	77.98	89.70	108.94	14.42
177.80	13.72	56.54	81.01	87.56	104.18	116.52	127.07
244.48	10.03	59.52	22.61	29.16	29.16	29.65	—
244.48	11.05	64.73	28.27	37.92	38.61	38.61	—
244.48	11.99	69.94	34.96	44.33	48.95	48.95	50.33
244.48	13.84	79.61	48.13	56.40	64.47	74.46	75.64
244.48	15.11	86.90	—	—	73.50	88.25	—
244.48	15.88	90.92	—	—	78.60	94.46	—

表 11-36 TP 双 T 套管系列抗挤强度保证值

外径 mm	壁厚 mm	质量 kg/m	最小抗挤强度，MPa		
			TP95TT	TP110TT	TP125TT
139.70	7.72	25.30	67.22	74.12	81.50
139.70	91.7	29.76	85.50	97.56	107.28
139.70	10.54	34.22	103.08	119.62	132.93
139.70	12.09	38.69	122.73	144.79	159.27
139.70	13.46	41.66	139.96	167.20	176.51
177.80	8.05	34.22	41.71	43.78	46.82
177.80	9.19	38.69	58.26	61.71	65.98
177.80	10.36	43.15	72.39	80.67	86.32
177.80	11.51	47.62	83.77	95.49	102.11
177.80	12.65	52.10	95.15	99.45	113.42
177.80	13.72	56.54	105.83	123.76	132.79
244.48	10.03	59.52	33.09	33.09	34.75
244.48	11.05	64.73	41.37	43.78	45.92
244.48	11.99	69.94	51.02	53.78	55.16
244.48	13.84	79.61	68.95	77.22	81.36
244.48	15.11	86.90	78.60	88.94	93.08
244.48	15.88	90.92	84.12	95.84	100.66

11.4.4.3 抗腐蚀合金（CRA）套管

MANESMANN 钢管公司生产的合金钢管性能见表 11-37。

表 11-37 MANNESMANN 钢管公司合金钢管性能

钢级类别	钢级	屈服强度 MPa	极限拉伸强度 MPa	洛氏硬度	延伸率 %
超级奥氏体	VM 28 110	760～965	795	≤35	≥11
	VM 28 125	860～1035	900	≤37	≥10
	VM 28 135	930～1070	965	≤38	≥8
镍级合金	VM 825 110	760～930	795	≤35	≥11
	VM 825 120	830～1000	860	≤37	≥10
	VM G3 110	760～900	795	≤35	≥11
	VM G3 125	860～1000	900	≤37	≥10
	VM 50 110	760～900	795	≤35	≥11
	VM 50 125	860～1000	900	≤37	≥10

11.4.4.4 热采井套管

天津钢管集团股份有限公司热采套管技术规格及使用性能见表11-38。

表11-38 天津钢管集团股份有限公司热采套管技术规格及使用性能

公称外径 mm	质量 kg/m	套管尺寸，mm				接箍长度，mm			抗挤强度 MPa	管体屈服强度 MPa	最小内部屈服强度 MPa	
		壁厚	内径	通径尺寸	接箍外径	短圆螺纹	长圆螺纹	偏梯形螺纹			短圆螺纹	长圆螺纹
TP65H												
114.3	14.14	5.21	103.89	100.71	127	158.75	—	—	25	800	35.7	—
114.3	15.63	5.69	102.92	99.75	127	158.75	—	225.43	31	871	39	—
114.3	17.26	6.35	101.6	98.43	127	158.75	177.8	225.43	38	965	43.6	43.6
114.3	20.09	7.37	99.56	96.39	127	—	177.8	225.43	50	1107	—	50.3
127	17.11	5.59	115.82	112.65	141.3	165.1	—	—	23	956	34.5	34.5
127	19.35	6.43	114.14	110.87	141.3	165.1	196.85	231.78	32	1089	39.7	39.7
127	22.32	7.52	111.96	108.79	141.3	165.1	196.85	231.78	43	1262	46.4	46.4
127	26.79	9.19	108.62	105.44	141.3	—	196.85	231.78	60	1525	—	56.8
127	31.85	11.1	104.8	101.63	141.3	—	196.85	231.78	71	1809	—	68.5
139.7	20.83	6.2	127.3	124.13	153.67	171.45	—	—	23	1165	34.8	—
139.7	23.07	6.99	125.72	122.56	153.67	171.45	203.2	234.95	31	1302	39.2	39.2
139.7	25.3	7.72	124.26	121.08	153.67	171.45	203.2	234.95	38	1436	43.4	43.4
139.7	29.76	9.17	121.36	118.19	153.67	—	203.2	234.95	52	1685	—	51.5
139.7	34.23	10.54	118.62	115.44	153.67	—	203.2	234.95	63	1916	—	59.2
168.28	29.76	7.32	153.64	150.47	187.71	184.15	222.25	244.48	22	1658	34.1	34.1
168.28	35.72	8.94	150.4	147.22	187.71	184.15	222.25	244.48	35	2005	41.6	41.6
168.28	41.67	10.59	147.1	143.92	187.71	—	222.25	244.48	48	2352	—	49.4
177.8	29.76	6.91	163.98	160.81	194.46	184.15	—	—	17	1663	30.5	—
177.8	34.23	8.05	161.7	158.52	194.46	184.15	228.6	254	24	1925	35.5	35.5
177.8	38.69	9.19	159.42	156.24	194.46	184.15	228.6	254	33	2183	40.5	40.5
177.8	43.16	10.36	157.08	153.9	194.46	—	228.6	254	42	2440	—	45.7
177.8	47.62	11.51	154.78	151.61	194.46	—	228.6	254	51	2694	—	50.7
193.68	39.29	8.33	177.02	173.84	215.9	190.5	234.95	263.53	21	2174	33.7	33.7
193.68	44.2	9.53	174.62	171.45	215.9	—	234.95	263.53	30	2467	—	38.5
193.68	50.15	10.92	171.84	168.66	215.9	—	234.95	263.53	39	2809	—	44.2
219.08	35.72	6.71	205.66	202.49	244.48	196.85	—	—	10	2005	24	—
219.08	47.62	8.94	201.2	198.02	244.48	196.85	254	269.88	19	2645	32	32
219.08	53.57	10.16	198.76	195.58	244.48	196.85	254	269.88	26	2987	36.4	36.4
219.08	59.53	11.43	196.22	193.04	244.48	—	254	269.88	34	3338	—	40.9
219.08	65.48	12.7	193.68	190.5	244.48	—	254	269.88	42	3690	—	45.4
244.48	53.57	8.94	226.6	222.63	269.88	196.85	266.7	269.88	15	2965	28.7	28.7
244.48	59.53	10.03	224.42	220.45	269.88	196.85	266.7	269.88	19	3307	32.2	32.2
244.48	64.73	11.05	222.38	218.41	269.88	—	266.7	269.88	24	3627	—	35.4
244.48	69.94	11.99	220.5	216.54	269.88	—	266.7	269.88	30	3921	—	38.5

续表

公称外径 mm	质量 kg/m	最小内部屈服强度, MPa		螺纹连接强度, kN				推荐扭矩, kN·m					
		偏梯形螺纹		短圆螺纹	长圆螺纹	偏梯形螺纹		短圆螺纹			长圆螺纹		
		同钢级接箍	高一钢级接箍			同钢级接箍	高一钢级接箍	最小	最佳	最大	最小	最佳	最大
TP65H													
114.3	14.14	—	—	524.5				1324	1756	2202			
114.3	15.63	39	39	684.6	—	1026.8	1026.8	1711	2292	2857			
114.3	17.26	43.6	43.6	795.7	835.7	1138	1138	1994	2664	3333	2098	2798	3497
114.3	20.09	50.3	50.3	—	1013.5	1311.3	1311.3	—	—	—	2545	3393	4241
127	17.11	—	—	689				1726	2307	2887			
127	19.35	39.7	39.7	871	942.4	1280.2	1280.2	2188	2917	3646	2366	3155	3944
127	22.32	46.4	46.4	1066.8	1151.3	1484.7	1484.7	2679	3572	4464	2887	3854	4822
127	26.79	55.6	56.8	—	1471.4	1787	1787	—	—	—	3691	4926	6146
127	31.85	55.6	68.3	—	1818.1	2124.8	2124.8				4569	6087	7604
139.7	20.83	—	—	889	—			2232	2976	3720	—		
139.7	23.07	39.2	39.2	1044.6	1124.6	1520.3	1520.3	2619	3497	4360	2828	3765	4703
139.7	25.3	43.4	43.4	1186.9	1275.8	1671.4	1671.4	2976	3973	4956	3200	4271	5342
139.7	29.76	50.4	51.5	—	1569.2	1964.8	1964.8	—	—	—	3944	5253	6578
139.7	34.23	50.4	59.2	—	1844.8	2235.9	2235.9				4628	6176	7709
168.28	29.76	34.1	34.1	1266.9	1373.6	1902.5	1902.5	3185	4241	5298	3453	4598	5759
168.28	35.72	41.6	41.6	1626.9	1760.3	2302.6	2302.6	4078	5447	6801	4420	5893	7381
168.28	41.67	49.4	49.4	—	2147	2698.2	2698.2	—	—	—	5387	7188	8988
177.8	29.76	—	—	1213.5				3036	4063	5075	—		
177.8	34.23	35.5	35.5	1471.4	1618.1	2195.9	2195.9	3691	4926	6161	4063	5417	6771
177.8	38.69	40.5	40.5	1729.2	1902.5	2493.8	2493.8	4345	5789	7247	4777	6369	7962
177.8	43.16	45.7	45.7	—	2187	2791.6	2791.6	—	—	—	5893	7322	9152
177.8	47.62	47.4	50.7	—	2462.6	3076.1	3076.1				6191	8244	10313
193.68	39.29	33.7	33.7	1635.8	1795.9	2462.6	2462.6	4107	5476	6846	4509	6012	7500
193.68	44.2	38.5	38.5	—	2107	2796	2796	—	—	—	5298	7054	8825
193.68	50.15	44.2	44.2	—	2471.5	3182.8	3182.8				6206	8274	10343
219.08	35.72	—	—	1266.9	—			3185	4241	5298	—	—	
219.08	47.62	32	32	1933.7	2164.8	2951.6	2951.6	6340	6473	8081	5298	7247	9063
219.08	53.57	36.4	36.4	2249.3	2520.4	3338.3	3338.3	5655	7530	9420	6325	8438	10551
219.08	59.53	40.9	40.9	—	2884.9	3729.5	3729.5	—	—	—	7247	9658	12069
219.08	65.48	45.4	45.4	—	3245	4120.7	4120.7				8155	10864	13587
244.48	53.57	28.7	28.7	2044.8	2351.5	3262.8	3262.8	—	6846	8557	5908	7872	9837
244.48	59.53	32.2	32.2	2347.1	2698.2	3645.1	3645.1	5893	7857	9822	6771	9033	11295
244.48	65.48	35.4	35.4	—	3018.3	3996.2	3996.2	—	—	—	7575	10105	12634
244.48	69.94	38.5	38.5	—	3311.7	4320.7	4320.7				8319	11087	13855

续表

公称外径 mm	质量 kg/m	套管尺寸，mm				接箍长度，mm			抗挤毁强度 MPa	管体屈服强度 MPa	最小内部屈服强度，MPa	
		壁厚	内径	通径尺寸	接箍外径	短圆螺纹	长圆螺纹	偏梯形螺纹			短圆螺纹	长圆螺纹
273.05	60.27	8.89	255.27	251.31	298.45	203.2	—	269.88	12	3303	25.5	—
273.05	67.71	10.16	252.73	248.77	298.45	203.2	—	269.88	16	3756	29.2	—
273.05	75.9	11.43	250.19	246.23	298.45	203.2	—	269.88	20	4205	32.8	—
273.05	82.59	12.57	247.91	243.94	298.45	203.2	—	269.88	25	4610	36.1	—
TP90H												
114.3	17.26	6.35	101.60	98.43	141.30	—	177.80	255.43	47.02	133.56	—	60.30
114.3	20.09	7.37	99.56	96.39	141.30	—	177.80	255.43	64.12	1533.59	—	70.00
127	22.32	7.52	111.96	108.79	127.00	—	196.85	231.78	53.99	1751.41	—	64.30
127	26.79	9.19	108.62	105.44	127.00	—	196.85	231.78	79.43	2111.47	—	78.60
127	31.85	11.10	104.80	101.63	127.00	—	196.85	231.78	99.01	2507.09	—	83.90
127	34.53	12.14	102.72	99.54	127.00	—	196.85	231.78	107.28	2716.02	—	83.90
127	35.86	12.70	101.60	98.43	127.00	—	196.85	231.78	111.70	2827.15	—	83.90
139.7	25.30	7.72	124.26	121.08	127.00	—	203.20	234.95	46.47	1987.01	—	60.10
139.7	29.76	9.17	121.36	118.19	153.67	—	203.20	234.95	66.40	2333.73	—	71.30
139.7	34.23	10.54	118.62	115.44	153.67	—	203.20	234.95	85.36	2653.79	—	76.60
168.28	35.72	8.94	150.40	147.22	187.71	—	222.25	244.48	42.33	2773.81	—	57.70
168.28	41.67	10.59	147.10	143.92	187.71	—	222.25	244.48	61.23	3253.89	—	68.30
168.28	47.62	12.07	144.14	140.97	187.71	—	222.25	244.48	78.12	3671.74	—	77.80
177.8	34.23	8.05	161.70	158.52	194.46	—	228.60	254.00	27.79	2662.68	—	49.20
177.8	38.69	9.19	159.42	156.24	194.46	—	228.60	254.00	39.58	3018.29	—	56.20
177.8	43.16	10.36	157.08	153.90	194.46	—	228.60	254.00	52.26	3378.35	—	63.30
177.8	47.62	11.51	154.78	151.61	194.46	—	228.60	254.00	64.67	3729.52	—	65.60
177.8	52.09	12.65	152.50	149.33	194.46	—	228.60	254.00	77.01	4071.80	—	65.60
177.8	56.55	13.72	150.36	147.19	194.46	—	228.60	254.00	88.32	4382.97	—	65.60
193.68	39.29	8.33	177.02	173.84	215.90	—	234.95	263.53	24.89	3009.40	—	46.70
193.68	44.20	9.53	174.62	171.45	215.90	—	234.95	263.53	34.68	3418.36	—	53.40
193.68	50.15	10.92	171.84	168.66	215.90	—	234.95	263.53	48.61	3889.55	—	61.20
193.68	58.04	12.70	168.28	165.10	215.90	—	234.95	263.53	66.33	4476.32	—	71.20
193.68	63.69	14.27	165.14	161.95	215.90	—	234.95	263.53	81.98	4987.52	—	76.00
193.68	67.41	15.11	163.46	160.53	215.90	—	234.95	263.53	89.29	5258.67	—	76.00
193.68	70.09	15.88	161.92	158.75	244.48	—	234.95	263.53	93.36	5498.71	—	76.00
219.08	53.57	10.16	198.76	195.58	244.48	—	254.00	269.88	29.30	4134.04	—	50.30
219.08	59.53	11.43	196.22	193.04	244.48	—	254.00	269.88	40.47	4623.01	—	56.70
219.08	65.48	12.70	193.68	190.50	244.48	—	254.00	269.88	51.64	5107.54	—	62.90
219.08	72.92	14.15	190.78	187.60	244.48	—	254.00	269.88	64.40	5649.85	—	70.10

续表

公称外径 mm	质量 kg/m	最小内部屈服强度，MPa		螺纹连接强度，kN				推荐扭矩，kN·m					
		偏梯形螺纹		短圆螺纹	长圆螺纹	偏梯形螺纹		短圆螺纹			长圆螺纹		
		同钢级接箍	高一钢级接箍			同钢级接箍	高一钢级接箍	最小	最佳	最大	最小	最佳	最大
273.05	60.27	25.5	25.5	2182.6	—	3582.8	3582.8	5476	7307	9137	—	—	—
273.05	67.71	29.2	29.2	2560.4	—	4071.8	4071.8	6429	8572	10715	—	—	—
273.05	75.9	32.8	32.8	2938.3	—	4560.8	4560.8	7336	9837	12292	—	—	—
273.05	82.59	36.1	36.1	3271.7	—	—	—	8215	10953	13691	—	—	—
TP90H													
114.3	17.26	60.3	60.3	—	1040.2	1431.4	1431.4	—	—	—	2619	3482	4360
114.3	20.09	70.0	70.0	—	1262.4	1644.7	1644.7	—	—	—	3170	4226	5283
127	22.32	64.3	64.3	—	1449.1	1867	1867	—	—	—	3646	4851	6072
127	26.79	76.9	78.6	—	1849.2	2253.7	2253.7	—	—	—	4643	6191	7738
127	31.85	76.9	94.0	—	2289.3	2507.1	2676.0	—	—	—	5744	7664	9584
127	34.53	76.9	94.0	—	2520.4	2507.1	2898.3	—	—	—	6325	8438	10551
127	35.86	76.9	94.0	—	2644.9	2507.1	2982.7	—	—	—	6637	8855	11072
139.7	25.30	60.1	60.1	—	1662.5	2111.5	2111.5	—	—	—	4167	5566	3950
139.7	29.76	71.3	69.8	—	2044.8	2476	2476	—	—	—	5134	6846	8557
139.7	34.23	76.6	81.9	—	2400.4	2707.1	2818.3	—	—	—	6027	8036	10045
168.28	35.72	57.7	57.7	—	2351.5	2916.1	2916.1	—	—	—	5908	7872	9837
168.28	41.67	68.3	68.3	—	2862.7	3422.8	3422.8	—	—	—	7188	9584	11995
168.28	47.62	76.2	77.8	—	3311.7	3862.9	3862.9	—	—	—	8319	11087	13870
177.8	34.23	49.2	49.2	—	2160.4	2791.6	2791.6	—	—	—	5432	7232	9048
177.8	38.69	56.2	56.2	—	2538.2	3209.4	3209.4	—	—	—	6384	8497	11027
177.8	43.16	63.3	63.3	—	2920.5	3542.8	3542.8	—	—	—	7337	9777	12233
177.8	47.62	65.6	70.3	—	3289.4	3907.3	3907.3	—	—	—	8259	11012	13765
177.8	52.09	65.6	77.3	—	3649.4	4089.6	4262.9	—	—	—	9167	12218	15283
177.8	56.55	65.6	80.2	—	3982.9	4089.6	4591.9	—	—	—	10000	13334	16667
193.68	39.29	46.7	46.7	—	2396	3133.9	3133.9	—	—	—	6027	8021	10030
193.68	44.20	53.4	53.4	—	2818.3	3560.6	3560.6	—	—	—	7069	9435	11786
193.68	50.15	61.2	61.2	—	3302.8	4049.6	4049.6	—	—	—	8289	11057	13825
193.68	58.04	71.2	71.2	—	3907.3	4663	4663	—	—	—	9807	13081	16355
193.68	63.69	76.0	80.0	—	4436.3	5196.4	5196.4	—	—	—	11131	14852	18557
193.68	67.41	76.0	84.7	—	4711.9	5476.5	5476.5	—	—	—	11831	15774	19718
193.68	70.09	76.0	87.4	—	4960.8	5725.4	5725.4	—	—	—	12456	16608	20745
219.08	53.57	50.3	50.3	—	3373.9	4267.4	4267.4	—	—	—	8869	11295	14123
219.08	59.53	56.7	56.7	—	3862.9	4769.7	4769.7	—	—	—	9703	12932	16161
219.08	65.48	62.9	62.9	—	4347.4	5267.6	5267.6	—	—	—	10908	14554	18185
219.08	72.92	70.1	70.1	—	4889.7	5827.7	5827.7	—	—	—	12277	16370	20462

续表

名义外径 mm	质量 kg/m	套管尺寸，mm				接箍长度，mm			抗挤毁强度 MPa	管体屈服强度 MPa	最小内部屈服强度，MPa	
		壁厚	内径	通径尺寸	接箍外径	短圆螺纹	长圆螺纹	偏梯形螺纹			短圆螺纹	长圆螺纹
244.48	59.53	10.03	224.42	220.45	269.88	—	266.70	269.88	22.48	4583.00	—	44.50
244.48	64.73	11.03	222.42	218.41	269.88	—	266.70	269.88	27.65	5023.08	—	49.10
244.48	69.94	11.99	220.50	216.54	269.88	—	266.70	269.88	34.40	5432.08	—	53.20
244.48	79.62	13.84	216.80	212.83	269.88	—	266.70	269.88	49.02	6218.84	—	58.30
244.48	86.91	15.11	214.26	210.29	269.88	—	266.70	269.88	59.09	6752.26	—	58.30
TP100H												
114.3	17.26	6.35	101.60	98.43	127.00	—	177.80	225.43	49.78	1484.70	—	67.00
114.3	20.09	7.37	99.56	96.39	127.00	—	177.80	225.43	60.09	1706.96	—	77.80
114.3	22.47	8.56	97.18	94.01	127.00	—	177.80	225.43	91.70	1960.33	—	90.40
127	22.32	7.52	111.96	108.79	141.30	—	196.85	231.78	57.71	1942.55	—	71.40
127	26.79	9.19	108.62	105.44	141.30	—	196.85	231.78	86.32	2342.62	—	87.40
127	31.85	11.10	104.80	101.63	141.30	—	196.85	231.78	109.97	2782.70	—	93.20
127	34.53	12.14	102.72	99.54	141.30	—	196.85	231.78	119.21	3018.29	—	93.20
127	35.86	12.70	101.60	98.43	141.30	—	196.85	231.78	124.11	3142.76	—	93.20
139.7	25.30	7.72	124.26	121.08	153.67	—	203.20	234.95	49.16	2204.82	—	66.70
139.7	29.76	9.17	121.36	118.19	153.67	—	203.20	234.95	71.64	2591.55	—	79.20
139.7	34.23	10.54	118.62	115.44	153.67	—	203.20	234.95	92.94	2947.17	—	85.20
168.28	35.72	8.94	150.40	147.22	187.71	—	222.25	244.48	44.54	3084.97	—	64.10
168.28	41.67	10.59	147.10	143.92	187.71	—	222.25	244.48	65.84	3613.95	—	76.00
168.28	47.62	12.07	144.14	140.97	187.71	—	222.25	244.48	84.81	4080.70	—	81.60
177.8	38.69	9.19	159.42	156.24	194.46	—	228.60	254.00	41.51	3356.13	—	62.40
177.8	43.16	10.36	157.08	153.90	194.46	—	228.60	254.00	55.71	3756.20	—	65.60
177.8	47.62	11.51	154.78	151.61	194.46	—	228.60	254.00	69.64	4142.93	—	65.60
177.8	52.09	12.65	152.50	149.33	194.46	—	228.60	254.00	83.56	4520.77	—	65.60
177.8	56.55	13.72	150.36	173.84	194.46	—	228.60	254.00	96.60	4871.94	—	65.60
193.68	44.20	9.53	174.62	171.45	215.90	—	234.95	263.53	35.99	3796.20	—	59.40
193.68	50.15	10.92	171.84	168.66	215.90	—	234.95	263.53	51.64	4320.74	—	68.10
193.68	58.04	12.70	168.28	165.10	215.90	—	234.95	263.53	71.50	4974.18	—	79.20
193.68	63.69	14.27	165.14	161.95	215.90	—	234.95	263.53	89.15	5543.17	—	81.40
193.68	67.41	15.11	163.46	160.53	215.90	—	234.95	263.53	98.53	5840.99	—	81.40
193.68	70.09	15.88	161.92	193.04	215.90	—	234.95	263.53	103.77	6107.71	—	81.40
219.08	65.48	12.70	193.68	190.50	244.48	—	254.00	269.88	55.02	5672.08	—	69.90
219.08	72.92	14.15	190.78	220.45	244.48	—	254.00	269.88	69.36	6276.62	—	71.60
244.48	64.73	11.03	222.42	218.41	269.88	—	266.70	269.88	29.16	5583.17	—	54.50
244.48	69.94	11.99	220.50	216.54	269.88	—	266.70	269.88	35.71	6032.29	—	58.30
244.48	79.62	13.84	216.80	212.83	269.88	—	266.70	269.88	52.12	6912.29	—	58.30
244.48	86.91	15.11	214.26	210.29	269.88	—	266.70	269.88	63.36	7503.50	—	58.30

续表

名义外径 mm	质量 kg/m	最小内部屈服强度 MPa		螺纹连接强度, kN				推荐扭矩, kN·m					
		偏梯形螺纹		短圆螺纹	长圆螺纹	偏梯形螺纹		短圆螺纹			长圆螺纹		
		同钢级接箍	高一钢级接箍			同钢级接箍	高一钢级接箍	最小	最佳	最大	最小	最佳	最大
244.48	59.53	44.5	44.5	—	3618.4	4680.8	4680.8	—	—	—	9093	12114	15149
244.48	64.73	49.1	49.1	—	4049.6	5134.2	5134.2	—	—	—	10164	13557	16935
244.48	69.94	53.2	53.2	—	4440.8	5547.6	5547.6	—	—	—	11161	14867	18587
244.48	79.62	61.5	61.5	—	5209.8	6356.6	6356.6	—	—	—	13081	17441	21802
244.48	86.91	63.2	63.2	—	5725.4	6899	6899	—	—	—	14376	19168	23959
TP100H													
114.3	17.26	67.00	67.00	—	1138	1573.6	1573.6	—	—	—	2857	3810	4762
114.3	20.09	77.80	77.80	—	1382.5	1804.8	1804.8	—	—	—	3467	4628	5774
114.3	22.47	84.50	90.40	—	1658.1	2075.9	2075.9	—	—	—	4167	5551	6950
127	22.32	71.40	71.40	—	1586.9	2053.7	2053.7	—	—	—	3998	5313	6652
127	26.79	85.40	87.40	—	2027	2476	2476	—	—	—	5090	3786	8483
127	31.85	85.40	94.00	—	2507.1	2742.7	2938.3	—	—	—	6295	8393	10492
127	34.53	85.40	94.00	—	2760.5	2742.7	2982.7	—	—	—	6935	9241	11563
127	35.86	85.40	94.00	—	2898.3	2742.7	2982.7	—	—	—	7227	9703	12129
139.7	25.30	66.70	66.70	—	1818.1	2316	2316	—	—	—	4569	6087	7619
139.7	29.76	77.50	79.20	—	2240.4	2720.5	2720.5	—	—	—	5625	7500	9375
139.7	34.23	77.50	85.30	—	2631.6	2964.9	3093.9	—	—	—	6607	8810	10998
168.28	35.72	64.10	64.10	—	2600.4	3205	3205	—	—	—	6533	8706	10878
168.28	41.67	76.00	76.00	—	3169.4	3760.6	3760.6	—	—	—	7962	10611	13260
168.28	47.62	84.60	86.50	—	3662.8	4245.2	4245.2	—	—	—	9197	12262	15343
177.8	38.69	62.40	62.40	—	2809.4	3480.6	3480.6	—	—	—	7054	9405	11756
177.8	43.16	70.30	70.30	—	3231.7	3894	3894	—	—	—	8110	10819	13527
177.8	47.62	72.90	78.10	—	3640.6	4294.1	4294.1	—	—	—	9137	12188	15224
177.8	52.09	72.90	80.20	—	4040.7	4480.8	4685.2	—	—	—	10134	13527	16905
177.8	56.55	72.90	80.20	—	4409.6	4480.8	4867.5	—	—	—	11072	14763	18438
193.68	44.20	59.40	59.40	—	3116.1	3911.8	3911.8	—	—	—	7828	10432	13051
193.68	50.15	68.10	68.10	—	3654	4454.1	4454.1	—	—	—	9182	12233	15298
193.68	58.04	79.20	79.20	—	4325.2	5129.8	5129.8	—	—	—	10864	14480	18096
193.68	63.69	84.40	84.40	—	4907.5	5712.1	5712.1	—	—	—	12322	16429	20537
193.68	67.41	84.40	84.40	—	5209.8	6298.9	6298.9	—	—	—	13081	17441	21816
193.68	70.09	84.40	84.40	—	5485.4	6098.9	6098.9	—	—	—	13780	18364	22962
219.08	65.48	69.90	69.90	—	4809.7	5796.5	5796.5	—	—	—	12084	16102	20135
219.08	72.92	77.40	77.40	—	5409.8	6410	6410	—	—	—	13587	18111	22650
244.48	64.73	54.50	54.50	—	4880.8	5649.9	5649.9	—	—	—	11250	15001	18751
244.48	69.94	59.20	59.20	—	4916.4	6107.7	6107.7	—	—	—	12352	16459	20581
244.48	79.62	63.20	63.20	—	5765.4	6996.7	6996.7	—	—	—	13944	19301	24123
244.48	86.91	63.20	63.20	—	6338.9	7596.8	7596.8	—	—	—	15923	21221	26534

11.4.5 套管螺纹

11.4.5.1 套管螺纹类型

套管螺纹类型见表 11−39。

表 11−39 套管螺纹类型

螺纹类型及代号	名称及说明	生产厂家	尺寸、规格及扭矩	尺寸范围，in	每吋螺纹数
STC（CSG 或 C1）	API 短圆螺纹	各生产厂家	API，spec 5A，spec 5B API RP 5C1	4½ ~ 20	8
LTC（LCSG 或 C2）	API 长圆螺纹			4½ ~ $9^{5}/_{8}$	8
BTC （BCSG 或 C33）	API 梯形螺纹		API，spec 5A，spec 5B API RP 5C1 及三角符号	4½ ~ 20	5
XL（XCSG 或 C11）	API 直连型螺纹			5 ~ $7^{5}/_{8}$ $8^{5}/_{8}$ ~ 10 ¾	6 5
SL	密封锁紧螺纹	Armoco	Armoco 产品目录	4½ ~ $13^{3}/_{8}$	5
SEU	超级二重整接头螺纹	Hydril	Hydril 产品目录 4/72 2M	5 ~ $6^{5}/_{8}$ 7 ~ 10¾	6 4
TS	三重密封整体接头螺纹			4½ ~ $7^{5}/_{8}$ $8^{5}/_{8}$ ~ 11¾ $13^{3}/_{8}$	6 4 3
CTS	耦合三密封螺纹			4½ ~ 10¾	6
FJ−P	平齐四密封螺纹			4½ ~ $7^{5}/_{8}$ $8^{5}/_{8}$ ~ $13^{3}/_{8}$	6 4
SFJ−P	超级平齐四密封螺纹			4½ ~ $7^{5}/_{8}$ $8^{5}/_{8}$ ~ $13^{3}/_{8}$	6 4
FJ−40	平接 40% 连接效率二密封螺纹			4½ ~ 10¾	6
HCS	多重密封两级非锥形螺纹			5½ ~ 7 $8^{5}/_{8}$，$9^{5}/_{8}$	6 4
MAC	多重密封连接螺纹			5 ~ $9^{5}/_{8}$	—
NCTK	无螺纹错扣接头两级螺纹（具有 O 型环）			20	—
NCTS	无螺纹错扣接头两级螺纹（100% 的管体屈服强度）			20	—
BDS（BDS−TC）	双螺纹梯形双重密封接头	Mannesmann	MW 产品目录	5 ~ $7^{5}/_{8}$ $8^{5}/_{8}$，5 $9^{5}/_{8}$ ~ $13^{3}/_{8}$	5 3 3
BDS（BDS−IJ）	梯形双重密封接头			5 ~ $13^{3}/_{8}$	5
Omiga	整体螺纹台肩压紧密封		Mannesmann 产品目录	5 ~ $9^{5}/_{8}$	4
Moolifield	密封改良接头	NLAtlas Bradford	目录 MC−7	用于 API	LTC
TC−4S	四重双耦螺纹密封		公司产品目录	4½ ~ 10¾	6
FL−4S	内外平齐冲洗接头螺纹		RP−118，AB−2M−373	4½ ~ $8^{5}/_{8}$	6
IJ−4S	四密封接头螺纹		公司产品目录	4½ ~ $9^{5}/_{8}$	6
VAM （ATAC） （AG） （AF）	ATAC—正规扭矩 AG—不锈钢、低扭矩 AF—硫化氢条件、低扭矩	Vallourec	公司产品目录	4½ 5 ~ $8^{5}/_{8}$ $9^{5}/_{8}$ ~ $13^{3}/_{8}$	6 5 5
VETL	梯形螺纹 L	Vetco Offshore	公司产品目录	14 ~ 24	—
VETR	梯形螺纹 R			14 ~ 30	—
PE	平端	—	—	14 ~ 36	—
NK−2SC	双重密封，扭矩凸肩耦合螺纹	NKK	公司产品目录	5 ~ $7^{5}/_{8}$ $8^{5}/_{8}$ ~ 10¾	6 5
NK−3SB	三重密封螺纹			4½ ~ $13^{3}/_{8}$	5
NK−EL	整体三重金属密封螺纹			5 ~ $7^{5}/_{8}$ $8^{5}/_{8}$ ~ 10¾	6 5

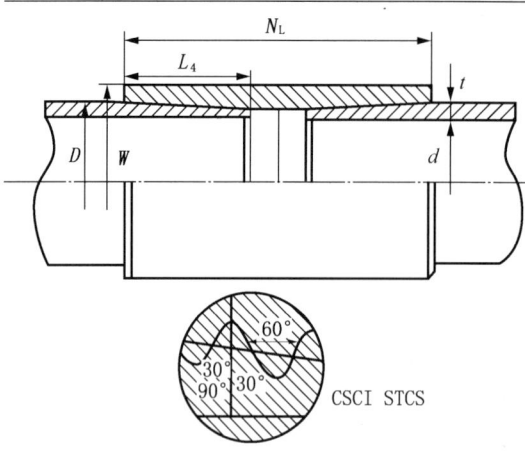

图 11-17 API 圆套管螺纹（STC，LTC）

11.4.5.2 API 套管螺纹

API 套管螺纹有以下几种类型：

（1）API 短圆套管螺纹（STC），其尺寸如图 11-17 所示，尖角 60°，8 扣 /25.4mm，螺距 1.5875mm（5/8in）。余扣 A 值有两种：114.3 mm（4½in）～177.8 mm（7in），$A=3$ 扣；193.675 mm（7⅝in）～622.3 mm（24½），$A=3.5$ 扣 /25.4 mm。

（2）API 长圆螺纹（LTC），其外形结构相似于短圆螺纹，A 值同短圆螺纹，如图 11-17 所示。

（3）API 梯形螺纹（BTC 或 BCSG）如图 11-18 所示，BTC 螺纹齿根与横截面平行线，前端 3°，后端面 10°，垂直轴线 90°，5 扣 /25.4mm，114.3 mm（4½in）～298.45 mm（11¾in）的套管螺距 1.5875mm（0.0625in），339.725mm（13⅜in）～406.4mm（16in）的套管螺距 2.11582mm（0.0833in），紧至三角符号为准。

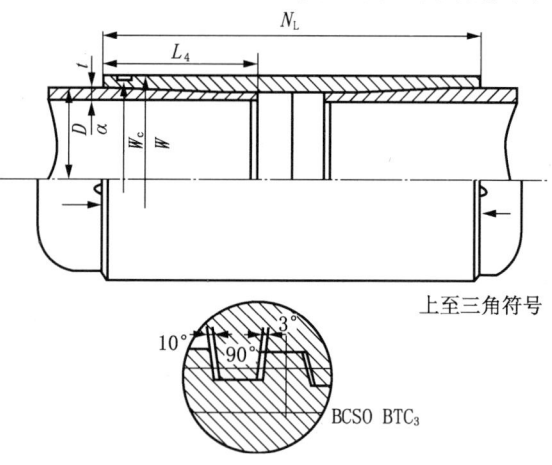

图 11-18 API 梯形螺纹（BTC 或 BCSG）

（4）API 直连型螺纹（XL）如图 11-19 所示，其内孔为非平直的，无接箍，螺纹端加厚，螺纹齿面与平行线成 6°，齿尖角 30°，紧至接触端面为止。127mm（5in）～193.675 mm（7⅝in），$A=6$ 扣；219.075 mm（8⅝in）～273.05 mm（10¾in），$A=5$ 扣。

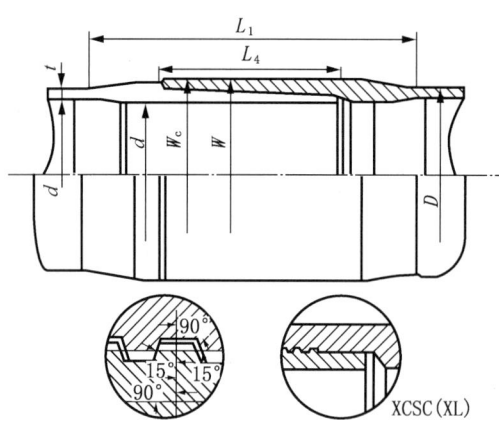

图 11-19 API 直连型螺纹（XL）

11.4.5.3 非 API 套管螺纹

非 API 套管螺纹有以下几种类型：

（1）密封自锁螺纹（SL）（ARMOCO 公司生产）如图 11-20 所示，内孔平直，不加厚，齿前面角 45°，4½～13⅜in，5 扣 /25.4mm，金属锥面密封。

（2）Hydril—超级 SEU 螺纹。螺纹连接处为外加厚，管内孔平直，双重螺纹。外螺纹端 14°，金属面密封；内螺纹 14°，金属锥面密封及螺纹前端面密封。扣形如图 11-21 示。每 25.4mm 扣数见表 11-39。

（3）Hydril（CTS）三密封螺纹。如图 11-22 所示，双重扣，14° 金属锥面密封，d_{iu} 为最小内径，无接箍，6 扣 /25.4mm，适于高强度材料高压油气井。

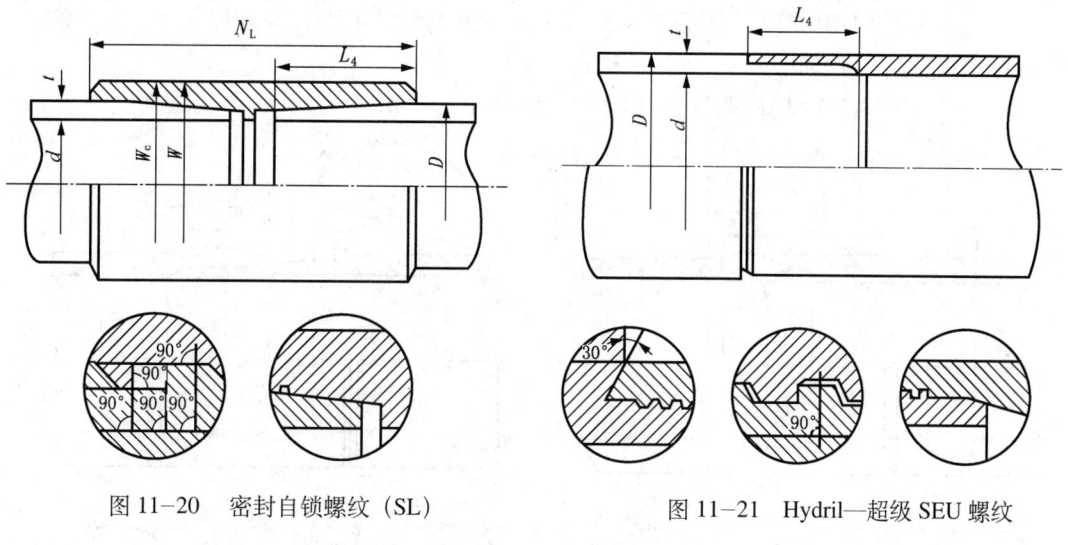

图 11-20　密封自锁螺纹（SL）　　　　　图 11-21　Hydril—超级 SEU 螺纹

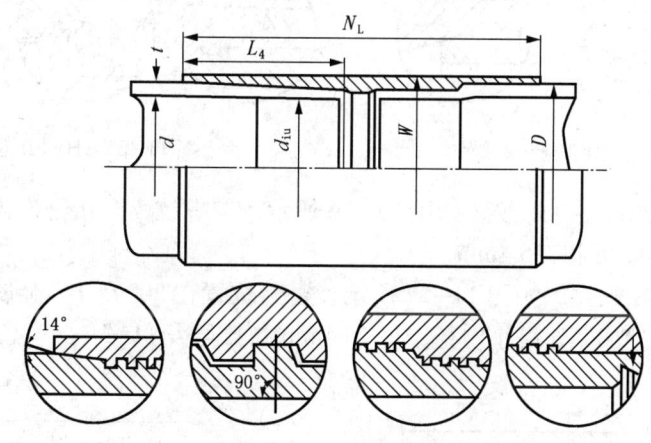

图 11-22　Hydril（CTS）三重密封螺纹

（4）Hydril（TS）三重密封螺纹。如图 11-23 所示，双重螺纹，14°金属锥面密封，有接箍。d_{iu} 为最小内径，三重密封位置为 14°扣处、变扣中段及螺纹前端面。每 25.4mm 扣数见表 11-39。

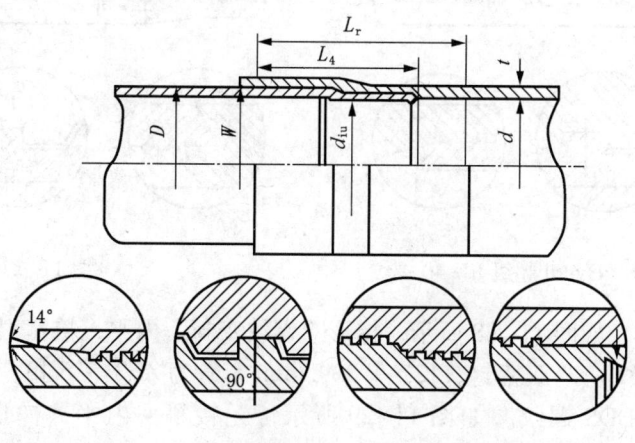

图 11-23　Hydril（TS）螺纹

（5）Hydril–FJ–P 螺纹。如图 11–24 所示，双重螺纹，14º 金属锥面密封，无接箍。每 25.4mm 扣数见表 11–39。

（6）Hydril 超级 SFJ–P 螺纹。如图 11–25 所示，双重螺纹，14º 金属锥面密封，d_{iu} 为最小内径，无接箍。每 25.4mm 扣数见表 11–39。

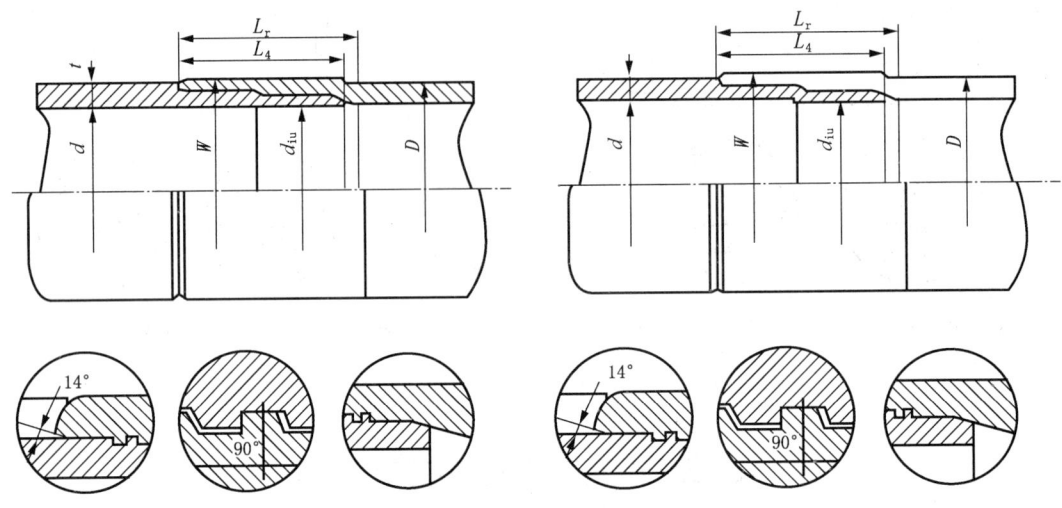

图 11–24　Hydril–FJ–P 螺纹　　　　　图 11–25　Hydril 超级 SFJ–P 螺纹

（7）Hydril 超级 FJ–40 螺纹。如图 11–26 所示，单螺纹，无接箍，内外平，端面 30º，锥面 14º，金属密封，6 扣 /25.4mm。

（8）Hydril HCS 螺纹。如图 11–27 所示，密封位置在 30º 及 14º 金属对金属多密封处的双螺纹，d_{in} 为内外加厚处最小内径。每 25.4mm 扣数见表 11–39。

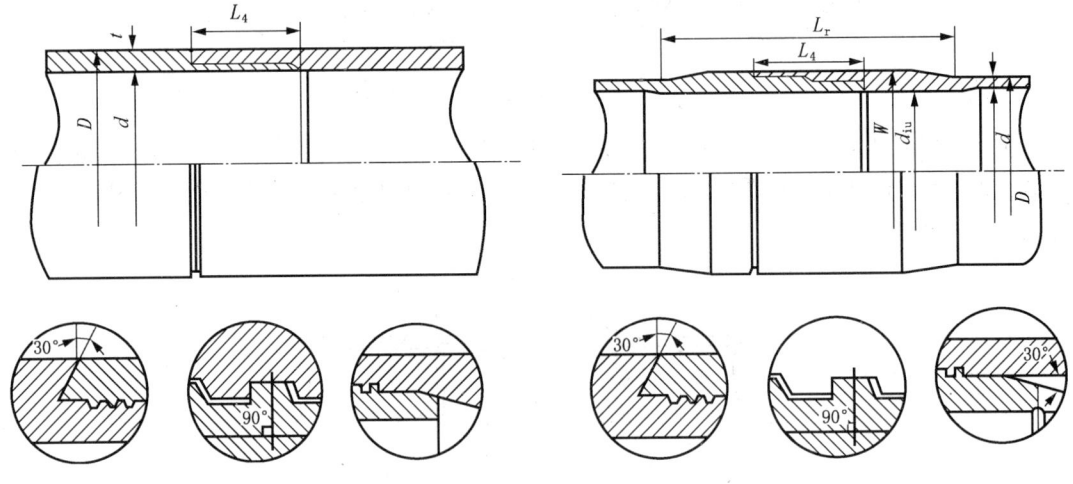

图 11–26　Hydril 超级 FJ–40 螺纹　　　　　图 11–27　Hydril HCS 螺纹

（9）BDS 螺纹。如图 11–28 所示，梯形双螺纹密封，内平，接箍根部与公螺纹端部锥面呈球面接触，螺纹成 3º 双密封。127～339.7mm 套管为 $A=3～5$ 扣。

（10）无接箍 BDS 螺纹。如图 11–29 所示，无接箍，内平，梯形双螺纹密封。每 25.4mm 扣数见表 11–39。

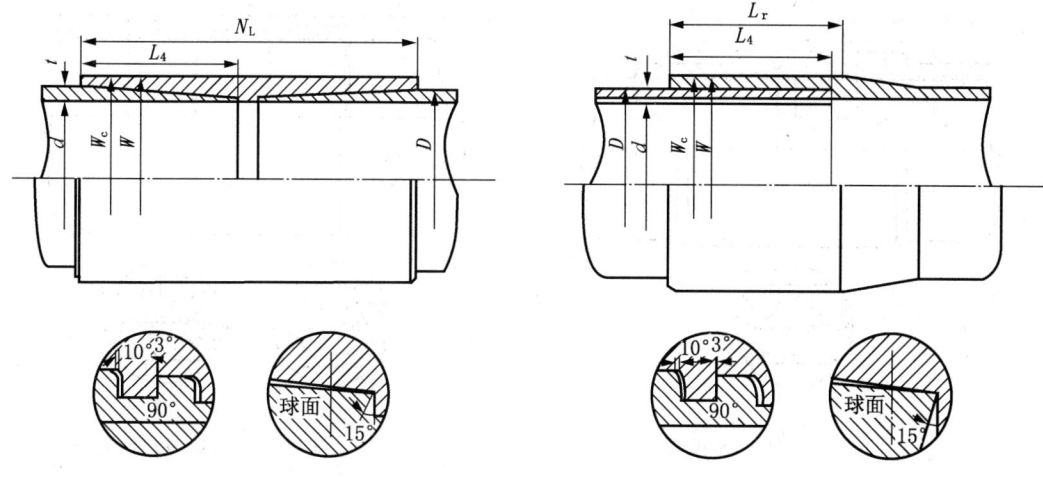

图 11-28 Mannesmann BDS 螺纹　　　　图 11-29 无接箍 BDS 螺纹

(11) Mannesmann OMIGA 螺纹。如图 11-30 所示，无接箍，螺纹正面与轴线成 90° 垂直，正面密封，每 25.4mm 扣数见表 11-39。

(12) Atlas-Bradford 填料密封螺纹。如图 11-31 所示，该螺纹尺寸同 API 长圆螺纹，只是在接箍开槽，填入聚四氟乙烯填料，保证密封性能。

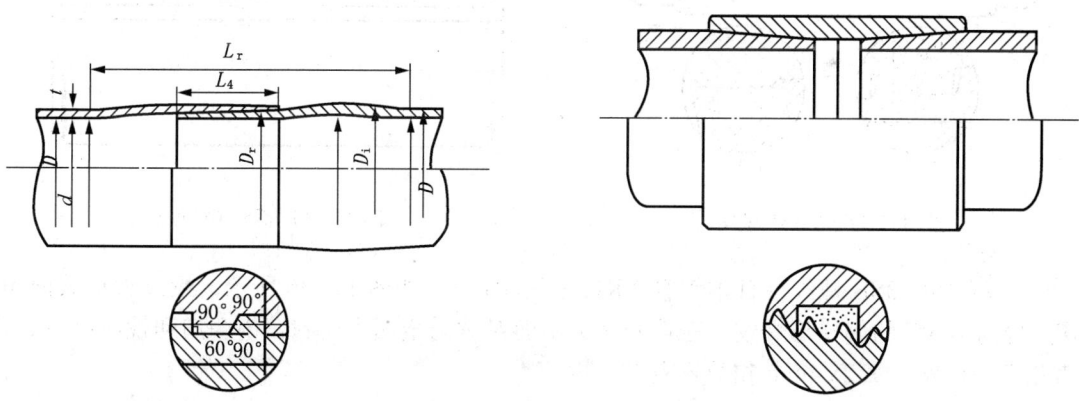

图 11-30 Mannesmann OMIGA 螺纹　　　　图 11-31 Atlas Bradford 填料密封螺纹

(13) Atlas-Bradford TC-4S 螺纹。如图 11-32 所示，内平，带接箍，四密封，端面密封 7° 及 45°，适用于深井（含高浓度 H_2S 和 CO_2 气体）。每 25.4mm 扣数见表 11-39。

(14) Atlas-Bradford FL-4S 螺纹。如图 11-33 所示，内平，无接箍，具有填料密封，适用于小间隙中深井。每 25.4mm 扣数见表 11-39。

(15) VAM 螺纹。如图 11-34 所示，依靠锥球面。及端面金属对金属密封。按规定上扣至 Δ 符号底面为准，正压面 3°。每 25.4mm 扣数见表 11-39。

(16) NS-CC 螺纹（日本新日铁公司生产）。如图 11-35 所示，API 偏梯形螺纹，锥面对锥面金属主密封，内台肩金属副密封，阶梯式双直台肩。

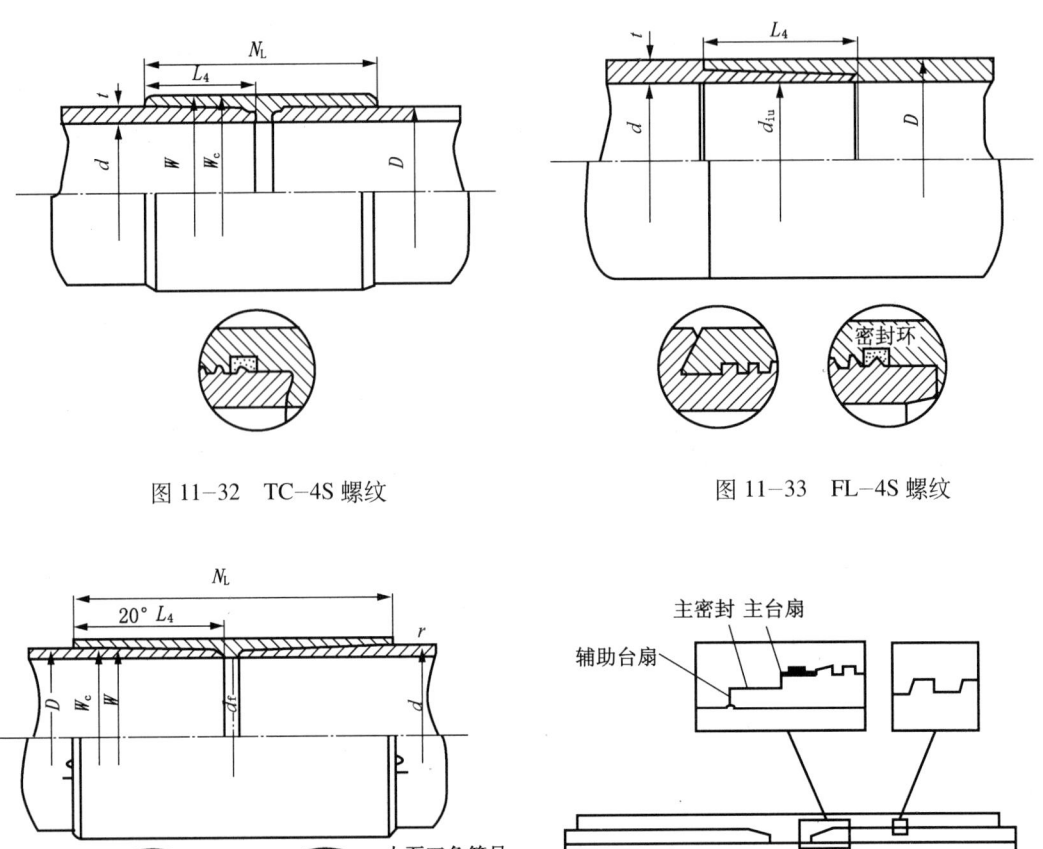

图 11-32 TC-4S 螺纹

图 11-33 FL-4S 螺纹

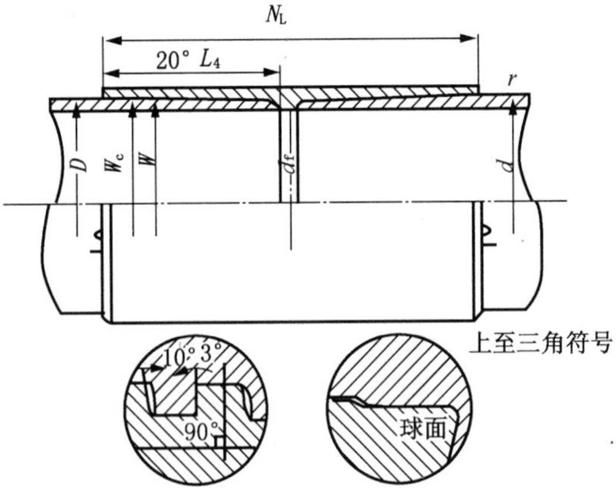

图 11-34 VAM 螺纹

图 11-35 NS-CC 螺纹

(17) NK-3SB 螺纹（日本钢管 NKK 公司生产）。如图 11-36 所示，螺纹为承载面角 0°、导向角 45° 的偏梯形螺纹，三重密封为锥面对球面金属主密封，内台肩和螺纹副密封，直角扭矩台肩。每 25.4mm 扣数见表 11-39。

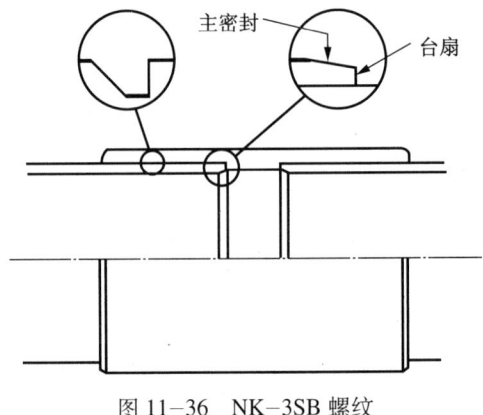

图 11-36 NK-3SB 螺纹

(18) NK–2SC 螺纹。如图 11–37 所示，螺纹为承载面角 0°、导向角 45° 的偏梯形螺纹，三密封为锥面对球面金属主密封、内台肩和螺纹副密封。直角扭矩台肩。每 25.4mm 扣数见表 11–39。

(19) NK–EL 螺纹。如图 11–38 所示，螺纹为承载面角 0°、导向角 45° 的偏梯形螺纹，三重密封为锥面对球面金属主密封、内台肩和螺纹副密封，直角扭矩台肩。每 25.4mm 扣数见表 11–39。

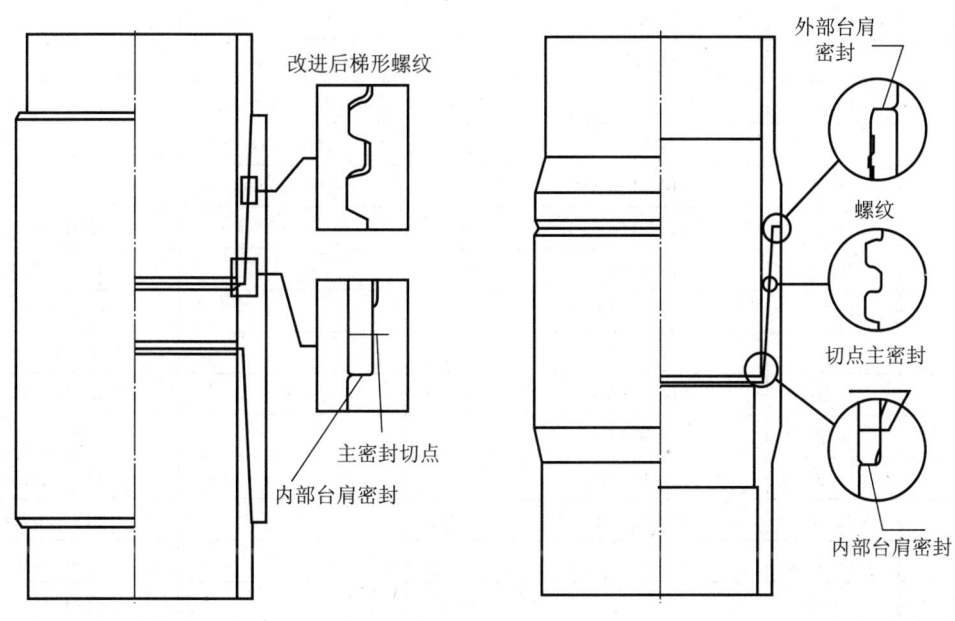

图 11–37　NK 2SC 螺纹　　　　　　　　图 11–38　NK EL 螺纹

(20) TM 螺纹。TM 螺纹为日本住友金属在 VAM 螺纹的基础上改进设计而来。如图 11–39 所示，API 偏梯形螺纹，锥面对锥面金属主密封，直角扭矩台肩。

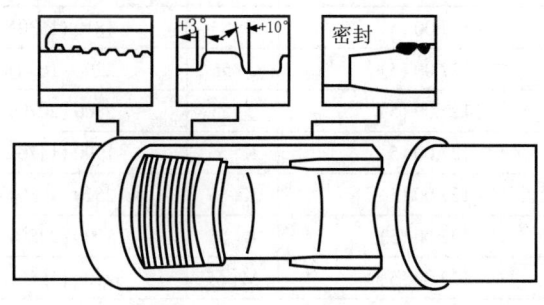

图 11–39　TM 螺纹

11.4.6　推荐套管紧扣扭矩

8 牙圆螺纹套管推荐紧扣扭矩见表 11–40，极线套管推荐紧扣扭矩见表 11–41。

表 11—40 8牙圆螺纹套管紧扣扭矩参考表

标号		外径	钢号	扭矩	
尺寸 in	质量 kg/m	Dm (D) mm (in)		ST&T N·m (lb·ft)	LT&C N·m (lb·ft)
4.5	14.14	114.30 (4.5)	H—40	1040 (770)	—
4.5	14.14	114.30 (4.5)	J—55	1380 (1010)	—
4.5	15.62	114.30 (4.5)	J—55	1790 (1320)	—
4.5	17.26	114.30 (4.5)	J—55	2090 (1540)	2200 (1620)
4.5	14.14	114.30 (4.5)	K—55	1520 (1120)	—
4.5	15.62	114.30 (4.5)	K—55	1980 (1460)	—
4.5	17.26	114.30 (4.5)	K—55	2310 (1700)	2430 (1800)
4.5	14.14	114.30 (4.5)	M—65	1600 (1180)	—
4.5	15.62	114.30 (4.5)	M—65	2090 (1540)	—
4.5	17.26	114.30 (4.5)	M—65	—	2550 (1880)
4.5	20.09	114.30 (4.5)	M—65	—	3090 (2280)
4.5	17.26	114.30 (4.5)	L—80	—	3030 (2230)
4.5	20.09	114.30 (4.5)	L—80	—	3670 (2710)
4.5	17.26	114.30 (4.5)	N—80	—	3090 (2280)
4.5	20.09	114.30 (4.5)	N—80	—	3740 (2760)
4.5	17.26	114.30 (4.5)	C—90	—	3320 (2450)
4.5	20.09	114.30 (4.5)	C—90	—	4030 (2970)
4.5	17.26	114.30 (4.5)	C—95	—	3500 (2580)
4.5	20.09	114.30 (4.5)	C—95	—	4240 (3130)
4.5	17.26	114.30 (4.5)	T—95	—	3500 (2580)
4.5	20.09	114.30 (4.5)	T—95	—	4240 (3130)
4.5	17.26	114.30 (4.5)	P—110	—	4100 (3020)
4.5	20.09	114.30 (4.5)	P—110	—	4960 (3660)
4.5	22.47	114.30 (4.5)	P—110	—	5960 (4400)
4.5	22.47	114.30 (4.5)	Q—125	—	6650 (4910)
5	17.11	127.00 (5)	J—55	1810 (1330)	—
5	19.34	127.00 (5)	J—55	2290 (1690)	2470 (1820)
5	22.32	127.00 (5)	J—55	2800 (2070)	3020 (2230)
5	17.11	127.00 (5)	K—55	1990 (1470)	—
5	19.34	127.00 (5)	K—55	2520 (1860)	2730 (2010)
5	22.32	127.00 (5)	K—55	3090 (2280)	3340 (2460)
5	17.11	127.00 (5)	M—65	2100 (1550)	—
5	19.34	127.00 (5)	M—65	2660 (1960)	2870 (2120)
5	22.32	127.00 (5)	M—65	—	3520 (2590)
5	26.78	127.00 (5)	M—65	—	4480 (3310)
5	31.84	127.00 (5)	M—65	—	5550 (4090)

续表

标号		外径	钢号	扭矩	
尺寸 in	质量 kg/m	Dm (D) mm (in)		ST&T N·m (lb·ft)	LT&C N·m (lb·ft)
5	22.32	127.00 (5)	L-80	—	4170 (3080)
5	26.78	127.00 (5)	L-80	—	5320 (3930)
5	31.84	127.00 (5)	L-80	—	6590 (4860)
5	34.52	127.00 (5)	L-80	—	7260 (5350)
5	35.86	127.00 (5)	L-80	—	7610 (5610)
5	22.32	127.00 (5)	N-80	—	4250 (3140)
5	26.78	127.00 (5)	N-80	—	5420 (4000)
5	31.84	127.00 (5)	N-80	—	6710 (4950)
5	34.52	127.00 (5)	N-80	—	7400 (5450)
5	35.86	127.00 (5)	N-80	—	7760 (5720)
5	22.32	127.00 (5)	C-90	—	4590 (3380)
5	26.78	127.00 (5)	C-90	—	5850 (4310)
5	31.84	127.00 (5)	C-90	—	7240 (5340)
5	34.52	127.00 (5)	C-90	—	7980 (5880)
5	35.86	127.00 (5)	C-90	—	8370 (6170)
5	22.32	127.00 (5)	C-95	—	4830 (3560)
5	26.78	127.00 (5)	C-95	—	6160 (4550)
5	31.84	127.00 (5)	C-95	—	7630 (5620)
5	34.52	127.00 (5)	C-95	—	8400 (6200)
5	35.86	127.00 (5)	C-95	—	8810 (6500)
5	22.32	127.00 (5)	T-95	—	4830 (3560)
5	26.78	127.00 (5)	T-95	—	6160 (4550)
5	31.84	127.00 (5)	T-95	—	7630 (5620)
5	34.52	127.00 (5)	T-95	—	8400 (6200)
5	35.86	127.00 (5)	T-95	—	8810 (6500)
5	22.32	127.00 (5)	P-110	—	5650 (4170)
5	26.78	127.00 (5)	P-110	—	7210 (5310)
5	31.84	127.00 (5)	P-110	—	8920 (6580)
5	34.52	127.00 (5)	P-110	—	9830 (7250)
5	35.86	127.00 (5)	P-110	—	10310 (7600)
5	26.78	127.00 (5)	Q-125	—	8050 (5930)
5	31.84	127.00 (5)	Q-125	—	9960 (7340)
5	34.52	127.00 (5)	Q-125	—	10970 (8090)
5	35.86	127.00 (5)	Q-125	—	11510 (8490)
5.5	20.83	139.70 (5.5)	H-40	1760 (1300)	—
5.5	20.83	139.70 (5.5)	J-55	2330 (1720)	—
5.5	23.06	139.70 (5.5)	J-55	2730 (2020)	2940 (2170)
5.5	25.30	139.70 (5.5)	J-55	3110 (2290)	3340 (2470)
5.5	20.83	139.70 (5.5)	K-55	2560 (1890)	—

续表

标号		外径	钢号	扭矩	
尺寸 in	质量 kg/m	Dm (D) mm (in)		ST&T N·m (lb·ft)	LT&C N·m (lb·ft)
5.5	23.06	139.70 (5.5)	K-55	3000 (2220)	3240 (2390)
5.5	25.30	139.70 (5.5)	K-55	3410 (2520)	3680 (2720)
5.5	20.83	139.70 (5.5)	M-65	2710 (2000)	—
5.5	23.06	139.70 (5.5)	M-65	3180 (2350)	3430 (2350)
5.5	25.30	139.70 (5.5)	M-65	—	3890 (2870)
5.5	29.76	139.70 (5.5)	M-65	—	4790 (3530)
5.5	34.22	139.70 (5.5)	M-65	—	5620 (4150)
5.5	25.30	139.70 (5.5)	L-80	—	4630 (3410)
5.5	29.76	139.70 (5.5)	L-80	—	5700 (4200)
5.5	34.22	139.70 (5.5)	L-80	—	6690 (4930)
5.5	25.30	139.70 (5.5)	N-80	—	4710 (3480)
5.5	29.76	139.70 (5.5)	N-80	—	5800 (4280)
5.5	34.22	139.70 (5.5)	N-80	—	6810 (5020)
5.5	25.30	139.70 (5.5)	C-90	—	5090 (3750)
5.5	29.76	139.70 (5.5)	C-90	—	6270 (4620)
5.5	34.22	139.70 (5.5)	C-90	—	7360 (5430)
5.5	25.30	139.70 (5.5)	C-95	—	5360 (3960)
5.5	29.76	139.70 (5.5)	C-95	—	6600 (4870)
5.5	34.22	139.70 (5.5)	C-95	—	7750 (5720)
5.5	25.30	139.70 (5.5)	T-95	—	5360 (3960)
5.5	29.76	139.70 (5.5)	T-95	—	6600 (4870)
5.5	34.22	139.70 (5.5)	T-95	—	7750 (5720)
5.5	25.30	139.70 (5.5)	P-110	—	6270 (4620)
5.5	29.76	139.70 (5.5)	P-110	—	7720 (5690)
5.5	34.22	139.70 (5.5)	P-110	—	9060 (6680)
5.5	34.22	139.70 (5.5)	Q-125	—	10120 (7470)
6.625	29.76	168.28 (6.625)	H-40	2490 (1840)	—
6.625	29.76	168.28 (6.625)	J-55	3320 (2450)	3600 (2660)
6.625	35.71	168.28 (6.625)	J-55	4250 (3140)	4620 (3400)
6.625	29.76	168.28 (6.625)	K-55	3620 (2670)	3940 (2900)
6.625	35.71	168.28 (6.625)	K-55	4640 (3420)	5050 (3720)
6.625	29.76	168.28 (6.625)	M-65	3870 (2850)	4190 (3090)
6.625	35.71	168.28 (6.625)	M-65	—	5380 (3960)
6.625	41.66	168.28 (6.625)	M-65	—	6550 (4830)
6.625	35.71	168.28 (6.625)	L-80	—	6410 (4730)
6.625	41.66	168.28 (6.625)	L-80	—	7810 (5760)
6.625	47.62	168.28 (6.625)	L-80	—	9030 (6660)
6.625	35.71	168.28 (6.625)	N-80	—	6520 (4810)
6.625	41.66	168.28 (6.625)	N-80	—	7940 (5860)

续表

标号		外径 Dm (D) mm (in)	钢号	扭矩	
尺寸 in	质量 kg/m			ST&T N·m (ft·lb)	LT&C N·m (lb·ft)
6.625	47.62	168.28 (6.625)	N–80	—	9190 (6780)
6.625	35.71	168.28 (6.625)	C–90	—	7060 (5210)
6.625	41.66	168.28 (6.625)	C–90	—	8610 (6350)
6.625	47.62	168.28 (6.625)	C–90	—	9950 (7340)
6.625	35.71	168.28 (6.625)	C–95	—	7440 (5490)
6.625	41.66	168.28 (6.625)	C–95	—	9070 (6690)
6.625	47.62	168.28 (6.625)	C–95	—	10490 (7740)
6.625	35.71	168.28 (6.625)	T–95	—	7440 (5490)
6.625	41.66	168.28 (6.625)	T–95	—	9070 (6990)
6.625	47.62	168.28 (6.625)	T–95	—	10490 (7740)
6.625	35.71	168.28 (6.625)	P–110	—	8690 (6410)
6.625	41.66	168.28 (6.625)	P–110	—	10590 (7810)
6.625	47.62	168.28 (6.625)	P–110	—	12250 (9040)
6.625	47.62	168.28 (6.625)	Q–125	—	13710 (10110)
7	25.30	177.80 (7)	H–40	1650 (1220)	—
7	29.76	177.80 (7)	H–40	2380 (1760)	—
7	29.76	177.80 (7)	J–55	3170 (2340)	—
7	34.22	177.80 (7)	J–55	3850 (2840)	4240 (3130)
7	38.69	177.80 (7)	J–55	4530 (3340)	4980 (3670)
7	29.76	177.80 (7)	K–55	3450 (2540)	—
7	34.22	177.80 (7)	K–55	4190 (3090)	4630 (3410)
7	38.69	177.80 (7)	K–55	4930 (3640)	5440 (4010)
7	29.76	177.80 (7)	M–65	3690 (2730)	—
7	34.22	177.80 (7)	M–65	—	4940 (3640)
7	38.69	177.80 (7)	M–65	—	5800 (4280)
7	43.15	177.80 (7)	M–65	—	6680 (4920)
7	47.62	177.80 (7)	M–65	—	7520 (5540)
7	34.22	177.80 (7)	L–80	—	5890 (4350)
7	38.69	177.80 (7)	L–80	—	6930 (5110)
7	43.15	177.80 (7)	L–80	—	7960 (5870)
7	47.62	177.80 (7)	L–80	—	8970 (6610)
7	52.08	177.80 (7)	L–80	—	9950 (7340)
7	56.54	177.80 (7)	L–80	—	10860 8010
7	34.22	177.80 (7)	N–80	—	5990 4420
7	38.69	177.80 (7)	N–80	—	7040 5190
7	43.15	177.80 (7)	N–80	—	8100 5970
7	47.62	177.80 (7)	N–80	—	9110 6720
7	52.08	177.80 (7)	N–80	—	10120 7460
7	56.54	177.80 (7)	N–80	—	11040 8140

续表

标号		外径	钢号	扭矩	
尺寸 in	质量 kg/m	Dm (D) mm (in)		ST&T N·m (ft·lb)	LT&C N·m (lb·ft)
7	34.22	177.80 (7)	C—90	—	6500 (4790)
7	38.69	177.80 (7)	C—90	—	7630 (5630)
7	43.15	177.80 (7)	C—90	—	8780 (6480)
7	47.62	177.80 (7)	C—90	—	9890 (7290)
7	52.08	177.80 (7)	C—90	—	10970 (8090)
7	56.54	177.80 (7)	C—90	—	11970 (8830)
7	34.22	177.80 (7)	C—95	—	6850 (5050)
7	38.69	177.80 (7)	C—95	—	8050 (5930)
7	43.15	177.80 (7)	C—95	—	9250 (6830)
7	47.62	177.80 (7)	C—95	—	10420 (7680)
7	52.08	177.80 (7)	C—95	—	11560 (8530)
7	56.54	177.80 (7)	C—95	—	12620 (9310)
7	34.22	177.80 (7)	T—95	—	6850 (5050)
7	38.69	177.80 (7)	T—95	—	8050 (5930)
7	43.15	177.80 (7)	T—95	—	9250 (6830)
7	47.62	177.80 (7)	T—95	—	10420 (7680)
7	52.08	177.80 (7)	T—95	—	11560 (8530)
7	56.54	177.80 (7)	T—95	—	12620 (9310)
7	38.69	177.80 (7)	P—110	—	9390 (6930)
7	43.15	177.80 (7)	P—110	—	10800 (7970)
7	47.62	177.80 (7)	P—110	—	12160 (8970)
7	52.08	177.80 (7)	P—110	—	13500 (9960)
7	56.54	177.80 (7)	P—110	—	14730 (10870)
7	52.08	177.80 (7)	Q—125	—	15110 (11150)
7	56.54	177.80 (7)	Q—125	—	16490 (12160)
7.625	35.71	193.68 (7.625)	H—40	2870 (2120)	—
7.625	39.28	193.68 (7.625)	J—55	4270 (3150)	4690 (3460)
7.625	39.28	193.68 (7.625)	K—55	4640 (3420)	5110 (3770)
7.625	39.28	193.68 (7.625)	M—65	4980 (3680)	5470 (4040)
7.625	44.19	193.68 (7.625)	M—65	—	6430 (4740)
7.625	50.15	193.68 (7.625)	M—65	—	7540 (5560)
7.625	39.28	193.68 (7.625)	L—80	—	6530 (4820)
7.625	44.19	193.68 (7.625)	L—80	—	7680 (5670)
7.625	50.15	193.68 (7.625)	L—80	—	9000 (6640)
7.625	58.03	193.68 (7.625)	L—80	—	10650 (7860)
7.625	63.69	193.68 (7.625)	L—80	—	12090 (8910)
7.625	67.41	193.68 (7.625)	L—80	—	12840 (9470)
7.625	70.08	193.68 (7.625)	L—80	—	13520 (9970)
7.625	39.28	193.68 (7.625)	N—80	—	6640 (4900)

续表

标号		外径	钢号	扭矩	
尺寸 in	质量 kg/m	Dm (D) mm (in)		ST&T N·m (ft·lb)	LT&C N·m (lb·ft)
7.625	44.19	193.68 (7.625)	N−80	—	7800 (5750)
7.625	50.15	193.68 (7.625)	N−80	—	9140 (6740)
7.625	58.03	193.68 (7.625)	N−80	—	10820 (7980)
7.625	63.69	193.68 (7.625)	N−80	—	12280 (9060)
7.625	67.41	193.68 (7.625)	N−80	—	13040 (9620)
7.625	70.08	193.68 (7.625)	N−80	—	13730 (10130)
7.625	39.28	193.68 (7.625)	C−90	—	7210 (5320)
7.625	44.19	193.68 (7.625)	C−90	—	8470 (6250)
7.625	50.15	193.68 (7.625)	C−90	—	9930 (7330)
7.625	58.03	193.68 (7.625)	C−90	—	11750 (8670)
7.625	63.69	193.68 (7.625)	C−90	—	13330 (9840)
7.625	67.41	193.68 (7.625)	C−90	—	14160 (10450)
7.625	70.08	193.68 (7.625)	C−90	—	14910 (11000)
7.625	39.28	193.68 (7.625)	C−95	—	7600 (5600)
7.625	44.19	193.68 (7.625)	C−95	—	8930 (6590)
7.625	50.15	193.68 (7.625)	C−95	—	10470 (7720)
7.625	58.03	193.68 (7.625)	C−95	—	12390 (9140)
7.625	63.69	193.68 (7.625)	C−95	—	14050 (10370)
7.625	67.41	193.68 (7.625)	C−95	—	14930 (11010)
7.625	70.08	193.68 (7.625)	C−95	—	15720 (11590)
7.625	39.28	193.68 (7.625)	T−95	—	7600 (5600)
7.625	44.19	193.68 (7.625)	T−95	—	8930 (6590)
7.625	50.15	193.68 (7.625)	T−95	—	10470 (7720)
7.625	58.03	193.68 (7.625)	T−95	—	12390 (9140)
7.625	63.69	193.68 (7.625)	T−95	—	14050 (10370)
7.625	67.41	193.68 (7.625)	T−95	—	14930 (11010)
7.625	70.08	193.68 (7.625)	T−95	—	15720 (11590)
7.625	44.19	193.68 (7.625)	P−110	—	10420 (7690)
7.625	50.15	193.68 (7.625)	P−110	—	12220 (9010)
7.625	58.03	193.68 (7.625)	P−110	—	14460 (10660)
7.625	63.69	193.68 (7.625)	P−110	—	16440 (12100)
7.625	67.41	193.68 (7.625)	P−110	—	17420 (12850)
7.625	70.08	193.68 (7.625)	P−110	—	18340 (13530)
7.625	58.03	193.68 (7.625)	Q−125	—	16190 (11940)
7.625	63.69	193.68 (7.625)	Q−125	—	18370 (13550)
7.625	67.41	193.68 (7.625)	Q−125	—	19520 (14390)
7.625	70.08	193.68 (7.625)	Q−125	—	20540 (15150)
8.625	35.71	219.08 (8.625)	H−40	3150 (2330)	—
8.625	47.62	219.08 (8.625)	H−40	3780 (2790)	—

续表

标号		外径	钢号	扭矩	
尺寸 in	质量 kg/m	Dm (D) mm (in)		ST&T N·m (ft·lb)	LT&C N·m (lb·ft)
8.625	35.71	219.08 (8.625)	J—55	3310 (2440)	—
8.625	47.62	219.08 (8.625)	J—55	5050 (3720)	5660 (4170)
8.625	53.57	219.08 (8.625)	J—55	5880 (4340)	6590 (4860)
8.625	35.71	219.08 (8.625)	K—55	3570 (2630)	—
8.625	47.62	219.08 (8.625)	K—55	5460 (4020)	6130 (4520)
8.625	53.57	219.08 (8.625)	K—55	6350 (4680)	7140 (5260)
8.625	35.71	219.08 (8.625)	M—65	3860 (2850)	—
8.625	41.66	219.08 (8.625)	M—65	4910 (3620)	—
8.625	47.62	219.08 (8.625)	M—65	5890 (4350)	6600 (4870)
8.625	53.57	219.08 (8.625)	M—65	6860 (5060)	7690 (5670)
8.625	59.52	219.08 (8.625)	M—65	—	8800 (6490)
8.625	53.57	219.08 (8.625)	L—80	—	9190 (6780)
8.625	59.52	219.08 (8.625)	L—80	—	10530 (7760)
8.625	65.47	219.08 (8.625)	L—80	—	11840 (8740)
8.625	72.91	219.08 (8.625)	L—80	—	13320 (9830)
8.625	53.57	219.08 (8.625)	N—80	—	9330 (6880)
8.625	59.52	219.08 (8.625)	N—80	—	10680 (7880)
8.625	65.47	219.08 (8.625)	N—80	—	12020 (8870)
8.625	72.91	219.08 (8.625)	N—80	—	13520 (9970)
8.625	53.57	219.08 (8.625)	C—90	—	10150 (7490)
8.625	59.52	219.08 (8.625)	C—90	—	11630 (8580)
8.625	65.47	219.08 (8.625)	C—90	—	13080 (9650)
8.625	72.91	219.08 (8.625)	C—90	—	14710 (10850)
8.625	53.57	219.08 (8.625)	C—95	—	10700 (7890)
8.625	59.52	219.08 (8.625)	C—95	—	12260 (9040)
8.625	65.47	219.08 (8.625)	C—95	—	13790 (10170)
8.625	72.91	219.08 (8.625)	C—95	—	15510 (11440)
8.625	53.57	219.08 (8.625)	T—95	—	10700 (7890)
8.625	59.52	219.08 (8.625)	T—95	—	12260 (9040)
8.625	65.47	219.08 (8.625)	T—95	—	13790 (10170)
8.625	72.91	219.08 (8.625)	T—95	—	15510 (11440)
8.625	59.52	219.08 (8.625)	P—110	—	14300 (10550)
8.625	65.47	219.08 (8.625)	P—110	—	16090 (11860)
8.625	72.91	219.08 (8.625)	P—110	—	18100 (13350)
8.625	72.91	219.08 (8.625)	Q—125	—	20280 (14960)
9.625	48.06	244.48 (9.625)	H—40	3440 (2540)	—
9.625	53.57	244.48 (9.625)	H—40	3990 (2940)	—
9.625	53.57	244.48 (9.625)	J—55	5340 (3940)	6140 (4530)
9.625	59.52	244.48 (9.625)	J—55	6120 (4520)	7050 (5200)

续表

标号		外径 Dm (D) mm (in)	钢号	扭矩	
尺寸 in	质量 kg/m			ST&T N·m (ft·lb)	LT&C N·m (lb·ft)
9.625	53.57	244.48 (9.625)	K−55	6230 (4230)	6630 (4890)
9.625	59.52	244.48 (9.625)	K−55	7150 (4860)	7610 (5610)
9.625	53.57	244.48 (9.625)	M−65	6230 (4600)	7170 (5290)
9.625	59.52	244.48 (9.625)	M−65	7150 (5280)	8230 (6070)
9.625	64.73	244.48 (9.625)	M−65	—	9210 (6790)
9.625	69.94	244.48 (9.625)	M−65	—	10100 (7450)
9.625	59.52	244.48 (9.625)	L−80	—	9860 (7270)
9.625	64.73	244.48 (9.625)	L−80	—	11030 (8130)
9.625	69.94	244.48 (9.625)	L−80	—	12100 (8930)
9.625	79.61	244.48 (9.625)	L−80	—	14190 (10470)
9.625	86.90	244.48 (9.625)	L−80	—	15600 (11510)
9.625	59.52	244.48 (9.625)	N−80	—	10000 (7370)
9.625	64.73	244.48 (9.625)	N−80	—	11190 (8250)
9.625	69.94	244.48 (9.625)	N−80	—	12270 (9050)
9.625	79.61	244.48 (9.625)	N−80	—	14390 (10620)
9.625	86.90	244.48 (9.625)	N−80	—	15820 (11670)
9.625	59.52	244.48 (9.625)	C−90	—	10900 (8040)
9.625	64.73	244.48 (9.625)	C−90	—	12190 (8890)
9.625	69.94	244.48 (9.625)	C−90	—	13380 (9870)
9.625	79.61	244.48 (9.625)	C−90	—	15690 (11570)
9.625	86.90	244.48 (9.625)	C−90	—	17250 (12720)
9.625	59.52	244.48 (9.625)	C−95	—	11490 (8470)
9.625	64.73	244.48 (9.625)	C−95	—	12850 (9480)
9.625	69.94	244.48 (9.625)	C−95	—	14100 (10400)
9.625	79.61	244.48 (9.625)	C−95	—	16540 (12200)
9.625	86.90	244.48 (9.625)	C−95	—	18180 (13410)
9.625	59.52	244.48 (9.625)	T−95	—	11490 (8470)
9.625	64.73	244.48 (9.625)	T−95	—	12850 (9480)
9.625	69.94	244.48 (9.625)	T−95	—	14100 (10400)
9.625	79.61	244.48 (9.625)	T−95	—	16540 (12200)
9.625	86.90	244.48 (9.625)	T−95	—	18180 (13410)
9.625	64.73	244.48 (9.625)	P−110	—	14980 (11050)
9.625	69.94	244.48 (9.625)	P−110	—	16440 (12130)
9.625	79.61	244.48 (9.625)	P−110	—	19280 (14220)
9.625	86.90	244.48 (9.625)	P−110	—	21200 (15630)
9.625	69.94	244.48 (9.625)	Q−125	—	18400 (13600)
9.625	79.61	244.48 (9.625)	Q−125	—	21630 (15950)
9.625	86.90	244.48 (9.625)	Q−125	—	23770 (17540)
10.75	48.73	273.05 (10.75)	H−40	2790 (2050)	—

续表

标号		外径 Dm (D) mm (in)	钢号	扭矩	
尺寸 in	质量 kg/m			ST&T N·m (ft·lb)	LT&C N·m (lb·ft)
10.75	60.26	273.05 (10.75)	H—40	4250 (3140)	—
10.75	60.26	273.05 (10.75)	J—55	5700 (4200)	—
10.75	23.06	273.05 (10.75)	J—55	6680 (4930)	—
10.75	75.89	273.05 (10.75)	J—55	7660 (5650)	—
10.75	60.26	273.05 (10.75)	K—55	6100 (4500)	—
10.75	67.70	273.05 (10.75)	K—55	7160 (5280)	—
10.75	75.89	273.05 (10.75)	K—55	8210 (6060)	—
10.75	60.26	273.05 (10.75)	M—65	6660 (4910)	—
10.75	67.70	273.05 (10.75)	M—65	7810 (5760)	—
10.75	75.89	273.05 (10.75)	M—65	8960 (6610)	—
10.75	82.58	273.05 (10.75)	M—65	8960 (6610)	—
10.75	75.89	273.05 (10.75)	L—80	10760 (7940)	—
10.75	82.58	273.05 (10.75)	L—80	11990 (8840)	—
10.75	75.89	273.05 (10.75)	N—80	10900 (8040)	—
10.75	82.58	273.05 (10.75)	N—80	12140 (8950)	—
10.75	75.89	273.05 (10.75)	C—90	11920 (8790)	—
10.75	82.58	273.05 (10.75)	C—90	13270 (9790)	—
10.75	90.32	273.05 (10.75)	C—90	14770 (10890)	—
10.75	97.76	273.05 (10.75)	C—90	16240 (11980)	—
10.75	75.89	273.05 (10.75)	C—95	12560 (9270)	—
10.75	82.58	273.05 (10.75)	C—95	13990 (10320)	—
10.75	75.89	273.05 (10.75)	T—95	12560 (9270)	—
10.75	82.58	273.05 (10.75)	T—95	13990 (10320)	—
10.75	90.32	273.05 (10.75)	T—95	15570 (11480)	—
10.75	97.76	273.05 (10.75)	T—95	17130 (12630)	—
10.75	75.89	273.05 (10.75)	P—110	14630 (10790)	—
10.75	82.58	273.05 (10.75)	P—110	16300 (12020)	—
10.75	90.32	273.05 (10.75)	P—110	18130 (13370)	—
10.75	97.76	273.05 (10.75)	P—110	19950 (14710)	—
10.75	90.32	273.05 (10.75)	Q—125	20360 (15020)	—
10.75	97.76	273.05 (10.75)	Q—125	22400 (16520)	—
11.75	63.54	298.45 (11.75)	H—40	4170 (3070)	—
11.75	69.94	298.45 (11.75)	J—55	6460 (4770)	—
11.75	80.35	298.45 (11.75)	J—55	7700 (5680)	—
11.75	89.28	298.45 (11.75)	J—55	8800 (6490)	—
11.75	69.94	298.45 (11.75)	K—55	6900 (5090)	—
11.75	80.35	298.45 (11.75)	K—55	8220 (6060)	—
11.75	89.28	298.45 (11.75)	K—55	9400 (6930)	—
11.75	69.94	298.45 (11.75)	M—65	7560 (5570)	—

续表

标号		外径	钢号	扭矩	
尺寸 in	质量 kg/m	Dm (D) mm (in)		ST&T N·m (ft·lb)	LT&C N·m (lb·ft)
11.75	80.35	298.45 (11.75)	M—65	9000 (6640)	—
11.75	89.28	298.45 (11.75)	M—65	10290 (7590)	—
11.75	89.28	298.45 (11.75)	L—80	12370 (9130)	—
11.75	89.28	298.45 (11.75)	N—80	12520 (9240)	—
11.75	89.28	298.45 (11.75)	C—90	13710 (10110)	—
11.75	89.28	298.45 (11.75)	T—95	14460 (10660)	—
11.75	89.28	298.45 (11.75)	C—95	14460 (10660)	—
11.75	89.28	298.45 (11.75)	P—110	16830 (12420)	—
11.75	89.28	298.45 (11.75)	Q—125	18920 (13950)	—
13.375	71.42	339.73 (13.375)	H—40	4370 (3220)	—
13.375	81.10	339.73 (13.375)	J—55	6970 (5140)	—
13.375	90.77	339.73 (13.375)	J—55	8070 (5950)	—
13.375	101.18	339.73 (13.375)	J—55	9160 (6750)	—
13.375	81.10	339.73 (13.375)	K—55	7410 (5470)	—
13.375	90.77	339.73 (13.375)	K—55	8580 (6330)	—
13.375	101.18	339.73 (13.375)	K—55	9740 (7180)	—
13.375	81.10	339.73 (13.375)	M—65	8160 (6020)	—
13.375	91.66	339.73 (13.375)	M—65	9440 (6970)	—
13.375	101.18	339.73 (13.375)	M—65	10720 (7910)	—
13.375	101.18	339.73 (13.375)	L—80	12910 (9520)	—
13.375	107.14	339.73 (13.375)	L—80	13950 (10290)	—
13.375	101.18	339.73 (13.375)	N—80	13060 (9630)	—
13.375	107.14	339.73 (13.375)	N—80	14110 (10400)	—
13.375	101.18	339.73 (13.375)	C—90	14330 (10570)	—
13.375	107.14	339.73 (13.375)	C—90	15480 (11420)	—
13.375	101.18	339.73 (13.375)	C—95	15110 (11140)	—
13.375	107.14	339.73 (13.375)	C—95	16320 (12040)	—
13.375	101.18	339.73 (13.375)	T—95	15110 (11140)	—
13.375	107.14	339.73 (13.375)	T—95	16320 (12040)	—
13.375	101.18	339.73 (13.375)	P—110	17580 (12970)	—
13.375	107.14	339.73 (13.375)	P—110	18990 (14010)	—
13.375	107.14	339.73 (13.375)	Q—125	21360 (15760)	—
16	96.72	406.40 (16)	H—40	5950 (4390)	—
16	111.60	406.40 (16)	J—55	9630 (7100)	—
16	124.99	406.40 (16)	J—55	11080 (8170)	—
16	111.60	406.40 (16)	K—55	10190 (7520)	—
16	124.99	406.40 (16)	K—55	11730 (8650)	—
16	111.60	406.40 (16)	M—65	11280 (8320)	—
16	124.99	406.40 (16)	M—65	12980 (9570)	—

续表

标号		外径 Dm（D） mmin	钢号	扭矩	
尺寸 in	质量 kg/m			ST&T N·m（ft·lb）	LT&C N·m（lb·ft）
18.625	130.20	473.08（18.625）	H—40	7580（5590）	—
18.625	130.20	473.08（18.625）	J—55	10220（7540）	—
18.625	130.20	473.08（18.625）	K—55	10770（7940）	—
18.625	130.20	473.08（18.625）	M—65	11980（8840）	—
20	139.87	508.00（20）	H—40	7870（5810）	9120（6730）
20	139.87	508.00（20）	J—55	10620（7830）	12290（9070）
20	158.47	508.00（20）	J—55	12370（9130）	14320（10560）
20	197.90	508.00（20）	J—55	16160（11920）	18700（13790）
20	139.87	508.00（20）	K—55	11160（8230）	12950（9550）
20	158.47	508.00（20）	K—55	13000（9590）	15090（11130）
20	197.90	508.00（20）	K—55	16980（12520）	19700（14530）
20	139.87	508.00（20）	M—65	12450（9180）	14410（10630）
20	158.47	508.00（20）	M—65	14510（10700）	16790（12380）

表 11—41　极线螺纹套管扭矩值

外径	扭矩			
	J—55，K—55	C—75，L—80，N—80，C—90	C—95，P—110	Q—125
mm（in）	N·m（lb·ft）	N·m（lb·ft）	N·m（lb·ft）	N·m（lb·ft）
127.0（5）	3660（2700）	4340（3200）	5020（3700）	5690（4200）
139.7（5½）	3660（2700）	4340（3200）	5020（3700）	5690（4200）
168.3（$6^5/_8$）	4340（3200）	5020（3700）	5690（4200）	6370（4700）
177.8（7）	4340（3200）	5020（3700）	5690（4200）	6370（4700）
193.7（$7^5/_8$）	5020（3700）	5690（4200）	6780（4700）	7050（5200）
219.1（$8^5/_8$）	5690（4200）	6780（4700）	7050（5200）	7730（5700）
244.5（$9^5/_8$）	6780（4700）	7050（5200）	8410（6200）	9080（6700）

12 钻井钢丝绳

12.1 结构

12.1.1 代表性股结构

钻井钢丝绳的代表性股结构如图 12-1 所示,有如下几种:
(1) 单层,一芯六丝即 1-6。
(2) 填丝,内层含金属填丝,即 1-6-6f-12。
(3) 西鲁式,两层,金属丝数量相同,即 1-9-9。
(4) 瓦林吞式,两层,金属丝直径相同,外层含金属填丝即 1-6-(6+6)。
(5) 混合式,开始两层为瓦林吞式,后两层为西鲁式,即 1-8-8-(8+8)-16。

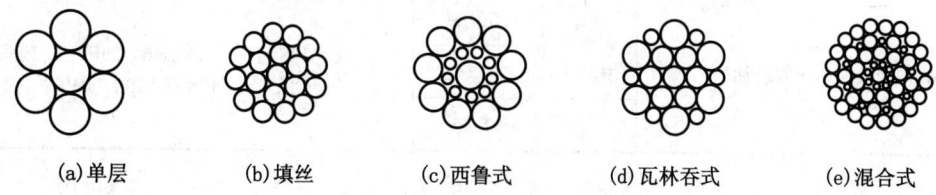

(a)单层　　(b)填丝　　(c)西鲁式　　(d)瓦林吞式　　(e)混合式

图 12-1　代表性股结构

12.1.2 捻法

钻井钢丝绳的捻法,有如图 12-2 所示的几种。

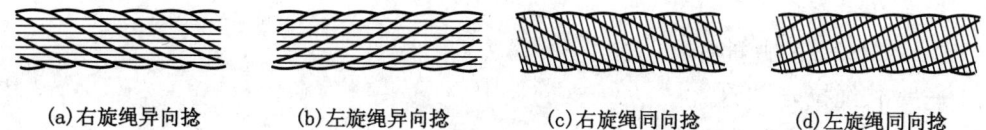

(a)右旋绳异向捻　(b)左旋绳异向捻　(c)右旋绳同向捻　(d)左旋绳同向捻

图 12-2　捻法

异向捻—股捻向与绳捻向相反

12.1.3 结构及钢级代号

钢丝绳的结构及钢级代号见表 12-1。

表 12-1　钢丝绳结构及钢级代号

代号	WS	S	FS	FW	PF	PS	IPS
名称	瓦林吞西鲁式钢丝绳	西鲁式钢丝绳	异型股钢丝绳	填充钢丝绳	预变形	犁钢级	优质犁钢级
代号	EIPS	EEIPS	NPF	RL	LL	FC	IWRC
名称	超级犁钢级	超强犁钢级	非预变形	右捻向	左捻向	纤维芯	绳式钢芯

钢丝绳代号示例：
例1 纤维芯西鲁式钢丝绳的全称为6（9+9+1）+FC，简称为6×19S+FC。
例2 绳式钢芯瓦林吞西鲁式钢丝绳的全称为6（10+5/5+5+1）+IWRC，简称为6×26WS+IWRC。

12.2 钻井钢丝绳（钻井大绳）选择

12.2.1 钻井钢丝绳尺寸、结构选择

根据石油钻机的基本参数可查得所用钻机的钻井钢丝绳尺寸，并参考表12-1选定其结构类型。推荐选用钻井钢丝绳尺寸和结构类型见表12-2。

表12-2 推荐选用钻井钢丝绳尺寸和结构类型

用　　途	井深	钢丝绳径 mm	钢丝绳类型（交互捻）
钻井钢丝绳——连续取芯和小井眼旋转钻机	浅井	22，26	6×21WS，PF，RL，IPS或EIPS，IWRC
	中深井	26，29	6×19S或6×26WS，PF，RL，IPS或EIPS，IWRC
钻井钢丝绳——旋转钻机	浅井	26，29	6×19S或6×21S或6×25FW或FS，PF，LL，IPS或EIPS，IWRC
	中深井	29，32	
	深井	32~45	

12.2.2 钻井钢丝绳（大绳）的安全系数

12.1.2.1 安全系数的定义

安全系数的定义如下：

$$f=T/t_a \qquad (12-1)$$

式中　f——安全系数；
　　　T——钢丝绳的破断强度，kN；
　　　t_a——快绳拉力，kN。

12.2.2.2 最小允许安全系数

(1) 旋转钻井钢丝绳：3。
(2) 起升井架钢丝绳：2.5。
(3) 下套管用钻井钢丝绳：2。
(4) 解卡或其他临时作业用的强拉钢丝绳：2。

根据现场调研，我国旋转钻机钻井钢丝绳安全系数为3～4.5。

12.2.2.3 快绳拉力计算

快绳拉力计算公式如下：

$$t_a=F/(N\eta_m) \qquad (12-2)$$

式中　F——大钩载荷，kN；
　　　t_a——快绳拉力，kN。
　　　N——穿绳数；
　　　η_m——穿绳效率。

穿绳效率与穿绳数、摩擦系数的关系见表 12−3。

表 12−3　穿绳效率与穿绳数、摩擦系数关系表

穿绳数 N / 穿绳效率 η_m / 摩擦系数	2	4	6	8	10	12	14
K=1.09，滑动轴承	0.880	0.810	0.748	0.692	0.642	0.597	0.556
K= 1.04，滚动轴承	0.943	0.907	0.874	0.842	0.811	0.782	0.755

$$\eta_m = \frac{K^N - 1}{N(K-1)K^N} \qquad (12-3)$$

应用举例：起重系统穿了 8 根钢丝绳，N=8；大钩载荷 F=1500kN；钻井钢丝绳 1¼in（31.7mm），6×19 独钢绳芯，超级犁钢，破断强度 T=711kN；滑轮为滚动轴承，摩擦系数 K=1.04。则快绳拉力和安全系数为：

$t_a=F/(N\eta_m)=1500/(8\times0.842)=222.7\text{kN}$

$f=T/t_a=711/222.7=3.20$

如果在绞车与天车之间安装使用了惰性张紧轮，则按上述公式计算得出的快绳拉力，还必须乘以摩擦系数（K=1.04），乘的次数等于使用惰性张紧轮的个数。譬如上例，如果使用了两个惰性张紧轮，则此时的快绳拉力和安全系数为：

$t_a=222.7\times1.04\times1.04=241\text{kN}$

$f=711/241=2.95$

12.2.3　钻井钢丝绳的钢级和破断强度

先镀后拉钢丝绳规定的公称拉力与光面钢丝绳相同；镀锌钢丝绳是光面钢丝绳拉力的 90%。

（1）6×19 和 6×37 类光面（无镀层）或先镀后拉钢丝（纤维芯）钢丝绳钢级和破断强度见表 12−4。

表 12−4　钻井钢丝绳的钢级和破断强度（1）

公称直径 mm（in）	单位质量 kg/m	破断强度，kN		
		犁钢	优质犁钢	超级犁钢
13（1/2）	0.63	83.2	95.2	105
14.5（9/16）	0.79	106	120	132
16（5/8）	0.98	129	149	163
19（3/4）	1.41	184	212	233
22（7/8）	1.92	249	286	315
26（1）	2.50	324	372	409
29（1¹/₈）	3.17	407	468	514
32（1¹/₄）	3.91	600	575	632
35（1³/₈）	4.73	—	691	760
38（1¹/₂）	5.63	—	818	898
42（1⁵/₈）	6.61	—	952	1050
45（1³/₄）	7.66	—	1100	1220
48（1⁷/₈）	8.80	—	1250	1560
52（2）	10.0	—	1420	1560

(2) 6×19类光面（无镀层）或先镀后拉钢丝（绳式钢芯）钢丝绳钢级和破断强度见表12-5。

表12-5 钻井钢丝绳的钢级和破断强度（2）

公称直径 mm (in)	单位质量 kg/m	破断强度，kN		
		优质犁钢	超级犁钢	超强犁钢
19 (3/4)	1.55	228	262	288
22 (7/8)	2.11	308	354	389
26 (1)	2.75	399	372	506
29 (1 1/8)	3.48	503	579	636
32 (1 1/4)	4.30	617	711	782
35 (1 3/8)	5.21	743	854	943
38 (1 1/2)	6.19	880	1010	1112
42 (1 5/8)	7.26	1020	1170	1300
45 (1 3/4)	8.44	1180	1360	1500
48 (1 7/8)	9.67	1350	1550	1710
52 (2)	11.0	1630	1760	1930

(3) 6×25B型、6×27H型、6×30G型、6×31V型异型股钢丝绳光面（无镀层）或先镀后拉钢丝（绳式钢芯）的钢级和破断强度见表12-6。

表12-6 钻井钢丝绳的钢级和破断强度（3）

公称直径 mm (in)	单位质量 kg/m	破断强度，kN	
		优质犁钢	超级犁钢
22 (7/8)	2.17	330	373
26 (1)	2.81	439	484
29 (1 1/8)	3.56	553	609
32 (1 1/4)	4.39	679	747
35 (1 3/8)	5.31	817	898
38 (1 1/2)	6.32	961	1060
42 (1 5/8)	7.43	1130	1250

12.2.4 钻井钢丝绳直径与滑轮槽和滚筒槽根半径的匹配

新的和修复的，特别是磨损后的滑轮槽及滚筒槽根半径应及时或定期使用滑轮规检查，钢丝绳直径与滑轮和滚筒槽根半径的匹配不好会导致钢丝绳过分磨损。钻井钢丝绳直径与滑轮槽和滚筒槽根半径的匹配见表12-7。

表 12-7 滑轮槽和滚筒槽根允许半径

钢丝绳公称直径，mm	新的或修复的槽根最大半径，mm	磨损后槽根最小半径，mm
16	8.47	8.13
19	10.49	9.75
22	12.22	13.38
26	13.79	13.03
29	15.72	14.66
32	17.48	16.28
35	19.20	17.91
38	20.96	19.53
42	22.71	21.16
45	24.46	22.78
48	26.19	24.41
52	27.94	26.04

12.3 钻井钢丝绳倒剁评价

12.3.1 外层钢丝断裂根数限定值

外层钢丝断裂根数限定值见表 12-8。

表 12-8 外层钢丝断裂根数限定值（推荐）

钢丝绳结构	外层钢丝根数	断裂钢丝根数	
		1 个捻距内	5 个捻距内
6×19S	54	3	5
6×25FW	72	4	7
6×30G 型	72	4	7

注：本表钢丝绳结构为交互捻。

12.3.2 钢丝绳倒剁依据

钢丝绳倒剁依据主要有以下两点：

（1）由于钢丝绳的股芯或多层结构的绳股内部损坏和钢丝绳内、外部磨损造成绳径缩减 7% 以上，即使未出现断丝也应当报废，钢丝绳直径的测量如图 12-3 所示。

（2）钢丝绳有严重外伤、挤伤、变形、腐蚀。

12.3.3 钢丝绳倒剁长度的确定

钢丝绳倒剁长度的确定见表 12-9。

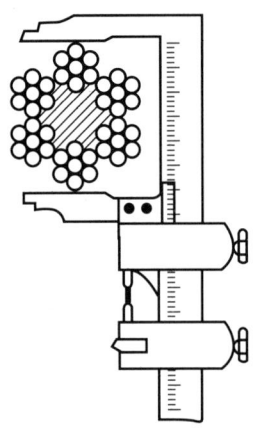 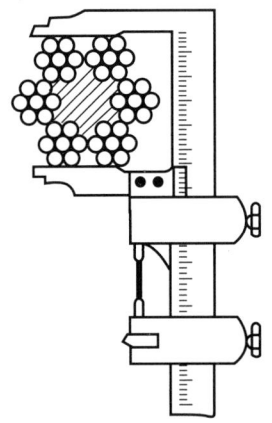

(a)正确的钢丝绳直径测量方法　　(b)错误的钢丝绳直径测量方法

图 12-3　钢丝绳直径的测量

表 12-9　剁长度与卷筒直径及井架高度的关系（推荐）

井架高度 m (ft)	卷筒直径, mm (in)												
	279 (11)	330 (13)	356 (14)	381 (16)	457 (18)	508 (20)	559 (22)	610 (24)	660 (26)	771 (28)	762 (30)	813 (32)	864 (34)	414 (36)
	剁去的长度, m/卷筒上的圈数												
≥46.03 (≥151)										34.6 15.5	34.7 14.5	34.5 13.5	33.9 12.5	33.0 11.5
43.28~45.72 (142~150)						25.9 13.5	25.9 12.5	25.7 11.5	27.5 11.5	26.8 10.5			
40.54~42.67 (133~140)					24.7 15.5	25.5 14.5	23.9 12.5	23.9 11.5	25.7 11.5	25.1 10.5	24.3 9.5		
36.58~40.23 (120~132)				22.3 17.5	22.3 15.5	23.1 14.5	21.9 12.5	23.9 12.5	23.9 11.5	23.5 10.5	22.7 9.5	24.3 9.5	
17.74~36.27 (91~119)		20.2 19.5	19.6 17.5	18.5 14.5	18.0 12.5	18.4 11.5	18.4 10.5	18.2 9.5	19.7 9.5	19.0 8.5			
22.25~27.43 (73~90)		18.2 17.5	16.2 14.5	16.0 12.5	16.5 11.5								
≤21.95 (≤72)	11.0 12.5	12.0 11.5											

注：此表提供的剁去长度为卷筒上的整圈数再加半圈，以便改变绳在卷筒上的交叉点，防交叉点的磨损。

13 常用钻井液添加剂

13.1 常用钻井液添加剂

常用钻井液添加剂见表13–1。

表13–1 常用钻井液添加剂

类别	名 称	代 号	主 要 用 途	适 用 范 围
粘土材料	天然钠膨润土	—	提高粘度、切力，降低滤失量，建造滤饼等。	水基钻井液体系
	人工钠膨润土	—		
	累托土	—		
	复合粘土粉	JFF		
	抗盐土	SALT–GEL		盐水钻井液体系
	有机土	ZAL–1等		油基钻井液体系
加重材料	石灰石粉	$CaCO_3$	提高钻井液密度	密度≤1.3g/cm^3
	重晶石粉	$BaSO_4$	提高钻井液密度	配制各种高密度钻井液
	钛铁矿粉	—		
	钒钛铁矿粉	—		
	高密度氧化铁矿粉	—		
	酸溶性加重剂	VJF		
碱度控制剂	氢氧化钠	NaOH	调节pH，除Mg^{2+}	各种水基钻井液
	碳酸钠	Na_2CO_3	调节pH，除钙	
	（生）石灰	CaO	调节pH，钻井液钙处理	
	碳酸氢钠	$NaHCO_3$	除钙	
	氢氧化钾	KOH	调节pH，提高防塌能力	
降滤失剂 纤维素类	羧甲基纤维素钠盐	CMC–MV	降滤失并适当提粘	各种水基钻井液
	羟丙基纤维素	HPS		
	复合纤维素	OH–COC		
	碱性羧甲基纤维素	CMC	降滤失	
	羧甲基纤维素钠盐	CMC–LV		
	羧甲基纤维素钠盐	ZJT–3		
	OH8，OM6	CMC–LV		
	聚阴离子纤维素	PAC–LV		
降滤失剂 淀粉类	改性淀粉	GD10–2	降滤失并适当提粘	
	改性淀粉	DFD–II		
	改性淀粉	CT–38		
	抗温改性淀粉	DFD–140	降滤失	各种水基钻井液
	羧甲基淀粉	CMS		
	聚合淀粉	STP		
	聚合淀粉	LS–1，LS–2		

续表

类别		名　　称	代　　号	主 要 用 途	适 用 范 围
降滤失剂	聚合物类	正电胶降滤失剂	SJ−3	降滤失剂	正电胶钻井液
		惰性降滤失剂	HL−1	降滤失	各种水基钻井液
		共聚型聚合物	JT−41	降滤失并适当提粘	
		降滤失剂	GD−1	降滤失并提高钻井液抑制能力	
		降滤失剂	JS90		
		降滤失剂	FJ9301		
		降滤失剂	HLS−202	降滤失并提高钻井液抑制能力	
		降滤失剂	A903		
		乙烯单体多元共聚物降滤失剂	PAC142 或 SK 系列		
		中分子聚合物	MAN−101		
		无荧光防塌降滤失剂	PA−1		
		防卡降滤失剂	PPL	降滤失，防卡	
		聚合物降滤失剂	CPF	抗高温抗盐降滤失并适当提高粘度和钻井液抑制能力	
		两性离子降滤失剂	JT888 等		
		钻井液降滤失剂	JMHA−1		
		增粘降滤失剂	PMHA−1		
		高聚物降滤失剂	PSC90−4		
		水解聚丙烯腈钠盐	Na−HPAN	降滤失	
		多元共聚铵盐	NPAN−2	降滤失并提高钻井液抑制能力	
		水解聚丙烯腈铵盐	NPAN		
		双聚铵盐	HMP−21		
		降滤失剂	NP924		
温度稳定剂		抗高温抗盐降滤失剂	SPNH	抗高温抗盐降滤失	
		磺化酚醛树脂	SMP		
		磺甲基酚醛树脂	SMP-I，SMP−II		
		抗高温抗盐降滤失剂	SPC		
		磺甲基酚醛树脂	SPR		
		磺甲基酚醛树脂	SP		
		高温高压降滤失剂	SCUR		
		木质素磺化酚醛树脂	SLSP		
		复合离子抗温抗盐剂	JT−983		
		抗温抗盐降滤失剂	HUC		
		抗温抗盐降滤失剂	SHR		
		抗高温降滤失剂	S−88		
		抗高温降滤失剂	SG−1		
		抗温降滤失剂	EJ9301		
		抗高温降滤失剂	SJ−1		
		高温抗盐降滤失剂	Q−195		
		降滤失剂	HLS−202		
		降滤失剂	C_3		
		多功能高温降滤失剂	HMF−II		
		磺甲基褐煤树脂	HMF		
		磺化腐植酸铬	PSC		
		抗温抗盐降滤失剂	RSTF		
		高温降滤失剂	FLA		
		磺化褐煤、酚醛树脂共聚物	SCSP		

13 常用钻井液添加剂

续表

类别		名 称	代 号	主要用途	适用范围
增粘剂		改性石棉	HN-1	提高粘度和切力	各种水基钻井液和盐水、饱和盐水钻井液体系
		改性石棉纤维素	SM-1		
		羟乙基田菁粉	—	提高粘度，降低滤失量，包被钻屑并抑制泥页岩水化膨胀分散	
		羧丙基瓜尔胶粉	—		
		高效增粘剂	ZW-1		
		增粘剂	KP-241		
		聚阴离子纤维素	JX		
		香豆胶	FA-XD		
		黄原胶	XC		
		两性离子共聚物	FA367		
		羧甲基纤维素	CMC-HV		
		丙烯酸盐与丙烯酰胺共聚物	PAC141		
		聚阴离子纤维素	PAC-HV		
		羧甲基羟乙基纤维素	CT-91		
		羟乙基纤维素	HEC		
乳化剂		烷基磺酸钠	AS	水包油乳化剂，表面张力降低剂、清洁剂等	水基钻井液体系
		烷基苯磺酸钠	ABS		
		斯盘-80	SPAN-80		
		斯盘-80	SP-80		
		十二烷基苯磺酸三乙醇胺	ABSN	油包水、水包油乳化剂，耐高温和酸碱盐等	油基钻井液体系
		固体乳化剂	SN-S$_1$		
		乳化剂	HFR-101		
		OP系列	OP-10		
		低毒油基钻井液乳化剂	OFA	油包水乳化剂	
页岩抑制剂	沥青类	低荧光防塌剂	WFT-666	堵塞泥页岩微裂缝	各种水基钻井液
		无荧光防塌剂	MW-II		
		无荧光防塌剂	BWF-II		
		无荧光防塌剂	SWF-I		
		无荧光防塌剂	GMFF		
		无荧光防塌剂	MHP		
		无荧光防塌剂	ZHF-1		
		防塌润滑剂	FRH	堵塞和覆盖泥页岩微裂缝，增强钻井液润滑性能	
		沥青质防塌剂	FY-KB		
		氧化沥青粉	AL		
		磺化沥青钠盐	SAS-1		
		磺化沥青	DLSAS		
		高改沥青	HAHN		
		磺化树脂沥青粉	SFT		
		活化沥青	NH-3		
		腐植沥青	—		

续表

类别		名　称	代　号	主要用途	适用范围
页岩抑制剂	沥青类	磺化沥青	FT－80	堵塞和覆盖泥页岩微裂缝，增强钻井液润滑性能	各种水基钻井液
		改性沥青	$FT-D_2$		
		低软化点沥青	LFT－70，LFT－110		
		磺化沥青	FT－1		
		高改沥青	KAHm		
		高改沥青	HZN101		
		改性沥青	FT－341，FT－342		
		防塌剂	FT－346		
		高效润滑防塌剂	GLA		
		无荧光防卡润滑剂	JH－II		
		防塌剂	ZFJ－1		
		防塌剂	K21		
		防塌剂	SBI－1		
	阳离子类	聚阳离子聚合物	MP－2	抑制泥页岩水化、膨胀、分散	各种水基钻井液
		小阳离子	Sw－1		
		阳离子粘土稳定剂	HT－101		
		高温稳定剂	JHW－1，JHW－2		
		小阳离子页岩抑制剂	GD－5		
		广谱扩壁剂	CSP		
		小阳离子	NW－1		
		高效抑制剂	SHSA		
		井壁稳定剂	F501，F601		
		聚季铵粘土稳定剂	GB3－1		
		聚沉剂	NW－II		
		井壁稳定剂	FPN		
		聚季铵	PTA		
		醚化剂	—		
		聚季铵	TDC－15		
		新型微粒稳定剂	FS－1		
		小阳离子防塌剂	CSW－1		
		聚季铵	TB－F3		
		阳离子页岩抑制剂	GD5－1，GD－2		
		粘土防膨剂	P－100，P－201		
		小阳离子	LCI－18		
		高纯阳离子醚化剂	—		
		聚季铵粘土防膨剂	—		
		多效粘土稳定剂	JYK－931		
		多效粘土稳定剂	BCS－851		
		高温稳定剂	SAC－III		
		防膨防塌剂	ZHF－01，ZHF－03		

13 常用钻井液添加剂

续表

类别		名 称	代 号	主要用途	适用范围
页岩抑制剂	有机硅类	有机硅腐植酸钾	OSHMKS	抑制泥页岩水化、膨胀、分散，降滤失	
		硅稳定剂	GWJ		
		硅腐植酸	SAH		
		硅稳定剂	GW-1		
		硅铝腐植酸	—		
		有机硅稳定剂	—		
		防塌剂（硅稳定剂）	HFT-401		
		有机硅腐植酸钾	OXAM-K		
		有机硅腐钾	OSAM-K		
	铵盐类	聚丙烯腈铵盐	K-HPAN		
		铵盐复配处理剂	NF-923		
		钾铵基水解聚丙烯腈	KNPAN		
		聚丙烯腈铵盐	—		
		复合剂	FH-2，FH-3		
		复合铵盐	NF958		
		多元共聚铵盐	NPAN-2		
	钾盐类	腐植酸钾	KHm	抑制泥页岩水化、膨胀、分散，降滤失	各种水基钻井液
		磺化硝基腐植酸钾	SNK-2		
		单宁酸钾	KHM		
		水解聚丙烯腈钾盐	K-HPAN		
		硝基腐植酸钾	NHmK		
		有机硅腐植酸钾	OXAM-K		
		有机硅腐植酸钾	QSHM-K-S1		
		腐植酸钾	S-KTN		
		改性腐植酸钾	GKHM		
		磺化硝基腐植酸钾	NSHmK		
		共聚型聚丙烯腈钾盐	K-PAN		
		页岩抑制剂	KAHM		
	包被类	丙烯腈丙烯酰胺钾盐	KHPAM	抑制泥页岩水化、膨胀、分散并包被泥页岩的微裂缝	
		丙烯腈丙烯酰胺共聚物	PMNK		
		磺化聚丙烯酰胺	SPAM		
		甲叉基聚丙烯酰铵	PHMP		
		阳离子聚合物	CD		
		高聚物包被剂	CUD		
		包被剂	SP-II		
		包被抑制剂	BY-II		
		聚丙烯酸钾	PAM		
		甲基聚丙烯酰胺	—		
		复合离子型页岩抑制剂	CD		
		大阳离子	HCF-98		
		强包剂	FA-369		

续表

类别		名　　称	代　　号	主 要 用 途	适 用 范 围
页岩抑制剂	包被类	丙烯酰胺丙烯酸钠共聚物	—	抑制泥页岩水化、膨胀、分散并包被泥页岩的微裂缝	各种水基钻井液
		聚丙烯酸钙	CPA		
		聚丙烯酸钠	PAAS		
		聚丙烯酸钠	80A44，80A46		
		共聚阳离子型聚丙烯酰胺	AM−DMC		
		复合离子聚丙烯酸盐	FA367		
		强抑制剂 − 大钾	FK−1		
		乙烯基单体多元共聚物	MAN104		
		丙烯腈丙烯酸钠共聚物	80A51		
		阳离子聚丙烯酰胺	JH−801		
		强包被剂	FK421		
		强包被剂	HFB−102		
		高分子聚合物防塌剂	PSC90−3		
		流型调节剂	FK−1		
		改型剂	PDMDAAL		
		高聚物	P602		
		阳离子型聚丙烯酰胺	CPAM		
		大阳离子	MP−I，MPIII		
		水解聚丙烯酸钾	FPK		
	其他类	防塌降滤失剂	KH−931	抑制泥页岩水化、膨胀、分散，降滤失	
		水解聚丙烯腈钙盐	Ca−HPAN		
		中粘共聚物	KP		
		共聚型聚合物悬浮液	DPA−9302		
		高聚物	M101		
		聚醚多元醇	E1050		
		防塌降滤失剂	KH−931		
		防塌剂（磺化酚醛树脂）	HFT 系列		
		无铬磺化褐煤	GSMC		
		磺化褐煤	SMC		
		铁腐植酸	FeHm		
		抗高温腐植酸铝	HW−1		
		硝基腐植酸钠	—		
		腐植酸铁	FeHm		
		硝基腐植酸铁	—		
		聚合腐植酸	SCH		
		高强度井壁封护剂	QPL−Y	—	
		SK 系列处理剂	SK 系列	—	
		共聚型丙烯酸	FRK	—	

13 常用钻井液添加剂

续表

类别	名　称	代　号	主要用途	适用范围
稀释剂和解絮凝剂	低聚物降粘剂	XB-40	降粘度、切力，抑制页岩水化膨胀	
	两性离子解絮凝剂	XY-27		
	降粘剂	XY-28		
	阳离子型降粘剂	XH-1		
	两性离子降粘剂	HT-401		
	复合离子聚合物降粘剂	PSC90-8		
	降粘剂	HMP		
	单宁酸钾	KTN		
	焦磷酸钠	—	降粘度、切力	
	三聚磷酸钠	—		
	无铬磺化褐煤	GSMC	降粘度、切力，降滤失	各种水基钻井液
	木质素乙烯基共聚降粘剂	YD		
	高效稀释剂	HMP-III		
	降粘剂（钛铁盐）	CT3-4，CT3-5		
	降粘剂	LS-2		
	降粘剂	PPL		
	降粘剂	LT-3系列		
	羟乙基叉二膦酸	HEDP		
	氨基三钾叉膦酸	ATMP		
	乙二铵四钾叉膦酸	EDTMP		
	水解马来酸酐	HPAM		
	聚丙烯酸	PAA		
	聚丙烯酸钠	PAAS		
	降粘剂	HRV	降粘度、切力，抑制页岩水化膨胀	
	降粘剂	HCN-3		
	降粘剂	LH-Ⅶ		
	高效稀释剂	X-D		
	降粘剂	XY-29		
	降粘剂	PT-1		
	降粘剂	SK-3		
	降粘剂	YJH-1		
	降粘剂	GX-928		
	抑制型降粘剂	XK423		
	复合阳离子降粘剂	AXY-27		
	有机硅腐植酸钾	OSHM-K		
	有机硅腐植酸钾	OSAM-K		
	阳离子稀释剂	—		
	稀释剂	FHY-1		
	降粘剂	SGD-18		
	抑制稀释剂	GD-1，GD-18		

续表

类别	名　称	代　号	主要用途	适用范围
稀释剂和解絮凝剂	硅稀释剂	HFJ−801	降粘度、切力，抑制页岩水化膨胀	各种水基钻井液
	硅稀释剂	HJN−301		
	硅稀释剂	GX−1		
	硅稳定剂	GW−1		
	高效抗温分散剂	ZW−2	降粘度、切力，降滤失	
	木质素磺酸铁	M−9		
	无铬磺化褐煤	GSMC		
	聚合物降粘剂	PT		
	降粘剂	JN		
	铁铬木质素磺酸盐	FCLS		
	无铬稀释剂	GHM		
	腐植酸钠	NaHm		
	磺甲基五倍子单宁酸钠	SMT		
	磺化栲胶	SMK		
	单宁酸钠	NaT		
	分散剂	ALS		
	磺化单宁稀释剂	SMT−3		
絮凝剂	正电胶	MMH 等	钻井液形成正电胶结构	正电胶钻井液
	氯化钾	KCl	提高防塌和抑制能力	各种水基钻井液
	氯化钠	NaCl	配制盐水钻井液	
	氯化钙	$CaCl_2$	钻井液钙处理	
	硅酸钠（钾）	$(K_2)Na_2SiO_3$	提高防塌和抑制能力	
	重铬酸钾（钠）	$(Na_2)K_2Cr_2O_7$	调整钻井液流变性能	
	碳酸锌	$ZnCO_3$	除硫	
	聚丙烯酰胺	PAM	包被钻屑	
	聚丙烯酰胺干粉	PHP		
	聚丙烯酰胺	PAM−S1		
	流型调节剂	MLS	包被钻屑，调整钻井液粘度	
	阳离子高分子絮凝剂	ZXW−II	包被钻屑，抑制页岩水化	
	聚合氯化铝	SEG−2	抑制泥页岩水化、分散、膨胀	
	碱式氯化铝	SEG−18		
	净水剂	XG−91		
	絮凝剂	CT4−35		
	生石灰粉	CaO		
	絮凝剂	NA−2		
	高效絮凝剂	XN−1		
	聚凝剂	KY−3		
	絮凝剂	PX−01		

13 常用钻井液添加剂

续表

类别	名 称	代 号	主 要 用 途	适 用 范 围
润滑剂	极压润滑剂	RH_3	降低摩阻，增强钻井液润滑性能	各种水基钻井液
	极压润滑剂	RH_3-3S		
	固体润滑剂	L-GRJ-II		
	玻璃小球	GMFT		
	塑料小球	HZN-102		
	钢化玻璃球	GRJ-1		
	无荧光润滑剂	RH8501		
	无荧光润滑剂	RH525		
	无荧光润滑剂	HRH-201		
	无荧光润滑剂	SNR-1		
	无荧光润滑剂	DG-5A		
	润滑剂	RH9501		
	润滑剂	RH443		
	润滑剂	TRH-3		
	润滑剂	XOJ-4		
	消光润滑剂	XR-III		
	高效冷却润滑剂	WS1，WS2，WS3		
	润滑剂	YHP007		
	塑料脂润滑剂	HZN-102		
	润滑剂	RT-881		
	润滑剂	CT3-6		
	润滑剂	LZ-1		
	高效植物油润滑剂	RT-003		
	磺化妥尔油	ST		
	石墨粉	—		
	固体润滑剂	GRJ-2		
	低荧光润滑剂	MHR-86D		
	润滑剂	DBLUBE		
	润滑剂	LH-II		
	润滑剂	DH-1，DH-4		
	防卡润滑剂	C8501	降低摩阻，增强钻井液润滑性能，防止卡钻	
	防卡润滑剂	MY-1		
	防卡润滑剂	DG58		
	防卡润滑剂	FK-10		
	速效防卡润滑剂	GLA		
	高效防卡润滑剂	J-ST		
	防卡润滑剂	RT441，RT443		
	清洁剂	D.D	降低摩阻，增强钻井液润滑性能，清洁钻头防止泥包	
	清洁剂	RH_4-4S		
	清洁剂	RH_4		

续表

类别	名 称	代 号	主要用途	适用范围
润滑剂	防塌润滑剂	RJ9501	降低摩阻，增强钻井液润滑性能，防止井塌	各种水基钻井液
	防塌润滑剂	SO-1		
	防塌润滑剂	ZRH-3		
杀菌剂	有机铵盐类杀菌剂	CT10-1	杀菌	各种水基钻井液
	有机硫复配杀菌剂	SQ-8		
	有机硫类杀菌剂	S-20		
	有机硫复配型杀菌剂	WC-85		
	醛类复配型杀菌剂	KB910 系列		
	十二烷基二甲基苄基氯化铵	1227		
	十二烷基甲基苄基氯化铵	1227		
	福尔马林	HCHO		
	高效杀菌剂	GD8-2		
	复合 1227 杀菌剂	—		
消泡剂	甘油聚醚	CN33025	消泡	各种水基钻井液
	固体消泡剂	—		
	消泡润滑剂	XR-II		
	高效消泡剂	FF		
	液体除泡剂	SFT-E-01		
	有机硅消泡剂	GD13-1		
	灭泡剂	MPR		
	消泡剂	XP-1		
	消泡剂	CO-89		
	消泡剂	DF-4		
	消泡剂	DSMA-6		
	消泡剂	BF		
	泡敌	GPE		
	消泡剂	PD100		
	消泡剂	GX8901		
解卡剂	粉状解卡剂	SR-301	解除压差卡钻	各种水基钻井液
	解卡剂（液体）	SR-301		
	解卡剂	AR-1		
	解卡剂	SJK-2		
	解卡剂	PIPELAX		
	解卡剂	PIPELAX-W		

续表

类别	名称	代号	主要用途	适用范围
缓蚀剂	碱式碳酸锌	$Zn_2(OH)_2CO_3$	除去钻井液中的硫	各种水基钻井液体系
	缓蚀阻垢剂	JC−463	降低钻井液中酸、碱等电解质对钻井设备的腐蚀作用和在钻具上的结垢作用	
	缓蚀阻垢剂	JH 系列		
	缓蚀阻垢剂	BF−603		
	水质稳定阻垢剂	GD8−1		
	缓蚀阻垢剂	818		
	有机胺类缓蚀剂	CT2−7	抑制钻井液中细菌对钻井设备的腐蚀作用	
	咪唑啉类缓蚀剂	M2		
	咪唑啉硫代膦酸酯	SL−2B	抑制钻井液中细菌对钻井设备的腐蚀作用	各种水基钻井液体系
	抑菌剂	JA−1		
	其他各系列缓蚀剂	—		
	CO_2 缓蚀剂	WSI−02	降低酸性物质的腐蚀	
	抗氧缓蚀剂	KO−1	降低氧化物质的腐蚀	
堵漏材料	果壳粉	—	堵漏	各种钻井液体系
	云母	MICA		
	蛭石	—		
	贝壳粉	CONCH		
	核桃壳	—		
	核桃壳粉	DBG−1		
	狄塞尔堵漏剂	DGF−1		
	狄塞尔堵漏剂	Z−DTR		
	凝胶堵漏剂	PMN		各种水基钻井液体系
	系列堵漏剂	FDJ		
	石棉纤维	SM−1		
	化学堵漏剂	CT−32		
	堵漏灵	JH−I、JH−II		
	堵漏剂	NFD801		
	综合堵漏剂	—		
	酸溶性堵漏剂	PCC	堵漏并保护储层	
	暂堵剂	DL701		
	液体套管	QCX−1	堵漏、降滤失、保护储层	
	储层保护屏蔽剂	QCX−1		
	储层屏蔽剂	DE−1		
	单向压力暂堵剂	DCL−1	堵漏并保护储层	各种水基钻井液体系
	单向压力暂堵剂	FC		
	单向压力暂堵剂	FCDT−1		
	单向压力暂堵剂	YTK		
	单向压力暂堵剂	DYF		
	单向压力封闭剂	DF−1		
	单向压力封闭剂	GD12−1		

续表

类别	名　　称	代　号	主　要　用　途	适　用　范　围
堵漏材料	单向压力封闭剂	DF-4	堵漏并保护储层	各种水基钻井液体系
	单向压力封闭剂	FC-S1		
	单向压力封闭剂	DX		
	单向压力封闭剂	DF-A		
其他	超细碳酸钙	QS-2	堵漏、降滤失、保护储层	各种水基钻井液体系
	超微细碳酸钙	QCX-1		
	盐重结晶抑制剂	NTA	抑制盐重结晶	
	渗透剂	快T	提高液体渗透能力	
	快钻剂	SN-2	—	
	废钻井液固化剂	GH-1	固化废钻井液	
	油溶树脂	JHY	降滤失、保护储层	
	暂堵保护剂	GXB5-1	堵漏、降滤失、保护储层	
	暂堵型保护剂	ASC-1		
	油层暂堵剂	HZDJ-1		
	暂堵剂	PCC		
	蓖麻油	—	配制密闭取心液	

13.2　钻井完井液常用保护储层处理剂

钻井完井液常用保护储层处理剂见表13-2。

表13-2　完井液常用保护储层处理剂

类　　别	处理剂代号	主　要　用　途	推荐加量,%
大阳离子	SP-2	增强完井液的抑制能力,降低滤液对储层的水敏损害	0.3~0.4
小阳离子	NW-1,CSW-1		0.3~0.4
两性离子降滤失剂	FA-367		0.3~0.5
两性离子解絮凝剂	XY-27		0.2~0.3
正电胶	MMH,MSF-1	降低水敏损害	0.2~0.4
低荧光磺化沥青,磺化沥青	DYFT-1,FT-1	变形粒子,屏蔽暂堵	2~3
超(微)细碳酸钙	QS-2,QCX-1	刚性粒子,屏蔽暂堵	3
油溶性暂堵剂	JHY	变形粒子,屏蔽暂堵	2~3
表面活性剂	NP-30	降低水锁损害	0.1
单向压力封闭剂	DF-1	降低滤失量	2~3

14　油井水泥与外加剂

14.1　油井水泥

14.1.1　API 油井水泥级别

API 油井水泥级别见表 14–1。

表 14–1　API 水泥级别和类型

级别	类　型
A	用于地表至 1830m(6000ft) 深度，无特殊性质要求时，普通型
B	用于地表至 1830m(6000ft) 深度，井况要求中到高抗硫酸盐时
C	用于地表至 1830m(6000ft) 深度，井况要求高早强时，可用低、中高抗硫酸盐型
D	用于 1830m(6000ft) 至 3050m（10000ft）深度，在中高湿度和压力条件下可用中和高抗硫酸型
E	用于 3050m（10000ft）至 4880m（16000ft）深度，在高温高压条件下，可用中和高抗硫酸型
F	用于 3050m(10000ft) 至 4880m(16000ft) 深度，在极高温度条件下。可用中和高抗硫酸盐型
G	用于地表至 2440m(8000ft) 深度的产品，加促凝剂和缓凝剂后，能适用的井深和井温范围更广，可用中和高抗硫酸盐型
H	用于地表至 2440m(8000ft) 深度的产品，加促凝剂和缓凝剂后，能适用的井深和井温范围更广，只能用中抗硫酸盐型
J	用于 3600 ~ 4880m(12000 ~ 16000ft) 深度，在极高温高压条件下，只能用抗硫酸盐型

14.1.2　我国油井水泥级别及规范

我国油井水泥级别及规范见表 14–2。

表 14–2　油井水泥级别及规范

油井水泥级别			A	B	C	D	E	F	G	H
拌合水占水泥质量的百分数，%			46	46	56	38	38	38	44	38
比表面积（勃氏法）（最小值），m²/kg			280	280	400	NR	NR	NR	NR	NR
游离液（最大值），mL			NR	NR	NR	NR	NR	NR	3.5	3.5
8h抗压强度	试验方案	最终养护温度 ℃ / 最终养护压力 MPa	抗压强度（最小值），MPa							
8h抗压强度	NA	38 / 常压	1.7	1.4	2.1	NR	NR	NR	2.1	2.1
8h抗压强度	NA	60 / 常压	NR	NR	NR	NR	NR	NR	10.3	10.3
8h抗压强度	6S	110 / 20.7	NR	NR	NR	3.5	NR	NR	NR	NR
8h抗压强度	8S	143 / 20.7	NR	NR	NR	NR	3.5	NR	NR	NR
8h抗压强度	9S	160 / 20.7	NR	NR	NR	NR	NR	3.5	NR	NR

续表

油井水泥级别				A	B	C	D	E	F	G	H
24h抗压强度	试验方案	最终养护温度 ℃	最终养护压力 MPa	抗压强度（最小值），MPa							
	NA	38	常压	12.4	10.3	13.8	NR	NR	NR	NR	NR
	4S	77	20.7	NR	NR	NR	6.9	6.9	NR	NR	NR
	6S	110	20.7	NR	NR	NR	13.8	NR	6.9	NR	NR
	8S	143	20.7	NR	NR	NR	NR	13.8	NR	NR	NR
	9S	160	20.7	NR	NR	NR	NR	NR	6.9	NR	NR
稠化时间	试验方案	15~30min 稠度（最大值）Bc①		稠化时间，min 最大值／最小值							
	4	30		90（最小值）	90（最小值）	90（最小值）	90（最小值）	NR	NR	NR	NR
	5	30		NR	NR	NR	NR	NR	NR	90（最小值）	90（最小值）
	5	30		NR	NR	NR	NR	NR	NR	120（最大值）	120（最大值）
	6	30		NR	NR	NR	100（最小值）	100（最小值）	100（最小值）	NR	NR
	8	30		NR	NR	NR	NR	154（最小值）	NR	NR	NR
	9	30		NR	NR	NR	NR	NR	190	NR	NR

注：NR—不要求；NA—无。

① Bc 为水泥浆稠度单位，伯登。

14.2 油井水泥外加剂

14.2.1 我国油井水泥外加剂

我国油井水泥外加剂的性质及相关说明见表 14–3。

表 14–3 国内油井水泥外加剂

外加剂类型		产品代号	说明	形态
钻井液转化为水泥浆系列外加剂	水化材料	BFS	高炉水淬矿渣	粉末
	激活剂	BA–IL	促使 BFS 水化加速，调节稠化时间	液体
		BAS–1		固体
泡沫水泥系列外加剂	激活助剂	BA–2L	与 BA–IL 配合使用	液体
	发气剂	FCA	通过化学反应产生惰性气体	固体
		FCB		液体
	稳泡剂	FCF	与发气剂配合使用，增强生成泡沫的稳定性	液体
	增强剂	FCP	与 FCA、FCB、FCF 配合使用	粉末

续表

外加剂类型	产品代号	说　明	形态
降滤失剂	—	羧甲基羟乙基纤维素	—
	HS-2A,SZ1-1,SZ1-2	羟乙基纤维素	粉末
	LT-1,LT-2	胶乳	液体
			粉末
	LW-1,XS-2	丙烯酰胺和丙烯酸的共聚物	—
	S24,S27	羧甲基纤维素与羧酸盐混合物	—
	SP	磺化酚醛树脂	—
	FC-03		
	LW-2	—	—
	PA-1	—	—
	SK-1		
	S27	干混与水溶,可用于盐浓度达18%的水泥浆中	粉末
	SQ-2	推荐干混亦可水溶,可用于盐浓度达18%的水泥浆中	粉末
	TD-X	干混,可用于小井眼固井水泥浆体系	粉末
	TD-S	干混,可用于常规水泥和低密度水泥	粉末
	T121	干混,适用于水平井固井	粉末
	G601	使用温度为35~160℃,所用水质为淡水	液体
	FCW	适用于FC泡沫水泥浆体系	粉末
	G601	适用温度为35~160℃,水质为淡水	液体
缓凝剂	FCLS	铁铬木质素磺酸盐类	—
	UC	木质素磺酸盐类	—
	NaT	单宁酸钠	—
	SMT	磺化单宁	—
	SMK	磺化栲胶	—
	SMC	磺化褐煤	—
	FeHm	腐植酸铁	—
	H_3BO_3	硼酸	—
	—	酒石酸,酒石酸钾钠	—
	SN-1	柠檬酸	—
	CMC 或 SY-8	羧甲基纤维素	—
	HS-R, SN	葡萄糖酸钙,葡萄糖酸钠	液体
	H-1 或 HEPPA	有机磷酸盐	—
	HR-A	硼酸、硼酸、天然聚合物混合物	—
	S12	β—羟基葡萄糖酸盐	—

续表

外加剂类型	产品代号	说　明	形态
缓凝剂	CR–3	—	—
	PCP	—	—
	S12	水溶性，可与 SQ–2、S27 相容	液体
	J–RL	水溶性，可与 TD–S、TD–X、J–2B 相容	液体
	G604	适用温度 50 ~ 110℃，水质为低矿化度淡水	粉末
	G606	适用湿度为 50 ~ 120℃，淡水，与 G60 系列降失水剂、渗透剂相容	液体
	H88	与 G60–S（高温型）配合使用，适用温度 100 ~ 150℃	固体
	H98	与 G60–S（高温型）配合使用，适用温度 130 ~ 180℃	固体
	FCR	用于 FC 泡沫水泥浆体系，适用温度 30 ~ 90℃	粉末
速凝剂及早强剂	$CaCl_2$	氯化钙	—
	KCl	氯化钾	—
	NaCl	氯化钠	—
	Na_2CO_3	纯碱	—
	Na_2SiO_3	硅酸钠	—
	NaOH	氢氧化钠	—
	—	甲酰胺	—
	SW,ST	无氯离子早强剂	粉末
	T–90	干混，用于常规和低密度水泥浆，适用 27 ~ 50℃	粉末
	S603	干混或水溶，适用温度 30 ~ 50℃	粉末
	T–93	干混，用于超低密度水泥浆，适用温度 30 ~ 80℃	粉末
	CA901L	应用温度 20 ~ 50℃	液体
	CA902S	与 CA901L 配合应用	固体
	CA903S	应用温度 20 ~ 50℃	固体
	GES	应用温度 30 ~ 50℃，与 G60–S（分散型）配合用	粉末
	CA–2	应用温度 20 ~ 50℃	粉末
分散剂	—	β—基萘磺酸盐聚合物	—
	SXY，SZ–A	磺化酮醛缩聚物	粉末
	—	木质素磺酸钠	—
	—	木质素磺酸钙	—
	UNF–2	主要是 β—基萘磺酸盐聚合物	—
	T45	水溶或干混，应用温度 30 ~ 90℃	粉末
	CF40S	水溶或干混，应用温度 35 ~ 170℃	粉末
	MT–1	水溶或干混，应用温度 30 ~ 100℃	粉末

续表

外加剂类型	产品代号	说 明	形态
减轻剂	—	膨润土	—
	—	沥青粉	—
	—	硅藻土	—
	—	膨胀珍珠岩	—
	WZ	粉煤灰	—
	PZ	玻璃微珠	—
	SNC	主要是硅酸钠基	—
	SU	—	—
加重剂	$BaSO_4$	重晶石	—
	$TiO_2 \cdot Fe_3O_4$	钛铁矿粉	—
消泡剂	—	辛醇—2	—
	—	甘油聚醚	—
	GX—2	GX—2有机硅	—
	G603，XP—1	消除水泥浆中的泡沫	液体
控制高温强度退化剂	—	石英砂、硅粉、微硅	—
防气窜剂	KQ—A	铝粉	—
	ZG—2	铝粉	—
	DG_{29}	铝粉	—
	TD—X	干混，可用于小井眼固井水泥浆体系	粉末
	TD—S	干混，可用于常规水泥和低密度水泥	粉末
	J—2B（早强、普通、分散型）	适用于浅高压气井，油水活跃地层固井	粉末
	T121	干混，适用于水平井固井	粉末
	G601	适用温度为35～160℃，所用水质为低矿化度淡水	液体
	G60—S（分散型）	适用温度为30～110℃，所用水质为低矿化度淡水	粉末
	G60—S（高温型）	适用温度为70～180℃，所用水质为低矿化度淡水	粉末
游离液控制剂	T120	干混，用于水平井，适用温度50～120℃	—
膨胀剂	PZ—2，SEP—2，SUP	干混，适用温度30～50℃，或45～120℃	—
前置液、隔离液外加剂	SNC，DSF，DMH（油基钻井液用），SAPP，CX—2，CY—1，QY—1，H105，G—90，FCLS，SMK，CMC，DJK—2，FSK，MBS—1，BP，CT3—4(7)，JYC—1，CP—SP		

14.2.2 国外油井水泥外加剂

国外油井水泥促凝剂见表 14–4，油井水泥充填剂见表 14–5，油井水泥分散剂见表 14–6，油井水泥浆胶结增强和膨胀剂见表 14–7，水泥缓凝剂见表 14–8，水泥热稳定剂见表 14–9，水泥降失水剂见表 14–10，油井水泥抑泡剂和消泡剂见表 14–11。水泥气窜剂见表 14–12。

表 14–4 国外油井水泥促凝剂对照表

BJ	福拉斯马斯特	道威尔	哈利伯顿	诺斯特	西方	产品状态	材料名称
A–5 或 NaCl	盐	D44	盐	水泥细度级盐	盐	粒状	氯化钠
A–7 或 $CaCl_2$	$CaCl_2$	SI	$CaCl_2$	$CaCl_2$	$CaCl_2$	固体	氯化钙
A–7 或 $CaCl_2$	CA–2L	D77	液体 $CaCl_2$	—	$CaCl_2$–L	液体	
A–7L 偏硅酸钠 DiacaA	TXC–1	D79 DiacaA	Econlite DiaceA	EXC	Thrifty–Lite DiaceA	粉末或微珠	硅酸钠
A–3L 或硅酸钠	EXT–100	D75	液体 Econlite	EXC–L	—	液体	
A–10 或石膏	Utraca–60	D53	Cal–Seal EA–2	Gyp–cem Quick Gyp	—	—	半水石膏或无水石膏，促凝剂。常用于生产触变水泥
A–9 或 KCl	KCl	M117	KCl	KCl	KCl	—	绿化钾，防止泥页岩造浆

注：BWOW—依水的质量计；BWOC—依水泥的质量计。

表 14–5 国外油井水泥充填剂对照表

BJ	福拉斯马斯特	道威尔	哈利伯顿	诺斯特	西方	产品状态	材料名称及说明
膨润土	膨润土	D–20	Gel	膨润土	Gel	粉末	膨润土，天然胶体粘土
绿坡缕石	Salt Gel	D128	绿坡缕石	Salt Gel	Ataclay	粉末	绿坡缕石，天然胶体粘土
粉煤灰	火山灰	D35	PozmixA	NowPoz	PozmentA	粉末	F 型粉煤灰；都是人造火山灰，石灰含量 F 型比 C 型低
粉煤灰	—	D132	C 型粉煤灰	NowPaz	PozmentA	粉末	C 型粉煤灰
火山灰	—	D61	—	—	—	粉末	天然火山灰，天然形成的硅质和铝质材料，活性火山灰
DiaceLD	—	D56	DiaceL D	D.E	Diacel D	粉末或粒状	硅藻土，轻质材料，主要是硅藻残余物演变成的脆性硅质材料
珍珠岩	珍珠岩	D72	珍珠岩	—	珍珠岩	粒状或小珠状	珍珠岩或膨胀珍珠岩，火山灰质的玻璃中空球体
BA–58，BA–90	FS–1	D154	硅质岩或致密硅质岩	Microsil–10p，Microsil–12p，Microsil–22p	CSE	粉末	硅灰（干），高表面积无定形硅
BA–58L，LW–8L	FS–101	D155	液态硅质岩 Microblock	Microsil–15L	CSE–L	液体	硅灰（悬浮液）
LW–7–2，LW–7–4	—	按需供应	玻璃珠	Nowspheres 2000	Ultralite	微珠	玻璃微珠，Scotchlit 或类似材料
LW–6	陶瓷微珠	D124	Spherrelite	Nowspheres 7000	Ceno–spheres	微珠状粉末	火山灰，微珠，球状，由粉煤灰中提取的膨胀火山灰

续表

BJ	福拉斯马斯特	道威尔	哈利伯顿	诺斯特	西方	产品状态	材料名称及说明
Thrifty Mix，FWC−2，DiaceLA	TXC−1	D79，Diacel A	Econolite，DiaceL A	EXC−1	Thrifty−Lite，Diacel A	粉末或珠状	硅酸钠
Thrifty Mix−L	EXT−100	D75	液体 Econolite	EXC−L	WE−1L	液体	
T−40，FWC−10，FWC−47	—	—	VersaSet	D−20	—	固体	专用充填剂
AFF−100L，T−40L	—	D111	GasCon469，VersaSet L	—	—	液体	

表 14−6　国外油井水泥分散剂对照表

BJ	福拉斯马斯特	道威尔	哈利伯顿	诺斯特	西方	产品形态	材料名称及其说明
CD−31	FRC−3	D65	CFR−2	T−10	TF−4	粉末	聚萘磺酸盐型（PNS），代表产品有 Lomar−D、Daxad−19 或相当材料
CD−31L	FRC−100	D80	CFR−2L	T−10L	TF−4L	液体	
—	—	—	CFR−3	—	—	粉末	既非 PNS，也非木质素磺酸盐，而是专用产品
—	—	D145	CFR−3L	—	—	液体	
CD−32	—	—	—	—	—	粉末	专用产品
CD−32L	—	—	—	—	—	液体	
—	—	D121	—	—	TF Plus 500	粉末	用于井底循环温度 93℃的专用产品
—	FRC−2	D45	FE−2	T−11	XR−2	粉末或细颗粒	柠檬酸及其盐或类似产品，用于饱和盐水水泥浆
—	—	D65A	CFR−3	—	—	粉末	聚合物材料，但不是有机酸或有机酸盐，用于饱和盐水水泥浆
—	—	D80A D604AM	CFR−3L	—	—	液体	
CD−32	—	—	CFR−2	—	—	粉末	具有非沉降或抗沉降的分散剂
CD−32L	—	—	CFR−2L	—	—	液体	

表 14−7　国外油井水泥浆胶结增强和膨胀剂对照表

BJ	福拉斯马斯特	道威尔	哈利伯顿	诺斯特	西方	产品状态	材料名称及说明
BA−86L	Latex−1	D600	Latex−2000	—	Gas Lok	液体	丁苯胶乳
BA−10，BA−56，BA−56HT	—	D134	LAP−1，FloBloc210	—	WL−IP	粉末	胶乳，丙烯酸或相当产品
—	—	—	LA−2	NL−2	WL−IL	液体	

续表

BJ	福拉斯马斯特	道威尔	哈利伯顿	诺斯特	西方	产品状态	材料名称及说明
BA—58, BA—90	FS—1	D154	硅质盐, 致密硅质岩	Microsil10P, Microsil12P, Microsil22P	CSE	粉末	硅灰, 具有高表面积无定形硅
BA—58L	FS—101	D155	液体硅质盐, Microblock	Microsil15L	CSE—L	液体	
BA—91	—	—	硅质岩混合物	Nowlite	—	粉末	硅灰粉煤灰混合物
—	—	D65A	—	—	—	粉末	提高盐层固井质量
—	—	D80A, D604AM, D604M	—	—	—	液体	
A—10 或石膏	Ultraca160	D53	Cal—Seal, EA—2	Gyp—Cem, Quick Gyp	Thixad	粉末	半水石膏或石膏
BA—29, BA—61	CPC—1	—	SuperCBL	SPC—1200	—	粉末	发泡剂铝粉或类似材料
—	—	—	Gas—Chek Inhibited	—	—	液体	
—	—	—	Micrbond, MicrbondM, MicrbondHT	—	Microseal, Superbond, XA	粉末	金属氧化物
CD—32L	—	D604M	CFR—2L	—	—	液体	
EC—1, BA—92	Bondmaster	—	—	—	—	粉末	专用产品
—	—	—	—	—	—	液体	

表 14—8 国外油井水泥缓凝剂对照表

BJ	福拉斯马斯特	道威尔	哈利伯顿	诺斯特	西方	产品形态	材料名称及其说明
R—1	CR—1	D13	HR—4, HR—7	R—6	—	粉末	木质素磺酸盐或改性木质素磺酸盐, 用于82℃以下
—	CR—100	D81	HR—4L, HR—7L	R—6L	WR—2L	液体	
R—3	CR—2	D800	HR—5	—	WR—15	粉末	木质素磺酸盐与改性木质素磺酸盐的混合物, 用于52~107℃
R—21, R—12	CR—102	D801	HR—6L	R—40L	—	液体	
—	CR—5	—	—	—	—	粉末	有机酸及其盐的混合物, 用于79~300℃
—	CR—105	D110	—	—	—	液体	
R—6 或 Diace1L WL	CMHEC	D8	Diacel LWL	Diacel LWL	Diacel LWL	粉末	羧甲基羟乙基纤维素（CMHEC,Diacel LWL）, 用于66~149℃
						液体	

续表

BJ	福拉斯马斯特	道威尔	哈利伯顿	诺斯特	西方	产品形态	材料名称及其说明
R-8	CR-5	D28	HR-12, HR-15	R-55	WR-6	粉末	改性木质素磺酸盐混合物，用于107℃以上的高温
R-23L, R-15L	CR-105	D150	HR-12L, HR-13L	R-55L	WR-6L	液体	
—	CR-3, CR-5	—	HR-20	R-57	WR6, WR7	粉末	木质素磺酸盐、改性木质素磺酸、硼砂和硼酸的混合物，使用温度高于149℃
—	—	—	—	—	—	液体	
R-9或硼酸钠	CR-3	D93	Component R	R-35	WR-7	粉末	硼砂或硼酸盐，用作木质素磺酸盐类缓凝助剂
—	—	D121	HR-25	—	—	粉末	非硼砂或硼酸盐，用作木质素磺酸盐类缓凝助剂
			SCR-100			粉末	合成聚合物缓凝剂，有效温度高达121℃
			SCR-100L			液体	
SR30			HR-25			粉末	合成聚合物缓凝剂，有效温度高达232℃
R-14L, R-15LS			HR-25L			液体	
SR30		D161	SCR-100			粉末	用于长水泥柱存在显著温差的井段作缓凝剂，有利于提高顶部抗压强度
—		D110	SCR-100L			液体	
—						粉末	用于高表面积的微细水泥作缓凝剂
—			MMCR			液体	
R-18	CR-4	D74			WR-10	粉末	用于含有石膏或半水石膏的触变水泥作缓凝剂
						液体	
—	FRC-2	—	柠檬酸钠	R-15	XR-2	粉末	柠檬酸或柠檬酸盐或类似材料	永冻层固井缓凝剂
						液体		
	CR-1	D13	HR-4	R-7		粉末	木质素磺酸盐类	
	CR-100	D81	HR-4L	—	WR-2L	液体		

表14-9 国外油井水泥热稳定剂对照表

BJ	福拉斯马斯特	道威尔	哈利伯顿	诺斯特	西方	产品形态	材料名称及说明
S-8C	SFA-100	D30	SSA-2	L-100	SF-4	粒状固体	砂，约过100目晶体硅
S-8	SFA-200	D66	SSA-1	SFA-200, SFA-325	SF-3	细粉末	硅粉，约过200目或更细的晶体硅

表 14-10 国外油井水泥降失水剂对照表

BJ	福拉斯马斯特	道威尔	哈利伯顿	诺斯特	西方	产品形态	使用说明
FL-62	FLC-1, FLC-5	—	LAP-1	D-23	—	粉末	用于淡水或盐浓度低于5%（BWOW）水泥浆，低于49℃
—	FLC-100	—	LA-2	—	—	液体	
—	—	—	—	D19, D30	CF-19, CF-20LT	粉末	用于盐浓度10%（BWOW）水泥浆，温度15.6～49℃
—	—	—	—	LD-30	CF-20L	液体	
FL-33	FLC-7	D146	Halad-322, Halad-344, Halad-413	D-24, NFL-2	CF-18, CF-22	粉末	用于盐浓度达18%(BWOW)的水泥浆，温度15.6～49℃
FL-33L	FLC-107	—	Halad-322L, Halad-322FS, Halad-344FS, Halad-413L, Halad-361A	LD-18, LD-24	CF-18L, CF-22L	液体	
FL-62	FLC-1, FLC-7, FLC-4	—	LAP-1, Flobloc210	NFL-1, NFL-3	WL-1P	粉末	仅用于淡水水泥浆，温度27～93℃
—	FLC-100	—	LA-2	—	WL-1L	液体	
—	—	—	—	—	CF-3	粉末	用于盐浓度10%（BWOW）水泥浆，温度27～93℃
—	—	D300	Halad-10L	—	CT-20L	液体	
—	—	D60	Halad-9, Halad-322	NFL-2	CF-1, CF-14A	粉末	用于盐浓度18%(BWOW)水泥浆，温度27～93℃
—	—	—	Halad-9L, Halad-9FS, Halad-322L, Halad-322FS	LD-18	—	液体	
FL-25, FL-52	FLC-4, FLC-7	D59	—	D24	CF-2, CF-22	粉末	用于盐浓度18%（BWOW）水泥浆，温度15.6～49℃
—	FLC-107	—	—	LD-24	CF-22L	液体	
—	—	—	—	D-30	—	粉末	仅用于淡水水泥浆，温度121℃
—	—	—	—	LD-30	CF-19	液体	
—	—	—	—	—	CF-20	粉末	用于盐浓度10%（BWOW）水泥浆，温度121℃
—	—	—	—	—	CF-20L	液体	
—	—	—	Halad-22A, Halad-344	—	—	粉末	用于盐浓度18%（BWOW）水泥浆，温度121℃
—	—	D603, D159	Halad-22AL, Halad-22AFS	—	CF-15L	液体	

续表

BJ	福拉斯马斯特	道威尔	哈利伯顿	诺斯特	西方	产品形态	使用说明
—	—	D65A	—	—	—	粉末	用于盐浓度18%（BWOW）水泥浆，温度121℃
—	—	D80A, D604AM	—	—	—	液体	
FL-45LN, FL-45LS	—	—	—	—	—	粉末	仅用于淡水水泥浆，温度149℃
—	—	—	—	—	—	液体	
—	FLC-7	—	Halad-14	D-24	—	粉末	用于盐浓度18%（BWOW）水泥浆，温度149℃
—	FLC-107	—	Halad-14FS	LD-24	—	液体	
FL-25	—	—	—	—	—	粉末	用于盐浓度18%（BWOW）以上水泥浆，温度149℃
FL-52	—	—	—	—	—	液体	
—	FLC-7	—	—	—	—	粉末	仅用于淡水水泥浆，温度149℃
—	FLC-107	—	—	—	—	液体	
—	—	—	—	D-28	—	粉末	用于盐浓度18%（BWOW）水泥浆，温度149℃
—	—	D73, D158, D73.1	—	LD-28	—	液体	
FL-33 Diacel LWL	—	D8, D143, Diacel LWL	Halad-413, Halad-100A, Diacel LWL	Diacel LWL	CF-18, CF-22, Diacel LWL	粉末	用于盐浓度18%（BWOW）以上水泥浆，温度149℃以上
FL-33L	—	D158	Halad-413L, Halad-361A	—	CF-18L, CF-22L	液体	
BA-86L	Latex-1	D600, D134	Latex 2000	—	Gas Lok	液体	用于淡水或盐浓度18%（BWOW）水泥浆，93～204℃
—	—	—	LAP-1, FloBloc 201	—	WL-1P	粉末	仅用于淡水水泥浆，93～121℃
—	—	—	LA-2	—	WL-1L	液体	
FL-52	FLC-4, FLC-7	D112, D156	—	D-23, D24, NFL-2	CF-20	粉末	低密度水泥浆失水控制剂
—	FLC-100	D159, D300	—	LD-24	CF-20L	液体	
—	—	D135	稳定剂434B, 稳定剂434C	—	Gas Lok S	液体	高温或盐水条件下稳定剂
—	—	D138	稳定剂434B, 稳定剂434C	—	TF-4L	液体	低密度水泥浆稳定剂
—	FLC-2	D121	—	—	TF Plus 500	粉末	降失水助剂，高于93℃
—	FLC-2	D136	—	—	—	粉末	降失水助剂，低于93℃

表 14-11 国外油井水泥抑泡剂和消泡剂对照表

BJ	福拉斯马斯特	道威尔	哈利伯顿	诺斯特	西方	产品形态	使用说明
FP-8	DEF-1	D46	D-Air1	—	AF-S, AF-11	颗粒或小珠状粉末	大分子醇、多元醇或类似材料，防止或消除混拌水泥浆时的泡沫
FP-9L, FP-12L	DEF-3	D47, M45, D144	D-Air2, D-Air3, NF-3, NF-4	AFA-2, AFA-3	AF-L, AF-11L, AF-12L	液体	

表 14-12 国外油井水泥气窜剂对照表

BJ	福拉斯马斯特	道威尔	哈利伯顿	诺斯特	西方	产品形态
BA-56, BA-56HT	—	—	—	—	—	粉末
BA-86L	Latex-1	D600, D134	Latex 2000	—	—	液体
BA-10	—	—	LAP-1, FloBloc210	—	—	粉末
—	—	—	LA-2	—	—	液体
BA-58, BA-90	FS-1	D154	硅质岩	—	—	粉末
BA-58L	FS-101	D155	—	—	—	液体
A-10 或石膏	Utracal 60	D53	—	—	—	粉末

15　钻井工程复杂情况和事故的预防与处理

15.1　井下复杂情况与事故诊断

15.1.1　井下复杂情况诊断

井下复杂情况诊断见表 15-1。

表 15–1　井下复杂情况诊断

诊断依据 \ 复杂类型		井漏	井塌	沉砂（砂桥）	溢流	泥包	缩径	键槽	其他			
									钻具刺漏	牙轮卡死	钻头水眼刺掉	钻头水眼堵
转盘转动状况	扭矩增大	—	A	A	—	A_1	A_1	—	B	A_1	—	—
	憋钻	—	—	—	—	A_2	A_2	—	—	A_2	—	—
钻具运动状态	上提遇卡	—	A	A	—	A	A	A	—	—	—	—
	下放遇阻	—	A	A	—	—	A	—	—	—	—	—
	活动正常	B	—	—	—	—	—	—	B	B	B	B
泵压变化情况	正常	—	—	—	—	—	B	B	—	B	—	—
	增高	—	A_1	A	—	—	—	—	—	—	—	A_1
	缓慢下降	—	—		—	—	—	—	A	—	—	—
	突降	A	—	—	—	—	—	—	—	—	A	—
	憋泵	—	—	—	—	—	—	—	—	—	—	A_2
井口流量变化	正常	—	—	—	—	B	B	B	B	B	B	—
	减少	A_1	A_1	A_1	—	—	—	—	—	—	—	—
	增加	—	—	—	A	—	—	—	—	—	—	—
	不返	A_2	A_2	A_2	—	—	—	—	—	—	—	—
机械钻速变化	加快	—	—	—	B	—	—	—	—	—	—	—
	减慢	—	—	—	—	A	—	—	B	A	—	—
	无进尺	—	—	—	—	—	—	—	—	—	—	—

注：A 为诊断复杂情况的充分条件，角码 1 或 2 表示可能单独 1 项或 2 项同时存在；B 为辅助判断依据。

15.1.2　井下事故诊断

井下事故诊断见表 15–2。

表 15–2　井下事故诊断

诊断依据 \ 事故类型		转盘转动状况					钻具运动状态		悬重变化		泵压变化			井口流量变化				机械钻速变化	
		扭矩增加	扭矩减小	跳钻	蹩钻	不能转动	上提遇卡	下放遇阻	正常	下降	正常	上升	下降	正常	增大	减小	不返	减慢	无进尺
卡钻		—	—	—	—	A	A	A	—	—	—	—	—	B	—	—	—	—	—
钻具断落		—	A	—	—	—	—	—	—	A	—	—	A	B	—	—	—	—	A
钻头落井		—	A	—	—	—	—	—	B	—	—	—	A	B	—	—	—	—	A
井内落物	钻头上	A_1	—	—	A_2	—	A	—	B	—	B	—	—	B	—	—	—	A	—
	钻头下	A_2	—	A	A_2	—	—	—	B	—	B	—	—	B	—	—	—	—	A
井喷		B	—	—	—	—	—	—	—	B	—	B	—	—	A	—	—	—	—

注：卡钻事故的性质不同，诊断方法也各异，表中卡钻事故的诊断为通用诊断方法；A、B 的意义同表 15-1。

15.2　钻井复杂情况与事故的种类、发生原因及主要特征

15.2.1　卡钻事故

15.2.1.1　卡钻事故特征、原因、预防与处理

卡钻事故特征、原因、预防与处理见表 15–3。

表 15–3　卡钻事故特征、原因、预防与处理

序号	卡钻类型	主要特征	主要原因	预防措施	处理方法
1	粘吸卡钻	1．循环正常、泵压无变化； 2．发生在钻具静止时间较长的情况下； 3．被卡部位主要在钻铤； 4．随时间推移，卡点上移，粘卡井段增长	1．钻井液柱压力与地层孔隙压力差值较大； 2．井壁存在疏松的厚滤饼	1．使用优质钻井液； 2．钻井液中加入润滑剂等； 3．减少钻具在井内静止时间； 4．实现近平衡压力钻井； 5．在钻柱中加入螺旋稳定器和加重钻杆，减少大直径钻铤，并加入随钻震击器	1．上下活动钻具； 2．使用震击器解卡； 3．浸泡与震击； 4．套铣、倒扣； 5．侧钻
2	坍塌卡钻	1．钻进中扭矩增大，泵压升高； 2．钻具上提遇卡，下放遇阻； 3．起下钻时阻卡严重，循环后阻卡减轻或清除； 4．划眼时井口返出大量岩屑，呈块状或片状	1．地质因素，如断层面，构造褶皱带，地层倾角大，地层微裂隙发育，胶结差，破碎带，压力异常带等； 2．理化因素，如泥页岩水化膨胀； 3．工程因素，如钻井液密度不合理、性能差，起下钻压力激动与抽吸等	1．优化井身结构设计，封固易坍塌层和高压层等； 2．使用防塌钻井液，防止地层水化膨胀； 3．保持井筒有足够的液柱压力，并减少压力激动与抽吸； 4．调整钻井液性能	1．钻井液回流，应停止下一步作业，开泵循环、划眼，使井筒畅通； 2．注入高粘钻井液携带坍塌物，不让坍塌岩屑堆积； 3．不能恢复循环时，进行套铣、倒扣

续表

序号	卡钻类型	主要特征	主要原因	预防措施	处理方法
3	砂桥卡钻	1. 起下钻时有阻卡，开泵循环、活动钻具可解除； 2. 阻卡井段基本固定； 3. 正常钻进时，扭矩略有波动	1. 松软地层钻速快，井筒岩屑浓度高，停止循环后，钻屑迅速沉积在小井眼段； 2. 钻井液切力低或泵排量低，携岩性能差； 3. 脆性泥页岩剥落，井眼形成大肚子，岩屑堆积在小井眼段	1. 用低滤失钻井液钻疏松地层； 2. 在易剥落地层中钻进时提高钻井液的携岩性能，并控制钻速； 3. 优化钻井参数与排量，选择密度合适、利于地层稳定的钻井液	1. 恢复循环，排量从小到大，小距离活动钻具，不转或慢转钻具； 2. 一旦卡死，在卡点处倒开，套铣倒扣
4	缩径卡钻	1. 起下钻遇阻卡，阻卡点深度固定； 2. 钻进泵压正常，钻头或稳定器通过时遇阻、泵压升高，有时造成憋泵，钻进时扭矩略有增加	1. 渗透性好地层形成厚滤饼； 2. 盐膏层蠕变，膏层、软泥岩吸水膨胀； 3. 钻头直径磨小，新钻头下入小井眼	1. 认真测量入井工具尺寸，通过小井眼段时限制速度和遇阻吨位； 2. 改变钻具结构时遇阻划眼； 3. 提高钻井液密度，选择适应地层的钻井液	1. 上提遇卡，可倒划眼； 2. 使用震击器，上提遇卡下击，遇阻上击； 3. 注入油类或润滑剂后再震击； 4. 一旦卡死进行套铣倒扣
5	键槽卡钻	1. 只发生在起下钻过程中，阻卡井段固定或少有移动； 2. 可循环钻井液，泵压无变化； 3. 卡钻时转动随拉力增大而困难	起钻过程中，由于井眼狗腿度较大形成较深的沟槽，大钻具或钻头通过时造成阻卡	1. 定向井控制全角变化率； 2. 直井控制井斜与方位变化； 3. 使用键槽破坏器划眼，扩大键槽的通道	1. 上提遇卡，大力下压，或边循环边下压，或用震击器下击解卡后倒划眼等方法取出钻具； 2. 已卡死，倒扣、套铣
6	泥包卡钻	1. 钻进时扭矩渐增，钻速降低，间有蹩跳； 2. 起钻时阻力随井径而变化，井口钻井液时有外溢； 3. 上提阻力与泵压随泥包严重程度而变化	1. 软泥岩水化附在钻头和稳定器上； 2. 钻井液性能差，滤饼疏松； 3. 钻井液排量小，岩屑不能及时带出，形成泥团； 4. 钻具短路，带不出钻屑	1. 钻软地层时用较大的排量； 2. 钻井液性能适合所钻地层； 3. 软地层中钻进时控制钻速； 4. 发现泥包起钻清除； 5. 钻井液加入润滑剂等	1. 钻头在井底被卡，增大排量，上提或向上震击； 2. 中途遇卡，下压或向下震击； 3. 在钻井液中加入润滑剂等； 4. 已卡死，倒扣、套铣
7	落物卡钻	1. 钻进蹩，上提卡，阻卡位置固定，阻卡程度与落物大小形状有关； 2. 起下钻时落物不随钻具上移或下移，转动困难； 3. 可循环钻井液	1. 工具、钳头、钳销、接头、螺丝等由井口掉入井内； 2. 大块岩石或原已附在井壁上的牙轮、刮刀片、铁块等物再次掉入环空	1. 井口操作时仔细检查各种工具，并妥善使用保管； 2. 保护好井口，严防落物； 3. 减少套管鞋下的口袋长度，防止水泥掉块； 4. 井底落物应打捞或磨掉，不应挤入井壁，留下隐患	1. 钻进时阻卡，慢转上提，将落物挤碎，或使其落入井底后磨碎； 2. 起钻遇卡，下压或下击，慢转下击
8	钻头干钻卡死	1. 泵压逐渐下降，扭矩逐渐增大； 2. 钻速下降，甚至无进尺； 3. 既不能转动，又不能上提	1. 钻井泵及地面循环系统发生故障； 2. 井内钻具刺坏，短路循环	1. 停止钻进，检查钻井泵及地面循环系统； 2. 钻速下降时停止钻进，分析原因，检查设备； 3. 起钻检查	1. 倒出钻头以上的钻具，将钻头磨掉； 2. 倒扣后落鱼太长，无法套铣时侧钻

15.2.1.2　卡钻处理程序

卡钻处理程序见图 15−1、图 15−2。

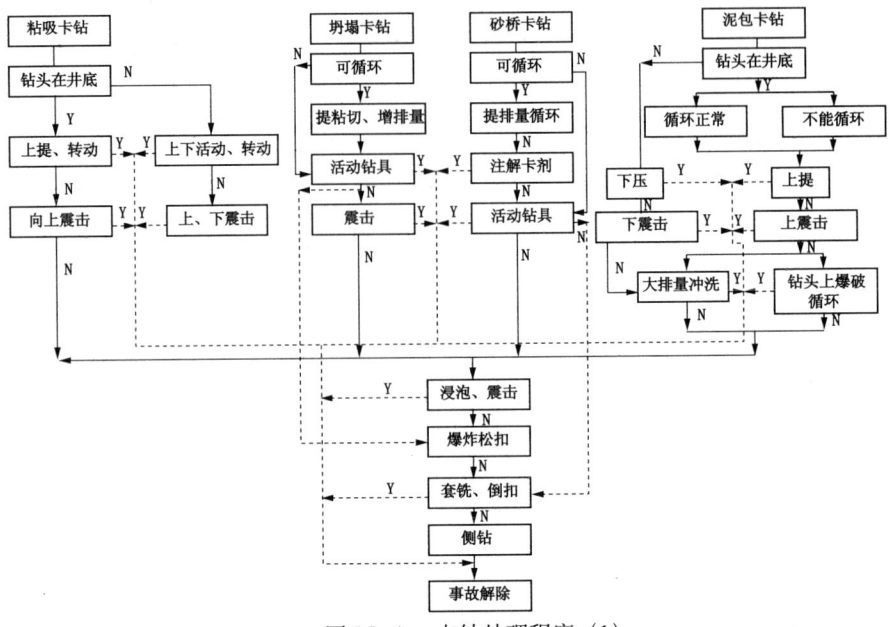

图 15-1　卡钻处理程序（1）

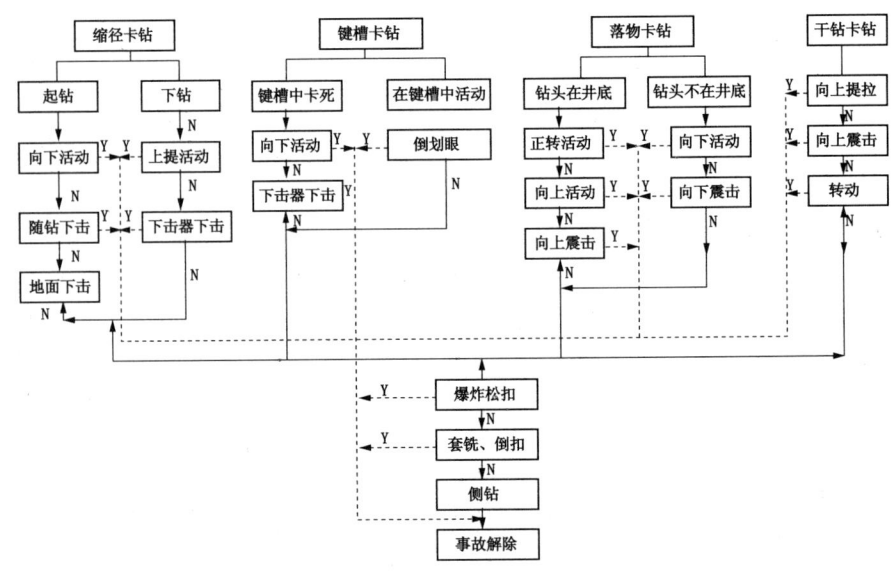

图 15-2　卡钻处理程序（2）

15.2.2　常见的钻柱事故及处理方法

常见的钻柱事故及处理方法见表 15-4。

15.2.3　常见的井内落物事故及处理方法

常见井内落物事故及处理方法见表 15-5。

15.2.4　固井中的复杂情况与事故

15.2.4.1　下套管作业中的复杂情况与事故

下套管作业中的复杂情况与事故见表 15-6。

15.2.4.2　注水泥作业中的复杂情况与事故

注水泥作业中的复杂情况与事故见表 15-7。

表 15–4 常见的钻柱事故及处理方法

序号	类型	发生部位	主要特征	主要原因	预防措施	主要处理方法
1	钻杆折断	靠近内螺纹端钻杆本体	1．悬重突降； 2．泵压下降； 3．扭矩减少； 4．无进尺	1．扭矩与拉力超过钻杆屈服极限； 2．本体有伤痕（卡瓦牙刻痕）、蚀坑或制造缺陷（裂纹）； 3．过度磨损、疲劳破坏	1．处理事故时拉力与扭矩应在安全范围内； 2．严格检验入井钻具，不符合要求的钻具严禁使用； 3．编组倒换	断口整齐时采用母锥或卡瓦打捞筒
2	钻铤及井下工具折断	常发生在中和点附近钻铤及井下工具的外螺纹根部		1．钻铤受力复杂，易疲劳破坏； 2．螺纹加工质量欠佳，应力集中； 3．存在裂纹或缺陷	1．定期倒换或错扣； 2．定期探伤； 3．提高加工质量，不合格不得入井使用	1．鱼顶规则，公锥造扣； 2．鱼顶不规则，修整后采用公锥造扣； 3．卡瓦打捞筒
3	滑扣	螺纹连接处（纵向受力后滑开）		1．螺纹严重磨损，接触面减少； 2．扣型不标准，不易上紧； 3．未按规定扭矩紧扣	1．不合格或螺纹有缺陷的钻具严禁入井； 2．使用液压大钳按规定扭矩紧扣	1．对扣打捞； 2．使用公锥或母锥； 3．使用卡瓦打捞筒
4	脱扣	螺纹连接处（磨损扭转时自行退开）		1．蹩钻后打倒车造成倒扣； 2．未按规定扭矩紧扣，致使外螺纹接头胀大（磨薄）	1．在夹层、砾岩中钻进时，严禁蹩钻； 2．使用液压大钳按规定扭矩紧扣	1．对扣打捞； 2．使用公锥或母锥； 3．使用卡瓦打捞筒
5	刺扣	螺纹连接处	螺纹刺穿后，部分短路循环，泵压下降，钻速下降。长时间刺漏易造成钻具折断	1．密封脂不合格，或未涂抹均匀； 2．螺纹未上紧或螺纹有缺陷； 3．直接变化处产生紊流，刺坏螺纹	1．使用合格的螺纹密封脂，并涂抹均匀； 2．按规定扭矩紧扣； 3．泵压下降时及时检查泵并起钻	1．准确判断，及时起钻检查； 2．起钻时，严禁转盘卸扣
6	粘扣	螺纹连接处	螺纹不能卸开（接合面咬合）	1．夹层或者硬地层中钻进时严重蹩跳引起纵横振动导致螺纹互相咬合； 2．螺纹加工质量不规范，表面硬度不一致； 3．螺纹自动紧扣或密封脂不合格	1．钻头上加减震器； 2．严格检验螺纹加工质量，采用相同的钢级； 3．采用合格密封脂，并按规定扭矩紧扣	换钻具

表 15–5　常见的井内落物事故及处理方法

序号	类　型	主要特征	主要原因	预防措施	处理方法
1	掉钻头	1．无进尺； 2．扭矩、泵压下降； 3．悬重变化不大	1．钻头接头连接螺纹不一致，螺纹折断； 2．严重蹩跳，造成内螺纹胀大脱扣； 3．打倒车造成钻头螺纹倒扣	1．严格检查螺纹质量； 2．蹩跳时，调整钻压，控制钻头扭矩； 3．严防打倒车	1．钻头整体落井，下磨鞋磨铣； 2．螺纹脱扣可对扣打捞或用丝锥造扣打捞
2	掉牙轮或刮刀片	1．钻进时严重蹩跳； 2．进尺降低或无进尺	1．产品质量存在缺陷； 2．使用不当，参数配合不合理，钻压、扭矩过大； 3．使用时间过长； 4．操作失误，如溜钻、顿钻、严重蹩跳	1．入井前严格检验钻头质量，采用合理参数； 2．遵守操作规程，防止钻头早期损坏，准确判断钻头使用状态	1．使用磨鞋磨碎； 2．使用打捞蓝捞获； 3．使用强磁打捞器捞获； 4．使用一把抓
3	牙齿掉井	进尺降低，参数无变化	1．钻头选型不适合地层岩性； 2．井底有其他金属落物或岩块； 3．钻头蹩跳时操作不当； 4．钻头质量差	1．根据岩性选择钻头型号； 2．严防井底落物，钻头上加打捞杯； 3．调整参数，严防蹩跳； 4．使用高质量的镶齿钻头	1．下磨鞋磨碎； 2．下强磁打捞器捞获； 3．下打捞杯捞获
4	井口落物（接头、钳牙、钳销、卡瓦牙、工具等）	1．未掉入井底，有蹩劲或不影响钻进； 2．提钻后落物掉入井底，严重蹩跳	1．未保护好井口； 2．违反操作规程； 3．未检查井口工具	1．起钻后盖好井口或在井口修理时管好工具和配件； 2．遵守操作规程； 3．及时检查井口工具	1．未掉入井底时下钻划眼通至井底； 2．视落物情况下打捞筒、强磁打捞器、一把抓或磨鞋等
5	测井仪器与电缆掉井		1．连接不牢； 2．井内遇阻卡或上提速度过快拔断电缆； 3．井口操作失误（电缆打扭）	1．测井前，井筒畅通，井壁稳定，钻井液性能良好； 2．井口与仪器操作保持密切配合，按章操作	1．测井仪器带电缆时，采用打捞矛打捞； 2．仅掉仪器时，可用长捞筒捞获

表 15–6 下套管作业中的复杂情况与事故

序号	类型		主要原因	预防措施	主要处理方法
1	卡套管	粘卡	1. 井身质量差，缩径； 2. 钻井液性能差，滤饼松软、厚； 3. 套管与井眼间隙小	1. 保证良好的井身质量； 2. 下套管前通井划眼，调整钻井液性能，降切降粘，减小摩阻； 3. 下套管时对扣扶正，缩短紧扣时间	1. 活动套管； 2. 注入解卡剂
		砂卡	1. 井壁失稳； 2. 洗井不彻底，井内有沉砂	1. 用高粘度钻井液携砂或调整钻井液性能； 2. 及时灌浆，分井段循环、活动套管； 3. 控制下入速度，排量由小到大平稳开泵	1. 提粘、提切，恢复循环； 2. 若套管下到井底，可立即固井（已恢复循环）； 3. 未到井底砂卡，可先固井，后下尾管封下部井段
2	循环不通	回压阀堵死	套管内有落物	井口操作严防落物	中途堵塞，起出套管，已下完套管可射孔固井
		环空堵塞	井壁坍塌	调整钻井液性能	确定堵塞位置，下内管带封隔器，射孔固下部井段，再固上部井段
3	循环失效	漏失	1. 存在漏失层，下套管速度快，产生波动压力蹩漏地层； 2. 井壁坍塌，环空堵塞，开泵过猛，蹩漏地层	1. 确保良好且稳定的钻井液性能； 2. 下套管前对漏失层进行堵漏； 3. 控制下套管及开泵速度	1. 改善钻井液性能，降低钻井液密度，减少排量； 2. 起至漏失层，堵漏
4	挤毁	回压阀挤毁	不及时灌浆，存在过大压差	1. 按时灌满钻井液； 2. 严格按要求检查下井套管及附件； 3. 选用适合井下压力的套管	下套管过程中套管或回压阀被挤毁后，拔出套管更换
		套管挤毁	1. 不及时灌浆； 2. 套管质量存在问题，壁厚不均匀或存在较大椭圆； 3. 选用套管不当，套管抗挤强度不够		
5	套管断裂	螺纹脱扣	1. 螺纹连接不牢（对扣不正，存在错扣）； 2. 上提拉力过大，超过螺纹抗滑脱强度	1. 设计防硫套管及附件； 2. 热采井考虑温度对套管影响； 3. 上提拉力不超过抗滑脱强度的 80%； 4. 套管下井前进行水压试验	1. 套管螺纹滑脱，可以对扣； 2. 表层或技套断落可以重新注水泥固定； 3. 若下部套管断裂可在断裂部位侧钻，后下小一级套管重新固井
		本体断裂	1. 钻井液含有 H_2S，产生氢脆； 2. 套管本体有裂纹		
6	套管泄漏		1. 套管本体有裂纹，下井前未进行水压试验； 2. 螺纹紧扣扭矩达不到要求； 3. 内压过大将套管胀裂	1. 套管下井前进行水压试验； 2. 使用合格螺纹脂，按规定扭矩紧扣； 3. 用气密封套管	找漏点后用超细水泥浆挤堵

表 15–7　注水泥作业中的复杂情况与事故

序号	类　型	主要原因	危　害	采取措施
1	漏失	封固段存在低压地层，或封固段过长且固井工艺不当，环空水泥浆液柱与钻井液液柱压力之和大于地层破裂压力	返高达不到预计要求，不能封隔地层	1．确定地层孔隙压力与破裂压力，采用低密度水泥浆固井； 2．采用分级固井，以减少一次水泥浆封固长度； 3．采用先期完井或尾管固井； 4．利用管外封隔器隔离漏失层； 5．采用管外注水泥工艺，或反循环注水泥固井
2	蹩泵	1．管内堵塞（胶塞提前吸入或双胶塞反装）； 2．水泥浆闪凝； 3．隔离液与水泥浆接触胶凝； 4．环空桥堵	套管内留过多水泥塞，而地层漏封	1．进行水质化验，保证水泥浆用水质量符合要求； 2．根据井底温度选择水泥品种及外加剂加量； 3．水泥浆入井前进行模拟化验，确定合适的稠化时间和强度； 4．使用合格的隔离液，防止稠化，水泥浆中加入减阻剂； 5．严格执行施工技术措施，适宜的替速和适量的冲洗液
3	不碰压	1．阻流环挤坏，或阻流环（生铁圈）处套管螺纹未上紧； 2．未放胶塞，或胶塞不密封； 3．计量不准，替浆量不够； 4．套管有破损	套外替空造成漏封或管内留过多水泥塞	1．套管按规定进行水压试验合格，才能送井； 2．套管按规定扭矩紧扣； 3．下套管中及时灌浆，防止挤毁回压阀； 4．使用合格胶塞； 5．使用准确流量计，慢速碰压
4	套外水泥封固后窜槽	1．高压层未压稳； 2．井身质量差，井斜、方位变化大，井径不规则； 3．套管不居中，或替速不够，顶替效率差； 4．注入水泥浆密度不均匀，或水泥质量不合格，自由水析出量超标； 5．封固段存在差异较大的不同压力层系	产层间互窜，压力传递影响分层开采，甚至井口冒油气	1．改善井身质量，清除井壁疏松滤饼，采用优质钻井液，为固井提供良好井筒条件； 2．套管居中，优选水泥外加剂和隔离液，优化注水泥工艺，如选用分段注水泥工艺和管外封隔器，防止油气窜通； 3．提高水泥浆质量，按规范进行施工
5	漏封产层	1．设计注入水泥量有误，或注水泥时发生漏失； 2．胶塞提前投入，水泥浆未全部替出	产层漏封，不能正常开采	射孔补水泥，先确定层位，再进行射孔、挤水泥或不射孔反向注水泥

15.3 卡钻处理的主要技术措施

15.3.1 粘吸卡钻的处理与预防措施

15.3.1.1 粘吸卡钻的处理

1．强力活动

（1）大排量循环，不使粘吸卡钻随着时间的延长而益趋严重。

（2）若钻头不在井底，利用钻具自重缓慢下压，使粘卡钻具部位压离滤饼，同时还可用震击器上击和下击进行活动。

（3）上提不超过钻具薄弱部分的安全负荷极限，下压可以把全部钻柱的重量都压上，适当转动，但不能超过钻杆限制扭矩圈数，切忌强行转动。

（4）如果活动若干次（一般不超过10次）无效，应在适当的范围内活动未卡钻柱，上提拉力不要超过自由钻柱悬重100～200kN，下压重力根据井深及最内一层套管的下深而定，可以把自由钻柱重量的二分之一甚至全部压上去，使裸眼内钻柱弯曲，减少与井壁的接触点，防止卡点上移。

（5）必须注意，钻柱只能在受压的状态下静止，不许在受拉的状态下静止。

2．测卡点

卡点深度计算参见16.10.1。

3．泡解卡

浸泡解卡是解除粘吸卡钻的最常用的办法，包括浸泡原油、柴油、煤油、油类复配物、盐酸、土酸、清水、盐水、碱水等。

1）泡解卡液量的确定

环空解卡液量一般为自钻头到卡点以上100m之间的环空容积再附加30%～50%，具体附加多少可根据井下情况确定。钻具内解卡液量一般比环空解卡液面高出200～400m，以便注替终了保持一定的立管回压及在浸泡期间有备用解卡液间隔一定时间顶入环空。钻井液替量为钻具内解卡液液面以上的内容积加地面管线的容积之和。泵效按97%～98%计算。

用SR-301解卡剂配制1m³解卡液的用料见表15-8。

表15-8 用SR-301解卡剂配制1m³解卡液的用料表

密度，g/cm³	SR-301解卡剂，t	柴油，m³	水，m³	重晶石，t
0.95	0.270	0.650	0.16	—
1.10	0.258	0.623	0.155	0.19
1.20	0.250	0.600	0.150	0.32
1.30	0.242	0.580	0.45	0.45
1.40	0.234	0.562	0.140	0.58
1.50	0.226	0.540	0.135	0.71
1.60	0.218	0.523	0.131	0.83
1.70	0.209	0.506	0.126	0.97
1.80	0.201	0.484	0.121	1.10
1.90	0.194	0.465	0.116	1.18
2.00	0.186	0.445	0.111	1.36

2）确定泡酸量及添加剂用量

泡酸量、钻井液替量的确定与泡解卡液量的确定相同。隔离液用柴油。泡酸用的盐酸为工业用盐酸，氯化氢的质量浓度为 31%，运到钻井平台后需加清水稀释到所需要的浓度，通常泡酸用的盐酸质量浓度为 12% ~ 15%。

表 15–9 工业用盐酸规格表

氯化氢质量浓度，%	杂质含量，%		
	铁	砷	硫酸根
≥ 31	≤ 0.01	≤ 0.00002	≤ 0.007

工业用盐酸规格见表 15–9，用 31% 浓度工业用盐酸配制泡酸用低浓度盐酸所需清水用量计算公式：

$$Q_1 = Q_0 \left(\frac{X}{Z} - 1 \right) \tag{15–1}$$

式中　Q_1——清水用量，t；

Q_0——质量浓度为 31% 的工业用盐酸量，t；

X——工业用盐酸浓度（质量浓度），为 31%；

Z——泡酸用的盐酸浓度（质量浓度），通常为 12% ~ 15%。

泡酸添加剂常用的有表面活性剂、防腐剂、减阻剂等。盐酸浸泡时间一般为 2h，最多不超过 4h。

15.3.1.2　处理粘吸卡钻应注意的问题

处理粘吸卡钻应注意以下问题：

（1）泡解卡液前，大排量循环 1 ~ 2 周。

（2）在不导致井喷、井塌的前提条件下，降低钻井液密度，减少钻具靠井壁的推力。

（3）按设计依次泵入前置液、解卡液、后置液及钻井液。要求连续施工，中途不停顿。当前置液进入裸眼环空时，尽可能用大排量高速替入，使解卡液在环空成紊流状态上返，提高顶替效率。

（4）当解卡液进入环空及施工刚结束时，应大力上下活动钻具或用震击器上击下砸，使解卡液进入被卡钻具与滤饼之间，通常泡油 0.5 ~ 12h、泡酸 0.25 ~ 4h、泡碱水 0.5 ~ 4h，通过上提下压或在安全扭矩范围内转动钻具而解卡。

（5）浸泡解卡期间每隔 15 ~ 30min 顶替一次，每次泵入的钻井液量以井口见返出为止。顶替完后，接着上下活动钻具或用震击器上击下击或在安全扭矩范围内转动钻具以求解卡。

（6）浸泡期间不活动钻具且钻头在井底时，应下放钻具使裸眼内的钻具弯曲后刹死刹把。若钻具悬空或设备原因不能活动时，应上提比卡前原悬重多 98 ~ 196kN 的拉力或加压 98 ~ 196kN 后刹死刹把。司钻不得离开操作台，以防突然解卡后发生溜钻、顿钻事故。

（7）解卡后立即开泵循环并不停地转动钻具，边循环边替出解卡液。

（8）浸泡解卡期间要密切注意立管回压变化，随着顶替次数的增加，立管回压应逐渐下降。若立管回压上升，则可能为泡塌前兆。若立管回压上升且环空有钻井液返出，则可能为井喷显示，此时应立即停止浸泡，关防喷器控制回压并开泵循环排出解卡液，并边循环边加重钻井液。

（9）若在已钻开高压油气层后卡钻，进行浸泡解卡时，则应在注入前置液前与后置液后泵入的高密度钻井液，以保持井底静液柱压力不变，预防发生井喷。

（10）在钻开高压油气层后且油气异常活跃以及在易塌的页岩、软泥岩等地层卡钻泡解卡液时，解卡液的密度要和井内钻井液的一样，以防井喷和井壁坍塌。

（11）若井下有刺漏钻具，应把刺漏钻具或破损鱼顶单根倒出后，下钻具对好扣后再进行浸泡解卡处理。

（12）若钻头水眼堵塞，则应建立循环后再进行浸泡解卡处理。

（13）粘吸卡钻发生后，最重要的是不能失去循环。

15.3.2 处理砂桥卡钻的技术措施

砂桥卡钻时，在能用小排量进行循环的情况下，应维持小排量循环，逐步增加钻井液粘度、切力，待稳定之后，再逐步增加排量，争取循环通路畅通。如果开泵钻井液只进不出、钻具无法活动时，应算准卡点位置，尽快从卡点附近倒开。

如果砂桥在上部，第一次倒出的钻具不多，可利用长筒套铣解除砂桥，再下钻具对扣，恢复循环。如果砂桥在下部，应利用爆炸松扣将未卡钻具倒出，然后通过套铣倒扣解卡。

砂桥卡钻往往是在起下钻过程中发生的，因此在套铣过程中，落鱼有可能下沉，应立即通井后对扣，活动钻具以求解卡。

如果钻柱上带有稳定器，砂桥往往在最上一个稳定器的上面，因此，套铣到稳定器以后，接震击器震击解卡。

15.3.3 处理缩径卡钻的技术措施

处理缩径卡钻的技术措施主要有以下几点：

（1）遇卡初期，应大力活动钻具，争取解卡。在下钻过程中遇卡，应上提为主，绝不能多压。在起钻过程中遇卡，应下压为主，甚至将全部钻具的重量压上去，绝不能多提。在钻进过程中遇卡，只能上提。如果大力活动不能解卡，应循环钻井液，在适当的拉力、压力范围内定期活动钻柱，最好每 10 ~ 15min 活动两三次，保持钻柱不被粘卡，再进行下一步的工作。

（2）用震击器震击解卡。如钻柱上带有随钻震击器，在起钻过程遇卡，应启动下击器下击。在下钻过程遇卡或钻头在井底遇卡，应启动上击器上击。如果钻柱上未带随钻震击器，要设法接入震击器。如果是起钻遇卡，而且有足够的钻柱重量，可以在井口接地面下击器下击。如果是下钻遇卡或在井底遇卡，最好是把钻柱从卡点以上倒开，把上击器接到距卡点较近的位置，然后连续上击。在活动钻具及震击的过程中，要随时注意钻具的活动范围，在钻柱的某一部位打一个记号，如果该记号随钻柱的下击而下移，或随钻柱的上击而上移，说明震击活动有效。如果在同样的拉压范围内，发现钻柱的活动范围越来越小，说明已有粘卡发生，震击的效用就不大了。

（3）如果发现是缩径与粘吸的复合卡钻，先浸泡解卡，然后再进行震击。

（4）如果缩径是盐层造成的，而且还能维持循环，可以泵入淡水至盐层缩径井段以溶化盐层，同时配用震击器震击。

（5）如果是泥页岩缩径造成的卡钻，可以泵入油类和清洗剂或润滑剂，并用震击器进行震击。

（6）如果大力活动钻具与震击均无效，应爆炸松扣和套铣倒扣。应从钻头附近或钻铤顶部倒开，井下留的落鱼越短越好。如果落鱼较短，可把震击器接在靠近落鱼的位置，进行震击。如果落鱼较长，进行分段套铣倒扣。

(7) 如果经测算，套铣倒扣在时间上经济上不合算，或者在套铣倒扣过程中发生了其他问题，使套铣倒扣工作无法继续进行，填井侧钻。

15.3.4　处理坍塌卡钻的技术措施

坍塌卡钻以后，如果能小排量循环，必须控制进口流量与出口流量的基本平衡。在循环稳定之后，逐渐提高钻井液的粘度和切力，逐渐提高排量，争取把坍塌的岩块带到地面。

如果是石灰岩、白云岩坍塌形成的卡钻，同时坍塌井段不太长时，可以考虑泵入抑制性盐酸来解卡。

如果确定是坍塌卡钻，且无法建立循环，应及早采用套铣倒扣。如果不能循环但钻具能转动，上下也有一定的活动距离，不可大范围转动钻具以求解卡。要严格控制扭矩，为倒扣留下有利的条件。

在松软地层宜采用长套铣筒或者采用带公锥或卡瓦打捞矛的长套铣筒进行套铣倒扣，使套铣与倒扣一次完成。较硬地层，宜减少套铣筒长度。

15.3.5　处理键槽卡钻的技术措施

处理键槽卡钻的技术措施主要有以下几点：

(1) 起钻时发生键槽遇阻遇卡，可利用钻具的重量压开。

(2) 用下击器下击或转动钻具。如钻柱上带有随钻震击器，应立即启动下击器下击。如未带随钻震击器，可接地面震击器下击。必要时可把钻柱从下部倒开，把下击器接在靠近卡点的位置，进行下击。

(3) 套铣解卡。如果震击无效，进行原钻具倒扣或爆炸松扣，然后套铣解卡。注意倒扣时要从键槽上部的主井眼内倒开。如果发现鱼顶在键槽内，要在鱼顶上留一截钻杆，把鱼顶引入主井筒内，再进行套铣。套铣到卡点时，最好用带防掉矛套铣筒，防止铣开后落鱼掉入井底。

(4) 如果是在石灰岩、白云岩地层形成的键槽卡钻，可以用抑制性盐酸来解除。

(5) 常用破坏键槽钻具组合有两种。

① 常用破坏键槽的钻具：钻头 + 小尺寸钻铤（2柱）+ 键槽破坏器 + 随钻震击器 + 加重钻杆。

② 对于长井段键槽采用：钻头 + 小尺寸钻铤（1柱）+ 键槽破坏器 + 小尺寸钻铤（1柱）+ 绕性接头 + 随钻震击器 + 加重钻杆。

小尺寸钻铤与钻杆接头外径一样大。

15.3.6　处理泥包卡钻的技术措施

处理泥包卡钻的技术措施主要有以下几点：

(1) 在井底发生泥包卡钻，尽可能开大泵量，降低钻井液的粘度和切力，增大钻井液的冲洗力。

(2) 在起钻中途遇卡，应用钻具的重力下压，或用井下震击器或地面震击器以较大力量下击。在条件许可时，应大排量循环钻井液，大幅度降低粘度和切力并加入清洁剂，把泥包物冲洗掉。

(3) 如果震击无效，同时有粘吸卡钻的可能，可以注入解卡液浸泡。

(4) 泥包后的钻头或稳定器在较大拉力下把钻具提死，可能堵塞环空，失去了循环钻井液的条件。在活动、震击无效的情况下，用原钻具倒扣或爆炸松扣，然后套铣解卡。

（5）如果泥包卡钻，循环不通，因时间较长，又有粘吸卡钻的可能，则不可轻易倒扣。在钻头上方进行爆炸松扣，恢复循环，消除粘吸卡钻的隐患后再倒扣。若循环不通，再从最上面稳定器上方进行爆破，恢复循环。

15.3.7 处理干钻卡钻的技术措施

处理干钻卡钻的技术措施主要有以下几点：

（1）用震击器上击。在干钻不太严重、钻头泥包但未变形时可以奏效。

（2）爆炸切割。如确认为是严重干钻，应及早在卡点以上爆炸切割。

（3）爆炸松扣或原钻具直接倒扣。

15.3.8 处理水泥卡钻的技术措施

水泥卡钻除了爆炸切割、套铣、倒扣以外别无他法。套管内的水泥卡钻，因为钻杆或油管紧靠井壁一边，要套铣也非常困难，易把套管铣穿。如果被卡管柱不太长，可以用领眼铣鞋把整个被卡管柱铣掉（要严防损坏套管）。

15.4 固井中的复杂情况与事故处理

15.4.1 套管事故的预防与处理

15.4.1.1 卡套管

1．卡套管的处理

卡套管的原因有两种：一是粘吸卡；二是井壁坍塌或砂桥卡。套管遇卡之后可以全压但不能多提。套管与井壁之间的环形间隙较小，不可能套铣倒扣。

1）粘卡

在能循环钻井液的情况下，注入解卡液解卡，与处理粘吸卡钻的方法一样。

2）塌卡或砂卡

（1）井内已形成砂桥，但尚有部分钻井液返出，应坚持小排量低泵压循环，提高钻井液粘度、切力，恢复正常循环后固井。

（2）套管已下到井底，发生塌卡或砂卡时发生漏失。分析漏失层位，并迅速固井，把水泥浆挤入漏失层。

（3）如果套管未下到井底，但距目的层不远，可以先固井，然后钻穿水泥塞和套管鞋，通井循环到底，采取挂尾管的办法再把油气层封固好。

2．预防卡套管的措施

预防卡套管的措施主要有以下几点：

（1）下套管前要循环调整钻井液性能，确保井下不漏不喷，必要时还要混入原油或塑料球，在井下安全的情况下才能下入套管。

（2）下套管前要校正井口，使天车、转盘、井口在一条垂直线上，保证不易错扣。

（3）下套管时必须按技术要求定时足额灌满钻井液，以防挤毁回压阀或套管本体。可以在套管下部附件上安装自动灌浆设备，但要随时根据套管悬重和井内钻井液排出量判断自动灌浆设备是否在起作用。

（4）在用人工灌浆时，要不停地活动套管柱，上下活动范围不少于 2m。当发现井下有遇阻显示时，应停止灌浆，立即大距离活动套管，待井下情况正常后再灌浆。

(5) 如井口套管多次错扣，井下套管静止时间较长，应先活动井下套管，再另换一根套管对扣。

(6) 在下套管过程发现井漏、井塌等现象时应起出套管，下钻处理，井下情况正常后再下套管。如套管已下到设计深度，要根据漏失层位的深度决定是否固井或起出套管。

(7) 对于深井，下套管时可以进行分段循环，破除钻井液结构力，每次开泵要先小后大逐渐开至正常排量，防止产生压力激动，蹩漏地层。

(8) 要控制套管下放速度，特别是通过已知漏层时，每一单根应控制在 1.5 ~ 2min 左右。下完套管后，必须首先灌满钻井液，然后才能开泵循环，防止空气混入。

15.4.1.2 套管下完后循环不通

1. 回压阀堵死

1) 处理措施

立即在阻流环附近射孔，恢复循环，然后固井。固井碰压可采用替量计量留水泥塞，蹩压后凝。

2) 预防措施

(1) 防止手套、刷子等小物件落入井内。

(2) 下入套管时要有专人逐根检查套管，套管内不能有任何物件。

2. 因井塌或砂堵而循环不通

1) 处理措施

下完套管，发现井塌或砂堵，开泵后泵压升高，钻井液只进不返，不可能起出套管，只能根据井下情况采取不同的补救措施。

(1) 如果漏层在上部松软地层，泵压不太高，又有较大的吸收量，可以直接注水泥。如果漏层在中硬地层，也有一定的吸收量，只是泵压较高，也可以挤入水泥浆，但水泥浆的稠化时间和初凝时间要适当延长。

(2) 如果漏层就是生产层，挤水泥会严重损害生产层。如果地层的吸收量很小，不具备挤水泥的条件，那只好把井口固定好，在坍塌层段以下生产层以上的适当位置射孔，用小钻杆或油管带封隔器下入套管中，将封隔器坐封于射孔位置之下，循环畅通之后，再注入水泥浆封好生产层。

2) 预防措施

(1) 下套管前通井循环时必须调整处理钻井液，彻底循环，清除积砂，巩固井壁，返速达到固井时的返速要求，井下有任何问题，都不许下套管固井。

(2) 要掌握地层的坍塌规律，有些地层的坍塌具有明显的周期性，下套管固井应选在地层稳定期内。

(3) 下套管前起钻要特别注意灌钻井液，要连续灌满。

(4) 从起钻完到下套管开始的时间越短越好，不许在电测、井壁取心之后不经过通井而直接下套管。

(5) 有些井在套管串上接有很多扶正器和刮泥器，在下套管过程中积存了很多滤饼，如果这些滤饼正位于小井径井段，形成堵塞，则循环不通。因此，应合理设计扶正器的数量，并慎用刮泥器。

(6) 下套管时，管内灌钻井液一定要按技术要求定时灌满，防止因挤毁回压阀而导致井塌。

3．因井漏而循环不通
1）处理措施

在这种情况下，不能贸然固井，应采取如下措施：

(1) 如果已知油气层压力不高，漏层在油气层以上，而且有可靠的井控设备，可以固井，注水泥碰压后，关防喷器并从环空间断地泵入钻井液，维持环空压力。

(2) 如果不知漏层位置，而且油气层压力较高，有发生井下井喷的危险，或者漏层就是油气层，应先堵漏后固井，可将堵漏浆替入环空，分段挤注，待井下恢复循环后，再关井挤进一部分堵漏浆，静止一段时间后，再挤进一部分堵漏浆，待地层承压能力符合固井要求时，循环好钻井液再固井。

2）预防措施

(1) 通井循环时，应以固井时设计返速所需要的排量进行循环，循环不正常，钻井液性能不好，不得下套管。

(2) 严格控制下套管速度，避免产生过高的激动压力，压漏地层。

(3) 下套管过程，保持环空钻井液流动，下至设计井深后，先用小排量顶通，待井下钻井液结构强度完全破坏后，再逐渐恢复至正常排量循环。最大循环排量不得大于通井时的循环排量。

(4) 少用扶正器，不用刮泥器。因为滤饼对稳定井壁、防止漏失具有一定作用。

(5) 通井循环时不漏，下完套管后发生漏失，则漏失层往往是在钻进过程中发生过漏失的地层，为了慎重起见，可以在下套管以前对发生过漏失的地层进行一次堵漏。

15.4.1.3 套管或回压阀挤毁

在下套管过程中，套管或回压阀挤毁的主要原因是灌钻井液不足。

1．处理措施

(1) 在固井前后的各种作业中，必须考虑套管的安全问题，无论何种原因造成套管挤毁，都难以补救。

(2) 如果只挤毁回压阀，可以通过人工计量钻井液替入量进行固井。

2．预防措施

(1) 按设计要求定时灌满钻井液。

(2) 在有盐岩蠕变的地层中固井，应按蠕变层的蠕变应力设计套管的抗挤强度。

(3) 在蠕变层段的套管周围必须均匀地填满水泥，不能有窜槽现象发生。

(4) 试油作业时的捞空深度，严格限制在套管抗挤强度允许范围以内，不得超越。

(5) 需要下封隔器挤水泥时，封隔器离开射孔井段至少 35m 以上。

15.4.1.4 套管断裂

1．处理措施

(1) 如上部套管从接箍中滑脱而接箍螺纹仍然完好，可以下入新套管对扣。

(2) 如表层套管或技术套管从下部断落，可下入锥形引鞋扶正，并注水泥固定。

(3) 如下部断落套管很短，或只是一只套管鞋，用锥形引鞋无法扶正，下磨鞋磨铣。

(4) 如果表层套管或技术套管从中间断开而且断口错位，则下入小一级的钻头钻进，如钻头无法下入，则下入铣锥修整下部断口，直至上下通行无阻，再下入一层套管，将断口隔开。如果铣锥也无法下入，进行侧钻。

2．预防措施

(1) 含硫油气井应采用防硫套管和井口装置。对于含有硫化氢的产层必须压稳，并充分循环处理钻井液，清除混入钻井液中的硫化氢后才能下套管。

(2) 连接套管时不许错扣，错扣后必须退回重上，更不许在错扣后用电焊焊接。

(3) 套管遇卡后，可以全压，但不能多提，上提拉力不许超过套管串中最薄弱套管抗拉强度或螺纹抗滑脱强度的80%。

(4) 表层或技术套管下部3~6根应用防松螺纹脂连接，螺纹必须清洗干净，不得有油污。

(5) 表层或技术套管鞋要座在不易垮塌的地层中。

(6) 表层套管水泥要返至地面，技术套管的水泥返深视情况而定，最好是返至地面或返至上层套管以内。

(7) 最好采用双胶塞注水泥，或者在管内多留一些水泥塞。对于大直径套管可以采用内管注水泥，要确保套管尾部的封固质量。

(8) 在已下套管的井中用转盘钻进，要限制转盘转速。钻铤未出套管以前，转速不得大于60r/min，钻铤出套管以后，也不要超过150r/min。对于施工期较长的井，技术套管要采取防护措施，如在钻杆上加胶皮护箍或防磨接头。

(9) 要适当地延长水泥候凝时间，待水泥石有足够强度时再钻水泥塞。钻水泥塞时，钻具中不许带稳定器，加压要均匀。

(10) 卸水泥头及联顶节时，一定要把井下部的套管固定好，不许套管倒转。

15.4.1.5 套管泄漏

1．补救措施

找准泄漏位置，用超细水泥挤堵套漏。超细水泥为精磨水泥，平均粒度为6μm，最大粒度为15μm，为标准水泥粒度的1/5~1/7。用于挤注作业的超细水泥组分为20%~30%的精磨水泥和70%~80%的水硬矿渣。

2．预防措施

(1) 凡下井套管应逐根进行水力试压，并进行探伤检查。

(2) 螺纹脂用密封脂或粘合剂。

(3) 按规定扭矩紧扣。

(4) 气井要用气密性套管。

(5) 气井各层套管水泥浆均应返至地面。

(6) 关井试压或井控作业时，关井压力不能超过最薄弱套管抗内压强度的80%。

(7) 在技术套管内如用转盘旋转钻进，应对套管采取防磨措施。

15.4.2 注水泥作业中的复杂情况与故障

15.4.2.1 注水泥过程中发生漏失

对于低压层固井，控制作业全过程在低于地层孔隙压力和破裂压力的情况下进行。根据漏失压力的大小，可以采取如下方法。

1．用低密度水泥浆固井

低密度的水泥浆主要有以下几种：

(1) 高水灰比水泥浆；

(2) 添加低密度添加剂的水泥浆；

(3) 微珠水泥浆；

（4）泡沫水泥浆。

2．双级或多级固井

双级或多级固井是利用分级箍达到分级注水泥的目的，根据井下情况将需要封固的井段分为两段或多段把水泥浆注入。双级或多级固井适用于以下情况：

（1）一次注入的水泥量过大，水泥柱过长，有过大的静液柱压差，有可能压漏下部地层。

（2）下部有气层，为防止水泥凝固时产生过多的失重，造成气窜。

（3）井筒上下均有需要封隔的地层，但中间有大段的地层不需要封隔。

3．先期完井

钻进至油气层顶部，先下套管固井，将上部的高压层，易坍塌层等复杂层封掉，然后用低密度钻井液钻开下部油气层。下部油气层钻开后，可以采用以下方法完井。

（1）裸眼完井法。对于裂缝、溶洞型产层，地层结构强度较硬（如石灰岩、花岗片麻岩），极少坍塌的可能，可以用裸眼完井法，这种方法的缺点是后期无法改造油气层。

（2）衬管完井法。为了防止地层坍塌，堵塞油气生产通道，可以在裸眼井段下入衬管，不注水泥，如果裸眼段有坍塌层，可下入带筛管的尾管，在筛管上部安装管外封隔器，从封隔器以上注水泥。

（3）尾管完井法。如果下部油气层不是裂缝、溶洞型而是渗透型地层，应该下入尾管，用水泥封固，也可以考虑用低密度水泥浆固井。

（4）平衡法固井。这种方法只能用于尾管完井。在油气层压力低于静水压力的情况下，钻进时可以用泡沫钻井液，固井时也可以用泡沫水泥浆，但泡沫水泥浆密度越低，抗压强度也越低，而且尾管的环形间隙很小，很难保证固井质量。

（5）利用管外封隔器隔开漏层。当产层或漏失层需要隔绝时，可以使用套管管外封隔器。从封隔器以上注水泥，待水泥凝固后，钻开水泥塞，再按先期完成的方法处理下部的漏层或产层。

（6）正反注水泥固井。所谓正反注水泥固井，就是先正注水泥至环空漏失层底部，然后再反注水泥至漏层，从而使正反注两段水泥连接起来，达到固井的目的。

（7）管外注水泥固井。在漏失严重的低压带，用常规的注水泥方法，水泥浆不能返出地面，如果有足够的环形空间，可以从环空下入小尺寸的油管，注入水泥。如果还有漏失，可以分段灌注，也可以用低密度水泥浆、触变性水泥浆或加有堵漏材料的水泥浆灌注。

（8）反循环注水泥固井。由于紊流注水泥可能压漏下部地层，同时井眼上部地层漏失性小或者有一技术套管，可以改变套管串的浮箍浮鞋结构，从井口环空注入水泥更容易使用多种组合水泥浆柱，对下部地层有最小的流动压力。

15.4.2.2　注水泥过程中突然蹩泵

注水泥替钻井液过程中突然蹩泵，其后果是水泥浆返不到设计深度，该封的地层没有封住；套管内留下过多的水泥塞。

为了防止出现突然蹩泵，应注意以下问题：

（1）必须掌握井下温度，根据井下温度选择水泥品种及添加剂加量。

（2）入井水泥必须进行模拟井下状况的化验，化验用水必须是施工时的用水，化验时用的水泥品种、批号必须与施工时的水泥品种、批号一致。

（3）在水泥浆与钻井液之间，用一定数量的隔离液隔开，防止水泥浆受钻井液污染提前稠化。

（4）水泥浆中要加降滤失剂和减阻剂。

（5）注水泥与替钻井液速度不要大于正常循环时的速度。

（6）冲洗液要适量，一般要求冲洗液与封固段井壁各点之间的接触时间不少于 10min。

（7）水泥浆上下胶塞要有专人负责安装、检查，并且要在记录卡上签字，严防装错位置或提前置入管内。

（8）注水泥浆作业控制在预定的水泥浆稠化时间内。

15.4.2.3　替钻井液结束不碰压

为了防止替钻井液结束不碰压，应该做好如下工作：

（1）入井套管必须按标准进行水力试压。

（2）套管入井必须按规定扭矩紧扣，不能过松，也不能过紧。

（3）下套管过程中必须按规定灌好钻井液，防止挤毁回压阀。

（4）必须用质量合格的胶塞，胶塞装入必须有专人负责检查。

（5）要使用计量准确的流量计，使用前与泵的实际排量进行校对。

（6）替钻井液最后要慢速碰压，防止把阻流环碰掉。

15.4.2.4　水泥窜槽与井口冒油冒气

为了提高固井质量，防止油气窜通，需要做好以下工作：

（1）控制井径扩大率在 10% ~ 12% 以内，尤其主要封固井段能把井径扩大率控制在 10% 以内更好。

（2）凡是井径小于钻头直径的井段，要下钻划眼。如封固段环形间隙过小，应下扩大器扩大该段井径至要求数值。

（3）根据井身质量，合理加装套管扶正器，在封固井段，最好每 20 ~ 30m 加装一个扶正器，尽可能使套管居中。

（4）通井循环时，调整处理好钻井液，钻井液上返速度不能小于固井时水泥浆的上返速度，钻井液密度足以压稳裸眼井段中油、气、水层，并且尽量降低钻井液粘度、切力和滤失量。如果有气层，应循环充分，以清除聚集在环空的气泡。凡是使用过油基钻井液、油包水钻井液的井，必须用水基钻井液充分循环，清除井壁油污（必要时可加化学冲洗剂）。

（5）严禁在套管本体做任何焊接工作，以防产生局部脆裂。

（6）入井套管要经过水力试压，下套管时要用密封脂，每道螺纹都要按规定扭矩紧扣，下部结构按设计要求装齐装好。

（7）准确掌握井下循环温度，据此选择水泥品种和添加剂类型和加量，并模拟井下状况做水泥化验，确定合适的稠化时间、初凝时间和终凝时间，整个注水泥工作必须在稠化时间以内完成。

（8）水泥浆中应加适量的膨胀剂（或防气窜剂），以抵消水泥体积收缩的影响。

（9）水泥浆中应加减阻剂，减少水泥浆在环空中的流动阻力，有助于水泥浆达到紊流状态，也有助于降低水泥浆的滤失量。也可根据需要加入一定量的缓凝剂或催凝剂。

（10）水泥浆中也可以加减水剂，降低配制水泥浆时的水灰比，改善水泥浆的流变性能。

（11）在高温状态下固井，要在水泥中加硅粉或石英砂，防止水泥石在高温下的强度衰减。

（12）如有条件，在注水泥过程中，要上下活动或转动套管，使水泥浆分布均匀。

（13）要尽量缩短下套管与注水泥之间停止循环的时间和套管静置时间。

（14）注水泥时，最好使用上、下胶塞。如使用单胶塞，应适当加长阻流环以下的套管长度，要确保套管底部的封固质量。

（15）要提高水泥浆的返速，使之达到紊流状态。一般以 1.2 ～ 1.5m/s 为宜，最高可以达到 2.0m/s，最低不能低于 0.8m/s。

（16）要用适量的冲洗液和隔离液。隔离液必须和水泥浆与钻井液两者都有相容性，要有适当的悬浮固体颗粒的能力，以防固相沉淀。在水泥浆上返过程中，冲洗液与井壁任一点的接触时间不少于 10min。

（17）入井水泥浆的密度保持均匀一致。

（18）注水泥作业要连续施工，避免中间停顿。

（19）要根据电测井径，计算水泥用量，还要有一定的附加量，附加量要根据各地区的经验确定。气井水泥要返至地面，油井水泥要返至油层以上的要求高度，如果有浅气层，必须把浅气层封掉。

（20）利用管外封隔器，防止油气窜通。尾管完井时，也可以在尾管顶部带管外封隔器，密封尾管与外层套管之间的环形空间。

（21）可以在井口加压以补偿水泥失重的影响。环空井口压力与液柱压力之和不能大于地层的破裂压力或漏失压力。

（22）水泥浆密度大于钻井液密度时，有助于排除钻井液，但是管外水泥柱形成的压力与管内顶替液形成的压力差不宜超过 5MPa。

（23）可以利用分段凝固的方法减少水泥失重的影响。

（24）水泥浆顶替到位后，要注意观察井口液面。如液面不在井口，可能是井下发生了漏失。应采取控制井口的措施，一方面要向环空灌钻井液，维持环空压力，不使油气上窜；一方面要观察井口动态，准备随时关井。

（25）如果回压阀不失灵，要常压候凝。

（26）注蒸汽的热采井，由于温度的升高，引起套管轴向载荷的增大，易使套管产生弯曲破坏，因此在下套管后要按计算数据提拉一定的预应力，此时套管的抗拉安全系数也必须保持在 1.8 以上。固井时水泥要返至地面，水泥中要加 32% ～ 35% 的硅粉及其他外加剂（如火山灰、珍珠岩、硅藻土、微珠等）作为热稳定剂。

（27）地下有盐岩层和盐膏层时，套管抗挤强度应按盐岩层的蠕变压力进行设计，盐岩层的塑性变形与温度有关，最大塑流挤压力梯度可达 2.262kPa/m，因此设计盐层套管时，盐层外挤力梯度一般取 0.0023MPa/m。注水泥时应用饱和盐水水泥浆或过饱和盐水水泥浆，绝不能用淡水水泥浆或欠饱和盐水水泥浆，配浆的盐水含盐量应在 36% 以上，其密度应在 1.18g/cm^3 以上，水泥浆密度应在 2.05 ～ 2.35g/cm^3 以上，滤失量宜在 150 ～ 50mL 以下。

（28）饱和盐水与水泥混合时，加入消泡剂和盐分散剂。

（29）含硫油气井要下防硫套管，安装防硫井口。降低水泥中的铝酸三钙可提高抗硫能力，中抗硫水泥的铝酸三钙含量为 3% ～ 6%，高抗硫水泥的铝酸三钙含量为小于 3%。可以分级注水泥。

（30）大斜度井和水平井固井时，在大斜度井段和水平井段套管上要按计算加足够数量的扶正器，尽可能使套管居中。固井时水泥浆中要加降滤失剂和减水剂，要使水泥浆的自由水降到零，API 滤失量降到 30mL 以下。并尽可能增大管内外液体的密度差，利用水泥浆对套管产生的浮力使套管居于井眼中心位置，提高顶替效果。

（31）采用延迟凝固注水泥的方法，使水泥浆分段凝固，减小水泥浆失重的影响。延迟凝固的水泥浆通常要加6%～8%的膨润土和分散剂，以降低滤失量，同时含有足够的缓凝剂，以便把凝结时间延长到18～36h。

（32）凡大直径套管，可以采用内管注水泥的方法。

（33）如管内留有水泥塞，钻水泥塞时要用30～50r/min的低转速。

（34）井口试压压力不许超过最薄弱套管段的最小屈服强度的80%。

（35）用聚合物固井材料固井，通过交联剂控制初凝时间和凝胶状态，防止油气窜通。

15.4.2.5 水泥浆返深不够未能封住产层

如果水泥浆上返不够，一般采取以下几种补救措施：

（1）射孔循环，补注水泥。先行电测，确定水泥面位置，在水泥面以上射孔，然后按正循环法补注水泥。

（2）反向注水泥。如果水泥面就在漏层位置，可从环空直接注水泥。

（3）管外局部循环，补注水泥。如果环空上部堵塞，在水泥面以上堵塞点以下有较长的环形空间，可以在水泥面以上及需要返高的位置两处射孔，将封隔器座在两排孔眼之间，形成套管外局部循环，正注水泥，当水泥浆返至上排孔眼位置时，封隔器解封，将油管提至孔眼位置以上，关井，挤入部分水泥浆，然后开井，把多余的水泥浆循环出来。

（4）挤水泥。如果管外有漏失层和高渗透层，在挤水泥时井底压力小于地层破裂压力即可将水泥挤入，这叫做低压挤水泥。如果没有低压层，则需要压裂地层才能把水泥挤入，这叫做高压挤水泥。高压挤水泥要看裂缝向那个方向发展，水泥就向那个方向充填。挤水泥施工艺有两种。

① 关井挤压。把混合好的预计水泥浆量泵送至油管或钻杆外一定高度，然后把管柱提出水泥浆面，关闭井口，从管内泵入顶替液直至挤入一定量的水泥浆为止，关井，等候水泥浆凝固。关井挤压，套管必须有良好的密封性，同时最大挤注压力不能超过最薄弱段套管抗内压强度的80%。

② 用封隔器挤水泥。用油管把封隔器下至挤水泥目的层顶部附近坐封，从封隔器以下向地层挤水泥，由于井内套管只有封隔器以下部位才承受挤水泥压力，有利于保护套管，所以这种方法比关井挤水泥法优越。

15.4.2.6 封固段底部或主要产层严重窜空

防止严重窜空的措施主要有以下几种：

（1）严格控制水泥浆质量，不合格的水泥浆不许注入井中。

（2）加强计量工作。

（3）渗透层发生窜空，可能是该层没有压稳或是由于环空压力的波动使该层产生吞吐现象；非渗透层发生窜空现象，可能是由于压力波动而造成的同层吞吐所致。在固井时应尽量减少环空静压力和环空流动阻力，使环空压力的最大值不大于地层漏失压力或破裂压力，这就要降低钻井液密度、粘度和切力，同时还要适当控制固井过程中的循环和顶替排量。

（4）固井过程中要控制压力激动，尽量做到平稳操作，使激动压力降至最低限度。

（5）如发现环空压力有可能接近或超过某些地层的漏失压力，但因受其他条件的限制（如有高压层存在）无法降低环空压力时，应先挤堵潜在的漏层，然后固井。

（6）固井碰压后，控制一定的环空回压，使井底环空压力不小于固井施工中可能达到的最大环空压力。

（7）在井底部分采用速凝水泥浆。

(8) 在注水开发区固井，应在一定的区域和一定的时间内停注或返排注入液，降压防水窜。

15.4.2.7 固井后发生井喷

在有高压油气层存在的情况下，为了防止固井后发生井喷，应采取如下措施：

(1) 在高压油气层固井，要用膨胀水泥或在水泥中添加防气窜剂，维持水泥凝结时体积不变。

(2) 控制水泥浆中的自由水，降低水泥浆的滤失量，不要使水泥浆在凝结时析出过多的水分。

(3) 采用分段凝固的办法使总的液柱压力要始终大于油气层压力。

(4) 采用分级注水泥的方法。其效果与分段凝固的办法相同。

(5) 采用管外封隔器固井。可以根据不同的情况，采用不同的管外封隔器。

① 正常情况下固井。为了防止油气上窜，可将封隔器接于套管串中，设置在油气层顶部井径小而规则的井段，当注水泥结束碰压时，胀开封隔器，堵塞环空，隔绝油气上窜的通道。

② 在下部有喷层上部有漏层的情况下固井。可把封隔器置于漏层下部，碰压时胀开封隔器，隔断喷层。

③ 在下部有漏层上部有喷层的情况下固井。如下部漏层不是油气层，可用砂石回填，也可以把封隔器置于套管串尾部，下完套管后，先打开封隔器，隔绝下部的漏层，同时打开循环孔，建立正常的循环通道，用正常方法固井。

(6) 下套管前，要安装适合封闭套管外径的防喷器，固井结束碰压后，可从环空加压，以弥补水泥失重的影响。

(7) 如在固井过程中，发生井漏，应从环空灌钻井液，维持液柱压力。

(8) 在油气层未压稳的情况下，不能进行固井作业。

15.5 处理复杂情况的主要技术措施

15.5.1 井漏的处理

15.5.1.1 小漏的处理方法

小漏指进多出少而未失去循环的渗透性漏失，遇到这种情况，应采取如下办法：

(1) 可继续钻进，穿过漏层。如果继续漏失，可提起钻头至安全位置，静止堵漏。

(2) 调整钻井液性能，降低密度，提高粘度和切力，以减少或停止漏失。

(3) 在钻井液中加入小颗粒及纤维质物质如云母片、石棉、石灰粉、暂堵剂等堵漏材料，在漏失的过程中进行堵漏。

15.5.1.2 大漏的处理方法

钻井液只进不出，如果裸眼井段很长，在没有井喷危险的情况下，应立即停钻停泵，上提钻头至技术套管内，如未下技术套管，应一直起完，中间不可停顿，更不可试图开泵循环。在上起的同时，要不间断地从环空灌入钻井液(在没有钻井液的时候也可以灌入清水)，加快上起速度。

1. 静止堵漏

有些漏失，虽然只进不出，但并非大的裂缝、溶洞所造成，而是由于压差较大所造成。当钻井液漏入微细裂缝和孔隙之后，由于地层中粘土吸水膨胀和钻井液中固体颗粒的沉淀及漏失钻井液静切力的增加也会堵住漏层。

2. 颗粒和纤维物质堵漏

一些裂缝、孔隙的开口直径小于 150μm，用云母片、石棉、超细碳酸钙、氧化沥青粉等进行堵漏，在裂缝中及井壁表面上形成致密的骨架结构，阻止钻井液漏失。

3. 单向压力封闭剂堵漏

在钻井液中加入单向压力封闭剂（加量不低于3%），在正压差的作用下，能有效地封堵砂岩、砾石层、破碎煤层及其他地层的微细裂缝和孔隙。在负压差作用下，能自动解堵。注意选用单向压力封闭剂时应使其所含成分与漏层的孔道尺寸相匹配。

4. 桥接剂堵漏

桥接剂刚性颗粒最佳粒度范围为裂缝宽度的 1/2～1/7，直径大于裂缝宽度的颗粒进不了裂缝，直径小于 1/7 裂缝宽度不易在裂缝中形成架桥骨架。桥接剂柔性颗粒使用的粒度范围可大一些，最大粒度可以大于裂缝宽度。

桥接材料按其形状可分为三大类：

（1）颗粒状材料，常用的有核桃壳、橡胶粒、焦炭粒等，主要起架桥作用。

（2）纤维状材料，如锯末、棉纤维、棉籽壳等，在钻井液中纵横交错，形成网络，主要起填塞作用。

（3）片状材料，如云母片、稻壳、赛璐珞、玻璃纸、鱼鳞等，主要起填塞作用。

5. 高滤失浆液堵漏

这种浆液到达漏层后，水分迅速跑掉，固体物质可留在孔道或缝隙内，形成堵塞物，有不同的配方：（1）高粘切高滤失混合稠浆；（2）DTR 堵漏剂；（3）Z–DTR 堵漏剂；（4）Diacel 堵漏剂；（5）PCC 堵漏剂；（6）钻井液与水泥浆混合堵剂。

6. 石灰乳浆堵漏

石灰乳浆的基本材料为粘土、石灰、烧碱和水玻璃，由于这些材料组成的比例不同，而有不同的特性，常用的有低比例石灰乳浆、高比例石灰乳浆和速凝石灰乳浆三种。

（1）低比例石灰乳浆。这种配方在高温条件下固化速度慢，流动度差，可塑性大，适用于中深井低压水层的堵漏。

（2）高比例石灰乳浆。这种配方在 70～80℃下经过一定时间将产生固化现象，固化后强度较低，适用于深井堵漏。

（3）速凝石灰乳浆。速凝石灰乳浆是在高比例石灰乳浆的基础上加入水玻璃和烧碱作为催凝剂，缩短凝固时间并减少石灰乳浆的漏失量。

7. 高炉矿渣—钻井液堵漏

在水基钻井液中加入高炉矿渣，可使钻井液固化，稠化时间和抗压强度可用强碱（如 NaOH、KOH）、盐或硅酸盐来控制。

8. 水泥浆堵漏

1) 水泥浆堵漏方法

注入水泥浆方法有以下三种，不论使用哪一种方法，均应尽量使注入水泥浆量 2/3～3/4 进入漏层，确保堵漏效果。

（1）平衡法：充分利用水泥浆液柱与井浆液柱压差，使水泥浆多进入漏层。

（2）加压挤入法：用加压的方式把水泥浆挤入漏层，促成堵漏隔墙的形成。

① 循环加压：注完水泥，替完钻井液，起钻至水泥面以上循环，以泵压把水泥浆挤入

漏层。

② 直接加压：注替完水泥浆后立即关封井器、憋压，把水泥浆直接挤入漏层，此法风险性较大。

③ 间接加压：注替完水泥浆后，钻具起至安全井段（水泥面以上），关封井器、静止、憋压，挤水泥浆进入漏层，此法较安全。

(3) 卡喉法：适用于漏速大、漏层压力低、连通性好的地层，让注入的水泥浆与促凝剂在漏层孔道混合立即凝固，避免水泥浆漏入地层太远。此法多用于表层井段，也可用于中深井段。

2）堵漏水泥浆类型

堵漏水泥浆类型见表 15−10

表 15−10　堵漏水泥浆类型

序号	水泥浆堵漏类型	序号	水泥浆堵漏类型
1	一般水泥浆	7	柴油—膨润土—水泥浆
2	速凝水泥浆	8	氯化钙—水玻璃与珍珠岩水泥浆
3	石膏水泥浆	9	煤油乳化水泥浆
4	胶质水泥浆	10	甲基丙烯酸与甲基丙烯酰胺共聚物水泥稠浆
5	膨润土—石棉—水泥—石灰堵漏浆	11	聚丙烯酰胺水泥稠浆
6	柴油水泥浆		

9．其他堵漏材料及特点

其他堵漏材料及特点见表 15−11。

表 15−11　其他堵漏材料及特点

序号	名　称	特　点
1	酸溶性固化材料 ASC−1	用 ASC−1 配成的浆液有较好的流动性，其稠化时间受多种因素的影响，可以根据需要调节，一旦稠化开始，稠度会直线上升
2	聚丙烯酰胺絮凝物和交联物	聚丙烯酰胺作为絮凝剂加到钻井液或水泥浆中，加速固相颗粒的凝聚过程，当堵漏浆液进入漏失通道时，固相颗粒很快絮凝，将水分挤出，留下容易变形可压缩的似棉絮状纤维物质，能填塞孔道
3	水解聚丙烯腈堵剂	水解聚丙烯腈与钙离子或其他多价金属离子可以生成难溶性聚丙烯酸盐，其堵剂配方有多种
4	PMN 化学凝胶堵漏剂	PMN 化学凝胶堵漏剂是一种聚合物交联体系，经化学反应后，生成一种体型结构的凝胶体，有很好的粘弹性，具备堵塞各种形态漏失通道的能力
5	ND−1 堵漏剂	ND−1 堵漏剂依方法和顺序不同，可分别用于淡水钻井液和盐水钻井液
6	树脂堵剂	树脂堵剂种类较多，使用方法也较多，可根据不同的情况，分别选用
7	柴油膨润土浆	柴油膨润土浆是由柴油、膨润土、纯碱、石灰等按一定比例混配而成
8	内活化硅酸盐	这种溶液由清水、活化剂、硅酸盐溶液组成，它的初粘度在很长一段时间内可以保持稳定
9	剪切稠化液堵漏	剪切稠化液是由分散在油包水乳状液里的水膨胀材料所组成的一种多组分体系。它具有很低的粘度，在钻柱内低剪切速率下，是可泵送的液体
10	射流堵漏	在钻头上部接一个带有侧向喷嘴的接头，钻井液以 10 ～ 130m/s 的速度从侧向喷嘴中喷出。本法适用于石灰岩、砂岩等不易坍塌的地层
11	重晶石塞堵漏	在发生上漏下喷的情况下，在喷、漏层之间注重晶石塞把两者分隔开，先处理井漏，再处理井喷，是经常采用的有效方法。同时重晶石在漏层中沉淀也能起到堵漏作用

15.5.1.3 大裂缝大溶洞漏失的处理方法

溶洞大致可分为两类：一类是封闭性溶洞，再大也有一定的封闭周界；一类是连通性溶洞。在钻井过程中，钻具突然放空，一般都是遇到了溶洞或大裂缝，这种情况往往会发生严重的大漏失。在地下水不太活动的情况下，可以试用以下的一些办法处理。

1. 充填与堵剂复合堵漏

从井口投入碎石、粗砂、水泥球等至井底进行充填，形成大的骨架，待能充填到溶洞或裂缝顶部以上时，再注入堵剂，充填于骨架之间。

2. 采用钻井液—胶质水泥浆和水泥浆配制的混合物堵漏

填充物应尽可能多的包含各种填料，粒径大小分布要和裂缝开度大小相适应，可为 1～40mm。通过改变充填物浓度、颗粒组成和混合物填料的质量可以在很大范围内调节堵漏浆的性能，保证它沿着钻具到漏失层段的低温流动性。

3. 用尼龙袋堵漏

在有大裂缝和溶洞的地层中，存在着大段井壁缺失，且常有流动水，一般堵漏方法难以奏效，采用大型尼龙袋封闭，可取得较好效果。

4. 用管式封隔工具堵漏（波纹管堵漏）

管式封隔工具有卷管式封隔工具和型管式封隔工具两种。

5. 清水强钻，下套管封隔

对于大溶洞、大裂缝，如果连通性好，而且还有地下水活动，采用堵漏的办法往往难以奏效。如果水源充足，没有井壁坍塌的危险，可在井口不返钻井液的情况下强行钻进。只要泵量跟得上，钻屑完全可以进入漏层，不必担心砂桥卡钻。钻完漏失层段后，下套管带管外封隔器，采用"穿鞋戴帽"的方法固井，隔开漏层。缺点是将使井眼缩小一级。

15.5.1.4 堵漏施工失败的原因分析

1. 漏层位置掌握不准

堵漏位置不在漏层，因此没有效果。

2. 漏层性质认识不清

微细裂缝，采用的堵漏剂颗粒太大，堵漏剂进不了裂缝，不起作用。或未考虑到漏层性质的不均一性，可能是大小孔洞、大小裂缝并存，未采用复合堵漏法，难以获得成功。

3. 设计或施工措施不当

如漏层压力计算不准，施工结束时井内液柱压力和漏层压力不平衡，堵漏浆流失；或者钻柱下入深度不正确，井内未留塞或留塞太少，都不能达到堵漏的目的。

15.5.1.5 降低井底压力进行钻进

如果具备下列条件，可降低井底压力进行钻进。

（1）已下过技术套管，裸眼井段不长。

（2）裸眼井段没有坍塌层，漏层本身也不具坍塌性质。

（3）裸眼井段没有比漏层更高压力的产层。

（4）漏层以下不能有比漏层更高压力的产层。

先调整钻井液液柱压力，使之与地层压力平衡，再钻开漏层。在地层压力低于静水柱压力的情况下，可采用泡沫钻井液、充气钻井液或空气进行钻进。

15.5.2 井塌的处理

下钻过程中发现井口不返钻井液，或者钻杆内反喷钻井液，应立即停止下钻，开泵循环通井或划眼，待井下情况正常后，再恢复下钻。起钻过程，如发现井口液面不降，或钻杆内反喷钻井液，这是井塌的象征。应立即停止起钻，开泵循环钻井液，待泵压正常，井下畅通无阻，管柱内外压力平衡后，再恢复起钻。

在任何时候发现有井塌现象，均需用小排量顶通，然后逐渐增加排量，中间不可停泵。如果小排量顶不通，泵压上升，井口不返钻井液，不可继续挤入钻井液。如果恢复循环无望，而钻具尚能活动，应立即起钻，中途决不可试开泵。液面如不在井口，应灌满钻井液。

井塌后通井划眼，若在较硬地层中进行，一般不会发生问题。但大多数井塌发生在松软地层，划眼时，要防止钻出新井眼。一般采用"一通、二冲、三划眼"的办法。

如果发生井塌，循环时岩屑带不出来，应采取如下办法：

(1) 起钻前，在坍塌井段用高粘高切的钻井液段塞进行封闭，延缓坍塌，并使塌块不能集结成砂桥。

(2) 加大钻头水眼，提高钻井液排量，洗井时可用高粘高切钻井液清扫井底和井筒。

(3) 用高屈服值、高动塑比的钻井液洗井，使环空保持平板层流状态。

(4) 用高浓度的携砂液洗井，携砂剂的主要成分是改性石棉及其他添加剂，能提高钻井液粘度、切力，一般加量为3%～5%。

15.5.3 复杂情况下的操作

15.5.3.1 循环或钻进中发现井漏

若钻井液只进不出且总漏失量每小时超过15m³，应立即起钻，起钻时要连续大排量灌钻井液，一直起到套管内。已钻开高压油气层，确无井喷危险时，坚持灌满钻井液，才能起钻；裸眼段是灰岩，且无卡钻危险时，可以不起钻；当灌不满钻井液时，应连续灌强行快速起钻。当无法判断能否井喷时，不能起钻。

15.5.3.2 停止钻进的情况

出现以下情况，应停止钻进：

(1) 钻进中途停泵上提遇卡，下放遇阻和摩阻较大。
(2) 接单根放不到底。
(3) 停转盘有倒车现象，钻进中转盘负荷异常。
(4) 划眼严重蹩钻，划眼划不下去。
(5) 岩屑返出的数量和形状不正常。
(6) 钻进或活动钻具泵压不正常。
(7) 设备出故障，不能保证额定负荷上提下放钻具及正常的循环。
(8) 钻井液性能异常，粘度、切力、滤失量偏大。

15.5.3.3 起下钻遇阻卡

下钻遇阻以提为主，起钻遇卡以压为主。

当起钻过程中出现拔活塞现象，环形空间灌不进钻井液，每起1~3柱钻杆向井口钻具内灌满一次，遇阻轻提慢转，随时注意泵压和环形空间的液面变化，一旦发现液面下降，立即向环形空间灌浆，灌满钻井液后，小排量顶通恢复循环。对已打开油气水层的井，起钻过程出现拔活塞现象时，要将钻具重新下入，小排量顶通恢复循环，将抽吸出来的油气水全部循环出地面，再行起钻。要防止一边起一边顶通引起的井喷。

15.5.3.4 倒划眼

倒划眼应注意以下几点：

(1) 先开泵,上提吨位超过原悬重5kN,放入钻杆加厚卡瓦,轻轻转动,注意控制转盘转速。

(2) 每次转盘负荷正常后,停转盘,再上提钻具,上提距离以转盘能转动为宜,一般5～10cm。

(3) 钻台不准放其他工具,每次转动转盘时,其他人员离开。

(4) 注意泵压变化,以免蹩漏地层。

(5) 注意钻井液性能及岩屑返出情况。

(6) 每次倒划眼一个单根且正常后,才能甩单根,切记不能操之过急。

(7) 用顶驱倒划眼时,应缓慢上提钻具。若蹩钻,应上提至超过原悬重5kN,边划边上提。

15.5.3.5 划眼

1．准备工作

(1) 对全套设备进行检修,重点是钻井泵、水龙头及高低压管汇及顶驱。

(2) 准备足够的钻井液处理剂,并配制符合井下情况的钻井液。

(3) 保证净化设备工作正常。

(4) 按预计划眼井段长,卸钻台部分钻杆立柱成单根,甩在场地重新丈量编号。

2．钻具结构

(1) 软地层:牙轮钻头+钻铤2柱+钻杆。

(2) 硬地层:牙轮钻头+钻铤1柱+钻杆。

3．划眼方法

(1) "一冲、二通、三划"法。

(2) "拨放点划"法。当遇到冲不动、通不下的情况时,先加压20～30kN转动转盘,观看指重表指示,若悬重回升,则立即停转盘,再加压20～30kN转动转盘。如此重复操作,直到拨放点划一根单根,再提起下划一次。避免连续点划,以防划出新井眼。

4．注意事项及安全要求

(1) 通井划眼要坚持中途循环,划一段巩固一段,处理和调整好钻井液。

(2) 上部地层防出新眼,下部地层防止蹩泵。

(3) 停泵后活动钻具正常,能放到底方可接单根,接单根时要晚停泵、早开泵,尽量缩短停泵时间,并加快接单根速度,防止沉砂卡钻。

(4) 通井划眼过程中,设备出现故障无法循环,而又需较长时间修理时,要起钻并灌满钻井液。

(5) 划眼过程中发生蹩泵时,要立即停泵,上提钻具至畅通井段,连续转动转盘,用小排量开泵正常后,再逐渐加大排量,调整钻井液性能,恢复划眼。

(6) 不得加压连续转动转盘。

15.5.3.6 扩眼

扩眼应注意以下几点:

(1) 合理选配钻具结构。

(2) 扩眼下钻时钻具的下放速度要慢,防止钻头插入小井眼而造成卡钻。

(3) 当钻头接触小井眼后,应将钻头重新提起,然后启动转盘慢慢下放钻具,钻头再次接触小井眼时,加压10～20kN修正台阶平面。

15 钻井工程复杂情况和事故的预防与处理

(4) 正常扩眼钻进时，加压不得超过300kN。

15.5.3.7　顿钻

1. 顿钻的处理

(1) 发生顿钻后，要立即对悬吊系统及钻台设备、井口工具进行认真的逐件检查，凡是损坏的要及时更换。

(2) 认真检查大绳的损坏情况，落实大绳是否有跳槽现象。

(3) 要尽快地查明顿钻的原因，在没查清原因之前，严禁起、放游动滑车。

(4) 发生顿钻后，若钻头已接触井底，要起钻检查钻具，更换钻头及损坏的钻具。

(5) 下钻时对钻具进行探伤。

2. 预防顿钻的措施

(1) 钻具在井下时，严禁刹把离人。

(2) 下钻时要检查井口工具，禁止使用损坏和有缺陷或与钻具规范不相符的井口工具。

(3) 起下钻时必须扣好吊卡。

(4) 有内冷式刹车毂的钻机，下钻时必须打开冷却水，下钻悬重超过300kN时，必须挂辅助刹车。

(5) 司钻与井口工作人员要互相配合，防止单吊环起钻。

(6) 起下钻链要按规定卡好安全卡瓦。

(7) 刹把操作人员要精力集中，防止顶天车。

(8) 定期检查大绳和刹车系统，及时更换损坏部件，并注意刹带及曲拐下不得垫异物。

(9) 刹带与刹车毂之间不得有油污，刹带调节螺丝的保险帽要齐全，与绞车底座的间隙要符合规定。

(10) 冬季施工时，要防止气路的冻结。

15.5.3.8　单吊环起钻

1. 处理方法

(1) 立即刹车，停止滚筒转动。

(2) 井口坐入钻杆卡瓦，卸掉吊卡负荷，间断转动钻具，然后再按下述方法处理：

① 如果钻具弯曲不严重、钻柱重量较轻，可低速慢起，卸掉单根，起时卡瓦不要提出转盘。

② 如果单根弯曲较严重，在弯钻杆上再接一单根，慢慢起出变形钻杆，然后将其卸掉。

③ 如果钻具弯曲特别严重，而钻柱又重时，可割掉弯曲部分，另焊接头或用卡瓦打捞筒提起钻柱，卸掉坏钻杆。

2. 预防措施

(1) 司钻操作要平稳，等钻工挂好吊卡，插好销子并闪开后方可上提。

(2) 井口内、外钳工要密切配合司钻操作，推、拉动作必须利索、准确。

(3) 井口人员在操作时不得挡住司钻视线。

15.5.3.9　大绳打扭

大绳打扭是因为新换钢丝绳未松劲、水龙头轴承卡死、下钻过程中钻具严重旋转或大钩销子未打开所引起。发生大绳打扭后，要根据不同的原因，采取不同的处理措施。

1. 处理方法

(1) 如果是因新换钢丝绳未松劲所致，应立即卸掉大钩负荷，将大绳活绳头松开放掉钢丝绳的扭劲。

（2）如果是因下钻时钻具严重旋转所致，应控制下放速度，以减少或减慢钻具的转动。

（3）如果是因大钩销子未打开所致，可卡上卡瓦，用人力或电（气）动小绞车转动大钩，并打开制动销。

（4）如果是水龙头卡死，应检修或更换水龙头。

2．注意事项

（1）放大绳扭劲时，要注意大绳甩动，以免碰伤周围人员。

（2）大绳打扭后，不得强行上提及下放钻具，以防损伤大绳。

3．预防大绳打扭的措施

（1）穿大绳时，应设法让缠绕大绳的滚筒转动，顺劲拉出钢丝绳。

（2）水龙头上要拴防扭绳。

（3）冬季钻进时，应缓慢启动转盘，用低速活动水龙头。

（4）起、下钻时打开大钩销子。

15.5.3.10　钻头泥包

发现钻头泥包现象，应立即停止钻进，缓慢上提钻具，缓慢加大排量，以较高转速转动钻头，同时调整钻井液性能，严密注意井口钻井液返出情况。为了避免发生钻头泥包卡钻，起钻遇卡时，切忌硬提，宜先处理钻头泥包，再继续起钻。

15.5.3.11　缩径

如果是假缩径，应加强钻井液的维护与处理，降低含砂量、固相含量、滤失量，提高滤饼质量，同时加大排量洗井。如果泥页岩膨胀，应提高钻井液密度，提高钻井液的抑制能力。起下钻在缩径井段遇阻卡，切忌硬压、硬提，下钻应划眼通过，起钻应倒划眼通过。对上部地层滤饼造成的假缩径，在起钻遇卡时，可通过上下反复活动（最大上提力不超过原悬重 100kN）配合倒划眼起钻。

15.6　井喷事故的处理

发现溢流后，首先正确地关井，其次正确地压井，建立起井下新的压力平衡关系。

15.6.1　关井程序

15.6.1.1　在钻进时发生溢流

（1）发出信号，通知钻台和泵房。

（2）停钻，停泵，上提方钻杆，调整好钻杆包封位置，避开接头，此时钻具不应坐在转盘上。

（3）关防喷器：先关环形防喷器，后关与井内管具相符的半封闸板防喷器。

（4）关节流阀，试关井。但井口压力不能超过允许的最高压力，否则，控制压力放喷。

（5）打开环形防喷器。

（6）观察记录立管压力、套管压力和钻井液增量。

（7）向有关人员和机构汇报，研究压井措施。

15.6.1.2　在起下钻杆时发生溢流

（1）发出信号，通知钻台和二层台。

（2）抢接回压阀（或投钻具止回阀），如条件允许，不管是起钻过程还是下钻过程都应立即强行下钻，下入的钻具越多越好。如条件不允许，应立即停止起下钻作业。

(3) 关防喷器：先关环形防喷器，后关与井内管具相符的半封闸板防喷器。

(4) 关节流阀，试关井。井口压力不许超过允许的最高压力，否则，控制压力放喷。

(5) 打开环形防喷器。

(6) 观察记录套管压力和钻井液增量。

(7) 向有关人员和机构汇报，研究压井措施。

15.6.1.3 在起下钻铤时发生溢流

(1) 发出信号，通知钻台和二层台。

(2) 抢接带回压阀的钻杆。如有可能，应立即强行下钻，争取多下。如无可能，应立即停止起下钻作业。

(3) 关防喷器：先关环形防喷器，后关与井内管具相符的半封闸板防喷器。

(4) 关节流阀，试关井。井口压力不能超过允许压力，否则，控制压力放喷。但要注意，如井内压力较大，可能顶着钻柱上行，直至钻杆接头接触防喷器心子时为止，如果接有方钻杆，要防止水龙头脱钩，上提方钻杆时，大钩不能吃力，要防止提坏井口设备。最好是首先提起钻柱，将钻杆接头置于防喷器心子以下 0.3m 左右，再关节流阀。

(5) 打开环形防喷器。

(6) 观察记录套管压力和钻井液增量。

(7) 向有关人员和机构汇报，研究压井措施。

15.6.1.4 空井时发生溢流

(1) 发出信号，通知当班人员。

(2) 在有条件下钻时，应立即组织强行下钻，但不要下钻头和钻铤，争取多下。如无条件下钻，应立即关井。

(3) 关防喷器：如果已下入钻具，应先关环形防喷器，后关与井内管具相符的半封闸板防喷器。如果未下入钻具，应先关环形防喷器，后关全封闸板防喷器。

(4) 关节流阀，试关井。井口压力不许超过允许压力，否则，控制压力放喷。

(5) 打开环形防喷器。

(6) 观察记录套管压力和钻井液增量。

(7) 向有关人员和机构汇报，研究压井措施。

15.6.1.5 测井时发生溢流

如果井口有电缆，虽然发生溢流，但并没有立刻发生井喷的危险，应争取把电缆起出。如果有立刻井喷的危险，需要关井，只能关环形防喷器，不能关全封闸板防喷器。如果环形防喷器失效，而必须关全封闸板防喷器，应果断地切断电缆，然后再关井。关井后，套管压力会继续上升，有可能超过地层破裂压力、套管抗张力或井控装置试验压力中的最薄弱者，所以当井口压力接近允许压力时，必须打开节流阀降压。

15.6.2 压井

15.6.2.1 溢流关井后的三种情况

溢流关井后有以下三种情况：

(1) 立管压力和套管压力均为零，说明井内液柱压力能够平衡地层压力，钻井液受油气侵污染不严重，采用开井循环，放掉被污染钻井液。

(2) 立管压力为零而套管压力不为零，说明钻井液液柱压力能够平衡地层压力，只是环空的钻井液受污染较严重。这时必须关防喷器，通过节流循环，控制立管压力不变，排除环空受污染的钻井液。循环一周后停泵、关井，立压和套压应均为零。此时，应将钻井液密度适当提高，使井底压力稍大于地层压力，然后恢复正常作业。

（3）关井时立管压力和套管压力均不为零，说明地层压力大于井内的钻井液液柱压力，必须提高钻井液密度压井。

15.6.2.2 常用的压井方法

1. 工程师法

（1）根据关井后的立管压力和套管压力以及钻井液的溢流量，计算压井需要的各种数据，并按要求备足高密度钻井液。

（2）依设备条件和井内情况选定压井排量，一般为正常钻进排量的 1/3～1/2。

（3）注入高密度钻井液。

（4）继续循环，高密度钻井液从环形空间上返，调节节流阀，控制立管压力，保持高密度钻井液到达钻头时的循环立管总压力不变。

2. 司钻法

（1）计算压井需要的各种数据，按要求备足高密度钻井液。

（2）第一循环周，将被污染的钻井液排出。

（3）第二循环周应将高密度钻井液注入井中，把井压稳。

3. 边循环边加重法

只有在下列情况下，用边循环边加重压井法压井。

（1）未安装井控装置。

（2）虽然安装了井控装置，但表层套管下得太少，不敢关井，只能导流放喷。

（3）虽然安装了井控装置，也有足够的套管深度，但由于检查不周或操作失误，控制失灵。

4. 反循环法

反循环法压井就是在关井的条件下，从压井管线向环空注入钻井液，迫使地层流体从钻柱内返出。排出溢流的时间大约为正循环法的 1/5～1/3。

反循环法压井必须具备如下条件：

（1）钻柱在套管内，或裸眼井段很短。

（2）要有完善的井口装置。

（3）要有清洁的压井液。

15.6.2.3 特殊情况下的压井方法

1. 空井时的压井

1）替换法

空井情况下发生溢流或井涌，不能再将钻具下入井内时应立即关井，测出井口压力，然后用替换法将井内溢流排出。首先确定允许的套压升高值。当关井后，气体上移，套压增至某一允许值后，应打开节流阀泄压，放出一定量的钻井液，然后关井，但此时应保持一定的套压和液柱压力压稳地层。关井后，气体又继续上升，套压再次升高，再打开节流阀泄压。在关井套压不变的情况下，放出的钻井液量就是气体的膨胀量。但在泄压中，由于井内液体的排出，降低了液柱压力，为了弥补这一部分损失，必须相应地提高套管压力。重复上述操作，一直到气体上升到井口为止。气体上升到井口之后，通过小排量将钻井液泵入井内，使套压升高到某一预定值后，立即停泵，待钻井液沉落后再释放气体，使套压降低值等于注入钻井液所产生的液柱压力。重复上述操作，直到井内充满钻井液为止。

2) 回压法

回压法压井即开始压井时即采用向井内注入钻井液的办法，将气体或气侵钻井液压回地层。此法仅适用于空井发生溢流或井涌的初期，天然气进入井内不多，上升不高，而且套管较深，裸眼较短，产层具有一定的渗透性，才能较容易把气体压回地层。

2. 井内钻井液喷空时的压井

钻井液喷完后，只能用关井平稳后的井口压力加气柱压力来计算地层压力；如果无条件关井，只能用邻井压力资料进行推算，然后依据地层压力来确定压井钻井液密度；如果井内有钻具而又不能完全关井，可控制一定的井口回压，将压井液替入井内，随着液柱的增高，到达某一井深时，井口回压与液柱压力之和足以平衡地层压力。

3. 喷漏并存的压井

在一个裸眼井段内，可能有喷层和漏层同时存在。压力稍小则喷，压力稍大则漏，可分为上喷下漏、下喷上漏、同层又喷又漏。

1) 上喷下漏的处理

(1) 立即停止循环，间歇定时定量反灌钻井液，以降低漏速，尽可能维持一定液面来保证井内液柱压力略大于高压层的地层压力，反灌钻井液密度应稍低于原浆密度。

(2) 从钻杆内注入低密度的堵漏钻井液，当漏层堵住后，建立起循环来，井喷也就停止了。

(3) 如井内没有钻井液而发生了井喷，从钻杆内注入堵漏钻井液，当漏层堵住后，井口压力会上升，此时可按正常程序压井。

2) 下喷上漏的处理

(1) 若知漏层位置，可起钻至漏层以上，注入堵漏钻井液堵漏。

(2) 若喷、漏层相距甚远，可注入高密度钻井液于喷层以上漏层以下井段，平衡地层压力，先止喷，然后起钻至漏层位置，再堵漏。

(3) 在喷层以上注水泥塞或重晶石塞，将喷漏层隔开，先堵漏，再治喷，但这样做，危险性很大，溢流将水泥浆顶至钻头以上，很可能造成卡钻。

(4) 下套管固井。因为上部地层井漏，定时定量灌钻井液，保持一定液面。可以起出钻具，下入套管，先打高密度钻井液于喷漏层之间压井，然后注水泥固井。最好在喷、漏层之间的套管串上带上管外封隔器，在固井碰压的同时撑开管外封隔器，保证喷层以上的封固质量。

3) 同层又喷又漏的处理

同层又喷又漏多发生在裂缝、孔洞发育的地层，这种地层对井底压力的变化十分敏感，井底压力略大则漏，略小则喷。

(1) 定时反灌一定量的钻井液，维持低压头下的漏失，起钻，然后下光钻杆堵漏。

(2) 遇到大溶洞，无法堵漏时，可用清水边漏边钻，或用泡沫钻井液维持平衡钻进，钻过漏层后，下套管固井，漏层以上用管外封隔器封堵，使水泥浆从封隔器以上上返。

15.6.3 压井过程中异常情况的判断与处理

15.6.3.1 压井过程中发生井漏

在压井排出溢流的过程中，裸眼井段的地层可能被压漏，此时立管压力和套管压力均

要下降,已不可能用控制地面压力的方法进行压井作业,此时的处理办法是:

(1) 发现小漏,可适当地减小压井排量,适当地降低压井钻井液密度,继续施工。

(2) 如发现大漏,可以起钻至适当位置,再循环钻井液,如漏,再起,再试循环,一直起到能建立起循环的井深为止,调整好钻井液性能,再分段下钻循环,将井压稳。

(3) 压井过程发生的井漏,基本上是下喷上漏,或者是同层先喷后漏,可按前 15.6.2.3 中的方法进行处理。

15.6.3.2 钻具断落

在压井过程中钻具断落,则循环立管压力下降。若溢流层在断点以下,则排除溢流时套压稳定不变。此时必须注入高密度钻井液压井,使井底压力平衡地层压力,或等地层流体污染的钻井液自动上升至断点以上,再排除溢流。若溢流层在断点以上,可继续压井,排除溢流,再按关井立管压力计算压井有关数据,第二次进行压井,使断点以上液柱压力与断点以下液柱压力之和略大于地层压力。

15.6.3.3 钻具刺漏

若钻具刺漏,则循环立管压力下降,形成短路循环,按原来的计划步骤压井,达不到应有的效果。在这种情况下,首先要用测定循环周的方法大致计算钻具刺漏位置,然后再按钻具断落情况进行压井。在条件许可时也可用回压法压井,即用高密度钻井液从环空将溢流挤回地层。

15.6.3.4 钻头水眼堵塞

部分钻头水眼堵塞,泵压上升,尚能维持循环,可以降低排量循环,或改用水泥车提高压力循环。正循环不可能时可以用反循环解堵,但要控制环空压力不能超过允许压力。如钻柱上未接回压阀,钻柱内也不外溢,可下定向炸弹至钻头,炸掉钻头水眼,或炸裂下部钻铤,或者下射孔枪在最下部钻杆上射孔,建立一条循环通路。

15.6.4 井喷失控的处理

井喷失控有两种现象:一种是地下井喷,即上吐下泻或下吐上泻,按喷漏并存的压井方法进行压井;另一种是井口装置或井控管汇失去控制,或者是根本没有井控装置,或者是地层破裂,油气流不走环空而从套管外喷出,在这种情况下就根本无法控制溢流,造成地面失控井喷。

井喷失控后的处理方法和总的思路是如何控制井口和保护人员和设备,争取把损失降到最低限度。井喷失控的处理原则是:

(1) 立即成立现场抢险组织,严格实行统一指挥。
(2) 划定危险区。
(3) 保护井口。
(4) 尽一切努力防止着火。
(5) 根据井喷失控的不同情况,采取不同的措施压井。

15.6.5 井喷失控着火处理

(1) 保护井口。由钻井四通向井内注水,并向井口装置喷水,这样可以冷却和保护井口装置。若水源不足,可在井口周围拦坝蓄水,将井口淹没,并创造循环冷却的条件,达到保护井口的目的。

(2) 清除障碍,暴露井口。清除井口周围障碍物,使燃烧的喷流集中向上,为灭火和换装井口创造条件。拆除设备时可采用长臂吊车,整体吊离,吊车要放在上风方向。清障中应有专人指挥作业。未着火的失控井，在清除障碍时，要防止产生火花。防止的方法有：①大量喷水；②用水力切割，不用氧炔焰切割；③工具要使用铜制工具，如铜撬杠、铜榔头等。对于含有毒气的井，如含量高、毒性强，而又无法进行有效的控制，为避免人身伤亡，可考虑点火，以减少可能产生的后果。

（3）灭火。井口暴露后，为安全换装井口，必须将大火扑灭，油气井灭火一般常用的有以下几种方法。

① 密集水流法：灭火能力较小，仅适用于小产量喷流，集中向上的失控井。

② 突然改变喷流方向灭火法：在注入和喷射水流的同时，突然改变喷流的方向，使喷流与火焰瞬时中断而灭火。此法的灭火能力也有限，只适用于中等以下产层，喷流集中于某一方向的失控井。

③ 空中爆炸灭火法：将炸药放在火焰下面，利用爆炸时产生的冲击波和二氧化碳等废气隔绝空气熄灭火焰。爆炸的规模要严格控制，使之既能灭火又不至于破坏井口装置。

④ 快速灭火剂综合灭火法：将液体灭火剂经防喷器四通注入井口，使之与油气喷流混合，同时又向井口装置喷射干粉灭火剂包围火焰，在内外灭火剂综合作用下达到灭火的目的。另外还有干粉灭火剂灭火。灭火时，粉末表面与火焰接触，使燃烧连锁中断，达到灭火的目的。

⑤ 罩式综合灭火法：就是在着火的井口上套上一个钢制罩子，以阻断氧源，达到灭火的目的。

（4）拆除旧井口并抢装新井口。在清障和灭火工作完成后，即着手拆除已损坏旧井口（一部或全部），抢换新井口。

（5）压井。新井口安装后，如井内有管柱，可按正常方法压井。如井内无管柱或管柱已断落于井中，用回压法或替换法压井。如井口不能承受那么高的压力，用不压井起下管柱的方法使井下恢复正常，然后压井。

16 钻井常用数据与计算

16.1 常用计量单位及换算

常用计量单位及换算见表 16–1。

表 16–1 常用计量单位及换算

量名	法定计量单位		非法定计量单位		换算关系式
	名称	符号	名称	符号	
长度	米	m	英尺	ft	1ft ＝ 12in 1 ft ＝ 0.3048m 1in ＝ 25.4mm 1n mile=1852m 1mile ＝ 1609.344m 1yd ＝ 3ft ＝ 0.9144m
	分米	dm	英寸	in	
	厘米	cm	码	yd	
	毫米	mm	英里	mile	
	微米	μm	（市）里		
	千米（公里）	km	丈		
	海里（国际）	n mile	尺		
			寸		
面积	平方千米	km^2	平方英尺	ft^2	$1yd^2$ ＝ 9 ft^2 1 ft^2 ＝ 144 in^2 $1yd^2$ ＝ 0.83612736m^2 1 ft^2 ＝ 0.09290304 m^2 1 in^2 ＝ 0.00064516 m^2 1 hm^2 ＝ 10000 m^2 1 亩＝ 60 平方丈＝ 666.67 m^2 1 hm^2 ＝ 15 亩
	平方米	m^2	平方英寸	in^2	
	平方分米	dm^2	平方码	yd^2	
	平方厘米	cm^2	平方英里	$mile^2$	
	平方毫米	mm^2	亩		
	平方微米	μm^2	（市）分		
	公顷	hm^2	（市）厘		
体积	立方米	m^3	立方英寸	in^3	1bbl(美) ＝ 158.9873L 1gal(美) ＝ 3.785L 1 yd^3 ＝ 0.7645549m^3 1bbl(英) ＝ 163.654L 1gal(英) ＝ 4.546L 1 ft^3 ＝ 28.32L
	立方分米	L(l)	立方英尺	ft^3	
	立方厘米	dm^3	立方码	yd^3	
	立方毫米	cm^3	（英）加仑	gal(英)	
	升	mm^3	（美）加仑	gal(美)	
	毫升	mL(ml)	（英）桶	bbl(英)	
			（美）桶	bbl(美)	
质量	吨	t	磅	lb	1 lb ＝ 0.45359237kg 1 t ＝ 2205 lb 1 oz ＝ 1/16 lb=28.35g 1 metric carat ＝ 200mg
	千克（公斤）	kg	盎司	oz	
	克	g	[米制]克拉	metric carat	
	毫克	mg			

续表

量名	法定计量单位		非法定计量单位		换算关系式
	名称	符号	名称	符号	
力	兆牛[顿]	MN	千克力	kgf	1 dyn=0.00001N
	千牛[顿]	kN	磅力	lbf	1 kgf=9.80665N
	牛[顿]	N	达因	dyn	1 lbf=4.448222N
压力	兆帕[斯卡]	MPa	磅力每平方英寸	lbf/in²	1 lbf/in² = 6894.757 Pa
	千帕[斯卡]	kPa	千克力每平方厘米	kgf/cm²	1 atm = 101325 Pa
	帕[斯卡]	Pa	巴	bar	1 atm = 760mmHg
	毫帕[斯卡]	mPa	工程大气压	at	1 atm = 10.332mmH$_2$O
			标准大气压	atm	1 at = 1 kgf/cm²
			毫米汞柱	mmHg	1 bar = 0.1MPa
			毫米水柱	mmH$_2$O	1 kgf/cm² = 98.0665 kPa
力矩	牛[顿]米	N·m	磅英尺	lbf·ft	1 lbf·ft=1.355838 N·m
	千牛[顿]米	kN·m	千克力米	kgf·m	1 kgf·m=9.8 N·m
	兆牛[顿]米	MN·m			1 kN·m=102 kgf·m
体积流量	立方米每天	m³/d	石油桶每天	bbl/d	
	立方米每时	m³/h	石油桶每小时	bbl/h	1ft³/min = 0.472 L/s
	立方米每秒	m³/s	立方英尺每天	ft³/d	1m³/h = 0.2778 L/s
	升每分	L/min	（英）加仑每分	gal/min(英)	1gal(英)/min = 0.0758682 L/s
	升每秒	L/s	（美）加仑每分	gal/min(美)	1gal(美)/min = 0.063166 L/s
体积密度	千克每立方米	kg/m³	磅每立方英尺	lb/ft³	1 lb/ft³ = 0.01602 g/cm³
	克每立方厘米	g/cm³	磅每立方英寸	lb/in³	1 lb/in³ = 27.6803 g/cm³
	吨每立方米	t/m³	磅每（英）加仑	lb/gal(英)	1 lb/gal(英) = 0.0997763g/cm³
	千克每升	kg/L	磅每（美）加仑	lb/gal(美)	1 lb/sgal(美) = 0.119826 g/cm³
渗透率	平方米	m²			
	平方微米	μm²			1 D = 1 μm²
	达西	D			
	毫达西	mD			
功率	兆瓦[特]	MW	千克力米每秒	kgf·m/s	1hp = 745.7 W
	千瓦[特]	kW	马力	hp	1metric hp = 75 kgf·m/s
	瓦[特]	W	（米制）马力	metric hp	= 735.499 W
	毫瓦[特]	mW			
温度	开（尔文）	K	华氏度	°F	t°F = (9/5) × t℃ +32
	摄氏度	℃			tK = t℃ +273.15
					tK = (5/9) × (t°F +459.67)
动力粘度	帕[斯卡]·秒	Pa·s	泊	P	1 P = 0.1 Pa·s
	毫帕[斯卡]·秒	mPa·s	厘泊	cP	1 mPa·s = 1cP

16.2 常用物质密度

常用物质密度见表16-2。

表16-2 常用物质密度

名 称	密 度, g/cm^3	名 称	密 度, g/cm^3
水	1.00	海 水	1.026
空 气	0.00129	硫 磺	2.07
天然气	0.000603	氯化钠	2.17
硫化氢	0.0011906	酒 精	0.79
橡 胶	0.93	石 油	0.84~0.86
硬橡胶	1.80	汽 油	0.70~0.75
纯 碱	2.53	煤 油	0.78~0.82
烧 碱	2.13	柴 油	0.86~0.87
丹 宁	1.69	机 油	0.90~0.91
氯化钙	2.50	硝酸 (100%)	1.513
干 砂	1.4~1.6	硫酸 (100%)	1.83
泥 岩	1.5~2.0	盐酸 (40%)	1.20
页 岩	1.9~2.6	氢氟酸 (40%)	1.11~1.13
砂 岩	2.0~2.7	甘 油	1.26
灰 岩	2.6~2.8	汞	13.559
水 泥	3.15	凝析油	0.68~0.79
重晶石	4.0~4.5	氢氧化钙	2.348
钢	7.85	石 膏	2.96
铅	11.3~11.9	褐 煤	1.20~1.40
铝	2.77	核桃壳	1.30
黄 铜	8.5~8.6	硅 粉	2.67
水玻璃	2~2.4	玻 璃	2.53
粘 土	1.6~2.9	硅藻土	2.10
枕 木	0.522	砖	2.20
杉 木	0.29	生石灰	2.8~3.4

16.3 常用容积

常用容积见表 16-3。

表 16-3 常用容积

井眼		用于相应井眼的套管						
尺寸 in (mm)	井筒容积 L/m	尺寸×壁厚 in×mm	开口排代量 L/m	闭口排代量 L/m	套管内容积 L/m	环空容积		
						套管—钻杆 钻杆尺寸×环空容积 in×L/m	套管—钻铤 钻铤外径×环空容积 (套管壁厚) in×L/m (mm)	套管—井眼 环空容积 L/m
26 (660.4)	342.53	20×12.70	25.20	202.96	182.92	5×169.60	9×141.88 8×150.49	139.57
17 1/2 (445.5)	155.18	13 3/8×12.19	12.72	90.65	78.08	5×64.80	9×37.04(12.19) 9×38.33(10.92) 9×39.59(9.65) 8×45.65(12.19) 8×46.94(10.92) 8×48.20(9.65)	64.40
		13 3/8×10.92	11.28	90.65	79.37	5×66.10		
		13 3/8×9.65	10.01	90.65	80.63	5×67.30		
12 1/4 (331.2)	76.04	9 5/8×13.84	10.18	47.10	36.92	5×23.60	6 1/4×17.13	28.94
		9 5/8×11.99	8.91	47.10	38.19	5×24.90	6 1/4×18.40	
9 1/2 (241.3)	45.73	7×12.65	6.61	24.88	18.27	3 1/2×11.80	4 3/4×6.84	20.9*
		7×11.51	6.06	24.88	18.82	3 1/2×12.30	4 3/4×7.39	
		7×10.36	6.06	24.88	19.38	3 1/2×12.90	4 3/4×7.95	
8 1/2 (215.9)	36.61	7×12.65	6.61	24.88	18.27	3 1/2×11.80	4 3/4×6.84	11.73
		7×11.51	6.06	24.88	18.82	3 1/2×12.30	4 3/4×7.39	
		7×10.36	6.06	24.88	19.38	3 1/2×12.90	4 3/4×7.95	
		5 1/2×6.98	2.92	15.33	12.41	2 3/8×9.40	3 1/2×6.20	21.25
		5 1/2×9.17	3.75	15.33	11.58	2 3/8×8.60	3 1/2×5.37	
8 3/8 (212.7)	35.54	7×12.65	6.61	24.88	18.27	3 1/2×11.80	4 3/4×6.84	10.66
		7×11.51	6.06	24.88	18.82	3 1/2×12.30	4 3/4×7.39	
		7×10.36	6.06	24.88	19.38	3 1/2×12.90	4 3/4×7.95	
6 (152.4)	18.24	5×9.19	3.43	12.69	9.26	2 3/8×6.30	3 1/2×3.05	5.55
5 7/8 (149.2)	17.49	5×9.19	3.43	12.69	9.26	2 3/8×6.30	3 1/2×3.05	4.80

续表

井眼尺寸 in (mm)	用于相应井的钻具									
	钻杆					钻铤				
	外径×内径 in×mm	开口排代量 L/m	闭口排代量 L/m	内容积 L/m	钻杆—井眼环空容积 L/m	外径×内径 in×mm	开口排代量 L/m	闭口排代量 L/m	内容积 L/m	钻铤—井眼环空容积 L/m
26 (660.4)	5×76.20	9.36	13.97	4.61	329.10	9×76.20	36.48	41.04	4.56	301.40
	5×108.62	4.19	13.35	9.16	329.10	8×71.44	28.42	32.43	4.01	310.00
17 1/2 (445.5)	5×76.20	9.36	13.97	4.61	141.90	9×76.20	36.48	41.04	4.56	114.20
	5×108.62	4.19	13.35	9.16	141.90	8×71.44	28.42	32.43	4.01	122.80
12 1/4 (331.2)	5×76.20	9.36	13.97	4.61	62.70	9×76.20	36.48	41.04	4.56	35.00
	5×108.62	4.19	13.35	9.16	62.70	8×71.44	28.42	32.43	4.01	43.60
9 1/2 (241.3)	5×76.20	9.36	13.97	4.61	33.06*	7×71.44	20.82	24.83	4.01	20.90*
	5×108.62	4.19	13.35	9.16	33.06*	6 1/4×71.44	15.78	19.79	4.01	25.94*
8 1/2 (215.9)	5×76.20	9.36	13.97	4.61	23.30	6 1/4×71.44	15.78	19.79	4.01	16.80
	5×108.62	4.19	13.35	9.16	23.30					
8 3/8 (212.7)	5×76.20	9.36	13.97	4.61	22.20	6 1/4×71.44	15.78	19.79	4.01	15.70
	5×108.62	4.19	13.35	9.16	22.20					
6 (152.4)	3 1/2×52.40	4.81	7.00	2.19	11.70	4 3/4×57.15	8.86	11.43	2.57	6.80
	3 1/2×70.20	2.83	6.70	3.87	11.70					
5 7/8 (149.2)	3 1/2×52.40	4.81	7.00	2.19	11.00	4 3/4×57.15	8.86	11.43	2.57	6.10
	3 1/2×70.20	2.83	6.70	3.87	11.00					

注：① 表中所列钻铤均为圆钻铤；
② 表中注有"*"的数据未考虑接箍、接头的影响；
③ 外径为5in（127mm），内径为76.20mm的钻杆为加重钻杆；
④ 外径为3 1/2 in（88.9mm），内径为52.40mm的钻杆为加重钻杆。

16.4 钻井液主要性能参数、单位及计算公式

钻井液主要性能参数、单位及计算公式见表16-4。

表 16-4　钻井液主要性能参数、单位及计算公式

序号	性能名称	代号	单位	计算公式
1	密度	D（或 ρ）	g/cm³	
2	漏斗粘度	μ_{FV}	s	
3	表观粘度	μ_{AV}	mPa·s	$\phi_{600}/2$
4	塑性粘度	μ_{PV}	mPa·s	$\phi_{600}-\phi_{300}$
5	动切力	τ_{YP}	Pa	$0.5(2\phi_{300}-\phi_{600})$
6	静切力	τ_{GELS}	Pa	$\phi_3/2$
7	流性指数	n		$3.32\log(\phi_{600}/\phi_{300})$
8	稠度系数	K	Pa·s^n	$0.5\phi_{300}/511^n$
9	滤失量	FL	mL	
10	高温高压滤失量	FL_{HTP}	mL	注明压差和温度
11	滤饼厚度	C_k	mm	
12	摩阻系数	K_f		
13	固相含量	c_m	%	
14	含砂量	c_s	%	
15	膨润土含量	c_b	g/L	$14.3\times(V_{亚甲蓝}/V_{钻井液})$
16	pH			
17	油水比	R_{ow}	%	
18	钻井液碱度	P_m	mL/mL	
19	滤液碱度	P_f	mL/mL	
		M_f	mL/mL	
20	氯根含量	$c[Cl^-]$	mg/L	
21	钙离子含量	$c[Ca^{2+}]$	mg/L	
22	钾离子含量	$c[K^+]$	mg/L	

16.5　钻井液配制计算

16.5.1　配制钻井液所需膨润土量计算

配制钻井液所需膨润土的计算公式如下：

$$W_{土} = \frac{\rho_{土}V(\rho - \rho_{水})}{\rho_{土} - \rho_{水}} \qquad (16-1)$$

式中　$W_{土}$——膨润土质量，t；
　　　V——钻井液量，m³；
　　　$\rho_{水}$——水的密度，t/m³；
　　　$\rho_{土}$——膨润土密度，t/m³；
　　　ρ——钻井液密度，t/m³。

16.5.2　配制钻井液所需水量计算

配制钻井液所需水量的计算公式如下：

$$Q_{水} = V - \frac{W_{土}}{\rho_{土}} \qquad (16-2)$$

式中　$W_{土}$——膨润土质量，t；
　　　V——钻井液量，m³；
　　　$Q_{水}$——所需水量，m³；
　　　$\rho_{土}$——膨润土密度，t/m³。

16.5.3　降低钻井液密度时加水量计算

降低钻井液密度时加水量的计算公式如下：

$$Q = \frac{V_{原}(\rho_{原} - \rho_{稀})}{\rho_{稀} - \rho_{水}} \qquad (16-3)$$

式中　Q——所需水量，m³；
　　　$V_{原}$——原钻井液体积，m³；
　　　$\rho_{原}$——原钻井液密度，t/m³；
　　　$\rho_{稀}$——稀释后钻井液密度，t/m³；
　　　$\rho_{水}$——水密度，t/m³。

16.5.4　钻井液加重剂用量计算

钻井液加重剂用量的计算公式如下：

$$W_{加} = \frac{\rho_{加}V_{原}(\rho_{重} - \rho_{原})}{\rho_{加} - \rho_{重}} \qquad (16-4)$$

式中　$W_{加}$——加重剂用量，t；
　　　$V_{原}$——加重前钻井液体积，m³；
　　　$\rho_{原}$——加重前钻井液密度，t/m³；
　　　$\rho_{重}$——加重后钻井液密度，t/m³；
　　　$\rho_{加}$——加重剂密度，t/m³。

16.5.5　重晶石加重钻井液用量速查表

重晶石加重钻井液用量速查表见表16-5。

16 钻井常用数据与计算

表 16-5 加重 1m³ 钻井液所需重晶石用量

所需钻井液密度及重晶石加量（用密度 4.2g/cm³ 的重晶石加重），kg

原钻井液密度,g/cm³	1.05	1.10	1.15	1.20	1.25	1.30	1.35	1.40	1.45	1.50	1.55	1.60	1.65	1.70	1.75	1.80	1.85	1.90	1.95	2.00	2.05	2.10	2.15	2.20	2.25	2.30	2.35	2.40	2.45	2.50
1.00	67	135	207	280	356	434	516	600	687	778	872	969	1071	1176	1286	1400	1519	1643	1773	1909	2051	2200	2356	2520	2692	2874	3065	3267	3480	3706
1.05		68	138	210	285	362	442	525	611	700	792	888	988	1092	1200	1313	1430	1552	1680	1814	1953	2100	2254	2415	2585	2763	2951	3150	3360	3582
1.10			69	140	214	290	368	450	535	622	713	808	906	1008	1114	1225	1340	1461	1587	1718	1856	2000	2151	2310	2477	2653	2838	3033	3240	3459
1.15				70	142	217	295	375	458	544	634	727	824	924	1029	1138	1251	1370	1493	1623	1758	1900	2049	2205	2369	2542	2724	2917	3120	3335
1.20					71	145	221	300	382	467	555	646	741	840	943	1050	1162	1278	1400	1527	1660	1800	1946	2100	2262	2432	2611	2800	3000	3212
1.25						72	147	225	305	389	475	565	659	756	857	963	1072	1187	1307	1432	1563	1700	1844	1995	2154	2321	2497	2683	2880	3088
1.30							74	150	229	311	396	485	576	672	771	875	983	1096	1213	1336	1465	1600	1741	1890	2046	2211	2384	2567	2760	2965
1.35								75	153	233	317	404	494	588	686	788	894	1004	1120	1241	1367	1500	1639	1785	1938	2100	2270	2450	2640	2841
1.40									76	156	238	323	412	504	600	700	804	913	1027	1145	1270	1400	1537	1680	1831	1989	2157	2333	2520	2718
1.45										78	158	242	329	420	514	613	715	822	933	1050	1172	1300	1434	1575	1723	1879	2043	2217	2400	2594
1.50											79	162	247	336	429	525	626	730	840	955	1074	1200	1332	1470	1615	1768	1930	2100	2280	2471
1.55												81	165	252	343	438	536	639	747	859	977	1100	1229	1365	1508	1658	1816	1983	2160	2347
1.60													82	168	257	350	447	548	653	764	879	1000	1127	1260	1400	1547	1703	1867	2040	2224
1.65														84	171	263	357	457	560	668	781	900	1024	1155	1292	1437	1589	1750	1920	2100
1.70															86	175	268	365	467	573	684	800	922	1050	1185	1326	1476	1633	1800	1976
1.75																88	179	274	373	477	586	700	820	945	1077	1216	1362	1517	1680	1853
1.80																	89	183	280	382	488	600	717	840	969	1105	1249	1400	1560	1729
1.85																		91	187	286	391	500	615	735	862	995	1135	1283	1440	1606
1.90																			93	191	293	400	512	630	754	884	1022	1167	1320	1482
1.95																				95	195	300	410	525	646	774	908	1050	1200	1359
2.00																					98	200	307	420	538	663	795	933	1080	1235
2.05																						100	205	315	431	553	681	817	960	1112
2.10																							102	210	323	442	568	700	840	988
2.15																								105	215	332	454	583	720	865
2.20																									108	221	341	467	600	741
2.25																										111	227	350	480	618
2.30																											114	233	360	494
2.35																												117	240	371
2.40																													120	247
2.45																														124
2.50																														

16.6 循环压耗计算

16.6.1 钻井液环空上返速度计算

钻井液环空上返速度的计算公式如下：

$$v_a = 12.732 \frac{Q}{D_{井}^2 - d_{柱}^2} \tag{16-5}$$

式中 v_a——钻井液环空上返速度，m/s；

$D_{井}$——钻头直径，cm；

$d_{柱}$——钻柱外径（钻杆外流速用钻杆外径，钻铤外流速用钻铤外径），cm；

Q——钻井液排量，L/s。

16.6.2 环空流态的判断

（1）宾汉流体：

$$v_{cr} = \frac{30.864\mu_{pv} + \left[(30.864\mu_{pv})^2 \times 123.5\tau_{yp}\rho_d(d_h - d_p)^2\right]^{0.5}}{24\rho_d(d_h - d_p)} \tag{16-6}$$

$$R_e = \frac{9800(d_h - d_p)v_a^2\rho_d}{\tau_{yp}(d_h - d_p) + 12v_a\mu_{pv}} \tag{16-7}$$

式中 v_{cr}——临界流速，m/s；

v_a——钻杆外钻井液环空返速，m/s；

τ_{yp}——动切力，Pa；

μ_{pv}——塑性粘度，mPa·s；

d_h——井眼直径，mm；

d_p——钻杆外径，mm；

ρ_d——钻井液密度，g/cm³；

R_e——雷诺数。

$v_a \geq v_{cr}$ 或 $R_e \geq 2100$ 为紊流，$v_a < v_{cr}$ 或 $R_e < 2100$ 为层流。

（2）幂律流体：

$$v_{cr} = 0.00508\left[\frac{2.04 \times 10^4 \times n^{0.387}K}{\rho_d}\left(\frac{25.4}{d_h - d_p}\right)^n\right]^{\frac{1}{2-n}} \tag{16-8}$$

$$Z = 808\left(\frac{v_a}{v_{cr}}\right)^{2-n} \tag{16-9}$$

$v_a \geq v_{cr}$ 或 $Z \geq 808$ 为紊流，$v_a < v_{cr}$ 或 $Z < 808$ 为层流。

式中 v_{cr}——临界流速，m/s；

v_a——钻杆外钻井液环空返速，m/s；

n——流性指数；

K——稠度系数，$Pa·s^n$；

d_h——井眼直径，mm；

d_p——钻杆外径，mm；

ρ_d——钻井液密度，g/cm^3；

Z——钻井液流态指示值。

16.6.3　地面管汇压力损耗计算

（1）宾汉流体：

$$\Delta p_g = 3.767\times10^{-4}\mu_{pv}^{0.2}\rho_d^{0.8}Q^{1.8} \tag{16-10}$$

（2）幂律流体：

$$\Delta p_g = 8.09\times10^{-4}(\lg n+2.5)\rho_d\left\{\frac{4.088\times10^{-3}K}{\rho_d}\left[\frac{4.093(3n+1)}{n}\right]^n\right\}^{(1.4-\lg n)/7} \times Q^{[14+(n-2)(1.4-\lg n)]/7} \tag{16-11}$$

式中　Δp_g—— 地面管汇压力损耗，MPa；

ρ_d—— 钻井液密度，g/cm^3；

Q—— 钻井液流量，L/s；

n—— 流性指数；

k—— 稠度系数，$Pa·s^n$；

μ_{pv}—— 塑性粘度，mPa·s。

16.6.4　管内循环压力损耗计算

（1）宾汉流体：

$$\Delta p_i = \frac{7628}{d_i^{4.8}}\mu_{pv}^{0.2}L\rho_d^{0.8}Q^{1.8} \tag{16-12}$$

（2）幂律流体：

$$\Delta p_i = \frac{64846(\lg n+2.5)}{d_i^5}\cdot\rho_d\left\{\frac{7.71\times10^{-11}d_iK}{\rho_d}\left[\frac{2.546\times10^6(3n+1)}{nd_i^3}\right]^n\right\}^{(1.4-\lg n)/7} \times L\cdot Q^{[14+(n-2)(1.4-\lg n)]/7} \tag{16-13}$$

式中　Δp_i—— 钻柱内循环压力损耗（计算钻杆时为钻杆内压耗，计算钻铤时为钻铤内压耗），MPa；

n—— 流性指数；

K—— 稠度系数，$Pa·s^n$；

μ_{pv}——塑性粘度，mPa·s；

d_i——钻柱内径（计算钻杆内压耗时为钻杆内径，计算钻铤内压耗时为钻铤内径），mm；

ρ_d——钻井液密度，g/cm^3；

L—— 钻柱长度（计算钻杆内压耗时为钻杆长度，计算钻铤内压耗时为钻铤长度），m；

Q—— 钻井液流量，L/s。

16.6.5 管外循环压力损耗计算

（1）宾汉流体。

①层流：

$$\Delta p_\mathrm{a} = \frac{61.1\mu_\mathrm{pv}LQ}{(d_\mathrm{h}-d_\mathrm{o})^3(d_\mathrm{h}+d_\mathrm{o})} + \frac{0.004\tau_\mathrm{py}L}{d_\mathrm{h}-d_\mathrm{o}} \tag{16-14}$$

②紊流：

$$\Delta p_\mathrm{a} = \frac{7628}{(d_\mathrm{h}-d_\mathrm{o})^3(d_\mathrm{h}+d_\mathrm{o})^{1.8}} \mu_\mathrm{pv}^{0.2}L\rho_\mathrm{d}^{0.8}Q^{1.8} \tag{16-15}$$

（2）幂律流体。

①层流：

$$\Delta p_\mathrm{a} = \frac{0.004K \cdot L}{(d_\mathrm{h}-d_\mathrm{o})}\left[\frac{5.09\times 10^6(2n-1)Q}{n(d_\mathrm{h}-d_\mathrm{o})^2(d_\mathrm{h}+d_\mathrm{o})}\right]^n \tag{16-16}$$

②紊流：

$$\Delta p_\mathrm{a} = \frac{79419(\lg n+2.5)\rho_\mathrm{d}L}{(d_\mathrm{h}-d_\mathrm{o})^3(d_\mathrm{h}+d_\mathrm{o})^2}\left\{\frac{6.2967\times 10^{-11}K \cdot (d_\mathrm{h}-d_\mathrm{o})^2(d_\mathrm{h}+d_\mathrm{o})^2}{\rho_\mathrm{d}}\right\}^{(1.4-\lg n)/7}$$

$$\times\left[\frac{5.09\times 10^6(2n-1)}{n(d_\mathrm{h}-d_\mathrm{o})^2(d_\mathrm{h}+d_\mathrm{o})}\right]^{n(1.4-\lg n)/7} \cdot LQ^{[14+(n-2)(1.4-\lg n)]/7} \tag{16-17}$$

式中 Δp_a——钻柱外循环压力损耗（计算钻杆时为钻杆外压耗，计算钻铤时为钻铤外压耗），MPa；

n——流性指数；

K——稠度系数，Pa·s^n；

μ_pv——塑性粘度，mPa·s；

d_h——井眼直径，mm；

d_o——钻柱外径（计算钻杆外压耗时为钻杆外径，计算钻铤外压耗时为钻铤外径），mm；

ρ_d——钻井液密度，g/cm^3；

L——钻柱长度（计算钻杆外压耗时为钻杆长度，计算钻铤外压耗时为钻铤长度），m；

Q——钻井液流量，L/s。

16.7 喷射钻井计算

16.7.1 射流喷射速度计算

射流喷射速度的一般计算公式如下：

$$v_0 = \frac{10Q}{A_0} \tag{16–18}$$

(1) 对相同直径喷嘴：

$$A_0 = \frac{n\pi}{4} d_0^2 \tag{16–19}$$

则

$$v_0 = \frac{12.73Q}{nd_0^2} \tag{16–20}$$

(2) 对不同直径喷嘴：

$$v_0 = \frac{12.73Q}{d_e^2} \tag{16–21}$$

式中 v_0——射流喷速，m/s；
Q——通过喷嘴的液体排量，L/s；
A_0——喷嘴出口总截面积，cm^2；
n——喷嘴个数；
d_0——相同喷嘴的直径，cm；
d_e——喷嘴当量直径，cm。

16.7.2 当量喷嘴直径计算

（1）等喷嘴直径时：

$$d_e = \sqrt{n} \cdot d_0 \tag{16–22}$$

（2）不等径喷嘴时：

$$d_e = \sqrt{d_1^2 + d_2^2 + d_3^2 + \cdots + d_n^2} \tag{16–23}$$

式中 n——喷嘴个数；
d_0——喷嘴直径，cm；
d_1，d_2，d_3，…，d_n——各不相等的喷嘴直径，cm。

16.7.3 射流冲击力计算

射流冲击力的计算公式如下：

$$F_j = 10\frac{\rho Q^2}{A_0} \tag{16–24}$$

式中 Q——钻井泵排量，L/s；
A_0——喷嘴出口总截面积，cm^2；
ρ——钻井液密度，g/cm^3；
F_j——射流冲击力，N。

16.7.4 钻头压力降计算

钻头压力降的计算公式如下:

$$p_b = 0.081 \frac{\rho Q^2}{C^2 d_e^4} \quad (16-25)$$

$$p_b = 0.05 \frac{\rho Q^2}{C^2 A_0^2} \quad (16-26)$$

式中 ρ ——钻井液密度,g/cm³;

Q ——钻井泵排量,L/s;

C ——喷嘴流量系数,喷射式钻头取 0.95,非喷射式钻头取 0.8;

d_e ——喷嘴当量直径,cm;

A_0 ——喷嘴总截面积,cm²;

p_b ——钻头压力降,MPa。

16.7.5 钻头水功率计算

钻头水功率的计算公式如下:

$$N_b = p_b \cdot Q \quad (16-27)$$

式中 p_b ——钻头压降,MPa;

Q ——钻井泵排量,L/s;

N_b ——钻头水功率,kW。

16.7.6 钻头比水功率计算

钻头比水功率的计算公式如下:

$$N_c = \frac{N_b}{0.785 D^2} \quad (16-28)$$

式中 N_b ——钻头水功率,W;

D ——钻头直径,mm;

N_c ——钻头比水功率,W/mm²。

16.7.7 设计钻头喷嘴总面积计算

设计钻头喷嘴总面积的计算公式如下:

$$A_0 = \left(\frac{0.05 \rho Q^2}{p_b} \right)^{0.5} \quad (16-29)$$

$$p_b = p_p - \Delta p_g - \Delta p_s$$

式中 ρ ——钻井液密度,g/cm³;

Q ——钻井泵排量,L/s;

A_0 ——喷嘴总截面积,cm²;

p_b ——钻头压力降,MPa;

p_p ——钻井泵工作泵压,MPa;

Δp_g ——地面管汇压力损耗,MPa;

Δp_s ——钻柱内外循环压力损耗,MPa。

16.8 地层压力计算

16.8.1 孔隙压力计算

孔隙压力的计算公式如下：

$$p_p = 9.807 \cdot W_f \cdot D_p \tag{16-30}$$

式中　W_f——地层流体平均密度，g/cm³；
　　　D_p——该点到地平面的垂直深度，m；
　　　p_p——孔隙压力，kPa。

16.8.2 静液柱压力计算

静液柱压力的计算公式如下：

$$p_h = 9.807 \rho H \tag{16-31}$$

式中　ρ——液体密度，g/cm³；
　　　H——液柱垂直高度，m；
　　　p_h——静液柱压力，kPa。

16.8.3 上覆岩层压力计算

上覆岩层压力的计算公式如下：

$$p_o = 9.807[(1-\phi) \cdot \rho_{rm} + \phi \rho] \cdot H \tag{16-32}$$

式中　H——垂直深度，m；
　　　ϕ——岩石孔隙度，%；
　　　ρ_{rm}——岩石基质的密度，g/cm³；
　　　ρ——岩石孔隙中流体密度，g/cm³；
　　　p_o——上覆岩层压力，kPa。

16.8.4 地层压力梯度计算

地层压力梯度的计算公式如下：

$$G = p_b/H \tag{16-33}$$

式中　p_b——地层压力，kPa；
　　　H——垂直深度，m；
　　　G——地层压力梯度，kPa/m。

16.8.5 地层破裂压力梯度计算

地层破裂压力梯度的计算公式如下：

$$G_f = p_f/H \tag{16-34}$$

$$p_f = p_h + p_{试} \tag{16-35}$$

式中　p_f——地层破裂压力，kPa；
　　　p_h——静液柱压力，kPa；
　　　$p_{试}$——地层破漏试验破裂时的立管压力，kPa；
　　　H——破裂地层的垂直深度，m；
　　　G_f——地层破裂压力梯度，kPa/m。

16.8.6 激动压力和抽汲压力计算

（1）层流情况下：

$$p_{\text{sw}} = \left[\frac{v}{D_{\text{h}} - D_{\text{p}}}\left(\frac{4(2n+1)}{n}\right)\right]^n \cdot \frac{0.04K \cdot L}{D_{\text{h}} - D_{\text{p}}} \qquad (16-36)$$

（2）紊流情况下：

$$p_{\text{sw}} = \frac{0.2f \cdot \rho \cdot L \cdot v^2}{D_{\text{h}} - D_{\text{p}}} \qquad (16-37)$$

式中　v——环空流速，cm/s；
　　　D_{p}——管子外径，cm；
　　　D_{h}——井眼直径，cm；
　　　n——流性指数，1；
　　　K——稠度系数，Pa.s^n；
　　　L——管柱长度，cm；
　　　ρ——钻井液密度，g/cm³；
　　　f——摩阻系数；
　　　p_{sw}——激动压力或抽汲压力，kPa。

（3）摩阻系数计算：

$$f = a / (Z^b) \qquad (16-38)$$
$$a = (\lg n + 3.93) / 50$$
$$b = (1.75 - \lg n) / 7$$

$$Z = \frac{\rho \cdot (D_{\text{h}} - D_{\text{p}})^n \cdot v^{2-n}}{12^{n-1} \cdot K \left(\frac{2n+1}{3n}\right)^n}$$

式中符号定义同式(16-37)。

16.8.7 dc 指数法预测地层压力的计算

dc 指数法预测地层压力的计算公式如下：

$$d = \frac{\lg\left(\dfrac{3.282}{NR}\right)}{\lg\left(\dfrac{0.0684W}{D}\right)} \qquad (16-39)$$

$$dc = d\frac{\rho_{\text{n}}}{\rho_{\text{m}}} = \frac{\lg\left(\dfrac{3.282}{NR}\right)}{\lg\left(\dfrac{0.0684W}{D}\right)} \cdot \frac{\rho_{\text{n}}}{\rho_{\text{m}}} \qquad (16-40)$$

$$dc_{\text{n}} = 10^{(aH+b)} \qquad (16-41)$$

式中　R——钻速，m/h；
　　　N——转盘转速，r/min；

W——钻压，kN；

D——钻头直径，mm；

d——钻压指数，即 d 指数；

ρ_n——正常压力层段地层水密度，g/cm³；

ρ_m——实际使用的钻井液密度，g/cm³。

dc_n——目标层深度为 H 的正常趋势线上的 dc 值；

H——目标层深度，m；

a——正常趋势线斜率，m^{-1}；

b——正常趋势线在 y 轴截距。

四种求地层压力梯度等效密度公式如下：

(1) 对数式：

$$\rho_p=0.911g(dc_n-dc)+1.98 \tag{16-42}$$

(2) 等效深度式：

$$\rho_p=\rho_n+(\rho_o-\rho_n)\frac{dc_n-dc}{a\cdot H_e} \tag{16-43}$$

(3) 反算式：

$$\rho_p=\frac{dc_n}{dc}\rho_n \tag{16-44}$$

(4) 伊顿式：

$$\rho_p=\rho_o+(\rho_o-\rho_n)\left(\frac{dc}{dc_n}\right)^{1.2} \tag{16-45}$$

式中 ρ_p——地层压力梯度等效密度，g/cm³；

ρ_o——上覆压力梯度等效密度，g/cm³；

ρ_n——正常地层压力梯度等效密度，g/cm³；

H_e——等效深度，m；

a——正常趋势线斜率，m^{-1}；

dc_n——目标层深度 H 处的正常趋势线 dc 指数值；

dc——实际计算的 dc 值。

16.9 压井计算

16.9.1 油气上窜速度计算（迟到时间法）

油气上窜速度的计算公式如下：

$$\mu=\frac{H_{油}-\dfrac{H_{钻头}}{t_{迟}}\cdot t}{t_{静}} \tag{16-46}$$

式中 μ—— 油气上窜速度，m/s；

$H_{油}$—— 油气层深度，m；

$H_{钻头}$—— 循环钻井液时钻头的深度，m；

$t_{迟}$——井深 [$H_{钻头}$] 处的迟到时间，min；

t——从开泵循环至见油气显示的时间，min；

$t_{静}$——井内钻井液静止时间，即上次停泵至本次开泵的时间，min。

16.9.2 井筒内钻井液量计算

井筒内钻井液量的计算公式如下：

$$V = \frac{\pi}{4} D^2 H \tag{16-47}$$

式中 V——井筒内钻井液量，m³；

D——井径，m；

H——井深，m。

16.9.3 钻井液循环时间计算

钻井液循环时间的计算公式如下：

$$T = \frac{V_{井} - V_{柱}}{60Q} \tag{16-48}$$

式中 $V_{井}$——井筒容积，L；

$V_{柱}$——钻柱体积，L；

Q——钻井液排量，L/s；

T——钻井液循环一周的时间，min。

16.9.4 关井立管压力计算

关井立管压力的计算公式如下：

$$p_d + p_{md} = p_p = p_a + p_{ma} \tag{16-49}$$

$$p_p = p_d + 9.807 p_m \cdot H \tag{16-50}$$

式中 p_{md}——钻柱内钻井液柱压力，kPa；

p_p——地层压力，kPa；

p_a——关井套管压力，kPa；

p_{ma}——环空内受侵钻井液柱压力，kPa；

p_d——关井立管压力，kPa。

ρ_m——钻井液密度，g/cm³；

H——垂直井深，m；

16.9.5 压井所需钻井液密度计算

压井所需钻井液密度的计算公式如下：

$$\rho_{ml} = \frac{0.102}{H}(p_p + p_e) \tag{16-51}$$

式中 p_p——地层流体压力，kPa；

p_e——安全附加压力，油井为 1500～3500kPa，气井为 3000～5000kPa；

H——井深，m；

ρ_{ml}——压井所需钻井液密度，g/cm³。

16.9.6 压井过程中循环时立管总压力计算

压井过程中循环时立管总压力的计算公式如下：

$$p_T = p_d + p_c + p_e \tag{16-52}$$

式中　p_d——关井立管压力，kPa；

　　　p_c——一定排量压井循环时钻柱内钻头水眼环形空间内流动阻力的循环压力，kPa；

　　　p_e——考虑平衡安全时的附加压力，kPa；

　　　p_T——立管总压力，kPa。

16.9.7　压井初始循环压力计算

压井初始循环压力的计算公式如下：

$$p_{Ti} = p_d + p_{ci} + p_e \tag{16-53}$$

式中　p_d——关井立管压力，kPa；

　　　p_e——附加压力值，kPa；

　　　p_{ci}——压井开始前不同排量循环时的立管压力，kPa；

　　　p_{Ti}——压井初始循环压力，kPa。

16.9.8　终了循环压力计算

终了循环压力的计算公式如下：

$$p_{cf} = \frac{\rho_{ml}}{\rho_m} \cdot p_{ci} = p_{Tf} \tag{16-54}$$

式中　ρ_{ml}——压井时所需钻井液密度，g/cm³；

　　　ρ_m——关井时钻柱内未气浸钻井液密度，g/cm³；

　　　p_{ci}——不同排量循环时立管压力，kPa；

　　　p_{Tf}——用 ρ_{ml} 钻井液循环终了时立管总压力，kPa；

　　　p_{cf}——终了循环压力，kPa。

16.10　卡钻事故处理相关计算

16.10.1　卡点深度计算

16.10.1.1　同一尺寸钻具卡点深度计算

同一尺寸钻具卡点深度的计算公式如下：

$$L = \frac{eEF}{10^3 P} = K \frac{e}{P} \tag{16-55}$$

$$K = \frac{EF}{10^3} \tag{16-56}$$

$$I = H - L$$

式中　L——卡点深度，m；

　　　e——钻具连续提升时平均伸长长度，cm；

　　　E——钢材弹性模量，低碳钢为 2.1×10^5 MPa，合金钢为 2.2×10^5 MPa；

　　　F——钻具管体截面积，cm²；

　　　P——钻具连续提升时平均拉力，kN；

　　　K——计算系数；

l —— 钻具被卡长度，m；

H —— 转盘面以下的钻具总长，m。

16.10.1.2 复合钻具卡点深度的计算

(1) 通过大于钻具原悬重的实际拉力 P，量出钻具总伸长 ΔL。可以多拉几次，使之更加准确，用平均法算出 ΔL。

(2) 计算在该拉力下每段钻具的绝对伸长（假设三种钻具）：

$$\Delta L_1 = K_c \cdot \frac{10^3 \cdot L_1 \cdot P}{E \cdot F_1} \qquad (16-57)$$

$$\Delta L_2 = K_c \cdot \frac{10^3 \cdot L_2 \cdot P}{E \cdot F_2} \qquad (16-58)$$

$$\Delta L_3 = K_c \cdot \frac{10^3 \cdot L_3 \cdot P}{E \cdot F_3} \qquad (16-59)$$

$F_i = \pi \left(R^2_{外 i} + R^2_{内 i} \right) \quad i=1, 2, 3$

(3) 分析 ΔL 与 $\Delta L_1 + \Delta L_2 + \Delta L_3$ 值的关系：

① 若 $\Delta L \geqslant \Delta L_1 + \Delta L_2 + \Delta L_3$，说明卡点在钻头上；

② 若 $\Delta L_1 + \Delta L_2 \leqslant \Delta L < \Delta L_1 + \Delta L_2 + \Delta L_3$，说明卡点在第三段上；

③ 若 $\Delta L_1 \leqslant \Delta L < \Delta L_1 + \Delta L_2$，说明卡点在第二段上；

④ 若 $\Delta L \leqslant \Delta L_1$，说明卡点在第一段上。

(4) 计算 $\Delta L_1 + \Delta L_2 \leqslant \Delta L < \Delta L_1 + \Delta L_2 + \Delta L_3$ 的卡点位置。

① 先求 ΔL_3：$\Delta L_3 = \Delta L - (\Delta L_1 + \Delta L_2)$

② 计算 L_3' 值：$L_3' = EF_3 \Delta L_3 / (10^3 P)$

该值即为第三段钻具没卡部分的长度。

③ 计算卡点位置：$L = L_1 + L_2 + L_3'$

式中　ΔL_1，ΔL_2，ΔL_3 —— 自上而下三种钻具的各自伸长，cm；

　　　ΔL —— 钻具总伸长，cm；

　　　P —— 钻具上提拉力，kN；

　　　K_c —— 接头拉伸系数，0.85~0.90；

　　　L_1，L_2，L_3 —— 自上而下三种钻具的入井长度，m；

　　　F_1，F_2，F_3 —— 自上而下三种钻具的截面积，cm²；

　　　$R_{外1}$，$R_{外2}$，$R_{外3}$ —— 自上而下三种钻具的外径，cm；

　　　$R_{内1}$，$R_{内2}$，$R_{内3}$ —— 自上而下三种钻具的外径，cm；

　　　E —— 钢材弹性模量，$E = 2.1 \times 10^5$ MPa；

　　　L_3' —— 第三段钻具没卡部分的长度，m；

　　　L —— 卡点位置，m。

16.10.2 浸泡油量计算

浸泡油量的计算公式如下：

$$Q = K \frac{\pi}{4} \left(D^2 - D_1^2 \right) H + \frac{\pi}{4} d^2 h \qquad (16-60)$$

式中　　Q —— 浸泡油量，m^3；
　　　　K —— 附加系数，取 1.2～1.5；
　　　　D —— 井筒直径，m；
　　　　D_1 —— 钻具外径，m；
　　　　d —— 钻具内径，m；
　　　　H —— 钻具外浸泡油柱长度，m；
　　　　h —— 钻具内油柱长度，m。

16.10.3　钻杆允许扭转圈数计算

（1）不考虑轴向拉力作用：

$$N = KH \tag{16-61}$$

$$K = \frac{10^2 \sigma_S}{2\pi GSD} \tag{16-62}$$

式中　　N —— 允许扭转圈数，圈；
　　　　K —— 扭转系数，圈/m；
　　　　H —— 卡点深度，m；
　　　　σ_S —— 钻杆钢材屈服强度，MPa；
　　　　G —— 钢材剪切弹性模量，7.854×10^4 MPa；
　　　　S —— 安全系数，取 1.5；
　　　　D —— 钻杆外径，cm。

不考虑轴向的 API 钻杆扭转系数见表 16-6。

表 16-6　不考虑轴向的 API 钻杆扭转系数 K

钻杆尺寸 mm	钢级	屈服强度 MPa	K	钻杆尺寸 mm	钢级	屈服强度 MPa	K
168.3	S-135	930.79	0.007481	101.6	S-135	930.79	0.012391
	G-105	723.95	0.005819		G-105	723.95	0.009637
	X-95	655.00	0.005265		X-95	655.00	0.008719
	E-75	517.11	0.004156		E-75	517.11	0.006884
	D-55	379.21	0.003048		D-55	379.21	0.005048
139.7	S-135	930.79	0.009011	88.9	S-135	930.79	0.014161
	G-105	723.95	0.007009		G-105	723.95	0.011014
	X-95	655.00	0.006341		X-95	655.00	0.009965
	E-75	517.11	0.005006		E-75	517.11	0.007867
	D-55	379.21	0.003671		D-55	379.21	0.005769
127.0	S-135	930.79	0.009913	73.0	S-135	930.79	0.017239
	G-105	723.95	0.007710		G-105	723.95	0.013408
	X-95	655.00	0.006975		X-95	655.00	0.012131
	E-75	517.11	0.005507		E-75	517.11	0.009577
	D-55	379.21	0.004038		D-55	379.21	0.007023

续表

钻杆尺寸 mm	钢级	屈服强度 MPa	K	钻杆尺寸 mm	钢级	屈服强度 MPa	K
114.3	S−135	930.79	0.011014	60.3	S−135	930.79	0.020869
	G−105	723.95	0.008566		G−105	723.95	0.016231
	X−95	655.00	0.007751		X−95	655.00	0.014685
	E−75	517.11	0.006119		E−75	517.11	0.011594
	D−55	379.21	0.004487		D−55	379.21	0.008502

(2) 考虑轴向拉力作用（单一钻柱）：

$$Q_t = 0.01154 J[(100\sigma/1.5)^2 - (P/A)^2]^{0.5}/d_o \tag{16-63}$$

$$N = \frac{Q_t \cdot L}{2\pi G \cdot J} \times 10^5 \tag{16-64}$$

$$J = \frac{\pi}{32} \times \left(d_o^4 - d_i^4\right) \tag{16-65}$$

式中 Q_t—— 钻杆允许倒扣扭矩，N·m；

J—— 钻杆极惯性矩，cm⁴；

d_o—— 钻杆外径，cm；

d_i—— 钻杆内径，cm；

σ—— 钻杆最小屈服强度，MPa；

P—— 钻杆串浮重，kN；

A—— 钻杆本体横截面积，cm²；

N—— 钻杆允许扭转圈数；

L—— 钻杆长度，m；

G—— 钻杆剪切弹性模量，钢材为 7.854×10^7 kPa；

(3) 考虑轴向拉力作用（复合钻柱）：

$$Q_{ti} = 0.01154 J_i[(100\sigma_i/1.5)^2 - (P_i/A_i)^2]^{0.5}/d_{oi} \tag{16-66}$$

$$N_i = \frac{Q_{t\min} \cdot L_i}{2\pi G_i \cdot J_i} \times 10^5 \tag{16-67}$$

$$J_i = \frac{\pi}{32} \times \left(d_{oi}^4 - d_{ii}^4\right) \tag{16-68}$$

式中 Q_{ti}—— 第 i 段钻杆允许倒扣扭矩，N·m；

$Q_{t\min}$—— 各段钻杆允许倒扣扭矩 Q_{ti} 的最小扭矩，N·m；

J_i—— 第 i 段钻杆极惯性矩，cm⁴；

d_{oi}—— 第 i 段钻杆外径，cm；

d_{ii}—— 第 i 段钻杆内径，cm；

σ_i—— 第 i 段钻杆最小屈服强度，MPa；

P_i—— 第 i 段钻杆顶部所受拉力，kN；

A_i——第 i 段钻杆本体横截面积，cm^2；
N_i——第 i 段钻杆允许扭转圈数；
L_i——第 i 段钻杆长度，m；
G_i——第 i 段钻杆剪切弹性模量，钢材为 $7.854 \times 10^4 MPa$。

计算步骤如下：

① 计算各段钻杆顶部所受拉力 P_i；

② 计算各段钻杆允许倒扣扭矩 Q_{ti}；

③ 将各段钻杆允许倒扣扭矩 Q_{ti} 中的最小值作为倒扣时的最大扭矩，分别计算每段钻杆的扭转圈数 N_i；

④ 各段钻杆允许扭转圈数 N_i 之和 ΣN_i 即为井口转盘面处允许扭转圈数。

16.11 固井常用计算

16.11.1 钻杆伸长量计算

钻杆伸长量的计算公式如下：

$$\Delta L = K_c \cdot \frac{10 P \cdot L}{E \cdot A} \quad (16-69)$$

式中　ΔL——钻杆伸长量，m；
　　　K_c——接头拉伸系数，0.85~0.90；
　　　P——作用于钻杆的外拉力，kN；
　　　L——钻杆的长度，m；
　　　E——钢材弹性模量，$2.1 \times 10^5 MPa$；
　　　A——钻杆的截面积，cm^2。

16.11.2 水泥配浆数据计算

16.11.2.1 纯水泥配水泥浆计算

（1）已知水泥浆密度，计算水泥量：

$$C = \frac{\rho_s - \rho_w}{\rho_c - \rho_w} \cdot \rho_c \cdot S \quad (16-70)$$

计算水量：

$$W = \left(1 - \frac{\rho_s - \rho_w}{\rho_c - \rho_w}\right) \cdot S \quad (16-71)$$

计算水灰比：

$$K = \frac{\rho_c - \rho_s}{\rho_s - \rho_w} \cdot \frac{\rho_w}{\rho_c} \quad (16-72)$$

（2）已知水灰比，计算水泥量：

$$C = \frac{\rho_c \cdot \rho_w}{\rho_w + K\rho_c} \cdot S \quad (16-73)$$

计算水量：

$$W = \frac{K \cdot \rho_c \cdot \rho_w}{K \cdot \rho_c + \rho_w} \cdot S \tag{16-74}$$

式中　C——水泥量，t；
　　　W——配浆水体积，m³；
　　　S——水泥浆体积，m³；
　　　ρ_s——水泥浆密度，g/cm³；
　　　ρ_c——水泥密度，g/cm³；
　　　ρ_w——配浆水密度，g/cm³；
　　　K——水灰比，当 $\rho_w=1$ g/cm³ 时，$K = \left|\frac{W}{C}\right|$。

16.11.2.2　加入外掺料（如硅粉、铁矿粉、硅藻土）的水泥配水泥浆计算

$$\rho_m = \frac{100 + X}{\frac{100}{\rho_c} + \frac{X}{\rho_x}} \tag{16-75}$$

$$M = \frac{\rho_s - \rho_w}{\rho_m - \rho_w} \cdot \rho_m \cdot S \tag{16-76}$$

$$W = (1 - \frac{\rho_s - \rho_w}{\rho_m - \rho_w}) \cdot S \tag{16-77}$$

$$k' = \frac{\rho_m - \rho_s}{\rho_s - \rho_w} \cdot \frac{\rho_w}{\rho_m} \tag{16-78}$$

水泥体积：外加剂的体积 = 100 : X

式中　X——外加剂与水泥的体积比；
　　　M——加入外加剂的水泥量，t；
　　　W——配浆水体积，m³；
　　　S——水泥浆体积，m³；
　　　ρ_s——水泥浆密度，g/cm³；
　　　ρ_c——水泥密度，g/cm³；
　　　ρ_x——外加剂密度，g/cm³；
　　　ρ_m——加入外加剂后水泥的密度，g/cm³；
　　　ρ_w——配浆水密度，g/cm³；
　　　k'——水固比（当 $\rho_w=1$ g/cm³ 时，$k' = \frac{W}{M}$）。

16.11.3　套管在自重作用下伸长量计算

套管在自重作用下的伸长量的计算公式如下：

$$\Delta L = \frac{\rho_s - \rho_m}{2E} \cdot g \cdot L^2 \times 10^{-3} \tag{16-79}$$

式中　ρ_m——钻井液密度，g/cm³；
　　　ρ_s——套管钢材密度，7.85 g/cm³；

E—— 钢材弹性模量，2.1×10^5 MPa；
g—— 重力加速度，9.8m/s²；
ΔL—— 自重下的伸长量，m；
L—— 套管原有长度，m。

16.11.4 套管自由段恢复自重时回缩距计算

套管自由段恢复自重时回缩距的计算公式如下：

$$\Delta L = \frac{L_{自}}{E \cdot 10^3}\left(L_{固}\rho_s - L_{总}\rho_m\right) \cdot g \tag{16-80}$$

式中 ΔL——套管回缩距，m；
$L_{自}$——自由段套管长度，m；
$L_{固}$——水泥封固段套管长度，m；
$L_{总}$——套管总长，m；
ρ_s——钢材密度，7.85 g/cm³；
ρ_m——井内钻井液密度，g/cm³；
E——钢材弹性模量，2.1×10^5 MPa；
g——重力加速度，9.8m/s²。

16.12 筛网规格

筛网规格见表16-7。

表16-7 筛网规格

网孔基本尺寸 mm	金属丝直径 mm	筛分面积百分比 %	单位面积筛网质量 kg/m²	英制目数 Mesh
2.00	0.500 0.450	64 67	1.26 1.04	10
1.60	0.500 0.450	58 61	1.50 1.25	12
1.00	0.315 0.280	58 61	0.952 0.773	20
0.560	0.280 0.250	44 48	1.18 0.974	30
0.425	0.224 0.200	43 46	0.976 0.808	40
0.300	0.200 0.180	36 39	1.01 0.852	50
0.250	0.160 0.140	37 41	0.788 0.634	60
0.200	0.125 0.112	38 41	0.607 0.507	80
0.160	0.110 0.090	38 41	0.485 0.409	100
0.140	0.090 0.071	37 41	0.444 0.302	120
0.112	0.056 0.050	44 48	0.336 0.195	150
0.110	0.063 0.056	38 41	0.307 0.254	160
0.075	0.050 0.045	36 39	0.252 0.213	200

16.13　推荐钻头上扣扭矩

推荐钻头上扣扭矩见表 16-8。

表 16-8　推荐钻头上扣扭矩表

钻头直径 mm(in)	连接螺纹 (API REG)	扭矩 N·m	上体外径 mm
98.4 ~ 114.3($3^{7}/_{8}$ ~ $4^{1}/_{2}$)	$2^{3}/_{8}$	4116 ~ 4704	80
120.7 ~ 127.0($4^{3}/_{4}$ ~ 5)	$2^{7}/_{8}$	8163 ~ 9506	94
149.2 ~ 171.5($5^{7}/_{8}$ ~ $6^{3}/_{4}$)	$3^{1}/_{2}$	9506 ~ 12152	108 ~ 120
190.5 ~ 225.4($7^{1}/_{2}$ ~ $8^{3}/_{4}$)	$4^{1}/_{2}$	16268 ~ 21658	146 ~ 152
241.3 ~ 368.3($9^{1}/_{2}$ ~ $14^{1}/_{2}$)	$6^{5}/_{8}$	33026 ~ 43316	193 ~ 196
374.6 ~ 444.5($14^{3}/_{4}$ ~ $17^{1}/_{2}$)	$7^{5}/_{8}$	46942 ~ 54194	260 ~ 266

参考文献

[1] 杜晓瑞等.钻井工具手册.北京：石油工业出版社.2003.

[2] 蒋希文.钻井事故与复杂问题.北京：石油工业出版社.2002.

[3] 李克向等.钻井手册（甲方）.北京：石油工业出版社.1990.

[4] 塔里木石油勘探开发指挥部钻井监督办公室编.钻井监督指南.北京：石油工业出版社.1999.

[5] 赵金州等.钻井工程技术手册.北京：石油工业出版社.2005.